Zwischen Heimstätte und Wohnmaschine

Als Habilitationsschrift auf Empfehlung der Fakultät für Architektur der RWTH Aachen gedruckt mit Unterstützung der Deutschen Forschungsgemeinschaft.

Die Deutsche Bibliothek – CIP-Einheitsaufnahme

Harlander, Tilman:
Zwischen Heimstätte und Wohnmaschine : Wohnungsbau und Wohnungspolitik in der Zeit des Nationalsozialismus / Tilman Harlander. – Basel ; Berlin ; Boston : Birkhäuser, 1995
(Stadt, Planung, Geschichte ; Band 18)
ISBN 3-7643-5219-1
NE: GT

Gedruckt auf säurefreiem Papier, hergestellt aus chlorfrei gebleichtem Zellstoff. TCF ∞
Printed in Germany
ISBN 3-7643-5219-1

9 8 7 6 5 4 3 2 1

Inhalt

Vorbemerkung

Als Gerhard Fehl und ich uns Mitte der 80er Jahre entschlossen, mit der Herausgabe der kaum mehr greifbaren, ab 1941 erschienenen Zeitschrift «Der soziale Wohnungsbau in Deutschland» ein lange vernachlässigtes und unterschätztes Bindeglied zum Wohnungsbau der Nachkriegszeit zu dokumentieren, wurde uns erst bewußt, wie bruchstückhaft gerade im Bereich nationalsozialistischer Wohnungspolitik der bis dahin erarbeitete Kenntnisstand war. Viele der zumeist als «typisch» angesehenen Bestandteile nationalsozialistischer Ideologie im Wohnungswesen erwiesen sich bei näherem Hinsehen lediglich als bequeme, zum Teil seltsam enthistorisierte Klischees, die mehr verhüllten als erklärten. In der Deutung des «Modernisierungsschubs», der offensichtlich ab der zweiten Hälfte der 30er Jahre auch in der NS-Wohnungspolitik mehr und mehr Platz griff, mußten neue Wege beschritten werden, für die aber keine ausreichende Materialbasis zur Verfügung stand. Mehr als die erneute Kritik nur scheinbar kohärenter nationalsozialistischer Ideologeme begann mich ihre Widersprüchlichkeit zu interessieren sowie die Prozesse und Bedingungen, die den Bedeutungsgewinn oder Bedeutungsverlust der verschiedenen wohnungspolitischen Konzeptionen bewirkten.
In dieser Optik wurde weitere gründliche Materialsuche und Quellenarbeit unerläßlich, deren Ertrag ich mit der vorliegenden Arbeit zusammenzufassen und darzustellen suche. Vielleicht hängt das Gelingen einer Forschungsarbeit und die Bereitschaft zu ausdauernder Spurensuche auch von dem Ausmaß ab, in dem aus einer «Aufgabe» ein «Anliegen» wird, in dem mehr als allein berufliches Interesse mitschwingt. Wachsende und immer wieder fassungslose Betroffenheit ist gewiß eine Erfahrung, die ich mit vielen anderen in der Annäherung an die NS-Zeit und dem Blick auf das lange Verdrängte, Verdeckte und Verschwiegene teile. Den darauf folgenden Versuch zu «verstehen», den ich mir zum «Anliegen» gemacht habe, habe ich als eine mühsame Gratwanderung zwischen relativierendem Verständnis und richtender Verurteilung erlebt.
Die vorliegende Arbeit wurde im Sommersemester 1994 durch die Fakultät für Architektur der RWTH Aachen als Habilitationsschrift angenommen. Für die Drucklegung wurde das Manuskript geringfügig überarbeitet und an einigen Stellen sowie in der Anzahl der Abbildungen und wiedergegebenen Dokumente gekürzt.
Geholfen haben mir bei meiner Arbeit auf vielfältige Weise eine große Zahl von Freunden, Kollegen und Mitarbeitern der Archive, die ich aufgesucht habe. Besonders viel verdanke ich Gerhard Fehl, der auch nach Abschluß der gemeinsamen Arbeit das weitere Entstehen dieser Untersuchung in jeder Hinsicht förderte und über die ganze Untersuchungszeit hinweg wertvolle Anregungen gab. Auch Professor Dr. Klaus M. Schmals, Professor Dr. Günther Schulz, Professor Christian Kopetzki und Dr. Folkert Lüken-Isberner sowie Professor Dr. Karolus Heil und Privatdozent Dr. Harald Bodenschatz, die mir durch einen Lehrauftrag, durch Kolloquien sowie durch Einla-

dungen zu Seminaren und Vorträgen Gelegenheit zur Vorstellung von Teilergebnissen gaben und mit Kritik und Ratschlägen halfen, sei herzlich gedankt. Unter den vielen Mitarbeitern der von mir besuchten Archive möchte ich mich stellvertretend besonders bei Frau Jacobi und Herrn Scharrmann vom Bundesarchiv in Koblenz bedanken, die meinen vielen Fragen und Wünschen mit großer Geduld nachkamen.
Ganz besonderen Dank schulde ich – wieder einmal – Dipl.-Ing. Frank Betker für sein Korrekturlesen und den enormen Einsatz bei der technischen Fertigstellung des Manuskripts bzw. der Druckfassung sowie Friederike Meyer für die Fotoarbeiten.
Die wichtigste Hilfe freilich kam von meiner Frau Monika, die das Entstehen der Arbeit in allen Phasen mit unermüdlichem Verständnis begleitete und mich als kritische Leserin und Diskussionspartnerin immer wieder vor Sackgassen bewahrte. Ihr möchte ich diese Arbeit widmen.

Aachen, im März 1995
Tilman Harlander

Einleitung

Welcher Weg führte von den durch die Nationalsozialisten anfänglich propagierten Angeridyllen und Kleinsiedlungshäuschen mit dem steilen Dach, dem gelben Putz und den Klappläden bis hin zu den Trümmerwüsten, die an seinem Ende standen? Ist dieser Weg überhaupt von den disziplinären Kategorien der Wohnungspolitik her beschreib- und erfaßbar? Falsche Legendenbildungen und Geschichtsklitterungen, vielleicht Scham und Schuldbewußtsein, ohne Zweifel auch Desinteresse und eine ästhetisierende Arroganz haben über Jahrzehnte hinweg gründlichere Auseinandersetzungen hiermit nur im Ausnahmefall ermöglicht.
Wie andere Bereiche der Sozial-, Wirtschafts- und Alltagsgeschichte war die Wohnungspolitik der NS-Zeit in der historischen Forschung ein über lange Zeit vernachlässigter oder allenfalls am Rande behandelter Bereich. Obwohl seit der Herausgabe erster Texte und Dokumentensammlungen zur Architektur und Kunstpolitik der NS-Zeit in den 60er Jahren[1] eine nicht unerhebliche Zahl von Arbeiten erschien, in denen die Wohnungspolitik der NS-Zeit größeren Raum einnimmt,[2] blieb das Wissen hierüber bis heute außerordentlich fragmentiert und selektiv auf einzelne Zeitabschnitte, Teilpolitiken und Institutionen bezogen.
Demgegenüber zielt diese Arbeit auf eine Gesamtdarstellung der NS-Wohnungspolitik auf Reichsebene, in der die verschiedenen Ideologien und Handlungsansätze der wichtigsten Kräfte und Strömungen, ihre wechselseitigen Verflechtungen und ihr in den verschiedenen Phasen ganz unterschiedliches politisches Gewicht herausgearbeitet werden sollen. Dabei wurde davon ausgegangen, daß eine «Verortung» der Ziele und der Praxis der relevanten Machtträger innerhalb eines Gesamtprozesses wohnungspolitischer Entwicklung in der NS-Zeit nur gelingen kann, wenn dieser Prozeß selbst wieder auf die allgemeineren sozialen, wirtschaftlichen und politischen Entwicklungen der NS-Zeit rückbezogen wird.
Mit der Konzentration auf die Ebene des Zentralstaats und – in räumlicher Hinsicht – auf das Gebiet des sog. Altreichs sind zugleich gewichtige Einschränkungen verknüpft. Tatsächlich war die Realität nationalsozialistischen Wohnungsbaus insgesamt noch weit komplexer und vielgestaltiger, als es die schon äußerst heterogenen Ansätze auf Reichsebene vermuten lassen. Gewissermaßen unterhalb und neben den Hauptakteuren in Staat und Partei agierten noch eine Vielzahl weiterer Kräfte mit je auf ihre Bedürfnisse zugeschnittenen Programmen und Projekten. Hierzu rechnen vor allem

1 Brenner 1963, Teut 1967 und Miller Lane 1968.

2 Vgl. u.a. allgemein zur Wohnungspolitik der NS-Zeit Pergande 1973, 101ff., Blumenroth 1975, 175ff., Petsch 1976, 159ff., Peltz-Dreckmann 1978, Peters 1984, 123ff., Reichel 1992, 273ff., Diefendorf 1993, 113ff.; zu den Stadtneugründungen Walz 1979, Schneider 1979, Mattausch 1981, Recker 1981, Forndran 1984; zu den Neugestaltungsplänen, zur Stadterneuerung und einzelnen Städten Dülffer/ Thies/ Henke 1978, Larsson 1978, Rasp 1981, Reichhardt/ Schäche 1984, Bose u.a. 1986, von Petz 1987, Lüken-Isberner 1991, Schäche 1992, Nerdinger 1993d; zur Wohnungspolitik im zweiten Weltkrieg Recker 1985 u. 1986, Harlander/ Fehl 1986.

die SS, die Luftwaffe, die Marine und das Heer, aber auch die einzelnen Gauleiter, die alle in ihren Machtbereichen möglichst unabhängig von den zentralen Vorgaben und Einschränkungen eigene Wohnungsbauprogramme zu realisieren suchten. Auch wenn einzelne Lokal- und Regionalstudien[3] die Lücken zu schließen beginnen, liegt hier ein in der Forschung noch weitgehend unbearbeiteter Bereich.

Ein auffallendes Merkmal der bisher vorliegenden Literatur zur Wohnungspolitik der NS-Zeit ist, von Ausnahmen abgesehen,[4] der geringe Umfang der Aufarbeitung und Verwendung von Archiv- und Quellenmaterial, das die Motive für Teilpolitiken, für Förderprogramme, Gesetze und Verordnungen über die schon im zeitgenössischen Schrifttum vorfindlichen Begründungen hinaus sowie die Konflikte und praktischen Probleme bei ihrer Umsetzung hätte erhellen können. So blieb auch – jenseits offizieller Verlautbarungen und einiger Propagandaschriften – das wohnungspolitische Handeln und der Verlauf der Auseinandersetzungen zwischen den beiden wichtigsten Akteuren der 30er Jahre, dem Reichsarbeitsministerium (RAM) und der Deutschen Arbeitsfront (DAF) als den Repräsentanten des für die NS-Zeit typischen Dualismus von Staat und Partei, im Wohnbereich bislang weitgehend im Dunkeln.[5] Erst vor diesem Hintergrund aber, so die hier vertretene These, werden die Veränderungen der Kriegszeit und die spezifische Ausprägung des allgemein für diese Phase konstatierten «Modernisierungsschubs» auch im Wohnungssektor verständlich und interpretierbar. Der von den Nationalsozialisten beschworene «einheitliche Wille im neuen deutschen Bauschaffen» war eine Fiktion und wurde nach außen primär durch «Gleichschaltung» und Propaganda, Zensur und Terror hergestellt. Um so wichtiger ist für die Forschung ganz offensichtlich die Erschließung von Quellenbeständen, die den Blick «hinter die Kulissen» erlauben und Kontroversen und Auseinandersetzungen offenlegen.[6] Dies gilt ganz besonders innerhalb eines relativ peripheren Politikbereichs wie der Wohnungspolitik, für den der durch Hitler durchaus gewollte und unterstützte Aufbau «polykratischer» Strukturen[7] typisch war. Die Entwicklung konkurrierender Führungsstrukturen, die Einrichtung neuer kommissarischer Bürokratien und Verwaltungsstäbe wirkte sich zweifellos «im Zusammenhang mit stets offenbleibenden, gelegentlich durch Privatverträge vereinbarten Kompetenzabgrenzungen in einer zunehmenden Zersetzung des Staatswesens und Auflösung der inneren Geschlossenheit

3 Vgl. u.a. Sommer 1990, Höhns 1992, Nerdinger 1993d sowie Durth/Nerdinger 1993 u. 1994.

4 Hierzu rechnen v.a. die Untersuchungen von Marie-Luise Recker 1985 u. 1986 zur Tätigkeit des Reichskommissars für den sozialen Wohnungsbau.

5 Neben den Aktenbeständen des Bundesarchivs (Abteilungen Koblenz u. Potsdam) sind hierfür eine wichtige, aber bisher nicht systematisch ausgewertete Quelle die in dieser Arbeit besonders beachteten Zeitschriften «Bauen, Siedeln, Wohnen» und «Siedlung und Wirtschaft», die über große Strecken der NS-Zeit als mehr oder minder «offizielle» Organe der DAF bzw. des RAM im Bereich des Wohnungs- und Siedlungswesens fungierten; ab 1941 trat dann an die Stelle von «Bauen, Siedeln, Wohnen» die Zeitschrift «Der soziale Wohnungsbau in Deutschland» (ab 1943 «Der Wohnungsbau in Deutschland»), vgl. die Dokumentation der wichtigsten Aufsätze hieraus durch Harlander/ Fehl 1986.

6 Hinsichtlich der Arbeit von Speers «Wiederaufbaustab bombenzerstörter Städte» und der städtebaulichen Kontinuitäten zur Nachkriegszeit sind auf der Basis derartiger Quellenarbeit durch Durth 1992 (1986) und Durth/ Gutschow 1993 (1988) wertvolle Untersuchungen vorgelegt worden.

7 Vgl. hierzu Hüttenberger 1976, 417ff., Forndran 1984, 9ff., Rebentisch 1986, Hildebrand 1987, 180ff., Broszat 1989, 68 u. 363ff.

des nur propagandistisch integrierten politischen Systems zugunsten partikularer Machthaber aus» (Mommsen 1991b, 79). Kurzfristig hatte dieses anfänglich nicht ungeschickt ausbalancierte Organisationsprinzip jedoch nicht allein den Vorteil einer gegenseitigen Neutralisierung der konkurrierenden Machtträger, sondern stimulierte durch die Rivalitäten Energien und Initiativen, die der anfänglichen populistischen Dynamik des Systems zugute kamen.

Nach und nach beanspruchten auf dem Feld der Wohnungspolitik nicht allein der grundsätzlich zuständige Reichsarbeitsminister, sondern auch der Reichskommissar für das Siedlungswesen Feder, das Reichsheimstättenamt, die Deutsche Arbeitsfront, der Reichswohnungskommissar Ley, die Parteikanzlei resp. Bormann, Speer als designierter (Nachkriegs-)Bauminister und Leiter des von ihm eingesetzten «Wiederaufbaustabes», der Sonderbeauftragte für das Deutsche Wohnungshilfswerk Walter, Goebbels als Vorsitzender des interministeriellen Luftkriegsschäden-Ausschusses, Neupert als «Beauftragter für die Gestaltung der Wohngebiete» und Himmler als «Reichskommissar für die Festigung des deutschen Volkstums» in den besetzten Ostgebieten und ab 1943 als Innenminister Kompetenzen und «Führungsrollen». Dabei ging es nicht allein um persönliche Machtkämpfe, sondern – so eine der Thesen dieser Arbeit – auch in einer für die Nachkriegsentwicklung höchst folgenreichen Weise um die Konfrontation ganz unterschiedlicher Grundkonzeptionen von Wohnungspolitik. Dabei korrespondierten die internen Machtverschiebungen häufig nicht oder nur mit erheblichen zeitlichen Verschiebungen mit der propagandistischen Außenwirkung einzelner Akteure. So wurden etwa Feder und Ludowici (bis Anfang 1937 Leiter des Reichsheimstättenamts) als Repräsentanten unterschiedlicher Varianten von Großstadtfeindlichkeit und räumlicher Dezentralisierung bei den eigentlichen Entscheidungsträgern schon frühzeitig kaum ernstgenommen und konnten ihre Siedlungsideen nur solange verbreiten, bis andere Konzepte die Oberhand gewannen. Interna dieser Art drangen freilich nicht nach außen. Über diese Vielschichtigkeit und Vielgestaltigkeit der wohnungspolitischen Bestrebungen im Nationalsozialismus gilt es aber sich Rechenschaft abzulegen, bevor einzelne Programme und Ideologeme – wie dies immer noch geschieht – unzulässig verallgemeinernd als «typisch für den Nationalsozialismus» apostrophiert werden.

Im Wohnungs- und Siedlungswesen hat es also, wie im einzelnen zu zeigen sein wird, alles andere als eine einheitliche nationalsozialistische Ideologie oder eine einheitliche Wohnungspolitik gegeben, die einfache und über die Zeit konstante Zuordnungen erlauben würde. Statt dessen zielt die vorliegende Arbeit gewissermaßen auf eine Historisierung des Verhältnisses von Ideologie und wohnungspolitischer Praxis während der NS-Zeit selbst: Wieso erwiesen sich die anfänglich programmatisch dominierenden großstadtfeindlichen und auf Reagrarisierung zielenden Ideologien als unzureichend, welche Dynamik setzte der forcierte Aufrüstungsprozeß in Gang, welche Imperative gingen von der begleitenden Rationalisierung und weiteren Industrialisierung aus und wie wirkten diese Prozesse auf den Wohnungsbau zurück? Aber auch: welche partikularen Sonderinteressen verschafften sich Geltung? Inwieweit kann diese gesamte Entwicklung als «Modernisierungsprozeß» beschrieben werden und wer waren seine Träger?

Die Arbeit folgt einer Etappisierung der NS-Zeit, die davon ausgeht, daß die Verabschiedung des Vierjahresplans 1936, der Kriegsbeginn 1939 und die Wende im Kriegsgeschehen 1942/43 jeweils Zäsuren markierten, die auch von wesentlichen Veränderungen der Wohnungspolitik – Ergänzung des Kleinsiedlungsbaus durch den «Arbeiterwohnstättenbau» und den «Volkswohnungsbau» nach 1935/36, Reorganisation des Wohnungswesens und die Planungen für den sozialen Wohnungsbau der Nachkriegszeit ab 1940 und schließlich Übergang zur «totalen Wohnungspolitik», Behelfsheimaktion und Wiederaufbauplanungen ab 1943 – begleitet waren. Die Etappen bezeichnen deutlich erkennbare Schwerpunktverlagerungen, was aber nicht ausschließt, daß die «alten» Träger und Programme in den folgenden Phasen noch eine – dann freilich oft nachgeordnete – Rolle spielten.
Die Zurückweisung der «Legende von der Stunde Null» nach 1945 impliziert ebenso die Frage nach den Kontinuitäten zur Weimarer Zeit bzw. zur Zeit der Weltwirtschaftskrise. Nationalsozialistische Wohnungspolitik in der Praxis war ja zunächst nicht in erster Linie eine Kehrtwendung zur Wohnungspolitik der Hauszinssteuerära, sondern eine Fortführung von Instrumenten und Politiken der Brüning-Ära. Bevor dann nach 1933 die Ideologen der Reagrarisierung und die Blut-und-Boden-Mystiker wirklich Einfluß auf die praktische Wohnungspolitik nehmen konnten, gewannen bereits ab 1934 in einem bis zuletzt widersprüchlichen Prozeß schrittweise Positionen an Boden, die gerade umgekehrt die Potentiale einer «modernen» Industriegesellschaft in ihrem Sinne zu nutzen suchten.
Was die Quellen betrifft, so haben neue Möglichkeiten der Einsichtnahme in bisher nicht oder nur schwer zugängliche Aktenbestände die Arbeit sehr erleichtert. Zum einen sind im Bundesarchiv Koblenz nach der Neuordnung der Akten der ehemaligen Hauptabteilung IV des Reichsarbeitsministeriums seit Juni 1989 nun auch die umfangreichen und bisher nicht ausgewerteten Akten der ehemals für das Wohnungs- und Siedlungswesen zuständigen Abteilungen problemlos zugänglich. Hier finden sich Erlaßsammlungen, Akten zur Vorbereitung geplanter Gesetzesinitiativen, Hinweise zu den Umsetzungsproblemen der Neubauförderungsprogramme, der Altstadtsanierung und nicht zuletzt auch zur Zusammenarbeit mit anderen Dienststellen und Behörden. Wenigstens für einige Bereiche und Zeitabschnitte kompensiert dies teilweise den durch den Krieg bewirkten Verlust der Akten der Behörde des «Reichskommissars für den sozialen Wohnungsbau». Schlüsselbedeutung für die Erarbeitung der Innenansicht der Macht im Wohnungswesen der NS-Zeit hatte auch die bereits durch Recker zum Teil vorgenommene Auswertung der Akten der Partei- und der Reichskanzlei, die als Clearingstellen in allen wichtigen Konfliktfällen fungierten. Ergiebig war darüber hinaus im Bundesarchiv Koblenz die Auswertung der Akten des Hauptamts für Kommunalpolitik sowie kleinerer Bestände aus dem Bereich der DAF, des Reichsinnen-, Reichsfinanz- und Reichswirtschaftsministeriums.
Auf der anderen Seite ermöglichte der nun unbehinderte Zugang zum ehemaligen Zentralen Staatsarchiv der DDR, jetzt Bundesarchiv (Abteilung Potsdam), und die Sichtung der dortigen Bestände der «Deutschen Akademie für Wohnungswesen», des Reichsarbeitsministeriums, des «Arbeitswissenschaftlichen Instituts» der DAF, des

Reichswirtschaftsministeriums und des Generalbauinspektors für die Reichshauptstadt die Schließung vieler Lücken.

Ronald Smelser (1991, 71f.) hat mit Recht darauf hingewiesen, daß im modernisierungstheoretischen Diskurs über die «Leistungen» des NS-Regimes immer auch das Potential zu einer schleichenden Relativierung seiner Verbrechen steckt. Stecken kann, aber nicht stecken muß! Solange wir eine neue «Parzellierung der Betrachtung» (Nerdinger 1993d, 11) vermeiden und den unlösbaren Zusammenhang und die Verflechtung auch scheinbar so «unbelasteter» und nach Kriegsende so leicht zu «entnazifizierender» Bereiche wie der Wohnungspolitik mit der Aufrüstungs-, Kriegs- und Vernichtungspolitik nicht aus den Augen verlieren, relativiert eine «Historisierung der NS-Zeit» nicht, sondern verschafft uns erst die Möglichkeit, ihre bequeme, weil folgenlose Dämonisierung einerseits und ihre verharmlosende Bagatellisierung andererseits zu vermeiden.

Wolfgang Schäche hat kürzlich die allgemein «rückläufige Entwicklung» einer tendenziell «entpolitisierten und damit sachlich unangemessen verkürzten» (1992, 34) fachlichen wissenschaftlichen Diskussion beklagt. Soviel Pessimismus erscheint jedoch angesichts einer Vielzahl in jüngerer Zeit erschienener komplexer und kritischer Arbeiten nicht gerechtfertigt. Zu einem der wichtigsten Bezugspunkte der neueren wissenschaftlichen Diskussion hat sich die auch für diese Arbeit zentrale Frage «Nationalsozialismus und Modernisierung» entwickelt, der im nächsten Abschnitt nachgegangen werden soll.

I. Modernisierung und Nationalsozialismus

Daß der Nationalsozialismus Modernisierungsprozesse beförderte, ist unter Historikern unstrittig. Doch in welchem Umfang dies geschah und in welchen Bereichen, ob diese Prozesse wirkliche Veränderungen auslösten oder nur als Propaganda das Bewußtsein erreichten, und nicht zuletzt, ob diese Prozesse von den Machthabern des «Dritten Reiches» bewußt intendiert waren oder unbeabsichtigt und ungewollt zum Durchbruch kamen, all dies wird seit einigen Jahren wieder höchst kontrovers diskutiert. Basis dieser neueren Diskussion ist das enorme Wachstum der Forschung und des Schrifttums zur Sozial-, Wirtschafts- und Alltagsgeschichte der NS-Zeit in den letzten 10–15 Jahren. Lange Zeit in der Zeitgeschichtsforschung eher randständig, scheinen gerade diese Bereiche besonders geeignet, die Diskussion um die «Historisierung der NS-Zeit» (Broszat 1986), um Kontinuität und Bruch vor und nach 1945 voranzubringen und zu stimulieren.

Natürlich sind die Deutungsunterschiede zu einem Gutteil auch durch das jeweilige theoretische Konzept von «Modernisierung» und den unterschiedlichen Umgang mit den sich stellenden schwierigen methodischen Problemen mitbestimmt. «Klassische» modernisierungstheoretische Ansätze versuchen ganz allgemein, die typischen wirtschaftlichen, sozialen, kulturellen und politischen Prozesse zu erfassen, in denen sich der Transformationsprozeß «traditionaler» Gesellschaften in «moderne» Industriegesellschaften vollzieht. Gemeint sind, mit – je nach theoretischem Standort – ganz unterschiedlicher Beachtung und Gewichtung, all die diesen Transformationsprozeß kennzeichnenden Prozesse wie die fortschreitende Säkularisierung, Rationalisierung und Technisierung aller Lebensbereiche, die Industrialisierung und die damit verknüpften wirtschaftlichen Wachstums- und Umstrukturierungsprozesse, die komplexere Arbeitsteilung und wachsende funktionale Differenzierung, die Ausdifferenzierung des politischen Systems und die Bürokratisierung, die Urbanisierung und zunehmende Mobilität zwischen Stadt und Land, die Prozesse der Individualisierung und Autonomisierung, aber auch die Verbesserung der Zugangsmöglichkeiten zu materiellen und immateriellen Gütern, die Erhöhung der sozialen Mobilität, der politischen Partizipationschancen etc.

Der Begriff der «Modernität» hat dabei grundsätzlich einen «analytisch-strukturbeschreibenden und einen normativ-politischen Doppelstatus» (Offe 1986, 98). Mit der Bezeichnung und Beschreibung von Merkmalen war immer auch eine Bewertung, eine Entwicklungsrichtung mitgedacht, die bestimmte Zustände als «vormodern» und «rückständig», andere als «fortgeschritten» und «moderner» klassifizierte. Vor allem anfänglich war dabei die Bildung von – in einer Vielzahl von Dichotomien beschreibbaren – «Idealtypen» von «Tradition» und «Moderne» typisch. Wehler, der 1975 in seiner Synopse der Ansätze (Wehler 1975) ein ganzes «Dichotomien-Alphabet» zusammenstellte, gewann dabei freilich nicht zu Unrecht den Eindruck, daß zuerst Modernität als das vermeintlich Vertraute definiert und dann erst der traditionale

Gegensatz dazu gesucht oder konstruiert worden ist.» (ebd., 14) Und das Vertraute war in den 50er und 60er Jahren, den Geburtsjahren der neueren Modernisierungstheorie, für die dominierenden anglo-amerikanischen Sozialwissenschaften vor allem das amerikanische Entwicklungsmodell, das als Bezugspunkt für den Weg von einer «traditionalen» zu einer «modernen» Gesellschaft in der Entwicklungspolitik, aber auch für die Beurteilung des Modernisierungsgrades anderer westlicher Industriegesellschaften herangezogen wurde. Fortschritt und Entwicklung im Kern als «Verwestlichung» bzw. noch weitergehend als Amerikanisierung zu definieren wurde dann gegen Ende der 60er Jahre in dem Maße fragwürdig, in dem in der Entwicklungspolitik ein Umdenken einsetzte («Theologie der Befreiung», «Entwicklung ohne Modernisierung», «Dependencia»-Ansatz als Stichworte, vgl. z.B. Senghaas 1979, Berger/Berger/Kellner 1975, 139ff.) und zugleich das «Modell Amerika» selbst im Gefolge von Rassenunruhen, Vietnamkrieg, Sozialstaatsdebatte, Innenstadtverslumung und wachsenden Armutsproblemen in die Krise geriet. Seitdem gehört die Kritik der politischen und normativen «Aufladung» zumindest der klassischen Varianten der Modernisierungstheorie und die Distanzierung vom Eurozentrismus der in der Systemtheorie entwickelten vermeintlichen Universalien menschlicher Evolutionsgeschichte gewissermaßen zum Grundrepertoire kritischer Sozial- und Politikwissenschaft.

Die ursprünglichen allzu simplen, unilinearen und mit wenigen Variablen arbeitenden Theorien sind inzwischen lange aufgegeben und die Trennung des Modernisierungskonzeptes vom amerikanischen Entwicklungsmodell war bereits Voraussetzung für seine Diskussion in den deutschen Geschichtswissenschaften in den 70er Jahren. «Modernität» ist auch in den Sozialwissenschaften längst nicht mehr «ausschließlich der wünschenswerte Fluchtpunkt der Entwicklung anderer, sondern der prekäre Ausgangspunkt weiterer Entwicklungen der eigenen (‹westlichen›) Gesellschaften» (Offe 1986, 98). Das 20. Jahrhundert hat, wie Habermas es formuliert hat, «nicht viel übriggelassen» von dem Optimismus eines Aufklärers wie Condorcet, der «noch die überschwengliche Erwartung (hatte), daß Künste und Wissenschaften nicht nur die Kontrolle der Naturkräfte, sondern auch die Welt- und Selbstdeutung, den moralischen Fortschritt, die Gerechtigkeit der gesellschaftlichen Institutionen, sogar das Glück der Menschen befördern würden» (1988, 184). Die «Ausdifferenzierung der Wertsphären Wissenschaft, Moral und Kunst» (ebd.), die der Moderne inhärente Aufspaltung und Trennung des «Machbaren» vom «Vertretbaren» (Offe 1986, 101) war letztlich gar, so Zygmunt Baumann, «zwar nicht die hinreichende Ursache des Genozids, aber ihre notwendige Bedingung»: «Die Moderne machte den Genozid möglich, als sie das zweckgerichtete Handeln von moralischen Zwängen emanzipiert hatte.» (1992, 69)

Die Verallgemeinerung des Bewußtseins über die tiefe Krise des «unvollendeten Projekts Moderne» (Habermas 1988), die Diskussion um Risiken, Katastrophen und Selbstzerstörungspotentiale haben seit den 80er Jahren die Entkoppelung von Modernisierungstheorie und industriellem Fortschrittsglauben forciert.[1] Angesichts globaler

1 Vgl. zu der hieraus resultierenden Diskussion um eine richtungsändernde «Modernisierung der Struktur der Modernität selbst» (Offe) und die Entwicklung eines Begriffs «reflexiver Modernisie-

ökologischer Bedrohungen und einer offensichtlich komplexeren Welt, in der zunehmend auch sich gegenseitig überlagernde Prozesse der Ent- und (fundamentalistischer) Gegenmodernisierung, der Entdifferenzierung und neuer Konfliktkonfigurationen sichtbar wurden, wurden zugleich auch zentrale Topoi der lange dominanten systemtheoretischen Ansätze (vgl. Parsons 1969, Luhmann 1984) wie die als fundamentales Entwicklungsgesetz postulierte fortschreitende funktionale Differenzierung von Subsystemen in modernen Gesellschaften mehr und mehr in Frage gestellt (vgl. etwa Münch 1991). Ohnehin verdichtet sich heute zunehmend der Anschein, daß mit zunehmender Ausdifferenzierung, Spezialisierung und rationaler Kapazitätssteigerung von Teilsystemen keineswegs eine entsprechende Steigerung der Rationalität, Handlungs- und Steuerungskapazität des Ganzen einhergeht, sondern, eher umgekehrt, «der Modernisierungsrückstand der Gesellschaft um so größer würde, je moderner die Teilsysteme werden» (Offe 1986, 106).

Auch in ihren «modernisierten» Varianten bleibt die Modernisierungstheorie vor allem dort, wo sie geschlossene theoretische Systeme zu entwickeln sucht, fragwürdig, weil darin nach wie vor zentrale Kategorien wie Macht, Konflikt, Umwelt und zwangsläufig auch die Grenzen, «Fallen» und Brüche der Modernisierungslogik und die Suche nach alternativen Entwicklungslogiken keinen systematischen Stellenwert besitzen.[2] Hinzu kommt, worauf Luhmann für die Systemtheorie bzw. die von ihm sog. «autopoietischen Systeme» hingewiesen hat, daß Modernisierungstheoreme der Gegenwart für den Historiker wenig brauchbar sind, denn die moderne Gesellschaft «identifiziert sich in der Zeitdimension». Und dann gilt eben: «Die Modernitätsmerkmale von heute sind nicht die von gestern und auch nicht die von morgen, und eben darin liegt ihre Modernität.» (1991, 88f.)

Insofern überrascht es nicht, daß zwischen der Verwendung modernisierungstheoretischer Konzepte in den Geschichtswissenschaften und der neueren sozialwissenschaftlichen Theoriedebatte nur wenige Berührungspunkte existieren und bei den Historikern weithin Skepsis gegenüber geschlossenen sozialwissenschaftlichen Theorieentwürfen herrscht (vgl. Wehler 1975, Kershaw 1988, 257ff.). Vorherrschend in den Geschichtswissenschaften ist ein pragmatisches, heuristisches Verhältnis zur Modernisierungstheorie, das eher an die empirische Modernisierungsforschung anknüpft. Diese Grundhaltung, die lieber von «Modellen» als von «Theorien» spricht, hat Flora für die empirische Modernisierungsforschung bereits 1974 folgendermaßen charakterisiert: «(a) ihre Begriffe haben vielfach einen relativ begrenzten historischen und regionalen Bezug, (b) sie bestehen im Gegensatz zur logischen Stringenz deduktiver Systeme aus einer Mischung von beschreibenden und erklärenden Elementen, von

rung» Offe 1986, Beck 1986, 1991 u. 1993; vgl. zur Diskussion um die «Postmoderne» den Ansatz von Welsch, der in der Verwirklichung ihres Kerninhalts, «radikaler Pluralität», keine Antithese zur Moderne sieht, sondern die Einlösung eines Desiderats der Moderne selbst (1988 u. 1991); zur Weiterentwicklung traditioneller modernisierungstheoretischer Ansätze in der Perspektive einer «konflikttheoretisch und innovationstheoretisch 'gehärteten' Modernisierungstheorie» vgl. Zapf 1991b.

2 Vgl. hierzu auch die aktuelle – und umstrittene – Renaissance der Modernisierungstheorien in der Debatte um den Transformationsprozeß der osteuropäischen Gesellschaften als «nachholende Modernisierung» bzw. «nachholende Revolution», Müller 1991.

empirischen Verallgemeinerungen und idealtypischen Abstraktionen, (c) ihre Antworten auf die Frage nach den Ursachen einer Entwicklung haben den fragmentarischen Charakter von ‹Erklärungsskizzen› ... und (d) ihre empirische Grundlage ist meistens diffus und illustrativ.» (1974, 18)
Dem entspricht in der Anwendung der Modernisierungstheorie auf den Nationalsozialismus in methodischer Hinsicht etwa der Beitrag von Matzerath/ Volkmann, die in ihrem Versuch einer Überprüfung der Modernisierungseffekte des Nationalsozialismus mit Hilfe von Modernisierungsindikatoren explizit den Anspruch ausschlossen, «mit einer ‹fertigen› Theorie zu arbeiten oder eine ‹unfertige› seiner Ergebnisse neu zu formulieren. Er [dieser Versuch] will nicht mehr und nicht weniger, als die in den bisherigen Ansätzen erkennbaren Gemeinsamkeiten des Modernisierungskonzepts am Beispiel eines dafür ausgewählten Problemkomplexes in die historische Forschung übersetzen.» (1977, 116) An diesem gewissermaßen eklektischen Verhältnis der Historiker zum Modernisierungsansatz hat sich im Kern bis heute nicht sehr viel verändert, auch wenn sich die empirische Basis inzwischen erheblich verbreitert hat.
Allerdings stößt die Anwendung modernisierungstheoretischer Konzepte auf den Nationalsozialismus auch auf ganz besondere methodische Probleme, die vor allem in seiner kurzen Zeitdauer, den Schwierigkeiten bei der Wahl plausibler und theoretisch gehaltvoll verknüpfbarer Indikatoren, der Wahl eines geeigneten Bezugsrahmens (ein «Idealtypus» von «moderner» Entwicklung, vergleichbare Industriegesellschaften oder die Gegenüberstellung von Anspruch und Realität?) und nicht zuletzt darin begründet sind, daß der Nationalsozialismus gerade kein geschlossenes ideologisches System, sondern eine Vielzahl widersprüchlicher, teils allein propagandistischer, teils ernstzunehmender Ideologiefragmente der verschiedensten Akteure und Institutionen hervorgebracht hat (vgl. Kershaw 1988, 256f.)[3].

Kontroversen

Die provozierende These von dem «brutalen Bruch mit der Tradition und Stoß in die Modernität» als dem «inhaltlichen Merkmal der sozialen Revolution des Nationalsozialismus» wurde zuerst 1965 von Ralf Dahrendorf entwickelt (1971, 416). Kern dieser «in den Verwerfungen des kaiserlichen Deutschland verlorengegangenen, durch die Wirrnisse der Weimarer Republik aufgehaltenen sozialen Revolution» (ebd.) sei der mit der «Gleichschaltung» eingeleitete und rücksichtslos vorangetriebene Prozeß der Lösung der Menschen aus den «überlieferten – und in ihrer Wirkung antiliberalen – Loyalitäten zu Region und Religion, Familie und Korporation» (ebd., 418) gewesen. Jedes Eigenleben traditioneller Institutionen und Loyalitäten hätte die totalitäre Füh-

3 Die seit langem andauernde und z.T. erbittert geführte Debatte zwischen der sog. «intentionalistischen» und «strukturalistischen» Schule um die Frage, ob der persönliche Einfluß Hitlers auf die Politik und die Entwicklung des Dritten Reiches letztlich «monokratische» Züge getragen habe oder aber nur angemessen als Teil einer «polykratischen» Struktur zu interpretieren sei, kann hier nicht dargestellt werden (vgl. z.B. Hildebrand 1987, Broszat 1989, H. Mommsen 1991) Obwohl auch hier immer wieder von rahmensetzender und in Konfliktfällen ausschlaggebender Bedeutung, kommt den Anschauungen Hitlers für den Bereich der Wirtschafts- und Sozialpolitik sicher nicht eine ähnlich große Bedeutung zu wie in der Außen-, Kriegs- und Rassenpolitik (vgl. Kershaw 1988, 141).

rungsschicht bedroht. «Hitler brauchte die Modernität, so wenig er sie mochte.» (ders., 418) Paradoxerweise erzwang also der unbedingte Wille zur Macht und deren Erweiterung zur totalen Macht entgegen der rückwärtsgewandten Ideologie und Propaganda des Nationalsozialismus diesen «Stoß in die Modernität» und war damit «gleichsam unbeabsichtigtes, dennoch notwendiges Resultat seiner Herrschaft» (ebd., 416). Trotz der «unbeschreiblichen Rücksichtslosigkeit», mit der die Nationalsozialisten den Gleichschaltungsprozeß durchführten, sei er ihnen nur teilweise gelungen. Aber, und darin liegt nach Dahrendorf seine Bedeutung für die Nachkriegsentwicklung, er war «hinlänglich, um zukünftigen autoritären Regierungen nach dem Muster der deutschen Tradition die soziale Grundlage zu nehmen.» (ebd., 431)
Dieser einflußreiche Interpretationsansatz ist vielfach aufgegriffen, weiterentwickelt, aber auch kritisiert worden. In der bis heute andauernden, hier nicht im einzelnen nachzuzeichnenden Diskussion sind vor allem zwei Fragen kontrovers geblieben:

- Erlauben es die von Dahrendorf – ohne empirische Belege – angeführten Veränderungen in Familie, Kirche, Bürokratie, Armee etc. wirklich, von einer «sozialen Revolution» mit dauerhaften Wirkungen zu sprechen?
- In welchen Bereichen und inwieweit waren Modernisierungswirkungen des Nationalsozialismus nicht – wie postuliert – gleichsam unbeabsichtigtes, sondern durchaus intendiertes Ergebnis der nationalsozialistischen Ideologie?

Fast zeitgleich mit Dahrendorfs Thesen erschien 1966 (und 1968 in deutscher Übersetzung) David Schoenbaums Studie «Die braune Revolution». Auch Schoenbaums im Unterschied zu Dahrendorfs Thesen auf breiteres empirisches Material gestützte «Sozialgeschichte des Dritten Reiches» – so der Untertitel der deutschen Ausgabe – kommt zu dem Ergebnis, daß sich im Nationalsozialismus ein «Modernisierungsprozeß wider Willen» durchgesetzt habe: «Die Hauptthese ist ..., daß das Dritte Reich eine doppelte Revolution war ... Es war eine Revolution der Zwecke und der Mittel zugleich. Die Revolution der Zwecke war ideologischer Natur; sie sagte der bürgerlichen und industriellen Gesellschaft den Krieg an. Die Revolution der Mittel war ihre Umkehrung. Sie war bürgerlich und industriell, da ja selbst ein Krieg gegen die industrielle Gesellschaft in einem industriellen Zeitalter mit industriellen Mitteln geführt werden muß und da es des Bürgertums bedarf, um das Bürgertum zu bekämpfen.» (1980, 26) Das ausschlaggebende Mittel, mit dem die soziale Revolution vorangebracht wurde, war die durch die Nationalsozialisten betriebene Auflösung des Zusammenhangs von Klassenzugehörigkeit und sozialem Status, die zu einer vorher nicht gekannten sozialen Mobilität und Gleichheit geführt habe. Allerdings verkennt Schoenbaum nicht, daß sich die soziale Wirklichkeit für die meisten Zeitgenossen von 1933–39, dem Zeitraum, auf den sich Schoenbaum beschränkte, kaum oder eher ins Gegenteil der propagandistischen Versprechungen verändert hatte: «Im Jahre 1939 waren die Städte nicht kleiner, sondern größer als zuvor, die Landbevölkerung hatte sich vermindert, nicht vermehrt; die Frauen standen nicht am häuslichen Herd, sondern im Büro und in der Fabrik; die ungleiche Verteilung von Vermögen und Einkommen war größer, nicht geringer geworden. Auf den ostelbischen Gütern herrschte nach wie vor der Adel, im Beamtentum herrschten Doktoren, im Heer Generäle mit Adelsnamen.» (ebd., 348) Die Auflösung dieses Paradoxons liegt für Schoenbaum im Phänomen der «zweigesichtigen Gesellschaft» begründet, die der Nationalsozialismus aufbaute: «Der durchschnittliche Staatsbürger lebte, ob passiv oder teilnehmend, in einer Welt von herkömmlichen Beziehungen, Kräften und sozialen Rangvorstellungen und zugleich in einer Welt, in der jene durch eine Uniform oder eine Anstecknadel sofort ungültig werden konnten.» (S. 346) Die neue «egalitärere Welt» des Nationalsozialismus gewann nach Schoenbaum für die Bevölkerung vor allem dadurch an Überzeugungs- und Integrationskraft, weil die «Revolution der Mittel», also in erster Linie die mit der Aufrüstung verbundene Rationalisierung und wirtschaftliche Expansion, in einem dialektischen Prozeß auch Veränderungen der Alltagswelt der sozialen Wirklichkeit hervorbrachte, die das traditionelle gesellschaftliche «oben» und «unten» einebneten. Insgesamt schufen danach «das einzigartige Klima des Dritten Reiches, seine ideologische Euphorie, die zunehmenden Aufstiegsmöglichkeiten, die Verteilung der Vorteile und Nachteile auf alle Gruppen der Gesellschaft .. ein schwankendes, doch unverkennbares soziales Gleichgewicht.» (Schoenbaum 1980, 300)[4]

Die These, der Nationalsozialismus habe eine «soziale Revolution» bewirkt, wurde vielfach bestritten und zurückgewiesen. So konstatierten Matzerath und Volkmann 1977 unter Berufung auf eine Vielzahl von – allerdings in einer anschließenden Diskussion unter Historikern zum Großteil umstrittenen – Modernisierungsindikatoren, daß die quantifizierbaren Entwicklungen «keineswegs das Ausmaß einer ‹sozialen Revolution›» erreicht hätten (1977, 97). Der Nationalsozialismus sei strukturell aufgrund seiner zentralen Systemziele («Etablierung eines totalitären Herrschaftsapparates und Vorbereitung eines Eroberungskrieges», dies., 99) unfähig gewesen, neue dauerhafte Strukturen zu entwickeln: «Bei aller Anerkennung von teilmodernisierenden Effekten, die sich aus dem Fortwirken konservativer und technokratischer Kräfte, aus der Autarkie- und Rüstungspolitik mit ihren wirtschaftlichen und gesellschaftlichen Konsequenzen, aus Effizienzbemühungen bei der Durchsetzung spezifisch nationalsozialistischer Ziele ergaben – sie sind im Kern nicht Ausdruck einer modernisierungsgerichteten Politik und ... können insgesamt nur als Pseudomodernisierung bezeichnet werden.» (dies., 99f.)

Auch nach einer neueren Untersuchung von Jens Alber (1989) brachte die NS-Zeit keinen tiefgreifenden Kontinuitätsbruch. Die entscheidenden Modernisierungsschübe seien erst in der Bundesrepublik erfolgt. Selbst das offensichtlich veränderte Rekrutierungsmuster der Eliten sei nicht als Modernisierung, sondern eher als Abweichung vom Pfad der Modernisierung zu interpretieren: «An die Stelle universalistischer Leistungskriterien traten neue Partikularismen: Ämterpatronage und politischer Klientelismus.» (1989, 353) Ohnehin seien die Modernisierungschancen der Hitler-Dik-

4 Der Gegensatz zu marxistischen Interpretationen wie etwa in Franz Neumanns klassischer Analyse «Behemoth» von 1944 ist evident: «Das Wesen der nationalsozialistischen Gesellschaftspolitik besteht darin, den vorherrschenden Klassencharakter der deutschen Gesellschaft anzuerkennen und zu festigen, eine Konsolidierung der herrschenden Klasse zu versuchen ... « (1988, 427); vgl. auch Kühnl 1987 u. 1988, als Überblicke Nolte 1984, 15ff., Hildebrand 1987, 139ff., Kershaw 1989, 55ff.

tatur beschränkt gewesen, weil das Regime – nicht zuletzt durch den immer umfassenderen Ersatz der von ihm zerschlagenen institutionalisierten Konfliktregelungsmechanismen durch Zwang – «nur über eine geringe Steuerungsfähigkeit verfügte». (ebd., 358)

Zum Teil mit Bezug auf die empirischen Befunde von Alber wies auch Hans Mommsen (1991) jüngst die Modernisierungsthese vehement zurück. Der Nationalsozialismus habe im Kern die «systematische Zerstörung von Politik» betrieben. Selbst dort, wo Modernisierungsansätze vorhanden waren, seien sie regelmäßig «im Marasmus der von unfähigen und selbstherrlichen Potentaten hervorgerufenen Fehlentscheidungen steckengeblieben» (1991, 418). Selbst für den engeren sozialökonomischen Bereich sei der Begriff der Modernisierung «schwerlich akzeptabel. Die Ausschaltung institutionell geregelter industrieller Arbeitsbeziehungen, die Unterdrückung der gewerkschaftlichen Organisationen, die Unterbindung aktiver Partizipation der Bevölkerung sind damit ebensowenig zu vereinbaren wie das giganteske System der Sklavenarbeit und der rücksichtslosen und menschenfeindlichen Ausplünderung der besetzten Territorien Osteuropas.» (ebd., 423) Die Zwischenkriegszeit und der Zweite Weltkrieg stellten in dieser Hinsicht also viel eher eine «Modernisierungskrise» dar, die Modernisierung trage nur «simulatorischen Charakter», sei «vorgetäuschte Modernisierung». (ebd.)

Insgesamt setzte sich mehrheitlich bis zum Ende der 80er Jahre eine Position durch, die – bei allen Unterschieden in der Begründung – zwar «partielle Modernisierungen» im Nationalsozialismus konstatiert, im ganzen den Veränderungen der NS-Zeit aber «auch nicht im entferntesten» (Kershaw 1988, 284) die Konnotation «soziale Revolution» zubilligen möchte. Exemplarisch hierfür vielleicht Ian Kershaw, der am Ende seiner ausführlichen Synopse und Diskussion der Debatte um die Modernisierungswirkung des Nationalsozialismus ungeachtet einer von ihm festgehaltenen Vielzahl von «Kontinuitätslinien in den sozioökonomischen Strukturen, den Institutionen und der Mentalität» betont, daß die Entwicklungen nach 1945, also «das Ende der deutschen Aristokratie, der Bankrott der alten Heeresleitung und ihrer preußisch-deutschen Ideale, der endlose Flüchtlingsstrom aus dem Osten, die Teilung Deutschlands, die sozialen Anforderungen des Wiederaufbaus sowie die ‹Umerziehungspolitik› der Alliierten eine Zäsur bedeuteten, neben der die sozialen Veränderungen aus der Zeit des Dritten Reiches zur Belanglosigkeit verblassen.» (ebd., 288)

Wie immer im einzelnen das Ausmaß modernisierender Ansätze und Effekte im Nationalsozialismus beurteilt wird, fast immer werden diese in klaren Gegensatz zu den «eigentlichen», antimodernen Zielsetzungen der Nationalsozialisten gestellt. Dabei wurden gerade die Zielsetzungen im wirtschafts- und sozialpolitischen Bereich bei Hitler und der übrigen NS-Elite im Unterschied zur Außen-, Kriegs- und Rassenpolitik[5] lange kaum systematisch untersucht.

Eine frühe, immer wieder zitierte Ausnahme bildete Henry A. Turners Aufsatz «Faschismus und Anti-Modernismus» (1972). Für Turner gab es eine «einfache Erklärung» (1972, 172) für die von Schoenbaum konstatierten scheinbar paradoxen Moder-

5 Vgl. Jäckel 1981, als Überblicke Hildebrand 1987, 189ff. u. Kershaw 1988, 165 ff.

nisierungseffekte zwischen 1933 und 1939. Der «utopische Anti-Modernismus» (ebd., 162) der ideologisch dominierenden NS-Hauptströmung (Hitler, Himmler, Rosenberg, Darré) habe langfristig darauf gezielt, durch die Eroberung von «Lebensraum» und «Ackerboden im Osten» eine neue Welle deutscher Ostkolonisation in Gang zu setzen, Millionen Deutscher «von der industriellen Versklavung» zu befreien und damit «dem moralischen und körperlichen Verfall in den Großstädten» zu entziehen. Trotz der durch Großstadtfeindschaft und die Reagrarisierungsziele geprägten vormodernen Ziele sei der Aufbau einer «modernen», «riesigen industriellen Kriegsmaschine» zwangsläufig gewesen, «um die im Grunde fortschrittsfeindlichen Ziele verfolgen zu können. Maßnahmen der ‹Modernization› waren für sie nicht Selbstzweck, sondern Mittel zu einem ganz anderen Ziel, das – sobald es erreicht war – die Maßnahmen zum großen Teil unnötig machen würde.» (ebd., 172)[6]

Inzwischen haben – gewissermaßen neben oder am Rande des «mainstreams» historischer Forschung – vor allem in den letzten 10–15 Jahren eine Reihe von Arbeiten zur Wirtschafts-, Sozial- und Alltagsgeschichte begonnen, die in diesen Bereichen bestehenden Forschungslücken zu schließen. Erste «Zwischenbilanzen» (vgl. Prinz/ Zitelmann 1991) insistieren darauf, daß viele der bisher selbstverständlichen Positionen überarbeitet werden müssen und die Durchdringung nicht nur der Alltagswirklichkeit des «Dritten Reiches», sondern auch der Zielsetzungen der NS-Führer mit modernen Elementen viel größer war, als bisher angenommen.[7]

Das komplexe Neben- und Ineinander von modernen und antimodernen Momenten hat neuerdings Peter Reichel in seinem Buch «Der schöne Schein des Dritten Reiches» (1991), in dem er die Mechanismen der Sicherung von Massenloyalität und Zustimmung vor allem durch die Kunst- und Kulturpolitik untersuchte, hervorgehoben. Während der zwölf Jahre NS-Herrschaft bildete sich mit tiefen Wurzeln in der deutschen Vergangenheit eine spezifisch deutsche Form von «Modernität» heraus, die er im Anschluß an Jeffrey Herfs Begriff (Herf 1984) mit «reaktionärem Modernismus» als «treffendstem Ausdruck» bezeichnete: «Mit dieser Formel ist ein Regime auf den kulturellen bzw. kulturpolitischen Begriff gebracht, das antiindividualistisch, antiliberal und antiurban war und doch ‹modern›, das zwar nicht umstandslos der Logik und den Imperativen technischer Rationalität folgen mochte, aber auch nicht antiindustriell war, das trotz seiner rückwärtsgewandten Vision die Modernisierung der Gesellschaft und Massenkultur vorantrieb oder duldete – besonders in der Motorisierung und in der Massenkommunikation, in der Architektur und Produktkultur, im Tourismus und

6 Vgl. hierzu Nipperdey: «Es gab eine ‹braune Revolution› gegen das bourgeoise wie das präkapitalistische Establishment, ein Stück Jakobinertum, das nicht als Maskerade weginterpretiert werden kann. Der Grund für die Modernität der Mittel und die modernisierende Wirkung ist leicht zu sehen. Das radikal antimoderne Ziel verlangte die modernsten Mittel und den radikalsten, modernsten, von traditionellen Hemmungen befreiten Gebrauch der Mittel. Der antimodernen Revolution der Ziele entsprach die modernistische Revolution der Mittel.» (1991, 68f.).

7 Für Wolfgang Wippermann dagegen beinhalten die neueren Versuche, die «alte», ursprünglich «dem propagandistischen Selbstverständnis des Faschismus entlehnte» Modernisierungsthese wieder zu reaktualisieren, regelmäßig eine Unterschätzung der alles umgreifenden «Bedeutung und Intensität der nationalsozialistischen Rassenpolitik» und damit auch eine Verfälschung und Verharmlosung der Verbrechen des nationalsozialistischen «Rassenstaates». (1992, 72).

Sport –, das politische Irrationalität und technischen Fortschrittsglauben, Barbarei und Modernität zu verbinden suchte – und daran scheiterte.» (ebd., 103)
Ist hier gerade das «Doppelgesicht» des Nationalsozialismus betont, so stellen unter den jüngeren Historikern Michael Prinz und noch sehr viel zugespitzter Rainer Zitelmann[8] ganz auf den modernen Charakter des Nationalsozialismus ab. Der meist unterstellte «krasse Gegensatz» von antimoderner Ideologie und moderner Praxis in der Gesellschafts-Politik des NS-Regimes habe so nicht bestanden. (1991, 318) Neuere Ergebnisse für die Bereiche der Sozial-, Mittelstands-, Wirtschafts- und Kulturpolitik hätten in Ergänzung und Vertiefung von Schoenbaums Befunden eine Vielzahl modernisierender und traditionelle Gegensätze einebnender Tendenzen herausgearbeitet. Die etwa auch von Marie-Luise Recker in ihrer Gesamtdarstellung der nationalsozialistischen Sozialpolitik vertretene These, diese Tendenzen und die Nachkriegsplanungen hätten überwiegend «Disziplinierungs- und Propagandafunktion» (Recker 1985, 152) gehabt und wären im Rahmen der langfristigen und mit der Kriegs- und Eroberungspolitik verfolgten antimodernistischen Zielsetzungen ohnehin unter dem Vorbehalt ihres späteren Widerrufs gestanden, lasse sich nicht mehr halten. Die Arbeiten zu den Nachkriegsplanungen im Bereich der Wirtschaftspolitik (Herbst 1982) und zu dem vor allem von den Planern der «Deutschen Arbeitsfront» (DAF) bzw. ihrem Leiter, Robert Ley, für die Nachkriegszeit geplanten «Sozialwerk des Deutschen Volkes» mit seinen Bestandteilen Reichslohnordnung, Berufserziehungswerk, Altersversorgung, Gesundheitswesen und sozialer Wohnungsbau belegten, daß der Krieg modernen Elementen in der Praxis, aber auch in der Ideologie des Nationalsozialismus definitiv zu einem Übergewicht verholfen habe: «Der Nationalsozialismus stand auf dem Boden der Moderne, und es gibt keine überzeugenden Gründe für die Annahme, daß er ihn verlasssen wollte. Offenbar gewannen moderne Kräfte in der zweiten Hälfte der dreißiger Jahre und besonders nach dem gewaltigen Erwartungsschub, den der Sieg über Frankreich auslöste, noch einmal und geradezu ruckartig an Boden. Die Erfahrungen eines Wirtschaftswunders auf dem Boden der bestehenden kapitalistischen Ordnung, der Abstand zum Krisengeschehen der späten Weimarer Jahre, die Erfahrung von der Schlüsselrolle moderner Technik im Krieg und nicht zuletzt der entgegen vielen Vorstellungen kaum abgeschwächte politische und kulturelle Hegemoniedruck der Vereinigten Staaten sorgten dafür, daß seit Beginn der vierziger Jahre wichtige Weichen für eine ‹Amerikanisierung› der deutschen Gesellschaft gestellt wurden.» (Prinz 1991, 323)
Im übrigen hätten diese Tendenzen auch gar nicht in dem Gegensatz zu Hitlers Anschauungen gestanden, den die geläufigen Thesen von dessen primär antimodernen, reagrarisierenden und großstadtfeindlichen Ziele unterstellen. Hier hat Zitelmann auf der Basis einer umfassenden, methodisch aber nicht unumstrittenen (vgl. Wippermann 1992, 71f.) Sichtung von Äußerungen Hitlers im Bereich der Wirtschafts- und Sozialpolitik versucht, der bisherigen, zumeist vor allem auf die Analyse der außen- und

8 Vgl. zur Kritik an dem Nolte-Schüler Zitelmann, der als einer der geistigen Führer der «Neuen Rechten» angesehen wird (z.B. O. Köhler in «Die Zeit» vom 31.12.1993), Alber 1989, 346, Wippermann 1992, 69ff. u. Nerdinger 1993b, 10.

rassenpolitischen Zielsetzungen Hitlers konzentrierten Forschung ein Bild Hitlers gegenüberzustellen, das diesen vor allem als «Sozialrevolutionär» und «Vollstrecker des Modernisierungsprozesses» (1987, 459) zeichnet. Danach sei es falsch, Hitler mit Ideologen der Reagrarisierung oder des von ihm nach 1933 verächtlich zurückgewiesenen völkischen Blut-und-Boden-Mystizismus eines Rosenberg oder Darré gleichzustellen. Hitler sei im Gegenteil ebenso wie andere führende Nationalsozialisten (z.B. Goebbels, Speer, Ley, Todt) von den Möglichkeiten moderner Technik fasziniert und «ein vehementer Anhänger der modernen Industriegesellschaft» (1989, 459) gewesen, der den in den USA erreichten Stand der technisch-industriellen Entwicklung, der Rationalisierung, der Verbreitung des Automobils etc. bewunderte.[9] Im Unterschied zu einzelnen SS-Führern habe auch der zu erobernde Ostraum für Hitler nicht primär einer Reagrarisierung, sondern vor allem als riesige Rohstoff- und Energiequelle sowie als Absatzmarkt dienen sollen (1987, 458 u. 1990, 206, ähnlich Ritschl 1991, 62ff.). «Russische Rohstoffquellen würden, so Hitlers Vision, einen ungeheuren Aufschwung der industriellen Produktion ermöglichen und Deutschland schließlich sogar in die Lage versetzen, die hochindustrialisierten USA einzuholen und zu überholen».[10] Auch von einer generellen Großstadtfeindschaft Hitlers, die gerne als Beleg für dessen antimodernistische Zielsetzungen angeführt werde, könne keine Rede sein. Die meisten derartigen Äußerungen seien vor 1933 gefallen. Trotz einer sicherlich verbleibenden ambivalenten Haltung zur Großstadt seien nach 1933 kaum mehr ablehnende Stellungnahmen, die ohnehin mit der Megalomanie seiner Städtebauprojekte kontrastieren würden, aufzufinden (ebd., 287).

Natürlich sind derartige Befunde jeweils für sich genommen nicht neu.[11] Die Technikbegeisterung Hitlers etwa, seine Wertschätzung Henry Fords und seine Vorlieben für schnelle Autos, Motorsport, Jagdflugzeuge, architektonische und städtebauliche Großprojekte etc. sind bekannt. Die Frage ist nur, ob diese Ergebnisse in ihrer Summe wirklich eine so grundlegende «Revision» bisheriger Einschätzungen über den Charakter des Nationalsozialismus, wie dies Zitelmann, Prinz und andere Autoren nahelegen, erfordern. Die Beantwortung dieser Frage hängt letztlich wiederum von dem verwendeten Modernisierungsbegriff und, worauf Winfried Nerdinger zu Recht hingewiesen hat, von der «Abwägung und Gewichtung der regressiven – Blut, Boden, Rasse, Überlebenskampf – und der progressiven (oder besser dynamischen) Elemente des Nationalsozialismus – Mobilisierung, Leistungssport, Kriegstechnik, Industrialisierung» (1993b, 13) – ab. Die Interpretation von Auschwitz als logischer Konsequenz der Moderne (vgl. z.B. Aly/ Heim 1990) oder – anders herum – des Nationalsozialis-

9 Vgl. zur «Amerikanisierung im Dritten Reich» Schäfer 1991 u. Fehl 1993b.

10 Zitelmann 1991, 15; spätestens hier werden die Grenzen der Nachzeichnung des Selbstverständnisses des «Hitlerismus» durch Zitelmann überdeutlich. Durch die Beschränkung auf die Darstellung der wirtschafts- und sozialpolitischen Zielsetzungen bekommen die Ziele dort, wo sie sich mit den Kriegs- und Eroberungszielen überlappen, eine einseitige – und falsche – Rationalität, hinter der die monströse Inhumanität dieser – etwa im «Sonderlaboratorium der SS», der Zamojszczyzna im Distrikt Lublin, mit ihren «Entjudungs-», «Aufordnungs-» und «Umvolkungs»-Aktionen und natürlich mit Wissen und Zustimmung Hitlers auch schon in die Praxis umgesetzten – Ostraumplanungen (vgl. Wasser 1993) zu verschwinden droht.

11 Vgl. z.B. zum Verhältnis Hitlers zur Großstadt Forndran 1984 u. Durth 1992.

mus als «sozialrevolutionärem Projekt» bedingen jeweils Modernitätsbegriffe, die von allen wesentlichen auf Demokratisierung, Verrechtlichung und Emanzipation zielenden aufklärerischen Inhalten entkoppelt und auf Technik und Sozialtechnik verkürzt sind.[12]

Damit ist ein Dilemma gekennzeichnet, das auch Smelser hervorgehoben hat, wenn er in seiner Diskussion der in dem angesprochenen Sinn «revisionistischen» Positionen zwar die Bedeutung eines «modernisierungstheoretischen» Ansatzes für die Erklärung der Integrationsleistungen des NS-Regimes und langfristige Kontinuitäten unterstreicht, zugleich aber auf die «inhärenten Risiken» einer damit gewiß unbeabsichtigten «schleichenden Rehabilitierung oder zumindest Relativierung der NS-Herrschaft» hinweist (1991, 72). Auch bezogen auf die Sozialplaner der DAF sei der Kernpunkt gewesen: «Indem die Nationalsozialisten eine imperiale Vision zu verwirklichen suchten, die im Interesse ihrer künftigen Sozialpolitik unverhüllten Rassismus, formalen Kolonialstatus und Herrschaft durch staatlich sanktionierten Massenmord einsetzte, waren sie rückständig, nicht fortschrittlich.»[13]

Ganz offensichtlich gilt es die Spannung auszuhalten, die aus dem widersprüchlichen «Doppelgesicht» des Nationalsozialismus (Reichel 1992, 30) resultiert, nicht sie einseitig aufzulösen.

Möglicherweise erweist sich auch zur Charakterisierung eines Teils der im Nationalsozialismus mit dem Attribut «modern» gekennzeichneten Prozesse wie der fortschreitenden Technisierung, Effektivierung, Leistungssteigerung und betrieblichen und sozialen Rationalisierung das unter Sozialhistorikern noch nicht, aber seit kurzem im Bereich der Architektur- und Planungsgeschichte diskutierte «Fordismuskonzept»[14] als angemessener. Tatsächlich weisen gerade die Planungen der DAF erhebliche (unausgesprochene) strukturelle Ähnlichkeiten mit dem auf, was man «ideellen Fordismus»[15] nennen könnte. Für Gerhard Fehl sind die Analogien so offensichtlich, daß

12 So auch Nerdinger, kritisch gegenüber Autoren wie Aly/ Heim auf der einen und Zitelmann auf der anderen Seite, in seinem Beitrag «Modernisierung, Bauhaus, Nationalsozialismus» (1993b). Allerdings legt auch er eine gewisse Entkoppelung der Begriffe nahe, wenn er angesichts der für alle Phasen der Industrialisierung typischen Durchmischung von progressiven und regressiven Tendenzen, also «der Gleichzeitigkeit des Ungleichzeitigen», die Frage stellt, «warum denn Industrialisierung und Demokratisierung, Moderne und freiheitliche Entwicklung zwangsläufig ‹synchron› gehen sollen» (1993b, 16).

13 1991, 89; vgl. auch Dülffer, der in seiner Besprechung des Buchs von Prinz/ Zitelmann deren Verwendung des Modernisierungsbegriffs nicht zuletzt «wegen seiner normativen Bedeutung im generellen Sprachgebrauch» für «fragwürdig» hielt und hinzufügte: «Darüber hinaus bediente man sich in der NS-Zeit zur Mobilisierung aller Ressourcen für den sich ständig ausweitenden Krieg eben atavistischer Herrenrassenideen, für die jeweils Terror, Mord, emotionalisierte und ritualisierte Umbiegung von herkömmlicher Politik charakteristisch waren. Das sollte man wohl aber nicht als Kehrseite von ‹Modernität› auffassen, selbst wenn auch derartige Elemente bis heute weiter in der Weltgeschichte Schule machen», FAZ vom 10.6.1991.

14 Vgl. hierzu von Ford 1923, Gottl-Ottilienfeld 1926, Hirsch/ Roth 1986, Bodenschatz 1989, Krätke 1990, Fehl 1990a, 1993a u. 1993b.

15 Ein Begriff von Fehl (1993a, 9); Fehl hat darauf hingewiesen, daß der ab 1930 wieder aus dem Sprachgebrauch verschwindende «Fordismus» zwar in den 20er Jahren von rechts («weißer Sozialismus») wie links vereinnahmt wurde, in diesen Ausdeutungen aber immer weniger mit dem «real existierenden Fordismus» in den Fordwerken selbst zu tun hatte, bei dem im Zeichen der Krise der 30er Jahre immer offener Niedriglohnpolitik und eine «totalitäre Führung und brutale Durchsetzung der Werksinteressen» (ebd., 11) in den Vordergrund traten.

er in diesem Zusammenhang von «Ley'schem Staats-Fordismus» spricht (1993b, 14). Zudem ist dieser Begriff selbstverständlich viel weniger normativ «aufgeladen» und mit dem Gedanken der Partizipation und emanzipatorischen Fortschritts verknüpft als der der «Modernität». Allerdings ist nicht zu verkennen, daß der Begriff eher retrospektiv aus dem Begriff des «Postfordismus», d.h. der aktuellen Erfahrung und Theoretisierung des Übergangs von einer primär auf standardisierte Massenproduktion und Massenkonsum gegründeten Phase industrieller Entwicklung zu einer – technologisch durch die Mikroelektronik beförderten – eher durch Flexibilisierung, Entstandardisierung und Individualisierung gekennzeichneten «postfordistischen» Ära gewonnen ist und bisher noch unzureichend differenziert und historisiert ist.

Der Nachvollzug der Debatte um die Modernität bzw. Anti-Modernität des Nationalsozialismus kann hier abgebrochen werden. Sie war nur insoweit darzustellen, als sie ein Rahmen ist für die in dieser Arbeit beabsichtigte Untersuchung der widersprüchlichen Ideologisierungen und praktischen Ansätze in der Wohnungspolitik der NS-Zeit. Die Kernfragestellung ist dabei: Wie und warum setzten sich gerade in einem Bereich, der zunächst programmatisch durch so dezidiert antimoderne Zielsetzungen geprägt war wie das Wohnungs- und Siedlungswesen, bei einem maßgeblichen Teil der NS-Elite, im Beamtenapparat und bei den Fachleuten nach und nach Positionen durch, die mit der Entwicklung der Wohnung zu einem Massenkonsumgut zugleich auf die Ausdehnung sozialstaatlicher Zentralisierung und Regulierung, die Förderung des Massenwohnungs- bzw. Mietgeschoßwohnungsbaus und rationalisierte und z.T. industrialisierte Formen der Bauproduktion drängten? Inwieweit sind diese Positionen als «modern» zu charakterisieren, wo liegen die Widersprüche dieser «Modernität» und welche Konsequenzen für die Nachkriegszeit sind hieraus erkennbar?

II. 1930–33 Wohnungspolitik im Zeichen der Weltwirtschaftskrise

So sehr sich die nationalsozialistische Wohnungspolitik nach 1933 auch ideologisch gegen die 20er Jahre abzugrenzen suchte, die meisten der von ihr nach 1933 gebrauchten Instrumente waren nicht neu, sondern gerade dort, wo sie das System des Reformmietwohnungsbaus der sog. «Hauszinssteuerära» ablösten, schon im Zuge der «konservativen Wende» seit 1930, also dem Übergang zur Ära der Präsidialkabinette und Notverordnungen, erprobt und entwickelt worden.[1] Der Reformmietwohnungsbau der 20er Jahre[2] mit seinen egalitären Inhalten, seinen Rationalisierungsversuchen und seiner neuen, «modernen» Architektur, die die Nationalsozialisten mit Hilfe Paul Schultze-Naumburgs bzw. des sich 1931/32 formierenden «Kampfbundes deutscher Architekten und Ingenieure» (KDAI) als «Sprachrohr» so erbittert bekämpft hatten[3], wurde nicht 1933, sondern de facto schon 1930 beendet. Die unter Rosenbergs Leitung stehende Agitation der Nationalsozialisten gegen den «Kulturbolschewismus» des «Neuen Bauens», auf das sie alle Mißstände der Industrie- und Massengesellschaft, den ganzen von ihnen beschworenen kulturellen und rassischen Niedergangs- und Auflösungsprozeß symbolhaft projezierten, hatte nur noch propagandistische Funktion.

Immer noch umstritten in der Bewertung dieses Bruchs mit der «Moderne» im Wohnungsbau ist die Frage, ob er in erster Linie als Ergebnis der seit 1930 veränderten politischen Machtkonstellationen und der Brüningschen Deflationspolitik angesehen werden muß oder aber selbst wesentlich Resultat ökonomischer Zwänge und struktureller Defizite der Weimarer Wohnungspolitik war. Michael Ruck etwa interpretierte die Entwicklung im wesentlichen als Folge politischer und sozialer Kräfteverschiebungen und der «damit einhergehenden Bestrebungen zur Demontage der Weimarer Sozialpolitik und der Zurückdrängung der öffentlichen Wirtschaft» und formulierte zugespitzt: «Die Krise diente als Hebel, mit dem – nicht allein – die Weimarer Wohnungspolitik erfolgreich aus den Angeln gehoben wurde, statt die öffentliche Wohnungsbauförderung in den Mittelpunkt einer Strategie zu ihrer Bekämpfung zu stellen» (1987, 123). Mit dieser und ähnlichen Einschätzungen korrespondiert zumeist eine Haltung, die in der spezifischen Weimarer Kombination von Wohnraumbewirtschaftung und massiver staatlicher Neubauförderung vor allem auch unter sozialpolitischen Gesichtspunkten grundsätzlich die richtige – und «mo-

1 Argumentation und Darstellung dieses Kapitels folgen zum Teil den entsprechenden Abschnitten in Harlander/ Hater/ Meiers 1988.

2 Neuere Überblicke zur Wohnungspolitik der Weimarer Republik mit zahlreichen Querverweisen zum zeitgenössischen Schrifttum bieten die Arbeiten von Peters 1984, Schulz 1986 u. 1993, Ruck 1988 und Hofmann/ Kuhn 1993; weitere wichtige, z.T. «klassische» Arbeiten sind von Gut 1928, Hirtsiefer 1929, Fey 1936, Lütge 1949, Pergande 1973, Blumenroth 1975, Witt 1979.

3 Vgl. Brenner 1963, 7ff., Teut 1967, 15ff. und Miller Lane 1986 (1968), 123ff.

derne» – Antwort auf die wohnungspolitischen Probleme der Zeit nach dem Ersten Weltkrieg sieht. Insgesamt erscheint in dieser Perspektive die Weimarer Wohnungspolitik in quantitativer, aber auch qualitativer Hinsicht als relativ erfolgreich (vgl. z.B. auch Witt 1979, 406).

Skeptischer wird das Ergebnis dieser Wohnungspolitik in der Regel von Autoren beurteilt, die marktwirtschaftlichen Positionen nahestehen und als Folge des «staatlichen Dirigismus» dieser Phase eine ganze Reihe selbst krisenverursachender und krisenverschärfender struktureller Probleme konstatieren. So etwa Knut Borchardt: «Eine nähere Analyse zeigt freilich bedenkliche Züge hinter der quantitativ eindrucksvollen Fassade. Im Gegensatz zu früher fiel die größte Wohnungsproduktion jetzt in die Phase lebhafter Konjunktur. Die Wohnungsbauförderung war deutlich prozyklisch, und das hat vermutlich zur Steigerung der Kosten (und Lasten) beigetragen. Aber auch sozialpolitisch scheint die Wohnungsproduktion trotz – oder wegen – der öffentlichen Förderung nicht alle Erwartungen erfüllt zu haben. Bis zur Weltwirtschaftskrise wurden zwar mit Einsatz von 18 Mrd. RM insgesamt 1,8 Mill. Wohnungen gebaut, aber es waren großenteils nicht Wohnungen für die wirklich einkommensschwachen Bevölkerungsschichten. Trotz der Bindung der Mieten an die durch Subventionen gesenkten Kosten waren die Preise der Neubauwohnungen so hoch, daß sie eher den gehobenen Angestellten und kleinen Selbständigen als den Arbeitern eine wirkliche Hilfe brachten» (1971, 134).

Das auch bereits von der zeitgenössischen Kritik (von rechts wie links!) vorgetragene Argument, die staatliche Wohnungsbauförderung habe am Bedarf vorbei und vor allem zu groß und zu teuer gebaut, muß ernst genommen werden. Tatsächlich gelang es trotz der hohen staatlichen Subventionen nicht, zu tragbaren Neubaumieten zu kommen und den überproportionalen Baukosten- und Zinsanstieg wirkungsvoll abzuschwächen (vgl. Kammler 1931; Weber 1931; Schmidt 1931).

Die rasche Steigerung der Baukosten[4] war vor allem dem beschleunigten Anstieg der Löhne und Baustoffpreise seit 1925[5] , dem rückläufigen Einsatz der Hauszinssteuer für den Wohnungsbau und dem Scheitern der Rationalisierungsbemühungen in der Praxis des Wohnungsbaus geschuldet. Bei einem Zinsniveau von 9–10% im Durchschnitt der Jahre 1925 bis 1931 bereits für erststellige Hypotheken, deren Beleihungsraum sich seit 1918 zudem vermindert hatte, war zur Deckung der sog. unrentierlichen Finanzierungskosten eine weitgehende Mitwirkung der öffentlichen Hand an der Wohnungsbaufinanzierung unumgänglich geworden, wurde aber auch tendenziell zu einem Faß ohne Boden. Im Reichsdurchschnitt wurden 79,4 % und in den Großstädten sogar 90,8% aller Wohnungen mit Hilfe öffentlicher Gelder gebaut (Rebentisch 1977, 141f.) – eine Quote, die natürlich nicht allein eine Folge der Lage auf dem

4 So stieg der Preisindex für Wohngebäude insgesamt (1913 = 100) bis 1929 auf 178,1 deutlich höher als der Index der Verbraucherpreise (1929: 154,0) (Blumenroth 1975, 202; vgl. auch Peters 1984, 81f.).

5 Daran hatten sicherlich auch die Lohnsteigerungen der Bauarbeiter maßgeblichen Anteil. Unterschätzt wird aber häufig der Anteil der Baustoffpreise: «... die deutsche Baustoffwirtschaft (verfügte, d.Verf.) über ein besonders gut ausgebautes System von Produktionsquoten und Preisabsprachen. Es scheint mithin, als ob die Wurzeln der vielbeklagten Baukostensteigerungen der 20er Jahre tatsächlich eher in Versäumnissen auf dem Gebiet der Kartellkontrolle als in einer ökonomisch verfehlten Subventionierungspraxis der öffentlichen Wohnungsbauförderung zu suchen wäre.» (Ruck 1987, 110)

Kapitalmarkt, sondern auch der sozialpolitisch begründeten Höchstmietenregelungen war (Witt 1979, 402ff.). Die dafür notwendigen Mittel konnten nicht allein aus der Hauszinssteuer beschafft werden. Hinzu trat die Verwendung anderer öffentlicher Mittel und der problematische Rückgriff auf weitere (u.a. kommunale) Neuverschuldung. Dadurch wurde das ganze Finanzierungssystem in hohem Maße krisenabhängig, zumal es nicht gelungen war, die Hauszinssteuer politischem Zugriff zu entziehen und in eine reine Zwecksteuer umzugestalten.

Trotz aller ab 1926/27 einsetzender Rationalisierungsansätze (vgl. Fehl 1983 u. 1988, Junghanns 1994), trotz der Arbeiten der 1927 gegründeten «Reichsforschungsgesellschaft für Wirtschaftlichkeit im Bau- und Wohnungswesen» (vgl. Fleckner 1993), trotz «Frankfurter Küche», der «Wohnung für das Existenzminimum», Zeilenbau und Großsiedlung und trotz des engagierten Einsatzes von Planern wie Martin Wagner und Ernst May blieben die praktischen Erfolge im Bereich der Industrialisierung und Rationalisierung des Bauens äußerst bescheiden. Die etwa durch Wagner geweckten Hoffnungen auf eine rasche Verbilligung des Wohnungsbaus «hatten sich nicht einmal andeutungsweise erfüllt, Rationalisierungserfolge wurden vielmehr durch Steigerung der Baupreise, steigende Löhne, Zinsen und Gewinne aufgezehrt» (Fleckner 1993, 107f.).

Der Kampf gegen diesen Wohnungsbau mit all seinen experimentellen Formen von sozialisierter Bauträgerschaft und Bauproduktion (Baugenossenschaften, Bauhütten), mit steigender staatlicher/kommunaler Intervention und sinkender privater Rentabilität, mit seinem Mieterschutz, der Mietenbindung und der Hauszinssteuer war ein Kernpunkt in den Programmen aller konservativen Kräfte und der Rechten und war mit dem Machtantritt Brünings bereits 1930 im Grundsatz entschieden. Die Hauptangriffspunkte des Reformmietwohnungsbaus waren dabei seine offensichtliche Überteuerung und nicht zuletzt auch der «Widerwillen, den verständlicherweise die Wohnungsbewirtschaftung mit ihrem reichlich bürokratischen Vorgehen in weiten Kreisen der Bevölkerung erweckt hatte» (Preller 1978, 485).

Die im Grundsatz auch von den Regierungen von Papen und von Schleicher weitergeführten wohnungspolitischen Bestrebungen des Kabinetts Brüning richteten sich daher ab 1930 zunächst auf den von der privaten Wohnungswirtschaft lange geforderten Abbau der «Wohnungszwangswirtschaft» durch die Auflockerung bzw. durch die für 1933 vorgesehene Aufhebung des Wohnungsmangels-, des Reichsmieten- und des Mieterschutzgesetzes[6], die radikale Kürzung der für den Wohnungsbau zur Verfügung gestellten Hauszinssteuermittel und die zweckgebundene Förderung nurmehr des Kleinwohnungsbaus.

Der letzte Programmpunkt kam im Jahre 1930 noch mit dem durch das Reichsarbeitsministerium ausgearbeiteten «Zusätzlichen Wohnungsbauprogramm» vom 14.7.1930 über 100 Mio. RM für einen aller Reformansprüche entkleideten Kleinwohnungsbau mit Wohnflächen zwischen 32 und 45 qm und ohne Gemeinschaftseinrichtungen zum Tragen (vgl. Der Städtetag 1931, 116ff.). Trotz intensiver fachlicher Diskussion um das

6 Das Reichswohnungsmangelgesetz, das seit 1923 Grundlage der öffentlichen Wohnraumbewirtschaftung war, trat am 1.4.1933 außer Kraft, während das Reichsmieten- und das Mieterschutzgesetz weiter bestehen blieben, vgl. im einzelnen Pergande 1973, 97ff.

Wohnungsbauprogramm von Dezember 1930 und die am 10.1.1931 verabschiedeten «Reichsgrundsätze für den Kleinwohnungsbau» (RGBl. I, 91)[7] führte die fortlaufende Verringerung des dem Wohnungsbau zur Verfügung stehenden Hauszinssteueranteils in den Notverordnungen (so allein in der NotVO vom 1.12.1930 von 800 Mio. RM auf 400 Mio. RM) und die zunehmende Verwendung dieser Mittel für den allgemeinen Finanzbedarf bzw. – in den Kommunen – für die Sozialfürsorge im Laufe des Jahre 1931 vor allem in den Städten praktisch zur weitgehenden Einstellung des Wohnungsbaus.[8]

Dieser Ausfall der direkten staatlichen Förderung konnte in der Krise auch nicht durch den Übergang zur indirekten Förderung durch das neu entwickelte System der Reichsbürgschaften ersetzt werden, mit dem man das seit Jahren kaum mehr beteiligte Privatkapital wieder für die Baufinanzierung zu gewinnen suchte. Auf der Basis der Notverordnung vom 1.12.1930 (RGBl. I, 517) war vorgesehen, für Klein- und Mittelwohnungen (ab 6.10.1931 auch für Kleinsiedlungen) bis zu einem in den Haushaltsgesetzen festgelegten Höchstbetrag[9] Bürgschaften für zweitrangige Hypothekendarlehen zu übernehmen.

Doch die mit diesen Maßnahmen intendierte Wende in der Wohnungspolitik kam kaum mehr in Gang, wurde von den Folgen der seit 1929 einsetzenden Weltwirtschaftskrise überrollt. Mehr noch als aus dem Rückgang der Fertigstellungen im Wohnungsbau auf Reichsebene geht die Dramatik der Situation aus den Produktionseinbrüchen in den Großstädten hervor: «Wie stark die Neubautätigkeit gerade in Großstädten eingeschränkt worden ist, geht z.B. daraus hervor, daß in Berlin im 2. Halbjahr 1930 21 227 Wohnungen als begonnen gemeldet wurden gegenüber 2 606 im gleichen Zeitraum 1931. Ein ähnliches Absinken ist für Hamburg (5 574 : 645) und für Köln (2 869 : 330) festzustellen ...» (v. Auer 1932, 64). Während sich auf der einen Seite so das Wohnraumdefizit vergrößerte, wuchs zugleich aufgrund der durch die Massenarbeitslosigkeit[10] verursachten sinkenden Mietzahlungsfähigkeit die Zahl der Räumungsurteile, der Obdachlosen und als Folge davon – so paradox es auf den ersten Blick unter diesen Bedingungen anmutet – die Zahl der Wohnungsleerstände (1932: ca. 150 000) (vgl. Tab. 1).

7 Mit der Verabschiedung dieser Reichsgrundsätze war gegenüber der bis dahin bestehenden weitgehenden Autonomie der Länder in der Ausgestaltung ihrer Wohnungsbauförderung zugleich eine Vereinheitlichung und Zentralisierung der Förderungspraxis beabsichtigt; Darlehen durften danach als nachstellige Hypotheken von 1 000–1 500 RM gewährt werden, waren in der Regel mit 4 % bzw. 3 % zu verzinsen und mit 1 % zu tilgen (Pergande 1973, 89).

8 Vgl. Knoblauch 1931; die gesamten öffentlichen Mittel im Wohnungsbau betrugen 1932 nur noch etwa ein Zehntel der jährlich zwischen 1926 und 1929 verausgabten Mittel; an Hauszinssteuerhypotheken wurden 1932 nur noch etwa 50 Mio. RM vergeben (1929: 850 Mio. RM); die Baukosten waren zwar seit 1929 um ca. 34 % gesunken, die Zinsen für Baudarlehen auf dem Kapitalmarkt lagen aber bei in der Krise unbezahlbaren 9 %, vgl. Der Wohnungsbau im Jahre 1932, in: Bauen, Siedeln, Wohnen 1933, 30f.

9 Er betrug in den Haushaltsjahren 1931 und 1932 250 Mio. RM, mußte dann aber auf 100 Mio. RM herabgesetzt werden, Pergande 1973, 92.

10 Höchststand im Februar 1932: 6,13 Millionen; hierzu muß noch eine wachsende Zahl von nicht registrierten Arbeitslosen gerechnet werden, die Ende Juli auf 1,7 bis 1,8 Mio. Personen geschätzt wurde, Blaich 1985, 60.

Tabelle 1: Wohnungsfertigstellungen 1929–1932

	insgesamt	davon durch		vom Neubau	
		Neubau	Umbau	mit öff Mitteln	ohne öff. Mittel
1929	338.802	93,2 %	6,8 %	78,6 %	21,4 %
1930	330.260	93,2 %	6,8 %	78,7 %	21,3 %
1931	251.701	91,9 %	8,1 %	73,8 %	26,2 %
1932	159.121	82,4 %	17,6 %	41,6 %	58,4 %

Quelle: Fey 1936, 61ff.

Die Städte befanden sich in der Tat finanziell in einer ausweglosen Situation, und die Regierung Brüning tat im Zuge ihrer prozyklisch wirkenden Deflationspolitik[11] wenig, um Abhilfe zu schaffen. Je stärker sich die Regierung aber den zunehmend dringlicher vorgetragenen Problemen der Kommunen und den Forderungen nach Arbeitsbeschaffungsprogrammen verweigerte, desto interessierter mußte sie angesichts der Not der Arbeitslosen und der anschwellenden öffentlichen Kritik an Maßnahmen sein, die über bloßes Abwarten hinausgingen, Ansätze eines positiv gerichteten, eigenständigen Konzepts boten und wenigstens psychologisch geeignet waren, hier Entlastung zu schaffen. In eben diese Lücke stießen die mit der 3. NotVO vom 6.10.1931 (RGBl. I, 551–553) verabschiedeten Pläne zur Förderung der Stadtrandsiedlung für Erwerbslose, die enorme Publizität erlangten und auf eine große Nachfrage stießen, quantitativ allerdings mit nur etwa 31 000 Siedlerstellen in den ersten zwei Bauabschnitten lediglich ein «Tropfen auf den heißen Stein» blieben.

Kennzeichen dieses Siedlungsprogramms für Erwerbslose waren neben den auf äußerste Sparsamkeit hin ausgelegten Siedlerhäusern mit einem Wirtschaftsteil v.a. die Landzulage (600 qm – 2 500 qm) für die einer möglichst weitgehenden Selbstversorgung dienende Gartenbewirtschaftung und Kleintierhaltung, der außerordentlich niedrige Kostenrahmen (3 000 RM), die Einschaltung von Trägern, die sozialen Bindungen der Kleinsiedlerstelle und die straffe, reichseinheitliche Leitung und Kontrolle der Maßnahme. Durch einen eigens bestellten Reichskommissar für die vorstädtische Kleinsiedlung (Saaßen) wurden nach genau festgelegten reichseinheitlichen Richtlinien niedrig verzinsliche Darlehen in Höhe von 2500 RM pro Siedlerstelle an die Träger vergeben. Dieses Darlehen sollte durch einen Selbsthilfeanteil im Wert von mindestens 500 RM, der aber in der Praxis meist sehr viel höher lag, ergänzt werden.[12] Alle Praxisberichte dokumentieren, daß der anfangs von den zeitgenössischen Fachleuten kaum für möglich gehaltene enorm niedrige Kostenrahmen aufgrund des Selbsthilfeeinsatzes der Siedler, der kommunalen Vorleistungen und nicht zuletzt auch der Bereitstellung von preisgünstigen Böden am äußersten Stadtrand im großen und ganzen eingehalten werden konnte.

11 Vgl. zur kontroversen Diskussion hierzu Petzina 1977, Borchardt 1982, Blaich 1985.

12 Vgl. zur Durchführung des Programms, zur Organisation, den kommunalen Vorleistungen, der Sozialbindung des Bodens, der Siedlerauswahl, der Finanzierung und den Kosten im einzelnen Harlander/ Hater/ Meiers 1988, 68ff.

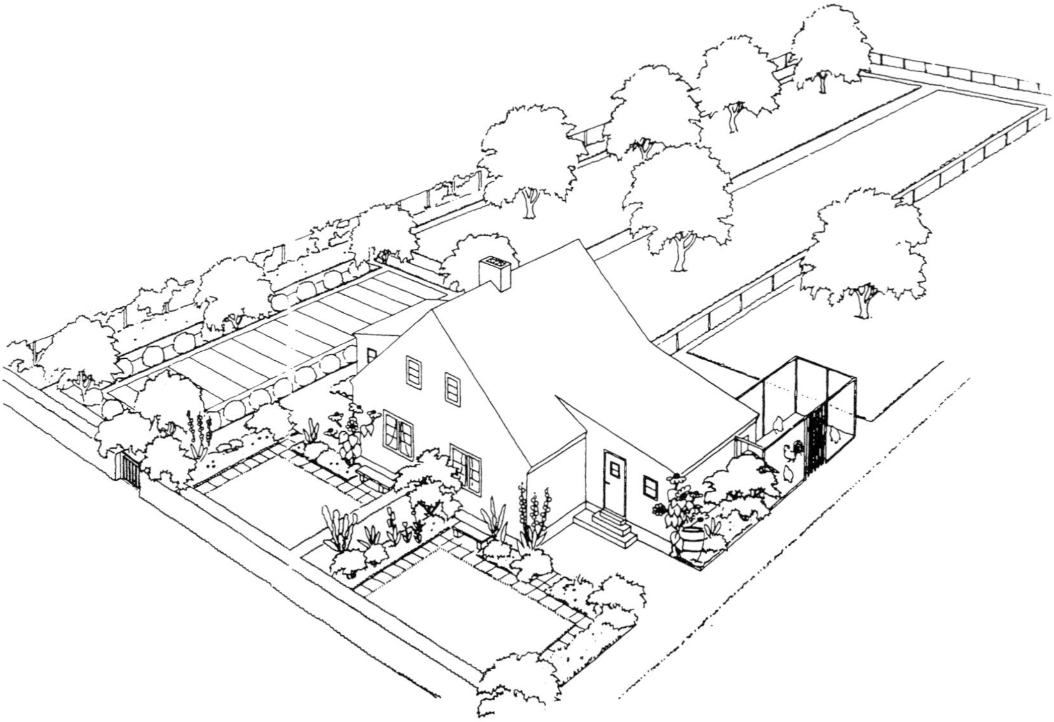

Typisches Siedlungshaus aus dem 1. Bauabschnitt (Typ P), Siedlung Tannenhof, Düsseldorf 1931
Quelle: Planarchiv Garten- und Friedhofsamt Düsseldorf

Die Untersuchung der Beratungen des Kabinetts Brüning (vgl. Harlander/ Hater/ Meiers 1988, 37ff.) zeigte, daß dieses Programm, das Brüning selbst in seinen Memoiren als «grundlegenden Beschluß ... zur Änderung des gesamten Wohnungswesens» einschätzte, weit mehr war als nur ein durch «die Not der Zeit» diktiertes Behelfswohnungsbauprogramm und durch sehr verschiedenartige und komplexe wohnungs- und gesellschaftspolitische Zielsetzungen gekennzeichnet war. Da war zum einen der im Kabinett stark repräsentierte agrarkonservative Flügel (v.a. Treviranus, Schiele) mit seinen auf die ländliche Siedlung gerichteten dezidiert industrie- und großstadtkritischen Reagrarisierungszielen und auf der anderen Seite die den christlichen Gewerkschaften bzw. den bürgerlichen Positionen der Mitte näher stehenden Stegerwald und Dietrich, die mit der Stadtrandsiedlung eher das Motiv verbanden, die Arbeiter über die damit verbundene Eigentumsbildung langfristig in einen Entproletarisierungsprozeß einzubinden und für die bürgerlichen Parteien zu gewinnen. Dies, aber auch das für diese Phase typische Bewußtsein, mit der Weltwirtschaftskrise an einem Wendepunkt im Industrialisierungsprozeß zu stehen, wird exemplarisch deutlich bei Finanzminister Hermann Dietrich, in dessen Ministerium das Programm ausgearbeitet wurde: «Die Entwicklung des deutschen Großstadtwesens, die Loslösung von Millionen von Menschen vom Boden, ihre Besitzlosmachung enthält die größten Fehler, die wir wirtschaftlich begangen haben. Wir haben versucht, die Folgen durch die soziale Gesetzgebung zu verhindern. Aber die Weltkrise hat gezeigt, daß wir an einem Punkte stehen, wo der noch intakte Teil der Wirtschaft und die noch Beschäftigten nicht mehr imstande sind, die aus dem Produktionsprozeß hinausgeworfenen Millionen angemessen zu versorgen. Darum müssen die Zahl der Bauern vermehrt, die großstädtischen Proletarier durch die Randsiedlung zu einem erheblichen Teil zu kleinen Eigentümern gemacht und endlich die kleinen Vermögen begünstigt werden. Das Wort Besitzbürgertum muß wieder zu einem Ehrenwort statt zu einem Schimpfwort werden.» (zit. in von Saldern 1966, 202)
Doch es wäre verkürzt, die Siedlerbewegung dieser Phase nur im Kontext der autoritär- und agrarkonservativen Ziele der Regierung Brüning zu interpretieren. Gerade die Krise begünstigte das (Wieder-) Aufbrechen einer ganzen Vielfalt bereits in und unmittelbar nach dem Ersten Weltkrieg existierender ländlicher Siedlungsleitbilder, die nach 1924 zwar zurückgedrängt, aber immer doch latent vorhanden waren. Am Beginn der Weimarer Republik stand die Begeisterung für die Heimstätte mit Nutzgarten und für die ländliche Siedlung, nicht aber schon für die städtische Großsiedlung als Reformprojekt. Im Verständnis dieser Kontinuitäten liegt auch der Schlüssel für die Erklärung des Einschwenkens so vieler prominenter Vertreter des «Neuen Bauens», wie Leberecht Migge, Martin Wagner, Otto Haesler, Bruno Taut u.v.a., nach 1930 auf die neue wohnungspolitische Diskussion um Selbsthilfe, Kleinsiedlung und dezentralisiertes Bauen. Für viele war der durch die konservative wohnungspolitische Wende erzwungene Bruch in ihrer Arbeit wohl weniger gravierend als vielfach angenommen. Für manchen war es eher eine Rückkehr zu den Berufserfahrungen und Aufgabenstellungen, aber auch zu den z.T. schwärmerisch vorgetragenen Hoffnungen auf eine neue «Stadtland-Kultur» (Migge 1920) und die «Auflösung der Städte» (Taut 1919) aus der Zeit um 1920. Daß sich die politischen Rahmenbedingungen freilich

grundlegend verändert hatten und im Zeichen der konservativen Wende keine reale Chance mehr für die Umsetzung neu ausgearbeiteter Reformprojekte bestand, wurde von den wenigsten dieser Planer klar gesehen.
So stand im Hintergrund der Kabinettsberatungen eine seit 1929/30 mit sehr divergierenden ideologischen Zielsetzungen geführte, außerordentlich breite zeitgenössische fachliche Diskussion um Siedlungsfragen.
Hier gab es auf der einen Seite ein breites Spektrum bürgerlicher und agrarkonservativer Kreise, die ihre alten Reagrarisierungsziele und ihre Großstadtfeindschaft häufig mit einer mehr oder weniger deutlichen Ablehnung der aus ihrer Sicht «inkonsequenten Wohlfahrtsmaßnahme» Stadtrandsiedlung verknüpften und in den verschiedensten Varianten die Ausdehnung der «inneren Kolonisation», Umsiedlung und Förderung der ländlichen Siedlung forderten.[13]
Auch die Nationalsozialisten lehnten die vorstädtische Kleinsiedlung wegen ihres primären Bezugs auf Erwerbslose und Großstädte als inkonsequent ab. Daß dies für viele völkisch denkende Zeitgenossen nicht allein einen ideologischen, sondern durchaus auch einen «lebenspraktischen» Stellenwert hatte, läßt sich für diese Zeit exemplarisch etwa an den Positionen der ab 1930 im Nationalsozialismus aufgehenden und für dessen Ideologiebildung wichtigen «Artamanenbewegung»[14] nachvollziehen. Bergmann charakterisiert sie als «die einzige Gruppe innerhalb der Jugendbewegung, deren Denken fast ausschließlich um die Fragen der ‹Landflucht› und der Verstädterung kreiste» (Bergmann 1970, 247). Tausende von Mitgliedern suchten sich in den 20er Jahren durch freiwilligen Arbeitsdienst in der Landwirtschaft auch praktisch auf ein Siedlerleben im Osten vorzubereiten. (vgl. Deutsche Bauhütte 1931, 356ff.) Oberstes Ziel war es, wie Friedrich Schmidt, einer der Führer der Artamanen und Nationalsozialist, Anfang 1930 programmatisch umriß, das Siedlungswerk in größtem Umfang wieder aufzunehmen: «Der deutschen Not ist nur zu steuern durch Erhaltung und Vermehrung seines Lebensraumes, durch siedlerische Sicherung und Neuerwerbung des deutschen Ostens. Durch eine Verschiebung des heutigen Verhältnisses zwischen Stadt- und Landbevölkerung, Vermehrung der in der Landwirtschaft tätigen Menschen, Eindämmen der Landflucht, Umschaltung städtischer Menschen aufs Land ... Ein Volk aber, das Fremde die heimatliche Scholle bebauen läßt und das Proletarierdasein in den Städten vorzieht, streicht sich selbst aus der Geschichte» (zit. in: Bergmann 1970, 283).
Auf der anderen Seite aber wurde der Aufschwung der wieder zu Ehren gekommenen Siedlungsidee auch von einer Vielzahl von Fachleuten und Gruppierungen begrüßt, die aus reformerisch-utopischer Perspektive heraus mit einer Fülle von Vorschlägen zur Herstellung des von ihnen angestrebten Stadt-Land-Ausgleichs an die Öffentlichkeit traten. Hierzu rechneten – mit vielfältigen Verknüpfungen untereinander – Bewegungen wie die den mittelständisch geprägten Traditionen und Eigentumsidealen

13 Vgl. z.B. v.d. Goltz 1931 u. Nadolny 1931.
14 Vgl. im einzelnen Bergmann 1970, 247ff., der detailliert den Einfluß der Artamanenbewegung auf die nationalsozialistische Ideologiebildung herausgearbeitet hat; Mitglieder und Förderer des Bundes «Artam» waren u.a. Höß, Himmler, Darré, von Schirach, Günther.

der Reformbewegungen der Jahrhundertwende verpflichtete Gartenstadt-, Bodenreform- und Heimstättenbewegung (vgl. Bollerey/ Fehl/ Hartmann 1990) ebenso wie die Verfechter von Sozialisierungszielen und neuen kollektiven, genossenschaftlichen Eigentumsformen etwa aus den Reihen des «Neuen Bauens» und generell des «reformsozialistischen Lagers». Typisch hierfür war etwa der Beitrag Adolf Radings in einer 1932 in der Zeitschrift des Werkbundes «Die Form» ausgetragenen Kontroverse zwischen ihm, Alexander Schwab, Wilhelm Lotz, Otto Haesler, Roger Ginsburger und R. Wilbrandt. In deutlicher Anknüpfung an Leberecht Migge formulierte er die Utopie der «Durchdringung des Landes mit der Stadt». «Stadtland ist Kennzeichnung einer neuen Struktur des Landes, die geistige und wirtschaftliche Abgründe zwischen Stadt und Land nicht mehr kennt.» (Rading 1932, 102) Die Stadtrandsiedlung war für ihn nicht mit einem Reagrarisierungsziel verknüpft, sondern Bestandteil einer durch die Wirtschaftskrise erzwungenen Umverteilung von Arbeit und Sicherung des Überlebens: «Das Problem der Siedlung ist nicht, den Erwerbslosen mit Landarbeit zu beschäftigen, sondern Erwerbslose dadurch erwerbsfähig zu machen, daß man durch Kurzarbeit die doppelte oder dreifache Anzahl beschäftigt und diese durch zusätzliche Gartenarbeit und eine billige Wohnung lebensfähig macht.» (ders., 101)

Am entschiedensten setzte sich Lotz, der später im DAF-Amt «Schönheit der Arbeit» arbeitete, für die Stadtrandsiedlung ein. Kulturell sah er sie als Bestandteil einer großen Bewegung an, die die «Flucht aus der Stadt zur Natur» zu verwirklichen suchte: «Diese Flucht ist weniger eine auf breiter Basis erwachsene grundsätzliche Verneinung der Stadt, sondern ein Stück Lebensgestaltung.» (Lotz 1932, 5) Mit dem «verstärkten Gefühl für landschaftliche Werte, für die Natur» sah er diese Bewegung eben nicht im Gegensatz, sondern durchaus im Einklang mit den Werken der besten Architekten der modernen Architektur wie Mies van der Rohe, Gropius und Taut. Auch wenn er einräumte, daß für Erwerbslose sicherlich das wirtschaftliche Motiv dominant sei, so beharrte er doch darauf, daß die Siedlungstätigkeit *auch* aus Freude an der Natur, an der Gärtnerarbeit, an der «gärtnerischen Bastelei» und an den damit gegebenen Gestaltungsmöglichkeiten erfolge (ebd., 6).

Erklärter und scharfer Kritiker der Stadtrandsiedlung war in dieser Kontroverse der KPD-nahe Roger Ginsburger. Ihm schien die Idee wirtschaftlich aussichtslos zu sein und im Ergebnis nur eine weitere Verelendung der Erwerbslosen zu bewirken. Die wirklichen Motive seien ganz anders gelagert: «Was soll also dies Projekt, wenn nicht vor allen Dingen Hoffnungen wecken, zum Durchhalten anspornen und zum Ruhigbleiben, kurz ein Mittel zur Erhaltung der Macht sein? Oder erhofft die Großindustrie von seiner Durchführung eine neue Möglichkeit die Löhne zu drücken und so auf dem Weltmarkt konkurrenzlos zu werden?» (Ginsburger 1932, 192).

Die Kontroverse der Experten wurde nicht entschieden. Hilberseimer als Berichterstatter des Ausschusses für Siedlungswesen im Werkbund trug schließlich lediglich noch vor, daß das Siedlungswesen «eine der wichtigsten gesellschaftlichen Aufgaben» sei, über die es freilich die «widersprechendsten Meinungen» gebe. Der Werkbund befände sich noch beim «Studium dieses Problems in seinem ganzen Umfang ...» (Hilberseimer 1932, 355). Diese «Beschlußlage» war sicherlich symptomatisch für die

Verfassung vieler Intellektuellenzirkel aus dem progressiv-linken Lager in dieser Phase, aber wäre ein ideologischer Kraftakt wirklich «praxisnäher» gewesen?
Der durch die kontroversen ideologischen Debatten unterstrichene ambivalente Charakter der Siedlungsbewegung dieser Phase, ihr Erfolg und die relativ breite Zustimmung wird allerdings erst im Kontext ihrer Entwicklung auf lokaler Ebene wirklich verständlich. Angesichts der Kumulation der Folgeprobleme der Arbeitslosigkeit, der Wohnungsnot und der gravierenden, im Zuge einer Welle allgemeiner Kommunalfeindlichkeit durch das Reich noch verschärften Finanznot der Gemeinden war an eine Arbeitsbeschaffungspolitik durch die Gemeinden selbst, geschweige denn an die Auflage eigener Kleinwohnungsprogramme nicht mehr zu denken. Zugleich waren die Kommunen mit einer aus der Not heraus ständig wachsenden, bereits nach Hunderttausenden zählenden «wilden» selbstorganisierten Siedlerbewegung in den Laubenkolonien und an den Rändern der Städte konfrontiert, deren bedrohlich erscheinende weitere Ausbreitung man meinte stoppen und «in geordnete Bahnen» lenken zu müssen. So kreuzten sich die Motivationen der Brüning-Regierung mit den Impulsen der spontanen, «wilden» Siedlerbewegung und den Eigeninteressen der Kommunalverwaltungen auf so besondere Weise, daß die nach einer ersten Phase des Zögerns außerordentlich hohe allgemeine Akzeptanz des Siedlungsprogramms unter den besonderen durch die Krise gesetzten Bedingungen verständlich wird.
Unter den Regierungen von Papen und von Schleicher wurde das Stadtrandsiedlungsprogramm zunächst noch in seiner ursprünglichen, grundsätzlich auf Erwerbslose (ab 6.10.1931 waren auch Kurzarbeiter erlaubt) bezogenen Konzeption fortgeführt.[15] Aber es wurden bis 1933 lediglich noch weitere 13000 Kleinsiedlungen erstellt (im I. Bauabschnitt 18000) – eine verschwindende Zahl angesichts der enormen Nachfrage und Wohnungsnot. Immer deutlicher artikulierte sich auch in der Presse Enttäuschung und Verbitterung über das Mißverhältnis zwischen der Siedlungspropaganda, der breiten Fachdiskussion und dem praktischen Ergebnis. So bemerkte die «Tägliche Rundschau»: « Aus der praktischen Siedlung in Deutschland ist im Verlaufe der letzten Monate allmählich eine freundlich dahin plätschernde theoretische Unterhaltung geworden.» (zit. bei Neumann 1933, 163) In der Folge waren die Kommunen mit einer weiteren Zunahme des unkontrollierten «wilden Siedelns» in Laubenkolonien, am Stadtrand, auf ehemaligen Exerzierplätzen u.ä. konfrontiert.
Als «Balkanisierung des Wohnungswesens» (Bernhard 1932, 179) apostrophierte etwa der Deutsche Baugewerksbund, der seine Kritik der Zustände mit der Forderung nach Arbeitsbeschaffungsmaßnahmen für die zu 90 % arbeitslosen Bauarbeiter verband, auf dem außerordentlichen Gewerkschaftskongreß im April 1932 diese Entwicklung. Neben der – finanziell allerdings völlig unzureichend ausgestatteten – Fortführung der Stadtrandsiedlung wurden durch die Regierung Papen im Rahmen der von ihr im Sommer 1932 zögernd betriebenen aktiveren Arbeitsbeschaffungsmaßnahmen (außerdem: Straßenbau, Wasserstraßenbau, Meliorationen) vor allem Maßnahmen gefördert,

15 An Haushaltsmitteln wurden für das Kleinsiedlungsprogramm unter Brüning 83 Mio. RM, im sog. Papen-Programm und im Sofort-Programm vom 28.1.1933 zusammen 40 Mio. RM bereitgestellt. (von Haehling 1938).

die einer Verbesserung oder Umstrukturierung des Bestandes dienten: Instandsetzung des Altwohnraums, Teilung von Großwohnungen und Umbau gewerblicher Räume zu Wohnungen – Maßnahmen, die der Staat nach der Verordnung zur Belebung der Wirtschaft vom 4.9.1932 durch die Bereitstellung von 50 Mio. RM als verlorene Zuschüsse förderte (vgl. Durst 1932, 281ff.)[16].

Insgesamt hatte sich seit 1930 teils als Reflex auf die Krise, teils als Versuch einer konservativen Neubestimmung der Wohnungspolitik eine wirkliche Wende vollzogen, deren z.T. ambivalenter Charakter erst vor dem Hintergrund des enormen Einschnitts verständlich wird, den die Weltwirtschaftskrise als vermeintlich irreversibler Endpunkt einer ganzen Phase übersteigerter Industrialisierung und Verstädterung im Bewußtsein der Zeitgenossen bedeutete.

16 Zur Finanzierung wurden u.a. durch die Regierung Papen sog. «Steuergutscheine» geschaffenen, ein Ersatz für «unmittelbare Steuersenkungen, zu denen der Staat damals nicht in der Lage war»; (Peters 1984, 127) Durst, Dirigent der Abteilung Wohnungswesen im zuständigen RAM, kündigte Ende September 1932 an, daß «für die Inangriffnahme einer großzügigen Instandsetzung des Hausbesitzes» über die Reichszuschüsse hinaus außerdem 400 Mio. RM dieser Steuergutscheine zur Verfügung stünden. (Durst 1932, 283).

III. 1933–35 Gleichschaltung, Arbeitsbeschaffung und Kleinsiedlung

Die Nationalsozialisten übernahmen also 1933 bereits das Erbe einer konservativen Wende in der Wohnungspolitik. Die großsprecherische Ankündigung einer «neuen Baukultur», die Versprechungen, nach denen der Wohnungsbau in der Sozialpolitik als «Problem Nr. 1»[1] behandelt werde, hatten gerade für den Wohnungsbau, mit dem sich ihre Propaganda so intensiv beschäftigt hatte, zweifellos große Erwartungen geweckt. Doch darin wurde die Anhängerschaft bitter enttäuscht. In dieser ersten «Konsolidierungsphase» des NS-Regimes bis etwa 1935/36 wurde der Wohnungsbau in der Praxis den Arbeitsbeschaffungsmaßnahmen untergeordnet, danach dem Westwallbau und der Aufrüstung. So bestand die praktische Wohnungspolitik zunächst in der – modifizierten – Fortführung der aus der Zeit der Präsidialkabinette überkommenen Programme, für die der Beamtenapparat des Reichsarbeitsministeriums (RAM) bereitstand. Von Anfang an begann sich allerdings auch im Wohnungswesen der für die NS-Zeit charakteristische Dualismus von Staat und Partei[2] bzw. die typische polykratische Durchdringung und Überlagerung von Staats- und Parteiämtern herauszubilden. Zahlreiche Parteigrößen und -gliederungen entwickelten je eigene Vorstellungen für das Wohnungs- und Siedlungswesen und versuchten mit sehr unterschiedlichem Erfolg, diese durchzusetzen.

1. Gleichschaltung

«In zwei Monaten haben wir Hitler in die Ecke gedrückt, daß er quietscht.» Mit dieser Einschätzung des Vizekanzlers von Papen (zit. in: Hildebrand 1987, 1) nach dem 30.1.1933 zu den Möglichkeiten einer «Einrahmung» und Kontrolle Hitlers in dem scheinbar durch konservative Minister dominierten Kabinett Hitler, dem zunächst nur zwei weitere Nationalsozialisten (Wilhelm Frick und Hermann Göring) angehörten, hatte er die Nationalsozialisten sträflich unterschätzt. Durch systematischen Terror und die immer weitere Ausdehnung auch der rechtlichen Handlungsspielräume nach ihrer Machtübernahme gelang es den Nationalsozialisten nach und nach, alle Gegner auszuschalten d.h. in die Emigration oder den Untergrund zu treiben oder in die Konzentrationslager zu verschleppen, und Parteien, Gewerkschaften, Presse, Verbände sowie die Länder und Gemeinden «gleichzuschalten» und damit dem «Einparteien-» bzw. dem «Führerstaat» unterzuordnen (vgl. Broszat 1989, 82ff.).
Natürlich war auch das Wohnungswesen von diesen «Säuberungs»- und Gleichschal-

1 So etwa Gregor Strasser, vgl. Teut 1967, 251.

2 Broszat spricht in diesem Zusammenhang auch von einem «Trialismus», der durch die Sonderstellung Hitlers entstanden sei (Broszat 1989, 246); vgl. grundlegend Fraenkel 1974.

tungsaktionen betroffen, die sich gegen alle politisch Mißliebigen, von Anfang an aber auch schon gegen Juden richteten.[3]
Einer der Hebel hierfür war das berüchtigte «Gesetz zur Wiederherstellung des Berufsbeamtentums» vom April 1933. Damit konnten nicht zuletzt die «baubolschewistischen» «Ring»-Architekten aus ihren Ämtern in Hochschulen und Verwaltungen entfernt werden. Dies traf nicht allein Architekten wie Ernst Wichert, Adolf Rading, Robert Vorhoelzer, Richard Döcker, Hans Poelzig, Hans Scharoun, Fritz Schumacher, Bruno Taut und Martin Wagner, sondern mit Konrad Adenauer (Köln), Ludwig Landmann (Frankfurt) und Fritz Hesse (Dessau) auch die politisch Verantwortlichen und ihre Mitarbeiter in den Städten, die deren Bauprogramme ermöglicht hatten (vgl. Durth 1992, 117, Miller Lane 1986, 164). Bereits vor der «Machtübernahme» Hitlers war das Bauhaus in Dessau Opfer der Säuberungsaktionen geworden. Seine provisorische Weiterführung in Berlin unter der Leitung von Mies van der Rohe mußte im April 1933 abgebrochen werden.
Die Gleichschaltung des Bundes Deutscher Architekten (BDA) und des Werkbundes vollzog sich gleich in den ersten Monaten des Jahres 1933. Nach dem «Führerprinzip» wurden neue Präsidenten «gewählt», die dann genehme Mitarbeiter auf der Führungsebene auswählten. Im Werkbund war dies ab Juli 1933 der, wie Teut schreibt, «Prototyp eines Parteibucharchitekten», Christoph Lörcher, im BDA ab März 1933 der Münchner Professor für Architekturgeschichte Eugen Hönig. Der BDA verlangte nun in neuen Aufnahmebedingungen, daß der Nachweis der Nicht-Mitgliedschaft in SPD und KPD geführt wurde und legte Wert auf eine «nicht-jüdische Abstammung». Außerdem wurden die kulturellen und völkischen Grundsätze des Kampfbundes für deutsche Kultur (KdK) bzw. des Kampfbundes Deutscher Architekten und Ingenieure (KDAI) verbindlich gemacht. Der BDA wie auch die anderen Verbände lehnten das Neue Bauen ab und forderten einen nationalen, auf «Blut und Boden» fußenden Stil (vgl. Miller Lane 1986, 166). Schon im Mai 1933 konnte Hönig melden: «Die Gleichschaltung ist inzwischen überall durchgeführt worden. Der Bund Deutscher Architekten ist damit zu einem starken Kulturinstrument der nationalen Regierung geworden. Er steht mit allen seinen Kräften hinter der Regierung und dem Reichskanzler und Führer Adolf Hitler. Der BDA hat die Verbindung mit den übrigen Verbänden der Architektenschaft aufgenommen, um eine einheitliche Organisation zu schaffen, die die berufsständischen Interessen der gesamten Architektenschaft zu vertreten und die Eingliederung der Architekten in den berufsständischen Aufbau vorzubereiten hat.» (zit. bei Teut 1967, 86)
Der Prozeß der Organisation dieser «einheitlichen berufsständischen Vertretung» zog sich allerdings noch jahrelang hin. Ursache hierfür waren aber nicht etwa der Widerstand der Verbände oder der Architektenschaft, sondern interne Machtkämpfe. Zwar wurden Werkbund und BDA im Laufe des Jahres 1933 faktisch dem KDAI eingegliedert, aber nicht dieser wurde, so wie dies Rosenberg und Schultze-Naumburg gehofft hatten, von einem Partei- zu einem Staatsorgan aufgewertet, sondern es war die

3 Vgl. hierzu Brenner 1963, 35ff., Teut 1967, 65ff., Petsch 1976, 72f., Miller Lane 1986, 161ff., Durth 1992, 117ff

Goebbels Propagandaministerium zugeordnete, am 15.11.1933 gegründete Reichskulturkammer, der die Kontrolle über die Kultur zugesprochen wurde. Die in einzelnen Kammern wie der für die Architekten zuständigen Reichskammer der bildenden Künste (RDBK) organisierte Reichskulturkammer wurde schließlich per Gesetz zur einzig legalen Organisation für kreative Berufe und hatte bis 1934/35 den Kampfbund als Berufsverband abgelöst.[4] Präsident wurde wiederum Eugen Hönig.
Die Bodenverluste des völkisch-antisemitischen «Parteiideologen» Rosenberg und seines strikt «antimodernistischen» Kampfbundes in dieser Zeit waren symptomatisch. Immerhin hatte die Großstadtfeindschaft unter dem in der «Kampfzeit» führenden Ideologen Rosenberg mit den von ihm unentwegt beschworenen Bildern eines letzten dramatischen Gefechts zwischen Großstadt und Land, zwischen Sterilität und Blut, zwischen Asphalt und Boden eine vorher nicht gekannte Schärfe erreicht. Typisch hierfür etwa eine vermutlich von Rosenberg selbst verfaßte ideologietriefende Passage in den Mitteilungen des von ihm geleiteten «Kampfbundes für deutsche Kultur»: «Heute ist aus den Tiefen der uns alle verschlingenden Weltstädte der Untermensch heraufgestiegen. Millionen unselig Entwurzelter sind auf den Asphalt geworfen, arm an Raum, entnationalisiert, richtungslos, preisgegeben jeglichen schillernden Volksverführern, die heute in der sog. Weltpresse Mulatten- und Negerkultur als die höchsten Errungenschaften der Jetztzeit aufzutischen wagen.» (zit. bei Bergmann 1970, 323) Ähnlich wie Darré bei der Landbevölkerung, beuteten Rosenberg und der 1929 gegründete Kampfbund mit seinem «Sprachrohr» Schultze-Naumburg in ihrer Agitation all die in der Krise aufgebrochenen und zuvor verdrängten Ängste vor allem des Kleinbürgertums vor Verelendung und sozialer Deklassierung in der Zeit von 1929 bis 1933 geschickt aus. Nach 1933 verloren dann diese Ideologien auch für Hitler, der ohnehin nie mit dem Mystizismus (wohl aber etwa mit dem Anti-Semitismus!) in Rosenbergs Denken übereingestimmt hatte (Bollmus 1990, 226), einen Gutteil ihrer ursprünglichen Funktion und Bedeutung.
Der Kampf zwischen Rosenberg und dem «moderneren», großstädtischer «Asphaltkultur» näheren Goebbels nahm 1933/34 teilweise heftige Züge an. Manche Architekten und Künstler zogen dabei aus dem fortschrittlicheren Gehabe Goebbels' neue Hoffnungen. Doch Goebbels hatte letztlich nur ein taktisch-instrumentelles Verhältnis zur Moderne und betrieb nach Hitlers Eingreifen in den «Kunststreit» auf dem Reichsparteitag im September 1934 seine weitere Kulturpolitik im Sinne Hitlers, der beiden Flügeln eine Absage erteilt hatte. Hitler hatte sich in seiner Rede sowohl gegen «das ganze Kunst- und Kulturgestotter von Kubisten, Futuristen (und) Dadaisten» gewandt, aber auch «gegen das plötzliche Auftauchen jener Rückwärtse, die meinen, eine ‹teutsche Kunst› aus der krausen Welt ihrer eigenen romantischen Vorstellungen der nationalsozialistischen Revolution als verpflichtendes Erbe für die Zukunft mitgeben zu können.»[5]

4 Vgl. auch das neue Architektengesetz vom Oktober 1934, abgedruckt bei Teut 1967, 99f. Mit dieser «Berufsanordnung» sollte «ein neues Kapitel im Buch deutscher Baukultur aufgeschlagen» werden. Ziel der Arbeit der Architektenschaft sollte von nun an das Verhindern «weiterer Verschandelung deutschen Landes und deutscher Städte durch Bauwerke (sein), die in keiner Weise deutscher Baugesinnung ... Rechnung tragen.» (ebd.)

Schließlich trat mit Robert Ley und seiner seit Mai 1933 an die Stelle der zerschlagenen Gewerkschaften getretenen Deutschen Arbeitsfront (DAF) bzw. der ihr angegliederten Organisation «Kraft durch Freude» (KdF) in der Kulturpolitik ein weiterer, immer mächtigerer Rivale auf den Plan. Am Ende konnte der gewiß nicht einflußlose Rosenberg[6] nicht einmal verhindern, daß die ihm nach seiner Niederlage gegen Goebbels noch verbliebene NS-Kulturgemeinde (NSKG), in die der Kampfbund 1934 aufgegangen war, im Juni 1937 aufgelöst bzw. in Leys NS-Gemeinschaft KdF überführt wurde (vgl. Reichel 1992, 97).
Ein weiteres wichtiges Feld war die Gleichschaltung der Wohnungsbaugesellschaften. Davon waren natürlich die der Sozialdemokratie bzw. den Gewerkschaften nahestehenden Wohnungsgesellschaften, Genossenschaften und Bauhütten besonders betroffen. Rechtliche Grundlage wurde das am 14.7.1933 beschlossene Gesetz zur Sicherung der Gemeinnützigkeit im Wohnungswesen (RGBl. I, Nr. 82 v. 17.7.1993). Danach repräsentierten die zu dieser Zeit registrierten 2667 Genossenschaften mit 771000 Genossen, die 237 GmbH, die 39 Vereine und 67 Aktiengesellschaften insgesamt ein Eigenkapital von 465 Mio. RM. Die durch Darlehen, Steuerbefreiungen etc. bedingte besondere «Teilhaberschaft» des Staates an diesem Vermögen erforderte Persönlichkeiten in der Leitung, deren «Lebensgang und Gesinnung Gewähr dafür bieten, daß sie jederzeit rückhaltlos für den nationalen Staat eintreten.» (BSW 1933, 235) Das Gesetz sah nun in diesem Sinne eine besondere «Überprüfung» vor und gab den «Überprüfern» weitgehende Vollmachten.
So wurde am 6.5.1933 Geheimrat Glaß zum alleinigen Geschäftsführer des Hauptverbandes Deutscher Baugenossenschaften und -gesellschaften ernannt und ermächtigt, die «Gleichschaltung der gemeinnützigen Wohnungsunternehmen» sowie die «Vereinheitlichung des baugenossenschaftlichen Verbandswesens» vorzunehmen. Hierzu erließ er eigene Richtlinien (in: BSW 1933, 147ff.). Danach sollte «durch freiwilligen Rücktritt gewählter oder freiwillige Zurückziehung» der Verwaltungsorgane der Weg für Neubesetzungen nach dem «Führerprinzip» freigemacht werden. Zukünftig sollten den Verwaltungsorganen keine «staats- oder wirtschaftsfeindlich eingestellten Personen» angehören. Hierzu rechneten «Angehörige der Kommunistischen Partei (KPD, RGO, Sozialistische Arbeiterpartei). Staats- und wirtschaftsfeindlich können auch Angehörige der SPD oder der freien Gewerkschaften sein, die sich schon bisher durch Wühlarbeit oder durch aggressive Agitation betätigt haben.» (ebd., 148) Juden wurden ebenfalls verfolgt, konnten aber noch in Einzelfällen, etwa als verdiente Frontkämpfer, in den Vorständen verbleiben (vgl. BSW 1933, 163).

5 Völkischer Beobachter v. 6.9.1934, zit. bei Reichel 1992, 93.

6 So erhielt Rosenberg Anfang 1934 das – allerdings weitgehend bedeutungslose – Amt eines «Beauftragten des Führers für die Überwachung der gesamten geistigen und weltanschaulichen Schulung und Erziehung der NSDAP»; bereits seit 1927 galt er als außenpolitischer Experte, wurde nach 1933 mit dem Aufbau eines «Außenpolitischen Amtes der NSDAP» beauftragt und agierte jahrelang als außenpolitischer Berater Hitlers; ab 1941 schließlich war Rosenberg Reichsminister für die besetzten Ostgebiete und organisierte mit seinem «Einsatzstab Reichsleiter Rosenberg» dort nicht allein einen gigantischen Kunstraub, sondern hatte, wie es im Nürnberger Todesurteil hieß, zumindest zugelassen, daß die im Osten begangenen Verbrechen «ihren Fortgang» nahmen; vgl. im einzelnen Bollmus 1990, 223ff.

Auch in den durch das preußische Wohnungsgesetz von 1918 als Organe staatlicher Wohnungspolitik geschaffenen Wohnungsfürsorgegesellschaften bzw. Heimstätten wurden Vorstände und Aufsichtsräte wie Dr. Vormbrock, von Gruner, Richard Linneke u.a. ausgetauscht. Kommissarischer Vorstand des Reichsverbandes der Wohnungsfürsorgegesellschaften wurde Willy Gutzmer. Annahmen, die Wohnungsfürsorgegesellschaften würden «als Überreste der marxistischen Staatsführung und Wirtschaft beseitigt», trat er scharf entgegen. Die Heimstätten könnten und sollten zu Instrumenten zur Durchführung des von der Regierung als richtig anerkannten Siedlungsprogramms gemacht werden. «Die Gesellschaften sollen also nicht ausgeschaltet, sondern eingeschaltet werden in das große Programm des wirtschaftlichen Aufbaues des Reichskanzlers Adolf Hitler.» (zit. in: BSW 1933, 174)

Die mit Abstand schärfsten Angriffe verbaler Art, aber auch Boykottmaßnahmen, Kreditkündigungen, Beschlagnahme von Büchern und Akten, Verhaftung von Geschäftsführern etc. richteten sich auf die im Verband sozialer Baubetriebe zusammengeschlossenen Bauhütten.[7]

Neben ihrer inkriminierten «marxistischen» ideologischen Orientierung hatten sich die Bauhütten in Bereichen wie dem Maler-, Tischler- und Glasergewerbe zu einer gefährlichen Konkurrenz für den handwerklichen Mittelstand entwickelt. Doch mit der Gleichschaltung der Gewerkschaften am 2.5.1933 waren auch die Wirtschaftsunternehmen der Gewerkschaften wie die Arbeiterbank, die Volksfürsorge, die DEWOG und der Verband sozialer Baubetriebe unter die Aufsicht Leys bzw. der DAF gestellt worden. Der von Ley mit der Leitung der wirtschaftlichen Unternehmungen der Gewerkschaften beauftragte Karl Müller ernannte wiederum den Architekten (und Parteimitglied) Franz Strasser zum Sonderbeauftragten für die Bauhütten.[8] Dieser beeilte sich Anfang Mai zu erklären, daß die Bauhütten nach ihrer Gleichschaltung «nunmehr nicht mehr unter marxistischer Leitung» stünden und nach der Reinigung «von allen Schlacken» wieder, wie die Bauhütten in früheren Jahrhunderten, zu einer «Vereinigung schöpferischen Arbeitswillens» werden würden. (BSW 1933, 145)

Mit zahlreichen Rundschreiben suchte Strasser den Fortgang der Geschäftstätigkeit zu sichern und «mindestens einen» der häufig in «Schutzhaft» genommenen Geschäftsführer zur «Erledigung der laufenden Geschäfte» «frei zu bekommen». (vgl. BSW 1933, 147) Schließlich griff Ley Anfang Juli 1933 selbst ein und erklärte unter Verweis auf 50 Mio. RM, die in den Bauhütten investiert seien, und die dort beschäftigten 5000 Arbeiter, daß «die großen Zukunftsaufgaben, die auf dem Gebiete des Siedlungs- und Bauwesens in nächster Zukunft zu lösen sind, .. eine Zusammenfassung aller leistungsfähigen und kapitalkräftigen Organisationen (erfordern), die sich in den Dienst des nationalsozialistischen Staates ohne gewinnsüchtige Motive stellen wollen ... Ich untersage also hiermit jede Einzel- oder Sonderaktion gegen die Deutschen Bauhütten als Betriebe der Deutschen Arbeitsfront, habe Anweisung gegeben, mir

7 Vgl. zur Entwicklung der Bauhüttenbewegung in der Weimarer Zeit Novy/ Prinz 1985, 82ff.

8 August Ellinger, SPD-Mitglied und einer der beiden Geschäftsführer des «Verbandes sozialer Baubetriebe», beging nach der Machtübernahme durch die Nationalsozialisten 1933 Selbstmord (Frank/ Schubert 1983, 220)

Abbildung der in der Bauausführung durch die Bauhütte Berlin realisierten Wohnstadt Carl Legien unter der Überschrift «Nichts für Bauspekulanten!» in «Bauen, Siedeln, Wohnen», im Juli 1932 noch «Zeitschrift für die freigewerkschaftliche Bau-, Wohnungs- und Siedlungspolitik»
Quelle: BSW 1932, 171
Gleichschaltung: Franz Strasser, der neue Leiter des Verbands sozialer Baubetriebe, auf dem Bauhüttentag im September 1933 in Berlin
Quelle: Strasser 1933, 260

jeden unbefugten Eingriff sofort zu melden und werde gegen jede Zuwiderhandlung rücksichtslos vorgehen.» (zit. in: BSW 1933, 209f.)
Das war typisch für Leys Agieren in dieser Phase. Zwar lavierte er noch das ganze Jahr 1933 hindurch zwischen radikalen SA-Kreisen und den Kräften in der Industrie und den Ministerien, die – mit Erfolg – die anfänglich verbreiteten Pläne zum Aufbau eines Ständestaates und zur Verstaatlichung der Großunternehmen zurückzudrängen und die Rechte der Privatwirtschaft zu sichern suchten. Aber als Hitler, der sich längst mit der Wirtschaft arrangiert hatte, mit deren Hilfe er den Wirtschaftsaufschwung, den Abbau der Arbeitslosigkeit und die Wiederaufrüstung bewerkstelligen wollte, im Sommer das Ende der NS-Revolution und den Übergang zur Phase der «Evolution» proklamierte,[9] wandte sich auch Ley immer deutlicher gegen die über den Stillstand der «Revolution» enttäuschten radikalen Gruppierungen in der Partei. Vor allem aber sorgte er dabei durch Integration möglichst vieler Verbände und Institutionen in die DAF für den Auf- und Ausbau der eigenen Machtpositionen.
Auf dem ersten Bauhüttentag der DAF am 25.8.1933 konnte Franz Strasser dann schon den Vollzug der Gleichschaltung melden: «Heute sind wir so weit, daß ungefähr 60 v. H. der in den Bauhütten Beschäftigten Parteigenossen und ein großer Teil hiervon SA- und SS-Kameraden sind.» (Strasser 1933, 257) Nach Auflösung der mit dem mittelständischen Handwerk konkurrierenden Baunebenbetriebe und der den Betrieben angegliederten Architekturbüros sollten sich die ca. 120 Bauhütten nun auf ein durch die Bauabteilung der DAF vorbereitetes «großzügiges Siedlungsprogramm» konzentrieren, «das SA- und SS-Kameraden auf eigener Scholle anzusiedeln beabsichtigt». (ebd., 260)
Gleichschaltung bezog sich nicht allein auf Parteien, Verbände und Personen, sondern auch auf die Sprache. So entstand 1933 unter Beteiligung von Rudolf Wolters, später einer der führenden Männer in Speers «Wiederaufbaustab», als Ergebnis einer «fruchtbaren Gemeinschaftsarbeit des Deutschen Verbandes technisch-wissenschaftlicher Vereine mit dem Deutschen Sprachverein» eine in der «Baugilde», der «Bauwelt» und in «Bauen, Siedeln, Wohnen» veröffentlichte Liste zu «verdeutschender» Fachwörter. Beispiele: automatisch – selbsttätig; Daten – Zahlen; Diagonale – Schräge; fundieren – gründen; kubisch – würfelig, würfelförmig; labil – gleitend, unstetig; porös – porig; qualitativ – der Art, der Beschaffenheit nach, artlich, beschaffenheitsmäßig; zentrieren – mitten, einmitten ... (vgl. BSW 1933, 231f.).

2. Arbeitsbeschaffung und Wohnungspolitik

Schon durch die in seiner Partei heftig umstrittene Besetzung der Positionen des Reichsbankpräsidenten durch Hjalmar Schacht (seit Juli 1934 auch Wirtschaftsminister) und des Wirtschaftsministers durch den Deutschnationalen Hugenberg (von Juli

9 Gegen den Radikalismus vor allem der SA und der NSBO (NS-Betriebszellenorganisation) in den ersten Monaten nach der «Machtübernahme», die auf vollständige Zerschlagung und Veränderung des alten «Systems» drängten, erklärte Hitler Anfang Juli 1933, die nationalsozialistische Revolution sei mit der erfolgreichen Verschmelzung von Partei und Staat beendet: «Die Revolution ist kein permanenter Zustand, sie darf sich nicht zu einem Dauerzustand ausbilden. Man muß den freigewordenen Strom der Revolution in das sichere Bett der Evolution hinüberleiten.» (zit. bei Smelser 1989, 143)

1933 bis Juli 1934 der Allianz-Direktor Kurt Schmitt) signalisierte Hitler demonstrativ seine Bereitschaft zur Zusammenarbeit mit der Großindustrie.[10] Ihm ging es darum, so rasch wie möglich das Vertrauen der in- und ausländischen Wirtschaft zu gewinnen und die durch in der Parteiprogrammatik verankerte Parolen wie Gottfried Feders «Brechung der Zinsknechtschaft» genährten Ängste vor nationalsozialistischen Experimenten in der Wirtschafts- und Währungspolitik zu zerstreuen.[11] Nur mit Hilfe der Industrie, so viel war Hitler klar, würde Deutschland wieder eine Großmachtstellung erreichen und nach innen zugleich Versprechen einlösen können, wie er sie etwa in seiner Rundfunkrede vom 1.2.1933 aufgestellt hatte: «Binnen vier Jahren muß der deutsche Bauer der Verelendung entrissen sein. Binnen vier Jahren muß die Arbeitslosigkeit endgültig überwunden sein.» (zit. in: Abelshauser/ Faust/ Petzina 1985, 350) Tatsächlich gelang es, in einem z.T. im Ausland als «deutsches Wirtschaftswunder» apostrophierten Prozeß die Arbeitslosigkeit rasch zu verringern und, schneller noch als in den anderen Industrienationen, 1936 wieder die Vollbeschäftigung zu erreichen (Tab. 2).

Tabelle 2: Zahl der Erwerbslosen in Deutschland, in 1000

	Vom Reich Unterstützte		von den Gemeinden unterstützte Wohlfahrtserwerbslose	unterstützte Arbeitslose insgesamt
	Arbeitslos-versicherte	Krisen-unterstützte		
1.7.32	940	1544	2700	5184
1.1.33	792	1281	2900	4973
1.7.33	416	1310	2541	4267
1.1.34	554	1175	1988	3717
1.7.34	265	814	1291	2370
1.1.35	535	765	1113	2413
1.7.35	251	716	805	1772
1.1.36	660	749	727	2136

Quelle: Hettlage 1936, 403

10 Die Fragen nach dem Verhältnis von Wirtschaft und Politik in der NS-Zeit sowie nach der Beteiligung der Industrie am Aufstieg und der «Machtergreifung» Hitlers sind sehr kontrovers diskutiert worden; vgl. als Überblicke Kershaw 1989, 89ff., Hildebrand 1987, 156ff.; grundlegende Publikationen zur Wirtschaftspolitik der NS-Zeit sind Bettelheim 1974, Petzina 1977, Barkai 1977, Milward 1977, Herbst 1982; die Forschung neigt immer mehr der Auffassung zu, daß eine einseitige Akzentuierung entweder des «Primats der Politik» oder des «Primats der Wirtschaft» mit der damit regelmäßig einhergehenden Überbetonung entweder der Rolle Hitlers oder des «Großkapitals» die komplexe Wirklichkeit des NS-Systems zu sehr vereinfacht; so scheint es adäquater, wie dies Kershaw (1989, 104ff.) im Anschluß an Franz Neumann und Peter Hüttenberger versuchte, das NS-Regime als ungeschriebene, durch wechselnde Interessenidentitäten und Abhängigkeiten geprägte «Allianz» zwischen den «Blöcken» NS-Parteiorganisation, «Großwirtschaft» und Reichswehr zu verstehen, in dem der «NS-Block» immer mehr an Gewicht gewann; hierzu trat – etwa ab 1936 – mit zunehmendem Eigengewicht der SS/SD/Gestapo-Komplex.

11 Rauschning berichtet, daß Hitler schon 1932 erklärt habe: «Übrigens ... die Theorien des Feder und Lawaczek kümmern mich nicht. Ich habe die Gabe, alle Theorien auf ihren realen Kern zurückzuführen. Ich werde dies zu gegebener Zeit entschlossen tun. Mit Phantasien habe ich nichts zu schaffen. Diesen Feder und seine Leute brauchen Sie nicht beim Wort zu nehmen, auch wenn das parteiamtlich gebilligt ist. Sie mögen reden, was sie wollen; wenn ich an der Macht bin, werde ich dafür sorgen, daß sie keinen Unfug anrichten.» (Rauschning 1940, 26)

Von der daraus erwachsenden Popularität profitierte Hitler ungemein und schrieb sie selbstverständlich allein seiner Krisen-Politik zu. Begünstigt wurde der Aufschwung, der bereits Ende 1932 eingesetzt hatte, nicht nur durch die großen Summen, die die Nationalsozialisten zusätzlich in den Wirtschaftskreislauf pumpten,[12] sondern vor allem auch durch das in der Krise stark gefallene Preisniveau und den verordneten rigorosen Lohnstopp.

Von Anfang an, dies hatte Hitler schon im Februar 1933 im Kabinett erklärt, sollte die Arbeitsbeschaffung in den Dienst der Aufrüstung gestellt werden. Wie rasch und in welchem enormen Umfang die Konzentration der Staatsausgaben auf die Aufrüstung erfolgte, zeigt sich am Anteil der Wehrmachtsausgaben an den öffentlichen Investitionen, der von 25 % (1932) und 23 % (1933) über 49 % (1934) bis auf 70 % (1938) stieg (Broszat 1989, 178). Demgegenüber sanken die öffentlichen Ausgaben für den Wohnungsbau von 5,8 % (1933) der gesamten öffentlichen Investitionen bis 1938 auf weniger als 1,2 % ab (Schoenbaum 1980, 189). Die Dynamik der Steigerung der Rüstungsausgaben wird noch deutlicher beim Bezug auf die Gesamtausgaben der öffentlichen Hand: Hier stieg der Anteil der Wehrmachtsausgaben von 4 % im Jahr 1933 über 18 % (1934) bis 1938 auf 50 % (Petzina 1977, 117). Die im Jahr 1938 in der Rüstung verausgabten 15,5 Mrd. RM machten ca. 19 % des gesamten Sozialprodukts aus.[13]

Im Jahr 1933 allerdings gingen nur noch Mittel aus den 600 Mio. RM des von der Regierung Hitler weitergeführten und noch unter Schleicher aufgelegten «Sofort-Programms» in die Rüstung, da die Reichswehr sich ohnehin nicht in der Lage sah, ihre Planungszeiten so schnell zu verkürzen.

Das nach dem NS-Staatssekretär im Reichsfinanzministerium (RFM) Fritz Reinhardt benannte, von den Nationalsozialisten im Sommer 1933 als Kernstück ihrer Arbeitsbeschaffungspolitik aufgelegte sog. «Reinhardt-Programm» vom 1.6.1933 (RGBl. I, 233) und seine Ergänzung durch ein «Zweites Gesetz zur Verminderung der Arbeitslosigkeit» vom 21.9.1933 (RGBl. I, 651) richteten sich auf zivile Projekte. Mit zuerst einer Milliarde Reichsmark und dann – im September – mit weiteren 500 Mio. RM[14] wurden die Anlage und Instandsetzung von Autobahnen, Straßen, Wasserwegen, öffentlichen Gebäuden und Versorgungseinrichtungen sowie, im Bereich der Wohnungspolitik, die vorstädtische Kleinsiedlung, der Eigenheimbau, Gebäudeinstandsetzungen und Wohnungsumbauten gefördert.[15]

12 Bis Ende 1934 wurden insgesamt mehr als 5 Mrd. RM zum Zweck der Arbeitsbeschaffung ausgegeben, «d.h. mehr als das dreifache der gesamten industriellen Investitionen in diesem Zeitraum». (Abelshauser/ Faust/ Petzina 1985, 350)

13 Vgl. zur riskanten, aber zunächst finanzpolitisch erfolgreichen Finanzierung dieser Aufrüstung ab 1934 mit den durch Schacht eingeführten sog. «Mefo-Wechseln», die bis 1938 den Gesamtbetrag von 12 Mrd. RM erreichten, Schacht 1966, 146ff.

14 Flankiert wurden die öffentlichen Kredite und Zuschüsse durch Steuererleichterungen, Ehestandsdarlehen, Förderung der Kurzarbeit, die Forderung, den «Rationalisierungswahnsinn» einzustellen und wieder die Handarbeit zu bevorzugen u.ä., also auch Maßnahmen, die zum Teil, wie Broszat schrieb, «eher auf eine Reduzierung der Zahl der Arbeitslosen» hinausliefen, «als auf eine rationelle Belebung der Produktion». (1989, 177)

15 Nach einem Bericht der Deutschen Bau- und Bodenbank verteilten sich die bis zum 31.12.1933 in der Arbeitsbeschaffung bewilligten Mittel von insg. 2936 Mio. RM folgendermaßen: Tiefbau: 855,6 Mio.,

Eine zeitgenössische Übersicht der Förderungsmaßnahmen im Wohnungs- und Siedlungsbau durch das Institut für Konjunkturforschung in der DAF-Zeitschrift «Bauen, Siedeln, Wohnen» (BSW)[16] vom Februar 1934 zeigt – neben der weitgehenden Kontinuität der Maßnahmen vor und nach 1933 – sehr klar, daß die Mittelaufbringung im Wohnungsbau im Jahr 1933 fast ausschließlich über die Arbeitsbeschaffungsprogramme erfolgte.
Für die Durchführung der wohnungspolitischen Programme war die Beamtenschaft der Abteilung Wohnungs- und Kleinsiedlungswesen im Reichsarbeitsministerium zuständig.
Franz Neumann hat die aus der Weimarer Zeit übernommene Ministerialbürokratie allgemein als «eine geschlossene Kaste» gekennzeichnet (1988, 431), deren Ziele sich auf der Basis einer grundsätzlich technokratisch-autoritären und antidemokratischen Haltung ganz auf administrative Effizienz richteten: «Ihre Mitglieder sind extrem ehrgeizige und alles in allem leistungstüchtige Techniker, die sich um politische und soziale Werte wenig scheren. Ihr großes Streben ist zu bleiben, wo sie sind, oder genauer: so rasch wie möglich befördert zu werden. Sie sind weder für noch gegen den Nationalsozialismus, sondern für die Ministerialbürokratie. Wie in der Vergangenheit, so marschieren sie auch heute mit den stärksten Bataillonen – von der Monarchie über die Republik zum Nationalsozialismus. Sie werden auch nicht zögern, den Führer im Stich zu lassen, wenn das gegenwärtige Regime einmal wirkliche Anzeichen von Schwäche aufweisen sollte.» (ebd., 433f.)
Natürlich gab es zwischen den Ministerien erhebliche Unterschiede. Doch auch wenn dem RAM der Ruf nachging, «mit vielen aufrichtigen Demokraten besetzt zu sein» (ders., 432),[17] gab es nach der «Machtergreifung» kaum personelle Veränderungen. So zeigen auch die Geschäftsverteilungspläne der für das Wohnungswesen zuständigen Abteilungen durchgängige personelle Kontinuitäten.[18] Dienstentlassungen aus politischen oder rassischen Gründen nach dem Gesetz zur «Wiederherstellung des Berufsbeamtentums» spielten zahlenmäßig in der Ministerialbürokratie des Reiches kaum eine Rolle. Anders war die Lage im höheren Dienst der preußischen inneren Verwaltung, in der es relativ viele SPD- und DDP-Mitglieder gegeben hatte und dementsprechend eine relativ große Zahl von Entlassungen (ca. 12 %) erfolgte.[19]

Wohnungsbau usw.: 722,2 Mio., Verkehrsunternehmungen: 955,8 Mio., Landwirtschaft: 332,4 Mio., Bedarfsdeckungsscheine: 70 Mio. (zit. bei Brecht 1934, 286); vgl. zur Rolle der Gemeinden in der Arbeitsbeschaffung, zu ihrem Anteil an den verausgabten Mitteln etc. den ausführlichen Bericht des Nürnberger OB Liebel (1936).

16 Die Zeitschrift «Bauen, Siedeln, Wohnen» war als «Zeitschrift für die gesamte freigewerkschaftliche Bau-, Wohnungs- und Siedlungspolitik» vor der Gleichschaltung noch im Juli 1932 aus einer Fusion der «Sozialen Bauwirtschaft» des Verbands sozialer Baubetriebe und der von der «Dewog» herausgegebenen «Wohnungs-Wirtschaft» hervorgegangen.

17 Noch Anfang 1938 beklagte sich der Stellvertreter des Führers darüber, daß sich im RAM «unter 38 Ministerialräten nur 5 Pg.s befänden, die sämtlich erst nach 1933 der NSDAP beigetreten seien». (Broszat 1989, 305)

18 Vgl. zur Geschäftsverteilung 1932 BAK, R 41/677 und für 1933/34 den Geschäftsverteilungsplan der Abteilung IV b (Wohnungs- und Bauwesen, Kleinsiedlung und Landesplanung), o.J. (Ende 1933/ Anfang 1934), BA (Potsdam) 39.01/11262, Bl. 255–260; Leiter der Abteilung war Ministerialrat Durst, Mitarbeiter u.a. Bellinger, Blechschmidt, Ebel, Eylau, Fischer, Gisbertz, Heilmann, Kuhn, Meier, Schmidt.

Förderungsmaßnahmen für den Wohnungs- und Siedlungsbau

(Stand Anfang Februar 1934)

Maßnahme	Bereitgestellte Mittel		Stand der Durchführung
	Betrag in Mill. ℛℳ	Form und Aufbringung	
Errichtung vorstädtischer Kleinsiedlungen	193	Reichsdarlehen, mit denen der Bau der vorstädtischen Kleinsiedlungen restlos finanziert wird	
1. Abschnitt (Herbst 1931)	48	Reichshaushaltsmittel	Mittel bewilligt; vorwiegend 1932 verausgabt.
2. » (Sommer 1932)	25 10		Mittel bewilligt; 1932 und 1933 verausgabt.
3. » (Februar 1933)	40	Mittel aus den Arbeitsbeschaffungsprogrammen vom Sommer 1932 und Januar 1933[1])	Mittel bewilligt; 1933 überwiegend verausgabt.
4. » (Juli/Oktober 1933).	50 20	Mittel aus dem Arbeitsbeschaffungsprogramm vom Juni 1933 (Erstes Gesetz zur Bekämpfung der Arbeitslosigkeit vom 1. 6. 33)[1])	Zum größten Teil bewilligt; erst zum Teil verausgabt.
Förderung des Eigenheimbaues .	45	Reichsbaudarlehen zu verbilligtem Zins bis zu 25 v.H. des Bau- und Bodenwerts	
A. Reich			
1. Aktion (November 1932) ...	20	Reichshaushaltsmittel	Rd. 27 Mill. ℛℳ bewilligt; ausgezahlt (endgültig abgerechnet) rd. 6 Mill. ℛℳ.
2. » (September 1933) ...	20	Mittel aus dem Arbeitsbeschaffungsprogramm vom Juni 1933[1])	
B. Reichsanstalt für Arbeitsvermittlung und Arbeitslosenversicherung (März 1933)	5	Darlehen der Reichsanstalt ähnlich den »Reichsbaudarlehen«. — Mittel der wertschaffenden Arbeitslosenfürsorge	Mittel zum überwiegenden Teil bewilligt; Auszahlung begonnen.
Förderung der Gebäudeinstandsetzung und Wohnungsumbauten	667	Reichszuschüsse in Höhe von 20 v.H. (Reparaturen) bzw. 50 v.H. (Umbauten) der aufgewendeten Kosten[2])	
1. Aktion September 1932	50	Reichshaushaltsmittel	Mittel zugeteilt und verwendet.
Januar 1933	50		
2. » (Juni 1933)	67	Mittel aus dem Arbeitsbeschaffungsprogramm vom Juni 1933[1])	Mittel zugeteilt und zum überwiegenden Teil verwendet.
3. » (September 1933).....	500	Mittel aus dem Arbeitsbeschaffungsprogramm vom September 1933[1]) (Zweites Gesetz zur Bekämpfung der Arbeitslosigkeit vom 21. 9. 1933)	Mittel zum größten Teil zugeteilt; in der Vergebung begriffen.
Errichtung von Not-, Behelfs- und Flüchtlingswohnungen (Herbst 1933)	15	Reichsdarlehen, mit denen der Bau der Not-, Behelfs- und Flüchtlingswohnungen ausschließlich finanziert wird. — Mittel aus dem Arbeitsbeschaffungsprogramm vom Juni 1933[1])	Rd. 5 Mill. ℛℳ bewilligt; Vergebung des Restes binnen Kürze; Verausgabung begonnen.
Kreditaktion für die Bausparkassen	100	Wechselmäßige Vorfinanzierung künftiger (sicherer) Einnahmen der Bausparkassen durch Deutsche Bau- und Bodenbank sowie Reichsbank	Über die Hälfte der Wechselkredite zugeteilt; Auszahlung kaum begonnen.
Reichsbürgschaften für den Kleinwohnungsbau	100	Auf Grund der Notverordnung vom 1. Dezember 1930 für das Rechnungsjahr 1933/34 im Reichshaushalt bereitgestellt	Rd. 11 Mill. ℛℳ zweitstelliger Hypotheken verbürgt.
Steuerbefreiung für Kleinwohnungs- und Eigenheimbauten (September 1933)[3])		Auf Grund des Zweiten Gesetzes zur Bekämpfung der Arbeitslosigkeit vom 21. Sept. 1933[1]). — Befreiung von der Einkommen- und Vermögensteuer, der Grundsteuer des Landes und der Hälfte der Grundsteuer der Gemeinden (Gemeindeverbände); 1. für Kleinwohnungen, die in den Rechnungsjahren 1934 und 1935 bezugsfertig werden; gültig bis z. E. des Steuerabschnitts oder Rechnungsjahrs 1938. 2. für Eigenheime, die in den Rechnungsjahren 1934 bis 1938 bezugsfertig werden; gültig bis z. E. des Steuerabschnitts oder Rechnungsjahrs 1943.	

[1]) Auf Wechselbasis vorfinanziert. — [2]) Seit Herbst 1933 außerdem Gewährung von Zinsvergütungsscheinen. — [3]) Über Steuererleichterungen für einzelne Gruppen des Wohnungsbaus vgl. »Handbücherei des Wohnungswesens«, Heft 7, Fischer-Blechschmidt, Steuerbefreiungen und Gebührenerleichterungen für den Wohnungsbau, Eberswalde 1934. — [4]) Für die bis Ende März 1933 fertiggestellten Wohngebäude gelten die Steuervergünstigungen gemäß Notverordnung vom 1. Dezember 1930, ergänzt durch die Durchführungsbestimmungen zur Realsteuersenkung vom 20. Dezember 1930.

Förderungsmaßnahmen für den Wohnungs- und Siedlungsbau (Stand 2/1934), eine Übersicht in «Bauen, Siedeln, Wohnen»
Quelle: 1934, 82

An der Spitze des RAM stand mit Staatssekretär Johannes Krohn (erst 1938 auf Anordnung Hitlers Parteimitglied) ein unpolitischer Fachmann, der nach jahrelangen Kämpfen mit Ley vor allem auf dem Gebiet der Sozialversicherung auf dessen und Görings Drängen hin schließlich im Sommer 1939 seines Amts enthoben wurde (vgl. Smelser 1989, 247).

Reichsarbeitsminister wurde, und blieb während der ganzen NS-Zeit, Franz Seldte, ein wohlhabender Chemieunternehmer. Seldte führte als hochdekorierter, kriegsversehrter Frontsoldat des Ersten Weltkriegs während der 20er Jahre den größten Frontsoldatenbund, den «Stahlhelm» und behielt auch nach 1933 die Führung des dann gleichgeschalteten «Nationalsozialistischen deutschen Frontkämpferbundes» (ders., 218). Von Anfang an war er ein erbitterter Gegner Leys, der – auf die Dauer aber immer erfolgloser – das Eindringen der DAF in die Kompetenzen der Arbeits- und Sozialverwaltung abzuwehren suchte und in der Regel loyal zu seiner Beamtenschaft hielt.

Seldte war ein Befürworter der Stadtrandsiedlung[20]: «Nicht mehr die Mietskasernen mit all ihren unerfreulichen Nebenerscheinungen, sondern das kleine Eigenheim, die Stadtrandsiedlung, die landwirtschaftliche Siedlung sollen im Mittelpunkt unserer Bautätigkeit stehen.»[21] Darin bestehe, so Seldte weiter in einer programmatischen Rede im November 1933, die beste Unterstützung kinderreicher Familien und die «beste Form der Entproletarisierung». Natürlich könne man nicht ausschließlich Flachbau betreiben, «aber je mehr wir uns ... dem wohnungsreformerischen Ideal nähern, desto bessere Aussichten hat auch der Kampf gegen die Vergreisung unseres Volkes und gegen den Geburtenrückgang.» (ebd.) Generell solle im Wohnungsbau der freien Wirtschaft und der Privatinitiative wieder mehr Raum gegeben werden, «wenn es auch mit der nationalsozialistischen Weltanschauung unvereinbar wäre, ein so wichtiges Gebiet wie den Wohnungsbau völlig dem freien Spiel der Kräfte zu überlassen.» (ebd.) Und schließlich werde endlich an eine «immer wieder hinausgeschobene Maßnahme, nämlich die Ausräumung der Elendsviertel» sowie an «die Brutstätten verbrecherischer Gesinnung und vieler Volkskrankheiten» herangegangen (ebd.).

Mit diesen Zielen befand sich Seldte grundsätzlich durchaus in Übereinstimmung mit seiner Beamtenschaft, in der sich etwa mit Gisbertz, Schmidt, Bellinger, Seiff und anderen anerkannte und zum Teil bis weit in die Zeit der Bundesrepublik hineinwirkende Fachleute und Protagonisten der Kleinsiedlung befanden. Auch Joachim Fi-

19 Vgl. Broszat 1989, 306; auch der Exilvorstand der SPD kam in seinen SOPADE-Berichten vom Mai 1936 zu dem Ergebnis, daß sich durch die Gleichschaltung innerhalb der alten Verwaltung «nicht viel geändert» habe. In den Personallisten der Ministerien und hohen Ämter fänden sich «zu neunzig Prozent Beamte, die schon der alten Staatsverwaltung angehört haben» (SOPADE 1980, 1936, 657). Den Nationalsozialisten sei es nicht gelungen, die alte Verwaltung sachlich zu beherrschen, stattdessen bauten sie parallel eine eigene «nationalsozialistische Partei-Bonzokratie» auf, was durch den ständigen Kampf der alten und neuen Verwaltungen zu einem «vollendeten Durcheinander» (ebd., 663) geführt habe.

20 Im April 1933 trat er auf einer Stahlhelmkundgebung «für eine Belebung des inneren Marktes durch Ansiedlung der Millionen Arbeitslosen in Heimstätten und Stadtrandsiedlungen ein» und schwadronierte von einer zur Finanzierung dieser Siedlungstätigkeit von ihm geplanten Dreimilliardenanleihe. (BSW 1933, 141).

21 Gesundes Heim – Gesundes Volk, Reichsarbeitsminister Seldte über die neue Wohnungspolitik, Zeitungsartikel v. 16.11.1933, BA (Potsdam), 61 RE 1/2377, Bl. 65f.

scher, zuständiger Referent für allgemeine Fragen und Finanzierung des Wohnungsbaus im RAM, sah in einem Beitrag für das «Berliner Tageblatt» in der «Fürsorge für die kinderreichen Familien» und in einer «aktiven Bevölkerungspolitik» die Hauptaufgaben staatlicher Wohnungspolitik, die mit dem Ziel der «Auflockerung der Großstädte und der Verbindung des deutschen Menschen mit der Heimatscholle» das kleine Eigenheim in den Vordergrund rücken werde. Zugleich erinnerte er aber auch in der für die Beamtenschaft typischen, gemäßigteren Diktion mahnend daran, daß im Zuge einer «vernünftigen Wohnungsreform» «sicher .. die Mietwohnung im mehrstöckigen Hause nach wie vor eine große Rolle spielen (wird)». (Fischer, J. 1933) Auch die Abkehr vom System der öffentlichen Finanzierung des Wohnungsbaus, wie es in der Weimarer Zeit praktiziert wurde, wurde von Fischer begrüßt: «Man wird hinsichtlich der Finanzierung des Wohnungsbaues einer schrittweisen Rückkehr zu den gesunden Methoden der Vorkriegszeit die Wege ebnen müssen. Entwicklung der Privatinitiative, Heraufsetzung der Beleihungsgrenze für erste Hypotheken und stärkere Heranziehung des Eigenkapitals der Bauherren kommen hierbei als erste Etappen in Betracht.» (ebd.) Auch längerfristig sei die Sorge der öffentlichen Hand für die Beschaffung der zweiten Hypothek unumgänglich.

Ebenfalls von Fischer verfaßt war eine im September 1933 zur Vorlage im Kabinett verfaßte Denkschrift des RAM «Die nächsten Aufgaben des Reichs auf dem Gebiete des Wohnungs- und Kleinsiedlungswesens».[22] Darin bekräftigte das RAM die durch die Reichsregierung verfolgten bevölkerungspolitischen Ziele und hob die mögliche Rolle des Wohnungsbaus bei der Krisenüberwindung und Arbeitsbeschaffung hervor. Die Instandsetzungs- und Umbauarbeiten, die Förderung der Kleinsiedlung und des Eigenheimbaus sollten fortgeführt werden. Insbesondere die Übernahme von Reichsbürgschaften für den Kleinwohnungsbau im Bereich des nachstelligen Realkredits, die bisher sehr wenig genutzt worden seien, müsse neu geregelt werden. Generell müsse «das Reich weit stärker als bisher die Führung übernehmen.» (ebd., 7) Hierzu wurden gesetzgeberische Maßnahmen des RAM vor allem zur Landesplanung und Bodenbeschaffung sowie zur Sanierung der Altstädte angekündigt.

Damit ist die ganze Palette der für die erste Phase nationalsozialistischer Wohnungspolitik typischen Maßnahmen benannt: Kleinsiedlung und Eigenheimbau, Instandsetzung und Umbau, Rückzug des Staates aus der direkten Förderung, Übergang zu indirekten Förderungsformen (Steuerleichterungen) und dem System der Reichsbürgschaften.[23] Hinzu trat noch der nach dem Reinhardt-Programm mit 12 Mio. RM geförderte Not- und Behelfswohnungsbau, der dringend benötigt wurde, nachdem seit dem Außerkrafttreten des Wohnungsmangelgesetzes am 1.4.1933 die Gemeinden keine Möglichkeit mehr hatten, Notfälle und Obdachlose in leerstehende Wohnungen einzuweisen.[24]

22 BA (Potsdam), 39.01/11262, Bl. 250–254.

23 Vgl. hierzu Blechschmidt 1934; die Schrift erschien in der von Friedrich Schmidt und Joachim Fischer herausgegebenen «Handbücherei des Wohnungswesens», in der von Seiten des RAM die wichtigsten wohnungspolitischen Bestimmungen veröffentlicht und kommentiert wurden; die ersten Hefte finden sich u.a. in: BA (Potsdam), 31.01/10106.

24 Weder sollten mit diesen Mitteln normale Dauerwohnungen noch leichtgebaute Baracken gefördert

Betrachtet man die Verteilung der in der Arbeitsbeschaffung für den Wohnungsbau bis 31.12.1933 bewilligten Mittel (insg. 722,2 Mio.), so wird deutlich, daß der Schwerpunkt staatlich geförderter Maßnahmen mit weitem Abstand bei der Gebäudeinstandsetzung (569 Mio.) lag (Tab. 3).

Tabelle 3: Durch die Arbeitsbeschaffung im Wohnungsbau bewilligte Mittel (bis 31.12.1933)

Wohnungsinstandsetzungen	569,0 Mio. RM
Vorstädtische Kleinsiedlung	128,0 Mio. RM
Eigenheimbau	24,4 Mio. RM
Not-Behelfswohnungen usw.	0,8 Mio. RM
	722,2 Mio. RM

Quelle: Deutsche Bau- und Bodenbank, zit. bei Brecht, SuW 1934, 286

Zu den Reichsmitteln kamen noch etwa 2 Mrd. RM, die vom privaten Hausbesitz aufgebracht wurden (Seldte in: BSW 1936, 40). Insgesamt wurden mit dieser Aktion nach Seldtes Angaben etwa dreiviertel Millionen Arbeiter aus dem Baugewerbe in Arbeit gebracht und 250 000 Wohnungen geschaffen (ebd.). Die Instandsetzungsarbeiten, bei denen übrigens auch Mieter gefördert werden konnten, umfaßten auch sog. Ergänzungsarbeiten (heute: Modernisierungsarbeiten) und wurden mit 20 % Barzuschuß und über sechs Jahre laufenden Zinszuschüssen von jeweils 4 % gefördert. Noch höher, mit 50 % der Kosten und den Zinszuschüssen, wurden der Umbau von gewerblichen Räumen, Läden, Dachgeschossen zu Wohnungen, weiter Anbauten und vor allem die Teilung der vielen leerstehenden Großwohnungen zu Kleinwohnungen gefördert. Das RAM schätzte, daß im Jahr 1933 fast 50 % der den großstädtischen Wohnungsmärkten zugehenden Wohnungen sog. Umbauwohnungen waren (Schmidt/ Fischer 1933/34, 7).

Dies alles war natürlich noch nicht einmal in den Umrissen der Entwurf einer wirklich neuen Wohnungspolitik. Vor allem der geringe Stellenwert der Kleinsiedlung in der Arbeitsbeschaffung weckte zunehmend Kritik. Nach einer Denkschrift der mit der Verwaltung und Auszahlung der Mittel beauftragten Deutschen Bau- und Bodenbank über die vorstädtische Kleinsiedlung entfielen auf den 3. und 4. Bauabschnitt von 1933 bis zum 1.4.1934 110 Mio. Fördermittel, mit denen knapp 35 000 Siedlerstellen gefördert wurden. Die Denkschrift hob hervor, daß sich die Kleinsiedlung von der Erwerbslosensiedlung zur Kurzarbeiter-, in einigen Fällen bereits zur Vollarbeitersiedlung gewandelt habe. Außerdem habe sich der Schwerpunkt der Förderung von den Großstädten zu den mittleren und kleineren Gemeinden verschoben (in: BSW 1934, 71f.).

Die geringe Bedeutung der Kleinsiedlung in der Arbeitsbeschaffung wurde nicht allein von Seiten der NS-Partei, sondern auch etwa durch Julius Brecht kritisiert, der an der

werden, sondern, wie Schmidt/ Fischer vom RAM in ihrer Zusammenstellung und Erläuterung der Bestimmungen schrieben, «der Bau einfachster Flachbauten» unter Einbezug von Selbsthilfe der Obdachlosen. Damit sollten die Kosten bis auf 2 000 RM pro Wohnung gedrückt werden, von denen die Gemeinden und das Reich je 50 % aufzubringen hatten (Schmidt/ Fischer 1934).

Spitze der gemeinnützigen Wohnungswirtschaft nicht nur während der 30er und 40er Jahre, sondern auch im Wiederaufbau einer der namhaftesten und einflußreichsten Wohnungspolitiker war.[25] Brecht forderte demgegenüber Anfang 1934 eine Neubewertung der Siedlungspolitik: «In der Problemstellung ‹Siedlung in der Arbeitsbeschaffung› kann es deshalb nicht heißen: Arbeitsbeschaffung und dabei Siedlung, auch nicht: Siedlung, weil Arbeitsbeschaffung. Das Ergebnis kann nur sein: Siedlung, weil lebensnotwendiger, volkswirtschaftlicher Strukturumbau und deshalb muß es heißen: Soweit im Rahmen der Arbeitsbeschaffung bauwirtschaftliche Aufgaben bestehen, sind sie für und in der arbeitsbeschaffenden Siedlung einzusetzen.» (Brecht 1934, 288)

3. Das «Deutsche Siedlungswerk» oder das Intermezzo Feder

Immer deutlicher zeigte sich bereits im Laufe des Jahres 1933, von welcher Seite der Staatsadministration die stärkste Konkurrenz erwachsen würde. Der Einfluß Rosenbergs war im Sinken, bzw. hatte sich auf andere Bereiche verlagert. Walther Darré, wohl der bekannteste «Blut-und-Boden»-Ideologe und Reagrarisierer, der ab 1930 eine wichtige Rolle für die Ausweitung des Einflusses der NSDAP unter der Landbevölkerung gespielt hatte, war ab Mitte 1933 Landwirtschaftsminister geworden und befaßte sich nur noch mit der landwirtschaftlichen Siedlung bzw. der «Neubildung des deutschen Bauerntums».[26]
So waren es Ley und seine DAF-Untergliederungen, die bereits ab Mitte 1933 mit großzügigen Siedlungplänen an die Öffentlichkeit traten und immer unverhohlener auch den «Führungsanspruch» im Siedlungswesen einzufordern begannen.
Die ersten Siedlungen, die im Umfeld der DAF und unter Einsatz der gleichgeschalteten Bauhütten gebaut wurden, waren sog. SA-, SS- und Frontkämpfersiedlungen.[27] Bereits im Frühjahr 1934 waren etwa die SA-Siedlung in Frankfurt an der Oder oder die Frontkämpfer-Siedlung in Berlin Britz (Bauträger: Gehag) fertiggestellt.
Im nächsten Schritt stellte Ley (Kölner und Gauleiter im Rheinland bis 1932) um die Jahreswende 1933/34 das – reichsweit erste – großangelegte *DAF-Siedlungsprogramm für das Aachener Kohlengebiet*, das Wurmrevier, vor. «Auf Wunsch des Führers» werde im Wurmrevier begonnen, «nach Vollendung dieses Stücks Sozialismus im Westen soll das Werk in Oberschlesien und an der Ruhr fortgesetzt werden.» (in: BSW 1934, 45) «Der Generalplan wird alle Gebiete umfassen, die Siedlungen, Verkehrsver-

25 Dr.jur. Julius Brecht (1900–1962) war Ende der 20er Jahre Mitarbeiter und Geschäftsführer der Westfälischen Heimstätte, 1936 Leiter der kurpfälzischen Heimstättengesellschaft Bad Dürkheim und, soweit bekannt, ab 1938 Leiter des Reichsverbandes des Deutschen gemeinnützigen Wohnungswesens; außerdem ab 1942 Leiter der Abteilung A (Wohnungs- und Siedlungspolitik) der Deutschen Akademie für Wohnungswesen; nach dem Krieg war er 1946 Sachverständiger für die Aufbaugesetzgebung in Lemgo, 1948 Leiter des Verbandes Norddeutscher Wohnungsunternehmen und ab 1950, nach Klabundes Tod, wieder Präsident des Gesamtverbandes Gemeinnütziger Wohnungsunternehmen, ab 1957 außerdem Abgeordneter im Bundestag, vgl. auch Hafner 1993.

26 Vgl. zur Ideologie Darrés, zu dessen Bauernmystik, Rassen- und Züchtungsideologie und imperialistischem Nationaldarwinismus Bergmann 1970, 297ff.; zu seinem Wirken nach 1933 (u.a. Reichsnährstand, Reichserbhofgesetz) Corni 1990, 15ff.

27 Nach einem Bericht im «Völkischen Beobachter» vom 9.5.1937 wurden in den Jahren 1933–1936 insgesamt 4 449 Siedlerstellen in sog. Frontkämpfersiedlungen errichtet, zit. in SOPADE 1937, 1518.

SA-Siedlung Frankfurt a.d. Oder, Richtfest
Quelle: BSW 1934, 67
Frontkämpfersiedlung Berlin Britz, Bauherr: Gehag, Ausführung: Bauhütte Berlin
Quelle: BSW 1934, 406

hältnisse, Sportanlagen, Erholungsstätten, selbst die Fabriken und Zechen, die Gestaltung der Fabrikhöfe und Eingänge, damit die Menschen, wenn sie aus dem dunklen Schacht emporsteigen, Schönheit, Würde und Freude erleben.» Die Verlautbarungen wurden immer maßloser. Laut «Völkischem Beobachter» vom 17.1.1934 sollten diese Siedlungsarbeiten «ein Arbeitsmaß erreichen, das man mit der Trockenlegung der Sümpfe vor den Toren Roms vergleichen könne».[28] Diese Zitate vermitteln bereits recht gut einen Eindruck von Leys großspurig-totalitärer, alle Lebensbereiche umfassender Sozial- und Wohnungspolitik. Natürlich mußte ein derartiger Totalitätsanspruch mit anderen Machtbereichen konfligieren. Von der Staatsadministration war in diesen Plänen keine Rede. Träger der Mustersiedlungen sollte allein die DAF bzw. das Reichsheimstättenamt mit seinen Untergliederungen sein.
Tatsächlich wurden im Aachener Revier auf Initiative der DAF 1934–36 in 10 Siedlungen (Würselen Teut-Siedlung, Alsdorf-Zopp, Hoengen-Begau, Broichweiden, Eschweiler Jägerspfad, Gressenich-Mausbach, Kohlscheid-Kämpchen, Stolberg-Atsch, Übach-Boscheln und Wassenberg) insgesamt 1054 Siedlerstellen errichtet (BSW 1936, 167 u. Siedlergemeinschaft Würselen I 1986, 8). Bauträger war die gleichgeschaltete Gehag, die inzwischen als Gemeinnützige Heimstätten-Aktiengesellschaft der Deutschen Arbeitsfront firmierte. Die Gesamtkosten einer Siedlerstelle lagen um 6000 RM, von denen die DAF zwischen 4000 und 4500 RM als II. niedrigverzinsliche (1 %) Hypothek bereitstellte.
Leys weitergehende großspurige Pläne wurden zwar nicht ganz ernstgenommen, aber seine Behauptung, «der Stellvertreter des Führers», Heß, habe dem Heimstättenamt das alleinige Recht gegeben, «über die Gestaltung des Siedlungswesens zu wachen», zirkulierte zwischen den Ministerien und rief doch erhebliche Besorgnis hervor. So schrieb der Reichswirtschaftsminister im Januar 1934 an Seldte: «Aus der Presse der letzten Woche entnehme ich, dass bei der Deutschen Arbeitsfront wesentliche organisatorische und sachliche Massnahmen auf dem Gebiete des Wohnungs- und Siedlungswesens geplant sind ... Wenn ich auch nicht annehme, dass die in den verschiedenen Reden und in der Presse erörterten Pläne bereits greifbare Gestalt angenommen haben, sondern überzeugt davon bin, dass sie nur mit sehr erheblichen Abstrichen in die Tat umgesetzt werden können, so erscheint es mir doch grundsätzlich bedeutungsvoll, dass die Arbeitsfront offenbar die Führung auf dem Gebiete der Wohnungs- und Siedlungspolitik in die Hand zu nehmen beabsichtigt. Daß hiergegen unter Umständen (handschriftlich eingefügt, gestrichen: «sehr») ernste staatspolitische und wirtschaftspolitische Bedenken zu erheben sein könnten, steht ausser Zweifel.»[29] Ein ähnlichlautendes Schreiben mit dem dringenden Wunsch nach einer «Chefbesprechung» über diese Ansprüche ging am 18.1.1934 auch vom Peußischen Minister für Wirtschaft und Arbeit an das RAM und das RWM.[30]
Einen guten Eindruck von den Befürchtungen innerhalb der Ministerialbürokratie

28 Zit. in einem Vermerk des Reichswirtschaftsministeriums o.J. (Anfang 1934), BA (Potsdam), 31.01/10106, Bl. 6.
29 RWM an Seldte v. 25.1.1934, BA (Potsdam), 31.01/10106, Bl. 1[illegible].
30 BA (Potsdam), 31.01/10106, Bl. 2.

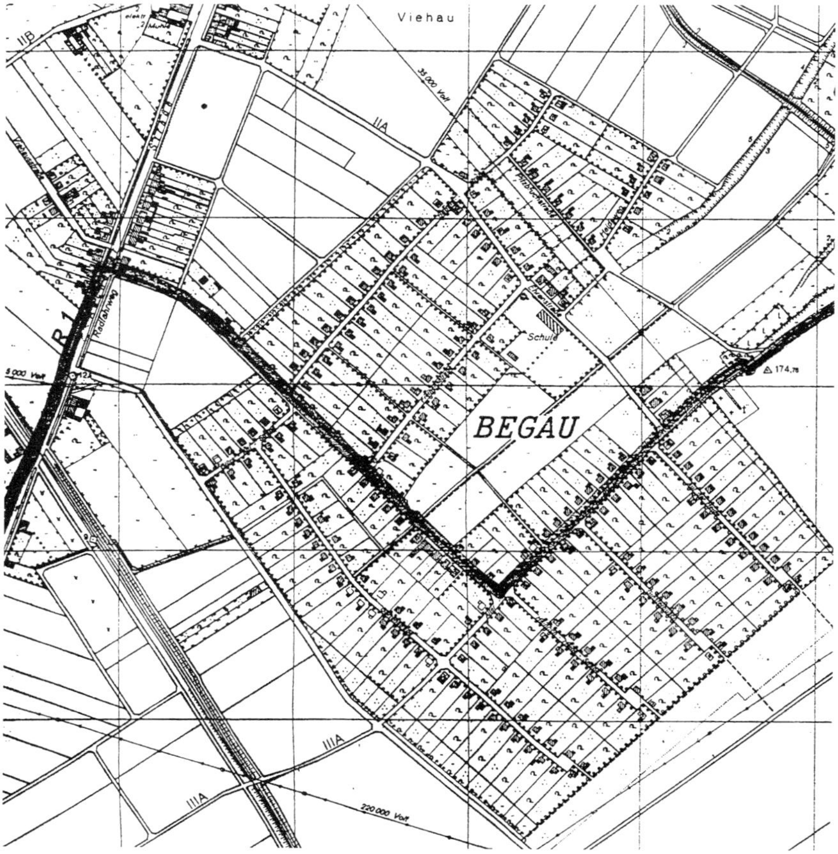

DAF-Siedlung Alsdorf bei Aachen
Quelle: Bamberg 1937, 511
DAF-Siedlung Hoengen-Begau bei Aachen
Quelle: Archiv Gehag Aachen

vermittelt ein im RWM angefertigter interner Vermerk «Erklärungen und Pläne der Deutschen Arbeitsfront in Wohn- und Siedlungsfragen».[31] Darin wurden die Siedlungspläne der DAF dargestellt sowie der durch den Baureferenten der DAF, Strasser, vorgestellte Organisationsaufbau.
Strasser habe erklärt, daß die Mittel für die Kleinsiedlung künftig über die DAF bzw. die Ämter «Schönheit der Arbeit» und «Selbsthilfe und Siedlung» geleitet werden müßten und daß die Aufgaben, die nach dem Organisationsplan des Heimstättenamtes zu diesem organisch gehörten, *nur* von diesem Amt wahrgenommen werden sollen. Natürlich war es dieser Führungsanspruch, der auf besondere Ablehnung stieß. Bemerkenswert, weil eine Konfliktlinie zwischen RAM und Ley vorzeichnend, die in der Folgezeit immer stärker hervortrat, ist aber auch die Kritik an der Erhöhung der Ausstattungs- und Flächenansprüche in den Plänen Leys und an seiner – bereits schon 1933 bestehenden und in der Literatur bisher nicht beachteten – Distanz zur Kleinsiedlung: «Dr. Ley billigt die derzeitigen Bestrebungen der Schaffung von Kurzarbeitersiedlungen und vorstädtischen Kleinsiedlungen nicht hundertprozentig, weil er der Auffassung ist, daß bereits zu einem recht nahen Zeitpunkt die deutsche Wirtschaft wieder voll in Gang kommt und der Arbeiterschaft bei voller Beschäftigung keine Möglichkeit bleibt, eine größere Landfläche richtig zu nutzen. Deshalb kommt es nach seiner Meinung darauf an, den Gedanken der Nebenberufssiedlung nicht zu stark in den Vordergrund zu stellen, sondern eine gesunde Mischung mit eigentlichen Wohnsiedlungen zu erzielen.» (ebd., Bl. 4) Am Ende kam man zu einer radikalen Ablehnung der ganzen DAF-Bestrebungen: «Das Vorgehen der Arbeitsfront durchkreuzt die amtliche Wohnungs- und Siedlungspolitik der Reichs- und Staatsregierung, treibt Unruhe und Unzufriedenheit in die Bevölkerung, im besonderen in die Kreise, die von den etwaigen Vergünstigungen der Arbeitsfront nicht erreicht werden, hemmt namentlich auch das von der Reichsregierung seit Jahren geförderte große Werk der vorstädtischen Kleinsiedlung, macht in Preußen eine wirksame Betätigung der als Organe der staatliche Wohnungspolitik bestehenden provinziellen Heimstätten, in die rd. 50 Millionen RM staatlicher Gelder investiert sind, unmöglich und trägt schließlich durch die laute Ankündigung gewaltiger Bauvorhaben zu einer unter allen Umständen unerwünschten Steigerung der Baustoffpreise und voraussichtlich der Preise überhaupt bei.» (ebd., Bl. 6a)
Noch bevor es zu der gewünschten Chefbesprechung kam, wurden durch Hitler Fakten geschaffen. So, wie es Ley schon im Januar angekündigt hatte (ebd., Bl. 4), erging am 29.3.1934 ein Erlaß Hitlers zum «deutschen Siedlungswerk» (RGBl. I, 295), nach dem ein «Reichskommissar für das Siedlungswesen» «unter Federführung des Reichswirtschaftsministers» und «in Zusammenarbeit und im Einvernehmen mit dem Reichsarbeitsminister» eingesetzt wurde. Reichskommissar wurde Gottfried Feder, zu dieser Zeit Staatssekretär im Wirtschaftsministerium.[32]

31 «Erklärungen und Pläne der Deutschen Arbeitsfront in Wohn- und Siedlungsfragen», o. Verf., undatiert (Anfang 1934), BA (Potsdam), 31.01/10106, Bl. 3–7.

32 Vgl. zu dem im weiteren Sinn zum «linken Flügel» der NSDAP zu rechnenden Feder: Tyrell 1978 u. 1990, Ludwig 1974, 73ff., Schubert 1986a; Feder galt als «Programmatiker der Partei» und hatte mit bewirkt, daß etwa die Punkte 11. («Abschaffung des arbeits- und mühelosen Einkommens. Brechung

Diese Umstrukturierung wurde ein vollständiger Mißerfolg, der schon Ende 1934 wieder revidiert werden mußte, obwohl er zunächst als ein geschickter Schachzug erschien. Einerseits war damit bezweckt, Feder, der nach der Ausschaltung des Strasser-Flügels mit seinen wirtschaftspolitischen Ideen mehr und mehr im Abseits stand, aus dem eigentlichen Bereich der Wirtschaftspolitik, die längst einen anderen Kurs eingeschlagen hatte, abzudrängen. Andererseits diente die Maßnahme der Beruhigung der Basis, die den Eindruck haben konnte, nun werde unter der Leitung eines der Protagonisten der Dezentralisierung und der Siedlung das Wohnungswesen in nationalsozialistischem Sinne reorganisiert.

Die offizielle Begründung für die Neuorganisation des Siedlungswesens lag in der «Zersplitterung», die auf diesem Gebiet geherrscht habe: «Sie erklärt sich aus der Vielseitigkeit der mit der Siedlung zusammenhängenden Aufgaben. Mit der Siedlung, die in erster Linie eine grosse Wirtschaftsaufgabe darstellt und auch eine hervorragende sozialpolitische Bedeutung hat, befassten sich daher das Reichsarbeits- und Reichswirtschaftsministerium und die Wirtschaftsministerien der Länder bzw. die Bau- und Siedlungsabteilungen anderer Ministerien – wie in Bayern des Innenministeriums und in Sachsen des Finanzministeriums. Es war naheliegend, daß mit der Machtübernahme durch den Nationalsozialismus auch die NSDAP. und die Arbeitsfront sich mit Siedlungsfragen beschäftigten.»[33] Durch die Zusammenfassung aller mit dem Siedlungswesen beschäftigten Stellen sollte eine «einheitliche, sichere Führung des Siedlungswerks für das ganze Reich» gewährleistet werden. Dem Reichssiedlungskommissariat wurden alle Dienststellen eingegliedert, die mit dem Gebiet des Wohnungs- und Siedlungswesens befaßt waren. Hierzu gehörte auch das Heimstättenamt der NSDAP. Dessen Leiter, Wilhelm Ludowici, der zugleich Siedlungsbeauftragter im Stab des Stellvertreters des Führers (Heß) war, wurde zum Stellvertreter Feders ernannt. Hierdurch sollte «die Einheit von Partei und Staat» gewährleistet werden.

Das RAM fühlte sich vollkommen überfahren (und war es in der Tat). In einer Vorlage der Abteilung IVb vom 19.4.1934 für Seldte wurde die Behauptung, im Siedlungswesen habe eine Zerplitterung bestanden, zurückgewiesen.[34] «Eine Zuständigkeit des Reichswirtschaftsministeriums für Fragen des Wohnungs- und Siedlungswesens lag bisher

der Zinsknechtschaft») und 17 («Wir fordern eine unseren nationalen Bedürfnissen angepaßte Bodenreform, Schaffung eines Gesetzes zur unentgeltlichen Enteignung von Boden für gemeinnützige Zwecke. Abschaffung des Bodenzinses und Verhinderung jeder Bodenspekulation») in das 25-Punkte-Parteiprogramm von 1920 aufgenommen wurden; die «antikapitalistischen» Forderungen des Programms wurden aber Schritt für Schritt verwässert und waren nach 1933 bedeutungslos; schon 1928 hatte Hitler gegenüber den «verlogenen Auslegungen des Punktes 17» klargestellt: «Da die N.S.D.A.P. auf dem Boden des Privateigentums steht, ergibt sich von selbst, daß der Passus 'Unentgeltliche Enteignung' nur auf die Schaffung gesetzlicher Möglichkeiten Bezug hat, Boden, der auf unrechtmäßige Weise erworben wurde oder nicht nach den Gesichtspunkten des Volkswohls verwaltet wird, wenn nötig, zu enteignen. Dies richtet sich demgemäß in erster Linie gegen die jüdischen Grundspekulationsgesellschaften.» (Feder 1930, 21) vgl. auch zur – hier mit Bezug auf Damaschke – Unvereinbarkeit von «marxistisch verstandener 'Bodenrente' und nationalsozialistischem Eigentumsgrundsatz» SuW 1934, 26.

33 Erlaß Hitlers vom 29.3.1934, BA (Potsdam), 31.01/10106, Bl. 24f.; vgl. auch die Darstellung durch Feder in einer Pressekonferenz am 3.5.1934, hier: «Deutsche Hausbesitzer Zeitung» vom 10.5.1934, BAK, NS 6/250, Bl. 9f.

34 BA (Potsdam), 39.01/11262, Bl. 265–277.

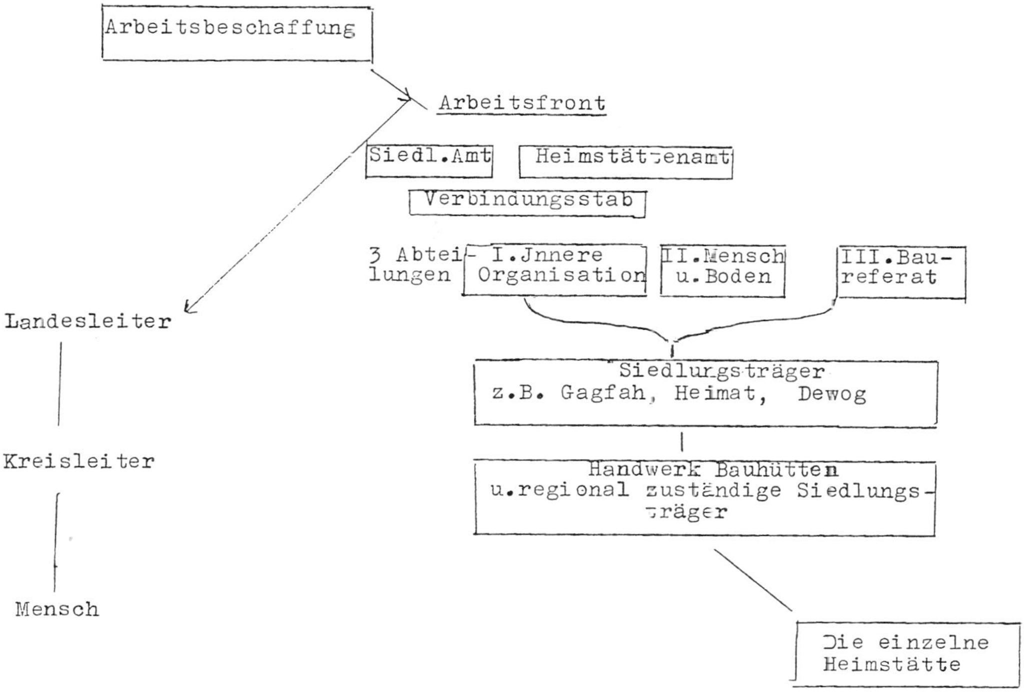

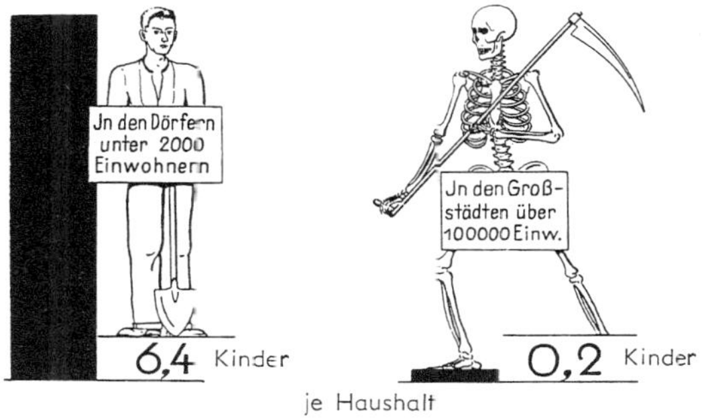

Skizze eines «Organisationsplans der Deutschen Arbeitsfront zur Frage: Wohnung und Siedlung» durch Mitarbeiter des Reichswirtschaftsministeriums (RWM) auf der Basis einer Besprechung mit dem Baureferenten der DAF, Franz Strasser, Anfang 1934
Quelle: BA (Potsdam), 31.01/10106, Bl. 7
Gottfried Feder
Quelle: Wistrich 1983, 73
«Die Großstadt, der biologische Volkstod!» (Abbildung in Feders Buch «Die neue Stadt»)
Quelle: Feder 1939, 24

nicht vor, wurde auch niemals beansprucht.» Fehler in der Wohnungspolitik der Vergangenheit (zu starke Bevorzugung der Großstädte und des Hochbaus, zu große und zu teure Wohnungen) seien den Ländern anzulasten, die bis 1930 die Zuständigkeit hatten. Das RAM habe diese Fehler seit 1930 bzw. dem Erlaß der Reichsgrundsätze für den Kleinwohnungsbau vom Januar 1931 wirksam bekämpft. Im Mittelpunkt der Wohnungspolitik des RAM stehe die zur Nebenberufssiedlung weiterentwickelte Kleinsiedlung. Bedenken dagegen seien nie erhoben worden. Die bisherige gesetzgeberische Arbeit und vor allem die durch das RAM betreute Gebäudeinstandsetzungsaktion seien als «bahnbrechend» und erfolgreich zu bewerten.

Feder setzte zunächst einmal ganz andere Akzente. In zahlreichen Presseveröffentlichungen stellte er sein Programm, «Das deutsche Siedlungswerk», der Öffentlichkeit vor. Für Feder war «die Großstadt mit ihrer verwirrenden Hast, ihrem Lärm, ihren oft sehr zweifelhaften Vergnügungsstätten, ihren Gefahren und ihrem Elend .. der Tod der Nation» (1934, 185).

Das «In-die-Großstadt-verschlagen-werden» führte für ihn zu «geistiger, körperlicher und sittlicher Entwurzelung», zum Verlust «des Willens zum Kind» und bereitete zugleich den Boden für die Verbreitung der «marxistischen Irrlehre» (ebd.). «Die Auflockerung der Großstädte, die Wiederbodenständig- und Seßhaftmachung der Bevölkerung, eine der größten bevölkerungspolitischen Aufgaben des Dritten Reiches, die Erlösung aus Großstadtelend und die Schaffung gesunder Lebensbedingungen, besonders für die heranwachsende Generation, wird zur unabweisbaren Pflicht für eine volksbewußte Reichsregierung.» (Feder 1934, 185) Dafür war jedoch nach Feders Ansicht die Stadtrandsiedlung nicht geeignet. Sie werde «nur in dem Ausmaß gebilligt .., in dem die ungesunden Altstadtquartiere niedergelegt werden können». Stattdessen müsse es zu einer großangelegten «Industrieverlagerung» und der Neugründung von Hunderten von kleinen Landstädten und Siedlungen kommen. Diese Städte, für die Feder auch schon Namen wie Hitlerburg, Göringen, Frickhausen, auch Federfeld, parat hatte (Fischer-Dieskau 1970, 127), sollten durch die Industrieverlagerung auch eine wirtschaftliche Grundlage haben. Erst dadurch erhebe sich das Siedlungswerk «über die Enge der heutigen Siedelei»: «Wenn wir 1000 neue Städte bauen – ein kühnes Wort, und doch für ein halbes Jahrhundert wohl nur ein Mindestmaß, denn 1000 Städte von 10 000 bis 15 000 Seelen sind doch erst 10 bis 15 Millionen Menschen, die wir der Heimaterde wiedergewinnen –, dann schaffen wir die Grundlage für ein neues Staatsgefüge, Daseinsgrundlage für Millionen Menschen mit selbständigem Beruf, und dann geben wir den Menschen das Köstlichste zurück: Heimat und Heimatgefühl!» (zit. in: BSW 1934, 187)

Diese Ideen wurden u.a. durch die Ausstellung «Baugesinnung und Gemeinsinn», die am 9.5.1934 durch Feder in Berlin eröffnet wurde und anschließend in anderen Städten gezeigt wurde, propagandistisch umgesetzt und veranschaulicht (Neumann/ Heilig 1934). Geleitworte schrieben neben den Vertretern des herausgebenden Reichsverbands Deutscher Heimstätten Feder, Reichswirtschaftsminister Schmitt, Seldte, Ley, der Reichsbeauftragte für die bäuerliche Siedlung, Ludowici und Hönig in seiner Eigenschaft als Präsident der Reichskammer der bildenden Künste, womit zugleich der Kreis derer umrissen war, die im Siedlungswesen zu dieser Zeit Mitspracherechte

hatten. Den Zweck der Ausstellung bestimmte Feder in seiner Eröffnungsrede: Durch das deutsche Siedlungswerk sollten wieder «schöne deutsche Städte, wie uns noch in wenigen seltenen Exemplaren aus dem organischen und harmonischen Mittelalter einige vorhanden sind, .. in neuer Form wieder entstehen. Diese Neusiedlungen, diese neuen Landstädte inmitten eines reichen Bauerntums sollen nach besten städtebaulichen und baukünstlerischen Gesichtspunkten erstehen. Sie sollen eine bestimmte übersehbare Größe nicht überschreiten und sollen Bild und Ausdruck sozialen Geistes und besten Gemeinsinnes werden.» (1934, 186) «Zu deutscher Baugesinnung und deutschem Kulturwillen» müßten die Menschen, aber auch die Architekten und Ingenieure allerdings erst noch erzogen werden (ebd.). Eine Forderung, die gerade auch Ley sehr entsprach: «Die größte Aufgabe, die der nationalsozialistischen Bewegung gestellt wurde, ist die unablässige und mühevolle Erziehung des gesamten Volkes zur Gemeinschaft ... Erziehung und nochmals Erziehung ist die Parole für Jahre und Jahrzehnte.» (Geleitwort in: Neumann/Heilig 1934)
Von den Autoren der Begleittexte (u.a. der Heimatschützer Werner Lindner, zu dieser Zeit Leiter der Abteilung «Heimat und Erde» im Reichsbund «Volkstum und Heimat») wurde daran anknüpfend eine aufgeblasene Siedlungs- und Gemeinsinnsrhetorik entwickelt. Siedlung stand dabei als Symbol für einen Wandel, der wieder an geschlossenen, «organischen» Formen des Lebens, Wirtschaftens und des Städtebaus anknüpfen wollte: «Nach einem Jahrhundert heimlicher und sichtbarer Verweichlichung, Entartung und Zerstörung stehen wir heute vor einem Zeitalter der Besinnung auf unsere Erbkraft und des organischen Aufbaues.» (Neumann 1934, 3) Bezugspunkte waren neben den Dorf- und Städtegründungen des Mittelalters die Kolonisationstätigkeit des Deutschen Ritterordens und zuletzt die Dorfgründungen Friedrichs des Großen.
Die Kritik war leichter formuliert als die künftigen Ziele der eigenen Planung. Nicht ohne Grund entstammten die Positiv-Beispiele alle der Geschichte. So ist interessant, daß man sich zur Veröffentlichung zweier nur in einem Entwurf[35] vorhandener Strukturschemata nicht entschließen konnte. Offenbar hielt man die darin entworfene Dezentralisierung der Großstadt für zu verpflichtend und in dieser Form nicht für konsensfähig. Darin konzipierte man statt der üblichen an die Großstadt anschließenden «Parzellierungsmethoden mit ihrem Reihengrab-Charakter» selbständige Trabanten. Diese Kleingemeinden, über deren Größe in dem Entwurf nichts gesagt wurde, sollten dann im Ausstrahlungsgebiet der Großstädte gleichmäßig verteilt werden. Die an den eigentlichen Stadtkern anschließenden, in den letzten 80 Jahren entstandenen Gebiete gedachte man nach diesem Schema durch das Einschieben breiter Grüngürtel zu sanieren.
Gesetzgeberisch bewerkstelligte Feder in seiner kurzen Amtszeit nur wenig. Zwar kündigte er auf der von ihm einberufenen Reichswohnungskonferenz in München am 9. und 10.9.1934[36] an, bis zum Herbst drei große Gesetze, ein Reichsbaurecht, ein Reichsplanungsgesetz und ein neues Bodenrecht, zu schaffen (BSW 1934, 199). Es kam

35 BAK, R 41/1007, Bl. 200–220.

36 Teilnehmer waren u.a. Ludowici, der bayrische Ministerpräsident Siebert, der Generalinspekteur für das deutsche Straßenwesen Todt und Fischer vom RWM, vgl. BSW 1934, 199.

Nördlingen, für Feder positives Beispiel mittelalterlicher Geschlossenheit des Stadtbildes
Quelle: Feder 1939, 23
Gegenbeispiel: endlose Häuserblocks in der «Gründerzeitstadt Berlin»
Quelle: Feder 1939, 10

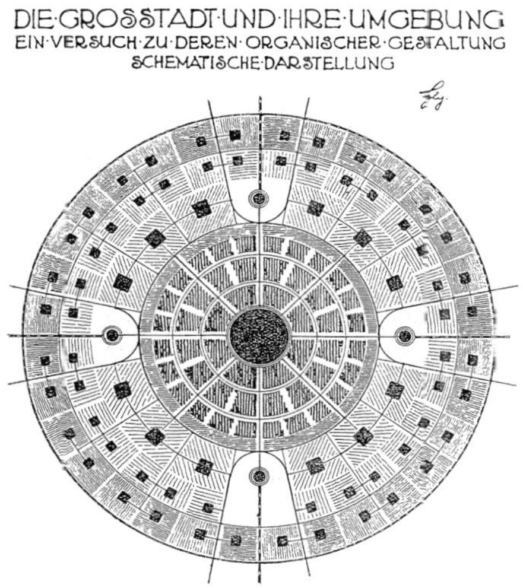

«Organische Gestaltung der Großstadt und ihres Ausstrahlungsgebietes», unveröff. Entwurf für die Publikation «Baugesinnung und Gemeinsinn» 1934
Quelle: BAK, R 41/1007, Bl. 220
Beispielhafte Planung einer Großsiedlung nach Feder
Quelle: Feder 1939, 20

aber lediglich noch zu einem «Gesetz über einstweilige Maßnahmen zur Ordnung des deutschen Siedlungswesens» vom 3.7.1934.[37] Dieses Gesetz sollte bis zur Verabschiedung eines einheitlichen Baurechts dem Reichswirtschaftsminister (ab 4.12.1934 wieder dem RAM) bzw. dem Reichssiedlungskommissar sowohl ausreichende gesetzgeberische Vollmachten für Teilregelungen als auch die Möglichkeit geben, größere Bauvorhaben und Siedlungen (über 25 Häuser) nach ihrer Übereinstimmung mit den siedlungs- und wirtschaftspolitischen Absichten der Reichsregierung zu überprüfen und ggf. zu untersagen. Als wichtigste, in der Durchführungsverordnung für die Anzeigepflicht nicht näher konkretisierte Absichten galten die Auflockerung der Großstädte und Industriezentren, die Vermeidung neuen Zuzugs von Arbeitern vom Land in die Stadt, die Neusiedlung auf dem Land, die Verlagerung großstädtischer Industrie etc.[38] Pergande wertete diese Ermächtigungen als den «ersten schweren Eingriff in die Baufreiheit, der an keine näher konkretisierten objektiven Merkmale gebunden war.» (1973, 106)

Bereits zuvor war mit dem «Gesetz über die Aufschließung von Wohnsiedlungsgebieten» vom 22.9.1933 (RGBl. I, 659, auch SuW 1933, 410ff.) als teilweisem Ersatz für den planungsrechtlichen Teil des zum Ende der Weimarer Zeit geplanten, aber gescheiterten «Reichsstädtebaugesetzes» ein Gesetz erlassen worden, das im Sinne «der nationalsozialistischen Anschauung vom Obereigentum des Staates» (Pergande 1973, 108) Eingriffe in die individuelle Baufreiheit zuließ. Dabei war mit «Aufschließung» nicht wie im späteren Bundesbaugesetz «Erschließung» gemeint, sondern die Sicherung der geordneten Bebauung eines Geländes zu einem frühen Zeitpunkt. Um die üblichen Streusiedlungen am Rand der Großstädte zu vermeiden, konnten Gebiete mit stärkerer Wohnsiedlungstätigkeit zu «Wohnsiedlungsgebieten» erklärt werden, für die dann ein «Wirtschaftsplan» aufzustellen war. Dieser war dann die Grundlage für die im Bodenverkehr und der Bebauung zu erteilenden Genehmigungen.[39]

Entgegen den bombastischen Ankündigungen sah die Praxis der Wohnungsbauförderung im Jahr 1934 sehr viel ernüchternder aus. So sah sich Feder im September angesichts düsterer Prognosen für die Bauwirtschaft im bevorstehenden Winter veranlaßt, an alle Reichsminister einen internen Alarmruf zu richten.[40] Darin befürchtete er, daß der Wohnungsbau nach dem Auslaufen der bisher bereitgestellten Mittel aus den Arbeitsbeschaffungsprogrammen im Winter 1934/35 zum Erliegen kommen werde. Zur Jahreswende 1934/35 sei mit einem Fehlbestand von etwa 1250000 Wohnungen zu rechnen, ein Fehlbestand, der sich seit der Reichswohnungszählung von

37 RGBl. I, 582, vgl. auch BSW 1934, 214f. u. SuW 1934, 311f. sowie Heilmann 1938.

38 Vgl. Heilmann 1938, 556; am 30.1.1935 gab dann der Reichsarbeitsminister per Runderlaß weitere Gründe für die Untersagung der beabsichtigten Maßnahmen an: Widerspruch mit der planmäßigen Erschließung des Gemeindegebiets, Benötigung des Grundstücks für öffentliche Zwecke, Gründe der Volksgesundheit, des Heimatschutzes und der Landesverteidigung, ungünstige Bodenbeschaffenheit, Störung des Orts- und Landschaftsbilds etc.

39 Vgl. zu den durch das Gesetz in der Praxis aufgeworfenen Problemen (mangelnde Rechtswirksamkeit des Wirtschaftsplans, Ungerechtigkeiten bei den Landabtretungen für den öffentlichen Bedarf, Entschädigungsprobleme usw.) von Wülfingen 1936.

40 Feder an Reichskanzlei und sämtliche Reichsminister, 24.9.1934, BA (Potsdam), 31.01/10100, Bl. 165–168; eine Zusammenfassung dieses Schreibens durch die Reichskanzlei vom 12.10.1934 ist als Dokument 6 in Schäche 1992, 544ff. zu finden.

1927 noch einmal um 250 000 Wohnungen erhöht habe. Hinzu komme der Wohnungsbedarf, der aus der anlaufenden Altstadtsanierung folgt. Natürlich betonte Feder auch, daß «eine gesunde Umsiedlung der Bevölkerung» und «Auflockerung der Großstädte» schon aus Luftschutzgründen unbedingt erforderlich sei. Allerdings, so fügte er in diesem internen Schreiben mit Blick auf die Realitäten fast schon resignierend hinzu: «.. selbst, wenn man diese Ziele zurückstellt, so müssen, um nur mit dem *Haushaltszuwachs* (Hervorh. i. Orig., d. Verf.) mitzukommen und ein schnelles Anwachsen der Wohnungsnot zu vermeiden, in den nächsten Jahren umfangreiche Bauprogramme durchgeführt werden.» (ebd., 6)

Doch mit der Ernennung des «Wirtschaftsdiktators» Schacht als Nachfolger für Schmitt zum neuen Reichswirtschaftsminister im August 1934 waren Feders Tage bereits gezählt. Vor allem auf Drängen Schachts[41] wurde Feder, der «politisch ein erledigter Mann war» (Fischer-Dieskau 1970, 127), kurz darauf mit dem Erlaß über das Wohnungs- und Siedlungswesen vom 4.12.1934 in den einstweiligen Ruhestand versetzt. Nur noch für die Fachöffentlichkeit tolerabel schob man ihn als Professor an die Technische Hochschule Berlin ab, wo er u.a. zusammen mit seinem Assistenten Fritz Rechenberg nach jahrelangen Vorarbeiten ein bis in die Nachkriegszeit in Fachkreisen vielbeachtetes Buch «Die neue Stadt» (Feder 1939) schrieb. Hierin entwickelte Feder nach einer Wiederholung seiner Großstadtkritik und seiner Gedanken zum Verfall der Stadtplanungskunst auf empirischer Basis detaillierte Vorstellungen und Richtwerte zur Ausstattung der von ihm als optimal angesehenen Stadt mit 20 000 Einwohnern mit öffentlichen Versorgungseinrichtungen, Gewerbebetrieben etc. Als «vorbildliche praktische» Beispiele sah Feder neben der Krupp-Siedlung Margarethenhöhe auch einige der DAF-Neuplanungen zu Ende der 30er Jahre an (z.B. Mittweida in Sachsen von Neupert). Aber erst mit der von ihm bis 1939 entwickelten Methode glaubte er die Grundfragen der Stadtplanung nach dem «was», wieviel», «wie groß» und «wohin» der städtischen Einrichtungen «schlüssig» beantwortet zu haben (1939, 431). So bezeichnete er die von Studenten nach seiner Methode 1937 entworfene und beispielhaft in sein Buch aufgenommene «Großsiedlung mit öffentlichen und gewerblichen Einrichtungen» überhaupt als den «ersten» Versuch, «eine Stadt organisch und planvoll aus ihrer sozialen Struktur heraus zu entwickeln.» (1939, 22)[42]

Zugleich ging sein gesamter Aufgabenbereich und auch das Personal der Abteilung VIII (Deutsches Siedlungswerk) im RWM wieder auf das RAM über.[43] Eine Zusam-

41 Vgl. hierzu Recker 1981, 13 und die dort bezeichneten Briefe von Feder an Hitler sowie von Lammers an Frick und Seldte in dieser Angelegenheit.

42 Vgl. als zeitgenössische Besprechung, die zwar den Lehrbuchcharakter des Werks hervorhob, aber vorsichtige Zweifel erhob, ob sich die darin niedergelegten Zielvorstellungen durchsetzen würden, Noack in: BSW 1939, 924; vgl. in neuerer Zeit Peltz-Dreckmann 1978, 193ff. u. Forndran 1984, 57ff.; zur Wirkungsgeschichte des Buches vgl. Schubert 1986a u. Durth 1992, 136.

43 RGBl. I, 1225; hierzu auch SuW 1934, 516ff. sowie BSW 1935, 32; vgl. die Vereinbarung über den Übergang des Siedlungs- und Wohnungswesens auf das Reichsarbeitsministerium vom 20.12.1934, BAK, R 41/697, Bl. 19–21; durch die Zusammenlegung der Reichsministerien mit den korrespondierenden preußischen Ministerien wurden auch die Wohnungsabteilungen des RAM und des Preußischen Ministeriums für Wirtschaft und Arbeit im RAM, das ab 1935 als Reichs- und Preußisches Arbeitsministerium firmierte, zusammengeführt, Fischer-Dieskau 1970, 127; Veränderungen im Personalbestand gegenüber der alten Abteilung Wohnungswesen im RAM gab es auch durch die von

menarbeit mit Feder war für Schacht wegen dessen Ideen zur Bankenverstaatlichung, Brechung der Zinsknechtschaft und Einführung des staatlichen «Feder»-Girogeldes[44] nicht denkbar. Gegen diesen «Unsinn» wandte er sich scharf, und es gelang ihm, wie er in den 60er Jahren rückblickend schrieb, «in mehreren Unterhaltungen ... Hitler von den törichten und gefährlichen Bank- und Währungsideen» abzubringen (Schacht 1966, 66).

4. Reichsheimstättenamt und Siedlungspropaganda

Der für kurze Zeit beseitigte «Dualismus» im Wohnungswesen war nun wiederhergestellt. Der Wohnungsabteilung im RAM stand wieder das im April 1934 gegründete *Reichsheimstättenamt* der DAF bzw. der NSDAP gegenüber. Leiter des Reichsheimstättenamtes blieb bis 1937 Ludowici (Pg. seit 1920), der in seiner Eigenschaft als Stellvertreter Feders nur noch für eine kurze Übergangszeit bis zum 26.1.1935 die Abteilung Wohnungswesen im RAM weiterleitete.[45] Ludowici war zugleich weiterhin Beauftragter für das Siedlungswesen im Stab des Stellvertreters des Führers[46], so daß nun er für eine gewisse Zeit der zuständige parteioffizielle Propagandist für Siedlungsfragen war. Während des ganzen Jahres 1934 waren als Unterbau des Reichsheimstättenamtes die strikt nach dem «Führerprinzip» strukturierten Gauheimstättenämter und wiederum als deren Unterbau ein Netz von Kreisamts-, Ortsgruppenleitern, Vertrauensleuten und Fachbearbeitern aufgebaut worden. Als Aufgaben der Heimstättenämter wurden auf der ersten Arbeitstagung der Heimstättenämter und des Reichsheimstättenamtes genannt:

«1. Zusammenfassung aller nichtbäuerlichen Siedlungsbestrebungen und Siedlungsvorhaben, ihre Förderung und Unterstützung
2. Überprüfung von Siedlungsvorhaben und Beratung aller unternehmenden Behörden, Verbände, Einzelpersonen und Firmen
3. Schulung und Betreuung ...
4. alleiniges Auswahlrecht der Siedler, deren Vorschulung und Beratung
5. Durchführung eigener Siedlungsvorhaben in Sonderfällen
6. Werbung für den Siedlungsgedanken
7. Vorschläge von gesetzlichen Maßnahmen und Gesetzen.» (Ludowici 1934, 233)

Feder eingestellten Mitarbeiter wie etwa Wambsganz, der vom RAM übernommen wurde und später am «Deutschen Baugesetzbuch» arbeitete. (vgl. Schneider 1979, 16, Anm. 83).

44 Auch die Lösung der Wohnungsfrage hatte Feder in seinen Schriften immer wieder als ein Frage der «Neugestaltung des Geldwesens in deutschem Geist» (1932, 10) bezeichnet, die vor allem die «Zinsknechtschaft» beseitigen müsse, an der «die Welt zugrunde geht» (ebd., 12).

45 Übergangsweise übernahm Staatssekretär Krohn ab Januar 1935 die Leitung der Abteilung Wohnungswesen, ab 1936 dann Knoll; Ludowici wurde im RAM Vorsitzender des am 26.1.1935 eingerichteten «Ständigen Siedlungsbeirats»; seine Aufgabe war die Beratung des RAM in allgemeinen und grundsätzlichen Angelegenheiten des Wohnungs- und Siedlungswesens; als Mitglieder wurden von Ludowici unter anderen berufen: der Münchner Oberbürgermeister Fiehler, der Leipziger Oberbürgermeister Gördeler, Kämper (Aufsichtsratvorsitzender der Deutschen Bau- und Bodenbank), Selzner von der DAF, Todt und Vögler als Vertreter der Industrie, vgl. Baumeister 1936, 172.

46 Vgl. den entsprechenden Erlaß des Stellvertreters des Führers vom 29.4.1934 in: SuW 1934, 282.

Praktisch konzentrierte sich die Arbeit des Reichsheimstättenamtes bis 1937 fast ausschließlich auf die Kleinsiedlung, obwohl man aus der Sicht des Jahres 1940 auch auf Vorarbeiten in dem dann im Vordergrund stehenden Geschoßwohnungsbau und auf Aktivitäten in der Altstadtsanierung und im Volkswohnungsbau verwies (vgl. Marrenbach 1940, 212).
Schon im Frühjahr 1934 wurden durch das Reichsheimstättenamt «Richtlinien zur Heimstättensiedlung» festgelegt. Darin hieß es unter «Wesen und Bedeutung»: «Die Heimstättensiedlung ist die Wohn- und Werkform des deutschen Arbeiters, die es ihm ermöglicht, von dem heiligsten Recht auf ein Stück der Heimaterde einen solchen Gebrauch zu machen, daß der Familie daraus gesunde Kräfte für Leib und Seele erwachsen. Durch die Bewirtschaftung soll ihre Lebenshaltung wesentlich verbessert und in Krisenzeiten drückendste Not von ihr ferngehalten werden. Sie verdient daher als bevölkerungspolitische wie als nationalwirtschaftliche Notwendigkeit bevorzugte Förderung vor jeder anderen Wohnform.» (zit. in: DAF 1938, 9)
Die Form der Erwerbslosen-Stadtrandsiedlung aus der Zeit der Weltwirtschaftskrise wurde allerdings scharf abgelehnt: «Als Kulturgut des Dritten Reiches kann und darf die Stadtrandsiedlung nicht gelten. Der Begriff Stadtrandsiedlung wächst sich zu einem Klassenwall aus, für den im Dritten Reich kein Platz mehr ist. Wenn wir siedeln, wollen wir in Gemeinschaften zur Gemeinschaft siedeln, und nur wenn wir Volksgemeinschaften schaffen, arbeiten wir im Sinne unseres Führers. Daraus ergibt sich zwangsläufig, daß Großsiedlungsvorhaben sich mit eigenem Kultur- und Wirtschaftskern entwickeln, während sich Kleinvorhaben an Bestehendes anlehnen müssen. Der Begriff Stadtrandsiedlung entspricht liberalem Denken und kapitalistischem Fürsorgeempfinden, aber nicht nationalsozialistischem Aufbauwillen.» (Marrenbach 1940, 214)
«Heiligste Aufgabe» des Reichsheimstättenamtes war, noch mit Feders Worten zusammengefaßt, «über das deutsche Siedlungswerk zu wachen» (zit. in: SuW 1934, 260), was vor allem beinhaltete, den Einfluß der DAF und der Partei sicherzustellen. In der Praxis führte die zunehmende Einmischung und Gängelung durch die Heimstättenämter, die ihre rassischen und politischen Siedlerauswahlkriterien durchzusetzen versuchten, im ohnehin unübersichtlichen Kleinsiedlungsverfahren zu einem Organisationschaos, das auch Spezialisten nicht mehr gänzlich überblickten und das – über die ohnehin gravierende Mittelknappheit hinaus – zu weiteren Reibungsverlusten und Zeitverzögerungen führte (vgl. Schmidt/ Bellinger 1939, Gisbertz/ Gase 1938).
In dieser Phase entwickelte das Reichsheimstättenamt eine intensive Schulungs- und Propagandatätigkeit. Ludowici brachte überdies mit seinem Buch «Das deutsche Siedlungswerk» (1935) eine Gesamtdarstellung seiner Ideologie heraus.[47]
Mit seiner tiefverwurzelten Großstadtfeindschaft und seinen ständestaatlichen Ideen schloß Ludowici in vielem an Feder an. Auch er geißelte «die Mietskaserne» und das «Villenviertel» jeweils als Ausdruck des «Marxismus» bzw. des «Liberalismus» der Vergangenheit: «... aus den alten organischen Stadtgemeinden wurden in einem halben

47 Vgl. die mit unverkennbaren Zeichen der Distanz geschriebene Besprechung des Buches in BSW 1935, 212f.; vgl. als Darstellung der Siedlungsideologie in Kurzform auch Ludowici 1935b.

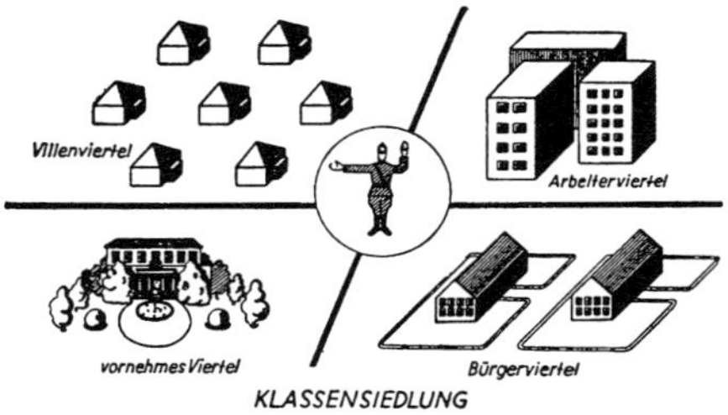

Großstadt-Kindheit: Im «Zinshaus» und den «städtischen Elendswohnungen» wird «aus dem Volk eine Masse und aus dem Arbeiter ein Proletarier»
Quelle: Ludowici 1935a, 4
«Rassen-Fronten» nach Ludowici
Quelle: Ludowici 1935a, 18
«Bauer und Arbeiter, die Werksiedlung macht den Arbeiter bodenständig» (Ludowici)
Quelle: Ludowici 1935a, 88
«Klassensiedlung – Falsche Planung. Der Nationalsozialismus bringt das Ende der Klassensiedlung» (Ludowici)
Quelle: Ludowici 1935a, 94

Jahrhundert wüste Steinhaufen, die ein regelloses Durcheinander von Mietskasernen, Villenvierteln und öffentlichen Bauten zeigten. Planlose Siedlungen, regellose Mietblöcke, schwarze Brandgiebel, häßliche Schuppen und Baracken umgeben unsere schönen alten Städte wie ein Müllhaufen und prägen somit ein charakteristisches Bild der vergangenen Zeit.» (Ludowici 1935c, 402)

Die Kinderzahl sinke unter diesen Bedingungen immer mehr herab, schließlich gebe es in solchen Städten «mehr Hunde als Kinder» (1935a, 5). Außerdem würden, wie schon Friedrich der Große gewußt habe, «Kriege .. nicht von Soldaten gewonnen, die in Elendswohnungen geboren worden sind, sondern von Soldaten, die auf freiem Heimatboden aufgewachsen sind, und auf diese Weise wissen, um was sie zu kämpfen haben.» (ebd., 18) Es wäre ein «Verbrechen», die Verstädterung, die in Deutschland ein so «erschreckendes Maß» angenommen habe, «wie es von keinem der anderen europäischen Staaten erreicht wird», noch weiter fortsetzen zu wollen. (ebd., 5) In Zukunft sei nicht mehr die weitere Stadtvergrößerung, sondern nur noch ein «Stadtumbau» geboten, der die Elendsviertel beseitige und gesunde Wohnviertel schaffe. Allerdings gehe es auch nicht darum, sozusagen in Umkehrung der bisherigen Entwicklung, nun den Städten «einfach das Lebensrecht zu nehmen». (ebd., 31)

Ludowici schloß zwar explizit an die Rassenideologie und an die Blut-und-Boden-Mystik Darrés an, bemühte sich aber, dessen Bauernkult zu einem Arbeiter-und-Bauern-Kult weiterzuentwickeln.

Die «Neubildung deutschen Volkstums» beinhalte beides, «die Neubildung deutschen Bauerntums ... und die Neubildung deutschen Arbeitertums» (Ludowici 1935a, 7).[48] Der Nationalsozialismus habe daher die «Heimstättensiedlung» geschaffen, damit auch die Arbeiter «wieder auf dem deutschen Boden seelisch und materiell Fuß fassen» (ebd., 7). In Zukunft dürfe es keine «Klassensiedlungen», nicht mehr Villenviertel, «bessere Viertel», Beamtenviertel und Arbeiterviertel jeweils für sich geben, sondern die Siedlerstellen der verschiedensten Art müßten zu einem «organischen Ganzen» zusammenwachsen (ebd., 76f.).

Ein besonderer Angriffspunkt war auch für Ludowici die «Zinsknechtschaft», unter der bisher die Inhaber zu großer und zu teurer Siedlerstellen in der Regel zu leiden hatten. Deshalb forderte er die «wachsende Siedlerstelle und das wachsende Haus» (Ludowici 1935b, 403), konnte sich aber damit in der Praxis nicht durchsetzen.

Die Landbeschaffung für die «vier Millionen» von ihm geplanten «agro-industriellen» Heimstätten- bzw. Nebenerwerbssiedlungen hielt er durch Kultivierung und Meliorierung von Ödland für unproblematisch (Ludowici 1935a, 12).

Im Hintergrund stand bei Ludowici weniger der Gedanke einer Reagrarisierung der Arbeiterschaft, sondern, im Kontext der wachsenden Autarkiebestrebungen des Sy-

48 Es gab auch Stimmen, die nicht eine Reagrarisierung, sondern die «Industrialisierung des ostdeutschen Raumes» forderten, doch solche Positionen und die damit einhergehende «Vernachlässigung» der bäuerlichen Siedlung wurden scharf kritisiert; die Zeitschrift «Siedlung und Wirtschaft» (SuW) etwa, die ab August 1934 als Fachblatt des Reichsheimstättenamtes und des Reichsverbands deutscher Heimstätten erschien, erkannte darin «das Bemühen, von dem einheitlichen wirtschaftlichen Blickpunkt der Siedlungsplanung abzulenken und damit die Siedlung selbst zugunsten einer uneingeschränkten Erhaltung des Großgrundbesitzes ad absurdum zu führen» (SuW 1934, 26).

stems sowie der Luftschutzbemühungen, der Plan einer großangelegten Verlagerung und Dezentralisierung von Industrie (vgl. Ludowici 1934b u. VB v. 17.19.1934).
Stärker als bei Feder rückten nun bei Ludowici in seinem Konzept «selbständiger Wirtschaftskreise» kriegs- und rüstungswirtschaftliche Gesichtspunkte in den Vordergrund. Aber es waren weniger die immer stärker werdenden großindustriellen Interessen als vielmehr noch die mittelständisch geprägten Vorstellungen einer dezentralen Zuordnung der Industrie in Form gewerblicher und kleinindustrieller Produktion in der Landwirtschaft, die in diesem Leitbild der räumlichen Entwicklung zum Ausdruck kamen.[49] Im Zuge der ab 1936/37 in erster Linie auf die Großindustrie gestützten forcierten Rüstungspolitik wurden diese Vorstellungen dann auch in der offiziellen Parteipropaganda mehr und mehr zurückgedrängt, eine Entwicklung, die auch den Hintergrund für die Ablösung Ludowicis und einen erneuten Wechsel an der Spitze des Reichsheimstättenamtes bildete.[50]
Auch wenn Großstadtfeindschaft, Siedlung und Dezentralisierung im Denken von Ideologen wie Feder und Ludowici jeweils besondere – und kurzlebigere – Ausformungen und Zuspitzungen erhielten, so hatte sich, gewissermaßen in einer gemäßigteren Variante, in dieser Phase doch der Gedanke an die Notwendigkeit einer Auflokkerung der Großstädte, an die Zurückführung eines Teils der Arbeitslosen auf das Land, kurz, «einer Zurückbildung der in den Zeiten außerordentlich starker Industrialisierung gewordener Mängel» (Stoeckle) bei einem Großteil der Fachleute und Beamten durchgesetzt. Exemplarisch für diese Position war etwa der Beitrag von Stoeckle, Beigeordneter im Deutschen Gemeindetag, auf der Tagung des Internationalen Wohnungskongresses in Prag am 26.6.1935 (Stoeckle 1935). Der nationalsozialistischen Regierung gehe es bei der geplanten Umsiedlung von den Großstädten auf das Land um die Auflockerung der Großstadt und «eine bessere Verteilung der noch brachliegenden Arbeitskräfte für Landwirtschaft und Industrie»: «Das Wort unseres Führers und Reichskanzlers Adolf Hitler, Deutschland müsse wieder ein Volk von Bauern werden, oder es bestehe nicht mehr, ist in diesem Sinne zu verstehen. Es wäre falsch zu glauben, daß in Deutschland nunmehr jegliche industrielle Betätigung unterbunden werde; es soll lediglich erreicht werden, einen Teil der in den früheren Jahren vom Lande in die Städte geströmten Arbeitskräfte nach Möglichkeit in ihrem früheren landwirtschaftlichen Beruf zu verwenden.» (ebd., 435) Stoeckle vergaß nicht zu erwähnen, daß diese Umsiedlung und Neubewertung auch ihren Stellenwert im Rahmen der angestrebten Selbstversorgung und Autarkiepolitik (Stoeckle: «Infolge der ihm aufgezwungenen Absperrung seiner Grenzen muß Deutschland ...») und nicht zuletzt auch

49 Vgl. hierzu Walz 1978, 100ff.; Forndran (1984, 81) weist gegenüber Walz zu Recht darauf hin, daß der von Walz für das Jahr 1935 konstatierte Bruch mit den Utopien der «mittelständischen» Sozialisten und der Übergang zur «Industrieverlagerung und Luftkriegssicherung von rüstungswichtigen Industrien und Arbeitskräften» in dieser Schärfe und Eindeutigkeit nicht bestanden habe; eher sei von einem «unkoordinierten Nebeneinander der alten Konzepte zur Siedlungspolitik und Reichsplanung und den Vorbereitungen auf den Krieg durch den Vierjahresplan» zu sprechen.

50 Nach einem Vermerk von Knoll für Staatssekretär Krohn im RAM verdichtete sich zum Jahresende 1936 die innerparteiliche Gegnerschaft zu Ludowici vor allem aus dem Stab des Stellvertreters des Führers, aber auch etwa aus dem Sozialamt der DAF (vgl. Knoll an Krohn, 5.11.1936, BAK, R 41/715, Bl. 94); offizielle Verlautbarungen zur Ablösung Ludowicis führten «Krankheitsgründe» an.

für den Luftschutz besaß. Demnach verfolgte die Umsiedlung in Deutschland für ihn fünf Ziele:

«1. Es soll eine neue Gemeinschaft der Tätigen geschaffen werden; die Wiederverwurzelung des Arbeiters mit Grund und Boden macht ihn krisenfest und gesund.
2. Die Stadt als solche wird nun nicht mehr in schweren Zeiten die Sammelstelle für arbeitslose, innerlich zerrissene und unzufriedene Elemente sein.
3. Ein gesundes Geschlecht soll in einer gesunden Wohnstätte in unmittelbarer Verbindung mit der Scholle heranwachsen.
4. Durch die (vorstädtischen) Siedlungen wird organisch – im Zusammenhang mit der Gesundung der Altstädte – eine Auflockerung herbeigeführt. Im Vorgelände der einzelnen Städte werden mehr und mehr Siedlungen erstellt werden.
5. Die Auflockerung der Städte, die Verteilung der Bevölkerung in Siedlungen, dient der Sicherheit des ganzen Volkes.» (ebd., 436)

Unproblematischer als die Umsiedlung und jahrelang auf Parteiebene weitgehend unangefochten waren die im engeren Sinn auf die Kleinsiedlung gerichteten Bestandteile dieser Ideologie, auf die sich das Reichsheimstättenamt in seiner Propaganda nahezu ausschließlich konzentrierte. In zahlreichen Heften und Schulungsbroschüren einer eigenen Schriftenreihe[51], aber auch etwa in einem zusammen mit dem Reichskuratorium für Wirtschaftlichkeit herausgegebenen «Bauwirtschaftlichen Siedler-Lehrdienst», der zur Wiederverwendung «bodenständiger Baustoffe» wie Lehm, Stroh und Holz anleitete, wurde – allerdings mit weit größerem propagandistischen Effekt als praktischem Erfolg – offensiv für Siedlung und Eigenheim geworben.
Nur das Eigenheim, so die ständig wiederholte Ideologie, biete «die Gewähr, daß ein mit der Heimat verwurzeltes Geschlecht herangezogen wird.» (DAF Reichsheimstättenamt 1934, 37)
Das Reichsheimstättenamt war nicht das einzige Propagandainstrument. Aber die am 26.6.1935 neugeschaffene «*Reichsstelle für Raumordnung*» (RGBl. I, 793), die «die zusammenfassende, übergeordnete Planung und Ordnung des deutschen Raumes für das gesamte Reichsgebiet» übernehmen sollte[52], oder auch die bereits 1934 gegründete

51 Die Hefte behandelten Fragen der Organisation der Selbsthilfe, der Kleintierhaltung, der Finanzierung, aber auch «rassische» Grundlagen; vgl. als knappe Zusammenfassung aller Bestandteile der Siedlungsideologie auch Gebhardt (Pressereferent des Reichsheimstättenamtes) 1935; auch der Film sollte als Propagandamittel eingesetzt werden, vgl. SuW 1934, 398.

52 Mit der Gründung der Hitler unmittelbar unterstehenden «Reichsstelle für Raumordnung» (RfR) unter der Leitung von Hanns Kerrl (Stellvertreter und späterer Nachfolger: Hermann Muhs) und der Schaffung eines das ganze Reichsgebiet abdeckenden Unterbaus durch die Landesplanungsgemeinschaften in den Reichsstatthalterbezirken, im Saarland, der Hauptstadt Berlin, dem Siedlungsverband Ruhrkohlenbezirk und – in Preußen – in den Provinzen wurde ab 1935/36 eine neue zentralstaatliche Raumordnung eingerichtet (vgl. hierzu die Zusammenfassung der entsprechenden durch Kerrl erlassenen Verordnung vom 15 2.1936 in: BSW 1936, 128); in engem Zusammenhang mit der Errichtung der RfR und dieser formal unterstellt wurde zudem am 16.12.1935 die «Reichsarbeitsgemeinschaft für Raumforschung» (RAG, Leitung bis 1939: Konrad Meyer, Publikationsorgan: «Raumforschung und Raumordnung») gegründet; die politisch relativ bedeutungslose und nur unzureichend mit Kompetenzen ausgestattete RfR (ein eigenes «Raumordnungsrecht» wurde vergeblich gefordert, vgl. GT 1938, 745) war von Anfang an stark auf die Erfordernisse des Vierjahresplans ausgerichtet und wurde

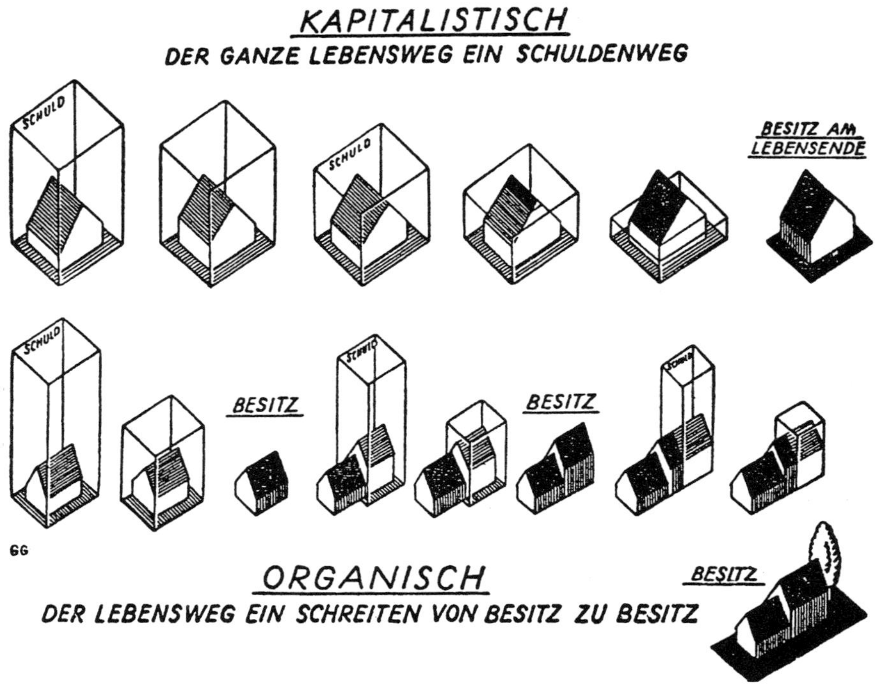

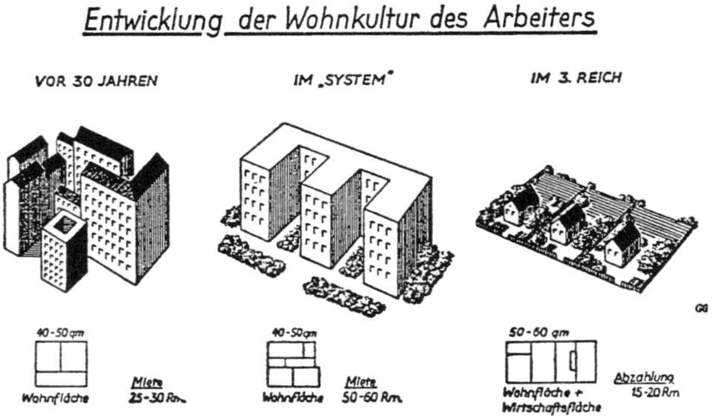

Ausbaustufen des «organisch» wachsenden Hauses nach Ludowici
Quelle: Ludowici 1935a, 62
«Entwicklung der Wohnkultur des Arbeiters»
Quelle: DAF (Reichsheimstättenamt 1935, 7
«Mein Haus, mein Boden, mein Vaterland»
Quelle: DAF (Reichsheimstättenamt 1934, 36

Bauabteilung der DAF beschränkten sich zu dieser Zeit im wesentlichen noch auf Absichtserklärungen. So betonte auch Schulte-Frohlinde als Leiter der Bauabteilung der DAF im Jahr 1935 aus der Sicht der Architektur, daß sich eine neue Baukultur nur sehr langsam entwickeln werde. Die Aufgabe der Vorbereitung «neuer Lehrbücher für Handwerker, Baumeister und Architekten», des Einwirkens auf die Fachpresse und Architektenschaft stehe – jenseits der Repräsentationsbauten – im Bereich der «bürgerlichen Baukunst» im wesentlichen noch bevor (BSW, 405).
Tatsächlich war die Propaganda des Reichsheimstättenamtes gezwungen, immer wieder auf die wenigen realisierten DAF-Siedlungen «im Wurmkohlengebiet bei Aachen, in der Pfalz, im Saargebiet und in Oberschlesien» (Gebhardt 1935, 352) zu verweisen. Einen umso wichtigeren propagandistischen Stellenwert bekamen dadurch erste Ausstellungen und Mustersiedlungen.

5. Wohnungs- und Siedlungsbau im Übergang

Es ist bekannt, daß sich Hitler, der selbst gerne Architekt geworden wäre, sehr intensiv (auch zeitintensiv) mit der Architektur der Repräsentationsbauten, den Neugestaltungsplänen für Berlin («Germania»), München, Nürnberg, Linz etc. beschäftigte. Bis zum Wohnungs- und Siedlungsbau reichte dieses Interesse aber nicht – vielleicht einer der Gründe, warum sich auf diesem Gebiet so lange so stark divergierende Richtungen behaupten konnten. Bereits 1930 erklärte Hitler laut Schacht gegenüber Fritz Thyssen, daß für ihn die Aufrüstung Vorrang vor dem Wohnungsbau besitze (zit. bei Taylor 1974, 222, Anm. 13). Im Gespräch mit Hermann Rauschning soll er einmal gesagt haben:

> «In meinen Bauten stelle ich dem Volk meinen zum sichtbaren Zeichen gewordenen Ordnungswillen hin. Von den Bauten überträgt sich der Wille auf den Menschen selbst. Wir sind von den Räumen abhängig, in denen wir arbeiten und uns erholen. Nur an der Größe und Reinheit unserer Bauten ermißt das Volk die Größe unseres Willens. Es wäre das Falscheste, was ich hätte tun können, mit Siedlungen und Arbeiterhäusern zu beginnen. Alles dies wird kommen und versteht sich von selbst. Das hätte auch eine marxistische oder bürgerliche Regierung machen können. Aber nur wir, als Partei, können wieder frei und groß an dieser edelsten aller Künste schaffen. Seit den mittelalterlichen Domen sind wir es, die erstmalig wieder dem Künstler große, kühne Aufgaben stellen. Keine Heimstätten, keine

mit ihren Arbeiten immer stärker in allein kriegswirtschaftliche und militärstrategische Erwägungen und ab 1940/41 auch zunehmend in die «totale Planung» und «Festigung deutschen Volkstums» im Ostraum eingebunden (seit 1939 war Konrad Meyer Leiter des Stabshauptamtes Planung und Boden beim Reichskommissar für die Festigung des Deutschen Volkstums und nutzte seine engen Kontakte zur RfR und RAG); vgl. hierzu und zu den vielfältigen Kontinuitäten der Raumforschung in die Nachkriegszeit (Nachfolgeorganisation der Reichsarbeitsgemeinschaft für Raumordnung: die «Akademie für Raumforschung und Landesplanung», für die Reichsstelle für Raumordnung: das «Institut für Raumforschung» in Bonn) Walz 1978, 112ff., Messerschmidt 1991, Rössler 1991, Hofmann 1993, Aly/ Heim 1993, 156ff.

kleinen Privatbauten, sondern das Gewaltigste, was es seit den Riesenbauten Aegyptens und Babylons gegeben hat: Wir schaffen die heiligen Bauten und Wahrzeichen einer neuen Hochkultur. Mit ihnen mußte ich beginnen. Mit ihnen präge ich meinem Volk und meiner Zeit den unverwischbaren geistigen Stempel auf.» (Rauschning 1940, 244f.)

Auf die in den 80er Jahren wieder aufgeflammte Diskussion um Architektur im Nationalsozialismus und spezieller die Architektur Speers braucht hier nicht näher eingegangen zu werden.[53] Es genügt – in Übereinstimmung mit der gesamten Literatur – festzuhalten, daß der Nationalsozialismus keine einheitlichen Architekturrichtungen oder «Stile» entwickelte. In seiner «eklektischen» (Fehl 1985, 92) Verwendung der Stile können für eine grobe Orientierung zumindest drei Bereiche unterschieden werden:

- die häufig nicht ganz zutreffend als «neoklassizistisch» bezeichnete monumentale Staats- und Parteiarchitektur der Repräsentationsbauten
- das eher landschaftsgebundene, an «Heimatschutz» und Traditionalismus orientierte Bauen im Siedlungsbau der 30er Jahre, bei den Ordensburgen, Jugendherbergen u.ä.
- die auf die Zweckbauten, die Industrie- und Ingenieurarchitektur beschränkte Verwendung eines «modernen» Formenrepertoires

Diese Mischung der Stile war, wie sich Speer in der für ihn typischen, teils distanzierenden, teils noch immer bewundernden Weise erinnerte, von Hitler durchaus gewollt: «Hitler war nicht doktrinär. Er hatte Verständnis dafür, daß eine Autobahnraststätte oder ein Hitler-Jugendheim auf dem Lande nicht aussehen konnte, wie ein städtischer Bau. Auch wäre es ihm nie eingefallen, eine Fabrik in seinem Repräsentationsstil bauen zu lassen; für einen Industriebau in Glas und Stahl konnte er sich geradezu begeistern. Aber ein öffentlicher Bau in einem Staat, der sich anschickte, ein Imperium aufzurichten, mußte, wie er meinte, ein ganz besonderes Gepräge haben.» (1969, 157) Für alle verwendeten Stilarten lassen sich in den 20er Jahren und früher Vorläufer finden (vgl. Schäche 1992, 46ff.). Viele Facetten dieses Stilgemischs durchdrangen sich auch auf zunächst unvermutete Weise gegenseitig. So erinnerte jüngst Nerdinger daran, daß in Speers Weltausstellungspavillon, «ein Paradebeispiel für monumentale, sargartig verpanzerte ‹Unterdrückungsarchitektur›, an zentraler Stelle ein hypermodern gestylter Mercedes-Rennwagen» stand (Nerdinger 1993b, 14). Weder reüssierten die völkischen «Block»-Architekten um Schultze-Naumburg in der erhofften Weise, noch verloren

53 Vgl. als NS-Publikationen Schmitthenner 1934, Schultze-Naumburg 1934, Troost 1938, Rittich 1938, Lindner/ Böckler 1939, Wächtler 1940, Speer 1943 sowie in neuerer Zeit Brenner 1963, Teut 1967, Taylor 1974, Petsch 1976, Thies 1976, Dülffer/ Thies/ Henke 1978, Larsson 1978, Hinz/ Mittig/ Schäche/ Schönberger 1979, Schönberger 1981, Wulf 1983, Merker 1983, 186ff., Bartetzko 1985, Krier 1985, Miller Lane 1986, Ogan/ Weiß 1992, Durth 1992, Frank 1985, Fehl 1985, Schäche 1992, Reichel 1992, Lampugnani/ Schneider 1992 u. 1994, Nerdinger 1993a, Durth/ Nerdinger 1994; einen Überblick mit dem Versuch einer Bewertung der Literatur unternahm Schäche 1992, 24ff.; hier finden sich auch Literaturangaben zu der Debatte um das skandalöse Speer-Buch von Leon Krier (vgl. hierzu auch Nerdinger 1993b, 10f.); wichtig auch für die Diskussion um die Moderne Nerdinger 1993a.

Albert Speer, Deutscher Pavillon auf der Pariser Weltausstellung 1937
Quelle: Rittich 1938, 21
Clemens Klotz, Ordensburg Vogelsang in der Eifel
Quelle: Rittich 1938, 32

Herbert Rimpl, Montagehalle der Heinkel-Werke in Oranienburg
Quelle: Rittich 1938, 161
Wohnhaus Professor Schönwerth, Architekt Sep Ruf
Quelle: Baumeister 1934, 33

alle modernen Architekten ihre Arbeit oder mußten emigrieren. Viele von ihnen erhielten im Bereich des Industriebaus und der Verkehrsbauten neue Aufträge und Aufgabenbereiche. So wurde etwa Herbert Rimpls weitverzweigtes Baubüro zu einem Sammelbecken für ehemalige Bauhäusler (vgl. Nerdinger 1993c, 154). Wie in anderen Bereichen gab es auch in der Architektur die ganze Bandbreite von Verhaltensweisen, die von Anpassungsbereitschaft und Mitläufertum bis zu Widerstand und – früherer oder späterer – Emigration reichte.

Die Aussage, daß man es in jedem Bereich unterhalb einer Ebene exemplarischer, gewissermaßen parteioffizieller und damit dominierender Architektur mit einer Vielfalt konkurrierender und koexistierender Stilrichtungen zu tun hatte, gilt auch für den Wohnungs- und Siedlungsbau, der häufig allzu vereinfachend pauschal dem «Heimatschutzstil» zugeschlagen wird. Dies trifft auch programmatisch nicht mehr bzw. nur sehr eingeschränkt für die Entwürfe und Versuchsbauten des ab 1940 für die Nachkriegszeit geplanten neuen sozialen Wohnungsbaus zu. Aber selbst im Siedlungsbau der 30er Jahre, auch in den Mustersiedlungen und in den Ausstellungen der DAF, vor allem aber im «gehobeneren» Einfamilienhausbau waren «moderne» Bauten und Elemente zu finden.

Getreu der Formel von Lodders («Der braunen Umwelt zeig' die kalte Schulter / zum Garten hin – bau' Dir ein Tuskulum», zit. bei Nerdinger 1993c, 168) findet sich bei Architekten wie etwa Scharoun, Eiermann, Schwarz oder Ruf nicht selten die Spaltung zwischen einer eher konventionell gestalteten Straßen- und einer eher modernistischen Gartenseite. Zahlreiche noch bis in die Kriegsjahre hinein in der Zeitschrift «Moderne Bauformen» aufgeführte Beispiele dokumentieren, daß neben dem Industriebau auch der gehobene Einfamilienhausbau ein nicht zu unterschätzendes Rückzugsfeld für «moderne» Architekten wurde.[54]

Doch auf das Ganze gesehen, waren dies die Ausnahmen, Nischenarchitektur (vgl. Durth 1992, 126ff.). Den größten Einfluß auf die Alltagsarchitektur der 30er Jahre hatte zweifellos die mit den Namen der Hochschullehrer Paul Bonatz, Paul Schmitthenner und Heinz Wetzel verknüpfte traditionsgebundene «Stuttgarter Schule».[55] Vor allem deren Schüler gelangten in den 30er Jahren auf Schlüsselpositionen. So rückte der Bonatz-Schüler Julius Schulte-Frohlinde 1934 auf Vorschlag Speers an die Spitze der Bauabteilung der DAF. In dieser Eigenschaft führte er nicht allein Tagungen und Schulungen durch, organisierte Ausstellungen, zeichnete verantwortlich für DAF-Bauten wie Gemeinschaftshäuser, Schulungsburgen etc. und erarbeitete im Auftrag Todts typisierte Reichsbauformen und Landschaftsbauformen, sondern es wurde auch, wie Durth berichtet, «die Einstellung von Architekten bei den Planungsstellen der Gauheimstättenämter und der DAF-Trägergesellschaften .. von seiner Zustimmung abhängig gemacht.» (1992, 515) Der Einfluß der Stuttgarter Schule war so übermächtig, daß Speer als Preisrichter in einem Wettbewerb in Frankfurt/Oder im

54 Vgl. etwa das in «Moderne Bauformen» 1939, 373ff. dokumentierte, sehr «modern» wirkende Wohnhaus von Gustav Hassenpflug in Groß-Glienicke bei Köln; vgl. in diesem Sinn auch die bei Schäche (1992) angegebenen Berliner Wohnbauten von Hilberseimer und Häring.

55 Vgl. Schneider 1979, 117ff. Voigt 1985 u. 1992, Durth 1992, 63ff.

Jahr 1938 angesichts der Konformität der eingereichten Arbeiten rügte, daß «ein Bauwerk im Norden und Nordosten Deutschlands das Recht und die Pflicht hat, anders zu klingen als ein Bau in München oder Stuttgart» (zit. bei Voigt 1985, 235). Die Schüler wiederum versorgten die Lehrer mit Berater- und Gutachteraufträgen. Nach dem Krieg schrieb Wetzel rückblickend, daß keine Siedlung in Württemberg oder Baden entstand, bei deren Standortwahl er nicht mitgewirkt habe (ebd., 239).[56]

Als Musterbeispiel nationalsozialistischer Siedlungsplanung wird häufig die zwischen Oktober 1933 und Juni 1934 als Kernstück der «Deutschen Siedlungsausstellung 1934»[57] entstandene «Mustersiedlung Ramersdorf» am südöstlichen Stadtrand von München angesehen. Ursula Henn (1987) hat jedoch auf der Basis gründlicher Quellenforschung gezeigt, daß diese übliche Zuschreibung eigentlich nicht zutreffend ist. Eher ist die Siedlung Ramersdorf – als nicht untypische – Übergangserscheinung zu charakterisieren, als «ein Projekt unter den Nazis, aber kein Projekt der Nazis»[58].

Idee und Konzept waren bereits seit Ende der 20er Jahre von dem Architekten Guido Harbers, Stadtrat und nach 1933 Leiter des Wohnungsreferates in München, entwikkelt worden. Die Realisierung einer Siedlung mit dem von Harbers propagierten gesunden, billigen Kleinhaus als Grundtypus war in der Zeit der Weltwirtschaftskrise noch an Finanzierungsschwierigkeiten gescheitert und wurde erst nach 1933 möglich. Kennzeichnend für die Konzeption war die weiträumige, stark durchgrünte Anlage der Siedlung, bei der die Häuser wegen der nach Süden ausgerichteten Gärten asymmetrisch zu den leicht gekrümmten Straßen hin angeordnet waren. Sie sollte beispielhaft das Bauen am Stadtrand verwirklichen: «Sie soll Bresche schlagen in das Weiterwachsen der mehrstöckigen Bebauung und allen verantwortlichen Kreisen die weitere Aufschließung entsprechend stadtnahen und bisher noch brachliegenden Siedlungsgeländes in *Flach*bauweise (Hervorh. i. Orig., d. Verf.) zur Pflicht machen helfen.»[59] Ramersdorf sollte, wie Harbers hoffte, durch seine «organische Aufschließung» des Siedlungsgeländes zum Muster «für Tausende von nachfolgenden Gartenstädten» werden (zit. bei Rasp 1981, 32).

Die rund 200 Häuser, meist freistehende Einfamilienhäuser, aber auch Reihenhäuser und Doppelhaustypen, wurden nach einem Wettbewerb durch 18 Architekten realisiert (Henn 1987, 167). Den Übergangscharakter des Projekts und seine konzeptionelle Nähe zu den späten 20er Jahren unterstreicht, daß viele Typen trotz der obligatorischen Satteldächer und Klappläden (z.T. nur im Erdgeschoß) eine «durchaus moderne Gestalt» hatten, die neben der kubischen Form vor allem in der «Motivlosigkeit der

56 Die als programmatisches und polemisches Gegenstück der Stuttgarter Schule zur modernen «Weißenhof-Siedlung» bereits seit 1927 unter Mitwirkung von Schmitthenner, Bonatz, Wetzel u.a. geplante «Kochenhof-Siedlung» (vgl. Verein Deutsches Holz 1933, Lampugnani 1992) wurde erst 1933 mit Hilfe der Holzindustrie realisiert. Obwohl von der gleichgeschalteten Presse zunächst noch gelobt, fand das Projekt aber letztlich wegen seiner Provinzialität und weil Schmitthenner inzwischen «bereits in Ungnade gefallen war ... keine große Beachtung» mehr (Miller Lane 1986, 199).

57 Vgl. zu den anderen Teilen der Ausstellung, einer Hallenschau, der Jahresschau Garten und Heim und der Ausstellung Kunst und Leben Schupp 1934, 200ff. u. Henn 1987, 330ff.

58 (Henn 1987, 414) vgl. auch ihre Hinweise auf die in der Literatur gerade zu Ramersdorf bestehenden zahlreichen Ungenauigkeiten und Fehleinschätzungen (ebd., 412ff.).

59 Baumeister 1934, 294, vgl. auch Fiehler o.J. (1937/38), 148ff.

Lageplan 1:5000 der Ramersdorfer Siedlung mit schwarzer Kennzeichnung der eingerichteten Häuser

Siedlung Ramersdorf, Blick gegen die Ramersdorfer Kirche, 1934
Quelle: Baumeister 1934, 296
Siedlung Ramersdorf, Lageplan
Quelle: Baumeister 1934, 293

Fassaden», dem glatten Putz und weißen Anstrich und der «Strenge und Kargheit der Details» (so fehlte etwa der für das ländliche Oberbayern typische Dachüberstand) lag (ebd., 273ff.).
Ganz im Gegensatz zu Harbers' Erwartungen gelang es nicht, die erhoffte Zustimmung und Unterstützung der im Wohnungs- und Siedlungswesen verantwortlichen Kreise in Partei und Staat zu erringen. Stattdessen schlug hinter den Kulissen die anfängliche Zustimmung immer deutlicher in «Desinteresse und schließlich Ablehnung» um.[60] Weder erreichte Harbers die Benennung der Siedlung als «Adolf Hitler-Siedlung», noch waren beim Richtfest oder der Ausstellungseröffnung maßgebliche Personen aus der Parteiführung anwesend.
Für diese Zurückhaltung war sicherlich nicht zuletzt die katastrophale finanzielle Entwicklung des Projekts verantwortlich. Statt kalkulierter 3 Mio. RM[61] beliefen sich die Gestehungskosten der Siedlung aufgrund von Verteuerungen und Kalkulationsfehlern bis Oktober 1934 auf 4,6 Mio. RM, von denen durch den Verkauf der Häuser nur etwa 3,5 Mio. RM gedeckt waren, so daß sich ein Defizit von 900 000 RM ergab (Henn 1987, 213ff.). Das Reich war nicht bereit einzuspringen, schließlich übernahm die Stadt München die Deckung des Defizits. Vorausgegangen waren beschwörende Appelle Harbers' an Oberbürgermeister Fiehler, in denen er auch seine tiefe Enttäuschung nicht verhehlte: «Welcher Weg auch immer gefunden wird, ein Konkurs am Ende des Ausstellungsunternehmens dürfte wenig helfen und den ganzen ideellen Erfolg, vor allem auch im Auslande, dadurch nicht nur zunichte machen, sondern unter Umständen auch in sein Gegenteil verkehren können, weil man sich dann nicht mit Unrecht fragen würde, wieso eine solche aus dem ursprünglichen nationalsozialistischen Programm entwickelte Sache so wenig in Bezug auf den Besuch von offizieller Seite unterstützt werden konnte. Man würde weiter schließen, daß dann offenbar die für Siedlungsfragen im Reich bzw. bei der Partei maßgebenden Stellen diese Sache nicht gutgeheißen, sondern bekämpft haben. Nachdem für Eingeweihte diese Dinge leider nicht nur Vermutung, sondern leider schon Gewißheit sind, fühle ich mich verpflichtet, auf diese Möglichkeit hinzuweisen.» (Harbers an Fiehler am 16.10.1934, zit. bei Henn 1987, 227)
Von diesen Dingen drang aber nichts nach außen, obwohl es neben den gewissermaßen amtlichen Berichten im «Baumeister» (1934, 289ff.) und in «Bauen, Siedeln, Wohnen» (Schupp 1934) in der Fachpresse auch einzelne kritische Stimmen gab. Rasp zitiert eine interessante zeitgenössische Kritik, die die Preiswürdigkeit der Häuser untersuchte und zu dem Ergebnis kam, «daß für die große Masse der Menschen mit einem niedrigen Monatseinkommen das Modell Ramersdorf keine Lösung bietet.» (Rasp 1981, 32) Auch Heilig berichtete mit ähnlicher Zielrichtung, daß die Reihenhäuser als billigster Haustyp viel stärkeren Anklang fanden als die bis zu 30 000 RM teuren gehobenen Einfamilienhaustypen (1934, 240). Das von den Käufern in Ramersdorf einzubringende Eigenkapital schwankte zwischen 2 000 RM und 12 000 RM. Im allgemeinen waren die ohne Selbsthilfe gebauten Häuser der Siedlung aufgrund des meist voll ausgebauten

60 Henn 1987, 414; vgl. auch Nerdinger 1993d, 287.
61 Harbers an RAM, 20.1.1934, BAK, R 41/1007 Bl. 172f.

Dachraums und der höheren Ansprüche an die Gestaltung der Häuser und des Außenraums doppelt so teuer wie vergleichbare Kleinsiedlungen (Henn 1987, 202ff.). Dementsprechend höher lagen natürlich auch die monatlichen Belastungen, etwa für das Haus von Sep Ruf bei 67 RM (mit geringerem Eigenkapital und zusätzlicher Bankhypothek sogar bei 85 RM) (Baumeister 1934, 339).
Kosten und Finanzierung waren nicht die einzigen Ansatzpunkte für Kritik. Nicht unumstritten war auch der in seiner verkehrlichen und infrastrukturellen Anbindung doch noch sehr an die Großstadt angelehnte Charakter der Siedlung, durch dessen Lage trotz der halbländlichen Bauformen von den allgemeinen Dezentralisierungszielen noch wenig spürbar wurde. Heilig etwa wünschte sich eine stärkere Betonung der Ortsmitte und generell für Siedlungen von der Größe Ramersdorfs «Gemeinwesen mit eigenem Gemeindeleben, losgelöst von jeder Großstadt-Betreuung» (1934, 241).

6. Ideologie und Praxis

Vor allem wegen der – trotz niedriger und stagnierender Baukosten – enormen Finanzierungsschwierigkeiten blieb der Kleinsiedlungsbau, den Partei und Reichsheimstättenamt in den ersten Jahren propagandistisch ins Zentrum rückten, in seinen praktischen Ergebnissen weit hinter den erwarteten Zahlen zurück. Nach Seiff wurden im III. bis V. Bauabschnitt zwischen 1933 und Sommer 1935 trotz aller propagandistischer Bekenntnisse zum «deutschen Siedlungswerk» insgesamt nur etwa 50 000 Siedlerstellen neu geschaffen (vgl. Seiff 1941, 16).
Je weniger der Staat im Zeichen beschleunigter Aufrüstung, des Westwallbaus etc. bereit war, sich in einem so förderungsintensiven Programm wie der Kleinsiedlung nachhaltig zu engagieren, desto lauter wurden die Propagandatöne.
Hans Wagner, zu dieser Zeit Vorstand des Reichsverbands Deutscher Heimstätten und später (ab 1940) als Geschäftsführer beim Reichskommissar für den sozialen Wohnungsbau einer der einflußreichsten Wohnungspolitiker[62], verstieg sich in einem Artikel «Glaube, Volk und Führer», in dem er gegen jede historische Kenntnis die Idee der Kleinsiedlung als «aus der nationalsozialistischen Weltanschauung geboren» bezeichnete, sogar zu der Behauptung, «die historische Leistung des Dritten Reiches auf dem Gebiete des Wohnungswesens wird ausschließlich in der Kleinsiedlung liegen» (SuW 1936, 112). Wie erklärte sich aber Wagner dann die mageren Ergebnisse im Kleinsiedlungsbau? Auch dies ein Musterbeispiel typischer NS-Rhetorik: «Gewiß, man kann uns sagen, daß wir in der rein quantitativen Produktion hinter den Spitzenleistungen der Systemzeit zurückgeblieben sind. Das heißt: Uns kommt es nicht nur auf die Menge, sondern auf die Form des Wohnungsbaus an. Wir bauen für deutsche Menschen deutsche Wohnungen. Wir wollen durch Wohnungsbau und Siedlung nicht Behausungen, sondern ein ‹Zu Hause› schaffen! 300 000 Wohnungen mit geliehenem

62 Wenigstens solange, bis er wegen Auseinandersetzungen mit Ley unter anderem über die organisatorische Anbindung des Deutschen Wohnungshilfswerkes eher an die DAF (Ley) oder an staatliche Stellen (Wagner) in Ungnade fiel und von diesem Anfang 1944 beurlaubt wurde; Vermittlungsversuche der Reichskanzlei scheiterten; vgl. hierzu zahlreiche Schriftstücke in: BAK, R43II/1161d.

Haustyp von Guido Harbers, 72 qm Wohnfläche, Gesamtkosten 14300 RM
Quelle: Baumeister 1934, 313
Haustyp Sep Ruf, 82 qm, Gesamtkosten 18500 RM
Quelle: Baumeister 1934, 339

Auslandsgeld herzustellen ist kein Kunststück, aber 100 000 Kleinsiedlungen aus der eigenen Kraft des Volkes zu schaffen, das ist eine Tat, die nicht nur unser inneres Gewissen mit Stolz erfüllt, sondern die uns auch vor der Geschichte bestehen lassen wird.» (ebd.)

Die Praxis der Wohnungsbauförderung zwischen 1933 und 1935 hatte mit solchen Sprüchen wenig zu tun. Nach dem Auslaufen der Mittel aus den Arbeitsbeschaffungsprogrammen versiegten im Lauf des Jahres 1934 nahezu alle Finanzierungsquellen für die Kleinsiedlung. Deshalb versuchte das Reich mit dem sog. «Ablösungserlaß» vom 12.2.1935 (vgl. BSW 1935, 99f.) die Finanzierung der I. und II. Hypothek ganz auf den privaten Kapitalmarkt umzustellen und freiwerdende Mittel für die Gewährung nachstelliger Hypotheken zu verwenden. Doch diese Aktion wurde, wie Fey schrieb, «durch die Inanspruchnahme sämtlicher Kreditquellen für andere Zwecke (Aufrüstung, Autobahnbau etc., d. Verf.) in der Durchführung gehemmt». (1936, 27) Nachdem der Kleinsiedlungsbau im Jahr 1935 bis auf 16 000 Stellen zurückgegangen war, sah sich das Reich gezwungen, im Juni 1935 70 Mio. RM an Reichsdarlehen für die Rest- und Spitzenfinanzierung von Kleinsiedlungen bereitzustellen.

Der Anteil der mit öffentlicher Unterstützung neu gebauten Wohnungen, der am Ende der Weimarer Zeit bei fast 80 % gelegen hatte, ging im Durchschnitt der Jahre 1933–35 auf unter 39 % zurück (vgl. Fey 1936, 33). So wuchs im Neubau die Zahl der fertiggestellten Wohnungen auch nur langsam von 132 870 (1933) über 190 247 (1934) auf 213 227 (1935), womit noch immer nicht der zu Ende der 20er Jahre übliche Level von über 300 000 Wohnungen erreicht war (Fey nach den Zahlen des Statistischen Reichsamts, 1936, 60) (Tab. 4).

Tabelle 4: Wohnungsfertigstellungen 1932–1935

	insgesamt	davon durch		vom Neubau	
		Neubau	Umbau	mit öff. Mitteln	ohne öff. Mittel
1932	159.121	82,4 %	17,6 %	41,6 %	58,4 %
1933	202.113	65,7 %	34,3 %	36,9 %	63,1 %
1934	319.439	59,6 %	40,4 %	43,0 %	57,0 %
1935	263.810	80,8 %	19,2 %	35,3 %	64,7 %

Quelle: Fey 1936, 60

Wenn überhaupt ein gewisser Zuwachs erreicht war, so ging dieser nur in geringem Umfang auf die Förderung des Kleinwohnungs- oder Kleinsiedlungsbaus für einkommensschwächere Schichten, sondern eher auf den Eigenheimbau der Mittelschichten und den Wohnungsumbau zurück.

Zentrales – und mit einigem Erfolg verfolgtes – Ziel im Eigenheimbau dieser Jahre war die «Mobilisierung der Sparstrumpfkapitalien» (von Stuckrad 1937, 156), die von den Mittelschichten im Verlauf der Weltwirtschaftskrise gehortet worden waren. Ergänzend förderte das Reich den Eigenheimbau durch sog. «Reichsbaudarlehen» (1933–35: 27 Mio. RM) und durch die Reichsbürgschaften (Gesamtsumme bis Ende 1935: 167 Mio. RM), mit denen aber auch Geschoßwohnungen gefördert werden konnten.[63] Aus der Tabelle ist ersichtlich, welches enorme Gewicht der durch die Arbeitsbeschaffungsprogramme des Jahres 1933 mit 567 Mio. RM geförderte Wohnungsumbau am gesamten Wohnungszugang besonders im darauffolgenden Jahr 1934 (40,4 %) gewann. Ende der 20er Jahre hatte der Umbau mit durchschnittlich etwa 7 % kaum eine Rolle gespielt. Mit dem Auslaufen der Förderungsprogramme ging aber auch der Umbau im Jahr 1935 wieder stark zurück und erreichte nur noch einen Anteil am Gesamtzugang von knapp 20 %.

Die groß angekündigte *Altstadtsanierung* steckte noch ganz in der Vorbereitung. Von in den Arbeitsbeschaffungsprogrammen bewilligten Mitteln (6,4 Mio. RM) waren bis Ende 1935 erst 1,4 Mio. RM ausbezahlt (Fey 1936, 27).[64] Obwohl Seldte «begeistert und gehoben (war) von der schönen Idee: Elend und Verkommenheit in Altstadtvierteln mitsamt der Wurzel auszurotten» (zit. bei Lüken-Isberner 1991, 28), war es dem RAM nicht gelungen, auch beim Reichsfinanzministerium (RFM) eine höhere politische Gewichtung der Sanierung durchzusetzen. Die im RAM 1934 für die «Auflokkerung» und den «völligen Abbruch» als Sanierungstypen entwickelten «Grundsätze» blieben auf ein «Versuchsfeld» beschränkt (ebd., 30). Seldte gab in seinem Rechenschaftsbericht «Sozialpolitik im Dritten Reich» von 1935 an, daß bis 1935 10 Großstädte Sanierungsmaßnahmen praktisch in Angriff genommen und weitere 15 bis 20 Städte diese vorbereitet hatten.

Paradebeispiel für eine Sanierungspraxis, die sich «nicht lange mit theoretischen Vorarbeiten aufhielt», sondern in der «einfach abgebrochen» wurde, war die Sanierung des Gängeviertels in Hamburg.[65]

Die Sanierung dieses Viertels war schon in der Weimarer Zeit geplant und zunehmend mit polizeilichen und politischen Argumenten begründet worden. Die berüchtigte Schrift des Soziologen Andreas Walther «Neue Wege zur Großstadtsanierung» (1936) trieb diese Art der Argumentation auf die Spitze. Ihm ging es darum, «soziale Krankheitsherde» festzustellen und deren «Ausmerzung» zu ermöglichen. So kartierte er anhand des Wählerverhaltens die sich «in der charakteristischen Art von Nestern» heraushebenden kommunistischen Bezirke Hamburgs, um zu zeigen, wie die «kommunistischen Hochburgen mit den Herden der Asozialität und Kriminalität» (Walther 1936, 14) zusammenfallen. «Chronische wirtschaftliche Erfolglosigkeit» und «hoffnungslose Lebensuntüchtigkeit» beruhten für ihn auf biologischen Defekten. Daher riet er, in der Aus- und Umsiedlung die «gesund Gebliebenen» zu fördern, die «nur

63 Seit Februar 1935 wurde das System der Reichsbürgschaften mit weiteren 200 Mio. RM auch auf den Kleinsiedlungsbau ausgedehnt. (vgl. Fey 1936, 29).

64 Vgl. zu den Vorbereitungen der Altstadtsanierung in dieser Zeit im RAM Lüken-Isberner 1991; Lüken-Isberner unterscheidet drei Phasen der NS-Sanierung (bis 1937, bis 1940 und bis 1942/43), in denen nach dem bereits aus der Weimarer Zeit überkommenen Ziel der Elendsviertelbeseitigung und der – in der NS-Zeit zugespitzten – «Beseitigung der Brutstätten des Marxismus» zunehmend die Funktionalisierung für die Neugestaltungspläne und, nach Kriegsbeginn, die Ziele des Luftschutzes an Bedeutung gewannen; vgl. ebenfalls mit Fallstudien zur Sanierungspraxis in zahlreichen Städten von Petz 1987 und, mit besonderer Berücksichtigung des Luftschutzes, Hohn 1992.

65 Vgl. Noack 1934, Schubert 1991; vgl. als Beispiel für eine Sanierungspraxis, die politische Disziplinierung mit der Absicht der Erhaltung eines mittelalterlichen Stadtbildes verband, die in ihren Grundzügen bereits in der Weimarer Zeit konzipierte und 1933 in Angriff genommene Altstadtsanierung in Braunschweig (von Petz 1992).

Angesteckten» in «gesunde Lebenskreise zu verpflanzen», die «nicht Besserungsfähigen» unter ständige Kontrolle zu nehmen und «das Erbgut der biologisch hoffnungslos Defekten auszumerzen» (ebd., 4).
Tatsächlich wurde bereits Jahre vor Erscheinen dieses pseudowissenschaftlichen Machwerks der Abbruch des Gänge-Viertels mit größter Rücksichtslosigkeit in kurzer Zeit (1933) durchgeführt. Noack ergänzte zynisch: «Die Neuversorgung mit Wohnraum blieb den Bewohnern des Abbruchgebietes selbst überlassen. Dank diesem von starker Entschlossenheit zeugenden Vorgehen wurden Staat und Stadt Hamburg kaum in einem einzigen Falle mit Sorge um die wohnliche Unterbringung der früheren Bewohner belastet.» (Noack 1934, 391) Sorge bereitete eher das Fehlen des von Feder angekündigten Gesetzes für Landbeschaffung und Enteignung zum Zwecke der Altstadtsanierung und Reichsplanung. Obwohl statt der vollen Entschädigung nur eine *angemessene* Entschädigung (vgl. Schubert 1991, 67) für den vom Staat Hamburg erworbenen Grund und Boden im Abbruchgebiet gezahlt werden mußte, ergaben sich erhebliche unrentierliche Kosten, die auch andernorts die Sanierung behinderten.

7. Zusammenfassung

Alles in allem war der Wohnungsbau in der Praxis in den ersten Jahren nach der «Machtübernahme» in der Verteilung der Mittel gänzlich der Bekämpfung der Arbeitslosigkeit und der beginnenden Aufrüstung untergeordnet. Nur im Rahmen der Arbeitsbeschaffungsmaßnahmen spielte er in den Instandsetzungs- und Umbaumaßnahmen eine bedeutendere Rolle. So bestand die praktische Wohnungspolitik zunächst einmal nicht in der Entwicklung neuer Instrumente, sondern in der – modifizierten – Fortführung der aus der Ära der Präsidialkabinette überkommenen Programme. In der Finanzierung des Neubaus zog sich der Staat mit der Umstellung auf das System der Reichsbürgschaften weitgehend aus der direkten Förderung zurück. Dabei setzte man mit gewissem Erfolg auf die Mobilisierung der «Sparstrumpfkapitalien» der Mittelschichten. Restkontingente direkter Förderung im Neubau wurden auf den Eigenheim- und vor allem den Kleinsiedlungsbau konzentriert, eine Linie, die auch das RAM in Fortführung der konservativen Wende im Wohnungsbau seit 1930 weiterverfolgte. So kam es, daß im Unterschied zur Hauszinssteuerära der 20er Jahre, in der vor allem in den Großstädten der Bau großer Mietshäuser überwog, zwischen 1933 und 1935 über 90 % aller Neubauten sog. Kleinhäuser (1–4 Wohnungen in höchstens zweigeschossiger Bauweise) waren.[66] Aber trotz des Versuchs, in der Mittelvergabe für den staatlich geförderten Siedlungsbau statt der Großstädte die Mittelstädte und kleineren Gemeinden zu bevorzugen, schrumpften wie schon vor der Krise auch jetzt die kleinen Landgemeinden weiter, und die großen Städte wuchsen: Zwischen 1934 und 1936 erhöhten die Städte über 100000 Einwohner ihren Anteil am jährlichen Neuzugang von Wohnungen von 25 % auf 35 %, die mittleren Gemeinde-

66 Fey 1936, 33; während 1930 in den Großstädten noch auf ein neuerrichtetes Wohngebäude durchschnittlich 4,8 Wohnungen entfielen, waren es zwischen 1933 und 1935 dort nur jeweils etwa zwei Wohnungen; 1936 allerdings erhöhte sich diese Zahl wieder bereits auf 2,6 (BSW 1937, 370).

größenklassen konnten ihre Anteile etwa halten, während der Anteil der kleineren Landgemeinden unter 5000 Einwohnern von 38 % auf 29 % fiel (Knoll 1939, 209). Der geringe öffentliche Mitteleinsatz im Wohnungsbau stand gerade in dieser Phase in umgekehrtem Verhältnis zu seinem Stellenwert in der Siedlungspropaganda der Nationalsozialisten. Die schon für die «Kampfzeit» typische Großstadtfeindschaft und Forderung nach «Auflockerung» und Dezentralisierung der Großstädte sowie die rituelle Beschwörung der auf Kurz-, dann Stammarbeiter umgestellten Kleinsiedlung als bester Wohnform fanden sich in dieser Phase noch durchgängig. Dennoch ist kennzeichnend, daß im Zuge der sich formierenden Interessen und der Neuverteilung der Einflußsphären, die sich in hektischen Gründungen und Umorganisationen der Behörden und Ämter ausdrückte, mehr und mehr die noch zwischen 1930 und 1933 dominierenden Blut-und-Boden-Mystiker und Reagrarisierungsideologen zurückgedrängt oder abgedrängt wurden. Auch der im weiten Sinne dem linken Flügel zuzurechnende Ständetheoretiker und Kleinstadtideologe Feder wurde ebenso wie sein Nachfolger Ludowici in dieser Phase ausgeschaltet. Dies war aber nicht allein Ausdruck der in der Person Schachts symbolisierten Zusammenarbeit Hitlers und der NS-Führung mit der Großindustrie und wesentlichen Teilen der alten Eliten. Mit Goebbels in der Kulturpolitik und Ley in der Sozialpolitik und der DAF wurden auch von seiten der NS-Partei Akzente gesetzt, die in den folgenden Jahren immer größeres Gewicht erhalten sollten.

IV. 1936–39 Vierjahresplan, Arbeiterwohnstätten und Neugestaltungspläne

Der auf dem Parteitag im September 1936 bekanntgegebene (zweite) Vierjahresplan 1936–40 und die damit einhergehende Konzentration aller Kräfte des NS-Regimes auf Aufrüstung, Autarkiepolitik und Kriegsvorbereitung werden allgemein als eine «wirtschaftspolitische Zäsur» (Petzina 1977, 124) angesehen, nach der der Einfluß von Partei und Staat auf die Wirtschaft immer größeres Gewicht bekam und schließlich mit dem Ausscheiden Schachts aus seinen Positionen als Wirtschaftsminister im November 1937 und als Reichsbankpräsident im Januar 1939 «die Phase der noch stark marktwirtschaftlichen Orientierung der NS-Wirtschaftspolitik» endete. (Broszat 1989, 371) Mit der Beauftragung durch Göring, das «Siedlungswerk des Vierjahresplans» durchzuführen, erhielt die DAF über Schulungs- und Propagandafunktionen und den bisher betriebenen Bau einzelner Muster- und Frontkämpfersiedlungen hinaus erstmals auch in der Praxis die Verantwortung für einen wichtigen Teilbereich der Wohnungspolitik. Die Folge waren immer schärfere Auseinandersetzungen mit dem RAM und der unverhohlen vorgetragene Anspruch auf «Führung des Wohnungswesens» durch die DAF. Gegen die bisherige als völlig unzureichend angesehene Wohnungspolitik, die neben den Arbeitsbeschaffungsmaßnahmen vor allem die Mobilisierung der «Sparstrumpfkapitalien» der Eigenheimer, aber nicht den Bau von Arbeiterkleinwohnungen mit billigen Mieten verfolgt habe, forderte die DAF nun eine «Wende» in der Wohnungspolitik, «den Abschluß der bisherigen mehr arbeitsmarktpolitisch als siedlungspolitisch orientierten Maßnahmen der Reichsregierung» und die Konzentration aller Kräfte auf den «Arbeiterwohnstättenbau».[1] Von einer wirklichen «Wende» im Wohnungsbau kann vor allem angesichts der anhaltenden äußerst geringen Bereitstellung öffentlicher Mittel für diese Phase aber (noch) keineswegs gesprochen werden. Doch mit den organisatorischen und ideologischen Veränderungen, mit der schrittweisen Rehabilitierung der Großstadt, des Geschoß- und Mietwohnungsbaus und einer immer deutlicheren Bejahung von Rationalisierungsprozessen auch in der Bauproduktion wurden nach und nach alle Voraussetzungen für eine grundsätzliche Wende ab 1940 geschaffen.

1. Vierjahresplan

Vorgeschichte und Inhalte des Vierjahresplans sind bekannt und verschiedentlich dargestellt worden.[2] Die Aufgaben hatte Hitler selbst in einer geheimen Denkschrift

1 Ernst von Stuckrad, Leiter der Abteilung Bauwirtschaft im Schatzamt der DAF und stellvertretender Leiter des Reichsheimstättenamtes, Ansprache auf der Tagung der Arbeitsgemeinschaft zur Förderung des Arbeiterwohnstättenbaues am 16.2.1937 in Stuttgart, BAK, R 41/808, Bl. 103–110 (im folgenden zit. als von Stuckrad 1937a); eine kürzere Fassung der Ansprache in BSW 1937, 156ff.

zum Vierjahresplan vom August 1936 deutlich genug beschrieben. Hauptziel war die Vorbereitung auf den Kampf gegen den Bolschewismus, eine «Mission», der sich Deutschland «nicht entziehen» könne. Einen Zeitpunkt, an dem «die unhaltbare Lage in Europa zur offenen Krise werden wird», mochte Hitler noch nicht nennen: «Ich möchte nur in diesen Zeilen meine Überzeugung niederlegen, daß diese Krise nicht ausbleiben kann und nicht ausbleiben wird ...» (zit. in: Hofer 1957, 85). Und: «Die endgültige Lösung liegt in einer Erweiterung des Lebensraumes bzw. der Rohstoff- und Ernährungsbasis unseres Volkes. Es ist die Aufgabe der politischen Führung, diese Frage dereinst zu lösen.» (ebd., 86) Ganz im Sinn dieser offenen Kriegsdrohung forderte er in «kürzester Frist» die Entwicklung der deutschen Wehrmacht «zur ersten Armee der Welt» und die «Unabhängigmachung unserer nationalen Wirtschaft vom Ausland». Mit Reden sei jetzt schon genug kostbare Zeit vergeudet worden: «Man hat nun Zeit genug gehabt, in 4 Jahren festzustellen, was wir nicht können. Es ist jetzt notwendig, auszuführen das, was wir können. Ich stelle damit folgende Aufgabe: I. Die deutsche Armee muß in 4 Jahren einsatzfähig sein. II. Die deutsche Wirtschaft muß in 4 Jahren kriegsfähig sein.» (ebd.) Im Hintergrund standen seit 1935 wachsende Engpässe und Versorgungskrisen bei rüstungswichtigen Rohstoffen, Nahrungsmitteln und Treibstoffen. Bei weiterer ungebremster Aufrüstung, die für Hitler und Göring unbedingte Priorität besaß, war nach Erreichen der Vollbeschäftigung und Wiederauslastung aller Produktionskapazitäten aufgrund der hohen Importabhängigkeit der deutschen Wirtschaft und der sich drastisch verschlechternden «Terms of Trade» im Außenhandel eine Steigerung der Rüstungsausgaben nicht mehr möglich, ohne zugleich die innere Stabilität durch Einschränkungen des Konsums zu gefährden. Die Krise wurde nicht durch eine Stärkung der Exportindustrie, sondern mit dem Ziel einer weitgehenden Rohstoff- und Ernährungsautarkie gelöst, in die von Anfang an die militärischen und auf «Erweiterung des Lebensraums» angelegten expansiven Ziele Hitlers und des NS-Regimes eingeschlossen waren (vgl. Petzina 1977, 128f.).

Flankiert wurden die Versuche, eine deutsche Treibstoffindustrie aufzubauen, die Massenfabrikation von synthetischem Kautschuk zu gewährleisten etc., von einem ganzen System staatlicher Wirtschaftslenkung, zu dem Lohn- und Preispolitik, Arbeitskräftelenkung, Investitions- und Verbrauchslenkung gehörten. So wurde auch ein eigener Reichskommissar für die Preisbildung bestellt. Mit Rückwirkung zum 18.10.1936 erging eine Preisstoppverordnung (RGBl. 1936 I, 955), die Preiserhöhungen jeder Art untersagte. Relevant für die Wohnungspolitik war dies vor allem durch das in der Ausführungsverordnung vom 30.11.1936 (RGBl. 1936 I, 956) enthaltene Verbot, Mieterhöhungen über den Stand vom 18.10.1936 hinaus vorzunehmen.

Grundsätzlich galt für den staatlich gelenkten Balanceakt zwischen Außenpolitik der Stärke und innenpolitischer Stabilität das Motto: «So viel Butter wie nötig, so viel Kanonen wie möglich.» (Abelshauser/ Faust/ Petzina 1985, 352)

2 Vgl. u.a. Petzina 1968 u. 1977, Bettelheim 1974, Hallgarten/ Radkau 1974; zur Organisation des Vierjahresplans vgl. Broszat 1989, 370ff.; zum Vierjahresplan im Kontext von Raumordnung und Wohnungsbau Walz 1979, 43ff. u. Forndran 1984, 96ff.

Vielfach ist der Vierjahresplan als die Durchsetzung des «Primats der Politik» durch die Nationalsozialisten und als die Ersetzung der Marktwirtschaft durch eine Form der Planwirtschaft beschrieben worden. Die Forschung hat jedoch relativierend klargestellt, daß der Vierjahresplan «unter Beibehaltung des privat- und marktwirtschaftlichen Grundgefüges lediglich auf bestimmten Schwerpunktgebieten staatliche Produktionsprogramme festlegte» (Broszat 1989, 371; vgl. auch Bettelheim 1974, 180f.). Im Hintergrund standen Prozesse, in denen zwar die bisher in der Wirtschaft dominierende Schwerindustrie Rückschläge hinnehmen mußte, aber stattdessen andere Teile der Großindustrie, vor allem der «Chemiegigant IG Farben, der durch die Schlüsselfigur Göring insbesondere mit dem Luftwaffenministerium und der Partei eine Achse gebildet hatte» (Kershaw 1989, 110), in eine beherrschende Stellung hineinwuchsen.

Dennoch gibt es keinen Zweifel daran, daß die NS-Führung durch die Veränderungen innerhalb der bestehenden Kräfteverhältnisse ihre eigene Position bedeutend verstärkte und zugleich durch die weitreichenden Verlagerungen der wirtschaftspolitischen Zuständigkeiten auf die unter Görings Leitung stehenden neuen Führungsapparate die traditionellen Apparate etwa im RWM oder im RAM stark schwächte.

Beim Aufbau der neuen Industrien nach dem Vierjahresplan mußte auch eine große Zahl neuer Wohnungen für die dort benötigten Arbeiter errichtet werden. Mit der zusammenfassenden Betreuung und Durchführung dieser Maßnahmen beauftragte Göring die DAF. Leiter der Zentralstelle für den Vierjahresplan bei der DAF wurde Ernst von Stuckrad, der, zuvor Leiter der Abteilung Bauwirtschaft im Schatzamt der DAF und stellvertretender Leiter im Reichsheimstättenamt, im Februar 1937 Ludowici als Leiter des Reichsheimstättenamtes (aus «Krankheitsgründen»)[3] ablöste. Von Stuckrad bezifferte Ende 1937 den Gesamtumfang der geplanten Vierjahresplan-Siedlungen im engeren, also unmittelbar auf die Arbeiter der neuen Werkanlagen bezogenen, Sinn auf 30 000 bis 50 000 Wohneinheiten. Seine Hauptklagen gingen in Richtung der bisherigen Reichsbehörden. Er befürchtete wegen «des Fehlens annehmbarer Reichsbestimmungen über die Förderung der Kleinsiedlung und den Volkswohnungsbau» das Tempo der Siedlungsmaßnahmen nicht auf «die planmäßig kurzen Fristen, die für die Errichtung der neuen Rohstofferzeugungsanlagen so kennzeichnend sind», (1937b, 2) abstimmen zu können.

Der Siedlungsbau innerhalb des Vierjahresplans als «kleiner, aber allerdringendster Teil unserer Siedlungsaufgaben» sollte zugleich die angestrebte grundsätzliche «Umlagerung innerhalb des Wohnungsbaus zu Ungunsten aufwendiger Großwohnungen und zu Gunsten des Arbeiterwohnstättenbaus» unterstützen und einleiten. Die Verwirklichung eines großen «Deutschen Siedlungswerks» müsse aber noch, so hieß es, «den nächsten Jahren vorbehalten bleiben» (von Stuckrad 1937a, 14).

3 BSW 1937, 172; Josef Umlauf (ehemaliges Werkbund-Mitglied, ab 1934 im Reichsheimstättenamt, u.a. als Leiter der Planungsabteilung, 1940–43 im Planungsamt für die eingegliederten Ostgebiete beim Reichskommissar für die Festigung des deutschen Volkstums, nach 1945 u.a. – ab 1959 – Verbandsdirektor beim SVR) berichtete Schneider 1977 in einem Gespräch, daß sich Ludowici als Vertreter der «Siedlungsidee der NSDAP» 1936 mit Ley überwarf, als dieser nach Aufstellung des Vierjahresplans mehr und mehr den Massenwohnungsbau bevorzugte (Schneider 1979, 117).

Dieses große Siedlungswerk hatte Ley Ende 1936 in gewohnt großsprecherischer Manier angekündigt: «In zwei bis drei Jahren», so wurde Ley in «Bauen, Siedeln, Wohnen» wiedergegeben, «wolle der Führer das Problem des Siedlungs- und Wohnungsbaus ganz groß anfassen. Erst müsse aber die Wehrhaftmachung zu Ende geführt werden, damit unsere große Friedensarbeit geschützt ist. Nach dieser Zeit würden nach dem Willen des Führers im ganzen Reich rund 5 Millionen Siedlungen und Wohnungen gebaut werden.» (BSW 1936, 329)
Zunächst einmal aber, dies unterstrich auch Göring in seinen Erklärungen zur Rolle des Wohnungsbaus im Vierjahresplan, ging es um die Aufrüstung, hinter der alles andere zurückstehen müsse:

> «Ich bin weiter der Ansicht, daß die Gemeinden auf dem Gebiete der Wohnungspolitik große Aufgaben zu erfüllen haben. Wichtiger als der Bau von Verwaltungspalästen ist augenblicklich auch die Sorge für wohlfeile Wohnungen, deren Bau uns rohstoffmäßig gesehen weniger stört, da hierfür im allgemeinen unbeschränkt erzeugbare Baustoffe heimischer Erde verwendet werden. Hier wird lediglich darauf geachtet werden müssen, daß nicht Arbeitskräfte gebunden werden, die für vordringliche andere Bauvorhaben benötigt werden. Es gilt, die Anfangsarbeit für das vom Führer geplante gewaltige Siedlungswerk zu leisten, das nach der Durchführung des Vierjahresplans der vollen Verwirklichung zugeführt werden soll. Ich halte es für wichtig, schon jetzt durch die Tat klarzustellen, daß diese Absicht mit Ernst in Angriff genommen und lediglich ihre Durchführung im großen Stil einstweilen noch zurückgestellt wird.» (Göring 1937, 221)

Zugleich wies Göring die Gemeinden und Baupolizeibehörden an, durch eine schärfere Genehmigungspraxis im Wohnungsbau an der Einsparung von Rohstoffen mitzuarbeiten. Vor allem Eisen und Stahl als rüstungswichtige Baustoffe sollten ersetzt werden, Stahlskelettbauten im Geschoßbau wurden nicht mehr genehmigt u.ä. (vgl. GT 1937, 444f.).
Die Aufrüstung und die mit ihr verbundenen Bauaufgaben wie der Westwallbau verschlangen in der Praxis immer größere Anteile des Staatshaushaltes. Der Anteil der Rüstungsausgaben an den Gesamtausgaben der öffentlichen Hand erreichte 1938 50 %. In kurzen Abständen folgten von 1936 bis 1938 die Besetzung des Rheinlands, das Eingreifen in den spanischen Bürgerkrieg, der «Anschluß» Österreichs und die «Sudetenkrise». Der Weg in den Krieg nahm seinen Lauf. Dabei hatte Hitler im März 1936 noch getönt:
«Ich habe den Ehrgeiz, mir einmal im deutschen Volk ein Denkmal zu setzen. Aber ich weiß auch, daß dieses Denkmal besser im Frieden aufzustellen ist, als in einem Kriege. Wenn wir heute in einen Krieg gestoßen würden, dann kostet jede 30-Zentimeter-Granate gleich 3000 Mark, und wenn ich noch anderthalbtausend Mark dazulege, dann habe ich dafür ein Arbeiterwohnhaus, wenn ich aber Granaten auf einen Haufen lege, dann ist das noch lange kein Monument. Wenn ich aber 1 Million solcher

Häuser habe, in denen so viele deutsche Arbeiter wohnen können, dann setze ich mir damit ein Denkmal.»[4]

2. Industrie und Arbeiterwohnstättenbau

Natürlich sollte auch die Industrie selbst an der Finanzierung der Wohnungen für ihre Stammarbeiter beteiligt werden. Abgesehen vom Bergarbeiterwohnungsbau und einigen Betrieben der Großindustrie spielte der klassische Werkwohnungsbau kaum mehr eine Rolle, und so suchte man angesichts der Mittelknappheit der öffentlichen Hand seit 1935 und noch sehr viel zielgerichteter nach Verkündung des Vierjahresplans nach Wegen, die Industrie zur Investition von Betriebskapital in den nun so genannten Arbeiterwohnstättenbau zu bewegen.
Allerdings wurde die traditionelle Werkwohnung mit ihren Bindungen, dies hatte schon Feder betont[5], durch die Nationalsozialisten abgelehnt. Der deutsche Volksgenosse sollte sich an Führer, Staat und Partei gebunden wissen, nicht aber in dem Ausmaß, das die Werkswohnung mit sich brachte, an einen Betrieb. Auch Schmeer als Leiter der Zentralstelle für den Vierjahresplan bei der DAF brachte dies klar zum Ausdruck: «So sehr das Bestreben des Unternehmers, seinen Gefolgschaftsmitgliedern gesunde Wohnungen mit erträglichen Lasten zu schaffen, anerkannt werden muß, so wenig ist die Werkwohnung, auf längere Sicht gesehen, sozialpolitisch erwünscht. In seiner Wohnung soll der Mensch frei sein, und auch seine Freizügigkeit soll nicht dadurch beschränkt sein, daß er mit dem Aufgeben seines bisherigen Arbeitsplatzes auch seine Wohnung verliert. So sehr es auch aus sozialpolitischen Gesichtspunkten heraus erwünscht ist, eine feste Stammarbeiterschaft in den Betrieben zu haben, so wenig ist es tragbar, die Freizügigkeit (abgesehen von Notzeiten) zu beschränken; denn dies käme einer Verneinung des Leistungsprinzips gleich, d.h. jede Verbesserung der Stellung wäre zu einem großen Teil unmöglich gemacht.» (Schmeer 1937, 224)
Dieselbe Position hatte sich auch die Beamtenschaft im RAM zu eigen gemacht. So schrieb Fischer-Dieskau in seiner Gesamtdarstellung der Wohnungs- und Siedlungspolitik von 1938 nach dem Hinweis auf die quantitative Bedeutung des klassischen Werkwohnungsbaus, der etwa bei Krupp zu einem Bestand von 28 000 und bei den Vereinigten Stahlwerken von 55 000 werkseigenen Wohnungen geführt habe: «Die Form der Werkwohnungen hat aber Nachteile. Der Arbeiter kann sich in seiner Wohnung, die er jederzeit beim Wechsel des Arbeitsplatzes aufgeben muß, nie ganz heimisch fühlen, und der Verlust seines Arbeitsplatzes bedeutet für ihn einen doppelten Schicksalsschlag, weil damit auch ein Verlust der Wohnung verbunden ist. Dadurch ergibt sich eine zu große Abhängigkeit des Arbeiters vom Werk. Wenn aber die Werkleitungen von ihrem Rechte der Kündigung bei Beendigung des Arbeitsverhältnisses keinen Gebrauch machen, so ist eine baldige Überfremdung der Werkwohnungen mit nicht dem Betrieb Angehörigen die Folge. Darum steht jetzt bei der Woh-

4 Zit. bei Knoll 1939, 10; auch SuW 1936, 111.
5 Feder lehnte auf der Reichswohnungskonferenz vom Juli 1934 die «Industriezwecksiedlung» ab, weil durch sie «der Arbeiter an den Betrieb gebunden werde», BSW 1934, 199.

nungsfürsorge der Arbeitgeber nicht mehr die eigentliche Werkwohnung im Vordergrunde, sondern das eigene Heim des Stammarbeiters auf eigener Scholle, zu dessen Erwerb das Werk ihm Hilfe leistet.» (1938, 121)

Dennoch blieb in der Praxis die genaue Ausgestaltung etwa des Einweisungsrechts durch den Betrieb unklar. Im Jahr 1939 erklärte die DAF schließlich, nunmehr im Rahmen ihrer Wohnungsbauaktion die Rechtsform der «Betriebsheimstätte» geschaffen zu haben, die diese Probleme löse.[6] «Die Betriebsheimstätte wird auf Grund bestehender Wohnbedürfnisse von Betrieben durch eine gemeinnützige Wohnungsgesellschaft errichtet. Der Betrieb selbst beteiligt sich mit Darlehen oder Zuschüssen und erwirbt hierdurch das Anrecht, *eine bestimmte Anzahl* (Hervorh. durch den Verf.) von Wohnungen dieses Bauvorhabens mit Gefolgschaftsmitgliedern zu besetzen.» (Wetzel 1939a, 100) Durch die Einschaltung einer Wohnungsbaugesellschaft gewissermaßen als «Treuhänderin für beide», Betriebsführung und Gefolgschaft, sollten auch kleinere Betriebe am Betriebsheimstättenbau beteiligt werden.

Tatsächlich hatte sich mit dem Erreichen der Vollbeschäftigung und wegen des eklatanten Mangels an billigen Klein- und Mietwohnungen seit 1935/36 auch das Eigeninteresse der Industrie an diesem Thema verstärkt. Anfang 1935 propagierte der saarländische Schwerindustrielle Röchling in einem Vortrag vor «bedeutenden Persönlichkeiten der Wissenschaft und Praxis» und den zuständigen Reichsbehörden in Berlin «mit fast jugendlich empfundener Begeisterung» die «Industrie-Arbeiter-Kleinsiedlung» (BSW 1935, 168f.). Ihm kam es aus naheliegenden Gründen bei der Verwurzelung der Arbeiter mit dem Boden vor allem auf «nationalpolitische» Gründe an: «Als Frankreich über die Kohlengruben des Saargebiets herrschte und das Ringen um die Seele des deutschen Bergarbeiters begann, haben die Bergarbeiter, die Eigenheimbesitzer waren, die Kerntruppe für die Verteidigung des Deutschtums gestellt.»[7] Auch das alte Rom sei – in der NS-Zeit eine bei den Befürwortern des Eigenheims gern kolportierte historische «Erkenntnis» – nicht zuletzt am Wohnungselend der Mietskasernen zugrunde gegangen. In diesem Vortrag entwarf Röchling ein gewaltiges und völlig unrealistisches Siedlungsprogramm «mit einer Jahresleistung von 250 000 Eigenheimen für die Dauer von zwei Jahrzehnten» (ebd.). Den Jahresetat von 1 Mrd. RM wollte er im wesentlichen durch die Verlagerung der Mittel weg vom Mietwohnungsbau und das nötige Land durch Rodung «überflüssiger Wälder» gewinnen. Aus diesen Überlegungen heraus entwickelte Röchling «11 Leitsätze für die Errichtung von Eigenheimsiedlungen», nach denen – bei angestrebten maximalen Gesamtkosten von 4 000 RM pro Stelle – u.a. vorgesehen war, daß die Hälfte der Baukosten durch zinsfreie Reichsdarlehen aufgebracht würden (BSW 1935, 204).

Im April 1935 wurde dann auf Initiative von Vögler, dem Leiter der Wirtschaftshaupt-

6 Bekräftigt wurde auch bei dieser Gelegenheit, daß «die Deutsche Arbeitsfront, das Reichsheimstättenamt, .. seit 1933 grundsätzlich die Werkswohnung und ihre Förderung ab(lehnt).» (Wetzel 1939a, 99).

7 Ebd., 169; in einem Kommentar zu Röchlings Vortrag in «Bauen, Siedeln, Wohnen» wurde mit leicht kritischem Unterton hinzugefügt: «Es sei hier nicht vergessen, daß 1914 und in der Folge auch diejenigen wacker und treu zu den Fahnen gehalten haben, die nichts als ein für den Bruchteil kärglichen Wochenlohnes als Schlafstelle gemietetes Bett in einem dunklen Winkel einer Mietskasernenwohnung als ihr ‹Heim› zu bezeichnen hatten.» (BSW 1935, 204).

gruppe IV (Industrie Steine und Erden), eine Arbeitsgemeinschaft zur Förderung des Arbeiterwohnstättenbaus[8] gegründet. In einer auch von der Reichsgruppe Industrie gebilligten Entschließung erklärten die Industriellen ihre Bereitschaft, «im Rahmen ihrer Leistungsfähigkeit an der Aufbringung der fehlenden Mittel für die Spitzenfinanzierung des Arbeiterwohnstättenbaues mitzuwirken.» (BSW 1935, 205) Allerdings wurde auch bereits betont, daß neben der Kleinsiedlung und dem Eigenheim mit geringerer Landzulage auch die Arbeitermietwohnung in großem Umfang gefördert werden müsse.
Im Jahr 1935 wurden nach Angaben der Industrie 40 Mio. RM aufgebracht, mit denen 20000 Arbeiterwohnstätten errichtet wurden. Die notwendigen Finanzierungshilfen von etwa 2000 RM pro Wohnung bzw. Siedlerstelle durch die Industrie (bei durchschnittlichen Gesamtkosten von 5000 RM) bezifferte von Stuckrad aus der Sicht der DAF allerdings als viel zu hoch und damit unrationell eingesetzt. Industriemittel müßten offensichtlich allzu oft Lücken decken, die aus einer unzureichenden Fassung der staatlichen Förderrichtlinien resultierten (1937a, 8).
Das Engagement der Industrie war freilich nicht ohne weiteres überprüfbar. Eine Auswertung der Geschäftsberichte von 367 Aktiengesellschaften im Jahr 1935/36 durch die DAF ergab, daß nur 27 Gesellschaften überhaupt etwas über Siedlungsbemühungen berichteten. Aber auch bei diesen waren die Angaben über aufgewandte Beträge, Wohneinheiten, Stellen etc. ungenau und wenig aussagekräftig.[9]
Die Interessen und Anliegen der Industrie kamen besonders klar auf der Tagung ihrer Arbeitsgemeinschaft zur Förderung des Arbeiterwohnstättenbaus im Februar 1937 zum Ausdruck.[10] Dierig als Leiter der Reichsgruppe Industrie erklärte, daß zweifellos «die Siedlung die idealste Form des Arbeiterwohnstättenbaues darstelle», aber wegen der «räumlichen und finanziellen» Grenzen der Siedlung auch Geschoßwohnungsbauten für Arbeiter gefördert werden müßten. Dies gelte insbesondere bei dem Vierjahresplanwohnungsbau, da bei den neuen Werken ja noch gar nicht feststehe, welche Teile der Arbeiterschaft auch auf Dauer gebraucht würden.
Auch der Vertreter der Krupp AG, Schlegel, der die Kruppschen Aktivitäten erläuterte[11], sah zwar in der Kleinsiedlung wiederum das «Ideal», den «Hauptansatzpunkt in der Behebung des Wohnungsmangels» aber doch «im Bau von Mietwohnungen». Schlegel rief die Betriebsführer auf, die Frage nicht mit dem «Rechenschieber»,

8 Neben der Reichsgruppe Industrie, Wirtschaftsgruppe Bauindustrie, beteiligten sich an der Arbeitsgemeinschaft auch der Hauptverband Deutscher Wohnungsunternehmen, die Fachgruppe Architekten, der Deutsche Gemeindetag, der Reichsstand des Deutschen Handwerks, der Reichsinnungsverband des Baugewerbes, der Reichsverband Deutscher Heimstätten und das Reichsheimstättenamt der DAF; führend war die Reichsgruppe Industrie, die sich in ihrer Arbeit auf ihren bezirklichen Unterbau, die Industrieabteilungen der Wirtschaftskammern, stützen konnte (vgl. BSW 1935, 355 u. Spörhase 1956, 188).

9 BSW 1937, 54f.; nach Schätzungen der Industrie belief sich der Bestand an industriellen Werkwohnungen im Jahr 1937 in Deutschland auf ca. 500000 Wohnungen (Spörhase 1956, 188).

10 Die Reden von Dierig, Schlegel und, als Vertreter der DAF, von Stuckrad finden sich in BAK, R 41/808.

11 Seit der Gründung der Arbeitsgemeinschaft und der Anregung, 20 % der Baukosten als Spitzenhypotheken durch die Arbeitgeber zu vergeben, habe Krupp mit 884000 RM an Darlehen (zu 4 % Zinsen, 2 % Tilgung) 332 Eigenheime gefördert; für 1937 sei der Bau von 750 Werkwohnungen und 671 Genossenschaftswohnungen geplant, Vortrag Schlegel, BAK, R 41/ 808, Bl. 95.

sondern «mit einem warmen Herzen» anzugreifen: «Wenn in Deutschland große repräsentative Bauten in den verschiedensten Städten ein Zeichen der Einigkeit, Kraft und Stärke unseres Volkes sind, wenn gewaltige Reichsautobahnen geschaffen werden, dann fügen Sie durch Ihre tätige Mithilfe noch eine große repräsentative Schöpfung für unser deutsches Volk hinzu: das Arbeiterwohnhaus, die Arbeiterwohnung für jedes Ihrer verheirateten Gefolgschaftsmitglieder!» (ebd.) Die Arbeiter würden hierfür dankbar sein. Schließlich sei nicht zu vergessen: «Gerade weil in der heutigen Lage Lohnerhöhungen nicht möglich sind, kann durch die Errichtung billiger Wohnungen gewissermaßen ein Lohnausgleich geboten werden.» (ebd.)
Die hochgesteckten und durch die Industrie zum Teil selbst hochgeschraubten Erwartungen erfüllten sich aber nur zu einem Teil. Nach den Meldungen der Industrie wurden von ihr insgesamt zwischen 1935 und 1938 rund 250 Mio. RM investiert und damit ca. 112 000 Wohnungen gebaut.[12]
Erleichterung in der Finanzierung dieser und generell aller Wohnungen, die als Arbeiterheimstätten firmierten, schaffte ab 1.12.1936 ein Erlaß des RAM über die Befreiung der Arbeiterwohnstätten von der Grundsteuer.[13] Innerhalb der Arbeitsgemeinschaft einigte man sich daraufhin, unter dem noch unzureichend klargestellten Begriff der Arbeiterwohnstätte Mietwohnungen bis 55 qm und Eigenheime bis 75 qm Größe zu fassen (BSW 1937, 22).

3. Reichsarbeitsministerium: Volkswohnungs- und Kleinsiedlungsbau

In der Zeit von 1936 bis 1939 verstärkten sich nicht allein Konkurrenz und Machtkämpfe zwischen DAF und RAM, sondern es begannen sich auch die eigentlichen wohnungspolitischen Zielsetzungen definitiv auseinanderzuentwickeln. Es kam zu dem eigentümlichen Vorgang, daß sich die Beamtenschaft des RAM mit Seldte an der Spitze immer mehr zur Hüterin des Kleinsiedlungsgedankens entwickelte, dem lediglich ergänzend noch weiterer Klein- und Kleinstwohnungsbau angehängt wurde. Durch den verinnerlichten und immer wiederholten Hinweis auf die finanziellen Restriktionen und die Grenzen des Machbaren, die keinen Spielraum mehr ließen, kam die Beamtenschaft in der Wohnungspolitik nicht mehr aus der unangenehmen, auf Mißerfolg programmierten Rolle einer Verwalterin des Mangels, während sich die DAF gerade umgekehrt in dieser Phase immer mehr von den bestehenden finanzpolitischen Spielräumen löste und im Vorgriff auf gänzlich veränderte Prioritätensetzun-

12 Die Zahlen wurden ein gutes Stück nach oben gerundet, da man davon ausging, daß nicht alle Werke Meldungen machten; was die Verteilung der Wohnformen betrifft, so sank der Anteil der Kleinsiedlungen am gemeldeten jährlichen Gesamtergebnis industriell geförderter Wohnungen von 45 % (1935) auf 29 % (1938), während der Anteil der Mietwohnungen von 40 % (1935) auf 57 % (1938) stieg; der Anteil der Eigenheime stagnierte nach vorübergehendem Anstieg 1936/37 bei etwa 14 %; vgl. hierzu Spörhase 1956, 190 u. die in SOPADE 1938, 1123 wiedergegebenen Angaben der «Berliner Börsenzeitung» vom 18.9.1938.

13 Schwierigkeiten brachte die Abhängigkeit der Anerkennung als Arbeiterwohnstätte von einem Lasten- oder Miethöchstsatz, der 40 RM/ Monat nicht übersteigen durfte, eine Forderung, die laut Spörhase (1956, 189) wegen der höheren Baukosten in großstädtischen Bezirken 1937 ein Drittel und 1938 sogar über die Hälfte der industriell geförderten Wohnstätten nicht erfüllen konnte.

gen zunehmend großzügigere Pläne für einen zukünftigen sozialen Wohnungsbau entwarf.
Die programmatischen Erklärungen zur Wohnungspolitik aus dem Jahre 1936 und nach der Aufstellung des Vierjahresplans verdeutlichten dies. Anfang 1936 erklärte Knoll als neuer Leiter der Abteilung Wohnungs- und Siedlungswesen im RAM in neun «Grundsätzen der Reichswohnungspolitik» (GT 1936, 301 u. Baumeister 1936, 100), daß sich der Wohnungsbau «in erster Linie auf die kleinen und kleinsten Wohnungen richten» müsse, die Knappheit der Mittel erfordere sparsamste Ausführung, Vermeidung alles Überflüssigen. Die Kleinsiedlung habe den Vorzug vor allen anderen Wohnungsarten. Ziel sei eine «Bauwirtschaft, die sich grundsätzlich aus den Kräften des Kapitalmarktes finanziert, wobei die öffentliche Hand sich darauf beschränkt, vorhandene Lücken zu schließen.» (GT 1936, 100) Auch und gerade gegenüber dem letzten Punkt entwickelten sich, wie zu zeigen sein wird, in der DAF Positionen, die darauf drängten, daß der Staat im Wohnungsbau aus sozialpolitischen Gründen zumindest für eine mittel- bis längerfristige Übergangszeit erhöhte Verantwortung übernehmen müsse.
Nach Bekanntgabe des Vierjahresplans erging zunächst ein Runderlaß des RAM vom 17.11.1936, in dem in Anpassung an dessen Ziele auch von den nachgeordneten Behörden und den Gemeinden nunmehr die Verlagerung der Bautätigkeit zu Arbeiterwohnstätten gefordert wurde, «indem der Anteil der Kleinsiedlungen, Kleineigenheime und Kleinwohnungen an der gesamten Baumenge erheblich gesteigert wird» (GT 1937, 26).
Wenig später, im Juli 1937, veröffentlichte Seldte dann mit «Mein Siedlungsprogramm»[14] das wichtigste programmatische Dokument aus dem RAM in dieser Phase. Das Siedlungswerk sah Seldte darin als das «Kernstück der Sozialpolitik» überhaupt. «Obwohl es deswegen (wegen der andersgearteten Prioritäten des Vierjahresplans, T.H.) noch nicht möglich sein wird, schon in den nächsten Jahren das Siedlungswerk mit voller Tourenzahl anlaufen zu lassen» (1937, 386), wollte Seldte jährlich mindestens 300000 Wohnstätten schaffen. «Ein möglichst großer Teil» davon, «100000 Wohnstätten, möglichst aber noch mehr», sollten in Form der Kleinsiedlung erstellt werden, die er «für die beste Siedlungsform für die werktätige minderbemittelte Bevölkerung» hielt (ebd., 387). Tragbare Lasten oder Mieten zwischen 20 und 40 RM ließen sich aber nur «bei bescheidener Ausstattung und leider auch bei Beschränkung auf das Notwendigste in der Raumzahl und Raumgröße erreichen» (ebd., 388). Und dann folgt in diesem «Programm» eine lange, an die Adresse der DAF und gegen ihre Mustersiedlungen gerichtete aufschlußreiche Passage:

> «Ich weiß, daß ich gerade mit diesen Bemerkungen über die Raumzahl und –größe auch auf Kritik stoßen werde. Nichts wäre mir lieber, als wenn wir dem deutschen Arbeiter größere und schönere Heimstätten als bisher bauen könnten. Leider muß aber derjenige, der *praktische* (Hervorh. i. Orig., d. Verf.) Wohnungspolitik treiben will, von den Realitäten ausgehen,

14 1937, 385, abgedr. auch in Knoll 1939, 18ff.

die ich vorhin andeutete, nämlich den Baukosten, der Zinshöhe und von der Tatsache, daß das Reich bei seiner sonstigen Beanspruchung im Augenblick nicht noch ohne unbedingte Notwendigkeit für Hunderttausende, ja Millionen von Arbeiterwohnstätten Zuschüsse oder hohe, im Zinse stark verbilligte Darlehen geben kann. An die Größe und Ausstattung der Arbeiterwohnstätten können und dürfen daher nur die Ansprüche gestellt werden, die unter Berücksichtigung des unbedingt Notwendigen im Rahmen dieser Gegebenheiten erfüllt werden können. Tut man das nicht, sondern baut man ohne Rücksicht hierauf, so schafft man vielleicht Wohnstätten, die nach Größe, Art und Ausstattung dem wohnungsreformerischen Ideal nahekommen, läuft aber Gefahr, daß Mieten oder Lasten entstehen, die von der großen Mehrheit unserer Arbeiter nicht getragen werden können. Das bedeutet praktisch, daß entweder am wirklichen Bedarf vorbeigebaut wird oder daß die Bewohner sich zu weitgehende Entbehrungen auferlegen müssen, um ihre Wohnstätte bezahlen zu können. Völlig falsch wäre es auch, solche Idealwohnstätten künstlich durch Subventionen zu verbilligen und sie dabei nur in beschränkter Zahl zu errichten. Damit würden lediglich einigen wenigen Bevorzugten Geschenke auf Kosten der Allgemeinheit gemacht werden, ohne daß das Gesamtproblem der Lösung näher gebracht würde.» (ebd., 388f.)

Am Ende hoffte er noch, Probleme, wie sie sich etwa aus der Verknappung des Baueisens ergaben, «unter Führung des Reicharbeitsministeriums» genauso zu überwinden wie die Hemmnisse, «die sich aus dem Zusammenwirken so vieler Stellen ... ergeben haben, und die zeitweilig verzögernd auf die Durchführung des Siedlungswerks wirkten.» (ebd., 390) Doch diese «Führung» war nur noch Fiktion. Das «Gesetz des Handelns» war auf die NS-Partei-Stellen bzw. die DAF übergegangen, das RAM wurde von der Entwicklung überrollt und war meist im Nachtrab. Typisch für diese Situation war eine programmatische Verlautbarung Seldtes vom März 1938, in der er durch neue Losungen Terrain zu gewinnen suchte:

«Wenn uns – ich möchte sagen – noch vor kurzem die Umstellung der Neubautätigkeit auf den Arbeiterwohnstättenbau als das vor allem zu lösende wohnungspolitische Ziel erschien, so hat uns die ungestüm vorwärtsdrängende Entwicklung schon wieder vor neue Aufgaben gestellt. Jetzt genügt es schon nicht mehr, daß an Stelle aufwendiger Wohnungsbauten vorwiegend Arbeiterwohnstätten errichtet werden; es kommt vielmehr darauf an, solche Wohnstätten in ganz bestimmten Orten, in festgesetzten Zeiträumen und unter ganz besonderen, oftmals abnormen Verhältnissen zu schaffen. Gewiß war es schon bisher unser Ziel, die Neubautätigkeit nach höheren Gesichtspunkten planvoll zu lenken, z.B. eine genügende Wohnungsversorgung der Grenzgebiete, des flachen Landes usw. sicherzustellen. Aber jetzt muß ein großer Teil unserer Neubautätigkeit systematisch ‹gesteuert› werden, um den Bedürfnissen unserer

Wehrhaftmachung, des Vierjahresplanes und der repräsentativen Umgestaltung der vom Führer ausgewählten Städte Rechnung zu tragen. ‹Gesteuerter Wohnungsbau› ist das Zeichen und das Gebot der Stunde.» (Seldte 1938, 277)

Seldte versuchte, die Zeichen der Zeit zu verstehen, richtig zu deuten und aufzugreifen. Aber sein Begriff setzte sich nicht durch[15], ebensowenig wie der auch in dieser Rede erneuerte Anspruch auf «einheitliche Führung und Leitung» dieser Aufgaben durch das RAM.

4. Volkswohnungsbau

Bereits im Sommer 1935 war offensichtlich, daß zur Deckung auch nur des dringendsten Wohnungsbedarfs neben der Kleinsiedlung und dem durch die Reichsbürgschaften geförderten Eigenheimbau auch ein Reichsprogramm zur Förderung von Mietwohnungen unerläßlich sein würde. Hierzu entwickelte man den neuen Typ der «Volkswohnung». Rechtsgrundlage war ein Erlaß des RAM über die Förderung des Baues von Volkswohnungen vom 27.7.1935 (RABl. 1935 I, 259). Volkswohnungen waren nach den Bestimmungen «billigste Mietwohnungen in ein- oder mehrgeschossiger Bauweise, die hinsichtlich Wohnraum und Ausstattung äußerste Beschränkung aufweisen» sollten. 34 qm große Wohnflächen bei kinderarmen und 42 qm bei kinderreichen Familien waren nach den Richtlinien der Regelfall und konnten allenfalls um 10 % nach oben überschritten werden (Knoll 1939, 173). Die Baukosten (ohne Bodenkosten und Erschließung) sollten 3 000 RM, äußerstenfalls 3 500 RM nicht überschreiten. Größter Wert wurde auf eine «tragbare Miete» gelegt, die ein Fünftel des durchschnittlichen Bruttoeinkommens der ärmsten Bevölkerungsschichten, auf die das Programm zielte, nicht überschreiten sollte. Daraus folgten Monatsmieten von 25 RM bzw. in «besonders teuren Städten» 28 RM. Das Reich gab Darlehen in Höhe von 1 000 RM (4 % Zins, 1 % Tilgung) an die Gemeinden, die mit der Durchführung wiederum gemeinnützige Wohnungsunternehmen beauftragen konnten. Daß die Maßnahme für private Investoren nicht attraktiv sein würde, war von vornherein klar.
Ein ergänzender Erlaß vom 28.1.1936 bestimmte, daß Volkswohnungen vorzugsweise als Einfamilienhäuser errichtet und in mehrgeschossiger Bauweise nur da mit öffentlichen Mitteln gefördert werden sollen, «wo genügend Gelände für Volkswohnungen im Flachbau nicht zu beschaffen und verhältnismäßig teuer ist » (BSW 1936, 129) Für Geschoßwohnungen wurden sog. «Dreispänner» als beste Lösung empfohlen (vgl. Baumeister 11/1935). In der Praxis wurden jedoch nach Ermittlungen der Wohnungs-

15 Vgl. zum Begriff «gesteuerter Wohnungsbau» auch die Seldtes Argumentation entsprechende «amtliche Erläuterung» in BSW 1939, 68; auf dem XVII. Internationalen Kongreß für Wohnungswesen und Städtebau in Stockholm 1939 erklärte Seldte, in Deutschland habe im Wohnungswesen ein Wandel vom «freien Spiel der Kräfte» zur «restlosen staatlichen Regelung» stattgefunden; Ursache der Notwendigkeit eines verstärkten Staatseingriffs und vermehrter öffentlicher Hilfestellung seien die Spannungen, die sich aus dem Kostendruck am Baumarkt und dem aus «staatspolitischen Gründen» stabil gehaltenen Lohngefüge ergeben würden. (BSW 1939, 833)

abteilung des RAM trotz der Forderung nach Bevorzugung des Flachbaus etwa zwei Drittel der Volkswohnungen im Geschoßbau errichtet.[16]
Im Erlaß vom 27.7.1935 wurde hervorgehoben, daß durch die Kleinsiedlung allein den vorhandenen Wohnungsnotständen nicht ausreichend begegnet werden könne. In vielen Gemeinden mangele es an hinreichend großem und zur Siedlung geeignetem Gelände. Außerdem eigne sich immer nur ein begrenzter Teil der in Betracht kommenden Familien für die durch die Siedlerwirtschaft gesetzten Anforderungen. Mit der Volkswohnung solle vor allem das «eigentliche Wohnungselend, wo immer es zu finden ist – in Baracken, Kellerwohnungen, Elendsquartieren – beseitigt und dadurch auch die Auflockerung und Erneuerung der Altstadt- und Innenviertel vorbereitet und erleichtert werden».
Fischer-Dieskau als Vertreter des RAM erläuterte auf einer Tagung des Verbands der Haus- und Grundbesitzer die wohnungswirtschaftliche Funktion dieses Wohnungsbaus unterhalb der Schwelle «marktmäßiger Interessiertheit» privaten Hausbesitzes als «Abschöpfung der zahlungsschwächsten Wohnungsbedürftigen vom ordentlichen Wohnungsmarkt, also gewissermaßen Säuberung des Marktes, Verminderung des Hausbesitzerrisikos, Umschichtung der Zahlungsunfähigen aus Wohnungen, die für Zahlungsfähige in Betracht kommen, in solche, die von diesen sowieso gemieden werden.» (BSW 1935, 355)
Die Volkswohnungen, bei denen auch das RAM einräumen mußte, daß sie «noch nicht in vollem Umfang dem Endziel entsprechen und das Wunschbild erfüllen, das man sich von der Behausung des deutschen arbeitenden Volksgenossen im Dritten Reiche machen muß» (Knoll 1939, 170), wurden von Anfang an von der DAF und anderen Parteistellen hart attackiert.
Als erstes kam es zu einer Kontroverse mit Goebbels als Propagandaminister, der den Namen «Volkswohnung» für diese «primitivsten» und «notdürftigsten» Behausungen zurückwies und stattdessen «Kleinstwohnungen» vorschlug (vgl. BSW 1935, 354).
In einem vertraulichen Schreiben an Goebbels vom 30.9.1935 beharrte das RAM auf seinem Begriff. «Kleinstwohnung» würde nur zu Verwechslungen führen. Im übrigen handle es sich um unbedingt dauerhafte, wenn auch einfache und kleine Wohnungen: «Genau wie z.B. der Volksempfänger ein zwar billiges, aber gutes Rundfunkgerät ist, das auch der minderbemittelte Volksgenosse erwerben kann, sollen die Volkswohnungen billige, aber gesunde und dauerhafte Wohnungen sein.»[17] Außerdem seien die Richtlinien auf der Reichswohnungskonferenz im Juni 1935 besprochen worden, ohne daß von den Vertretern des Reichsheimstättenamtes und der DAF Bedenken geäußert worden wären.

16 RAM, Abt. IVa, Aufzeichnung über die Frage der Übereignung von Volkswohnungen, o.J. (Ende 1938), BAK, R 41/1027, Bl. 82; vgl. zu den Grundrissen etwa die durch das Sächsische Ministerium für Arbeit und Wirtschaft in Abstimmung mit dem RAM und dem Reichsheimstättenamt für die Leipziger Messe 1936 errichtete Musteranlage, Riemer 1936, 123.

17 RAM an Goebbels, 30.9.1935, Betrifft: Förderung des Baues von Volkswohnungen, BAK, R 41/1027, Bl. 362.

Die DAF wiederholte ihre Kritik an den Volkswohnungen bei jeder Gelegenheit (vgl. z. B. Marrenbach 1940, 220ff.). Anfang 1938 erklärte von Stuckrad zusammenfassend:

> «Hier ist ein offenes Wort am Platze: Mit den jetzt gültigen Reichsrichtlinien für den Volkswohnungsbau und den derzeitigen Methoden der öffentliche Förderung des Geschcßwohnungsbaus im allgemeinen können die Aufgaben der nächsten Zukunft nicht bewältigt werden! Die Reichsrichtlinien für den Volkswohnungsbau lassen zur Zeit nur Wohnflächen von 34 qm im Normalfall und von 42 qm für Kinderreiche zu. Sie verlangen sparsamste Bauausführungen und zwingen im allgemeinen zum Verzicht auf Bäder, auf Anschluß an die Kanalisation und andere hygienische Einrichtungen. ‹Volkswohnungen›, mit denen Kinderreichen nur eine Wohnfläche zugestanden wird, die geringer ist als die Fläche der in der Hauszinssteuer-Ära nur für Kinderarme und Kinderlose gedachten 1 1/2-Zimmer-Kleinwohnung; Wohnungen, bei deren Ausstattung man mit einem resoluten Sprung zurück ins 19. Jahrhundert auf jede moderne Wohnungshygiene verzichtet, verdienen den Ehrennamen von Volkswohnungen nicht!» (1938a, 168)

Und auf der Arbeitstagung des Reichsheimstättenamtes 1938 prophezeite er: «Es dürfte .. nur noch eine Frage der Zeit sein, daß die Volkswohnungsaktion, das heißt die Bereitstellung von Volkswohnungs-Reichsdarlehen, umgestellt und ausgeweitet wird von der Förderung der Kleinstwohnungen auf sozial und hygienisch annehmbare Wohnungen.» (1938b, 724) Dem Volksempfänger-Vergleich hielt er nun den Volkswagen gegenüber: «Wir verlangen ... für den einfachen Volksgenossen auch im Wohnungsbau keinen Mercedes-Kompressor. Wir wollen ihm jedoch mit der Volkswohnung ein Heim schaffen, das in der Wohnungsversorgung technisch so einwandfrei und ausreichend ist wie der Volkswagen als Kraftfahrzeug!» (ebd.)
Wegen der ständigen Steigerung der Baukosten mußten die Höchstgrenzen für die Baukosten und Darlehen mehrfach erhöht werden. Um dennoch die Mieten halbwegs tragbar zu halten, senkte man den Zins für die Darlehen auf 3 %, in Ausnahmefällen sogar auf 2 % oder 1 % ab (vgl. BSW 1937, 413). Als mit einem Erlaß des RAM vom 1.7.1939 die Bestimmungen zum letztenmal vor dem Krieg neugefaßt wurden, waren seit Sommer 1935 für etwa 150 000 Volkswohnungen Darlehen zur Verfügung gestellt worden; 117 000 Wohnungen waren schon fertiggestellt oder im Bau (Griesheimer 1939, 552). Die meisten der im Rahmen des Vierjahresplans errichteten Arbeiterwohnstätten wurden als Volkswohnungen gefördert und sind in diesen Zahlen enthalten.
Mit den neuen Richtlinien vom 1.7.1939[18] versuchte man auch auf die zunehmende Kritik zu reagieren.[19] Die «Normalwohnung» sollte nun die «Vierraumwohnung» für

18 Die Höchstgrenze für die Baukosten war nun auf 5 000 RM, in Ausnahmefällen auf 6 000 RM, das Darlehen auf 1 500 bis 2 000 RM festgelegt, die Miete sollte 40 RM nicht überschreiten, vgl. Griesheimer 1939; vgl. als Zwischenstufen den Erlaß vom 4.8.1937 und die Durchführungsverordnungen hierzu vom 29.10.1937, BAK, R 41/1025, Bl. 13–17.

19 Vgl. die in den Deutschland-Berichten der SOPADE zusammengetragenen Berichte zu den Schwierigkeiten bei der Durchführung des Volkswohnungsbaus, 1938, 1117ff.

die fünfköpfige Familie sein, Schallisolierung und Raumhöhen sollten verbessert werden, kurz, «die Bauten sind nach den besten Regeln der Baukunst als Dauerbauten auszuführen ... Auf eine gute architektonische und städtebauliche Gestaltung der Bauten ist Wert zu legen.»[20]
Außerdem gestattete man nun auch nach einer Probezeit die Übereignung von Volkswohnungen in Ein- und Zweifamilienhäusern. Die Kleinsiedlungsreferate im RAM versuchten dies zwar zu verhindern, da sie fürchteten, dies könne der Volkswohnung zu Lasten der Kleinsiedlung übermäßigen Zulauf bringen, konnten sich aber nicht durchsetzen.[21]
Doch noch ehe diese Veränderungen praktische Wirkungen zeigen konnten, wurden durch den Kriegsausbruch gänzlich neue Bedingungen geschaffen. Am 12.12.1939 wurde den Volkswohnungen durch einen in Abstimmung mit dem Oberkommando der Wehrmacht und dem GBBau Todt herausgegebenen Erlaß des RAM unter dem Titel «Förderung des Baues von Volkswohnungen, Durchführung eines Kriegsbauprogramms» eine ganz andere Funktionsbestimmung zugewiesen. Überall dort, wo für den nun geforderten Einsatz zusätzlicher Arbeitskräfte in der Rüstung Unterkünfte nicht vorhanden und Baracken nicht zu beschaffen waren, sollte «die Erstellung vollwertiger Volkswohnungen angestrebt werden, die bis auf weiteres als Massenunterkünfte für Arbeiter verwendet werden können».[22] Auch bereits geförderte Volkswohnungen konnten als Massenunterkünfte benutzt werden. Erst «später» sollte dann wieder ihr Umbau in Mietwohnungen erfolgen.

5. Kleinsiedlungsbau

Ausgerechnet die Kleinsiedlung, die nicht nur durch die Siedlungspropaganda der NSDAP, sondern auch durch das RAM programmatisch in den Mittelpunkt gerückt worden war, brachte bei weitem nicht die Ergebnisse, die man erwartet hatte. Seiff gibt an, daß im VI. Bauabschnitt der Kleinsiedlung von Sommer 1935 bis August 1938 nur rund 66 000 Stellen gefördert wurden.[23] Tiefpunkt war der Zeitraum von Sommer 1935 bis März 1937, in dem nur ca. 26 000 Siedlerstellen entstanden.
Die Gründe lagen in den Problemen der Landbeschaffung und der Knappheit an Baustoffen sowie vor allem in der Organisation und in der Finanzierung.[24] Bei der Finanzierung des Kleinsiedlungsbaus mußten ähnlich wie im Volkswohnungsbau wegen der Baukostensteigerungen mehrfach die Kostenhöchstgrenzen (von

20 RAM, Bestimmungen über die Förderung des Baues von Volkswohnungen mit Reichsdarlehen, 1.7.1939, BAK, R 41/1027, Bl. 25.
21 Vgl. RAM, Abt. IVa, Aufzeichnung ..., BAK, R 41/1027, Bl. 83ff.
22 RAM, 12.12.1939, BAK, R 41/1027, Bl. 7.
23 Seiff 1941, 19; nach diesem Zeitpunkt sind genaue Zahlenangaben nicht mehr möglich, da die Unterlagen zum großen Teil vernichtet sind. Nach einer Auswertung des Reichsarbeitsblattes sind im Reichsgebiet von 1931 bis 31.3.1939 insgesamt 164 284 Stellen geschaffen worden, d.h. unter Abzug von ca. 31 000 Stellen von 1931–33 und ca. 50 000 Stellen von 1933–35 sind also von 1935 bis 1939 ca. 83 000 Stellen errichtet worden (vgl. auch GEWOS 1975, 13); Gisbertz nennt für den Zeitraum 1931 bis Kriegsbeginn für das Reich die Zahl von ca. 180 000 Stellen und für das Gebiet der Bundesrepublik bis Kriegsbeginn 83 000, bis Kriegsende 100 000 Stellen (1960, 32).
24 Vgl. zum folgenden Schmidt/ Bellinger 1939, Gisbertz/ Gase 1938, Seiff 1941, Pergande 1973.

Volkswohnungsanlage Berg am Laim in München
Quelle: Fiehler 1938, 159
Typische Kleinsiedlung der 30er Jahre im Gau Mainfranken
Quelle: Ludowici 1935, 80

3 000 RM 1931/32 über 4 500 RM 1935 bis auf 7 000 RM 1937) und die monatlichen Belastungsgrenzen (von 20 RM auf 30/35 RM) heraufgesetzt werden. Besondere Probleme bereitete der Rückzug des Staates aus der öffentlichen Vollfinanzierung ab 1935, den man mit der seit 1935 auf Stammarbeiter mit festem Einkommen ausgerichteten Kleinsiedlung[25] für möglich hielt. An die Stelle staatlicher Finanzierung rückte grundsätzlich das Prinzip privatwirtschaftlicher Kostendeckung. So wurde die Finanzierung in mehreren Erlassen (u.a. vom 19.2.1935, 8.6.1935 u. 21.4.1936) auf eine private Kapitalmarktfinanzierung umgestellt, in der der Staat nur noch für die Spitzenfinanzierung aufkommen wollte und Bürgschaften für zweitstellige Hypotheken bereitstellte. Demgemäß verringerten sich die Reichsdarlehen von ursprünglich 2 500 RM von Februar 1935 an auf 1 000 RM pro Siedlerstelle. Insbesondere der – erfolglose – Versuch, nach dem sog. «Ablösungserlaß» vom 12.2.1935 durch die Ablösung früher gewährter Reichsmittel durch private Kapitalmarktmittel neue Fördermittel für die Kleinsiedlung zu gewinnen, aber auch der hohe geforderteSelbsthilfeanteil von 20 % und die Belastung aus den teuren Fremdhypotheken führten zu einer weitgehenden «Erstarrung» des Kleinsiedlungsbaus (vgl. Bellinger 1937, 577).

Außerdem wirkte in der Organisation ein stark zentralisiertes und bürokratisiertes Verfahren sehr zeitverzögernd und in vielen Fällen auch abschreckend auf potentielle Siedlungsbewerber. Dies betraf insbesondere die für die Bescheinigung der «Erbgesundheit» vorgesehene ärztliche Überprüfung und die Ausstellung des sog. «Siedlereignungsscheines» durch die Gauheimstättenämter. Parteidienststellen beanspruchten neben der Teilnahme an der Siedlerauswahl auch die Beteiligung am Planaufstellungsverfahren, bei der Bodenbegutachtung, bei der Festsetzung der Stellengrößen und der Betreuung der Siedler[26]. Die SOPADE-Berichte gaben in ihrer Untersuchung des «Steckenbleibens der Kleinsiedlung» an, daß am Kleinsiedlungsverfahren «nicht weniger als elf Behörden .. als sozusagen erster Instanzenzug beteiligt (sind). Hinzu kommen die vielen Stellen, denen die Materialzuweisungen obliegen, ein vielarmiger Polyp, dem Industrie und Arbeiter am liebsten in weitem Bogen aus dem Wege gehen.» (SOPADE 1937, 1520)

Das war in dem Bemühen der Exil-SPD, dem Regime auf diesem Gebiet «völliges Versagen» (ebd.) zu bescheinigen, vielleicht überzogen; Tatsache aber blieb der auch von der gleichgeschalteten Presse beklagte «schleppende Verlauf» der Kleinsiedlungsbemühungen.

All dies führte im Lauf des Sommers 1937 zu einer Serie von Verhandlungen zwischen den beteiligten Ministerien, die alle das Ziel «einer großzügigen Vereinfachung und Erleichterung der Kleinsiedlung und namentlich einer erheblichen Verbesserung der

25 In der Verordnung des RAM über die weitere Förderung der Kleinsiedlung vom 19.2.1935 (RGBl. I, 341) hieß es zur neuen Zweckbestimmung der Kleinsiedlung: «Die Kleinsiedlung soll in erster Linie solchen Volksgenossen zugute kommen, die berufsmäßig in der gewerblichen Wirtschaft unselbständig zu sein pflegen und somit dazu dienen, den schaffenden deutschen Menschen, insbesondere den deutschen Arbeiter, wieder mit dem Heimatboden zu verbinden.»

26 Die Betreuung, fachliche Schulung und Wirtschaftsberatung der Siedler geschah vor allem durch den gleichgeschalteten Deutschen Siedlerbund, an dessen Spitze seit 18.6.1936 Ludowici stand.

finanziellen Bedingungen»[27] hatten. Die Verhandlungen mündeten schließlich in der Verabschiedung der – vielfach als «Magna Charta» des Kleinsiedlungsbaus bezeichneten und formal bis 1956 geltenden – Kleinsiedlungsbestimmungen vom 14.9.1937 (RABl. I 227).

Vorausgegangen war eine «Chefbesprechung» zwischen Arbeitsminister Seldte samt Staatssekretär Krohn, Hauptabteilungsleiter Knoll und Bellinger sowie Finanzminister Schwerin von Krosigk und dessen Mitarbeitern Poerschke, einem der «Väter» der Kleinsiedlung in der Brüning-Ära, von Manteuffel und Franken, eine Besprechung, in der es tatsächlich gelang, die wesentlichsten Hemmnisse zu beseitigen. Man war sich sowohl über die «kritische Lage» als auch über die besondere Förderungswürdigkeit und wohnungspolitisch herausgehobene Stellung der Kleinsiedlung einig. Eine Erhöhung der Baukostengrenzen auf 7000 RM und der Belastungen wurde auch mit Hinblick auf die Absicht akzeptiert, «künftig bei der Kleinsiedlung *auch* (Hervorh. i. Orig., d. Verf.) größere und besser ausgestattete Siedlungen für die etwas höher entlohnten Volkskreise zu schaffen.» (Vermerk Bellinger, Bl. 15) Zweifellos wollte man endlich das immer noch mit der Kleinsiedlung verbundene Notstandsimage abstreifen und diese Wohnform mehr auf die gut verdienenden Arbeiter, kleinen Beamten, Handwerker und Gewerbetreibenden abstellen. Auch die Absenkung der hohen Eigenleistung bzw. Selbsthilfe von 20 % auf 10 % diente der Verbesserung ihrer Attraktivität. Um die daraus folgenden höheren Belastungen tragbar zu halten, einigte man sich darauf, die Darlehen zu erhöhen (auf 2000 RM) und – nach einigem Widerstand des RFM – auch darauf, den Zinssatz auf 3 % (in Ausnahmefällen auf 2 % oder 1 %) zu senken. Ebenso wichtig war im Sinne «einer grundlegenden Vereinfachung des Verfahrens» das gemeinsame Ziel, «die Gauheimstättenämter als Instanz ganz aus dem Verfahren auszuschalten.» (Vermerk Bellinger, Bl. 18)

Nach langwierigen Verhandlungen mit dem Reichsheimstättenamt, in die auch der Stab des Stellvertreters des Führers eingeschaltet wurde, entfiel schließlich der Eignungsschein; es verblieb lediglich eine Formulierung, nach der die Gauheimstättenämter berechtigt waren, Siedlungswillige zu beraten.[28]

Dagegen erhob sich sofort ein Sturm der Entrüstung. Nach einem Vermerk des RAM vom 4.11.1937 beschwerten sich bei Heß «sämtliche 32 Gauleiter oder doch fast alle» über diese «Ausschaltung der Parteistellen im Siedlungswerk».[29] Man einigte sich aber dann darauf, die Vereinfachung des Verfahrens bestehen zu lassen, nach außen aber «klar herauszustellen», daß «die Mitwirkung der Partei bei der Siedlerauswahl nicht vermindert, sondern noch verstärkt sei» (ebd.). Tatsächlich waren zwar die Vorarbeiten in der Siedlerauswahl mit dem Erlaß vom September 1937 auf die Gemeindebehörden verlagert worden, die endgültige Entscheidung lag aber bei einem «örtlichen

27 Vermerk Bellinger (RAM), Vereinfachung der Kleinsiedlungsbestimmungen, 10.7.1937, BAK, R 41/1033, Bl. 14, im folgenden zitiert als «Vermerk Bellinger».

28 Vgl. zu diesen Verhandlungen RAM, Aufzeichnung für Staatssekretär Krohn über die Zusammenarbeit der Behörden mit den Gauheimstättenämtern auf dem Gebiete der Kleinsiedlung, o.J. (Ende Sept./Anfang Okt. 1937), BAK R 41/1033, Bl. 106–108.

29 Vermerk Bellinger (RAM), 4.11.1937, Einheitliche Führung der Kleinsiedlung. Zusammenarbeit der Behörden mit den Parteistellen, BAK, R 41/1033, Bl. 122f.

Prüfungsausschuß», der aus dem Bürgermeister, dem örtlichen Beauftragten des Gauheimstättenamtes und dem Ortsgruppenleiter der NSDAP bestand. Es war also nicht gänzlich falsch, wenn Gebhardt, der Pressesprecher des Reichsheimstättenamtes betonte, daß immer noch Parteistellen «den Ausschlag bei der Auswahl der Siedler» gaben (Gebhardt 1937, 500). Welche Rolle die Siedlerauswahl und auch die nachträgliche «Betreuung» in der Praxis spielten, zeigte eine Überprüfung von 1 800 Stellen in einem Gau, bei denen nach der obligatorischen dreijährigen Probezeit die Übereignung der Stellen anstand. Nach den Angaben Gebhardts «konnten» aber nur 40 % der Stellen übereignet werden; einem größeren Teil der Siedler «mußte» eine weitere Probezeit gegeben werden und etwa 20 % wurden als «ungeeignet» wieder von ihren Stellen entfernt. (ebd.)

Insgesamt dokumentierten die Kleinsiedlungsbestimmungen vom 14.9.1937[30] die inzwischen erfolgten Veränderungen sehr gut. In der «Krisenfestigkeit» und «Wiederverwurzelung» lag immer noch die zentrale staats-, wirtschafts- und sozialpolitische Bedeutung der Kleinsiedlung, nun aber nicht mehr auf die Erwerbslosen, sondern auf die Stammarbeiter bzw. die «werktätige Bevölkerung» bezogen: «Die Kleinsiedlung (Heimstättensiedlung) ist die beste Siedlungsform für die werktätige Bevölkerung, weil sie geeignet ist, den deutschen Arbeiter wieder mit dem Heimatboden zu verbinden und ihn zugleich befähigt, aus dem Wirtschaftsertrag der Stelle eine wesentliche Ergänzung seines sonstigen Einkommens zu gewinnen.» (Abs. 1.1) Wesensmerkmal war damit, im Unterschied zu jeder anderen Wohnform, «die vorwiegend gartenbaumäßig zu nutzende Landzulage» (Abs. 1.3) und der Charakter der Stelle als «Nebenberufssiedlung», die in der Regel «hauptberufliche Vollarbeit» voraussetzte. Erschließung, Versorgung und Bauweise des Siedlerhauses sollten auf einfachste und sparsamste Weise erfolgen. So sollte etwa die Wasserversorgung möglichst durch Brunnen gewährleistet werden, eine Kanalisation kam «grundsätzlich nicht» in Frage (Abs. 8.5). Die Mindestgröße des ausbaufähigen Siedlungsgebäudes betrug im Wohnbereich nur 34 qm; darin waren ein Wohn- und Kochraum (14 qm), ein Eltern- (12 qm) und ein Kinderschlafraum (8 qm) enthalten. Hinzu traten noch Wirtschaftsraum (6 qm), Keller (8 qm), Kleintierstall (6 qm) sowie Futterraum und Abort (Abs. 11.2).

Umfangreiche Selbsthilfe war immer noch obligatorisch, wenn auch von 20 % auf 15 % bzw. in Ausnahmefällen auf 10 % herabgesetzt (Abs. 18). Die Belastung sollte 30, äußerstenfalls 35 RM im Monat nicht übersteigen (Abs. 15.1).

Ausdrücklich wurde die Kleinsiedlung auf gewerbliche Arbeiter und Angestellte bezogen (Abs. 5.1), der Begriff «minderbemittelt» sollte flexibel gehandhabt werden, rassische und politische sowie sonstige auf die «Siedlertauglichkeit» zielende Auswahlkriterien waren inzwischen selbstverständlich. Seit 1935 hatten die Siedler «ehrbare minderbemittelte Volksgenossen» zu sein und «ebenso wie ihre Ehefrauen, deutsche Reichsangehörige, deutschen oder artverwandten Blutes, politisch zuverlässig und erbgesund» (Abs. 5.1). Der Ablösungserlaß vom 12.2.1935 hatte noch darüber hinaus verlangt: «Die Siedlerfamilien müssen sich ferner zum Siedeln eignen, d.h. entsprechendes Verständnis für die Bodenbearbeitung und die Kleintierhaltung besitzen,

30 Abgedruckt in Gisbertz/ Gase 1938, 179ff.; in der Fassung vom 23.12.1938 RArb.Bl. I, 13.

Gemeinschaftsgeist haben, lebenstüchtig, sparsam und strebsam sein ... Weiterhin dürfen sie nicht nennenswert verschuldet sein ... Innerhalb des hiernach zugelassenen Personenkreises sind Frontkämpfer und Kämpfer für die nationale Erhebung, Opfer des Krieges, der nationalen Erhebung ... und der nationalen Arbeit, in allen Fällen kinderreiche Familien bevorzugt zu fördern.» (abgedr. in: SuW 1935, 87)
Die neuen Bestimmungen brachten in der Praxis etwas Erleichterung, was zunächst zu einer gewissen Ausweitung der Kleinsiedlungstätigkeit führte.[31] Doch zugleich wurden ab 1937/38 neben dem weiter bestehenden Kapitalmangel mit der zunehmenden Knappheit an Baufacharbeitern und Baustoffen weitere Restriktionen wirksam, die größere Fertigstellungszahlen verhinderten.

6. Bestandspolitik

Kehrseite der unzureichenden Neubaupolitik war ein gravierender Wohnungsmangel, der sich aufgrund der rasch expandierenden Nachfrage nach Erreichen der Vollbeschäftigung ab Mitte der 30er Jahre zunehmend verschärfte. Die während der Brüning-Ära beschlossenen Auflockerungen der Wohnungszwangswirtschaft waren zunächst übernommen und weitergeführt worden. Aber nun drohten die damit verbundenen Mietpreissteigerungen, Kündigungen etc. den sozialen Frieden ernsthaft zu gefährden und das noch 1934 im Zusammenhang mit der Verabschiedung des «Deutschen Einheitsmietvertrages»[32] beschworene Bild der «vertrauensvollen Hausgemeinschaft», die den bisherigen – einseitigen – Kampf von Vermieter und Mieter ablösen sollte, zu trüben.
Die Wohnungspolitik war gefordert, und die drei Tagesordnungspunkte der unter Seldtes Vorsitz am 24.9.1935 abgehaltenen Reichswohnungskonferenz spiegelten dies deutlich wieder:

«1) Wiedereinführung der Wohnungszwangswirtschaft,
2) Maßnahmen gegen ungerechtfertigte Mietsteigerungen,
3) Änderung des Reichsmietengesetzes».[33]

31 Das Statistische Reichsamt veröffentlichte Zahlen, nach denen sich der Bau von Kleinsiedlungen von Sept. 1937 bis Sept. 1938 mit ca. 38 000 Stellen gegenüber dem Zeitraum von Sommer 1935 bis Sept. 1937 mit ca. 34 000 Stellen mehr als verdoppelte, BSW 1940, 28.

32 Ein Muster dieses Vertrages wurde am 7.3.1934 durch das Reichsjustizministerium veröffentlicht; der gemeinsam vom Zentralverband der Deutschen Haus- und Grundbesitzer und dem Bund Deutscher Mietervereine ausgearbeitete Mustervertrag fand – obwohl unverbindlich – offenbar weite Verbreitung und wurde etwa von Peters aus der Sicht der gemeinnützigen Wohnungswirtschaft als «Schritt zu einem sozialen Mietrecht» und zum Abbau des Vermietermonopols gewürdigt (Peters 1984, 157ff.); in dem zugehörigen Aufruf des gleichgeschalteten Haus- und Grundbesitzerverbandes hieß es: «Der Deutsche Einheitsmietvertrag geht von dem Grundsatz aus, daß zwischen dem Mieter und dem Vermieter ein gesundes Sichverstehen walten muß, getragen von dem Glauben an die gemeinsame Sache. Der Mietvertrag geht bewußt ab von jedem einseitigen Interessenstandpunkt. Es darf künftighin kein Mißtrauen, keinen Standesdünkel, keine einseitigen Interessengegensätze mehr geben, sondern nur noch die Interessengemeinschaft, aufgebaut auf der Volkszusammengehörigkeit.» (zit. in: ebd., 158; vgl. auch Pergande 1973, 122f.)

33 Niederschrift der Reichswohnungskonferenz vom 24.9.1935, BAK, R 41/713, Bl. 224–230.

Seldte lehnte jedoch wie die Vertreter des RWM und der meisten Länder trotz der durch das Statistische Reichsamt auf 1,35 Mio. geschätzten wohnungslosen Haushalte eine «Wiedereinführung der Wohnungszwangswirtschaft» strikt ab. Sein an privatwirtschaftlichen Maximen ausgerichtetes Credo lautete: «Bei der engen Verbundenheit von Hausbesitz und Realkredit müssen falsche Maßnahmen, müssen Eingriffe, welche die Rentabilität des Hausbesitzes erschüttern, von stärkster Rückwirkung auf den Realkredit sein. Dies kann eine Gefährdung der ganzen Wohnungsbaupolitik der Reichsregierung zur Folge haben. Nur durch genügenden Wohnungsbau wird aber schließlich eine Wohnungsnot vermieden und die vorhandene Wohnungsknappheit wieder beseitigt werden können.» (ebd., Bl. 224)

Man war sich aber einig, daß eine Neufassung des Reichsmietengesetzes notwendig sei, um Mietsteigerungen im Altbaubestand wirksam zu verhindern. Der Neubau sollte davon nicht betroffen sein (ebd., Bl. 228ff.). Die Neufassung des Reichsmietengesetzes und des Mieterschutzgesetzes kam am 18.4.1936 (RGBl. I, 371).[34]

Doch die damit herbeigeführten Veränderungen reichten nicht aus, und schon kurz darauf, am 26.11.1936, erließ der Reichskommissar für die Preisbildung die bereits erwähnte Preisstoppverordnung, mit der rückwirkend ab 18.10.1936 Mietsteigerungen für *alle* Wohnungen verboten wurden.[35] Konzentration aller Ressourcen auf die Aufrüstung und den Vierjahresplan sollten alle Steigerungen von Löhnen und Lebenshaltungskosten unterbunden werden. «Idealisten» deuteten dies als Sieg über die Bodenspekulation: «Hier ist mit der Preisstopverordnung ein Gedanke zum Durchbruch gekommen, dessen Anfänge bereits ein Menschenalter vor der Machtergreifung liegen, nämlich der Gedanke, daß eine Erhöhung der Mieten und Grundstückspreise, der keine gleichwertige Gegenleistung des Eigentümers gegenübersteht, unmoralisch ist und deshalb vom Staate nicht geduldet werden dürfe. Die Preisstopverordnung bedeutet also das Ende der Bodenspekulation in jeder Form und damit auch eine Maßnahme zur Verwirklichung von Punkt 17 des Parteiprogramms.» (Lampe 1939, zit. in: Peters 1984, 154f.)

Ebenso wie der Mieterschutz allmählich durch weitere Verordnungen zu einem «totalen Mieterschutz» (Pergande 1973, 123) ausgebaut wurde, wurden ab 1936 auch wieder Maßnahmen zur Bewirtschaftung des Wohnraums eingeführt. So wurde durch Art. III des Gesetzes zur Änderung des Reichsmietengesetzes und des Mieterschutzgesetzes vom 18.4.1936 das RAM ermächtigt, für einzelne Gemeinden zu bestimmen, daß die Umwandlung von Wohnungen in Räume anderer Art der Ge-

34 Vgl. Fischer-Dieskau 1938, 38ff., Pergande 1973, 123f., Peters 1984, 154ff.; nach dem Reichsmietengesetz galt nun grundsätzlich für etwa 80 % der Altbauwohnungen (Fischer-Dieskau 1938, 39), das waren die vor dem 1.7.1918 bezugsfertigen Wohnungen, die in einem Hundertsatz der Friedensmiete (1914) erhobene «gesetzliche Miete»; im Mieterschutz wurden die 1930 und 1931 gemachten Auflokkerungen wieder rückgängig gemacht; unter den Mieterschutz fielen jetzt auch alle Neubauten sowie ein Großteil der zuvor durch landesrechtliche Anordnungen freigestellten Altbauten; Kündigungen konnten nur noch auf die drei Gründe «erhebliche Belästigung», «Mietrückstand» (mind. eine Monatsmiete) oder «dringendes Eigeninteresse des Hauseigentümers» gestützt werden, vgl. auch GT 1938, 79f.

35 Der Preisstopp betraf auch die Grundstückspreise; Schwierigkeiten gab es in der Praxis bei der Ermittlung der Stichtagspreise (18.10.1936) (vgl. GT 1938, 79).

nehmigung der Gemeinde bedarf. In einem Schreiben vom 22.5.1937 drängte Seldte angesichts der anschwellenden Wohnungsnot und der offenbar noch «in erheblichem Maße» stattfindenden Umwandlung von Wohnungen in Büroräume oder für sonstige gewerbliche Zwecke die obersten Reichsbehörden zur rigorosen Durchsetzung dieses Umwandlungsverbots in der «großen Anzahl von Gemeinden», für die bereits eine solche Anordnung ergangen war.[36] In der aufschlußreichen Begründung zu diesem Schreiben wurde durch Seldte die gesamte Problemlage noch einmal zusammengefaßt:

> «Während noch vor der Machtübernahme auf dem Wohnungsmarkt scheinbar ein gewisses Überangebot vorhanden war – tatsächlich fehlten etwa 1 Million notwendige Wohnungen, doch bestand infolge der Verelendung keine sichtbar werdende kaufkräftige Nachfrage –, hat die allgemeine Belebung der Wirtschaft in den letzten Jahren zu einer grundlegenden Änderung der Verhältnisse geführt. Es ist eine natürliche Auswirkung der Wirtschaftspolitik der Reichsregierung, daß die allgemeine Erhöhung des Einkommens weiter Schichten der Bevölkerung die tatsächliche Nachfrage auf dem Wohnungsmarkt ausserordentlich angehoben hat; diese Entwicklung ist nicht unerheblich durch die Gewährung der Ehestandsdarlehen gefördert worden. Die Steigerung der Nachfrage wurde durch die allgemeine Aufrüstung und die im Rahmen des Vierjahresplanes getroffenen Maßnahmen noch verschärft und hat schließlich zu einer ausserordentlichen Wohnungsknappheit geführt. Diese Entwicklung des Wirtschaftslebens und die damit verbundene Hebung des Einkommens ist nur zu begrüssen. Die dadurch bedingten Auswirkungen auf den Wohnungsmarkt bergen aber schwere Gefahren innen- und bevölkerungspolitischer Art und machen Maßnahmen zur Behebung der schwersten Not dringend erforderlich. Da allein durch den Neubau von Wohnungen, so sehr er von der Reichsregierung zur Zeit gefördert wird, dies Ziel nicht in absehbarer Zeit erreicht werden kann, z.T. auch wegen der Rohstofflage, so muß dafür Sorge getragen werden, daß dem sehr angespannten Wohnungsmarkt wenigstens nicht mehr Wohnraum weiterhin entzogen wird.» (ebd.)

Ausbau von Mieterrechten und «Mieterschutz» war natürlich für Regime-Gegner und für die Juden nicht mehr als ein zynischer Euphemismus. Zwischen dem Erlaß der «Nürnberger Gesetze» vom 15.9.1935 und dem Kriegsbeginn wurden die Juden durch etwa 250 Gesetze, Erlasse und Anordnungen (vgl. Hildebrand 1987, 44f.) aus ihren Berufen verdrängt und systematisch stigmatisiert und entrechtet. Dies betraf auch ihre Wohnsituation. Kurz nach den Pogromen der «Reichskristallnacht» vom 9.11.1938, Vorboten der «Endlösung», erließ Göring im Nachgang zu der «Verordnung über den

36 Erlaß RAM, Verbot der Umwandlung von Räumen in Räume anderer Art, v. 22.5.1937, BAK, R 41/713, Bl. 33f.

Einsatz des jüdischen Vermögens vom 3.12.1938», die «die gesetzliche Grundlage für die Entjudung des deutschen Grundbesitzes» (BSW 1939, 824) liefern sollte[37], am 28.12. 1938 reichseinheitlich gültige geheime Richtlinien zur Behandlung der Juden. Das RAM bat in seinem Schreiben vom 6.1.1939, mit dem es diese an die ihm nachgeordneten Behörden und Verbände weitergab, «um genaueste Beachtung». Der erste Punkt regelte die «Unterbringung» der Juden:

«1.a) Der Mieterschutz für Juden ist generell nicht aufzuheben. Dagegen ist erwünscht, in Einzelfällen nach Möglichkeit so zu verfahren, daß Juden in einem Haus zusammengelegt werden, soweit die Mietverhältnisse dies gestatten.

b) Aus diesem Grund ist die Arisierung des Hausbesitzes *an das Ende der Gesamtarisierung zu stellen* (Hervorh. i. Orig., d. Verf.), d.h. es soll vorläufig nur dort der Hausbesitz arisiert werden, wo in Einzelfällen zwingende Gründe dafür vorliegen. Vordringlich ist die Arisierung der Betriebe und Geschäfte, des landwirtschaftlichen Grundbesitzes, der Forsten u.a.»[38]

Bei der «Arisierung des jüdischen Hausbesitzes» und der Beschlagnahmung der begehrten «Judenwohnungen» blieb man nicht stehen. So verbreitete sich Wolfgang Knorr, der Leiter der Hauptstelle «Praktische Bevölkerungspolitik» im Rassenpolitischen Amt der NSDAP, Anfang 1939 in «Bauen, Siedeln, Wohnen» mit noch weitergehenden Forderungen: «Wir müssen unsere ganze Mieterschutzgesetzgebung einmal daraufhin überprüfen, ob sie rassenpflegerischen Anforderungen standhält. Wir brauchen eine gesetzgeberische Grundlage, mit der wir Änderungen der Mietverhältnisse, die im Interesse der völkischen Zukunft liegen, herbeiführen können.»[39] Was Knorr damit meinte, verdeutlichte er sogleich unmißverständlich: «Das Wohnungsproblem für Kinderreiche ist nicht zuletzt eine Frage der Auslese. Wenn man Kinderreichen Wohnung beschafft, dann muß man eben auch Kinderreiche in diese Wohnungen bringen, nicht aber asoziale Großfamilien, deren Dank für jede besondere Förderung von seiten der Gemeinschaft in der Zerstörung des zur Verfügung gestellten Staats-

37 In einem Kommentar zu dieser Verordnung in «Bauen, Siedeln, Wohnen» (1939, 824) wurde zur «Begründung» mit brutaler und zynischer Offenheit darauf verwiesen, daß die Parteileitung der NSDAP schon 1930 erklärt habe: «Nur deutsche Volksgenossen dürfen Besitzer deutschen Bodens sein.» Obwohl dem jüdischen Haus- und Grundbesitz damit klar gewesen sein müsse, «daß ihm aus grundsätzlichen Erwägungen heraus sein Grundeigentum auf die Dauer nicht belassen werden konnte, haben die jüdischen Grundbesitzer doch keine Anstalten gemacht, sich ihres Besitzes zu entledigen. Allein aus diesem Grunde war die Verordnung über den Einsatz des jüdischen Vermögens vom 3. Dezember 1938 notwendig; sie war erforderlich, um eben der alten nationalsozialistischen Forderung zu ihrem Recht zu verhelfen ...».

38 RAM, Sicherstellung der Einheitlichkeit in der Behandlung der Judenfrage, v. 6.1.1939 (zus. mit Erlaß Göring v. 28.12.1938), BAK, R 41/715, Bl. 40f.

39 Knorr 1939, 81; die zugrundeliegende «Theorie» war in wenigen Zeilen zusammengefaßt: «Wir wissen, daß es Menschengruppen gibt, deren Raumbedürfnis außerordentlich gering ist und die somit auch in den Hinterhöfen der Großstädte biologisch gedeihen, d.h. kinderreich bleiben. Gerade der deutsche Facharbeiter aller Schichten und Berufe hat aber ein rassisch bedingtes Raumbedürfnis, das ihn, wenn es nicht befriedigt werden kann, zur Kinderarmut zwingt. Letzten Endes ist gerade der nordische Mensch im weitesten Raum gezüchtet und gedeiht lebensgesetzlich so lange, wie er im Raum nicht beschränkt ist.» (ebd., 77)

oder Gemeindeeigentums besteht. Die Unterbringung kinderreicher Familien in würdigen, billigen und ausreichenden Wohnungen ist eine Angelegenheit der Partei, des Staates und der Gemeinden; die Unterbringung asozialer Familien eine Aufgabe der Wohlfahrtsbehörde und der Polizei.» (ebd., 78)
Es gab sie nicht, die «saubere» Scheidelinie zwischen dem scheinbar pragmatisch-nüchternen Verwaltungshandeln der Beamten und dem untrennbar damit verknüpften Wust von «Herrenmenschentum», Judenverfolgung, Terror gegen Andersdenkende, Euthanasie und «Ausmerzung» «sozialer Krankheitsherde» in der Altstadtsanierung (Walther 1936).

7. Sanierung mit Reichshilfe

Ab 1934 kam nach einer gewissen Vorbereitungs- und Anlaufzeit das durch das RAM entwickelte, allerdings nur mit einem Fonds von insgesamt 15 Mio. RM ausgestattete Altstadtsanierungsprogramm in Schwung. Zahlreiche Städte beteiligten sich an diesem Modellprogramm und führten unterschiedlichste Sanierungsmaßnahmen durch, die in der zusammenfassenden Auswertung der Deutschen Gesellschaft für Wohnungswesen[40] von 1940 nach den Kategorien «Auflockerung» (z.B. Braunschweig, Kassel, Nürnberg), «Abbruch und Neuaufbau» (z.B. Berlin, Aachen, Mannheim, Jena), «Auflockerung und Abbruch mit Neubau» (z.B. Köln, Frankfurt a.M.) und «Sanierung besonderer Art» (Altenburg) unterschieden wurden.[41]
Die quantitative und wohnungspolitische Bedeutung des unter Kontrolle des RAM abgewickelten Sanierungsprogramms[42] blieb allerdings relativ gering und nahm im Zuge der Aufrüstung und Neugestaltungsmaßnahmen (vgl. weiter unten) ab. Als Sonderprogramm wurde es noch bis 1941/42 abgewickelt, in Einzelfällen auch direkt

40 Der «Deutsche Verein für Wohnungsreform» unter seinem Geschäftsführer Bruno Schwan hatte sich im Dezember 1939 – weil er «sich über das engere Ziel der Wohnungsreform hinaus entwickelt habe» – in «Deutsche Gesellschaft für Wohnungswesen» umbenannt und war seitdem als sog. Forschungsstelle für Fragen des Wohnungs- und Siedlungswesens dem RAM zugeordnet; er war 1898 durch Karl von Mangold als «Verein Reichswohnungsgesetz» gegründet worden und nannte sich dann ab 1904 «Deutscher Verein für Wohnungsreform», vgl. BSW 1940, 294.

41 Nach einem 1940 veröffentlichten Bericht der Deutschen Gesellschaft für Wohnungswesen hatten bis dahin insgesamt 41 Städte mit Reichshilfen Altstadtsanierungsprojekte durchgeführt, vgl. zusammenfassend GT 1940, 10ff.; die Maßnahmen in 17 Städten wurden darin im einzelnen erfaßt und statistisch ausgewertet; dabei zeigte sich, daß die Maßnahmen auch innerhalb der vier Gruppen erheblich differierten; so verminderte sich etwa in der Gruppe «Auflockerung und Abbruch mit Neubau» die Zahl der Wohnungen in Köln um 12,9 % (90 von 698) und in Frankfurt a.M. um 43,4 % (200 von 461); allerdings waren etwa in Frankfurt a.M. der größte Teil der nach der Sanierung im Sanierungsgebiet vorhandenen Wohnungen Neubauten (194 WE) – wirklich erhalten wurden von 461 WE nur 67 (v. Petz 1987, 113); den breitesten Raum nahm die Behandlung der Finanzierung ein: die höchsten Kosten hatte Köln (5,4 Mio. RM), dann folgte (in Mio. RM) Frankfurt a.M. 4, Braunschweig 2,1, Berlin 2,1, Aachen 1,2, Kassel 0,9, Mannheim 0,8 usw.; während in manchen Städten die Sanierung überwiegend oder fast ausschließlich auf privatem Weg (Aachen: private Mittel: 98 %, öffentl Mittel: 1,2 %) durchgeführt wurde, überwog in anderen Städten die öffentliche Finanzierung (Beispiel Braunschweig: 98,1 % öffentl. Mittel, 1,9 % private Mittel).

42 Vgl. die Übersicht bei Lüken-Isberner (1991, 29), die detailliert Aufschluß über die Zeitpunkte der Beantragung, Bewilligung, Bereitstellung u.ä. der Mittel aus dem RAM gibt.

für Neugestaltungsplanungen funktionalisiert. Die wichtigsten Ziele und Maßnahmen[43] waren, z.T. in Fortführung von Planungen der 20er Jahre:

- mehr Hygiene, mehr «Licht, Luft und Sonne» durch Blockentkernungen und Abbrüche, (typisches Beispiel: Frankfurt a.M.[44])
- Verbesserung der sanitären Verhältnisse
- Durchbrüche und Straßenerweiterungen für den Verkehr und Anpassung der Altstädte an «City-Funktionen», (typisches Beispiel: Kassel[45])
- Stadtbildpflege durch «Entschandelung»,
- Maßnahmen zur «sozialen Gesundung» der Altstadtquartiere und, mit steigender Bedeutung,
- Luftschutzmaßnahmen durch Auflockerung der Bebauung, Herabsetzung der Einwohnerdichte, Mauerdurchbrüche etc.

Ein pauschales Urteil über die Ergebnisse der Sanierung in der NS-Zeit ist nicht möglich. Viele Planungen führten Ansätze der 20er Jahre fort, viel hing von den örtlichen Gegebenheiten ab. Eine eigene Rechtsgrundlage durch ein über einige Jahre vorbereitetes «Stadtgesundungsgesetz» wurde nicht geschaffen, die Basis der Arbeiten war die finanzielle Förderung durch das RAM. Obwohl mit dem Reichsprogramm erstmals ein zentralisiertes und reglementierendes Sanierungsverfahren erprobt wurde, mußte das RAM nach den Analysen der Kasseler Forschungsgruppe die eigenen «Grundsätze» immer wieder verlassen und sich den lokalen Bedingungen anpassen (Lüken-Isberner 1991, 31). In vielen Fällen dienten Sanierungsmaßnahmen – neben Straßendurchbrüchen und -erweiterungen – der Niederlegung und «Ausmerzung» als «rot» und kriminell stigmatisierter Altstadtgebiete. Daneben wurden – vor allem dort, wo es ein «mittelalterliches» Stadtbild zu erhalten galt – auch behutsamere Formen der Sanierung («Entkernung») praktiziert. Aber auch in diesen Fällen spielten die Wünsche der betroffenen und umzusetzenden Bevölkerung so gut wie keine Rolle. Noch immer, und nunmehr auf NS-Weise radikalisiert, galt das Diktum Schillings aus den 20er Jahren: Sanierung sei keineswegs «eine Wohltat, die die Wohlhabenden den Armen erweisen», sondern «Selbsthilfe, mit der sich die Wohlhabenden vor Seuchengefahr schützen» (Schilling 1921, zit. in: Kopetzki 1991, 18).
Für radikalere Planer wie Erich Frank, der 1939 die umfassendsten Untersuchungen zur Erneuerung des Berliner Altbaubestandes vorlegte, war die «sparsame Auflok-

43 Vgl. von Petz 1987, Durth/ Gutschow 1988, Lüken-Isberner 1991, Hohn 1992.

44 Vgl. zu Frankfurt Paquet 1936, Derlam 1942, Fischer 1942, Bartetzko 1985, 166ff., von Petz 1987, 95ff.; an der kleinen Fischergasse, einem von 11 kleineren Sanierungsvorhaben in der Frankfurter Altstadt, wurden zwischen Herbst 1936 und Mitte 1938 im Hofinnenbereich «14 Gebäude niedergelegt, entsprechend der neuen Orientierungsmöglichkeiten die Wohnungen und gewerblich genutzten Räume in ihrem Grundriß korrigiert und in ihrer Ausstattung modernisiert, die Fassaden zum Hof hin erneuert, z.T. als ‹zweckbedingte Neuschöpfungen›» (von Petz 1987, 110). Hohn gibt an, daß der für die Altstadtsanierung zuständige Magistratsbaurat Theodor Derlam, der gleichzeitig Leiter des behelfsmäßigen Luftschutzbaus war, durch Brandmauerdurchbrüche und über 80 Straßentunnels ein Netz unterirdischer Rettungswege ausbauen ließ, das bei den schweren Angriffen im März 1944 Tausenden das Leben rettete (1992, 327).

45 Vgl. zur Sanierung in Kassel Jobst 1937, v. Petz 1987, 116ff., Lasch 1987.

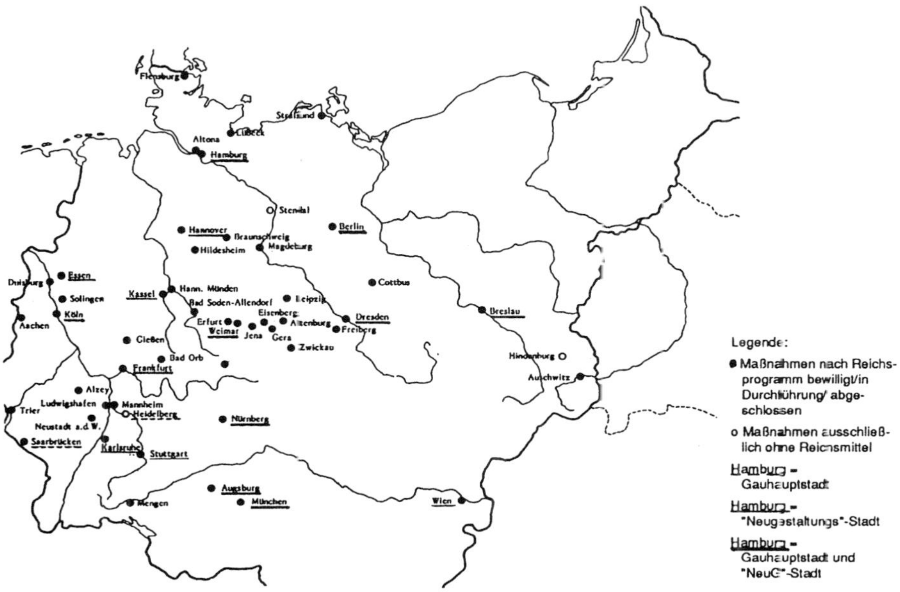

Sanierungsstädte 1933-43, Zusammenstellung durch Lüken-Isberner
Quelle: Lüken-Isberner 1991, 37
Als «vorbildliche Sanierung» wurde in der NS-Zeit die «Auskernung» an der kleinen Fischergasse in Frankfurt a.M. gerühmt
Quelle: Lindner/ Böckler 1939, 267

kerung» und «Auskernung» des kulturell für ihn zum größten Teil «ziemlich wertlosen» Bestandes an Mietskasernen ohnehin nur eine kriegsbedingte «Zwischenlösung», der später die «Endlösung» der Sanierung, die vollständige Neubebauung, folgen sollte.[46]

8. Die Deutsche Arbeitsfront und Robert Ley

In den Jahren 1936 bis 1940 erreichte die DAF ihre größte Popularität und Dynamik. Die Vielzahl der Felder, auf denen sie aktiv wurde, ihre Mitgliederzahl, ihre finanzielle und wirtschaftliche Potenz wuchsen in einem solchen Ausmaß, daß sich die DAF zu einem kaum mehr kontrollierbaren «Staat im Staate» entwickelte, der in einzelnen Bereichen nicht nur den Staat, sondern auch die Partei herauszufordern begann.[47] Robert Ley an ihrer Spitze baute sich zugleich mit der DAF einen eigenen, zunehmend gewichtigeren Machtbereich auf und wurde zu einer Schlüsselfigur in den Auseinandersetzungen um die Sozial- und um die Wohnungspolitik des NS-Staates.

Leys Rolle im NS-Machtgefüge wurde lange Zeit unterschätzt und nicht wirklich gründlich untersucht.[48] Wie kaum ein Zweiter vereinigte der ehemalige Gauleiter des Rheinlands und – nach Gregor Straßers Rücktritt im Dezember 1932 – Reichsorganisationsleiter der NSDAP in seiner Person prototypisch eine Vielzahl der Eigenschaften eines musterhaften, Hitler bedingungslos ergebenen «alten Kämpfers» und entwickelte daraus einen eigenen Stil der politischen Auseinandersetzung und so etwas wie eine eigene «Vision» der künftigen Gesellschaft, die konstitutiv war für den Aufbau und das unaufhörliche und krebsartig wuchernde Wachstum der DAF. Die Vielgestaltigkeit der DAF und ihr sozialpolitisch widersprüchlicher Charakter werden erst begreifbar, wenn man die DAF auch und vor allem, wie dies Smelser getan hat, versteht als «das Ergebnis der fruchtbaren Phantasie Robert Leys, der immer grandiosere Methoden ersann, um das deutsche Volk zu erziehen und zu ‹betreuen›» (Smelser 1989, 151).

Die Gegner Leys waren Legion. Ley, Hitlers «größter Idealist», galt als Großmaul,

46 Frank 1939, 17 u. 44; vgl. zu den Planungen Franks im einzelnen Bodenschatz 1987, 126ff.; vgl. zu den während des Krieges zwischen der Reichsstelle für Raumordnung und dem RAM erörterten Skizzen für ein zweites Sanierungsprogramm, das auf den Erfahrungen des Pilotprogramms aufbauen sollte, Lüken-Isberner 1991, 39f.

47 Die Rechtsnatur und Stellung der DAF zu Partei und Staat blieb denn auch bis zuletzt ungeklärt; ein Gesetz über die DAF wurde nie erlassen; bis 1935 war sie eine «Gliederung» der Partei, danach im Sinne des Gesetzes zur Sicherung der Einheit von Partei und Staat vom 29.3.1935 (RGBl. 1935 I, 502) als «nationalsozialistische Gemeinschaft» ein «angeschlossener Verband» (vgl. hierzu GT 1937, 204). die Rechtsnatur einer Körperschaft des öffentlichen Rechts wurde ihr nicht zugebilligt (Urteil des RAG 171/36 v. 16.12.1936), man behalf sich stattdessen mit Konstruktionen wie der «einer Person des öffentlichen Rechts eigener Art» oder «eines Gebildes eigenen Rechts mit überwiegend öffentlich-rechtlichem Charakter» (ebd.); vgl. zu dem damit verbundenen begrifflichen Tauziehen auch Smelser 1989, 157f. und die dort angegebenen Akten der Reichskanzlei; vgl. als Gesamtübersicht zur Arbeit der DAF zwischen 1933 und 1940 den Bericht des Geschäftsführers der DAF, Otto Marrenbach, «Fundamente des Sieges» von 1940.

48 Seit dem Erscheinen der Arbeit «Nationalsozialistische Sozialpolitik im Zweiten Weltkrieg» von Recker 1985, der ausgezeichneten Ley-Biographie von Smelser (1989) und Freses materialreicher Arbeit «Zur Betriebspolitik im ‹Dritten Reich›» (1991) hat sich diese Situation sehr verbessert; vgl. zur Person Leys auch Smelser 1990; zur Sozialplanung und -politik der DAF vgl. Mason 1975 und 1977, neuerdings Reichel 1992, 232ff. und Smelser 1991.

Der Leiter der Deutschen Arbeitsfront, Robert Ley
Quelle: Marrenbach 1940, 7
Reichsarbeitsminister Franz Seldte
Quelle: Wistrich 1983, 249
Das DAF-Symbol auf einer Modellschau der DAF 1938 in Berlin
Quelle: BSW 1938, 69

extrem ehrgeizig, machtbesessen und fanatisch bis zur Selbstaufgabe. Seine korrupte Großmannssucht, seine Alkoholabhängigkeit und Affären waren schon in der NS-Zeit notorisch. Auch anderen NS-Größen galt er – freilich zum Teil aus der Perspektive der Nachkriegszeit – als «Ochsenfrosch der Partei» (Schwerin von Krosigk), «lächerlicher Kobold» (Darré), «gemeiner Trunkenbold» (Speer) oder «geistloser Schwätzer» (Dietrich) (vgl. Smelser 1989, 12). Andere, wie Reichsarbeitsminister Seldte, die in Ley einen äußerst unbequemen und harten Gegner fanden und ihm am Ende unterlagen, dürften ihn, der sich gegen alle Feinde bis zum Ende im allerengsten Führungskreis behaupten konnte, wohl weniger geringschätzig und belächelnd charakterisiert haben.

Es besteht kein Zweifel mehr, daß der studierte Lebensmittelchemiker über beträchtliche Intelligenz verfügte, ein erstaunliches Organisationstalent besaß, als Redner durch die ihm eigene Mischung von Offenheit, Jovialität, Großsprecherei und Radikalität zu beeindrucken wußte und einen «Machtinstinkt» besaß, den er geschickt einsetzte. Dabei konnte er an entscheidenden Punkten immer wieder mit Hitler rechnen, der die bedingungslose Ergebenheit seines «treuesten Gefolgsmanns» kannte und zu schätzen wußte.

Ley hing Hitler mit buchstäblich religiöser Bewunderung an und konnte sich in seinen Reden in absurde Wahnvorstellungen hineinsteigern. Was mögen wohl die Beamten der Wohnungs-Abteilung (IV) im RAM gedacht haben, wenn sie Ley-Reden mit derartigen Passagen abzuzeichnen hatten:

> «Es handelt sich hier um eine ganz große Aufgabe (das von Ley in dieser Rede angekündigte große Wohnungs- und Siedlungswerk, d. Verf.), zu ihrer Lösung müssen wir meiner Ansicht nach wie zu allen großen Dingen Religion haben. Man bestreitet, daß wir sie haben und vor allem, daß wir den persönlichen Gott haben. Ich habe ihn, den persönlichen Gott, und wir wollen diese Sache, wie all unser Tun, vor das offene Auge Gottes legen. Und ich glaube, daß wir damit bestehen können, wenn in 4 Jahren unser Volk glücklicher geworden ist, hundert- nein tausendmal glücklicher als heute. Ich möchte fast bitten, daß Gott uns einen Schlag versetzen möge, damit das Glück nicht zu groß wird. Durch Adolf Hitler habe ich meinen Herrgott wieder gefunden. Auf dieser Erde glaube ich allein an Adolf Hitler und ich halte den Nationalsozialismus für den allein seligmachenden Glauben und glaube, daß Adolf Hitler vom Herrgott im Himmel, der uns führt und segnet, uns gesandt worden ist.»[49]

Wegen solcher Ergüsse, die erst im Kontext der durch den Ersten Weltkrieg verursachten psychischen und physischen Traumata Leys verständlicher werden[50], wurde

49 Ley, o.J. (1936/37), BAK R 41/715, Bl. 136.

50 Ley konnte erst 1920 nach Deutschland zurückkehren; 1917 wurde er als Artilleriebeobachter des Fliegerkorps abgeschossen, erlitt schwere Verletzungen, vor allem eine Gehirnverletzung, an der er zeitlebens litt und geriet in französische Gefangenschaft; ähnlich traumatisierend hatte bereits in Leys Kindheit die Erfahrung von Armut und sozialer Deklassierung gewirkt, in die seine Familie –

er natürlich von vielen Zeitgenossen nicht ernstgenommen. Doch gerade sein unbeirrbarer Fanatismus und der feste Glaube, daß alles machbar sei, verlieh ihm eine rastlose Energie, Zielstrebigkeit und Dynamik, die ihn viel aktiver, ja in mancher Hinsicht sozialpolitisch «moderner» erscheinen ließ als die Verwalter der Tradition und des Mangels in den Ministerien.
Der «braune Kollektivismus», diese Vision des radikalen Umbaus der bestehenden Gesellschaft zu einem totalitären Sozialstaat, in dem die in der «Volksgemeinschaft» gleichgeschaltete Masse von einer NS-Elite geführt, erzogen und – in Arbeit und Freizeit – umfassend «betreut» werden sollte, wurde von Ley (damals noch Gauleiter im Rheinland) in seinem Kern schon 1928 gegenüber dem Prinzen zu Schaumburg-Lippe proklamiert: «Lieber Prinz, halten Sie zu mir, – ich werde mein Rheinland zu einem Sozialstaat machen, wie ihn die Welt nicht für möglich hält – ich werde hier durch meine Maßnahmen derart beliebt werden, daß man mich eines Tages zum Herzog des Rheinlandes ausruft und jeder das ganz natürlich findet.» (zit. bei Smelser 1990, 177)
Zum großen Instrument dieser Umgestaltung sollte die DAF werden, die bereits am 6. Mai 1933 an die Stelle der wenige Tage zuvor am 2. Mai 1933 aufgelösten Gewerkschaften trat. Die generelle Zielrichtung brachte Ley schon am 2. Mai in der für ihn typischen Diktion deutlich zum Ausdruck: «Wir treten heute in den zweiten Abschnitt der nationalsozialistischen Revolution ein. Ihr werdet sagen, was wollt ihr denn noch, ihr habt doch die absolute Macht. Gewiß, wir haben die Macht, aber wir haben noch nicht das ganze Volk, dich Arbeiter, haben wir noch nicht hundertprozentig, und gerade dich wollen wir, wir lassen dich nicht, bis du in aufrichtiger Erkenntnis restlos zu uns stehst.» (zit. in: Hofer 1957, 60)
Konkret hatte Ley, der von Hitler beauftragt wurde, eine Nachfolgeorganisation aufzubauen, nach eigenem Eingeständnis zunächst darüber keine klaren Vorstellungen. Im Gegenteil, die Vielzahl der konkurrierenden Konzepte stellte sich Ley noch im Sommer 1933 als «ein absolutes Chaos von Gedanken, als ein völliger Wirrwarr»[51] dar. Weder die braunen Basis-Aktivisten der nationalsozialistischen Betriebszellenorganisation (NSBO), die von einer mächtigen nationalsozialistischen Einheitsgewerkschaft träumten, noch die Vertreter ständestaatlicher Ideen setzten sich durch.[52] «Nach langen schweren Verhandlungen», wie Ley später sagte, in denen vor allem die durch die NSBO-Aktivitäten genährten Bedenken und Ängste der Industrie und der Mini-

ursprünglich wohlhabende Bauern – gestürzt wurde, als sein Vater wegen Versicherungsbetrugs (er hatte seinen eigenen Hof niedergebrannt) zu einer mehrjährigen Haftstrafe verurteilt wurde; (vgl. Smelser 1990, 174f.) die braune Bewegung mit Hitler als dem neuen «Messias» gab dem labilen Ley ab 1924 den Halt, den er in der Weimarer Gesellschaft der 20er Jahre nicht mehr finden konnte und zugleich Raum zur Befriedigung seines unbändigen Ehrgeizes; an seinem fanatischen Glauben an Hitler hielt er bis zuletzt fest; so erklärte er gegenüber den Amerikanern, die ihn 1945 in der Nähe von Berchtesgaden festnahmen: «Das Leben ist für mich bedeutungslos. Sie können mich foltern oder schlagen oder pfählen, aber ich werde nie an Hitlers Tun zweifeln.» (ebd., 184) Noch vor Beginn des Nürnberger Prozesses, in dem Ley als einer der Hauptkriegsverbrecher angeklagt werden sollte, nahm er sich in seiner Zelle das Leben.

51 Rede auf der 5. Jahrestagung der DAF in Nürnberg 1937, zit. bei Mason 1975, 31.

52 Vgl. zur Gründungsphase der DAF Mason 1975, 30ff., Schoenbaum 1980, 117ff., Smelser 1989, 121ff., Siegel/ von Freyberg 1991, 60ff., Frese 1991, 73ff.

sterien vor dem Entstehen einer neuen, radikalen Arbeitervertretung entkräftet werden mußten, unterzeichneten er, Seldte, Wirtschaftsminister Schmitt und Keppler (Hitlers Beauftragter für Wirtschaftsfragen) im November 1933 einen «Aufruf an alle schaffenden Deutschen», mit dem der Charakter der DAF als einer totalitären Massenorganisation festgeschrieben wurde, die sowohl Arbeiter als auch Unternehmer vereinen sollte (zit. bei Mason 1975, 40f.). Ausdrücklich hieß es darin: «Nach dem Willen unseres Führers Adolf Hitler ist die Deutsche Arbeitsfront nicht die Stätte, wo die materiellen Fragen des täglichen Arbeiterlebens entschieden, die natürlichen Unterschiede der Interessen der einzelnen Arbeitsmenschen aufeinander abgestimmt werden.» (ebd.)

Die Unternehmer hatten damit zunächst einmal in wichtigen Punkten ihr Ziel erreicht. Die Stellung des Betriebsführers, dem die nun «Gefolgschaft» genannte Arbeiterschaft nach dem kurz darauf verabschiedeten «Gesetz zur Ordnung der nationalen Arbeit» vom 20.1.1934 (RGBl. I, 45) im Sinne des «Führerprinzips» «Treue und Gehorsam» zu leisten hatte, war nicht angetastet, die DAF aus der unmittelbar betrieblichen Sphäre «vorerst» abgedrängt.[53] Stattdessen wurde in dem Abkommen das «hohe Ziel» der DAF vor allem auf die «Erziehung aller im Arbeitsleben stehenden Deutschen zur nationalsozialistischen Gesinnung» und «die Schulung der Menschen» beschränkt.

Als Zugeständnis wurde gleichzeitig die Gründung der populären Freizeitorganisation der DAF, Kraft durch Freude (KdF), bekanntgegeben.[54] Mit ihr sollten die organisierte Freizeit, der Volkssport, Bildungsveranstaltungen, Ausstellungen, Tanzvergnügen, Wandergruppen, Reisen, Urlaub etc. einen «bisher nicht gekannten Aufschwung» nehmen und damit auch der Arbeiterschaft und kleinen Angestellten ein Zugang zu einer Vielzahl bisher bürgerlichen Schichten vorbehaltener Privilegien eröffnet werden. Freilich waren die Entdeckung der Freizeit und das Versprechen einer neuen «Einheit von Arbeit und Freizeit» nicht Selbstzweck, sondern dienten erklärtermaßen der Regeneration der Arbeitskraft, der Steigerung der Leistungsbereitschaft[55] und darüber hinaus der Integration der Arbeiter in die «Volksgemeinschaft». Nur der Schlaf sei von nun an noch Privatsache, drohte Ley. «Privatleute haben wir nicht mehr. Die Zeit, wo jeder tun und lassen konnte, was er wollte, ist vorbei.» (Ley 1938, zit. bei Schoenbaum 1980, 146)

Steigerung der Lebensfreude als Lohnersatz und Versprechen auf eine schönere Zukunft, das war das Programm von KdF, das Ley in der ihm eigenen Mischung aus Offenheit und Skrupellosigkeit in einer Rede vor der Reichsarbeitskammer im November 1936 deutlich formulierte:

53 Vgl. im einzelnen Frese 1991, 93ff.

54 Laut Marrenbach erfolgte die Gründung von KdF bereits am 27.11.1933 (1940, 7); vgl. zu KdF auch Ley 1939, Buchholz 1976, Reichel 1992, Harlander 1994.

55 Starcke, der Pressereferent der DAF, erklärte unumwunden: «Wir schickten unsere Arbeiter nicht auf eigenen Schiffen auf Urlaub oder bauten ihnen gewaltige Seebäder, weil es uns Spaß machte oder zumindest dem einzelnen, der von diesen Einrichtungen Gebrauch machen kann. Wir taten das nur, um die Arbeitskraft des einzelnen zu erhalten und um ihn gestärkt und neu ausgerichtet an seinen Arbeitsplatz zurückkehren zu lassen.» (zit. bei Schoenbaum 1980, 146)

«Es wurde eben ein Gebiet genannt ‹Kraft durch Freude›, ein Werk, das ganz neu war, viel verlacht und bewitzelt, ja zum Teil auch verdreht. Ich brauche darauf nicht einzugehen. Jedenfalls hat uns das Gelingen dieses Werkes gezeigt, welchen Weg wir überhaupt gehen müssen; selbst wenn wir vor drei Jahren dieses Werk aus Verlegenheit gegründet hätten in Ermangelung etwas Anderem und Besserem, selbst wenn wir es als einen Ersatz angesehen hätten meinetwegen für Lohnerhöhungen, selbst wenn wir es aus einem Angstgefühl heraus getan hätten, ja selbst wenn es geradezu aus verbrecherischen Gründen getan worden wäre, um meinetwegen den Arbeitern etwas vorzugaukeln, so ist uns doch das Schicksal in allen Fällen gnädig gewesen und hat uns über dieses Werk gezeigt, wie wir überhaupt für alle Zeiten unsere sozialen Aufgaben ansehen müssen – Das ist vielleicht das Allergrößte dieses Werkes, vielleicht weit größer als die tatsächlichen Erfolge, weit größer als die tatsächlichen Zahlen ... das Größte ist, daß es uns allen den Weg gezeigt hat, wie wir für alle Zeiten, in kommenden Jahrhunderten und Jahrtausenden, eine richtige und vernünftige Sozialpolitik machen müssen. Es heißt Mobilisierung der Energien in einem Volke, heißt den Gemeinschaftsgedanken pflegen und heißt alles untermauern durch die Freude. Man muß das Volk teilnehmen lassen ... Man darf nicht für das Volk alles tun wie eine Amme für ein Kind, das Volk muß das selber tun. Man darf nur die Wege und die Richtung zeigen, und wenn es einmal einen falschen Weg geht, muß man es wieder auf den richtigen bringen. Erzieher, Pädagoge oder Gärtner zugleich zu sein, das ist wichtig.»[56]

Ley blieb nicht bei den Ende 1933 ausgehandelten Kompromissen stehen. Nach einer ersten Konsolidierung und der Säuberung der eigenen Reihen im Zuge des «Röhm-Putsches» 1934 ergriff er schon Ende 1934 die Gelegenheit und erwirkte von Hitler eine «Verordnung über die Deutsche Arbeitsfront» vom 24.10.1934, die trotz aller Proteste der Unternehmerschaft und der Ministerien bestehen blieb und eine Art Freibrief für den Ausbau der DAF zu einer totalitären Riesenbehörde darstellte, die in der «Gestaltung des sozialen Lebens» innerhalb und außerhalb der Betriebe immer mehr Rechte an sich zog.[57]

Die DAF war hiernach definiert als «die Organisation der schaffenden Deutschen der Stirn und der Faust» (§ 1) und als «Gliederung der NSDAP» (§ 3); zum Ziel der DAF wurde die «Bildung einer wirklichen Volks- und Lebensgemeinschaft aller Deutschen» erklärt (§ 2). Und dabei kam es in allererster Linie auf Leistung an: «Sie (die DAF, d.

56 Wortprot. der 5. Tagung der Reichsarbeitskammer am 24.11.1936 in Berlin, Auszüge, in: Mason 1975, Dok. 1.

57 Vgl. zur Vorgeschichte dieser Verordnung, die Ley Hitler unter falschen Voraussetzungen (der vorgeblichen Zustimmung von Heß) unterschob, Smelser 1989, 177. die VO wurde von keinem Reichsminister gegengezeichnet und auch nicht im Reichsgesetzblatt verkündet; obwohl Heß Ley bat, die VO nicht in der Presse zu erörtern, erschien sie am nächsten Tag doch in allen größeren Zeitungen und auch in der Fachpresse (vgl. z.B. BSW 1934, 335).

Verf.) hat dafür zu sorgen, daß jeder einzelne seinen Platz im wirtschaftlichen Leben der Nation in der geistigen und körperlichen Verfassung einnehmen kann, die ihn zur höchsten Leistung befähigt und damit den größten Nutzen für die Volksgemeinschaft gewährleistet.» (§ 2)

Auf dieser Grundlage beanspruchte die DAF nun in den Betrieben selbst die alleinige Rolle eines überparteilichen «ehrlichen Maklers», der zwischen den Interessen der Arbeiter und Unternehmer im Sinne der übergeordneten Zielsetzungen des Systems vermitteln und den Arbeitsfrieden sichern sollte.

Damit war eine endlose Kette von Konflikten vorgezeichnet.[58] Da die DAF fortlaufend neue Kompetenzen an sich zog, änderte sich auch ihre Struktur ständig. Aus neun Hauptämtern 1934 waren 1939 bereits 60 geworden. Zwar blieben die wichtigsten Ämter an der Spitze mit effektiv arbeitenden Leuten wie Otto Marrenbach, Claus Selzner, Rudolf Schmeer und Heinrich Simon ziemlich konstant besetzt, aber die ständigen Veränderungen der übrigen Macht- und Einflußbereiche brachten auch innerhalb der DAF zahlreiche Kämpfe und Rivalitäten hervor. So bezeichnete der Volksmund das Zahnrad, das Symbol der DAF, auch als «die Säge, mit der einer den anderen innerhalb der DAF absäge». (zit. bei Smelser 1989, 153

Die Mitgliederzahlen wuchsen schier unaufhörlich von 4,7 Mio. Mitgliedern im Mai 1933 über 14 Mio. 1934 auf 22,4 Mio. 1939 und schließlich – bedingt durch die Eroberung und Annektierung neuer Gebiete – bis auf 25,1 Mio. Mitglieder 1942. Die aus den gewaltigen Mitgliederzahlen resultierenden Mitgliederbeiträge stiegen bis 1942 auf 677 Mio. RM, übertrafen die Einnahmen der NS-Partei um ein Vielfaches und machten die DAF zu einer außerordentlich finanzkräftigen Organisation (vgl. Smelser 1989, 156 u. 267). Verwaltet wurden die DAF-Aktivitäten von einem bürokratischen Apparat mit über 44000 hauptamtlichen und Hunderttausenden von ehrenamtlichen Funktionären.

Noch im Dezember 1933 hatte der Reichswirtschaftsminister im Kabinett nach der Darstellung der zuvor ausgehandelten Beschränkungen der DAF auf Erziehungs- und Schulungsaufgaben vorgetragen: «Ebensowenig solle die Arbeitsfront wirtschaftliche Betriebe besitzen; andernfalls wäre mit einer derartigen Ausdehnung ihres Wirtschaftsapparates zu rechnen, daß die übrige Wirtschaft erdrückt werden würde.» (zit. bei Mason 1975, 41)

Diese Aussagen wurden vor dem Hintergrund der Finanzkraft der DAF bald Makulatur. Trotz des Widerstands der Industrie und der Ministerien baute die DAF Zug um Zug ein Wirtschaftsimperium auf, zu dem Firmen im Hoch- und Tiefbau (u.a. die «Deutsche BauAG» seit 1936), Wohnungsgesellschaften, Versicherungsgesellschaften,

58 Einen letzten Versuch, die DAF aus der Wirtschaft «herauszuhalten», stellte die auf Anregung Schachts zustande gekommene «Leipziger Vereinbarung» zwischen Schacht, Seldte und Ley vom März 1935 dar; danach sollten die gewerbliche Wirtschaft und die DAF in paritätisch besetzten Gremien auf Reichs-, Bezirks- und lokaler Ebene (Arbeitsausschüsse) auf wirtschafts- und sozialpolitischem Gebiet in einer Art «sozialer Selbstverwaltung» zusammenarbeiten; doch die DAF beschränkte sich keineswegs, wie von Schacht intendiert, allein auf die Erörterung «sozialer Fragen», sondern sah die Vereinbarung lediglich als Vorstufe zu weitergehenden Eingriffen in die Betriebe, so daß weitere Konflikte unvermeidlich waren (vgl. Siegel/ von Freyberg 1991, 65f., Frese 1991, 262ff., Smelser 1989, 224f.).

Verlage, Konsumgenossenschaften, Banken, eine Automobilfabrik und nicht zuletzt weite Bereiche der Unterhaltungsindustrie und der Touristik gehörten.[59] Die Unternehmen hatte die DAF zum Teil aus der Masse der ehemaligen Gewerkschaften übernommen. Für Ley wurden sie zu wichtigen Instrumenten auf dem Weg zur Verwirklichung seiner Sozialutopien und des von ihm entwickelten Systems umfassender sozialer Sicherheit.[60] Hierzu zählten für ihn nicht allein der Bereich der Alters- und Gesundheitsvorsorge und des Wohnungsbaus, sondern auch die Versorgung breiter Bevölkerungsschichten mit Konsumgütern, die bisher «besseren Kreisen» vorbehalten geblieben waren, wie «Volksempfänger», «Volkskühlschrank» und «Volkswagen».
All die vermeintlichen und realen sozialen Verbesserungen, mit denen Ley das Volk zu beglücken gedachte, richteten sich – dies wird nur allzu leicht vergessen – im Sinne der nationalsozialistischen Rassenideologie nur an die «deutschen Volksgenossen». Ley war ein fanatischer Antisemit, der in seinen Reden gegen Juden und die politischen Gegner auf primitivste Weise agitierte und ohne zu zögern auch zu gewalttätigen Mitteln griff. Und auch als Ley nach Kriegsbeginn seine Pläne eines gewaltigen «Deutschen Sozialwerks» für die Zeit nach dem «Endsieg» entwarf, wußte er genau, wie dies für den Bereich des Wohnungsbaus noch im einzelnen zu zeigen sein wird, daß der künftig für Deutschland erhoffte Wohlstand zu einem Gutteil auf der Ausbeutung der unterworfenen und in kolonialer Abhängigkeit gehaltenen übrigen europäischen Völker beruhen sollte. Wegen dieser in Leys Sozialprogramm inhärenten Logik inhumaner Ausgrenzung und wegen seiner totalitären Kontroll- und Disziplinierungsfunktionen macht es auch trotz erstaunlicher Parallelen mit dem britischen Nachkriegssozialprogramm letztlich wenig Sinn, Ley als «deutschen Beveridge» zu bezeichnen.[61] Ley verkörperte, wie dies Smelser sehr treffend formuliert hat, «in noch höherem Maße als andere NS-Führer die nationalsozialistische Revolution ... ihren apokalyptischen, quasi-religiösen Geist, ihren sozialen Idealismus, ihren rassistischen und imperialistischen Kern, ihren verbrecherischen Charakter. Sein ruheloser Ehrgeiz verkörperte die Dynamik dieser Revolution, seine Käuflichkeit ihre korrupte Natur, sein Versagen ihre administrative Unzulänglichkeit.» (Smelser 1990, 185)

9. Reisen mit KdF

Leys Vision einer «totalen» Erfassung, Betreuung und Erziehung der Volksgenossen erstreckte sich auf alle Bereiche und umfaßte den Betrieb ebenso wie das Wohnen und die Freizeit. Ob in dem Versuch der Modernisierung der Arbeitswelt nach den Erkenntnissen der «Psychotechnik» und der Rationalisierungsforschung oder in der Konzeptionierung eines rationalisierten Massenwohnungsbaus oder in den durch KdF initiierten Anfängen des modernen Massentourismus, in allen genannten Bereichen

59 Vgl. DAF (Hg.), Die wirtschaftlichen Unternehmungen der Deutschen Arbeitsfront, o.J., BAK NSD 50/24 und als Überblick Smelser 1989, 163ff.

60 Vgl. zu diesen ab 1940 zum «Sozialwerk des Deutschen Volkes» ausgebauten DAF-Plänen Recker 1985, 82ff., Smelser 1989, 217ff., u. 1991.

61 Vgl. zu dieser Frage die Position von Recker 1985, 151f.

entwickelten sich – fast synchron und in bemerkenswerter struktureller Parallelität – ähnliche Ziele und Konflikte. Mit Reagrarisierung und Bauernromantik hatte dies nichts mehr zu tun. Hier ging es im Kern um die Modernisierung von Lebens- und Arbeitsbedingungen in einem Industrialisierungsprozeß, den man nicht mehr rückgängig zu machen, sondern auf spezifische Weise den eigenen Zielen anzupassen, ja sogar zu forcieren suchte. Je dynamischer sich die DAF gab, desto schärfer wurden aber auch – nicht zuletzt wegen der damit verbundenen Machtansprüche – die Konflikte mit den Parteirivalen, der Staatsadministration und den etablierten Kräften in der Wirtschaft. Aber es ergaben sich auch ganz neue Allianzen und Interessenkonvergenzen.

So war etwa der Freizeitbereich von vornherein ein relativ wenig konfliktträchtiges Feld und tatsächlich entwickelten sich die wegen ihres hohen Symbolwerts hier exemplarisch betrachteten KdF-Reisen zum populärsten Bestandteil der DAF-Aktivitäten überhaupt.[62] Verläßliche Zahlen liegen nicht vor, nach DAF-eigenen Angaben nahmen 1934 2,2 Mio., 1935 5,9 Mio., 1936 7,6 Mio., 1937 8,3 Mio., 1938 8,4 Mio. und 1939 noch 6 Mio. Urlauber an den KdF-Reisen teil.[63] Diese Zahlen umfassen allerdings auch alle von KdF organisierten Kurzreisen. Daneben fand noch eine große Zahl organisierter Wanderungen statt. Nur ein kleinerer Teil ging wirklich auf längere Urlaubsfahrten und nur der allerkleinste Teil (zwischen 1935 und 1938 jeweils etwa 120000–130000 Urlauber) kam in den Genuß der von der Propaganda so groß herausgestellten Seereisen.

Für diese «schönste Verwirklichung des deutschen Sozialismus der Tat» (ebd., 52) wurden zunächst ältere Schiffe gechartert, dann ging man zum Bau einer eigenen großspurig so genannten «KdF-Flotte» über. Im Mai 1936 erfolgte die Kiellegung der «Wilhelm Gustloff» (Stapellauf: Mai 1937) und der «Robert Ley», die erst knapp vor Kriegsbeginn im Frühjahr 1939 in Dienst gestellt wurde.

Als Hitler am 31.3.1939 an einer Fahrt mit dem neuen KdF-Schiff teilnahm, war er so beeindruckt, daß er die Fahrt um einen Tag verlängern ließ: «Die Reise mit dem KdF-Schiff ‹Robert Ley› gehört zu den schönsten Erinnerungen meines Lebens. Bei keiner Veranstaltung und aus keinem Anlaß sind die Auswirkungen der nationalsozialistischen Erziehungs- und Aufbauarbeit schöner zu erkennen als auf diesen Fahrten der wunderbaren Schiffe der KdF-Flotte. Sie sind nicht nur ein sichtbares Zeugnis des alle deutschen Gaue umspannenden Großdeutschen Reiches, sondern vor allem eine lebendige Demonstration unserer Volksgemeinschaft.» (zit. in: Marrenbach 1940, 358)

Ähnlich wie schon die Architekten des Neuen Bauens waren sich auch die Nationalsozialisten des einprägsamen Symbolwerts der Schiffsarchitektur und der «Wohn- und Lebensform Passagierdampfer» (vgl. Kähler 1981, 54) bewußt und verzichteten nicht

62 Vgl. als NS-Darstellung Kahl 1940; vgl. weiter Buchholz 1976, Mason 1977, 185ff., Sachse u.a. 1982 und neuerdings die kurzen Überblicke bei Smelser 1989, 210f. u. Reichel 1992, 244ff.

63 Zahlen nach Marrenbach 1940, 355; vgl. auch Buchholz 1976, 286f. u. Kahl 1940 mit zum Teil abweichenden Zahlen; unbestritten ist, daß KdF innerhalb kürzester Zeit zum mächtigsten Touristikunternehmen Deutschlands aufstieg; die Preise waren konkurrenzlos, etwa 25 % des Umsatzes mußten aus dem DAF-Beitragsaufkommen zugeschossen werden (Reichel 1992, 245).

Reisen mit KdF
Quelle: NS-Gemeinschaft «Kraft durch Freude» (Gau Hamburg) 1938, 28
KdF-Urlauberschiff in norwegischem Fjord
Quelle: NS-Gemeinschaft «Kraft durch Freude» (Gau Hamburg) 1938, 68

auf ihre Inanspruchnahme. Und wirklich symbolisierten die weißen Flaggschiffe der KdF-Flotte im Erleben der Urlauber einen «Aufbruch zu neuen Ufern», eine Befreiung von Zwängen und Hierarchien des Alltags und bis hinein in die Formensprache der «bewegten Maschine» Dampfer eine «Modernität», die mit dem Alltag versöhnte und die Versprechungen der Nationalsozialisten wahr zu machen schien. An Bord der für 1 500 bis 1 700 Urlauber ausgelegten Schiffe standen Gesellschaftsräume, Speisesäle, Sonnendecks, Leseräume und Läden zur Verfügung. Besonders herausgestrichen wurde das Wegfallen der alten Staffelung der Deckklassen nach der Zahlungsfähigkeit der Urlauber. Bei den neuen KdF-Schiffen nach dem Typ des «Ohneklassenschiffes» (Marrenbach 1940, 359) gab es einheitlich nur Außenbordkabinen.

Eine nähere Betrachtung der Teilnehmer zeigt freilich, daß diese «Arbeiter-Kreuzfahrten» in Wahrheit eher «Seereisen für den Mittelstand» (und in erster Linie für KdF- und DAF-Funktionäre) waren. Von den etwa 750 000 KdF-Urlaubern, die zwischen 1934 und 1939 eine Seereise erlebten, dürften nur etwa 130 000 Personen auch Arbeiter gewesen sein (vgl. Buchholz 1976, 368).

Obwohl die Realität dieser Reisen insgesamt weit hinter den großsprecherischen Versprechungen Leys zurückblieb, bleibt die Symbolwirkung, Zugkraft und «Modernität» dieser neuen Form von Tourismus dennoch unbezweifelbar. Auch wenn der moderne Massentourismus damit noch nicht Wirklichkeit wurde, als «Anspruch, als konkretes Zukunftsprojekt hatte er sich im Massenbewußtsein durchgesetzt» (Reichel 1992, 251).

Symbolwert für den unauflösbaren Zusammenhang auch solcher Maßnahmen mit Destruktivität, Krieg und Vernichtung hatte freilich auch der tragische Untergang der «Wilhelm Gustloff», die Ende Januar 1945 mit über 5000 Flüchtlingen vor den vorrückenden Russen in der Ostsee versenkt wurde.

Das Pendant zu den eher auf Alleinreisende oder kinderlose Ehepaare zugeschnittenen Seereisen war die mit viel Propagandarummel[64] lancierte Planung für das KdF-Seebad Prora nördlich von Binz auf Rügen, das nun auch für kinderreiche Familien den Aufenthalt an der See ermöglichen sollte.[65] Dem Seebad Rügen sollte die Anlage von drei weiteren ähnlich großen Bädern folgen. Ley erklärte 1936, kurz nach Beginn der Planungen: «Die Idee des Seebades ist vom Führer selbst. Da der deutsche Arbeiter sich in den vorhandenen Bädern nicht vollständig wohlfühlt, soll hier ein neues Riesenseebad mit 20 000 Betten errichtet werden. Diese Anlage muß das Schönste werden, was man sich denken könne, und der schöpferischen Phantasie des Baukünstlers würden bei dieser Aufgabe keine Grenzen gesetzt.» (zit. in: Rostock/ Zadnicek 1992, 37)

Das ehemalige Werkbund-Mitglied und Erbauer der Ordensburgen Crössinsee (Pommern) und Vogelsang (Eifel), Clemens Klotz[66], gewann den Anfang 1936 ausgeschrie-

64 So z.B. auf der Modellschau der DAF in Berlin 1938, vgl. BSW 1938, 68ff.

65 Vgl. zur wechselvollen Planung, Baugeschichte und Nachkriegsnutzung des bis zu Beginn der 90er Jahre kaum oder allenfalls aus einigen Modellfotos bekannten KdF-Bades neuerdings die Studien von Rostock/ Zadnicek 1992 u. Lichtnau 1992; inzwischen ist eine heftige, auch von den Medien aufgegriffene Diskussion um den Denkmalwert und die weitere Nutzung der Anlage entbrannt, vgl. hierzu Werkgruppe Prora 1994.

benen Wettbewerb, zu dem auch Bestelmeyer, Fahrenkamp, Giesler, Gonser, Gutschow, Holzbauer, Jäger, zu Putlitz, Schulte-Frohlinde und Tessenow, also die Creme der NS-Architektenschaft, eingeladen worden waren. Ausgehend von dem zentralen 600 m breiten Festplatz mit einer Festhalle für alle 20000 Urlauber breitete sich die riesige Anlage mit den sechsgeschossigen Unterkunftshäusern, die alle 500 m durch die vorgebauten dreigeschossigen Gemeinschaftshäuser mit Speisesälen und überdachten Terrassen unterbrochen wurde, in beide Richtungen jeweils etwa zwei Kilometer aus, umfaßte also insgesamt ca. 4,5 km.
Der in der betont funktionalen Gliederung der Baumassen sachliche Entwurf von Klotz bediente sich auch in seiner Architektur- und Formensprache einer Vielzahl moderner Elemente wie der bugartig ins Meer vorgeschobenen Baukörper der Gemeinschaftshäuser oder «der gleichmäßigen, nur durch die Fensterreihung und die offenen Liegehallen bestimmten Fassadengliederung der Wohnhäuser».[67] Der angeblich «vom Führer selbst» ausgewählte Entwurf von Klotz sollte dann aber mit der monumentalklassizistischen Festhalle von zu Putlitz kombiniert werden. Auch die «Baugilde» sah in einer Besprechung des Wettbewerbsergebnisses zwischen den «leichtbeschwingten und schöngeführten Linien» des Klotzschen und der «feierlich-monumentalen Schwere und Wucht» des Putlitzschen Entwurfes einen denkbar großen Gegensatz und orakelte, daß es «verständnisvoller Zusammenarbeit der Architekten bedürfen (werde), um die städtebauliche und architektonische Einheit der Bauanlage zu sichern».[68] Mit dem KdF-Bad Rügen wurde sicherlich eine der größten Bauaufgaben der NS-Zeit geplant und auch noch bis Kriegsbeginn praktisch vorangetrieben.
Die Propaganda sah mit der Schaffung einer derartigen Anlage eine neue Stufe in der Nutzung der Möglichkeiten der Technik erreicht, die damit «zum ersten Male in vollstem Umfange in den Dienst der Lebensfreude und Erholung der Schaffenden gestellt» werde (Kahl 1940, 63). Nicht allein die Dimensionen der Anlage, sondern auch der geplante Komfort beeindruckte die Zeitgenossen sehr und wurde dementsprechend propagandistisch ausgeschlachtet. Die Zimmer (mit Zentralheizung) waren mit ca. 12,5 qm zwar klein, aber durchweg ostwärts mit Aussicht auf das Meer angeordnet. Inneneinrichtung, Geschirr, Strandutensilien etc. wurden durch die DAF entworfen. Cafés, Lese- und Spielsäle, Billardräume, Kegelbahnen und Kinos sollten für Zerstreuung sorgen. Eine 600 m lange Schiffsbrücke ins Meer war für das Anlegen der KdF-Schiffe vorgesehen. Hinter der Baufront sollten moderne Seewasser-Hallenbäder mit Wellenanlage entstehen, um die Ausnutzung der Anlage vom Frühjahr bis in den späten Herbst zu ermöglichen.
Ist diese Planung nun als «typische» nationalsozialistische Architektur zu werten oder wurden hier eher schon Erscheinungsformen des modernen Massentourismus vorweggenommen? Rostock und Zadnicek ziehen in ihrer Studie ein interessantes Fazit:

66 Vgl. zu Klotz Rostock/ Zadnicek 1992, 46ff. und die dort angegebene Literatur; Klotz kam aus Köln und war gut mit Ley bekannt.
67 Petra Leser, Der Kölner Architekt Clemens Klotz, (Diss. Köln), zit. in Rostock/ Zadnicek 1992, 66.
68 Baugilde 1936, 819, zit. in: Rostock/ Zadnicek 1992, 55.

Modell des KdF-Bades Rügen mit großer Festhalle, Wohnfront und den vorspringenden Speisehäusern, Entwurf: Clemens Klotz, Modellfoto mit dem Festhallenentwurf von Erich zu Putlitz
Quelle: Kahl 1940, 59
KdF-Bad Rügen, Strand mit Wohngebäuden, Entwurfszeichnung DAF
Quelle: Moderne Bauformen 1938, 204

«Das KdF-Bad ist weder ‹Kasernen-Architektur› noch ‹Nazi-Architektur›, noch handelt es sich um ‹Betonklötze› – vielmehr um eine Architektur, die zum überwiegenden Teil aus der klassischen Moderne kommt, und um eine Planung, die strikt an der Funktion orientiert ist, kaum um Repräsentation, Monumentalität, um das ‹Wort aus Stein› bemüht. Von Megalomanie kann man das Bauwerk nicht freisprechen, es sollte eben ‹das größte Seebad der Welt› werden – Megalomanie der Moderne.» (1992, 66) Als gigantische «Urlaubsmaschine» konnte die Anlage nicht mehr in Betrieb genommen werden. Im Krieg diente sie der Unterbringung von Flüchtlingen, nach dem Krieg der Roten Armee bzw. später der Nationalen Volksarmee (NVA) der DDR als Kaserne.

10. «Schönheit der Arbeit»

Auch wenn die «Betriebsführer» nach dem für die Regelung der Arbeitsbeziehungen im Nationalsozialismus konstitutiven Konzept der «Betriebsgemeinschaft» ihre Rechte im wesentlichen behalten hatten und der wirtschaftsnahe Kurs der Jahre 1933 und 1934 die DAF auf «soziale» Fragen, «Schulung» und «Erziehung» abgedrängt hatte, hielt die DAF doch grundsätzlich an ihrem «Totalitätsanspruch» fest und versuchte unablässig, die Möglichkeiten ihrer innerbetrieblichen Einflußnahme auszudehnen. Die DAF-Aktivitäten im Bereich der betrieblichen Sozialpolitik, der Berufsausbildung, der Unfallverhütung und der Verbesserung der betrieblichen Arbeitsbedingungen verfolgten dabei freilich ein zumeist wenig kompatibles Zielbündel:

- das – mit den Unternehmerinteressen konvergierende – Ziel der Leistungssteigerung,
- das – tendenziell mit dem Unternehmensinteresse konfligierende – Ziel einer Vertretung der sozialen Belange der Belegschaften und
- das Interesse an einer Erweiterung des eigenen Einflusses und Machtbereichs.[69]

Waren die KdF-Reisen das «Zuckerbrot», mit denen den Arbeitern das Erlebnis sozialer Gemeinschaft und sozialen Aufstiegs vermittelt werden sollte, so blieb der Betrieb eine Sphäre, in der «befohlen und gehorcht werden» mußte. «Das muß so sein», erklärte Ley im «Arbeitertum» 1935, «das muß auch der Soldat, das muß überhaupt jeder, wenn etwas geleistet werden soll. Rangunterschiede müssen sein. Das sieht auch jeder vernünftige Mensch ein.»[70] Gerade weil die Substanz der Beziehung von Arbeit und Kapital nicht angetastet werden sollte, die alten Hierarchien bestehen blieben, gewann das Feld der Verbesserung der Arbeitsbedingungen eine so große Bedeutung. Dies umso mehr, als wegen der von Hitler 1933 geforderten «Ruhe an der Lohnfront» und der eingefrorenen Krisenlöhne für die geforderten Leistungssteigerungen kompensatorische Maßnahmen dringend geboten schienen. Zugleich entstand ein Ventil

69 Vgl. zum folgenden Marrenbach 1940, 320ff., Lotz 1940, Friemert 1980, Smelser 1989, 211ff., Siegel/ von Freyberg 1991, 68ff., Frese 1991, 333ff., Reichel 1992, 235ff.

70 «Arbeitertum» vom 15.3.1935, zit. in Siegel/ von Freyberg 1991, 69.

für radikale NSBO-Aktivisten, denen hiermit ein konstruktives Betätigungsfeld gegeben war.

So warf man sich auf das Gebiet, in dem das NS-Regime ohnehin am produktivsten war: die Herstellung des «schönen Scheins» (Reichel 1992), die neue, «schönere» Interpretierung und Inszenierung der Arbeitswelt, nicht ihre wirkliche Veränderung. Hierzu entstand gleichzeitig mit der Gründung von KdF Ende 1933 ein eigenes Amt mit dem gezielt paradoxen und von den meisten Zeitgenossen zunächst belächelten Namen «Schönheit der Arbeit» (SdA), als dessen Leiter Ley Albert Speer berief. Nicht zuletzt aufgrund der vielfältigen personellen und Ämterverflechtungen wurden durch diesen Bereich auch die programmatischen Vorstellungen für das Wohnen nachhaltiger geprägt als durch die anderen KdF-Aktivitäten.

«Schönheit der Arbeit» stand für das Ziel, dem Arbeiter in einer Gesellschaft «jenseits des Klassenkampfs» «seine Würde» zurückzugeben. Nun galt laut den Aussagen der NS-Propaganda-Schriften «der Wille ... die Arbeit allen Beigeschmacks eines Fluches zu entkleiden und ihr den Wert eines Ehrendienstes zu verleihen. Jede zweckvolle Arbeit ist Dienstleistung an der Gemeinschaft des Volkes und daher ehrenvoll.» (Lotz 1940, 10)

Jenseits solcher Befriedungsrhetorik ging es in der Praxis aber um handfestere Dinge. Der Zusammenhang von Arbeitsbedingungen, Unfallhäufigkeiten und Arbeitsleistung war seit den Rationalisierungsuntersuchungen der 20er Jahre bekannt und fand mit steigenden Leistungsanforderungen auch bei den Unternehmen mehr und mehr Resonanz (vgl. Frese 1991, 351).

Tatsächlich wurde ab 1934 eine große Zahl von Aktivitäten ins Leben gerufen, die sich zunächst einmal auf die Verbesserung der materiellen Betriebsbedingungen und der Betriebsumwelt konzentrierten. Speer schilderte diese Phase in seinen «Erinnerungen» recht nüchtern, nicht ohne seine lauteren Motive ins rechte Licht zu rücken und sich geschickt von Hitler abzusetzen:

> «Ley hatte kurz vorher, auf einer Reise durch die holländische Provinz Limburg, einige Zechenanlagen gesehen, die sich durch peinliche Sauberkeit und gärtnerisch gepflegte Umgebung auszeichneten. Daraus entwickelte er, wie es seinem verallgemeinerndem Temperament entsprach, eine Nutzanwendung für die gesamte Industrie. Mir persönlich brachte diese Idee eine ehrenamtliche Nebenbeschäftigung, die mir viel Freude bereitete: Wir beeinflußten zunächst die Fabrikbesitzer, ihre Betriebsräume neu herzurichten und Blumen in den Werkstätten aufzustellen. Unser Ehrgeiz blieb dabei nicht stehen: Fensterflächen sollten vergrößert, Kantinen eingerichtet werden; aus mancher Abfallecke entstand ein Sitzplatz für die Arbeitspause, statt des Asphalts wurden Rasenflächen angelegt. Wir ließen einfaches, gut geformtes Eßgeschirr standardisieren, entwarfen schlichte Möbel, die normiert in großen Stückzahlen aufgelegt wurden und sorgten dafür, daß die Unternehmen in Fragen der künstlichen Beleuchtung und Belüftung des Arbeitsplatzes durch Spezialisten und aufklärende Filme beraten wurden. Als Mitarbeiter bei diesen Projekten gewann ich ehema-

lige Funktionäre der Gewerkschaften sowie einige Angehörige des aufgelösten ‹Werkbundes›. Sie alle gingen, unterschiedslos, mit Hingabe an die Aufgabe, jeder entschlossen, zu einem kleinen Teil die Lebensbedingungen zu verbessern und die Parole der klassenlosen Volksgemeinschaft zu verwirklichen. Zu meinen überraschenden Erfahrungen gehörte allerdings, daß Hitler für diese Idee nun kaum noch Interesse aufbrachte.» (Speer 1969, 70)

Natürlich handelte es sich bei dem Einsatz von SdA für eine verbesserte «Betriebshygiene», für saubere, gut belichtete und belüftete Arbeitsplätze und ergonomisch angemessene Arbeitsbedingungen nicht um eine «Idee» Leys, sondern zu einem Großteil um Überlegungen und Maßnahmen aus der Weimarer Republik, zum Teil auch um alte gewerkschaftliche Forderungen, die nun wieder aufgegriffen wurden und zumeist auch durchaus im Interesse der Unternehmer lagen. Dennoch führten die Betriebsbesichtigungen der SdA-Leute in der Praxis anfänglich zu heftigen Kollisionen. Verstöße und Mißstände wurden angeprangert, widerspenstige Unternehmer zum Teil unter Nennung ihres Namens in den SdA-Publikationen bloßgestellt, Drohungen aufgestellt.[71] Ende 1934 wurde Ley dann durch die geballten Proteste der Unternehmerschaft und der Ministerien gezwungen, zu etwas moderateren Praktiken überzugehen.[72]
Die ersten Aktionen waren «Aufräumungs- und Sauberkeitsmaßnahmen» bzw. als erste Vorbedingung für «Schönheit der Arbeit» die «Entfernung von allem Häßlichen und vor allen Dingen von Schmutz und Dreck» (Lotz 1940, 19). Ab 1935 folgten dann hintereinander zahlreiche Kampagnen wie «Saubere Menschen im sauberen Betrieb», «Sonne und Grün allen Schaffenden», «Kampf dem Lärm», «Gutes Licht – Gute Arbeit», «Gesunde Luft im Arbeitsraum» und «Warmes Essen im Betrieb».
Erhebungen wurden durchgeführt, Beratungsstellen eingerichtet, Ausstellungen und Aufklärungsfilme gezeigt. Fachleute und DAF-Funktionäre erschienen in den Betrieben und propagierten die jeweilige Losung. Diese waren insbesondere nach Verkündung des Vierjahresplans genau auf die sich daraus ergebenden Prioritätensetzungen abgestimmt. So verfolgte beispielsweise die Aktion «Warmes Essen» das Ziel, angesichts der Fettknappheit den Fettverbrauch drastisch herabzusetzen (Smelser 1989, 213).
Die Wirkung dieser Kampagnen ist schwer abzuschätzen. Viele der Verbesserungen, die sich die DAF zurechnete, wären im Konjunkturaufschwung auch ohne sie erfolgt oder waren – in der Großindustrie – ohnehin schon Selbstverständlichkeiten. Immerhin wurden nach den Angaben des DAF-Geschäftsführers Marrenbach (1940, 325) zwischen 1934 und 1938 bei ca. 67000 besichtigten Betrieben ca. 80000 Verbesserungen festgestellt, für die die Betriebe insgesamt über 500 Mio. RM aufgewendet haben sollten. Doch so erfolgreich, wie dies derartige – nicht überprüfbare und in ihren Zahlenangaben stark schwankende – Bilanzen und die Propagandaschriften der DAF

71 Vgl. hierzu die bei Frese (1991, 339) angeführten Beispiele.
72 Nach der «Leipziger Vereinbarung» vom März 1935 durften Betriebsbesichtigungen nur noch im Einvernehmen mit dem Betriebsführer erfolgen.

suggerierten, waren die Kampagnen von SdA sicher nicht. In der Praxis trafen die SdA-Aktivitäten nicht nur bei den kapitalschwächeren kleinen und mittleren Unternehmen, sondern auch bei der Großindustrie, die der DAF möglichst wenig Eingriffsrechte in die innerbetrieblichen Belange zugestehen wollte, auf vielfältige Schwierigkeiten und Widerstände. Die entscheidende Neuverteilung der Kompetenzen in der Regelung der industriellen Arbeitsbeziehungen, auf die die DAF immer drängte und die diese Widerstände im Sinne der DAF hätte beseitigen können, war gegen den Widerstand der Unternehmerschaft und der Staats- und Parteiführung, denen allen «an einer mächtigen nationalsozialistischen Organisation für Arbeitnehmer innerhalb des NS-Regimes nicht gelegen» war (Frese 1991, 453), nicht durchsetzbar.

Dennoch leistete das Programm «Schönheit der Arbeit» insgesamt vor allem in der zweiten Hälfte der 30er Jahre einen immer bedeutungsvolleren Beitrag zur Modernisierung der innerbetrieblichen Arbeitsbedingungen. Dabei traten allerdings nach dem Erreichen der Vollbeschäftigung und mit wachsendem Rationalisierungsdruck ab 1936/37 die anfänglich dominierenden, mehr gewerkschaftlichen und kompensatorisch-fürsorgenden Elemente in der DAF-Politik immer mehr zurück und machten mit Vehikeln wie dem 1936 eingeführten «Leistungskampf der deutschen Betriebe» einer immer offeneren Propagierung des Leistungsprinzips Platz.[73]

Die programmatische Dominanz des Aspekts der Leistungssteigerung wurde vor dem Hintergrund der Aufrüstung und Kriegsvorbereitung so stark, daß Wilhelm Lotz, bis 1934 Herausgeber der Werkbund-Zeitschrift «Die Form» und dann Herausgeber der Zeitschrift «Schönheit der Arbeit», 1940 im Rückblick auf die Gründungsphase von SdA fast beschwörend schrieb: «Es darf nun keinesfalls angenommen werden, daß die Einrichtung ‹Schönheit der Arbeit› nur zu dem Zweck ins Leben gerufen und durchgeführt wurde, um eine Steigerung der Leistung zu ermöglichen. Denn ‹Schönheit der Arbeit› wurde viel früher gefordert, als sich die große Steigerung der Leistung der deutschen Wirtschaft als notwendig erwies ... ‹Schönheit der Arbeit› ist nie Selbstzweck und nie als Berechnung zur Erzielung höherer Wirtschaftlichkeit ins Leben gerufen, sondern einzig und allein, um dem deutschen Arbeiter zu helfen.» (1940, 29) Etwas «ganz Großes» sei seitdem auf dem Weg der Verwirklichung, so Lotz weiter, nämlich «die Bildung eines neuen Lebensstils des deutschen Arbeiters» und dessen Verwandlung aus dem «internationalen Einheitstyp», dem «Menschen mit dem irren, freudlosen Blick, mit dem zerfetzten Anzug, der mit seinen verhungerten Kindern und seiner ewig klagenden Frau in einer erbärmlichen Hütte haust», in einen neuen Menschentyp (ebd., 62). «Heute hört der Arbeiter im Betrieb im großen Gemeinschaftssaal wertvollste Musik, Kunstausstellungen kommen zu ihm in die Fabrik, er ißt aus gutem Geschirr in künstlerisch und geschmackvoll ausgestatteten Räumen. Er treibt auf dem Betriebssportplatz Sport, er liest die Bücher der Werkbücherei, er hört Vorträge sowohl über fachliche wie allgemeine Gebiete. So setzt im Betrieb eine Erziehungs- und Bildungsarbeit ein, die auf seinen Geist, auf seine künstlerische Empfänglichkeit und seinen Geschmack einwirkt.» (ebd.)

73 Siegel/ von Freyberg sprechen in diesem Zusammenhang in ihrer Analyse der AWI-Schriften und der DAF-Politik von einer «Wende», die sie zwischen 1936 und 1938 ansetzen (1991, 87 u. 100).

NS-Sozialutopien aus dem Munde eines ehemals führenden Werkbund-Mitglieds, die unter Kriegsbedingungen 1940 nicht nur im Hinblick auf die Bedingungen des Fremdarbeiter-Einsatzes (vgl. Herbert 1985), sondern auch bezogen auf die immer rigorosere Anspannung aller Kräfte, die immer weitgehenderen Disziplinierungs- und Kontrollmechanismen und den Terror der Sicherheitsdienste blanker Zynismus waren!

11. Rationalisierung

Leistungssteigerung unter den Bedingungen einsetzender Vollbeschäftigung Mitte der 30er Jahre setzte zunächst voraus, daß der Begriff der Rationalisierung wieder verfügbar gemacht wurde, den man jahrelang als Schlagwort der 20er Jahre und «kapitalistische Angelegenheit» abgelehnt hatte.
Schon 1933 sah sich die DAF veranlaßt, gegen die um sich greifende «Maschinenstürmerei» aufzutreten: «... hütet euch sorgsam, Deutschlands hervorragenden Platz in der Welterzeugung an Maschinen und die in ihnen verkörperten großen kulturellen Werte durch mißverstandene Zahlen und durch dilettantische ‹volkswirtschaftliche› Experimente zu zerstören und zerstören zu lassen!»[74] Unmittelbarer Bezugspunkt waren Fälle wie der eines Landrats, der ankündigte, er werde Kartoffelerntemaschinen plombieren lassen. Oder der eines Bürgermeisters in einer norddeutschen industriellen Mittelstadt, der zunächst die Forderung erhob, jedes Werk habe innerhalb von acht Tagen eine Erhöhung der Belegschaft um 20 % zu melden, und diese Forderung mit dem «Befehl» verknüpfte, «daß sämtliche auch nur eine Arbeitskraft einsparenden Maschinen ‹ohne Rücksicht auf die Amortisation› sofort stillzulegen und neue Maschinen dieser Art nicht mehr anzuschaffen seien» (ebd.).
Die Kritik der DAF an dieser «Maschinenstürmerei» war zu dieser Zeit noch eher defensiv und hilflos:

> «Ohne Zweifel ist der auf breiter Front entbrannte Kampf gegen die Maschine, besonders soweit er heute auch in nationalsozialistischen Kreisen befürwortet wird, durchaus aus dem ehrlichen Wollen entsprungen, an der gigantischen Aufgabe mitzuhelfen, an der Rückführung der Millionenzahl unserer Erwerbslosen in das Wirtschaftsleben. Aber mit dem guten Willen allein werden wir es niemals schaffen können, es kann im Gegenteil unendliche Verwirrung in der geistigen Einstellung der in diesen Dingen laienhaften Volksgenossen angerichtet werden, die dann zu gedankenlosen Nachbetern jener marxistischen Sendlinge werden, die der Maschine ganz allgemein die Feindschaft verkündeten und ein ganzes Volk, besonders aber die deutsche Handarbeiterschaft in dieser Richtung bewußt ‹schulten›, um nach bewährter Weise von der eigenen Unfähigkeit und Hilflosigkeit dem Arbeitslosenproblem gegenüber abzulenken.» (Daescher, ebd.)

74 Daescher, stellvertr. Leiter des Amts für Sozialpolitik in der DAF, in Deutsche Handels-Wacht, o.J. (1933), BA (Potsdam), 62.03/7400 Bl. 65.

Es dauerte Jahre, bis sich das Verhältnis zur Maschine soweit verändert hatte, daß das 1935 gegründete Arbeitswissenschaftliche Institut der DAF (AWI) in einer Denkschrift «Die echte Rationalisierung» von 1936[75] wieder behaupten konnte, «der Weg der Maschine» sei ein «immerwährender Siegeszug der Erfolge zur Erleichterung der Arbeit» (ebd., 83).

Erst im November 1937 trat dann Seebauer, der Leiter des Reichskuratoriums für Wirtschaftlichkeit (RKW), mit einem auch in seinen wesentlichen Teilen im «Völkischen Beobachter» (7.11.1937) abgedruckten Artikel «Rationalisierung – eine kapitalistische Angelegenheit oder eine volkswirtschaftliche Forderung?»[76] an die Öffentlichkeit, in dem die Rationalisierungsfrage für erledigt und Rationalisierung nun gewissermaßen «offiziell» «zu einer wirtschaftspolitischen Notwendigkeit ersten Ranges» erklärt wurde.

Hier wie in den AWI-Schriften war die grundsätzliche Argumentationsfigur folgende: Die Rationalisierungsansätze der 20er Jahre, auch die Orientierung am amerikanischen Vorbild, an der «wissenschaftlichen Betriebsführung» Frederick Taylors und an den Methoden Henry Fords seien grundsätzlich positiv gewesen. Allerdings hätten «amerikanische Unternehmer, deren geistige Haltung gegenüber sozialen und arbeitsethischen Forderungen von der deutschen Einstellung völlig verschieden ist, ... in manchen Fällen Einzelheiten des Taylor-Systems zu rücksichtsloser Ausbeutung der Arbeiter» benutzt und die Arbeiter ebenso «als Ware» betrachtet wie Maschinen oder Rohstoffe (AWI 1936, zit. bei Siegel/ von Freyberg 1991, 85).

In Wahrheit war die Distanz der Nationalsozialisten zu Ford, dies sei angemerkt, geringer als hier von den «linken» AWI-Planern unterstellt. Schon in den 20er Jahren wurde der «Fordismus» von seiten der Rechten als «weißer Sozialismus» (von Gottl-Ottilienfeld 1926) dem «roten Sozialismus» entgegengestellt.[77] Obwohl explizit nur sehr selten auf Ford und den «Fordismus» Bezug genommen wurde, gab es zahlreiche personelle und institutionelle Kontinuitäten, die Fordsches Gedankengut und genereller das Interesse an Rationalisierungsfragen von Weimar in die NS-Zeit transportierten. Hierzu zählten etwa das 1921 gegründete Reichskuratorium für Wirtschaftlichkeit (RKW) oder das industrienahe Deutsche Institut für Technische Arbeitsschulung (DINTA), das bereits 1933 in die DAF überging (vgl. Siegel/ von Freyberg 1991, 39ff.). Hitler selbst schätzte den Anti-Semiten Ford[78] und verlieh ihm zu dessen 75. Geburtstag 1938 in Berlin den «Adlerschild-Orden» (Fehl 1993a, 7). Ferry Porsche besuchte 1936 die Ford-Werke in Detroit und Fabriken von General Motors, um den Aufbau des Volkswagen-Werks vorzubereiten.[79] Noch bis Ende der 30er Jahre warben die

75 In: AWI (Hg.), Jahrbuch 1936, Berlin 1936; vgl. hierzu die gründliche Analyse durch Siegel/ von Freyberg 1991, 77ff.; vgl. auch Smelser 1991, 77f.

76 Abgedr. in RKW-Nachrichten 8/1937, BA (Potsdam), 62.03/7400, Bl. 18.

77 Vgl. zur Entwicklung verschiedener «Fordismus»-Begriffe seit den 20er Jahren und zur Kritik einer ahistorischen Übertragung des Fordismus-Konzepts Fehl 1993a; zur Wirkung des «Fordismus» in der Bau- und Stadtplanung auch Bodenschatz 1989; zur Untersuchung der Geltung fordistischer Prinzipien in der Wohnungsproduktion und -politik des Nationalsozialismus Fehl 1993b.

78 Ford verfaßte 1920 eine antisemitische Hetzschrift «Der internationale Jude – Ein Weltproblem».

79 Vgl. Schäfer 1991, 203; der mit vielen instruktiven Beispielen versehene Artikel Schäfers «Amerikanismus im Dritten Reich» illustriert sehr deutlich die kaum gebrochene Faszination, die das fortgeschrit-

DAF und Görings Zeitschrift «Der Vierjahresplan» für «wirtschaftskundliche Studienfahrten» nach Amerika, «um von der Leistungsfähigkeit der nordamerikanischen Industrie und ihrer relativen technologischen Überlegenheit zu profitieren» (ebd.). Tatsächlich weist das ganze auf Leistung, Unterwerfung und Fürsorge gerichtete paternalistische System sozialer Rationalisierung im «ideellen Fordismus», der über den Betrieb hinaus auch die anderen Lebenssphären der Arbeiter, ja tendenziell die ganze Gesellschaft umgriff, so viele strukturelle Ähnlichkeiten mit den Sozial-Visionen der DAF-Planer auf, daß Fehl hierbei von «einer Art ‹Staats-Fordismus›» spricht.[80]

Die «Fehlrationalisierung» der 20er Jahre wurde also nicht den amerikanischen Vorbildern angelastet, sondern wurde – neben den immer repetierten Hinweisen auf die negativen Wirkungen des «Friedensdiktats» und der «liberalistischen Wirtschaftsführung» dieser Jahre – vor allem in der unzureichenden Anpassung amerikanischer Rationalisierungsmethoden an die sowohl hinsichtlich der Absatzverhältnisse als auch des Arbeits- und Kapitalmarktes gänzlich anders strukturierte Situation Deutschlands gesehen. Mit dem Nationalsozialismus sei aber nun erstmals das Grundproblem jeder Rationalisierung, die Freisetzung von Arbeitskräften, gelöst und damit Rationalisierung überhaupt erst «fundiert» worden: «Erst mit der Sicherung des Rechts auf Arbeit wurde die Rationalisierung sittlich erlaubt und volkswirtschaftlich möglich gemacht. Nur so konnte die Rationalisierung aus dem Krampf eines entarteten Kapitalismus gelöst und auf ein klares, nationalsozialistisches Wollen und Handeln ausgerichtet werden.» (Seebauer 1937, 161)

Rationalisierung sei jetzt definiert als «das vernunftgemäße Streben nach Verbesserung und das Arbeiten zum Wohle der Gesamtheit»; nicht mehr der egoistische Profit, sondern «der Mensch» stehe im Mittelpunkt (AWI 1936, zit. bei Siegel/ von Freyberg 1991, 81).

Mögen anfangs Verbesserungen zum Teil auch noch den Arbeitern selbst zugute gekommen sein, so traten bereits ab 1937/38 Fürsorgegesichtspunkte definitiv in den Hintergrund. Die Rationalisierungsziele wurden im Zeichen der Autarkiepolitik und Aufrüstung des Vierjahresplans immer strikter auf die «bitter notwendige» (Seebauer) Leistungssteigerung ausgerichtet. Ein erster Schritt auf diesem Weg war der sog. «Wirtschaftlichkeitserlaß» des Reichswirtschaftsministers (RWM) vom 12.11.1936.[81] Darin wurde der gewerblichen Wirtschaft zur Pflicht gemacht, «ihre Mitglieder zu größtmöglicher Wirtschaftlichkeit und höchster Leistung von Volk und Staat zu erziehen» (ebd.). Vor allem auf die Normung und die Möglichkeiten, sie verbindlich zu machen, aber auch auf die Verbesserung der Fertigungstechnik und des Rechnungswesens wurden große Anstrengungen gerichtet. Anfang 1939 wurde zur Koordination

tenere und «modernere» Konsummodell Amerikas auf die Zeitgenossen ausübte; erst während des Krieges bemühten sich Propaganda-Ministerium und SS verstärkt um den Aufbau eines wirklichen Feindbildes; zur Kritik an Schäfer vgl. Wippermann 1992, 71.

80 Ebd., 16; Fehl weist ausdrücklich auf die wenig beachteten Unterschiede des zum Teil mit Gewerkschaftsforderungen kompatiblen «ideellen Fordismus» zum «real existierenden Fordismus» der Zeit der Weltwirtschaftskrise (1929–1936) hin, bei dem sich in Detroit unter den Bedingungen der Krise und des sinkenden Absatzes immer offener «totalitäre Führung und brutale Durchsetzung der Werksinteressen» durchsetzten – auch dies eher eine Parallele als ein Unterschied zur NS-Zeit.

81 «Der Vierjahresplan», 15.7.1941, BA (Potsdam), 62.03/7401, Bl. 28.

aller Maßnahmen auf diesem Gebiet ein «Reichsausschuß für Leistungssteigerung» gebildet, zu dessen Leiter wiederum Seebauer, der Leiter des RKW, ernannt wurde (ebd.).

Stand im Krieg zur Steigerung der Leistungsfähigkeit der Arbeiter das «Zuckerbrot» einer Verbesserung der Lebens- und Arbeitsbedingungen durch KdF, SdA u.ä. nicht mehr zur Verfügung, traten nun an seine Stelle die «Peitsche» rigoroser Auslese und Hierarchisierung der Arbeitskräfte[82], die Verschärfung der Disziplinierungstechniken und die Bekämpfung des sog. «Bummelantentums», die Verlängerung des Arbeitstages und unmittelbarer Terror.

Darüber hinaus aber gab es starke Kräfte, die als Voraussetzung durchschlagender weiterer Rationalisierungserfolge den Übergang zu verstärktem Staatseingriff und einer stärker gelenkten Wirtschaft forderten. In ihr sollte die einzelbetriebliche Rationalisierung zu einer «überbetrieblichen Rationalisierung» weiterentwickelt werden, mit der man ohne Rücksicht auf individuelle Rentabilitätsgesichtspunkte die immer noch vorhandene Typenvielfalt und Zersplitterung der Produktionsprogramme aufzuheben und zugunsten einer rigorosen Beschränkung auf «wenige Typen oder Einzelteile» unter strenger staatlicher Überwachung abzulösen hoffte.

Dies hätte allerdings auch eine veränderte, «gebundene» Rolle des Privateigentums impliziert, oder, so der «Völkische Beobachter», einen neuen Typus von Betriebsführer, «der mehr ist als Kapitalist und Beamter, nämlich das Vollzugsorgan der wirtschaftlichen Volks- und Staatsnotwendigkeiten mit einer nur in Richtung auf dieses Ziel gebundenen freien Initiative.» (VB 4./5./6.4.1942)

In welche Richtung sich das NS-System in wirtschaftspolitischer Richtung entwickelt hätte und wie Hitler selbst während der letzten Jahre hierzu stand, ist wegen seines gegenüber der Unternehmerschaft bekannt taktischen und vorsichtigen Verhaltens in dieser Frage nicht leicht auszumachen und in der Literatur umstritten.[83] Hitler war zwar als überzeugter Sozialdarwinist Verfechter der freien Konkurrenz und des Privateigentums. Auf der anderen Seite gewann aber auch das seit der Verkündung des Vierjahresplans propagandistisch herausgestrichene «Primat der Politik» vor allem unter Kriegsbedingungen immer realere Züge. Hitlers Pressechef Dietrich schrieb in seinen Erinnerungen, daß Hitler «spürte, daß die großräumigen ökonomischen Erfordernisse der menschlichen Entwicklung über die Form der bisherigen, sich selbständig regulierenden privatkapitalistischen Wirtschaftsordnung hinausgewachsen waren, und daß die Vernunft eine neue, zweckmäßigere wirtschaftliche Ordnung, d.h. eine planmäßige Gesamtführung verlange. Das Wirtschaftsprinzip, das ihm vorschwebte, kann man etwa so formulieren: ‹Privatwirtschaftliche Produktionsweise in gemeinnüt-

82 Siegel/ von Freyberg haben die Folgen dieses neuen Typs von Leistungs- und Auslesepolitik für die Hierarchisierung der industriellen Arbeitskräfte näher untersucht: «‹Deutschen arischen› Männern stand die Rolle von Rationalisierungsgewinnern zu, die in qualifizierter, relativ selbständiger Arbeit das Flexibilitätspotential bildeten. ‹Deutsche arische› Frauen wurden dem Rationalisierungsproletariat zugeordnet, wobei allerdings einige von ihnen im Verlauf des Krieges in ‹höherwertige› Positionen aufsteigen können sollten; das Rationalisierungsproletariat wurde durch die wiederum in sich hierarchisierte Gruppe der ausländischen Arbeitskräfte aufgefüllt. Männer und Frauen jüdischer Herkunft wurden in letzter Konsequenz der rationalisierten Vernichtung preisgegeben.» (1991, 133)

83 Vgl. Barkai 1977, Petzina 1977, Milward 1977, Herbst 1982, Zitelmann 1989.

ziger Gesinnung unter staatlicher Lenkung!›» (zit. bei Zitelmann 1989, 234) Auch Speer schrieb in seinen Erinnerungen, daß – nicht zuletzt unter dem Eindruck der Effektivität der von ihm praktizierten «kriegsbedingten Industrielenkung» – unter den Parteifunktionären während des Krieges die Vorstellung «einer Art von Staatssozialismus» (Speer 1969, 369) immer mehr an Boden gewann. Um die Bedenken der zunehmend irritierten Industriellen zu zerstreuen, hielt Hitler auf Speers Initiative hin am 26.6.1944 auf dem Obersalzberg eine Rede vor Vertretern der Rüstungsindustrie, der bei der Beurteilung von Hitlers wirtschaftspolitischen Nachkriegsplänen Schlüsselcharakter zukommt. Obwohl sie die gewünschten Bekenntnisse zum Privateigentum und zur Rolle der Privatinitiative enthielt, fiel sie insgesamt doch «unklarer» aus, als dies Speer erhofft hatte und wurde, vielleicht aus diesem Grunde, vielleicht aber auch wegen der darin enthaltenen taktischen (?) Zugeständnisse an die Unternehmerschaft, nicht veröffentlicht.
Dennoch sah Herbst in dieser Rede in Übereinstimmung mit den im RWM dominierenden Tendenzen und den Zielen Speers einen klaren Beleg dafür, daß die «deutsche Wirtschaftsordnung der Nachkriegszeit .. auf dem privaten Eigentum und der privaten Unternehmerinitiative beruhen (sollte)» (Herbst 1982, 337). Zitelmann hat diese Interpretation bestritten und kam in seiner Untersuchung der Aussagen Hitlers gerade umgekehrt zu dem Ergebnis, daß dieser ab Mitte der 30er Jahre, besonders aber ab Anfang der 40er Jahre «zu einem vehementen Kritiker des marktwirtschaftlichen Systems und einem überzeugten Anhänger der staatlichen Planwirtschaft geworden war» (1989, 237).
Doch Hitlers Haltung in dieser Frage blieb bis zuletzt widersprüchlich. Das «Primat der Politik» und der Anspruch auf «staatliche Führung», die ambivalente Haltung gegenüber der Privatwirtschaft und seine sozialdarwinistische Grundhaltung bestanden nebeneinander fort, ohne in einer neuen «schlüssigen» Synthese aufzugehen. Überdies ist Ian Kershaw zuzustimmen: «Spekulationen darüber, welche Rolle der Kapitalismus in einer siegreichen nationalsozialistischen ‹neuen Ordnung› gespielt haben würde, sagen .. nichts aus. Letzten Endes war die immer weiter eskalierende nihilistische Dynamik des Nationalsozialismus unvereinbar mit dem Aufbau und der dauerhaften Reproduktion einer jeglichen wirtschaftlichen Ordnung.» (1989, 122)

12. Führungsansprüche

Vor diesem gesamten Hintergrund wuchs die Ungeduld der DAF und Leys über die wenig zugkräftigen Bemühungen des RAM im Volkswohnungs- und Kleinsiedlungsbau ab 1936/37 mehr und mehr. Zwar hatte man den Beginn des angekündigten großen «Wohnungs- und Siedlungswerkes» gezwungenermaßen zugunsten der Aufrüstung im Vierjahresplan noch «zwei bis drei Jahre» (Ley, BSW 1936, 329) verschoben, aber man wollte schon jetzt mit konkreten Vorbereitungen beginnen. Dies betraf natürlich in erster Linie den Siedlungsbau im Rahmen des Vierjahresplans, für den die DAF die Zuständigkeit erhalten hatte, aber auch Veränderungen organisatorischer Art, Arbeiten an der Normung und Rationalisierung der Wohnungsproduktion, die Entwick-

lung neuer Wohnungstypen und nicht zuletzt die Neuformierung und den Ausbau der wohnungswirtschaftlichen Unternehmen der DAF.
Der Wohnungsbau der Zukunft, dies schälte sich in den Verlautbarungen der DAF und des Reichsheimstättenamtes zwischen 1937 und 1939 immer deutlicher heraus, sollte ein «Arbeiterwohnstättenbau» für sog. «Vollfamilien» mit geräumigen Wohnungen zu tragbaren Mieten sein, der durch einen erheblich gesteigerten Einsatz öffentlicher Mittel und eine rationalisierte Wohnungsproduktion ermöglicht werden sollte. Mit solchen Zielvorstellungen setzte man sich bewußt von dem mit den «Volkswohnungen» praktizierten Kleinstwohnungsbau, aber auch von der Kleinsiedlungseuphorie der ersten Jahre ab. Hiermit sei, so erklärte von Stuckrad auf der Reichsarbeitstagung des Reichsheimstättenamts 1938, ein «wohnungspolitischer Wandlungsprozeß der Deutschen Arbeitsfront» zum Abschluß gekommen: «Ein Überbleibsel aus der Krisenzeit ist auch die unbedingte Bevorzugung der Kleinsiedlung unter krisenpolitischen Gesichtspunkten. Das Reichsheimstättenamt sieht auch heute die Arbeiter-Heimstättensiedlung nach wie vor als wertvollste Wohn- und Siedlungsform an. Es wendet sich jedoch gegen Übersteigerungen des Kleinsiedlungsgedankens und vertritt heute die Gleichberechtigung des Geschoßwohnungsbaus.» (von Stuckrad 1938b, 723) Demgemäß propagierte die DAF sog. «Gemeinschaftssiedlungen» mit einer Mischung der verschiedenen Wohnungstypen (von Stuckrad 1937a, 156). Das neue Eintreten für die Gleichberechtigung der «gesunden Stockwerkswohnung» und die Aufwertung des Mietwohnungsbaus durch die DAF lösten zum Teil ein Echo aus, in dem, wie von Stuckrad im März 1938 in «Bauen, Siedeln, Wohnen» bemerkte, «die Meinungsfronten recht eigenartig verkehrt» waren und nun vielfach die Heimstättenidee gegen das Reichsheimstättenamt verteidigt wurde (von Stuckrad 1938a, 167). So hielt Knoll in der unter Mitwirkung des RAM herausgegebenen Zeitschrift «Siedlung und Wirtschaft»[84] explizit als Replik auf die Attacken von Stuckrads gegen die Reichswohnungspolitik ein vehementes Plädoyer für die Kleinsiedlung als einem «sozialen

84 Die Zeitschrift «Siedlung und Wirtschaft» (SuW) mit dem Untertitel: «Zeitschrift für das gesamte Wohnungs- und Siedlungswesen» unterlag wechselnden Zuordnungen; aus dem «Mitteilungsblatt des Reichsverbandes der Wohnungsfürsorgegesellschaften» wurde im Laufe des Jahres 1933 unter veränderten Herausgebern das «Organ des Reichsverbandes Deutscher Heimstätten»; ab Heft 8/1934 firmierte die Zeitschrift als «Fachblatt des Reichsheimstättenamtes (der NSDAP, später der DAF) und des Reichsverbandes Deutscher Heimstätten»; ab Mai 1937 änderte sich die Richtung der Zeitschrift grundlegend: Von nun an erschien SuW als «Fachblatt des Reichsverbandes Deutscher Heimstätten» (außerdem: «Fachblatt der deutschen Akademie für Bauforschung und der Reichsforschungsgemeinschaft Hochbau des Reichsamtes für Werkstoffe») unter Mitwirkung des RAM und des Deutschen Gemeindetags mit dem klar ausgesprochenen Ziel, «künftig dem Reichsarbeitsminister Seldte als Sprachrohr seiner Wohnungs- und Siedlungspolitik zu dienen» (Suw 1937, 461); nach der Vereinigung des Reichsverbands deutscher Wohnungsunternehmen (Baugenossenschaften und -gesellschaften) und des Reichsverbands deutscher Heimstätten im Reichsverband des deutschen gemeinnützigen Wohnungswesens Mitte 1938 wurde es zu dessen Organ; die Mitarbeit des RAM und des Deutschen Gemeindetags blieb so lange (bis Ende 1941) bestehen, bis die Zeitschrift nach dem Triumph Leys über Seldte und seiner Ernennung zum Reichskommissar schließlich eingestellt wurde; auch die übrigen im gemeinnützigen Wohnungswesen erschienenen Zeitschriften «Zeitschrift für das Wohnungswesen», «Zeitschrift für das Wohnungswesen in Bayern» und «Sächsisches Wohnungsblatt» mußten zu diesem Zeitpunkt ihr Erscheinen einstellen; an ihre Stelle trat noch für kurze Zeit das durch den Präsidenten des Reichsverbandes des deutschen gemeinnützigen Wohnungswesens, Julius Brecht, herausgegebene Organ «Die gemeinnützige Wohnungswirtschaft».

Wohnideal für diejenigen aus der breiten Masse der arbeitenden Schichten, die durch Arbeit und Entbehrung zu Eigentum kommen wollen.» (Knoll 1938, 422) Gegenüber der Mietwohnung und auch dem Eigenheim, das «eine private Angelegenheit dessen (ist), der eine möglichst bequeme, angenehme, schöne Wohnung sucht» (ebd.), sei die Kleinsiedlung aus den verschiedensten bevölkerungspolitischen, ernährungspolitischen und sozialen Gründen vorzuziehen – eine Entscheidung, die «eindeutig getroffen» sei und nicht mehr zur Diskussion stehe (ebd.).
Doch in der DAF hielt man unbeeindruckt an den neuen Prioritätensetzungen fest. Geschoßwohnungsbau sei angesichts des enormen ungestillten Wohnungsbedarfs vor allem in den Städten und angesichts der Neugestaltungspläne unbedingt erforderlich. Aber dies müßten qualitativ verbesserte Familienwohnungen sein, «auch wenn dies dazu führen sollte, daß sich die Zahl der so erstellten Wohnungen, für die nun einmal vorerst nur bestimmte Gesamtbeträge an öffentlichen Mitteln zur Verfügung stehen, verringert.» (von Stuckrad 1938b, 723)
Die seit 1930 praktizierte und in der NS-Zeit vor allem durch das Reichsarbeitsministerium weitergeführte Strategie, die Finanzierungsprobleme auf Kosten einer immer weiteren Standardreduzierung und Grundrißminimierung zu lösen, lehnte man jetzt dezidiert ab: «Die Baugestaltung, der Bebauungsplan, die Konstruktion und der Grundriß können nicht Fragen des Verhältnisses zwischen Wohnlast und Einkommen lösen, die Sache der Finanzierung und der Organisation, im besonderen der Staatshilfe und des Einsatzes öffentlicher Mittel sind.» (ebd.) Das Reichsheimstättenamt wagte sich hier weit vor und proklamierte als wichtigste wohnungspolitische Veränderung dieser Phase die Auffassung des Arbeiterwohnungsbaus als einer «Sozialaufgabe»: «Weit bedeutungsvoller als die Anpassung der Frage Siedlerstelle oder Stockwerkswohnung an die tatsächliche Bedarfslage der Praxis, die wir im letzten Jahr vorgenommen haben, ist die grundsätzliche Klarstellung des Verhältnisses von Privatwirtschaft und öffentlicher Hand im Wohnungs- und Siedlungsbau, die nicht zuletzt dank der Initiative der Deutschen Arbeitsfront im ersten Jahre des Vierjahresplans erzielt worden ist. Die Notwendigkeiten des Vierjahresplans haben in der Tat einen Umschwung der wohnungspolitischen Grundauffassungen herbeigeführt. Während der Wohnungsbau in den voraufgegangenen Jahren von manchen offiziösen Stellen als reine Sache der Privatwirtschaft bezeichnet wurde, und diese Privatisierung sogar als nationalsozialistischer Fortschritt gegenüber der Hauszinssteuerära der Systemzeit galt, hat sich jetzt ... der Grundsatz Geltung verschafft, daß der Arbeiterwohnungsbau eine Sozialaufgabe ist, die ohne planmäßige Förderung und Lenkung des Staates nicht bewältigt werden kann.» (von Stuckrad 1938c, 91) Dies war – in dem eingeschränkten und ausgrenzenden Sinn, in dem Sozialfragen in der NS-Zeit allenfalls formuliert wurden – schon eine bemerkenswerte Äußerung und Richtungsänderung, die in der Folgezeit noch zu sehr kontroversen Diskussionen führen sollte.
Auch Ley selbst schaltete sich immer häufiger persönlich in die Diskussion ein. Anfangs vorsichtiger, dann immer offener versuchte er, den Kleinsiedlungsgedanken zurückzudrängen und den Geschoßwohnungsbau aufzuwerten. So wurde Ley vom «Völkischen Beobachter» (23.4.1939) mit dem Standpunkt zitiert, «daß die Wohnstättenfrage für den deutschen Arbeiter nicht unter dem Gesichtspunkt gelöst werden

könne, jedem Volksgenossen unbedingt ein Stück deutschen Bodens zu übereigenen. Der deutsche Boden ... ist zu kostbar, um ihn, ohne die Gewähr dafür zu haben, daß er zweckmäßig ausgewertet wird, lediglich für eine falsch verstandene Siedlungspolitik preiszugeben. Es gibt eine große Zahl deutscher Volksgenossen, die aus beruflichen oder zahlreichen anderen Voraussetzungen nicht als Kleinsiedler geeignet sind. Aus diesen Erwägungen heraus müsse man insbesondere von den verantwortlichen Vertretern der DAF. den Mut zu der vielleicht unpopulären Förderung der Mietwohnung in mehrstöckigen Geschoßbauten verlangen.»[85]
Manchmal wurde Ley auch noch deutlicher und machte sich, wie auf einem Richtfest für Wohnungen der Firma Telefunken 1940, (in alkoholisiertem Zustand?) über die Kleinsiedlung auf aufschlußreiche Weise lustig: «Nach der Machtübernahme gab es ganz junge Parteigenossen, die waren gleich 120 %ig und 150 %ig. Die erklärten, Nationalsozialismus bedeutet, Siedlungen bauen, Einzelhäuser bauen. Die reagierten damit ihren Nationalsozialismus ab. Sie befahlen: es darf kein Haus über 2 Stockwerke sein. Sie stellten wie die Kartenhäus'chen ein Häus'chen neben das andere. Ich habe es selbst erlebt, dass so ein Hausbewohner etwas beschwipst die Haustür verpasste und erst wenn er im falschen Schlafzimmer war, das gemerkt hat. Es war einfach furchtbar. Solche Siedlungen sind von oben gesehen das Schematischste, ja das Bolschewistischste, Gedankenloseste, was man sich denken kann. Sie setzten die Arbeiter wahllos hinein. Den Garten sollten sie auch bebauen. Nach 1 Jahr sah so ein Garten furchtbar aus. Sie können das nicht.»[86] Ley, der einen pompösen Lebensstil pflegte, hatte sich persönlich, dies sei nur angemerkt, auf seinem Landgut «Rottland» in der Nähe von Köln, einem «Dritten Reich en miniature» (Smelser 1990, 183), natürlich andere Wohn- und Lebensverhältnisse geschaffen.
Die ideologische wohnungspolitische Neuorientierung in der DAF mobilisierte allmählich auch innerparteiliche Gegner.
Im Herbst 1938 wurde Martin Bormann damit befaßt, der als Stellvertreter von Heß und – ab 1942 – als Leiter der Parteikanzlei und «Sekretär des Führers» nach und nach in eine der Schlüsselpositionen des NS-Regimes aufstieg, von der aus er nahezu auf allen Feldern und somit auch im Bereich der Wohnungspolitik mit wachsendem Erfolg das Partei- und Staatsinteresse zu definieren suchte (vgl. Lang 1977). Ihm war vertraulich ein Bericht über eine Tagung zugegangen, zu der Ley am 25.8.1938 die Siedlungsreferenten der Partei, der Gliederungen und der angeschlossenen Verbände (aber nicht die Parteikanzlei) eingeladen hatte.[87] Dem Berichterstatter Birk zufolge hatte Ley erklärt, «daß die Lösung des Wohnungsproblems eine soziale Aufgabe sei und damit ausschließlich eine Aufgabe der DAF.» (ebd., Bl. 8) Er erwarte, daß der «Führer» an ihn herantrete und habe mit der DAF alle Vorbereitungen getroffen, «führend den künftigen Arbeiterwohnstättenbau in grossem Ausmass durchzuführen» (ebd., Bl. 9). Besonderen Raum nahm in Leys Rede die Frage Geschoßbau oder Flachbau ein. Dabei

85 BA (Potsdam), 62.03/6079, Bl. 54.
86 Rede von Ley auf dem Richtfest der Wohnungen von Telefunken am 7.12.1940, BA (Potsdam), 46.06/149, Bl. 35.
87 Vorlage vom 22.9.1938 und Bericht Birk vom 21.9.1938, BAK, NS 6/302, Bl. 4–10.

hielt er ein vehementes Plädoyer gegen die Kleinsiedlung, «die nur von 33er Parteigenossen als die einzig richtige Wohnform für den Arbeiter hingestellt worden (sei)» (ebd.). Die Kleinsiedlung beeinträchtige durch ihre Arbeitsbelastung nicht nur die Freizeit, sondern auch die Arbeitsleistung im Betrieb und das politische Engagement in der Partei und sei zudem unwirtschaftlicher als die billigere Geschoßwohnung. Von daher bedauerte er, daß der Bau von Wohnblocks mit Grünanlagen seit 1933 ins Hintertreffen geraten sei und wollte künftig – laut dem Berichterstatter – «nur für Wohnblocks» eintreten. (ebd.) Der «Führer» habe ihm «erklärt, wie der Arbeiter seinen Feierabend verbringen soll. Der Arbeiter müsse abends seinen guten Anzug, ja sogar seinen Smoking anziehen und ins Theater gehen. Wenn der Führer dies vor Augen habe, dann könnte man einen Arbeiter nicht in einem Einzelhaus mit Nutzgarten ansiedeln» (ebd.). Insbesondere bei dem letzten Absatz fügte Bormann in den Bericht handschriftlich mehrere ablehnende und ironische Bemerkungen wie «Kohl!», «Jeden Abend Theater?» u.ä. hinzu. Insgesamt forderte ihn der ganze Vorgang zu einer aufschlußreichen Stellungnahme heraus, die er – ebenfalls handschriftlich – auf der Vorlage vermerkte: «Der Standpunkt des Führers ist, daß wir natürlich unmöglich den ganzen Raumbedarf durch *Siedlungen* (Hervorh. i. Orig., d. Verf.) decken können; wir müssen aus Raumnot u. aus Zweckmäßigkeitsgründen auch große Wohnblocks schaffen – möglichst billige, aber geräumige Wohnungen – mit großen Kindergärten, großen Luftschutzkellern (vor allem auch für Säuglinge u. Kleinkinder, die ja keine Masken tragen können, wichtig!), guten Verkehrsverbindungen usw. Der Arbeiter, der Lust u. Liebe hat, soll seine Siedlung haben, sie beansprucht ihn keineswegs jeden Tag, ebensowenig wird – trotz Ley – jeder Arbeiter jeden Abend mit KdF gehen. Wer keinen Schrebergarten, keine Siedlung will, kann in einen Wohnblock gehen, auch Wohnblocks sind dringend nötig. Vielfach werden junge Arbeiter ersteinmal in Blocks ziehen, wenn sie Kinder haben, in Siedlungen umwechseln!»[88]
Soweit bekannt, und dies würde auch durchaus Bormanns taktisch überlegtem Verhalten entsprechen, wurde er aber zunächst nicht tätig und griff erst 1940/41, als mit der Festlegung der relativen Anteile von Geschoß- und Flachbau im künftigen sozialen Wohnungsbau wirklicher Entscheidungsbedarf bestand, wieder in diese Streitfrage – dann aber mit ausschlaggebendem Gewicht – ein.
Die meisten Konflikte mit der Ministerialbürokratie, aber auch mit wachsamen Rivalen in der eigenen Partei forderte der ab 1937/38 immer offensiver vorgetragene Führungsanspruch der DAF heraus. Ihn begründete Ley in seiner Eröffnungsansprache auf der Bau- und Siedlungsausstellung in Frankfurt am 3.9.1938 noch einmal zusammenfassend: «Ich höre oft die Frage: Was hat sich die Partei mit Wohnungsfragen abzugeben? Das ist aber gerade eine Frage der Partei, der Volksführung, denn das Wohnungswesen ist kein technisches, kein bauliches und schon gar kein Geldproblem, sondern ein höchst politisches Problem ... Die Partei hat diese Aufgabe der Deutschen Arbeitsfront überwiesen ... Im Heim schöpft das Volk Kraft für die Arbeit in der Fabrik, im Büro und auf dem Felde. Alle Gestaltungen der Freizeit durch ‹KdF›, Theater, Konzerte, Sport können noch so schön sein – die schönste Freizeit erlebt der deutsche Mensch

88 Vorlage an Bormann, 22.9.1938, BAK NS 6/302, Bl. 5.

zu Hause. Mindestens fünfzig Prozent der sozialen Arbeit hat sich mit der Wohnung zu beschäftigen. Sie ist das A und O jeder Gemeinschaft.» (Ley 1938, 563)
Die formelle Zuständigkeit des RAM nach den Erlassen des Jahres 1934 störte die DAF dabei wenig. Immer wieder wurde in den zahllosen Schriftwechseln und Gesprächen von seiten der DAF das «Recht auf Menschenführung»[89] und damit auch der Anspruch auf «Führung» im Wohnungs- und Siedlungswesen für die Partei bzw. die DAF und das Reichsheimstättenamt reklamiert. Bei einem Gespräch zwischen den Spitzenbeamten des RAM und den führenden Vertretern der DAF am 18.1.1940, bei dem wieder einmal und ohne Ergebnis über die Abgrenzung der Zuständigkeiten der DAF gestritten wurde, erklärten die DAF-Vertreter, daß die bestehenden Zuständigkeiten auf Erlassen beruhten, die um Jahre zurücklägen und «aus der damaligen Situation heraus» zu verstehen seien. Man werde, so am Ende ganz unverhohlen Steinhauser, der seit 1.3.1939 von Stuckrad an der Spitze des Reichsheimstättenamtes abgelöst hatte, «bemüht sein, sie (die bestehenden Erlasse, d. Verf.) auszuhöhlen.»[90]
Der Versuch, die Wohnungspolitik als Teil der Sozialpolitik zu definieren und sie der DAF zu unterstellen, muß gerade im Jahr 1938 im Kontext eines großangelegten Versuchs von Ley gesehen werden, die DAF auf dem gesamten Gebiet der Sozialpolitik zu einer fast omnipotenten «Superbehörde» auszubauen (vgl. Smelser 1989, 252ff.). Mit gleich vier Gesetzentwürfen «Über die DAF», einem sog. «Arbeitskammergesetz», einem «Wirtschaftskammergesetz» und einem «Gesetz über Berufserziehung und Berufsausbildung» wollte Ley neue Kompetenzen und eine Ausdehnung seines Machtbereichs verwirklichen, die, wären die Gesetze zustandegekommen, seiner DAF ein Übergewicht über alle Organisationen von Staat und Partei verschafft hätten. Doch mit der Herausforderung von Staat und Partei hatte sich Ley übernommen, obwohl die DAF gerade zu dieser Zeit auf dem Höhepunkt ihrer Popularität war und eine gewaltige Dynamik entfaltete. Nicht nur die Minister, sondern auch andere Parteiführer wie Heß, Darré und Himmler reagierten sofort scharf ablehnend, und Ley fand für seine Entwürfe nicht die nötige Zustimmung (vgl. Smelser 1989, 255f.). Selbstverständlich wies auch Seldte die Entwürfe mit dem, wie er offensichtlich glaubte, besonders zugkräftigen Verweis auf die Gefährdung der Allgewalt des «Führers» scharf zurück: «Ich kann den Vorschlägen des Herrn Reichsleiters Dr. Ley nicht zustimmen. Die Tendenz der vier Gesetzentwürfe ist eindeutig. Sie bezwecken, den Leiter der Deutschen Arbeitsfront auf allen Gebieten des sozialen und damit auch des wirtschaftlichen Lebens von jeglichen Bindungen an Partei und Staat zu befreien und ihn instand zu setzen, das soziale und wirtschaftliche Geschehen selbst zu bestimmen. Es bedarf kaum eines Hinweises, daß in einem autoritären Staat derartige Gedankengänge fehl am Platze sind! In ihm kann es nur eine einheitliche, nach den Weisungen des Führers vom Staate gelenkte Wirtschafts- und Sozialpolitik geben.»[91]
Hatte Ley gegen die geballte Macht von Staat und Partei mit seinen Gesetzentwürfen von 1938 auch keinen Erfolg, so setzte er seinen Kampf gegen die Ministerien

89 Vgl. zum Begriff Rebentisch/ Teppe 1986, 23ff.
90 Vermerk Durst, 29.1.1940, BAK, R 41/22, Bl. 123.
91 Seldte an Göring, 18.2.1938, BAK R 41/22, Bl. 26.

und insbesondere das RAM gleichwohl mit unverminderter Energie fort. Und dies mit wachsendem Erfolg, während sich der Spielraum des RAM immer stärker verengte. Im Grunde war der Machtkampf zwischen Ley und Seldte schon vor Kriegsausbruch entschieden, auch wenn er sich in seiner Abwicklung noch jahrelang hinziehen sollte.

Aus den Akten ist ersichtlich, daß die zum Teil altgedienten Beamten über die dabei von der Gegenseite an den Tag gelegte Impertinenz und Skrupellosigkeit einigermaßen erschüttert waren.[92]

Exemplarisch für das Klagen der frustrierten Beamten aus dem RAM steht ein Vermerk Knolls als zuständigem Leiter der Hauptabteilung IV (Siedlungswesen, Wohnungswesen und Städtebau) für Seldte vom Frühjahr 1939: «Kurz zusammengefaßt: Die Deutsche Arbeitsfront führt auf der ganzen Linie den stärksten Kampf gegen das Arbeitsministerium, soweit es hier angeht, im Wohnungs- und Siedlungswesen. Entsprechend ihrem Anspruche, die alleinige maßgebende Führung in der Wohnungspolitik zu haben, stellt sie nicht nur ihre eigenen Grundsätze auf, die von den Grundsätzen zum Teil erheblich abweichen, auf die sich die zuständigen Ministerien mit der Partei (Stellvertreter des Führers) geeinigt haben und bekämpft diese Richtlinien; sie tut auch alles, um die Reichsregierung und ihre Organe aus der praktischen Wohnungspolitik auszuschalten, indem sie versucht, sich die Alleinherrschaft über die Finanzierungsmittel aus Industrie usw. zu verschaffen, Konkurrenzorganisationen zu den Organen der staatlichen Wohnungspolitik aufzieht und diesen in jeder Hinsicht das Wasser abzugraben versucht, was ihr, z.B. hinsichtlich der Baustoffkontingente gelungen ist.»[93]

Ab Sommer 1938 kam der allgemeine Wohnungsbau tatsächlich in eine äußerst schwierige Lage. Auf einen Erlaß von Göring hin, nach dem «nicht vordringlicher» Wohnungsbau zurückzustellen sei, sperrte das RWM die meisten Kreditquellen, und das RFM verlangte vom RAM darüber hinaus die baupolizeiliche Verhinderung jeden Wohnungsbaus, der nicht zu den genehmigten Ausnahmen gehörte. Als solche wurden allein noch Wohnungen für die Rüstung oder den Vierjahresplan sowie Landarbeiterwohnungen und Ersatzwohnungen in den sog. Neugestaltungsstädten anerkannt. Gerade auf diesen Feldern hatte sich aber die DAF Kompetenzen gesichert und konnte vor dem Hintergrund der ihr zur Verfügung stehenden Geldmittel auch noch mit großem Propagandarummel tätig werden, während der sog. «nicht bevorzugte Wohnungsbau» in der Zuständigkeit des RAM zum Erliegen zu kommen drohte.

92 Nach jahrelangen zum Teil erbitterten Kämpfen, in denen es über weite Strecken um andere Gebiete der Sozialpolitik wie die Tarifpolitik, die Altersversorgung und Sozialversicherung ging, wurde im Sommer 1939 schließlich Staatsekretär Krohn, der dem RAM seit Anfang der 20er Jahre angehörte, auf Betreiben Leys und Görings seines Amtes enthoben (vgl. Smelser 1989, 247); wie sehr der Kampf eskaliert war und mit welchen Mitteln er geführt wurde, verdeutlicht ein aus seiner Feder stammendes undatiertes Manuskript (vermutlich Anfang 1939) einer Rede vor den Mitarbeitern des RAM, nach der sich Krohn für sein Haus auf das Schärfste und buchstäblich vor Empörung bebend («Ein Pfui dem Verräter, der seine Vorgesetzten und seine Arbeitskameraden bespitzelt») gegen jede Spitzeltätigkeit und Zuträgereien für Parteidienststellen, die offenbar bekannt geworden waren, verwahrte (BAK, R 41/715, Bl. 63–71).

93 Knoll an Seldte, 26.4.1939, BAK, R 41/22, Bl. 82.

Diese Lage illustriert sehr gut ein regelrecht verzweifeltes persönliches Schreiben wiederum von Knoll an Seldte aus dieser Zeit[94], in dem er «die fast in das Gegenteil verkehrte» Wohnungspolitik der Reichsregierung anprangerte, die Verantwortung hierfür nicht mehr mittragen wollte und persönliche Konsequenzen anbot. Trotz der «schwersten Wohnungsnot», die Deutschland «je gehabt» habe und unabsehbarer innen- und bevölkerungspolitischer Konsequenzen drohe nun als Konsequenz des Göring-Erlasses vom Sommer 1938 eine vollständige «Abdrosselung des Wohnungsbaues», die durch die zugelassenen Ausnahmen in keiner Weise kompensiert werde. «In 99 % der deutschen Gemeinden .. muß jedem Wohnungssuchenden und jedem Wohnungbauen-Wollenden gesagt werden: jede Neuherstellung von Wohnungen ist auf absehbare Zeit untersagt! Diese Verurteilung zur dauernden Heimlosigkeit auf unbeschränkte Zeit fällt aber zusammen mit gewaltigsten Bauten der verschiedensten Art. Jeden Tag beinahe kann der hoffnungslos Wohnungslose lesen und sehen, welche neuen Vorhaben geplant, ausgeführt, vollendet werden. Eine schwerste Vertrauenskrise und Erbitterung kann da nicht ausbleiben.» (ebd.) Demgegenüber habe das RAM immer den gesamten Arbeiterwohnstättenbau für vordringlich gehalten, aber vergeblich eine Lockerung der von Göring verhängten Kreditsperren verlangt – eine Forderung, die sich bald darauf mit dem Verbot «aller nicht kriegswichtigen Neubauten» vom 15.11.1939 und den folgenden Verschärfungen durch den Generalbevollmächtigten für die Regelung der Bauwirtschaft (GBBau) ohnehin endgültig erledigte.

13. Reorganisation

Der Griff nach der Macht im Wohnungswesen war in der DAF nicht allein von verbalen Kraftakten, sondern auch von einer internen Reorganisation der mit dem Wohnungswesen befaßten Stellen begleitet. Bereits seit Juni 1934 gab es eine eigene Bauabteilung der DAF mit dem Bonatz-Schüler Julius Schulte-Frohlinde[95] an der Spitze, deren Aufgabenbereich mit dem Engagement der DAF im Arbeiterwohnstättenbau und bei den Vierjahresplanbauten noch einmal stark angewachsen war. 1938 entstand aus der Zusammenfassung dieser Bauabteilung mit den Planungsabteilungen des Reichsheimstättenamtes und des Amtes «Schönheit der Arbeit» das «Architekturbüro der DAF» (vgl. BSW 1937, 221 u. Teut 1967, 260).
Die oberste Kompetenz in architektonischen Fragen stand allerdings auch in der DAF Speer zu, der Anfang 1937 als Beauftragter für das Bauwesen in den Stab des Stellvertreters des Führers berufen worden war. Damit sollte «die einheitliche Linie zwischen den Bauten der DAF und denjenigen der Partei und des Staates gewahrt bleiben» (BSW 1938, 613).

94 Leiter HA IV an Seldte, undatiert (Anfang 1939), BAK, R 41/715, Bl. 23–28.
95 Der Architekt Schulte-Frohlinde (1894–1968), der u.a. auch stellvertretender Leiter des Amtes «Schönheit der Arbeit» war, arrangierte zunächst Ausstellungen und Volksfeste, baute Schulungsburgen, Gemeinschaftshäuser, Gauverwaltungsstellen und Bürohäuser für die DAF; 1938 wurde er von Hitler zum Professor ernannt und übernahm nach seinem Einsatz im Krieg 1943 in München den Lehrstuhl von Bestelmeyer; nach 1945 arbeitete er zunächst als freischaffender Architekt in Bremen und wurde ab 1954 Leiter des Düsseldorfer Hochbauamtes (Angaben nach Durth 1992, 140 u. 515).

Das «Architekturbüro der DAF» wurde 1938 wiederum zusammen mit einer Abteilung «Bauüberwachung» und einer «Meldestelle für Bauvorhaben» einem neugeschaffenen «Bauamt der Deutschen Arbeitsfront» eingegliedert, dessen Leitung einer der führenden Männer der DAF, Heinrich Simon, übernahm (BSW 1938, 612f.).
Die Aufgabe des Architekturbüros war nicht allein die Sorge für «die Wahrung einer einheitlichen, der nationalsozialistischen Weltanschauung entsprechenden Baugesinnung bei allen Eigenbauten der DAF einschließlich Wohnungs- und Siedlungsbauten» (ebd.), sondern auch die Ausbildung und Schulung des Architektennachwuchses und der Aufbau von Lehr- und Mustersiedlungen (Eggerstedt 1939, 550).
Was Schulte-Frohlinde dabei unter der richtigen Baugesinnung verstand, unterstrich er im Februar 1938 in einer wüsten Polemik in «Bauen, Siedeln, Wohnen» gegen die «Bauwelt», die sich seiner Ansicht nach durch einen Bildbericht «Baukunst des Auslandes» zum Sprachrohr des «Neuen Bauens» gemacht hatte: «Wir verwahren uns dagegen, daß das sog. ‹Neue Bauen›, wie es in der ausländischen Presse erörtert wird, als wesentlich deutschen Ursprungs hingestellt wird. Es ist marxistischen Ursprungs und insofern nicht national, sondern jüdisch-international. Unsere Staatsform hat mit dem Begriff ‹Modern›, den der Führer schon einmal sehr deutlich in seinem Wesen gekennzeichnet hat, nichts zu tun, und was wir am entschiedensten ablehnen, ist eine ‹Moderne› Baukunst marxistischer Prägung.» (1938, 89)
Während die Zuständigkeit des Bauamtes der DAF und des Architekturbüros bei den DAF-eigenen Bauten lag, wurde das ja ebenfalls der DAF eingegliederte und in den ersten Jahren vor allem mit Kleinsiedlungsfragen befaßte Reichsheimstättenamt ab 1937/38 Zug um Zug in direkter Konkurrenz zum RAM zu einer eigenen großen Wohnungsbehörde ausgebaut: «Wenn die Arbeit des Reichsheimstättenamtes in den früheren Jahren oft zu sehr auf Siedlungsfragen, im besonderen auf die Mitwirkung an der Reichskleinsiedlung abgestellt erscheinen mochte, ... so hat der Heimstättenapparat der DAF. mit Beginn des Vierjahresplanes Kurs auf alle Fragen des *gesamten* (Hervorh. i. Orig., d. Verf.) Wohnungsbaues genommen. Seine Aufgabe ist die Vertretung und Weiterentwicklung der Grundsätze der Bewegung in allen Fragen des Wohnstättenbaues ...» (von Stuckrad 1938b, 725). Dementsprechend weit legte das Reichsheimstättenamt seine Aufgaben aus, die von der «grundsätzlichen Bearbeitung und Weiterführung aller Probleme des Wohnungs- und Siedlungsbaues ... unter sozialpolitischen Gesichtspunkten» über gesetzgeberische Initiativen, Schulungs- und Erziehungsaufgaben, Presse- und Propagandaarbeit und der Siedlerbetreuung und -beratung bis zur «Schaffung einer deutschen Wohnkultur» reichten (ebd., 726).
Um das Reichsheimstättenamt weiter zu stärken, wurde es 1939 mit dem DAF-Amt «Haus und Heim»[96] zum «Reichsheimstättenamt (Haus und Heim)» zusammengefaßt.

96 Das DAF-Amt «Haus und Heim» hatte wiederum zuvor Abgrenzungsprobleme mit der NS-Volkswohlfahrt. In einer Vereinbarung vom 27.1.1938 über die Abgrenzung der Arbeitsgebiete war dem Amt Haus und Heim die Zuständigkeit «für sozialpolitische Fragen des Wohnungswesens, insbesondere im Hinblick auf die Bildung der Hausgemeinschaft» und dem Hauptamt für Volkswohlfahrt die Zuständigkeit für «alle auf dem Gebiet des Wohnungswesens sich ergebenden Betreuungsfragen wohlfahrtspflegerischer Art, insbesondere für Wohnraum-Streitigkeiten» zugewiesen worden (BAK, NS 6/256, Bl. 197).

Der Neubau des Zentralbüros der DAF in Berlin, Entwurf Architekturbüro der DAF
Quelle: Eggerstedt 1939, 551

Weiter wurden aus dem Amt «Schönheit der Arbeit» und dem Architekturbüro die Aufgabengebiete «Hausrat» ausgegliedert und in das Reichsheimstättenamt überführt.[97] Als Unterbau standen in den Gau-, Kreis- und Ortsverwaltungen der DAF entsprechende Abteilungen, Unterabteilungen und Fachgruppen zur Verfügung.
Im Frühjahr 1939 waren diese Reorganisationen vorläufig abgeschlossen, und Steinhauser als neuer Leiter des Reichsheimstättenamtes kündigte entschlossene Maßnahmen zur Durchsetzung der DAF-Forderungen für eine Neuausrichtung und Neufassung der gesamten Wohnungspolitik an: «In Zukunft werden wir unsere Tätigkeit in erster Linie auf die Praxis verlegen und durch die von uns beeinflußten Bauträger nurmehr solche Wohnungen bauen, die vor unserem eigenen Gewissen und dem deutschen Arbeiter verantwortet werden können. Hier werden wir uns jeder Möglichkeit der praktischen Einflußnahme auf den Wohnungsbau ... bedienen, um unsere Forderungen durchzusetzen. Im übrigen werden wir auf allen Gebieten des Wohnungs- und Siedlungsrechtes die Gesetzesinitiative selbst ergreifen und nicht mehr nur durch Entfalten einer Propaganda oder durch ewiges Antichambrieren vor Bürokratenstuben eine Änderung unhaltbarer und untragbarer Bestimmungen zu erreichen versuchen. Die bisherige Übung hat gezeigt, daß nur durch praktische Arbeit in Form von ausgearbeiteten Gesetzesvorschlägen auf diesem Gebiet etwas erreicht werden kann.» (Steinhauser 1939, 436)
Bezeichnend ist, daß sich in diesem im Mai 1939 veröffentlichten Grundsatzartikel für die Forderung nach geräumigen, gesunden und bezahlbaren Wohnungen nicht nur die üblichen sozial- und bevölkerungspolitischen Argumente, sondern auch erstmals Begründungen finden, die – kaum verklausuliert – in der «Steigerung der Wohnkultur» eine wichtige Voraussetzung zur Mobilisierung des Durchhaltewillens der Bevölkerung in einem künftigen Krieg sehen: «Bisher haben wir im Frieden Aufbauarbeit leisten können, seelische Belastungen von Dauer sind uns erspart geblieben. Wir müssen aber in die Berechnung und nüchterne Kalkulation der gesamten Arbeitskraft des deutschen Volkes auch die belastenden Momente einstellen, die dann auftreten werden, wenn dieses Volk einmal einen Lebens- und Schicksalskampf zu führen hat, bei dem es auf Leben und Tod geht. Erst in diesem Zeitpunkt werden die letzten Reserven des Körpers und der Seele mobilisiert. Dann müssen sie aber auch vorhanden sein. Wo aber könnte der schaffende Mensch mehr Kraftreserven sammeln, als in einer anständigen, sauberen Wohnung. Sie ist sein Heim, in ihr muß sich ein frohes und glückliches Familienleben entwickeln und abspielen können, dort muß er Freude und Entspannung finden. Das ist aber nicht möglich zwischen Schmutz und Unordnung, unzweckmäßiger und daher unbefriedigender Einrichtung, mangelhaftem Hausrat und schlecht gelüfteter Wohnung, die ohnedies zu wenig Licht und Luft hat, bei ewigen Streitigkeiten mit den Mitbewohnern oder dem Hausherrn.» (ebd., 438)

97 Intern war das Reichsheimstättenamt 1939 in fünf Hauptabteilungen gegliedert: I – Ausrichtung, II – Wohnungsbauprogramm und Leistungskampf mit den Arbeitsgemeinschaften im Wohnungswesen, III – Wohnungs- und Siedlungsbau, IV – Städtebau und Wohnungsplanung, V – Schönheit des Wohnens mit der Arbeitsgemeinschaft Deutscher Hausrat (BSW 1939, 1015; vgl. auch Bauwelt v. 28.9.1939).

Die wichtigste und nicht allein organisatorisch zu lösende Voraussetzung für ein verstärktes Eingreifen der DAF in den Wohnungsbau war die ab Ende 1938 forciert betriebene Aktivierung und der Ausbau der DAF-eigenen Wohnungsgesellschaften. «In den Dienst dieser Sache» stellte Ley nicht allein die aus dem enormen Beitragsaufkommen gespeiste Finanzkraft der DAF, sondern vor allem auch Mittel der DAF-eigenen Volksfürsorge-Lebensversicherung, des – nach Leys Angaben – zweitgrößten Versicherungskonzerns der Welt, und der Bank der DAF (Bank der Deutschen Arbeit, die, ebenfalls nach Ley, die viertgrößte Bank Deutschlands war) (Ley 1938, 564). Als Baugesellschaften besaß die DAF die Deutsche Bau AG und den Verband sozialer Baubetriebe. Die erst 1936 gegründete Deutsche Bau AG mit dem Hauptsitz in Berlin und zahlreichen Zweigstellen expandierte rasch und rückte durch Sonder- und Großaufträge im Wohnungs- und Ingenieurbau in die Reihe der größten deutschen Baufirmen auf.[98] Der Verband sozialer Baubetriebe, der Dachverband der ehemaligen Bauhütten, war entgegen den Ankündigungen nach der Gleichschaltung in Liquidation und übte keine Bautätigkeit mehr aus (BSW 1939, 949).

Die Tätigkeit der gemeinnützigen Wohnungsunternehmen, die die DAF nach der Gleichschaltung vor allem aus dem Besitz der Gewerkschaften übernommen hatte, sah bis 1937 bei weitem nicht so günstig aus, wie dies die Darstellung der Bautätigkeit der DAF-Wohnungsunternehmen in einem durch von Stuckrad 1938 herausgegebenen Tätigkeitsbericht in «Bauen, Siedeln, Wohnen», seit 1.7.1937 «Offizielles Organ der Deutschen Arbeitsfront für Wohnungs- und Siedlungsbau», suggerierte. Aufschlußreicher als die angegebene Gesamtsumme von 71 941 Wohnungen (bei denen zudem eigene und betreute Vorhaben einfach aufaddiert wurden) war die Entwicklung der Jahresergebnisse, aus der hervorging, daß weit mehr als die Hälfte dieser Wohnungen (39 452) bereits vor 1933 gebaut worden waren und – mit Ausnahme einiger Gesellschaften wie der Gehag[99] – der Wohnungsbau bei den meisten Gesellschaften bis 1937 stark abgesunken oder ganz zum Erliegen gekommen war.

Ende 1938 und während des Jahres 1939 faßte die DAF die Wohnungsunternehmen im Amt für wirtschaftliche Unternehmungen zusammen, erhöhte das Gesellschaftskapital zumeist kräftig und gründete in den Gauen, in denen noch keine eigenen Gesellschaften vorhanden waren, neue Unternehmen. Diese «Gründungstätigkeit» wurde im August 1939 im «großen und ganzen» als abgeschlossen angesehen: «Die DAF. verfügt zur Zeit in nahezu allen politischen Gauen über 40 eigene Wohnungsbaugesellschaften, die bis auf wenige Ausnahmen die einheitliche Firmenbezeichnung führen: ‹Neue Heimat› Gemeinnützige Wohnungs- und Siedlungsgesellschaft der DAF. im Gau ...» (BSW 1939, 876).

98 Vgl. Der Wirtschaftsring v. 15.9.1939, BA (Potsdam), 62.03/6079, Bl. 9 und die Zusammenfassung des Berichts der DAF «Die wirtschaftlichen Unternehmungen der Deutschen Arbeitsfront» in BSW 1939, 949.

99 Vorstandsvorsitzender der auch als «Hauptsiedlungsunternehmen» der DAF bezeichneten Gehag war seit der Gleichschaltung Ernst von Stuckrad, 1937/38 Leiter des Reichsheimstättenamtes, bevor er ab 1.3.1939 wieder ausschließlich an die Spitze der Gehag wechselte; Vorsitzender des Aufsichtsrates war Hans Strauch, der Leiter der wirtschaftlichen Unternehmungen der DAF; außer ihrem Hauptbüro in Berlin hatte die Gehag 1938 Zweigstellen in Aachen, Gleiwitz, Braunschweig, Ludwigshafen, Dessau und Cottbus.

Die Bautätigkeit der Wohnungsunternehmen der Deutschen Arbeitsfront

Gesellschaft	erstellte Wohnungen: bis 32	1933	1934	1935	1936	1937	i. J. im Bau u. in Arbeit	insgesamt
„Gehag", Berlin								
betreute Bauten . .	7756	579	387	699	1346	716	535	
Eigenbauten . . .	1565	194	188	1175	2069	1166	3121	
	9321	773	575	1874	3415	1882	3656	21496
„Einfa", Berlin	4600	354	192	–	1136	460	535	7277
„Dewog", Berlin								
betreute Bauten . .	7430	638	658	878	191	127	1148	
Eigenbauten . . .	–	203	144	289	481	–	–	
	7430	841	802	1167	672	127	1148	12187
Niederschlesischer Kleinwohnungsbau, Breslau . . .	370	–	52	424	71	115	400	1432
Deutsche Eisenbahn-Wohnungsbau-GmbH., Breslau	180	88	50	80	102	–	100	600
„Neuland", Breslau . .	–	691	–	87	44	–	296	1118
„Bau-Wo-Ge", Essen . .	407	–	–	–	88	161	425	1081
„Osba", Königsberg . .	791	–	–	24	–	105	60	980
„Gewog", Dresden . . .	774	–	–	–	94	60	1395	2323
„Miwog", Dresden . . .	674	–	107	579	155	–	330	1845
„Deutscher Heimbau", Essen	914	202	169	–	–	–	–	1285
Gemeinnützige Kleinwohnungsbaugesellschaft, Kiel-Mitte, m. b. H.	–	–	48	24	49	8	–	129
Gemeinnützige Kleinwohnungsbaugesellschaft, Hamburg	2460	–	–	–	240	–	150	2850
„Gewobag", Frankfurt am Main	714	152	–	414	581	673	2288	4822
„Heimat", Berlin . . .	10817	635	417	255	380	12	–	12516
Jährlich insgesamt	39452	3736	2412	4923	7027	3603	10783	**71941**

Darstellung der Bautätigkeit der DAF-Wohnungsunternehmen zwischen 1933 und 1937/38 durch die DAF
Quelle: BSW 1938

Ein interner Bericht des Amtsleiters für die wirtschaftlichen Unternehmungen der DAF, Hans Strauch, vom 3.4.1941 an die Geschäftsstelle des Stellvertreters des Führers verdeutlichte diese und die noch in den ersten Kriegsjahren folgende Entwicklung mit Zahlen.[100] Danach stieg die Zahl der DAF-eigenen Wohnungsgesellschaften vom 31.12.1938 bis zum 31.3.1941 von 22 auf 50; das Gesellschaftskapital wurde von 9,9 Mio. RM auf 67,2 Mio. RM erhöht. Der Bestand an eigenen Wohnungen wuchs im selben Zeitraum von 46 331 auf 57 025, von denen lediglich 10 758 Kleinsiedlungen und Eigenheime waren. Mindestens weitere 30 000 Wohnungen befanden sich 1941 im Bau, die zum größten Teil für sog. Gefolgschaftsmitglieder der Rüstungsindustrie, aber auch für die «Südtiroler Umsiedlungsaktion» (6 500 WE) und für die «KdF-Stadt Fallersleben» (2 500 WE) bestimmt waren (ebd.).
Mit diesem Aufschwung entwickelten sich die DAF-eigenen Wohnungsunternehmen auch immer mehr zu einem ernstzunehmenden Konkurrenten für die mit dem RAM eng verbundenen gemeinnützigen Wohnungsunternehmen und die 1918 mit dem preußischen Wohnungsgesetz gegründeten halbstaatlichen Heimstätten, die sich 1938 unter dem Präsidenten Julius Brecht (nach 1945 Verbandsdirektor des Gesamtverbandes gemeinnütziger Wohnungsunternehmen und Bundestagsabgeordneter) zum Reichsverband des deutschen gemeinnützigen Wohnungswesens zusammengeschlossen hatten (vgl. Peters 1984, 145f.).
Mit den nach anfänglicher Stagnation erreichten ca. 71 000 WE 1936 und ca. 91 000 WE 1937[101] entfiel durchaus ein erheblicher Teil der Wohnungsproduktion auf die gemeinnützige Wohnungswirtschaft, ein Anteil, den sie durch die Expansion der DAF-Unternehmen gefährdet sehen mußte. Die gemeinnützigen Wohnungsunternehmen waren durchaus zur Zusammenarbeit mit der DAF bereit und daran interessiert, ebenfalls in den Genuß der von der DAF für den Arbeiterwohnstättenbau zur Verfügung gestellten Restfinanzierungsmittel zu kommen. Gleichzeitig bemühte man sich aber auch zumindest 1938 noch, wie aus einem Aktenvermerk von Brecht über eine Besprechung mit führenden Vertretern des Reichsheimstättenamtes (u.a. von Stuckrad) hervorgeht, eigene Positionen nicht aufzugeben, und verlangte als Basis weitergehender Zusammenarbeit und etwaiger engerer personeller Verflechtungen mit dem Reichsheimstättenamt eine gleichberechtigte Arbeitsteilung und die Anerkennung der gemeinnützigen Wohnungsunternehmen als «Werkzeuge in der Durchführung der staatlichen Wohnungs- und Siedlungspolitik».[102]
Auch die Abgrenzung zu den halbstaatlichen Heimstätten machte Probleme, da die Gauheimstättenämter der DAF ebenfalls zunehmend parastaatliche Aufgaben beanspruchten. In einem Spitzengespräch zwischen Vertretern der DAF und des RAM am 29.1.1940, in dem u.a. zur Sprache kam, daß sich die mecklenburgische Heimstätte

100 DAF, Entwicklung der DAF-Wohnungsunternehmen, 3.4.1941, BAK, NS 6/302, Bl. 2–3.

101 Der Anteil der innerhalb der gemeinnützigen Wohnungswirtschaft von den Genossenschaften erstellten Wohnungen ging während der NS-Zeit zugunsten des Anteils der übrigen gemeinnützigen Wohnungsgesellschaften laufend zurück und betrug 1936 noch etwa 30 % (vgl. BSW 1938, 485).

102 So wurde darüber diskutiert, die Leiter des Reichsverbands und des Reichsheimstättenamtes jeweils in der anderen Behörde zu stellvertretenden Leitern zu machen, Aktenvermerk Brecht, 15.10.1938, BAK, R 41/715, Bl. 125–129.

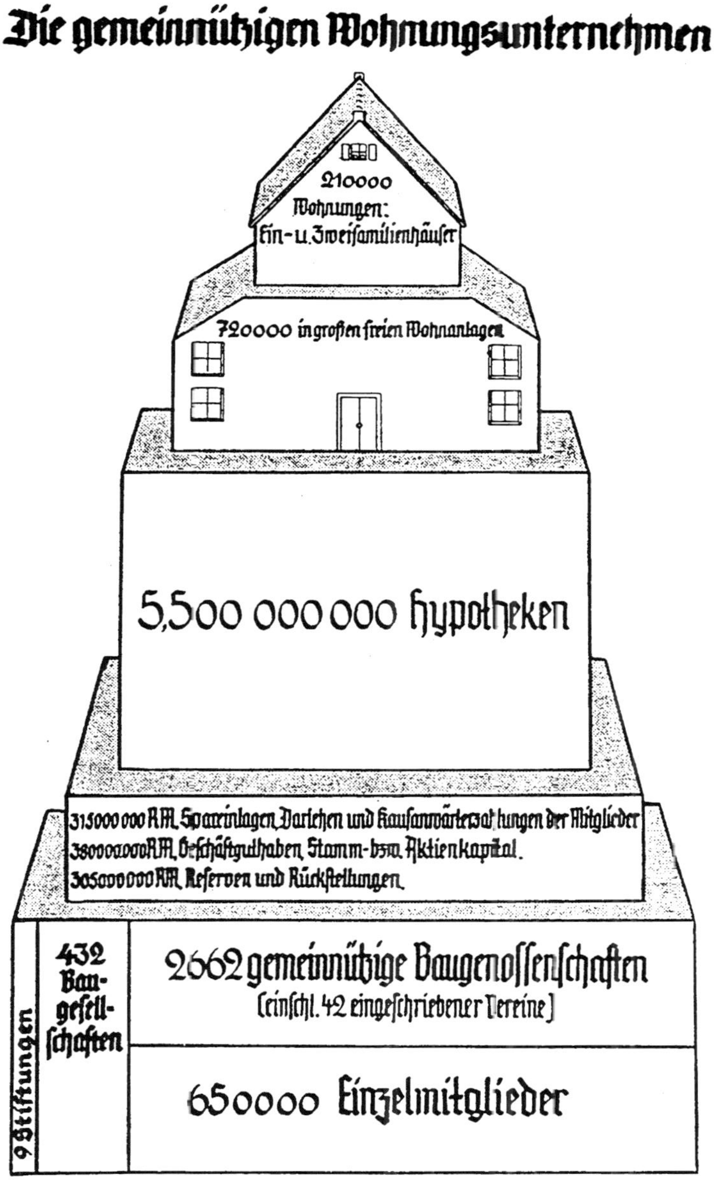

Darstellung der Struktur der gemeinnützigen Wohnungswirtschaft auf dem Deutschen Bauvereinstag 1936 in Duisburg
Quelle: BSW 1936, 260

dagegen wehrte, «unter die Kommandogewalt der DAF. zu kommen und ihre Tochtergesellschaft deren *beherrschendem* (Hervorh. i. Orig., d. Verf.) Einfluß auszuliefern», erklärte die DAF, daß es «nicht verständlich» sei, «warum der Staat sich Organe der staatlichen Wohnungspolitik halte oder schaffe, obwohl die Führung im Wohnungswesen doch der Partei zustehe».[103]
All diese Interna drangen freilich nicht nach außen. Der Öffentlichkeit gaukelte man durchgängig das Bild eines von einem «einheitlichen Willen» getragenen «neuen deutschen Bauschaffens» vor. Wichtigstes Medium der Propagandaarbeit waren die Ausstellungen und Mustersiedlungen.

14. Ausstellungen, Lehrsiedlungen, Musterentwürfe, Publikationen

Ab 1937 konnte ein aufmerksamer Beobachter den Wandel der Zielvorstellungen auch an den veränderten Akzentsetzungen in den Ausstellungen, Musterentwürfen und wichtigsten «autorisierten» Publikationen verfolgen.
Mit der am Rhein im Südosten des Ausstellungsgeländes gelegenen «Schlageterstadt» und der «Wilhelm-Gustloff-Siedlung» in der Nähe des Haupteingangs präsentierte die ab 1934 geplante und im Mai 1937 eröffnete «Große Reichsausstellung Schaffendes Volk» in Düsseldorf zwei recht unterschiedliche Siedlungstypen. «Erstmalig seit der Machtübernahme» sollte versucht werden, «das Wesen der nationalsozialistischen Stadt in ihrer Gesamtplanung und ihrer künstlerischen Formung aufzuzeigen».[104]
Folgt man dem DAF-Organ «Bauen, Siedeln, Wohnen» (1937, 107f. u. 251ff.) oder dem «Deutschen Heimstättensiedler», dem Organ des Deutschen Siedlerbundes (1937, 127ff. u. 282ff.), so entsprach vor allem die «Wilhelm-Gustloff-Siedlung» (später Nordpark-Siedlung) dem Idealtyp einer vollständigen Mustersiedlung «nach nationalsozialistischen Grundsätzen». Hier entstanden 13 typische Kleinsiedlerhäuser im niederrheinisch-ländlichen Baustil und eine Siedlerschule nach den Richtlinien des Gauheimstättenamtes unter der Trägerschaft der Rheinischen Heimstätte. Siedlungsmittelpunkt war ein kleiner Anger mit der Dorflinde. Diese, so der Leiter des Gauheimstättenamtes, Schmalhorst, «wird einen kleinen Zierbrunnen beschatten, der einen Siedlerknaben darstellt, wie er gerade sein Entchen zum Wasser führt ... Der Platz um die Dorflinde soll der Sammelpunkt der Gemeinschaft für eine Feierabendgestaltung sein, die man sich zweckmäßiger und schöner kaum denken kann.» (in: Der Deutsche Heimstättensiedler 1937, 128) Anders als noch die Siedlung Ramersdorf erfreute sich die «Wilhelm-Gustloff-Siedlung» «höchster» Aufmerksamkeit: Hitler, Goebbels, Heß, Ley, auch zahlreiche Gäste aus dem Ausland wie der Herzog von Windsor besuchten die Siedlung und ließen sich eines der drei Musterhäuser zeigen (Der Deutsche Heimstättensiedler 1937, 283ff.). Fast «idealtypisch» wurde hier noch einmal ein Siedlungstypus präsentiert, der seiner ganzen, am Vorbild der Dorfgemeinschaft orientierten Konzeption nach eigentlich schon überholt war.

103 Vermerk Durst, Abgrenzung der Zuständigkeiten der DAF., 29.1.1940, BAK, R 41/22, Bl. 120–123.
104 Aus einer Propagandaschrift zur Werbung für die Ausstellung, zit. in: Cramer/ Gutschow 1984, 194; vgl. zur Beurteilung der propagandistischen Wirkung dieser Ausstellung SOPADE-Berichte 1937, 623ff.

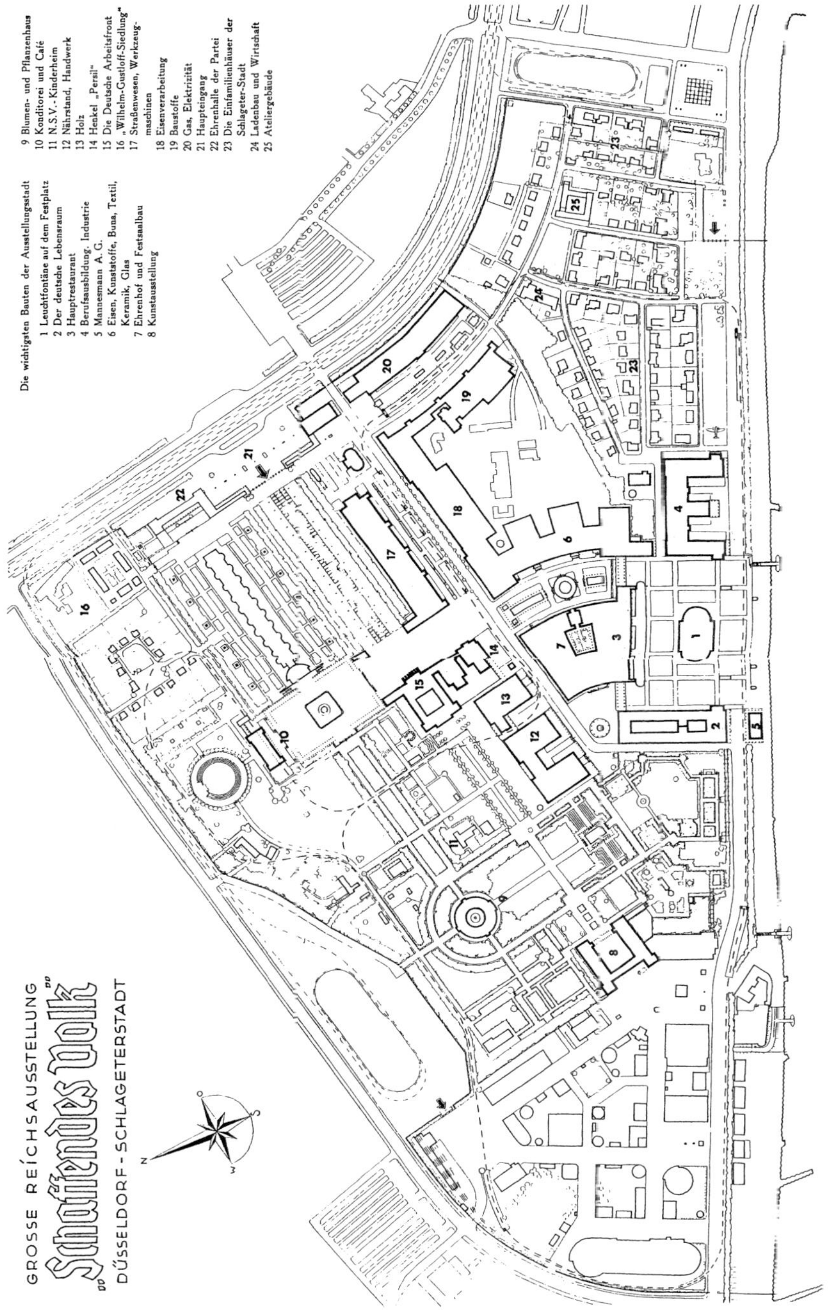

Plan des Ausstellungsgeländes der Reichsausstellung «Schaffendes Volk» in Düsseldorf mit Schlageterstadt und Wilhelm-Gustloff-Siedlung 1937
Quelle: Moderne Bauformen 1937, 382f.

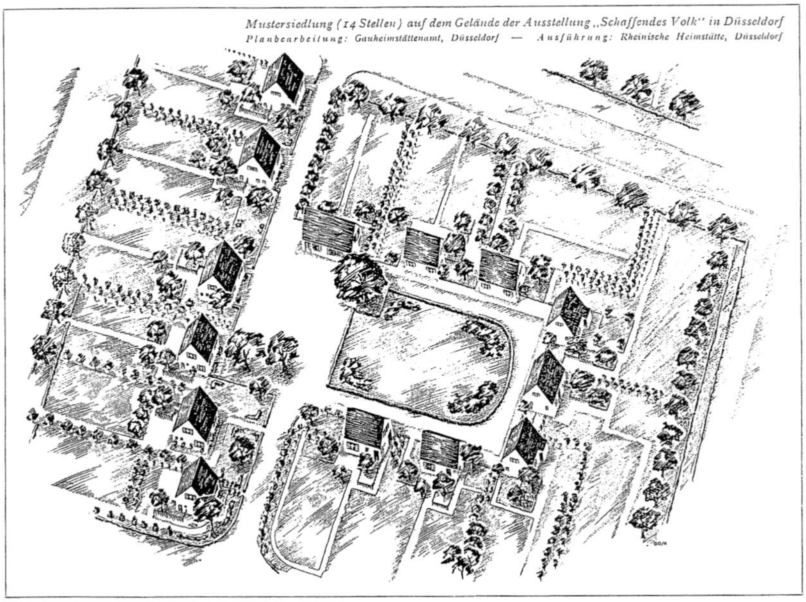

Wilhelm-Gustloff-Siedlung in Düsseldorf, 1937
Quelle: BSW 1937, 107
Haus des Gauleiters Friedrich Karl Florian in der Schlageterstadt, Entwurf: Peter Grund
Quelle: Cramer/ Gutschow 1984, 199

Als tragfähiges Modell für den Arbeiterwohnungsbau der Zukunft eignete sich freilich auch nicht die ihrem Charakter nach ganz anders geartete «Schlageterstadt»[105] auf der anderen Seite des Ausstellungsgeländes. Hier entstanden unter Beteiligung von etwa 60 Architekten insgesamt 79 Einfamilienhäuser, die eher mittelständischen, manche, wie das Haus des Gauleiters Florian, von Grundriß und Ausstattung her gehobenen Charakter trugen. Wie untypisch die Siedlung schon von ihrer sozialen Zielgruppe her war, ist bereits aus der Begründung des künstlerischen Oberleiters der Reichsausstellung und Direktors der Düsseldorfer Akademie der Künste, Peter Grund, ersichtlich, nach der nicht zuletzt die Beseitigung der in Düsseldorf bestehenden «Ateliernot» eines der zentralen Motive für den Bau der Siedlung war (Grund 1937, 342). Tatsächlich entstand neben einer Anzahl Künstlerhäuser im Zentrum der Siedlung auch ein gemeinschaftliches Atelierhaus. Um der Siedlung trotz der etwa 60 beteiligten Architekten die gewünschte Einheitlichkeit zu geben, wurden zahlreiche gestalterische Auflagen (z.B. Dachneigung, Dachdeckung, Anlage einer etwa 1 Meter hohen, weiß geschlämmten Ziegelsteinmauer im Straßenraum u.a.m.) gemacht. Umgekehrt wurde, wie Grund betonte, «sämtlichen Wünschen der Bauherren in bezug auf ihre Grundrißforderungen Rechnung getragen» (ebd.). Trotz des höheren gestalterischen und Ausstattungsniveaus, das sich natürlich auch in ganz anderen Preisen niederschlug, orientierte man sich in städtebaulicher Hinsicht auch hier am «Muster alter Städte und Dörfer» (Grund). Zweistöckige Häuser und Doppelhäuser wurden nicht zugelassen, die Einfamilienhäuser der «Gemeinschaftssiedlung» sollten sich «organisch» um den im Mittelpunkt gelegenen Anger mit den unvermeidlichen Linden gruppieren.

Weitere als Positiv-Beispiele für Anger- und Platzgestaltungen herausgestellte Planungen wurden in dem durch von Stuckrad (zu diesem Zeitpunkt noch Leiter des Reichsheimstättenamtes) herausgegebenen Planungsheft der DAF «Die Siedlung» (Bearbeiter: die Wetzel-Schüler Georg Laub und Willy Kirchner) von 1938 zusammengestellt. Ziel war, den vielen angeführten Negativ-Beispielen zusammenhangloser Bebauung in der Landschaft oder am Stadtrand Beispiele «organischen», gemeinschaftlichen Siedlungsbaus gegenüberzustellen: «Es ist klar abzulesen, daß Bauen (in der Zeit des «Liberalismus», d. Verf.) keine Verpflichtung mehr war, weder dem Menschen, noch seinem Raum, der deutschen Landschaft, gegenüber. Ohne Gemeinschaft gab es keinen Gemeinschaftsraum mehr und ohne Verständnis für die Größe der Landschaft kein gebundenes Ortsbild! Weil der ‹Siedlung› das Gemeinschaftliche fehlte, gab es keinen Ortseingang, keinen Straßenraum und keinen Platz und somit auch keine räumliche Führung und Steigerung vom Ortsrand zur Ortsmitte, als dem Sammelplatz der Gemeinschaft und, weil dem einzelnen die Bindung an den Boden und an den Betrieb fehlte, gab es keine bodenständige Haus- und Wirtschaftsform und keinen bodenständigen Hausrat.» (ebd., 15) Obwohl in diesem «Planungsheft» mit Bezug auf die Neupert-Planungen in Sachsen auch erste Aussagen über die Planung

105 Nach Albert Leo Schlageter, der 1923 wegen seiner Anschläge auf Verkehrsverbindungen französischer Truppen im besetzten Ruhrgebiet von den Franzosen zum Tod verurteilt und auf der Golzheimer Heide erschossen worden war.

selbständiger größerer Ortsteile als Ersatz für die bisher vorherrschende Form von «Stadterweiterung» getroffen wurden, lag der Schwerpunkt der Veröffentlichung noch auf der eher dörflichen Siedlung und auf der Suche nach dem landschaftsbezogen differenzierten Typus des «bodenständigen Hauses».
Der seit Ende 1935 durch das Reich geförderte (Miet)Volkswohnungsbau wurde von Laub und Kirchner nur als Übergangswohnungsbau aufgefaßt, der zweckmäßigerweise so entwickelt werden sollte, daß er «später als Einzelsiedlerstelle aufgelassen werden könne». (ebd., 53)
Mit der Errichtung der ersten Vierjahresplansiedlungen, in denen von vornherein die Mischung verschiedener Wohnungstypen und Eigentumsformen beabsichtigt war, änderte sich der Charakter der Siedlungen allmählich. Eine der ersten dieser Siedlungen war Broistedt-Krähenriede im Harz. Kennzeichnend war nun die Mischung von Einzelhäusern, Doppel- und Reihenhäusern, um eine abwechslungsreichere Gliederung zu erreichen.
«Erstmalig», so hieß es, sei «bei dieser Siedlung die Landschaft in ihrem Aufbau voll und ganz bei der Planung berücksichtigt worden» (BSW 1937, 557). Die Vielfalt der Wohnungstypen und den Landschaftsbezug ergänzte als drittes tragendes Element der Siedlungsgestaltung «die Bekrönung der Anlage» durch Parteibauten, eine Schule und die Lehrerwohnungen in der Nordostecke der Anlage.
Die «Deutsche Bau- und Siedlungs-Ausstellung» in Frankfurt am Main im September/ Oktober 1938, an deren Planung das Reichsheimstättenamt maßgeblich beteiligt war, sollte «wesentlich in den Aufgabenkreis des Vierjahresplanes gestellt werden».[106] Doch die geplante große Siedlung mit ca. 100 Wohnungen und der Wettbewerb für preisgünstige Arbeiterwohnungen, Volkswohnungen und Eigenheime kamen nicht zustande. Stattdessen wurde durch das Gauheimstättenamt Hessen (Nassau) eine «Siedlungsstraße» mit acht Siedlermusterhäusern und einem Gemeinschaftshaus errichtet, die nach Ende der Bauausstellung abgebrochen und auf den Reichssiedlungshof nach Oberstedten überführt wurden.
Die Besonderheiten lagen – als Reflex auf die Anforderungen aus dem Vierjahresplan – in der Errichtung der Häuser in einer sparsamen Holzbauweise, in der starken Regionalisierung der verschiedenen Haustypen (nach hessischen Landschaften) und in der detaillierten Durcharbeitung auch der Inneneinrichtungen und des Hausrats. «Gemütlich» sollte, so Ley in seiner Eröffnungsansprache, das deutsche Heim sein. Daß ein gemütliches Heim auch in der geräumigen Stockwerkwohnung zu realisieren sei, wurde von Ley zwar hervorgehoben[107], aber auf dieser Ausstellung baulich noch nicht demonstriert.
Eine der ersten Planungen, die den neuen Typ nationalsozialistischen Siedlungsbaus, die «bodengebundene Gemeinschaftssiedlung», beispielhaft demonstrieren sollte, ging aus dem – bislang kaum zur Kenntnis genommenen – Wettbewerb «Großsiedlung Brandenburg» hervor.[108] Hintergrund war der Ausbau der verkehrsgünstig gelegenen

106 Protokoll des vorbereitenden Arbeitsausschusses vom 2.12.1936, zit. in: Cramer/ Gutschow 1984, 202.
107 Vgl. Cramer/ Gutschow 1984, 204 u. BSW 1938, 564.
108 Vgl. zum folgenden Bodenschatz/ Seifert 1992, 240ff.

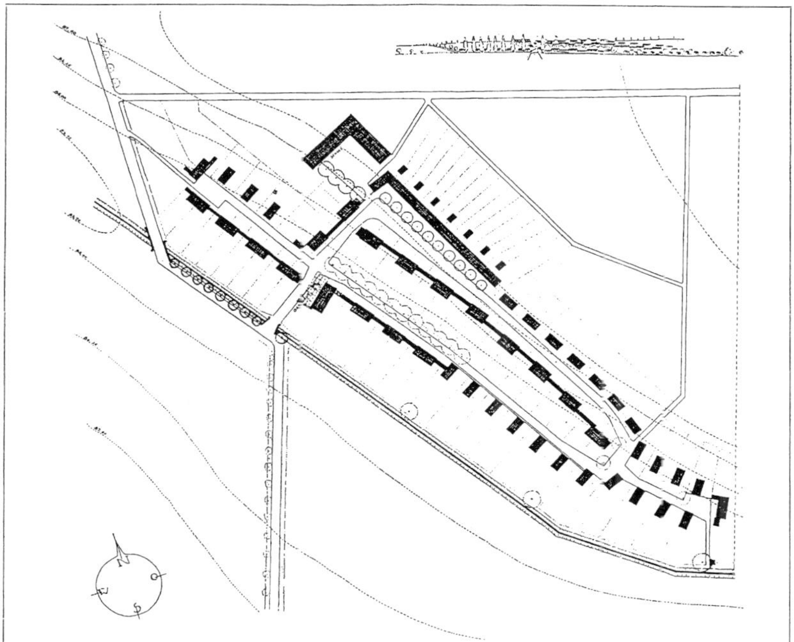

Lageplan der Vierjahresplan-Siedlung Broistedt-Krähenriede   Maßstab 1 : 2000   Entwurf des Reichsheimstättenamtes der DAF.

Vierjahresplan-Siedlung Broistedt-Krähenriede (Harz), Entwurf des Reichsheimstättenamts der DAF, 1937
Quelle: BSW 1937, 557
«Siedlungsstraße» und «Gemeinschaftshaus» auf der Deutschen Bau- und Siedlungsausstellung in Frankfurt a.M. 1938
Quelle: Cramer/ Gutschow 1984, 203

Stadt Brandenburg zu einem der wichtigsten Zentren der Rüstungsproduktion ab 1934/35.[109] Mit der Ansiedlung neuer Großbetriebe nach 1933 (Arado-Flugzeugwerke, Opel-Lastwagenfabrik, Havelwerk als Teil der Reichswerke «Hermann Göring») und der Modernisierung und Erweiterung vorhandener Betriebe wie dem auf Bombenguß spezialisierten Stahl- und Walzwerk schnellte die Einwohnerzahl in nur sechs Jahren von ca. 64 000 1933 bis auf rund 90 000 1939 empor. Trotz erheblicher kommunaler Anstrengungen im Wohnungsbau[110] nahm die Wohnungsnot dramatische Formen an. Nach den offiziellen Wohnbedarfsschätzungen der Stadt fehlten 1937 wenigstens 3 000 Wohnungen, viele Menschen waren gezwungen, in Lauben, Notwohnungen und Baracken zu hausen. Ein Wohnungsneubau in großem Stil wurde unumgänglich. Wichtigste Maßnahme sollte der Bau einer neuen «Tochterstadt» (Stadtbaurat Erbs) nördlich Brandenburgs werden. Ausdrückliches Ziel dabei war nicht eine herkömmliche Stadterweiterung, sondern eine «selbständige Großsiedlung mit Untergliederungen».[111]

1937 wurde hierfür der Wettbewerb «Großsiedlung Brandenburg» ausgeschrieben: «Die Schaffung eines mustergültigen Planungsbeispieles für die Ansiedlung von Industriearbeitern war das Ziel der Ausschreibung. Jedoch sollte keineswegs eine einseitige Arbeitersiedlung geplant werden; eine Gemeinschaftssiedlung mit einer gesunden sozialen Zusammensetzung aus allen Ständen war zu planen. Der Wohnform nach sollten 50 vH der Wohnungen in Heimstättensiedlungen, rund 30 vH in Eigenheimen und rund 20 vH in Mietwohnungen im Stockwerkbau vorgesehen werden.» (Erbs, zit. in: ebd., 258) Leitbild für den Entwurf war die Bildung in sich abgeschlossener «Siedlungszellen» mit «klaren Kernbildungen für öffentliche Bauten und Anlagen, Kleinhandel und Kleinhandwerk ... Die Siedlungszellen sollten ihren Charakter durch eine Mischung verschiedener Wohnarten und verschiedener bodenwirtschaftlich bedingter Siedlungsarten erhalten, die den örtlichen Gegebenheiten von Bevölkerung und Landschaft entsprechen.» (Pfannschmidt, zit. in: ebd.)

Erbs forderte zwar einen «ausgeprägten Mittelpunkt» für Verwaltungsgebäude, Polizei, Feuerwehr, Post etc. und einen «dichten und höher bebauten Wohnkern mit geschlossener Bauweise», erteilte aber «übertriebener Monumentalität und Vogelschauarchitektur» eine Absage.

Am ersten Preis (Wedepohl u.a.) wurde durch das Preisgericht (Vorsitz: Lörcher) bemängelt, daß «als Ergänzung zu der an sich klaren Kernbildung .. eine entsprechend deutlich in Erscheinung tretende Zellenbildung, ein stärkeres Absetzen der Zellen voneinander durch Grünflächen (fehle)» (zit. in: ebd., 256). Trotz der in den meisten Wettbewerbsbeiträgen noch überwiegenden «schematischen Formbildungen» und der Notwendigkeit der Überarbeitung auch der ausgezeichneten Entwürfe schien durch die besten Arbeiten des Wettbewerbs, wie der Landesplaner Martin Pfann-

109 Schreckliches Pendant war der gleichzeitige Ausbau Brandenburgs zu einem der berüchtigtsten Orte nationalsozialistischen Terrors.

110 Zwischen 1933 und 1943 wurden mehr als 8 000 Wohnungen gebaut. (ebd., 246).

111 Erbs, zit. in: Bodenschatz/ Seifert 1992, 257; der bereits in der Weimarer Zeit für die Stadtplanung und das städtische Bauwesen zuständige Karl Erbs konnte nach 1933 zunächst weiterarbeiten, mußte aber 1938 wegen politischer Differenzen dann doch sein Amt aufgeben.

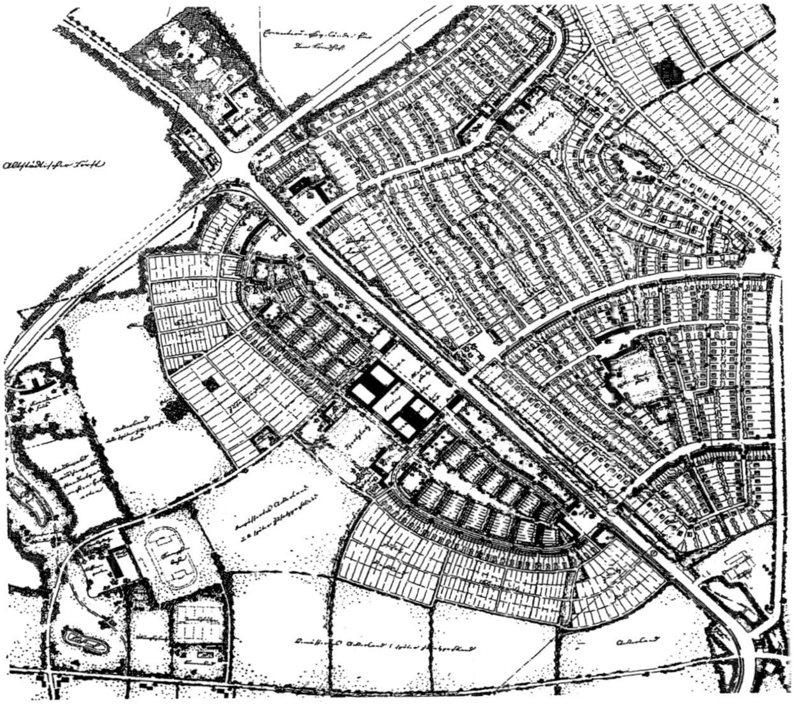

Wettbewerb «Großsiedlung Brandenburg» 1937 – Erster Preis mit 1510 Wohnungen (E. Wedepohl/ Städtebau, W. Lendholt/ Grünplanung, Mitarbeiterin E.S. Meyer)
Quelle: Bodenschatz/ Seifert 1992, 256
Wohnanlage Immelmannstraße Brandenburg (Aufnahme um 1943), gebaut ab 1939 durch die «Neue Heimat» der DAF
Quelle: Bodenschatz/ Seifert 1992, 253

schmidt vermerkte, doch der Beweis erbracht, daß die «Zielstellungen einer blut- und bodengebundenen Gemeinschaftssiedlung erreichbar sind» (zit. in: ebd. 260). Ab 1939 begann die Realisierung des Projekts mit einem ersten Bauabschnitt für den Bedarf der Opel-Werke. Allerdings wurde wegen des Krieges nur noch ein kleiner Teil der nach der Planfassung von 1939 geplanten 2000 Wohnungen gebaut und dies in einer von Wedepohls Plan stark abweichenden, aus Erbs' Sicht «verstümperten» Form (Erbs 1948, zit. in: ebd.). Wie andernorts traten auch in Brandenburg ab 1938/39 die Einfamilienhaus- und Kleinsiedlungsideale immer stärker zugunsten des Geschoßwohnungsbaus in den Hintergrund. Die «Neue Heimat» der DAF konzentrierte sich nun, wie ab 1939 an der Immelmannstraße in Brandenburg für Beschäftigte der Arado-Werke, vornehmlich auf den Mietgeschoßwohnungsbau.

Ähnlichen Zielsetzungen wie der «Wettbewerb Brandenburg» folgte auch eine der bekanntesten Siedlungen der NS-Zeit, die «Gemeinschaftssiedlung Braunschweig-Mascherode». Gemeinschaftssiedlung deshalb, weil sie, wie dies Rudolf Rogler[112] formulierte, «einem Wunsch Pg. Dr. Ley's entsprechend ... Häuser und Wohnungen für alle Volksschichten» enthielt (Rogler 1937, 66). Dementsprechend gab es für das Wohnen Kleinsiedlerstellen, Eigenheime, Mietwohnungen und Volkswohnungen. Die Kleinsiedlerstellen kosteten 6200–6400 RM, die Eigenheime 8500–22000 RM. Zum Teil gaben Industrieunternehmen Eigenheiminteressenten, die bei ihnen beschäftigt waren, einen Zuschuß für das benötigte Eigenkapital. Die als selbständiger Stadtteil geplante Lehr- bzw. Mustersiedlung umfaßte insgesamt zunächst 600 Wohneinheiten, dann, nach einer Erweiterung, ca. 1200 Wohneinheiten.

Nach mehrfachem Wechsel ging die Leitung der Planung im Oktober 1936 auf Schulte-Frohlinde über, der im Gegensatz zu den ersten Bauabschnitten, die konzeptionell bereits festlagen, zum letzten Bauabschnitt hin erhebliche Veränderungen und Überarbeitungen vornahm. In erster Linie ging es ihm wegen der damit möglichen Einsparung von Erschließungskosten, Baustoffen und Heizkosten um «die Zurückstellung des freistehenden Einzelhauses gegenüber dem Doppel- und Reihenhaus und die Wendung vom eingeschossigen zum mehrgeschossigen Bau». (Brandt 1939, 440) Außerdem wurden im Erweiterungsabschnitt keine der von der DAF abgelehnten Volkswohnungen mehr erstellt. Grundsätzlich wurde eine einheitliche Dachneigung, Dachdeckung, Dachform und Behandlung der Außenwände gefordert.

In der Durcharbeitung der Details, dem Aufgreifen regionaler Elemente (Braunschweiger Fenster u.ä.) und bei der Farbgebung gab man sich in dieser «Lehrsiedlung» einige Mühe und zog auch Fachleute von außerhalb hinzu. Nach eigenem Bericht stieß dabei wegen der verbreiteten «Auf meinem Grundstück mache ich, was mir paßt»-Grundhaltung die Arbeit des Gartenarchitekten Petri auf den größten Widerstand (ebd., 453). Zweigeschossige Ladenbauten am Markt mit einem Obergeschoß in Fachwerk wurden als «besonders gut gelungene Häuser» (ebd., 449) bezeichnet. Am Marktplatz, der auch als «Aufmarschgelände» dienen sollte, stand außerdem das vom

112 Rudolf Rogler war Schüler von Wetzel, Schmitthenner und Bonatz und wurde 1934 stellvertretender Leiter des Baubüros der DAF; 1940 wurde er durch Hitler zum Professor ernannt; als Planer war er u.a. an Braunschweig-Mascherode wesentlich beteiligt, vgl. Schneider 1979, 121.

Siedlerstellen in Braunschweig-Mascherode, Aufnahme ca. 1939
Quelle: Wächtler 1940, 83
Mascherode, Gemeinschaftshaus und Seitenflügel mit Verwaltung und verschiedenen Parteidienststellen
Quelle: Brandt 1939, 446

Amt Schönheit der Arbeit geplante Gemeinschaftshaus, das als beherrschende Baumasse und «Stadtkrone» die ganze Siedlung überragte.
In einer Bilanz, die der Architekt Walter Kratz, Leiter der Lehrabteilung im Architekturbüro der DAF, im Juni 1939 über die bisherige Wohnbauarbeit zog, äußerte er deutliche Genugtuung über die allmähliche Trendwende im Wohnungs- und Städtebau. Obwohl man «durch die Mode der Häuschenbauerei» über Jahre hinweg «den größten Schwierigkeiten ausgesetzt gewesen» sei und zahllose Entwürfe «im Schub» verschwunden seien, während die anderen «nach immer demselben Blatt i. M. 1:100» gebaut hätten, habe man am eigenen Gestaltungswillen festgehalten (Kratz 1939, 560). Aber mittlerweile, auch Mascherode sei ein Schritt auf diesem Weg gewesen, habe man sich durchgesetzt: «Jetzt ziehen wir wieder unsere Schubladen auf.» (ebd.) Und darin, dies zeigten die im folgenden angeführten Entwürfe, lagen Pläne für städtischen Geschoßwohnungsbau und für die «Stadt des KdF.-Wagens» bei Fallersleben. Die Entwürfe waren – eine interessante Querverbindung – laut Kratz zum Teil «in Verbindung mit dem Architekturbüro Rimpl der Hermann-Göring-Werke entstanden» (ebd., 566), eben jenem riesigen und weitverzweigten Büro, das in der NS-Zeit «zum großen Sammelbecken von Bauhäuslern und modernistischen Architekten» (Nerdinger 1993c, 154) geworden war.
Ab 1938/39 gewann Ernst Neupert[113] auf die Entwicklung der Vorstellungen zum Siedlungs- und Städtebau im Reichsheimstättenamt und in der DAF immer größeren Einfluß. Er war kein unmittelbarer Wetzel-Schüler, aber er «assimilierte», wie Umlauf berichtete, die Lehre Wetzels und entwickelte sie eigenständig weiter (vgl. Schneider 1979, 121). Nach etwa einjährigen Studien und Planungen in Sachsen brachte er bzw. die Planungsabteilung des Reichsheimstättenamtes 1939 groß aufgemacht den Band «Städtebild und Landschaft» (Mitarbeiter Max Reisinger, Hubert Grenzer, Helmut Wächter) heraus. Damit beanspruchte Neupert, die Wetzelschen Prinzipien der «Einlagerung» von Siedlungen in den Landschaftsraum fortentwickelt[114] und gleichermaßen für die Anlage kleinerer und mittlerer Gemeinden wie auch für die Erweiterung und Neuplanung größerer Städte die maßgeblichen Grundsätze herausgearbeitet zu haben. Die Veröffentlichung erhielt durch Leitwörter von Ley, Steinhauser (inzwischen Leiter des Reichsheimstättenamtes) und anderen gewissermaßen die «höheren Weihen».
Besondere Bedeutung hatte danach, wie auch bei Wetzel, der Landschaftsbezug. Eine «organische» Bebauung sollte die «Eigenart der Bodenbewegung unterstreichen» und den «Charakter des Landschaftsaufbaus steigern» (DAF/ Reichsheimstättenamt 1939, 13). Der Aufbau der Baumassen sollte eine Steigerung von außen nach innen erfahren:

113 Ernst Neupert (geb. 1910) studierte von 1930–33 an der Staatlichen Hochschule für Baukunst in Weimar; 1938/39 war er Leiter der Planungsstelle Dresden des Reichsheimstättenamtes; ab 1939 Leitung der Hauptabteilung Städtebau und Wohnungsplanung des Reichsheimstättenamts (seine Vorgänger als Leiter der Planungsabteilung im Reichsheimstättenamt waren Josef Umlauf und Georg Laub); nach einem Kriegseinsatz war er ab 1944 Leys Beauftragter für die Gestaltung der Wohngebiete (vgl. weiter unten); vgl. zu seinen Tätigkeiten in der Nachkriegszeit die Angaben bei Durth/ Gutschow 1988, 37 sowie Schneider 1979, 121.

114 Vgl. hierzu auch seine Andeutungen über die Auseinandersetzungen mit den ins «intellektuelle Fahrwasser geratenen» Wetzel-Schülern im Reichsheimstättenamt bei Durth/ Gutschow 1988, 37.

also außen die Kleinsiedlerstellen und innen der zwei- und mehrgeschossige Wohnungsbau und die Läden und Verwaltungsbauten. «Die höchste Steigerung erfährt der Gesamtaufbau in dem politischen Versammlungsraum der Gemeinschaft, dem Feierbau.» (ebd., 14) Ebenso wie die Räume vom Platz- über den Straßenraum bis zum Wohnhof abgestuft sein sollten, war auch eine «Gliederung des Verkehrs von der Haupterschließungsstraße über die Teilerschließungs-, Wohn- und Stichstraße bis zum Fußweg» geplant (ebd.). Als Ziel wurde nun im Sinne einer «äußersten Ausnutzung unseres Bodens» die «organische Verdichtung der Wohnsiedlungsgebiete», die «Anwendung des Geschoßbaus in Gruppen- und Reihenhäusern» und bei Siedlerstellen die Herabsetzung der Landzulage auf 600 qm genannt (vgl. auch Neupert 1940d, 369ff.).

Mit der ihm eigenen Mischung aus Systeminszenierung, Heimatschutz, Landschaftsbezug und pragmatischer Verwendung «moderner» Prinzipien wie etwa der explizit der mittelalterlichen Stadt gegenübergestellten «Trennung der Funktionen des Wohnens und Arbeitens» (Neupert 1940a, 132) verkörperte dieser Städtebau exemplarisch eine der für die NS-Zeit typischen Richtungen[115], eine Richtung, die zudem bereits in vielen Merkmalen mit den in den 50er Jahren dominierenden Leitbildern der «organischen Stadt», der «Stadt als Landschaft», der «gegliederten und aufgelockerten Stadt» konvergierte.[116]

Ohne Fixierung auf eine bestimmte Stadtgröße oder eine einzelne Wohnform wie die Kleinsiedlung war er für Stadterweiterungen und Dorf- und Stadtneugründungen im Zuge des «Neuaufbaus der deutschen Landschaft» vielfältig fungibel und entwickelte sich – nicht zuletzt durch die Planungs- und Weiterbildungsaktivitäten, die Ausstellungen und Publikationen des Reichsheimstättenamtes – Ende der 30er/ Anfang der 40er Jahre regelrecht zu einer «Schule», deren Handschrift sich in zahlreichen ähnlich aufgebauten Planungen niederschlug.[117]

Die Grundsätze und Planungen aus «Städtebild und Landschaft» wurden in einer ab 1940 von Neupert bzw. dem Reichsheimstättenamt herausgegebenen Reihe «Planungshefte» zur «Siedlungsgestaltung aus Volk, Raum und Landschaft» zum Teil wiederholt, weiterentwickelt und radikalisiert. Immer mehr rückte dabei in den nach Kriegsbeginn nun ins «Totale»[118] gesteigerten Planungsansprüchen die «totale Planung

115 Eine ganz andere Richtung schlug etwa der unter Speers Leitung erstellte bekannte Entwurf für eine Stadt X. (bei Trassenheide auf Usedom) für 20 000 Einwohner von 1941/42 ein (vgl. hierzu weiter unten); Wolters schrieb in seinem Kommentar zu dem «klaren, soldatisch strengen, auf eine starke bauliche Mitte ausgerichteten Stadtgrundriß»: «Wenn auch Gegebenheiten der Landschaft, z.B. starke Bodenbewegung, nicht ohne Einfluß auf den Plan der Stadt bleiben können, so wird der Städtebauer immer alles daransetzen, dem neuen Stadtgrundriß die neue Ordnung von Volk und Reich aufzuprägen» (zit. bei Harlander/ Fehl 1986, 235).

116 Vgl. hierzu Reichow 1948 u. 1959, Göderitz/ Rainer/ Hoffmann 1957, von Beyme 1987, Durth/ Gutschow 1988 u. 1990, Hohn 1992, Betker 1992, von Beyme u.a. 1992, Diefendorf 1993.

117 Vgl. hierzu die Beispielsammlung mit Planungen für Sontra in Hessen, Hartha in Sachsen, Braunschweig-Mascherode, Nürnberg Streicher-Siedlung, Niedersedlitz bei Dresden, Pirna, Annaberg und Pulsen in Sachsen, Bremen-Aumund, Braunau im Sudetenland, Schortens in Friesland, Mittweida in Sachsen, Danzig-Stoltenberg, Elbing-Kupferhammer, Wismar-Wischberg und Lenzing/ Oberdonau bei Schneider 1979, 121ff.

118 Das erste Planungsheft der Reihe «Siedlungsgestaltung» wurde als Heft 5/1940 von «Bauen, Siedeln, Wohnen» mit dem Titel «Totale Planung und Gestaltung – eine politische Forderung» auszugsweise

und Gestaltung der gesamten Aufsiedlung des Deutschen Ostens» ins Zentrum (Neupert 1940c, 134). Daß den in den schrecklichen Zusammenhang von barbarischem SS-Terror und perfektionierter «Ostraum-Planung» verstrickten Planern aus dem Reichsheimstättenamt und aus dem Umfeld der Reichsstelle für Raumordnung wie Reichow, Christaller, Niemeyer, Isenberg, Umlauf und anderen der gewaltförmige und mit «Wissenschaftlichkeit» nicht mehr zu verbrämende Charakter ihrer Planungstätigkeit durchaus bewußt gewesen sein muß, geht auch aus den Worten Neuperts hervor: «Die Ausweitung des deutschen Lebensraumes nach Osten und das Ziel einer totalen völkischen Erschließung dieses Raumes erfordern eine Besiedelung nach politischen Grundsätzen, die sich auf die Bildung einer gesunden Bevölkerungsstruktur und den Aufbau der Landschaft nach raumpolitischen Erkenntnissen erstrecken ... In der Organisation aber erfordert diese Aufgabe straffste Zusammenfassung und Autorisierung der schöpferischen Gestaltung. Diese Aufgabe ist nicht zu lösen auf dem Wege problematischer Untersuchungen und im Ausgleich der verschiedensten einander widerstrebenden wirtschaftlichen und ästhetischen Auffassungen, sondern aus der Verantwortung gegenüber Volk, Raum und Kultur allein durch die Tat.» (1940c, 134)[119]

Daß die Stadt und der Geschoßwohnungsbau Ende der 30er Jahre wieder einen kaum mehr bestrittenen Stellenwert innehatten, dokumentierten auch die von Schulte-Frohlinde und dem Vertreter des Deutschen Heimatbundes, Werner Lindner, herausgegebenen drei Bände der Reihe «Die landschaftlichen Grundlagen des deutschen Bauschaffens».[120]

Von der Notwendigkeit einer «Zerschlagung» der Großstadt war nun nicht mehr die Rede. Stattdessen heißt es in dem Band «Die Stadt» mit einem deutlichen Seitenhieb auf Großstadtfeinde wie Feder: «Vorübergehend gab es sogar eine heftige Mißachtung der Leistung der großen Städte. Man unterschätzte dabei ihren Anteil am Neuaufbau Deutschlands und erklärte ihre Kinderarmut aus der Stadt selbst, statt aus den Lehren

einer breiteren Öffentlichkeit bekanntgemacht (Neupert 1940a, 129ff.).

119 Vgl. zu den hier nicht behandelten Ostraumplanungen in der neueren Literatur u.a. Gröning/ Wolschke-Bulmahn 1987, Giordano 1989, Fehl 1990, Aly/ Heim 1991, Rössler/ Schleiermacher 1993, Wasser 1993, 48ff.

120 Hintereinander wurden von 1938 bis 1940 die überwiegend auf der Linie eines eher unsentimental-sachlichen Heimatschutzes, wie er sich seit den 20er Jahren herausgebildet hatte, verfaßten Bände «Das Dorf – Seine Pflege und Gestaltung» (Bearb.: Lindner, Kulke, Gutsmiedl), «Die Stadt – Ihre Pflege und Gestaltung» (Bearb.: Lindner und Böckler) und «Der Osten» (Bearb.: Schulte-Frohlinde, Kratz und Lindner) publiziert. Als Träger und fördernde Stellen der hinter der Buchreihe stehenden Arbeitsgemeinschaft «Haus und Heim» wurden genannt: Die DAF durch das Amt für Berufserziehung und Betriebsführung, Architekturbüro, Amt Schönheit der Arbeit, Reichsheimstättenamt, Deutscher Heimatbund, Stiftung für Forschungen im Wohnungs- und Siedlungswesen, RAM, RMdI, Reichsministerium für Volksaufklärung und Propaganda, Reichsministerium für Wissenschaft, Erziehung und Volksbildung, Der Generalinspektor für das deutsche Straßenwesen, Fachgruppe Bauwesen im NSBDT, Deutscher Gemeindetag, Reichsfremdenverkehrsverband, NS-Lehrerbund, Reichsjugendführung der NSDAP, Reichsstudentenführung – eine eindrucksvolle Aufreihung, die den offiziösen Charakter der Bände unterstrich. Vgl. zur Verbindung von Sachlichkeit und Heimatschutz, der Fehl für die Weimarer Zeit u.a. Stegemann, Tessenow, Schmitthenner oder Gustav Wolf zurechnet, ders., 1993b, 26; die Geschichte der deutschen Heimatschutzbewegung ist bisher nicht aufgearbeitet, Hinweise zur Geschichte des 1904 gegründeten Bundes Heimatschutz sind zu finden etwa bei Scarpa 1983 und Frank 1992, 115ff.; vgl. zu Werner Lindner dessen Arbeiten 1923, 1934, 1942a u. 1942b.

der Zeit und aus den unmöglichen Wohnzuständen der Arbeiterschaft. Endlich übersah man wohl auch, daß wir die Werkstätten unserer Rüstung, die Häfen unseres Handels und die Ansammlung kulturtragender Menschengruppen brauchen, um jene Höchstleistungen zu erzielen, in denen wir mit den Nachbarvölkern wetteifern.» (Lindner/ Böckler 1939, 9) Allerdings habe sich die Großstadt wegen des mit den «Danaergeschenken» (ebd., 125) der Industrialisierung und der Technik einhergehenden kulturellen und städtebaulichen Verfalls zu «einem Schädling am Volkstum» (ebd., 12) entwickelt. Für die großen Städte gehe es nicht mehr um Wachstum, sondern in erster Linie um die – an zahlreichen Gut-Schlecht-Beispielen demonstrierte – «Gesundung» und «Entschandelung» (ebd., 123ff.). Die Gesundung könne aber nur von der zu lange vernachlässigten Kleinstadt, «dem Aschenbrödel am Herd unseres Volkstums» (ebd., 10) ausgehen.[121]

1939 wurde Schulte-Frohlinde als Leiter des Arbeitskreises «Baugestaltung» im NS-Bund Deutscher Technik parallel zu seiner Tätigkeit als Leiter des Architekturbüros der DAF von dem am 9.12.1938 zum GBBau ernannten Fritz Todt[122] mit der Ausarbeitung von Rationalisierungsvorschlägen im Wohnungsbau beauftragt – eine neue Phase in der Geschichte des NS-Wohnungsbaus war eingeleitet (BSW 1939, 270ff.). Schulte-Frohlinde sah dabei für den durch ihn bzw. die DAF angestrebten «eigenen landschaftsgebundenen Wohnbaustil» keine Gefahr, sondern behauptete umgekehrt: «Gerade durch den Auftrag Todt sollen die landschaftlichen Verschiedenheiten im Wohnungs- und Siedlungsbau besonders stark betont werden.» (Schulte-Frohlinde 1939, 434)

Nur ein kleinerer Teil von Bauteilen wie Einrichtungen und Konstruktionen der Versorgung mit Licht, Gas und Wasser, Treppenhäuser, Innentüren u.ä. sollten für ganz Deutschland vereinheitlicht werden. Viele andere Bauteile wie «die Art der Dacheindeckung, die Art des verwendeten Ziegels, die Dachform, das Gesims, das Fenster, die Haustür, der Verputz und vieles andere» seien «landschaftlich bedingt» (ebd.). Auf diese Weise würde man zwar innerhalb einer Landschaft zu ähnlichen Bauweisen, Bauformen und Baustoffen kommen, auf das ganze Reich gesehen aber

121 So richtig die Kritik etwa von Lindner an der Plan- und Maßstabslosigkeit der von ihm angeführten «Bausünden» aus dem «kapitalistisch-liberalistischen Zeitalter» (Lindner 1940, 427) auch im Einzelfall gewesen sein mag und so deutlich er auch gegen «sentimentalistische Romantisiererei» (ebd.) stritt, so wenig widerstand der Heimatschutz auf der anderen Seite seiner «totalen» Banalisierung und Instrumentalisierung in der NS-Zeit – eine Hypothek, die bis heute fortwirkt; Vorbildliches konnte der Heimatschutz gerade im städtischen Wohnungsbau nur bis 1830/40 entdecken – sein Scheitern war damit wohl vorgezeichnet.

122 Der Bau der Reichsautobahnen, die Anlagen der Wehrmacht, der Westwallbau, die Errichtung der Großbauten der Partei und des Staates und der Wohnungsbau konfligierten in ihren Ansprüchen an Material, Arbeitskräfte und Finanzen zunehmend und sollten durch den effizientesten Techniker und Organisator der 30er Jahre, Fritz Todt, einheitlich gelenkt und produktiver organisiert werden. Hierzu sah Todt vor allem verstärkten Einsatz von Maschinen, Typenbeschränkung, Materialkontingentierung und Arbeitskräftelenkung vor: «In der Prioritätenliste, die Todt für den Bausektor aufstellte, rangierten an erster Stelle Befestigungen, Docks, Schleusen und Häfen für die Reichsverteidigung. Der Bau von rüstungswichtigen Produktionsstätten stand an zweiter Stelle. Die letzte Position nahm der Wohnungsbau ein.» (Seidler 1990, 305) Vgl. zu Todt auch Schönleben 1943 sowie zu seinem immer noch mysteriösen Ende im Februar 1942 Seidler 1990, 308f.

100

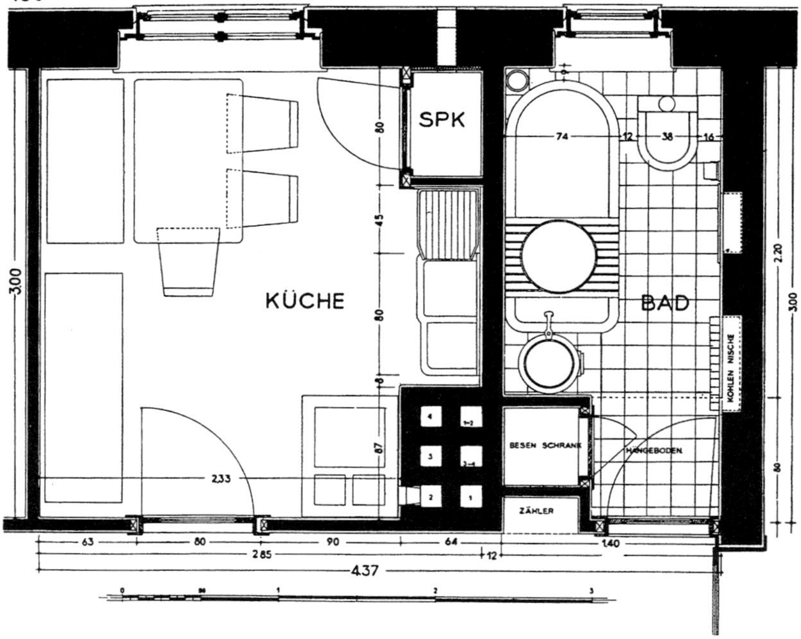

Städtischer Geschoßwohnungsbau: Wohnhausblock in Berlin, Architekt Walter Kratz
Quelle: Schulte-Frohlinde/ Kratz/ Lindner 1940, 124
Ansätze zu Normung und Rationalisierung: Reichsbauform Installationszelle
Quelle: Jacob 1940, 244

mit der dann wieder möglichen «Vielgestaltigkeit» «die Phantasielosigkeit heutiger Siedlungen» überwinden. (ebd.)
Ein erstes Teilergebnis dieser Rationalisierungsarbeiten wurde im Frühjahr 1940 mit der Veröffentlichung der «Reichsbauformen» und der «Landschaftsbauformen» vorgestellt.[123]
Als «vordringlichste Teilaufgabe» war der städtische Geschoßbau in Angriff genommen worden: «Als das wirtschaftlich beste und auch hygienisch und schönheitlich einwandfreieste Mietshaus wird von uns das 2 1/2–3stöckige Stockwerkshaus im Zweispännertyp angesehen.» (ebd., 231) Dabei bemühte man sich – ganz in Übereinstimmung mit den durch die DAF und das Reichsheimstättenamt proklamierten Zielen – nachzuweisen, daß «geräumige Wohnungen ... im cbm-Preis wesentlich billiger (sind) als auf Minimalmaße zusammengedrängte Kleinwohnungen.» (ebd.) Die Normungs- und Rationalisierungsvorschläge waren nicht sehr weitgehend. Ganz bewußt beschränkte man sich auf die Durcharbeitung weniger Bauteile und Einzelheiten: «Die fabrikmäßige Herstellung ganzer Häuser oder großer Rohbauteile wie ganzer Wände usw. erscheint mir zumindest in einem Zeitpunkt nicht vordringlich, in dem noch nicht einmal die leicht zu vereinheitlichenden Installationen, Beschläge usw. klargelegt wurden.» (ebd.)

15. Neugestaltung

Allein schon durch die rücksichtslosen Eingriffe in die vorhandene Bausubstanz bei der Planung und Anlage ihrer Achsen und Prachtstraßen, aber auch durch die zumeist parallel verkündeten großangelegten Wohnungsbauprogramme hatten die auf Hitlers Betreiben ab Mitte der 30er Jahre forcierten Neugestaltungsplanungen erhebliche – meist weniger beachtete – wohnungspolitische Implikationen.
Die Architektur der Neugestaltungsbauten[124] offenbart einen erst im Kontext der Kriegsvorbereitungen und imperialer Herrschaftsansprüche begreifbaren maßstabslosen und gewaltförmigen Willen zur Selbstdarstellung und Inszenierung totalitärer Macht. Diese Architektur sollte einschüchtern, aber durch ihre monumentale Größe auch faszinieren und in Verbindung mit den gerade von Speer virtuos genutzten nächtlichen Lichteffekten und Aufmärschen endloser ornamenthafter menschlicher Marschkolonnen und Fahnenabteilungen den Rahmen für «mystische» Gemeinschaftserlebnisse einer «verschworenen» Volksgemeinschaft bilden.[125]
Die megalomane Demonstration der eigenen Stärke und Größe gerierte sich in Hitlers Verlautbarungen zugleich als Weg zu einer neuen kulturellen Einheit, Gemeinschaft-

123 Die Leitung bei den Rationalisierungsarbeiten hatte Schulte-Frohlinde, Stellvertreter war Heinrich Eggerstedt. Mitarbeiter waren die Architekten Johannes Jacob, Fritz Brandt, Hans Kolb, Reinhold Lindemann, Roland Müller, Johannes Neupert, Rudolf Scheffel, Otto Weinert, Hans Schröder und Hans Bayer, BSW 1940, 230; die Arbeiten mußten wegen des Krieges 1940 abgebrochen werden (Schulte-Frohlinde, 1940, 232).

124 Vgl. zu Berlin Schäche 1987 u. 1992, Speer 1943 u. 1978, Taylor 1974, Larsson 1978, Reichhardt/Schäche 1984, Bodenschatz 1987; zu München Fiehler o.J., Rasp 1981, Nerdinger 1993d; zu Hamburg Schubert 1986b.

125 Vgl. Bartetzko 1985, 103ff., Ueberhorst 1989 u. Reichel 1992, 287ff.

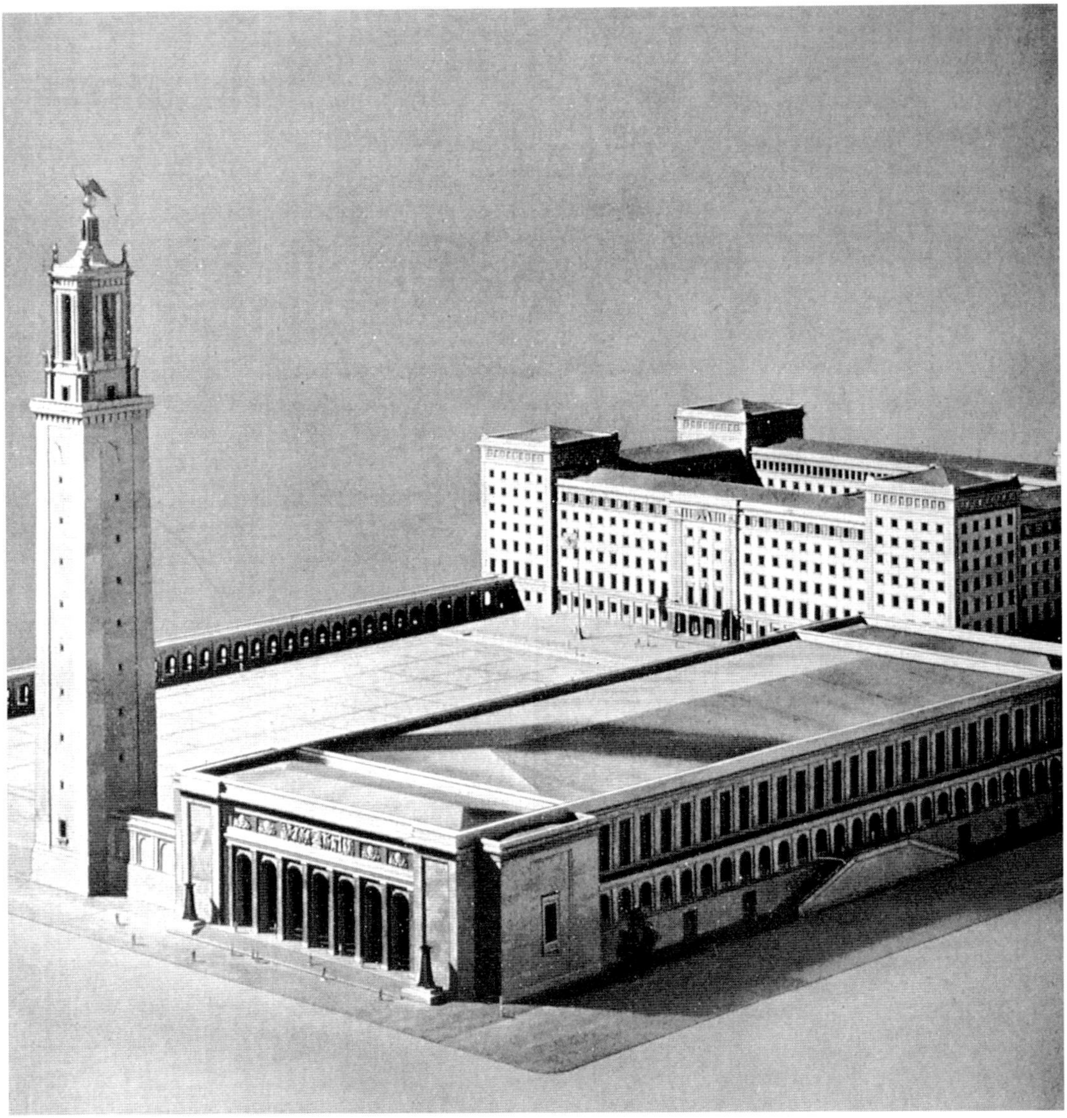

Parteiforum Weimar, Entwurf: Hermann Giesler 1937
Quelle: Speer 1943, 67

lichkeit und Dominanz der öffentlichen über die privaten Interessen. Schon auf dem Reichsparteitag am 11.9.1935 hatte Hitler erklärt:

> «Es ist unmöglich, einem Volk einen starken inneren Halt zu geben, wenn nicht die großen Bauten der Allgemeinheit sich wesentlich über die Werke erheben, die doch mehr oder weniger den kapitalistischen Interessen einzelner ihre Entstehung oder Erhaltung verdanken Es ist unmöglich, den Monumentalbau des Staates oder der Bewegung in eine Größe zu bringen, die zwei oder drei zurückliegenden Jahrhunderten entspricht, während umgekehrt der Ausdruck der bürgerlichen Schöpfungen auf dem Gebiete des privaten oder gar rein kapitalistischen Bauens sich um das Vielfache verstärkt und vergrößert hat. Was den Städten des Altertums und des Mittelalters die charakterlichen und damit bewunderungswürdigen Züge verlieh, war nicht die Größe der bürgerlichen Privatgebäude als vielmehr die sich weit darüber erhebenden Dokumente des Gemeinschaftslebens. Nicht diese waren mühsam aufzusuchen, sondern die Bauten des privaten Bürgertums lagen tief in deren Schatten. Solange die charakteristischen Züge unserer heutigen Großstädte als hervorragendste Blickpunkte Warenhäuser, Basare, Hotels, Bürogebäude in Form von Wolkenkratzern usw. ausmachen, kann weder von Kunst noch von einer wirklichen Kultur die Rede sein. Hier wäre es geboten, sich bescheiden in Einfachheit zurückzuhalten. Leider wurde aber im bürgerlichen Zeitalter die bauliche Ausgestaltung des öffentlichen Lebens zurückgehalten zugunsten der Objekte des privatkapitalistischen Geschäftslebens. Die große kulturgeschichtliche Aufgabe des Nationalsozialismus besteht aber gerade darin, diese Tendenz zu verlassen.» (zit. bei Speer 1943, 9)

Gegenüber der Schaffung neuer Stadtzentren, worin, wie Speer behauptete, «die Lösung aller übrigen städtebaulichen Fragen notwendig beschlossen» sein sollte (Speer 1943, 9), waren alle anderen Fragen absolut nachrangig. Wenn etwa Speer in dem von ihm verkündeten «Programm für die Neugestaltung Berlins» von 1938 erklärte: «Ebenso wichtig wie der Bau der Großen Straße ist der Wohnungsbau für die Reichshauptstadt», so war dies allein eine propagandistische Behauptung.[126] Dies ging bereits aus der zeitlichen Abfolge hervor. Hitler erwartete – absolut unrealistisch – die Fertigstellung der «Großen Straße» bis 1950, erst danach war die Realisierung der großen Wohnungsbauprojekte wie der Südstadt vogesehen.

Dabei ist es wichtig zu betonen, und dies ist inzwischen gegen eine verkürzte bau- und stilgeschichtliche Betrachtung wiederholt zu Recht vorgebracht worden[127], daß die Neugestaltungsplanungen nicht allein von ihrem imperialen Gestus her, sondern auch

126 «Das Programm für die Neugestaltung Berlins», Deutsches Nachrichtenbüro v. 27.1.1938, als Dokument Nr. 15 in: Schäche 1992, 590.

127 Vgl. Reichhardt/ Schäche 1984, Schäche 1987 u. 1992, Bodenschatz 1987, Dülffer 1990, Reichhardt 1992.

von ihren Kosten (allein für Berlin geschätzte sechs Milliarden RM), den benötigten Baustoffen und Arbeitskräften untrennbar in den Zusammenhang von Krieg und Zerstörung verwoben waren: «.. waren die ‹Germania›-Planungen in ihrer inhaltlichen Dialektik zugleich Vorgriff auf den Krieg und bedeuteten die Zerstörung zehntausender intakter Wohnungen, die Vertreibung und Vernichtung der jüdischen Bevölkerung, die Zwangskasernierung von Arbeitern, die Knechtung der Kriegsgefangenen, die Versklavung unterworfener Völker und den brutalen zigtausendfachen Einsatz von KZ-Häftlingen in den eigens von der SS für ‹Neugestaltung› eingerichteten Steinbrüchen und Ziegelfabriken.» (Schäche 1992, 39)

Auch wenn von den Planungen dann kaum mehr etwas realisiert werden konnte[128], begann man in Berlin bereits 1938 mit großangelegten Abrißarbeiten und «Entmietungsaktionen» (Schäche 1987, 201f.). Die ersten – und rechtlosesten – Opfer der Entmietungen waren jüdische Bürger, die man zuerst noch in Notunterkünfte verbrachte, in der Folgezeit aber systematisch in die Vernichtungslager zu deportieren begann. Über die Verwendung der übrigen beschlagnahmten «Judenwohnungen», für die Speer eine eigene Abteilung einrichtete, gibt ein bezeichnendes Schreiben Speers an Staatssekretär Pfundtner vom 26.1.1942 Aufschluß: «... sind die Anforderungen und Wünsche auf Zuteilung von Wohnungen aus dem noch vorhandenen Bestand an Judenwohnungen so groß, daß ich ohne Gefährdung der mir gestellten Aufgaben nicht in der Lage bin, diesen zu entsprechen. Es ist Ihnen nicht unbekannt, daß ich eine große Zahl von Judenwohnungen als Reserve für etwaige Bombengeschädigte bereit zu stellen habe. Das Soll ist hier noch nicht erreicht. Daneben muß ich jetzt vordringlichst im Rahmen einer weiteren Aktion Kriegsbeschädigte und besonders ausgezeichnete Soldaten der Wehrmacht unterbringen. Sie werden verstehen können, daß dann wenig Raum bleibt für die zahllosen Anträge auf Zuteilung von Wohnungen, die täglich bei mir eingehen, mögen sie auch im Einzelfall noch so begründet sein. Dennoch bin ich bereit, Ihnen zur Behebung Ihrer dringendsten Fälle *einmalig 8 Wohnungen* (Hervorh. i. Orig.) zur Verfügung zu stellen ...»[129]

Aber auch die übrigen Bürger waren durch die Abrißplanungen immer stärker betroffen und standen, glaubt man den SOPADE-Berichten vom Dezember 1938 über die Stimmung etwa in Berlin, den Planungen zunehmend eher skeptisch gegenüber. Offenbar spürte man in weiten Kreisen immer deutlicher den dahinter stehenden «Cäsarenwahnsinn» (SOPADE-Berichte 1938, 1322) und die «unglaubliche Verschwendung» (ebd.), die betrieben wurde. «Berlin gleicht zurzeit einem Schutthaufen. Alles wird ‹auf Befehl des Führers› niedergerissen, um ein neues Berlin aufzubauen.» (ebd., 1323) Viele Bürger, so wurde berichtet, glaubten aber, daß «für solche Riesenbauten .. die Zeit noch nicht gekommen (sei), erst müßte man genug Wohnungen haben» (ebd., 1322). Flüsterwitze gingen um: «Göring hat die Fettsucht, Goebbels die Schwindsucht und Hitler die Bausucht» oder «Der Grunewald hat eine Saubucht und der Führer eine Bausucht» (ebd., 1323).

128 Von den Bauten der Berliner Nord-Süd-Achse etwa kam nur noch das Fremdenverkehrshaus zur Realisierung, dessen Rohbau noch bis Anfang der 60er Jahre existierte (Schäche 1987, 202).

129 Speer an Pfundtner v. 26.1.1942, BAK, R 18/5370, Bl. 32.

Natürlich hatten die Planungen und die Propaganda für die Neugestaltungsprogramme auch Einflüsse auf den «gewöhnlichen» Städtebau, die Siedlungs- und Wohnungsplanung. Aber sie lösten andere Tendenzen, wie dies oft unterstellt wird, nicht einfach ab, sondern koexistierten gewissermaßen mit diesen bis zur Einstellung auch aller Neugestaltungsplanungen im Verlauf des Krieges – allerdings aus dem durch eigene Sonderbehörden[130], Finanzierung[131] und Gesetzgebung[132] unterstrichenen absolut privilegierten Status heraus, den ihnen das besondere «Führerinteresse» an dieser Aufgabe verschafft hatte.

Die Planungen wenigstens der wichtigsten Städte sind bekannt und sollen hier nicht im einzelnen behandelt werden. Ähnlich wie in Berlin mit seinem riesigen Achsenkreuz, auf dem auch die geplante Nord-Süd-Prachtstraße mit den Staats- und Parteibauten sowie dem Südbahnhof bzw. dem Triumphbogen auf der einen und dem «Großen Platz» für eine Million Menschen bzw. der Kuppelhalle auf der anderen Seite liegen sollte, sollten auch in den anderen Neugestaltungsstädten – allerdings in verkleinertem Maßstab – ähnlich monumentale Bauprogramme nach immer demselben Muster durchgeführt werden: «Grundsätzlich wünscht der Führer in allen Gauhauptstädten die Errichtung eines Gauforums, an dem in der Hauptsache die Parteibauten, eine Gauhalle, ein Kundgebungsplatz, ein Glockenturm, aber auch die Behörde des Reichsstatthalters einen Sitz hat.»[133] Bis 1941 hatte sich der Kreis der fünf «Führerstädte» Berlin, München, Nürnberg, Linz und Hamburg bereits auf 23 Städte erwei-

130 Bereits im Frühjahr 1936 wurde Speer anstelle der Stadt Berlin, mit der laut Hitler «nichts anzufangen» war, mit der Neuplanung Berlins beauftragt; am 30.1.1937 erhielt er dann mit der Ernennung zum «Generalbauinspektor für die Reichshauptstadt» (GBI) durch einen Erlaß Hitlers (RGBl. I, 103) auch alle nötigen Vollmachten für die Durchführung; vgl. etwa zu seiner Auseinandersetzung mit dem Berliner Oberbürgermeister und Stadtpräsidenten Lippert, der 1940 auf Speers Wunsch hin von Hitler abgesetzt wurde, die als Dok. 17 in Schäche 1992 wiedergegebenen Schreiben; vgl. zur Tätigkeit Speers als GBI Dülffer/ Thies/ Henke 1978, 22ff., Schäche 1987, 519ff., Dülffer 1990, 261ff., Durth 1992, 164ff.; neben der Behörde des GBI wurden auch in den wichtigsten anderen Neugestaltungsstädten eigene Behörden wie der Generalbaurat in München unter Hermann Giesler oder die Dienststelle Konstanty Gutschows in Hamburg aufgebaut; ansonsten machten die Gauleiter die Neugestaltung zu ihrer Sache.

131 Vgl. zur Problematik der Finanzierung der vorbereitenden Planungen und ersten Bauarbeiten in den fünf «Führerstädten» Berlin, München, Nürnberg, Linz und Hamburg die bei Dülffer/ Thies/ Henke 1978 als Dokumente wiedergegebenen Anforderungen, Schreiben des RFM etc.; im übrigen war Hitler an einer Untersuchung der Gesamtkosten der Neugestaltungsprogramme nicht interessiert und untersagte derartige Berechnungen.

132 Am 4.10.1937 wurde das Gesetz über die Neugestaltung deutscher Städte (RGBl. I, 1054) erlassen, das den Behörden für die förmlich festgelegten Neugestaltungs-Bereiche bzw. ganze Städte weitgehende Kontroll-, Eingriffs-, Vorkaufs- und Enteignungsrechte gab; Enteignungen sollten prinzipiell «angemessen» entschädigt werden (§ 10), bei den nach § 4 ermöglichten Beschränkungen privater Baufreiheit (Untersagen der Bebauung von Grundstücken, der Veränderung baulicher Anlagen oder der Teilung und Veräußerung von Grundstücken) wurde ausdrücklich keine Entschädigung gewährt; damit hatte sich das NS-System bereits 1937 in den für es wichtigen Bereichen und Städten von den zähen Bemühungen des RAM um die Erarbeitung eines «Deutschen Baugesetzbuches», zu dem erstmals 1942 ein kaum mehr beachteter Referentenentwurf vorlag, völlig unabhängig gemacht; das Bemühen zahlreicher weiterer Städte, den Status von Neugestaltungsstädten zu erlangen, muß auch vor dem Hintergrund des Ziels gesehen werden, in den Genuß dieses Sonderrechts zu kommen, vgl. auch Pergande 1973, 114f.

133 Speer an Schwarz, 19.2.1941, als Dok. abgedr. in Dülffer/ Thies/ Henke 1978, 66.

tert, weitere 18 Gaustädte hatten zumeist auf Betreiben der Gauleiter Planungen aufgenommen (ebd.).

Doch bereits im August 1941 beschwerte sich Speer bei Lammers: «Vom Gauleiter bis zum kleinsten Kreisleiter und Bürgermeister scheint die städtebauliche Initiative als das Hauptstück der öffentlichen Arbeit nach dem Krieg und als persönliche Bewährungsprobe zu gelten. Dabei sind die geplanten städtebaulichen Maßnahmen zum Teil recht unvernünftig. Achsen und andere grossräumige Lösungen mit sehr tiefgehenden Eingriffen in das Bestehende werden auf Stellen übertragen, die sich dazu in keiner Weise eignen. Im Zuge solcher Massnahmen sollen dann Wohnungen in grossem Umfang abgerissen werden, was die bestehende Wohnungsknappheit nur vergrössern würde; Flächen, auf denen heute wertvolle Industrieunternehmen stehen, sollen in Grünanlagen umgewandelt werden. Manche Stadt glaubt, 10 v.H. ihres Wohnungsbestandes abreissen zu können ...» Für diese Pläne bestehe angesichts der bevorstehenden Bauaufgaben nach dem Krieg «nicht im entferntesten die Möglichkeit zur tatsächlichen Verwirklichung.» (ebd.) Daher empfahl Speer, die Planungen mit Ausnahme der Arbeiten in den «Führerstädten» einzustellen und die bisher damit Beschäftigten für «kriegswichtige Aufgaben» zur Verfügung zu stellen.

Ende Februar 1942, kurz nachdem Speer nach dem Flugzeugabsturz Todts durch Hitler zu dessen Nachfolger in allen Ämtern ernannt worden war, griff er das Thema auf der Basis der nun erreichten Machtfülle erneut auf und wagte in seiner Ansprache auf der Gauleiter-Tagung am 24.2.1942 in München sogar den Konflikt mit den Gauleitern. Offensichtlich gab es immer noch eine Vielzahl von Projekten und Bauarbeiten, die die Gauleiter weiterbetreiben ließen – Speer bat und drohte:

> «Der Führer selbst hat schweren Herzens der Einstellung aller Arbeiten für die Neugestaltung der Reichshauptstadt zugestimmt, und Sie wissen, daß er deren Verwirklichung als die ‹wichtigste Aufgabe des Reiches› und ‹den bedeutendsten Beitrag zur Sicherstellung unseres Sieges› festgelegt hat. Es ist nun an Ihnen, freiwillig mit der Einstellung mancher kleiner Arbeiten zu folgen. Ich werde – das verspreche ich Ihnen – nach Beendigung des Krieges denjenigen Gauleitern, die jetzt meiner Bitte entsprechen, im besonderen Maß bei der Durchführung ihrer Friedensaufgaben zur Seite stehen. Im übrigen: der Führer erwartet von Ihnen, wie ich festgestellt habe, nicht, daß Sie ihn bei Beendigung des Krieges mit der Durchführung von Planungen und von Friedensbauten überraschen. Er erwartet von uns allen die restlose Konzentration auf die Kriegsaufgaben, und ich weiß, daß er die im Krieg etwa durchgeführten Friedensbauten durchaus nicht positiv werten wird.»[134]

Speers Beschreibung der vielfach katastrophalen Folgen der Neugestaltungsplanungen der Gauleiter vor allem für das Wohnen in den jeweiligen Städten traf noch in gesteigertem Maß auf die Verhältnisse in Berlin selbst zu. Schäche gibt an, daß «im

134 Ansprache Speer, Gauleiter-Tagung München 24.2.1942 (Auszug), BAK, R 18/5370, Bl. 347f.

Hinblick auf die ‹Neugestaltungsmaßnahmen› der ersten Bauphase zwischen 1939 und 1950 53 624 Wohnungen abgerissen werden sollten.» (1992, 488)

Ersatz gedachte man durch ebenso megalomane wie unrealistische Wohnungsbauprojekte zu schaffen. Der für die Wohnplanungen zuständige Abteilungsleiter beim GBI, Hans Stephan[135], bezifferte 1940 die Zahl der «im Ablauf der Neugestaltung» in Berlin zu errichtenden Wohnungen mit 400 000 (BSW 1940, 61). In der Darstellung des Gesamtprogramms durch Speer vom Januar 1938 war ein jährliches Bauvolumen von 15 000, später 20 000 Wohnungen angekündigt worden.[136] Hierzu sollten an allen Achsen, vor allem aber im Süden zwischen Mariendorf und dem Autobahnring riesige Baugebiete entstehen. Derartige Pläne gingen noch weit über den Abbau des auf 150 000 Wohnungen geschätzten vorhandenen Wohnungsfehlbestands und den aufgrund der Abrisse notwendigen Ersatzwohnungsbau hinaus. Hauptziel war dabei die Verwirklichung der Altstadtsanierung und eine großangelegte Auflockerung der Bevölkerungsdichte, die man etwa in Wedding, Prenzlauer Berg oder Kreuzberg von 400/ha auf 150/ha herabsetzen wollte (ebd.).

Von diesen Plänen wurde so gut wie nichts verwirklicht. Das einzige realisierte größere Projekt im Geschoßwohnungsbau in Berlin während der NS-Zeit mit ca. 2 000 Wohnungen (Architekten: Cramer, Danneberg, Pardon und Virchow; Bauträger: GSW) entstand am Grazer Damm im Bezirk Schöneberg und zeigt fünfgeschossige, kasernenartige Blöcke mit starren, eintönigen Fassaden und einigen typischen Elementen wie Hofportalen aus Naturstein, Sockelgesimsen u.ä.

Ein relativ innenstadtnahes Wohngebiet in Berlin sollte im Anschluß an die Siemensstadt in Charlottenburg-Nord mit etwa 10 000 Wohnungen entstehen.

Der Entwurf ist ebenfalls von großen, wuchtigen Häuserblöcken und geschlossenen Strassenräumen bestimmt. Die zentrale, 2 800 m lange Achse sollte sich in der Mitte zu einem langgestreckten Platz aufweiten, an dem auch einige repräsentative Bauten lagen. Auch hiervon wurde bis auf ein Altersheim im westlichen Teil des Gebiets praktisch nichts verwirklicht (vgl. Larsson 1978, 82).

Noch monumentaler war der ebenfalls vorwiegend mit großen geschlossenen Blöcken und Straßenräumen arbeitende soldatisch strenge Entwurf für die geplante Südstadt für 200 000 Einwohner (vgl. Larsson 1978, 188f., 191). Die Monotonie und Sterilität der extrem großen, bis 500 m langen Wohnblöcke im Plan des Amts für Stadtplanung wurde in der letzten Planfassung des GBI zwar durch kleinere Baublöcke etwas aufgelockert und die zentrale Achse verschwenkt und durch eine dichte Folge von Plätzen und Vorhöfen neu gegliedert, zugleich wurde aber auch der monumentale und konzessionslos-städtische Charakter dieser Bebauung durch die drastische Verringerung der Zahl der Einfamilienhäuser und die schroffe Abgrenzung der Stadt «als geschlossener Einheit gegenüber der ländlichen Umgebung» (Larsson 1978, 87) unterstrichen.

135 Hans Stephan, Architekt, war beim GBI ab 1937 Abteilungsleiter für Wohnungsbau, ab 1944 im Wiederaufbaustab Speers, nach dem Krieg u.a. als Senatsbaudirektor maßgeblich an der Interbau Berlin 1957 beteiligt, Durth 1992, 516.

136 «Das Programm für die Neugestaltung Berlins», Deutsches Nachrichtenbüro v. 27.1.1938 als Dok. Nr. 15 in Schäche 1992, 590.

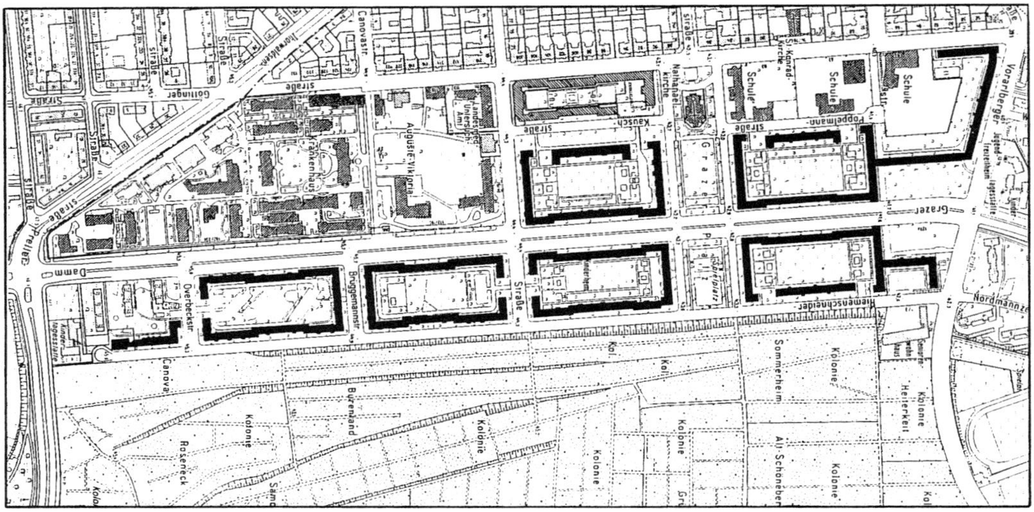

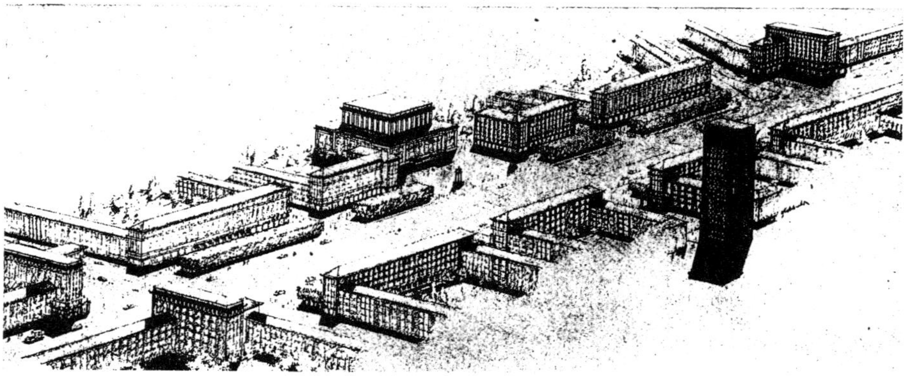

Wohnanlagen Grazer Damm, Berlin
Quelle: Schäche 1992, 487
Zentrum der Siedlung Charlottenburg-Nord, Planung: GBI, Architekt: Binder
Quelle: Speer 1943, 86

Fassadenentwürfe für die Südstadtplanungen sind nicht bekannt. Wie aus einem Bericht von Petrick, dem Geschäftsführer der Berliner GSW, hervorgeht, arbeitete man aber daran, der «heute schon berüchtigten Eintönigkeit .., die sich vielfach bis zur völligen Trostlosigkeit und Dürftigkeit gesteigert hat» (1939, 1093), durch eine stärkere Betonung der «Wohnlichkeit» der Wohnhäuser und «Abkehr von der Nüchternheit und Strenge» entgegenzuwirken.

Der brachial-monumentale und geometrisch-strenge Städtebau Speers, der im Rausch der ersten Kriegserfolge und eines noch ungebrochenen Machtstrebens zu Kriegsbeginn sowohl den Repräsentations- als auch den Rationalisierungsabsichten Speers so genau entsprach, verkörperte eine Richtung im NS-Städtebau, die kaum etwas mit den historisierenden und landschaftsbezogenen Bemühungen der Stuttgarter Schule und des Bundes Heimatschutz zu tun hatte. Wenig später, nach Einstellung der Neugestaltungsplanungen, kam dann unter dem Eindruck der Kriegszerstörungen bereits die Wende im Denken des flexiblen Speers, die er in der für seine «Erinnerungen» typischen, halb apologetischen, halb verschleiernden Form lakonisch kommentierte: «Keine hochkünstlerischen Ideen mehr, sondern Sparsamkeit; eine großzügige Verkehrsplanung, die dem Ersticken der Städte durch Verkehrsnot entgegentreten sollte; industrielle Herstellung von Wohnungen, Altstadtsanierung und Geschäftshäuser in den Stadtzentren. Von monumentalen Großbauten war nicht mehr die Rede. Dazu war mir unterdes die Lust vergangen und Hitler, mit dem ich die Grundlinien dieser Planungskonzeption durchsprach, wohl auch.»[137]

16. Neue Städte

Natürlich waren auch die Stadtneugründungen von Wolfsburg («Stadt des KdF-Wagens») und Salzgitter («Stadt der Hermann-Göring-Werke») in der zweiten Hälfte der 30er Jahre ein deutliches Signal für eine veränderte Bewertung der Stadt. Recker, die sich vor allem der Untersuchung der Frage gewidmet hat, inwieweit in Planung und Realität der KdF-Stadt das Postulat einer nationalsozialistischen Musterstadt verwirklicht wurde, kam zu dem Ergebnis, daß trotz zahlreicher Abweichungen von den ursprünglichen ideologischen Postulaten doch «ein städtisches Gegenmodell zum ländlichen Siedlungsideal» deutlich wird, das «der (Groß-)Stadt als Wohn- und Lebensraum auch im Nationalsozialismus eine wichtige und zukunftsweisende Rolle zumaß. Mit Wolfsburg und auch mit der Nachbarstadt Salzgitter wurde der modernen Industriestadt nicht mehr ein negatives Klischeebild, sondern ein positives Element der gesellschaftlichen Realität des Dritten Reiches zugewiesen.» (Recker 1981, 82) Schon allein ihre Funktion als Industriestädte und die geplante Größe (90 000–130 000 Einwohner) machten klar, daß es hier nicht etwa um Dezentralisierungen im Kleinstadtformat Federscher Provenienz ging, sondern um ganz neue Stadtgründungen, wie sie in Deutschland seit den Gründungen von Bremerhaven, Ludwigshafen und Wilhelmshaven in der ersten Hälfte des 19. Jahrhunderts nicht mehr stattgefunden hatten (vgl. Forndran 1984, 136f.). Die Geschichte dieser Stadtgründungen ist gut bekannt und von verschiedenen Seiten auf-

137 1969, 328; vgl. zu dieser Wende in den Planungsvorstellungen Speers auch Durth 1986, 206f.

ENTWÜRFE FÜR MEHRGESCHOSSIGEN MIETWOHNUNGSBAU

Straßenansicht von Süden

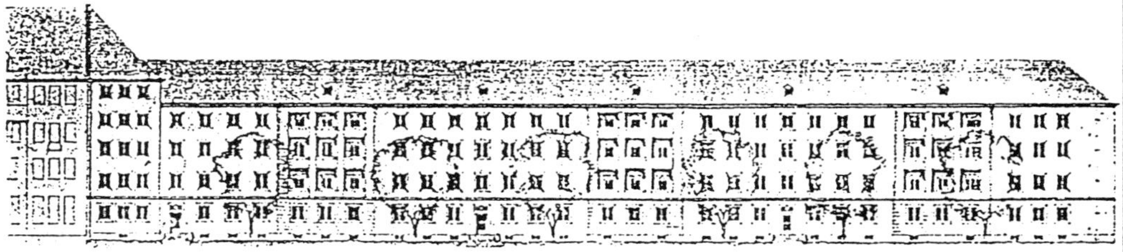

Straßenansicht mit Anschluß an vorhandene höhere Bebauung

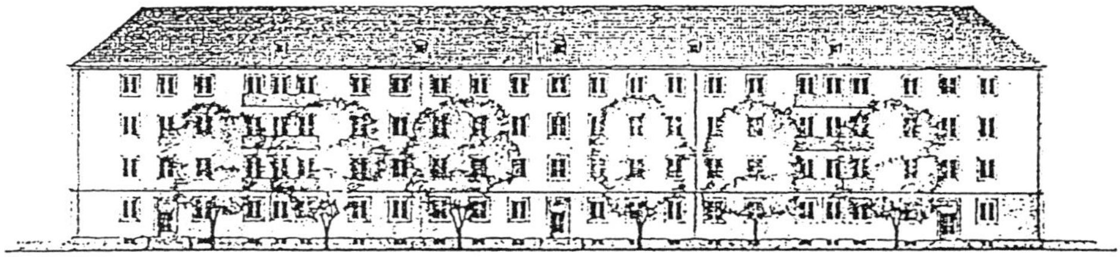

Straßenansicht von Norden

Straßenansicht, Modellaufnahme. (4 Fotos: Arthur Köster, Berlin)

Geschoßwohnungsbau im Auftrag der Gemeinnützigen Siedlungs- und Wohnungsbaugesellschaft Berlin (GSW), Straßenansichten und Modellaufnahme, Architekten: Grimmek sowie Kleinert und Riedel
Quelle: Petrick 1939, 1092

gearbeitet worden.[138] In dem hier erörterten Zusammenhang interessieren in erster Linie die wohnungspolitischen Implikationen, die für das als «Musterstadt» besonders herausgestellte Wolfsburg kurz zusammengefaßt werden sollen.[139]
Die primäre Entscheidung fiel für den Bau der Werke, erst dann folgten die Beschlüsse über den Bau der neuen Städte. Mehr als für Salzgitter, das unter der Verantwortung von Göring als dem Leiter der Vierjahresplanbehörde stand, interessierte sich Hitler für das Volkswagenwerk. Der «Volkswagen» auch für den «kleinen Mann» für weniger als 1 000 RM war, wie die NS-Propaganda immer wieder hervorhob, eine der lange gehegten «Lieblingsideen» Hitlers. Als die Automobilindustrie, die für ihre Produkte andere Preisvorstellungen hatte, zögerte, nahm er die Volkswagenproduktion in eigene Regie und beauftragte Ley mit der Durchführung.[140] Im Mai 1937 wurde die «Gezuvor» (Gesellschaft zur Vorbereitung des Deutschen Volkswagens) mit Startkapital der DAF und Ferdinand Porsche, Jakob Werlin von Daimler Benz sowie Bodo Lafferentz, dem Leiter der NS-Gemeinschaft KdF, an der Spitze gegründet.[141] Standort des Werks wurde nach einigen Kontroversen, in denen sich die DAF bzw. Lafferentz durchsetzte, das verkehrstechnisch günstig gelegene Fallersleben nordöstlich von Braunschweig.
Bei der Grundsteinlegung am 26.5.1938 erklärte Hitler: «Dieser Wagen ... soll den Namen der Organisation tragen, die sich am meisten bemüht, die breitesten Massen unseres Volkes mit Freude und damit mit Kraft zu erfüllen: Er soll ‹KdF-Wagen› heißen! Ich vollziehe die Grundsteinlegung im Namen des deutschen Volkes! Das Werk soll entstehen aus der Kraft des ganzen deutschen Volkes und es soll dienen der Freude des deutschen Volkes!» (zit. bei Smelser 1989, 172).
Der von Speer ins Spiel gebrachte Architekt Peter Koller übernahm die Planung der dem Werk gegenübergelegenen neuen Stadt, von der Hitler bei der Grundsteinlegung sagte: «Wenn wir dieses gewaltigste deutsche Automobilwerk errichten, dann soll mit

138 Vgl. Walz 1978, Schneider 1979, Recker 1981, Forndran 1984, Kautt 1988 sowie Wysocki 1991, Smelser 1989, 170ff.

139 Forndran bemerkt mit Mattausch (1981), daß in städtebaulicher Hinsicht das von Rimpl viel näher an der achsial-monumentalen Linie Speers entworfene Salzgitter als Vorbild für Neuplanungen im Osten eine bedeutend stärkere Wirkung als Wolfsburg hatte (1984, 186).

140 Die Erfolgsstory des Volkswagens begann freilich erst, dies sei hier nur angemerkt, in der Nachkriegszeit; der Sparfleiß vieler Deutscher war umsonst: außer Prototypen produzierte das Volkswagenwerk nur noch sog. Kübelwagen für das Militär (vgl. Kluke 1960).

141 Die DAF stattete die Gezuvor (ab 1939 Volkswagenwerk GmbH) mit einem Startkapital von 480 000 RM aus und stellte für den Bau des Werkes aus eigenen Mitteln 50 Mio. RM zur Verfügung; Forndran, der die internen Entscheidungsprozesse und Verflechtungen am genauesten untersucht hat, betonte, daß die DAF zwar letztlich der ausschlaggebende Entscheidungsträger war, ihre Rolle in den unmittelbar vor Ort ablaufenden Planungs- und Entscheidungsprozessen, die in einem komplexen und oft genug konflikthaften Zusammen- und Gegenspiel von Werk, Stadt und Stadtbaubüro verliefen, aber nicht überbewertet werden darf; auch der Architekt Peter Koller selbst hat hervorgehoben, daß hier durchaus gewisse Spielräume bestanden: «Diese Tatsache ist zu beachten im Zusammenhang mit dem Umstand, daß von Anfang an nur die ‹Gesellschaft zur Vorbereitung des Deutschen Volkswagens› als solche die Initiative hatte und die DAF-Ämter beim ganzen Vorhaben kaum eingeschaltet waren. Das Bauamt der DAF z.B., dem alle DAF-Bauten unterstanden, war hier nie in Tätigkeit getreten, ebensowenig wie das Personalamt; personell waren ‹Stadtbaubüro› und ‹Neuland› völlig unabhängig und beschäftigten keine aus DAF-Stellen kommenden Mitarbeiter. Die ganze Konstruktion war weitgehend auf die Selbständigkeit der ‹Gezuvor› als Gesellschaft aufgebaut. Nur der Amtsleiter für die wirtschaftlichen Unternehmungen trat allmählich immer mehr in Funktion ... Der Einfluß der DAF war daher auf das Wolfsburger Geschehen verhältnismäßig gering.» (zit. bei Forndran 1984, 148)

ihm zugleich eine vorbildliche deutsche Arbeiterstadt entstehen. Sie soll eine Lehrstätte sowohl der Stadtbaukunst wie der sozialen Siedlung werden. Wir wollen damit zeigen, wie der Nationalsozialismus solche Probleme sieht, wie er sie anfaßt und wie er sie löst.» (zit. nach Forndran 1984, 139)
Hier sollte also eine nationalsozialistische Musterstadt entstehen. Hitler selbst hatte nur in relativ allgemeiner Form im Dezember 1937 gefordert, daß die «Siedlung mit großen, breiten Straßen und entsprechenden Gebäuden ausgesprochen städtischen Charakter haben» und «eine starke Auflockerung durch Gärten» besitzen sollte (zit. in: ebd., 180). Schon die ersten Planungen des Stadtbaubüros unter Koller stießen jedoch auf Widerstand beim RAM und dem zuständigen Regierungspräsidenten, da sie den geltenden Bauordnungsbestimmungen zuwiderliefen. Um diese Schwierigkeiten aus dem Weg zu räumen, erwirkte Speer auf Anregung der Gezuvor einen Hitlererlaß vom 6.7.1938, der die «Stadt des KdF-Wagens» in den Kreis der «Neugestaltungsstädte» aufnahm und damit von dem vorhandenen Baurecht weitgehend unabhängig machte (vgl. Recker 1981, 23).
Dadurch sicherte sich aber zugleich auch Speer maßgeblichen Einfluß auf die Planung und entschied den Streit mit den RAM-Vertretern, die «gerade, breite Straßen, symmetrische Anordnung und insbesondere kreisrunde Plätze grundsätzlich für falsch hielten» (Koller, zit. bei Forndran 1984, 181), in seinem Sinne. Obwohl Koller einem Städtebau nach Speerschem Muster nicht unbedingt nahestand, es abgelehnt hatte, sich an dessen Berlin-Planungen zu beteiligen und diese – nach dem Krieg! – als «aberwitzig und größenwahnsinnig» (ebd., 180) bezeichnete, paßte er seine Pläne den Vorstellungen Speers an. Als ihm Speers Wohnungsbaubeauftragter Stephan die Berliner Planungen vorführte, schrieb er: «Ich war erst etwas erschlagen von der Großzügigkeit und Sturheit, mit der diese Projekte aufgestellt sind. Riesig, riesig, riesig ... wissen Sie, erst schmeißt es einen beinah um, aber ich hab den Witz der Sache schon kapiert, was die können, das kann ich auch. Ich habe es mir auch scharf angeschaut daraufhin, ob sich irgend welche Regeln daraus ziehen lassen und bin auf ein gewisses Schema gekommen, was eigentlich immer wieder abgewandelt wird. Und dieses werden wir auch versuchen müssen ...» (zit. bei Schneider 1979, 33)
Der Koller-Plan zeigt einen unter dem Einfluß Speers stark geometrisierten Entwurf mit der «Stadtkrone» und den Parteibauten als beherrschender Baugruppe auf dem Klieversberg, bei dem ihm nach eigenem Eingeständnis die Kreisplätze «am sauersten fielen» (zit. bei Schneider 1979, 35). Auf der anderen Seite weisen die starke Durchgrünung der Stadt, ihre funktionale Gliederung, die Ausstattung mit sozialer Infrastruktur und die Staffelung der Wohnbebauung, die von den drei- und zweigeschossigen, geschlossenen Innenbereichen nach außen in offene Bauweise überging, durchaus auch eigene Qualitäten und Ansprüche Kollers auf, die dem Entwurf eine Art von «Mittelstellung» zwischen dem monumentalen Städtebau in den Führerstädten und dem mehr landschaftsbezogenen und auf die Kleinstadt und Kleinsiedlung gerichteten Bauen verleihen.[142]

142 In diesem Sinn argumentiert auch Forndran 1984, 184; vgl. zu den Entwürfen im einzelnen Schneider 1979, 32ff.

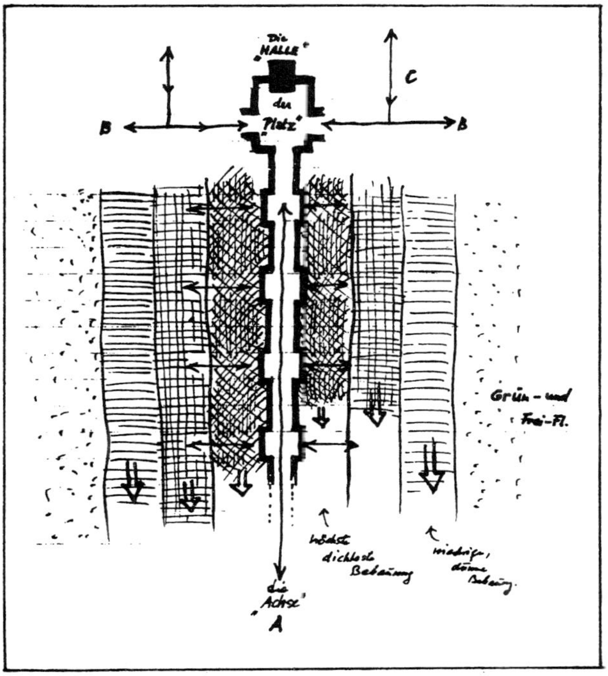

Das dem monumentalen Städtebau Speerscher Art zugrunde liegende Schema nach einer Zeichnung Kollers von 1976
Quelle: Schneider 1979, 95
«Wohnstraße in der Siedlung Steimkerberg. Schmaler Fahrdamm, dem geringen Anliegerverkehr entsprechend, geräumige Gehsteige und weite Grünflächen ergeben auch hier eine aufgelockerte Bebauung, die sich schmiegsam in die Natur einfügt. Überall, wo möglich, ließ man die großen Bäume stehen.» (Originalbildunterschrift)
Quelle: Taeschner 1940, 681

Auffällig war der hohe geplante Anteil an Wohnungen im Geschoßwohnungsbau, während Eigenheime und Siedlerstellen nur ca. 8 % der Wohnungen ausmachen sollten.[143] Koller begründete diese Verteilung mit den von ihm auf 30–40 % veranschlagten Mehrkosten im Einfamilienhausbau.[144] Die Nachteile des Geschoßwohnungsbaus sollten «durch die Anlage großer begrünter Innenhöfe in den Wohnblocks mit Kinderspielplätzen und Aufenthaltsmöglichkeiten, durch das Hineinziehen kleinerer Grünflächen und Fußwege in alle Baugebiete und durch die Anlage von Kleingartenflächen am Stadtrand kompensiert werden.» (ebd., 36)

Für den Bau der Stadt wurde eine eigene Gesellschaft, die «Neuland», gemeinnützige Wohn- und Siedlungsgesellschaft der DAF, gegründet. Die erste von ihr im März 1940 verwirklichte Siedlung «Steimkerberg» mit rund 480 Wohneinheiten war für die geplante städtische Bauweise eher untypisch. Sie war als «Waldsiedlung» mit viel Grün und Baumbestand um eine ruhige Mitte in 1 1/2 und 2-geschossiger offener Bauweise angelegt (vgl. Koller 1940, 656ff.).

Der Wohnkomfort durch die sog. «Vollelektrifizierung» und den Anschluß an die Fernheizung, die Durcharbeitung der Haustypen mit Erkern, Balkonen, Blumenfenstern u.ä., die Wohnungsgrößen von 56 bis 115 qm und die für einfache Arbeiter unerschwinglichen Mieten von 43 bis 105 RM verdeutlichten, daß diese Siedlung – mit wenigen Ausnahmen – vor allem auf die Angestelltenschaft, hochqualifizierte Facharbeiter und Mitarbeiter der Stadtverwaltung zugeschnitten war. Ideologisch machte das etwas Kopfzerbrechen, da es «eine Selbstverständlichkeit (ist), daß in der Musterstadt des Dritten Reiches sog. ‹bessere› Wohnviertel abzulehnen sind» (Staab 1940, 664). Aber man sah die Erstellung von Wohnungen für «finanziell besser gestellte Volksgenossen» als Erscheinung «einer ersten Anlaufzeit» an, langfristig sollten 80 % bis 90 % der Wohnungen in der «Arbeiterstadt» auch auf diese Bevölkerungsschicht abgestimmt sein (ebd.).

Dies hätte aber auch eine Lösung des Finanzierungsproblems vorausgesetzt. Im Fall Wolfsburgs, wie Salzgitters, machte die Anwendung der geltenden, sehr restriktiven Wohnungbauförderungsbestimmungen des Reiches für Volkswohnungen und Kleinsiedlungen größte Schwierigkeiten. Weder schienen die Wohnungsgrößen akzeptabel, noch waren die geforderten Höchstgrenzen bei den Baukosten einzuhalten. Um keinen Präzedenzfall zu schaffen, war man im RAM und RFM – außer zu einer relativ großzügigen Auslegung der geltenden Bestimmungen – zu keinen weitergehenden Sonderregelungen bereit. Daher war die DAF, die prinzipiell darauf beharrte, daß «die Finanzierung des Auf- und Ausbaus der Stadt des KdF-Wagens ... eine Aufgabe des Staates»[145] sein müsse, gezwungen, erhebliche eigene Mittel vorzuschießen (vgl. Recker 1981, 65ff.).

Für Ley und die DAF war das unbefriedigende Hin und Her in der Verteilung der Lasten beim Aufbau der «Musterstadt» ein weiterer Beweis für die absolute Unbrauch-

143 Vgl. Recker 1981, 33ff.; in Salzgitter lag das Verhältnis von Geschoßwohnungen und Siedlungshäusern für die Hütten- und Walzwerker bei 70 % zu 30 %, vgl. Walz 1978, 194.

144 Nach Unterlagen des Stadtbaubüros war – im Kontrast zu diesen Planungen – etwa ein Viertel der Belegschaft des Volkswagenwerks an einer Kleinsiedlerstelle interessiert (Recker 1981, 50).

145 Ley an RAM vom Jan. 1939, zit. bei Recker 1981, 74.

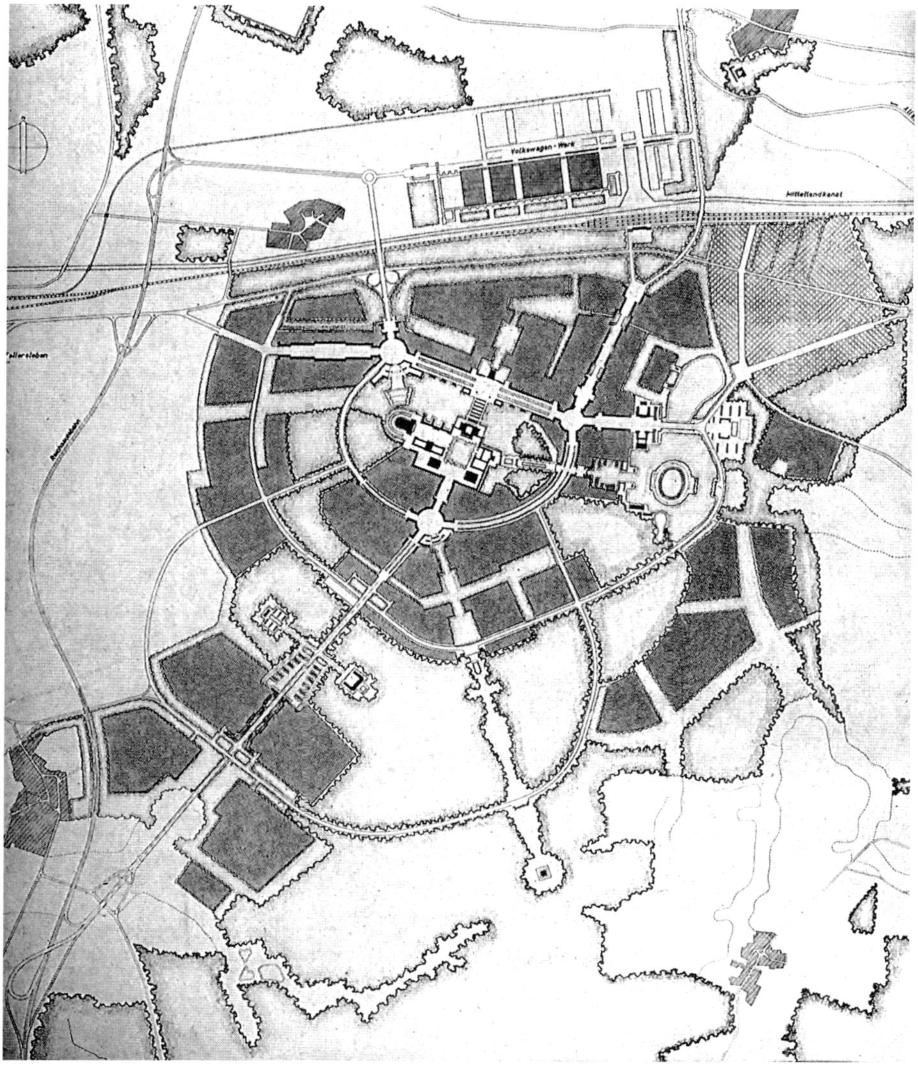

Lageplan für die Stadt des KdF-Wagens, Entwurf: Peter Koller; Zusatz in Speers Publikation von 1943 (1941): «Unter Leitung des Generalbauinspektors für die Reichshauptstadt»
Quelle: Speer 1943, 66

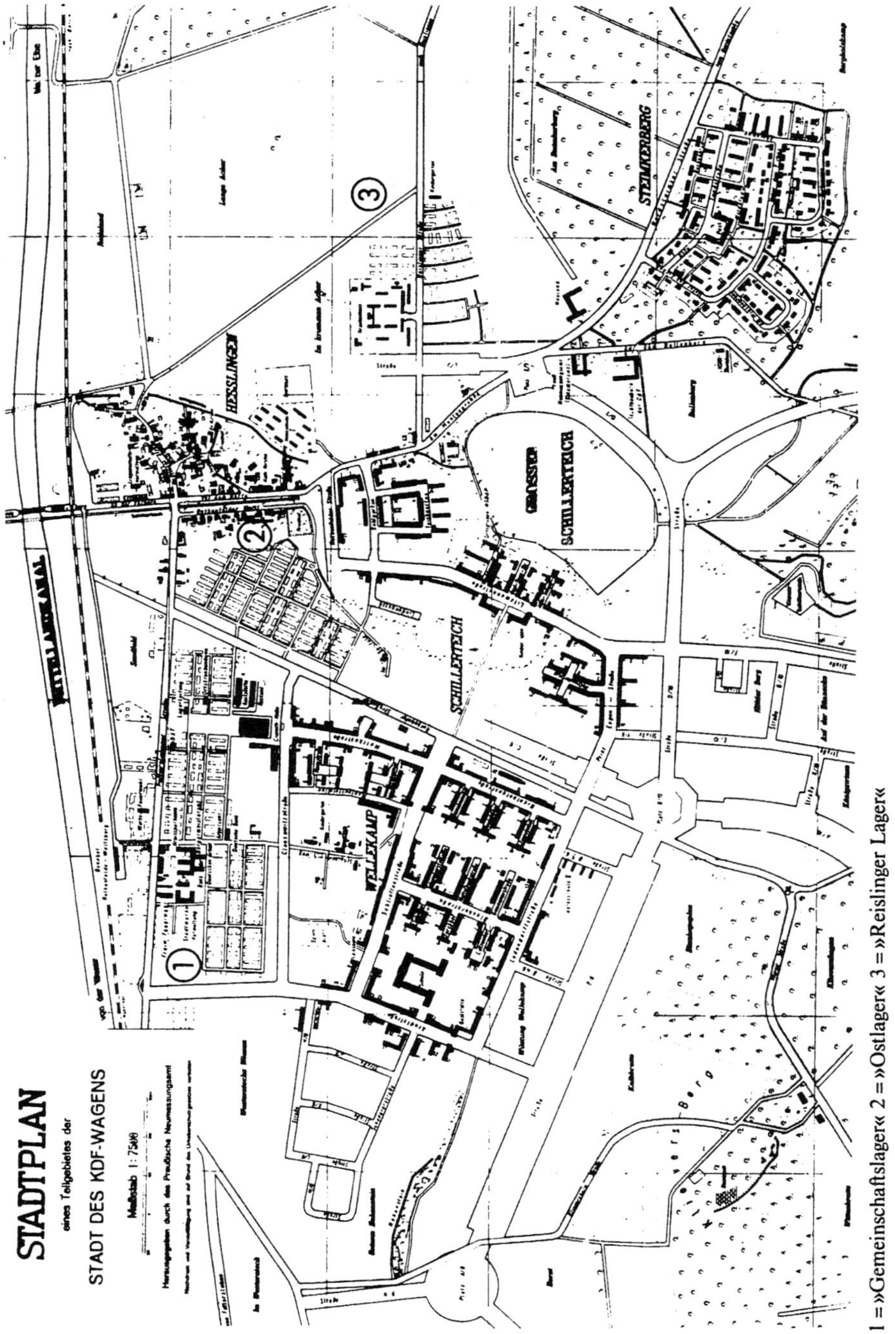

Plan der KdF-Stadt mit dem Stadtzentrum, der Siedlung Steimkerberg und einem Teil der Lager; im «Reislinger Lager» waren deutsche und italienische Zivilarbeiter untergebracht.
Quelle: Siegfried 1987, 109

barkeit der durch das RAM vertretenen Wohnungspolitik und der bestehenden Regelungen.
Zum ersten Bauabschnitt gehörten noch rund 2000 Geschoßwohnungen im Stadtzentrum. Bis 1940 waren davon 700 Wohnungen mit Größen zwischen 48 und 72 qm fertiggestellt, von denen aber immer noch, wie Staab feststellte, wegen der ungünstigen Finanzierungsbestimmungen «zuviele» für «besser gestellte Volksgenossen» bestimmt waren (1940, 664).
Die überwiegend dreigeschossigen Wohnbauten in geschlossener Randbebauung waren so durchgrünt und aufgelockert gruppiert, daß, wie Schneider vermerkte, ein «Wohngebiet mit angenehmem Wohnklima» entstand (1979, 52).
Der weitere geplante Ausbau des Stadtzentrums fiel den Kriegsereignissen zum Opfer. Bis 1940 konnten, wie aus den Akten Kollers hervorgeht (zit. bei Schneider 1979, 54), insgesamt erst 1600 Wohnungen bezogen werden.
Statt der Siedlungen der «Musterstadt» breiteten sich Lager für deutsche Arbeiter, für ausländische Zivilarbeiter, Kriegsgefangene und KZ-Häftlinge aus (vgl. Siegfried 1987).

17. Ergebnisse

Die Konzentration aller verfügbaren Ressourcen auf die Aufrüstung und die Vierjahresplanbauten ab 1936 und schließlich der Kriegsbeginn 1939 schlugen natürlich auch auf die quantitativen Ergebnisse im Wohnungsbau durch (vgl Tab. 5). Im Konjunkturaufschwung wurden zwischen 1936 und 1938 zunächst aber noch Gesamtfertigstellungszahlen von jährlich über 300000 Wohneinheiten erreicht, bei denen der Umbau im Unterschied zu den Jahren 1933–35 (vgl. Tab. 4) nur noch von untergeordneter Bedeutung war.

Tabelle 5: Wohnungsfertigstellungen 1936–1940

	insgesamt	davon durch		vom Neubau	
		Neubau	Umbau	mit öff. Mitteln	ohne öff. Mittel
1936	332.370	85,0 %	15,0 %	40,1 %	59,9 %
1937	340.392	90,8 %	9,2 %	38,3 %	61,7 %
1938	305.526	90,4 %	9,6 %	k.A.	k.A.
1939	220.334	92,1 %	7,9 %	46,6 %	53,4 %
1940	115.000	k.A.	k.A.	k.A.	k.A.

Quelle: Lütge 1949, 477; Blumenroth 1975, 311 u. 313

Ab Herbst 1938[146] war der Wohnungsbau dann stark rückläufig (Fischer-Dieskau 1939, 140), was sich bereits zum Teil 1939 im Rückgang der Fertigstellungen auf ca.

146 Eine wesentliche Rolle zur Drosselung des Wohnungsbaus spielte der Hypothekensperrerlaß vom 12.8.1938, durch den die Bereitstellung von Hypothekenkredit an den Nachweis «staatswichtiger Zwecke» gebunden wurde (Borchardt 1971, 141).

220 000 und drastisch dann 1940 auf ca. 115 000 Wohneinheiten ausdrückte. Der sog. kriegswichtige Wohnungsbau umfaßte anfangs durchaus noch nicht zu vernachlässigende Quantitäten. Trotz des Kriegsbeginns wurden 1939 noch ca. 200 000 Baugenehmigungen vor allem für die Unterbringung von Wehrmachtsangehörigen, die sog. Gefolgschaft von Vierjahresplanbetrieben oder den Ersatzwohnungsbau in Neugestaltungsstädten erteilt. Ein kleiner Teil davon wurde noch 1939 fertiggestellt, so daß in das Jahr 1940 ein «Überhang» von ca. 170 000–190 000 Wohnungen mitgenommen wurde, von denen Ende 1939 etwa die Hälfte im Rohbau stand (BSW 1940, 421).
Die Periode relativ hoher Fertigstellungszahlen zwischen 1936 und 38 war viel zu kurz, um einen Abbau des bereits 1935/36 allgemein auf 1,5–1,8 Mio. Wohnungen geschätzten «objektiven Fehlbedarfs» (die Differenz zwischen der Zahl der Haushalte und der der Wohnungen) bewirken zu können (vgl. z.B. Fischer-Dieskau 1938, 78), eines Fehlbedarfs, der mit der weitgehenden Einstellung des Wohnungsbaus nach Kriegsbeginn, der sprunghaft erhöhten Nachfrage im Gefolge der sog. Kriegstrauungen 1939/40 und späterhin natürlich mit den durch den Luftkrieg verursachten Zerstörungen rapide anschwoll.
Aus einem umfangreichen Schreiben des Reichskommissars für den sozialen Wohnungsbau (RKSW) an die Parteikanzlei vom 4.4.1942, in dem die wohnungsbezogenen Zahlen der Volkszählung vom 17.5.1939 zusammengefaßt wurden, ging hervor, daß der «objektive Fehlbedarf» bereits 1939 mit ca. 2,5 Mio. Wohnungen[147] sehr viel höher lag, als bis dahin angenommen worden war.[148]
Vor allem auch in den programmatisch besonders herausgestrichenen Bereichen war das Ergebnis äußerst dürftig. Zwischen 1935 und 1939 wurden, wie dargestellt, insgesamt nur etwa 150 000 Volkswohnungen und 83 000 Kleinsiedlerstellen errichtet – ein Bruchteil der großspurigen Ankündigungen. Der unter Kontrolle der DAF betriebene Arbeiterwohnstättenbau im Rahmen des Vierjahresplans umfaßte lediglich einige zehntausend Wohnungen.
Der tiefere Grund der unbefriedigenden Leistungen im Wohnungsbau lag in den andersgearteten Prioritätensetzungen des Regimes, die mit einer Minimierung der staatlichen Wohnungsbauausgaben einhergingen. Die im Vergleich zur Hauszinssteuerära der 20er Jahre vollständig veränderte Struktur der Wohnungsbaufinanzierung wird durch die folgende Tabelle (Tab. 6) aus einer Denkschrift «Grundfragen der künftigen Wohnungsbaufinanzierung»[149] von K.E. Mössner verdeutlicht, Leiter der volkswirtschaftlichen und statistischen Abteilung der Gemeinschaftsgruppe Deutscher Hypothekenbanken, Mitglied in der von Ley 1938 gegründeten Reichsarbeitsgemeinschaft für Wohnungswesen[150] und einer der wichtigsten Fachleute im Be-

147 Die Zahl ergab sich aus der Differenz von ca. 25,5 Mio. Haushalten und ca. 23 Mio. Wohnungen; zu diesem «angestauten» Bedarf wurde ein bis 1950 «organisch wachsender Bedarf» von ca. 1,8 Mio. Wohnungen gerechnet, so daß zu diesem Zeitpunkt – ohne Sanierung – von einem Gesamtbedarf von 4,3 Mio. Wohnungen ausgegangen wurde.

148 RKSW an Gölz (Parteikanzlei) v. 4.4.1942, BAK, NS 6/198, Bl. 187–199.

149 BA (Potsdam), 40.02/242.

150 Diese Arbeitsgemeinschaft sollte zu «grundsätzlichen, von sozialen Gesichtspunkten bestimmten Fragen des Wohnungswesens» Untersuchungen anstellen und «auf die wohnungspolitische Entwicklung Einfluß nehmen» (BSW 1938, 485); neben Mössner gehörten ihr u.a. an: Brecht, Fischer-Dieskau,

reich der Wohnungsbaufinanzierung nicht nur in der NS-Zeit, sondern auch im Wiederaufbau.

Tabelle 6: Struktur der Wohnungsbaufinanzierung im Vergleich der Jahre 1924–1932 und 1933–1940

	1924-32	1933-40
Durchschnittl. jährliche Wohnungserstellung (WE)	232.500	245.000
Gesamtaufwand von Bau- und Bodenkosten	18,4 Mrd. RM	13,4 Mrd. RM
davon:		
von der öffentlichen Hand	7,4 Mrd. RM	1,9 Mrd. RM
vom privaten Kapitalmarkt	11,0 Mrd. RM	11,5 Mrd. RM
Gemeinde- bzw. Reichsbürgschaften	(ca. 300 Mill. RM)	(ca. 900 Mill. RM)

Quelle: Mössner (1943), Grundfragen der künftigen Wohnungsbaufinanzierung, Denkschrift (BA Potsdam, 40.02/242)

Daraus geht hervor, daß ein ähnliches quantitatives Wohnungsbauergebnis[151] mit einem ungleich geringeren Einsatz öffentlicher Mittel erzielt wurde. Daß dies möglich war, lag vor allem an den Zinssenkungen[152] und dem durch die Weltwirtschaftskrise verursachten starken Rückgang des Baukostenindex, von dem das NS-Regime sehr profitierte (1928: 179, 1934: 130, 1938: 136) (ebd., 32). Der Kostenaufwand pro Wohnung lag 1938 durchschnittlich bei ca. 7000 RM gegenüber ca. 10000 RM 1928. Der niedrige Kostenaufwand wurde allerdings durch damit einhergehende Minimalgrößen und -standards[153] und eine rigide behördliche Kontrolle der Kostenobergrenzen erkauft, die – hierin hatte die DAF in ihrer freilich letztlich an den falschen Adressaten gerichteten Kritik nicht unrecht – den Wohnungsbau gerade in den Bereichen drosselte und verunmöglichte, denen man in propagandistischer Abgrenzung zur Weimarer Zeit höchste Priorität gegeben hatte: dem «Arbeiterwohnstättenbau» und Wohnungsbau für «die kleinen Leute».

Immerhin kam man auf diese Weise etwa 1938 mit dem Einsatz von 250 Mio. RM mit weniger als einem Fünftel der öffentlichen Fördermittel des Jahres 1928 (1,33 Mrd.) aus. Eine wichtige Rolle spielten dabei auch die Reichsbürgschaften, die nach 1933 an

Lafferentz, Lippert (OB Berlin), Werner Meier (RAM), Strölin (OB Stuttgart), von Stuckrad, Josef Wagner (Gauleiter und Reichskommissar für die Preisbildung); vgl. Der Angriff 7/1938, BA (Potsdam), 62.03/5425, Bl. 18; im Gegenzug schlossen sich unter Führung des RAM die Deutsche Akademie für Bauforschung, die Deutsche Akademie für Städtebau, Reichs- und Landesplanung und der Deutsche Verein für Wohnungsreform in einer Arbeitsgemeinschaft zusammen (GT 1938, 127).

151 Reinzugang an Wohnungen von 1924–32: 2 093 008, 1933–40: 1 959 472, ebd., 32.

152 In einer typischen Finanzierungsrechnung im Mietwohnungsbau konnte 1936 für die erste und zweite Hypothek eine Verzinsung von 5 % (1939: 4 1/2 %) zugrunde gelegt werden (ebd., 34); vgl. zu den Zinssenkungen der NS-Zeit auch Borchardt 1971, 139ff.

153 Mössner argumentierte umgekehrt, daß durch den höheren Anteil an Einfamilienhäusern und Kleinsiedlungen nicht nur quantitativ, sondern auch qualitativ eine höhere Wohnungsbauleistung erbracht worden sei (ebd., 32).

die Stelle der Hauszinssteuerhypotheken traten, die in den 20er Jahren im wesentlichen den Raum der zweiten Hypothek bestritten. Bis 1939 wurde – ohne Ausfälle – das Volumen der Bürgschaften auf 900 Mio. RM erhöht, mit denen in dem Gesamtzeitraum von 1933–39 etwa 450000 Wohnungen (darunter auch die Arbeiterwohnstätten und Volkswohnungen) und 60000 Kleinsiedlungen gefördert wurden.[154]
Bleibt noch mit dem Blick auf die Ergebnisse der Volkszählung vom Mai 1939 zu ergänzen, daß die erhoffte Neuverteilung der Bevölkerung auf Stadt und Land ausblieb. «Fast die gesamte Bevölkerungszunahme von 2,9 Millionen Menschen in der Zeit von 1933–1939 ist den Stadtgemeinden zugute gekommen.» (SuW 1940, 273) Allerdings wiesen die Kleinstädte mit 9,6 % die größte Bevölkerungszunahme (Mittelstädte: 8,3 %, Landstädte: 6,6 %) auf; erst am Ende folgten die Großstädte über 100000 Einwohner (mit 2,6 %), deren Zahl von 53 auf 61 wuchs (ebd., vgl. auch BSW 1939, 869 u. 1940, 155).

18. Zusammenfassung

Die Phase von 1936 bis 1939 stand ganz im Zeichen forcierter Aufrüstung und Kriegsvorbereitung. Der Wohnungsbau wurde in der Praxis absolut nachrangig behandelt und spielte nur eine gewisse Rolle als Arbeiterwohnstättenbau für die «Gefolgschaften» der Rüstungsindustrie und Vierjahresplanbetriebe. Mit der Beauftragung der mächtigen und ökonomisch potenten DAF auf diesem Feld entwickelte sich in dieser Phase aber auch ein mächtiger Konkurrent für das Reichsarbeitsministerium, der immer unverhohlener «Führungsansprüche» vortrug. Die dabei vor dem Hintergrund der KdF-Utopien entworfenen wohnungspolitischen Konzeptionen entwickelten allmählich in ihrem sozialpolitischen Anspruch, dem Verhältnis zur Großstadt und zum Geschoßwohnungsbau, den beabsichtigten Rationalisierungsanstrengungen u.ä. ein immer «moderneres» Profil, während das RAM und seine Mitarbeiter mehr und mehr zu kraftlosen Verwaltern des Mangels und Verteidigern des Status quo herabsanken. Auch die Neugestaltungspläne und der Bau von neuen Städten wie Wolfsburg und Salzgitter trugen dazu bei, das Klima weiter zu verändern und die Forderung nach einer «Wende in der Wohnungspolitik» zu unterstützen. Von einer wirklichen «Wende» im Wohnungsbau konnte vor allem angesichts des anhaltend äußerst geringen öffentlichen Mitteleinsatzes nicht gesprochen werden. Aber mit den ideologischen und organisatorischen Veränderungen, die – wenigstens zum Teil – auch bereits an den «Mustersiedlungen», Ausstellungen und «Musterstädten» abzulesen waren, wurden nach und nach alle Voraussetzungen für eine grundsätzliche Wende ab 1940 geschaffen.

154 Davon entfielen auf den Zeitraum von 1933–35 nur etwa 73000 Wohnungen, vgl. Breitmeyer 1939, 269 und Durst 1940a, 91.

V. 1940–42 Kriegswohnungsbau und Planungen für den sozialen Wohnungsbau der Nachkriegszeit

In all dem Tod, dem Schrecken und der Zerstörung, die der durch Hitler und Nazi-Deutschland am 1.9.1939 mit dem Überfall auf Polen entfesselte Krieg für Europa und die Welt bedeutete, scheinen die Auseinandersetzungen in der Wohnungspolitik und die Planungen für den künftigen sozialen Wohnungsbau für so etwas wie ein Stück «Normalität» und Alltag während dieser Jahre zu stehen.
Wer wollte, konnte ja durchaus im Inneren Deutschlands noch jahrelang an der Illusion von «Alltagsnormalität» festhalten. Hitler, der aus der Erfahrung des Ersten Weltkriegs um die eventuell kriegsentscheidende Bedeutung der Stabilität der «Heimatfront» wußte, suchte die Belastungen der Zivilbevölkerung möglichst gering zu halten. Dies schien umso mehr geboten, als die Bevölkerung auf den Kriegsausbruch nicht wie im Ersten Weltkrieg mit Euphorie und allgemeiner Kriegsbegeisterung, sondern zunächst eher mit Furcht und Niedergeschlagenheit reagierte. So erfolgte – etwa im Vergleich mit England – die Umstellung der Wirtschaft auf Kriegsproduktion weniger rigoros, und es gelang, nicht zuletzt auch durch die systematische Ausbeutung der Ressourcen der besetzten Länder[1] und die gewaltsame Rekrutierung einer immer größeren Zahl von «Fremdarbeitern» und Kriegsgefangenen, die Versorgungslage bis weit in den Krieg hinein relativ stabil zu halten: «Noch 1941 lag der private Verbrauch in Deutschland nicht wesentlich unter dem von 1938. In Großbritannien war er dagegen um ein Fünftel zurückgegangen und zwei Jahre später mußten die Engländer schon auf ein Viertel ihres Vorkriegskonsums verzichten, während er in Deutschland bis dahin nur um 13 % gesunken war. Erst 1944 glichen sich die Verhältnisse in beiden Ländern einander an.» (Abelshauser/ Faust/ Petzina 1985, 426) Auch die von Milward wiedergegebene Tabelle 7 zeigt, daß die Kriegsausgaben, die 1939 zwei Drittel und 1940 bereits fünf Sechstel der öffentlichen Ausgaben ausmachten, erst ab 1942 die relativ langsam sinkenden Verbraucherausgaben deutlich übertrafen.

Tabelle 7: Sozialprodukt, öffentliche Ausgaben und Verbraucherausgaben in Deutschland, 1939–1943 (in Mrd. RM, in Preisen von 1939)

	1939	1940	1941	1942	1943
Bruttosozialprodukt	129	129	131	136	150
Öffentliche Ausgaben	45	62	77	93	109
Verbraucherausgaben	71	66	62	57	57

Quelle: Millward 1977, 103

1 Petzina gibt an, daß mit 84 Mrd. RM etwa 20 % der gesamten Kriegsausgaben in Höhe von 445 Mrd. RM durch die beherrschten Länder aufgebracht wurden, nicht gerechnet den ökonomischen Nutzen der Millionen von Fremdarbeitern (im Sept. 1944: 7,5 Mio.) (1977, 154); vgl. zum «Fremdarbeiter»-Einsatz Milward 1977, 225ff., Herbert 1985 und Benz 1990.

Die anfänglichen «Blitzkriegs»-Erfolge, die zugleich den «Führernimbus» in kaum steigerbare Höhen hoben, und die Hoffnung auf einen baldigen Frieden bewirkten einen Stimmungsumschwung in weiten Teilen der Bevölkerung, in dem die besorgte und depressive Stimmung der ersten Zeit einer «eigentümlichen Aufbruchstimmung» (Frei 1990, 291) Platz machte, die mit dem siegreichen Abschluß des Krieges «einen ganzen Strauß sozial- und gesellschaftspolitischer Erwartungen verband» (ebd.). Vielleicht gerade weil die Kriegsziele unklar blieben und Hitler eine Festlegung der territorialen Endziele vermied, ergaben sich scheinbar Spielräume, die die unterschiedlichsten Gruppierungen und Machtträger mit ihren in die Zeit nach dem «Endsieg» projektierten Forderungen und Ansprüchen auszufüllen und zu besetzen suchten. Unabhängig von den in der Forschung[2] diskutierten Fragen, ob Hitler letztlich nach «Weltherrschaft»[3] oder kontinentaler Herrschaft strebte und inwieweit die Eskalation des Krieges einem festen, «intentionalen» «Programm» folgte oder aber Ergebnis einer allenfalls auf ein Endziel hin orientierten «nihilistischen Dynamik» war, die auch Hitler selbst immer weniger kontrollierte, herrscht Übereinstimmung, daß die ineinander übergehenden Kernelemente des nationalsozialistischen Imperialismus in dem gegen den Osten bzw. Rußland gerichteten «Lebensraum»-Konzept und dem Ziel der rassischen Neugestaltung des nationalsozialistischen Reiches bestanden. Hitler und seinen Gefolgsleuten stand ein Reich vor Augen, das auf der Grundlage einer möglichst expansiven «völkischen» Bevölkerungspolitik «etwa im Jahre 2040 rund 250 Millionen Exemplaren der deutschen 'Herrenrasse' Platz bieten sollte» (Graml 1990, 26). Für andere Völker blieb – bestenfalls – ein Status kolonialer Abhängigkeit oder ein Sklavendasein. Im Osten zielte das «Lebensraum»-Konzept ganz ausdrücklich zunächst einmal nicht auf Herrschaft, sondern auf Eroberung «neuen» Siedlungsraums für die angestrebte Expansion der arischen Rasse. Immer größere Räume im Osten standen einer wachsenden Zahl von «Vordenkern der Vernichtung» (Aly/ Heim 1993) als prinzipiell «leer» für einen «völligen Neuaufbau des Landes unter Beseitigung des Bestehenden» (Liedecke, zit. in: Durth/ Gutschow 1993, 77) zur Disposition. Die begleitenden Verschleppungen, Vertreibungen, Selektionen, «Um»- und «Absiedlungen» und gezielten Massenermordungen wurden von ihnen mit Verweis auf das legitimierend vorgeschobene und von der Wissenschaft willfährig attestierte «Überbevölkerungsproblem» (Aly/ Heim 1993, 104ff.) in diesen Räumen als unumgänglich hingenommen.[4]
Insofern «brachte nationalsozialistischer Imperialismus grundsätzlich nicht Herrschaft, sondern Vernichtung, jedenfalls da, wo er nicht auf germanische oder soge-

2 Vgl. hierzu u.a. Hildebrand 1987, 189ff., Kershaw 1988, 209ff., Frei/ Kling 1990; auch von «Strukturalisten» wird – anders als in der Innenpolitik mit ihren zunehmend «polykratischen» Strukturen – die zentrale Rolle der Person und ideologischen Ziele Hitlers für die Entwicklung der NS-Außenpolitik nicht bestritten.

3 Vgl. mit Bezügen zur Architektur u.a. Thies 1976.

4 Aly/ Heim zeigten in ihrer Arbeit «Vordenker der Vernichtung» sehr eindringlich, daß die «wissenschaftliche» Untermauerung der Ostraumplanungen ebensowenig wie die sozialwissenschaftlichen Begründungen für die Euthanasieaktionen als Ausdruck eines blinden Fanatismus oder Rassenhasses interpretiert werden können, sondern Ergebnis überwiegend kalter utilitaristischer Erwägungen einer Generation oftmals junger Planer waren, die in einem Prozeß wechselseitiger Radikalisierung ihrem «Modernisierungsziel» alles «Machbare» unterordneten (1993, 481ff.).

Seit 1936 gab es die wöchentliche «Parole der Woche», ein breitformatiges, mit Texten und farbigen Graphiken ausgestattetes Blatt, das in Behörden, in den Mitteilungskästen der Partei-Dienststellen und an öffentlichen Plätzen als «Waffe der Propaganda» hing; die Abbildung zeigt zwei «Losungen» aus der Kriegspropaganda: «Zum glorreichen Sieg» (16.–22.4. 1940) aus der «Blitzkriegsphase» und «Sieg um jeden Preis» (April/Mai 1942) nach dem Übergang zu dem – nicht eingeplanten – Abnützungs- und Materialkrieg ab 1942, auf dessen Belastungen es die Bevölkerung einzuschwören galt.
Quelle: Heyen 1983, 69, 105

Speers Vorgänger als GBBau und Rüstungsminister, der im Februar 1942 tödlich verunglückte Fritz Todt
Quelle: Schönleben 1943, 3

Martin Bormann, als Leiter der Parteikanzlei und Sekretär Hitlers auch im Wohnungswesen eine der Schlüsselfiguren
Quelle: von Lang 1977, 380

nannte artverwandte und mithin als einschmelzungsfähig geltende Völker stieß. In seiner nationalsozialistischen Entartung war der deutsche Nationalismus, nachdem er die Fähigkeit zum Transport liberalisierender und demokratisierender Tendenzen ohnehin längst verloren hatte, am Ende auf den Hund des schieren Biologismus gekommen, und dieser biologistische Nationalismus gebar einen Imperialismus, der sich selbst nur noch als permanente Wucherung an den anderen Völkern und Staaten zu definieren wußte.» (Graml 1990, 27)

Die Kehrseite dieses Imperialismus nach außen war eine zunehmend unverhülltere Radikalisierung der Politik der «Rassenhygiene» auch nach innen. Es war, wie Fest schrieb, «als werfe er (Hitler, d. Verf.), nachdem der ungeduldig herbeigesehnte Krieg in Gang gekommen war, mit der einen Hemmung auch alle anderen ab» (1990, 114). Die von Hitler schon am 30.1.1939 im Reichstag angekündigte «Vernichtung der jüdischen Rasse in Europa»[5] wurde ergänzt durch das Ziel einer «Ausmerzung» aller «volksschädigenden» und «gemeinschaftsfremden» Personen und Personengruppen. Bereits mit Himmlers Erlaß zur «Regelung der Zigeunerfrage aus dem Wesen der Rasse heraus» vom 8.12.1938 eingeleitet, begannen jetzt die Ausrottungsaktionen gegen die Sinti und Roma und die Euthanasieaktionen gegen geistig Behinderte und psychisch Kranke, die in der Folgezeit auf immer weitere, mit Hilfe der Wissenschaft selektierte, gesellschaftlich «unbrauchbare» Gruppen ausgedehnt wurden.[6] Die Ermächtigung Hitlers hierzu datierte vom 1.9.1939. Etwa einen Monat später (am 6.10.1939) ernannte er Himmler zum «Reichskommissar für die Festigung deutschen Volkstums», der die Aufgabe hatte, die NS-Siedlungs- und Bevölkerungspolitik im Osten in die Tat umzusetzen und mit den Einsatzgruppen seiner SS die «rassische Flurbereinigung» hinter den Linien der vorrückenden deutschen Truppen vorzunehmen, eine «Flurbereinigung», von der wiederum Konrad Meyer, Professor für Agrarwesen und Agrarpolitik in Berlin und Leiter von Himmlers Planungsabteilung, «beispielgebende» Rückwirkungen für die «Gesundung der agrarischen Verhältnisse und darüber hinaus der gesamten Sozialordnung im Reich» (1940, zit. bei Aly 1990, 140) erhoffte.

Dies alles waren Marksteine auf dem Weg zu den Vernichtungslagern und zu einer Radikalisierung und Kriminalisierung des Regimes, aus der es kein Zurück gab. Um die Durchsetzung dieser Politik und Stabilität im Inneren zu garantieren, verließ man sich nicht allein auf den «Führermythos» und das – rarer werdende – «Zuckerbrot» von DAF und KdF. Mit der «Kriegssonderstrafrechtsverordnung», der «Volksschädlingsverordnung», der «Rundfunkverordnung» und – generell – der rechtspervertie-

5 Auszug aus der Reichstagsrede Hitlers vom 30.1.1939: «Wenn es dem internationalen Finanzjudentum inner- und außerhalb Europas gelingen sollte, die Völker noch einmal in einen Weltkrieg zu stürzen, dann wird das Ergebnis nicht die Bolschewisierung der Erde und damit der Sieg des Judentums sein, sondern die Vernichtung der jüdischen Rasse in Europa!» Fest erwähnt, daß Hitler diese Vernichtungsdrohung, so oft er später darauf zu sprechen kam, auf den 1.9.1939 verlegte (1990, 115).

6 Dem Töten in Heil- und Pflegeanstalten fielen insgesamt etwa 150 000 Menschen zum Opfer; dabei wurde das Euthanasieprogramm nach vorübergehender Einstellung im Sommer 1941 immer weiter ausgedehnt: «'Verlegt', d.h. getötet, wurden schließlich auch sogenannte Asoziale, Kriminelle, Psychopathen, Homosexuelle, Kriegshysteriker, erschöpfte Fremdarbeiter und bettlägerige Alte.» (Frei 1990, 289) Aly gibt an, daß von den maßgeblichen Bevölkerungs- und Erbstatistikern die Zahl der «asozialen» und damit von «Ausmerzung» bedrohten Deutschen auf weit mehr als eine Million hochgerechnet wurde (1990, 142); vgl. auch Kaupen-Haas 1986 u. Aly/ Heim 1993, 265ff.

renden Ausweitung der Sondergerichtsbarkeiten und Unterordnung der Justiz unter Partei und Gestapo[7] verschaffte man sich auch die Mittel, jede Art von Defätismus und Schwäche mit härtesten Sanktionen zu ahnden – und nützte dies auch bekanntlich mit äußerster Rücksichtslosigkeit (vgl. Broszat 1989, 403ff., Messerschmidt 1990).
Letztlich standen Außen- und Innenpolitik trotz aller Geheimhaltung und Abschottung von Sonderbehörden in nicht voneinander zu lösender wechselseitiger Abhängigkeit und ließen so etwas wie eine «Normalität» im Alltag auch im «Altreich» nicht mehr entstehen. Daß sich die Wohnungspolitik diesen Verstrickungen und dem skizzierten Prozeß kumulativer Radikalisierung gänzlich hätte entziehen können, entstammt nicht den Fakten, sondern ist Teil exkulpierender Nachkriegslegendenbildung. Allen Beteiligten mußte bewußt sein, daß die Realisierung der Nachkriegsplanungen der NS-Führung zu ganz wesentlichen Teilen auf der millionenfachen Zwangsarbeit ausgegrenzter Bevölkerungsteile und der besiegten und verschleppten Völker beruhen sollte. Über Arbeitsbedingungen und Status dieser Arbeitssklaven konnte man sich angesichts der auch im Altreich ja allgegenwärtigen Realität der Arbeitslager wohl keine Illusionen machen. Auf der anderen Seite standen aber auch die unter Himmlers Leitung durchgeführten Planungen, Vertreibungen, «Umvolkungen» und Massenmorde in den «eingegliederten Ostgebieten» durchaus nicht zusammenhanglos neben den Entwicklungen im «Altreich», sondern repräsentierten in den Vorstellungen der NS-Planer und ihrer «wissenschaftlichen» Berater ein gigantisches sozial-räumliches Experimentierfeld, dessen Erfahrungen später «beispielgebend auf die Verhältnisse im Altreich rückwirken» sollten.[8] Hierzu kam es nicht mehr, und so resultierte die unmittelbarste Betroffenheit der Zivilbevölkerung im Altreich aus den verheerenden Zerstörungen des Luftkriegs.
In dem Umfang, in dem die Alliierten von dem anfänglich vor allem auf militärische Ziele konzentrierten Luftkrieg ab 1942 zur Strategie des gegen dicht besiedelte und brandgefährdete Innenstadtquartiere gerichteten – und mit wachsender Lufthoheit immer «erfolgreicheren» – «area bombing» übergingen (vgl. hierzu weiter unten), wurde dabei die Wohnungspolitik im Verlauf des Kriegs mehr und mehr auf den Versuch einer reaktiven Kompensation der gegnerischen «dehousing»-Strategie reduziert.
Auch vorher hatten sich die Möglichkeiten der Wohnungspolitik durch die immer restriktiveren Kontingentierungen bereits auf ein Minimum reduziert. Tabelle 8 verdeutlicht den generellen Rückgang der Bautätigkeit im Verlauf des Krieges.

7 Eine Zwischenstation auf diesem Weg waren etwa die Leitsätze des «Reichsrechtsführers» Frank vom 14.1.1936: «1. Der Richter ist nicht als Hoheitsträger des Staates über den Staatsbürger gesetzt, sondern er steht als Glied in der lebendigen Gemeinschaft des deutschen Volkes. Es ist nicht seine Aufgabe, einer über der Volksgemeinschaft stehenden Rechtsordnung zur Anwendung zu verhelfen oder allgemeine Wertvorstellungen durchzusetzen, vielmehr hat er die konkrete völkische Gemeinschaftsordnung zu wahren, Schädlinge auszumerzen, gemeinschaftswidriges Verhalten zu ahnden und Streit unter Gemeinschaftsmitgliedern zu schlichten. 2. Grundlage der Auslegung aller Rechtquellen ist die nationalsozialistische Weltanschauung, wie sie insbesondere in dem Parteiprogramm und den Äußerungen unseres Führers ihren Ausdruck findet ...» (zit. in: Hofer 1957, 101).

8 Himmlers Planungschef Konrad Meyer 1941, zit. in: Fehl 1990, 172.

Tabelle 8: Anteile der Industriegruppen an der industriellen Nettoproduktion in Prozent, 1938–1944 (Deutsches Reich, jew. Gebietsstand)

	1938	1939	1940	1941	1942	1943	1944
Grundstoffe	21	21	22	25	25	24	21
Rüstungsgerät	7	9	16	16	22	31	40
Bauten	25	23	15	13	9	6	6
Übrige Investitionsgüter	16	18	18	18	19	16	11
Verbrauchsgüter	31	29	29	28	25	23	22

Quelle: Petzina 1977, 139

Obwohl zahlreiche Wohnungsbauten, die im Zusammenhang mit Wehrmacht-, Rüstungs- und Vierjahresplanbauten erstellt wurden, als kriegswichtig angesehen wurden und folglich von dem generellen Neubauverbot des GBBau ausgenommen waren, wurden 1940 nur noch etwa 115 000 und, nach einer Schätzung Leys schon in seiner Eigenschaft als Reichskommissar für den sozialen Wohnungsbau, 1941 etwa 80 000 und 1942 50–60 000 Wohnungen produziert.[9]
Als Beispiel für die durch Göring bzw. den GBBau laufend verschärften Bestimmungen seien die «Grundsätze für die Durchführung von Wohnbauten im 3. Kriegswirtschaftsjahr» vom 6.3.1942[10] angeführt. Danach wurden ab diesem Zeitpunkt «alle nicht unbedingt notwendigen Aufwendungen, wie für architektonische Gestaltung, Ausstattung und dergl.» untersagt. Hierzu gehörten etwa der Einbau von Doppelfenstern, das Anbringen von Innenwandverkleidungen oder Fliesen, die Herstellung zentraler Heizungs- und Wasserversorgungsanlagen etc.; zugleich wurde äußerste Sparsamkeit in der Verwendung mit kontingentierten Baustoffen wie Eisen sowie bei der Erschließung und Versorgung gefordert. Grundsätzlich sollte gerade noch die «Beziehbarkeit» eines Baus hergestellt werden, die «Vervollständigung» wurde auf die Zeit «nach dem Kriege» verlegt. Ab 1943 kam dann jeder «normale» Wohnungsbau zum Erliegen.
Die Reaktionen der in der Wohnungspolitik agierenden Machtträger auf den Krieg und die mit ihm einhergehenden Restriktionen waren symptomatisch für die sich nun rasch verändernden Kräfteverhältnisse. Während Ley aus dem Krieg und insbesondere aus den ersten spektakulären Siegen neue Energien zog und mit Hilfe seines Arbeitswissenschaftlichen Instituts (AWI) gegen Ende 1940 sein großangelegtes «Sozialwerk des Deutschen Volkes» entwarf, das verschiedene Bereiche wie Sozialversicherung, Gesundheitswesen, Lohnordnung, Arbeitseinsatz, Berufsausbildung und auch den Wohnungsbau umfaßte (vgl. Recker 1985, 82ff.; Smelser 1989, 269ff.), hatte man im

9 Ley an Speer vom 13.2.1943, BAK, NS 6/199, Bl. 108; falls Kontingentträger und Arbeitsamt ihre Zustimmung erteilten, durften nach dem Erlaß des GBBau vom 15.11.1939 (RGBl. 1939 I, 1702) außer kriegswichtigen Bauten auch neue Bauvorhaben mit einer «Gesamtbausumme» von bis zu 5 000 RM durchgeführt werden, vgl. SuW 1940, 2f.; vgl. zum Einbezug des Wohnungsbaus in die «Kriegswirtschaft» und zur Tätigkeit von Paul Briese, des für den Wohnungsbau zuständigen Referenten beim GBBau, Harlander/ Fehl 1986, 88f.

10 Speer, Grundsätze für die Durchführung von Wohnungsbauten im 3. Kriegswirtschaftsjahr, BAK, NS 6/198, Bl. 137–138.

RAM den endgültigen Bankrott der Wohnungspolitik vor Augen und arbeitete ohne große Überzeugung an einem eigenen Wohnungsbauprogramm für die Nachkriegszeit.

1. Bauministerium Todt?

Anfang 1940 startete Ley immer unverhohlenere Angriffe gegen das RAM. Die Zeit schien reif, die DAF-Forderungen im Wohnungs- und Siedlungswesen endlich durchzusetzen. Wohnungspolitik sei eine Aufgabe der «Menschenführung» und das Recht hierauf nehme die Partei «voll» für sich in Anspruch, wurde dem RAM durch die Vertreter der DAF und des Reichsheimstättenamtes Ende Januar 1940 erklärt.[11] Innerhalb der Partei sei «ausschließlich die DAF., und zwar das Reichsheimstättenamt, dazu berufen, den Führungsanspruch der Partei auf dem Gebiet des Wohnungs- und Siedlungswesens zu vertreten und zu verwirklichen.» (ebd.) Als das RAM Anfang März 1940 eine «Reichsstelle für Wohnungs- und Siedlungswesen» gründete, reagierte Ley äußerst scharf, kritisierte die damit verbundene Öffentlichkeitsarbeit, durch die der Eindruck erweckt worden sei, «als ob nunmehr das Reichsarbeitsministerium für alle Fragen der Wohnungspolitik ausschließlich und allein zuständig sei» und erneuerte seine Führungsansprüche.[12]
Nicht nur das RAM[13], sondern auch andere Reichsministerien wie das RMdI, das die Planungshoheit der Gemeinden und die Tätigkeit der gemeinnützigen Wohnungsunternehmen und der Heimstätten durch die DAF-Ansprüche und die damit verbundene Sonderstellung für deren Wohnungsunternehmen bedroht sah, wiesen diese «Versuche einer umwälzenden Verlagerung der bisherigen Zuständigkeiten»[14] im Frühjahr 1940 vehement zurück. Zum einen wurde bestritten, daß während des Krieges über eine «Vereinheitlichung des Baurechts und die Vereinfachung des Genehmigungsverfahrens und der Baufinanzierung» hinaus, die durch die staatlichen Stellen bereits in Angriff genommen sei, überhaupt sinnvoll an der Vorbereitung des künftigen Wohnungsbaus gearbeitet werden könne: «Die Aufstellung und Ausarbeitung eines umfassenden Wohnungsbauprogramms ist zur Zeit überhaupt nicht möglich, weil es entscheidend vom Ausgang des Krieges abhängt, an welchen Stellen und in welchem

11 Vermerk RAM, BAK, R 41/22, Bl. 121–123; vgl. auch Recker 1985, 132f.

12 Ley an Syrup, 16.3.1940, BAK R 41/22, Bl. 127f.; Durst, seit September 1939 in der Nachfolge Knolls neuer Leiter der Abteilung Städtebau, Wohnungs- und Siedlungswesen im RAM, hatte gegenüber der Presse erklärt, daß mit der Errichtung der Reichsstelle «nunmehr die einheitliche Führung in allen Fragen des Wohnungs- und Siedlungswesens gewährleistet (sei). Sie liegt in der Hand des Reichsarbeitsministers, der als der zuständige Reichsminister mit der Wahrung und Pflege der deutschen Sozialpolitik und daher auch mit der Schaffung des notwendigen und menschenwürdigen Wohnraumes für den deutschen Arbeiter betraut ist.» (SuW 1940, 65) Die «Reichsstelle für Wohnungs- und Siedlungswesen» ging aus der Göring unterstehenden und mit dem Gefolgschaftswohnstättenbau für Rüstungs- und Vierjahresplanbetriebe beauftragten «Reichsstelle für Wirtschaftsausbau» hervor, deren den Wohnungsbau betreffende Aufgaben auf Anordnung Görings (vgl. BAK, R 41/698) Anfang 1940 dem RAM als zuständigem Minister unterstellt wurden (vgl. auch BSW 1940, 418); die Reichsstelle wurde durch Erlaß des RAM mit Wirkung vom 31.12.1941 bereits wieder aufgelöst. (vgl. Schreiben des RKSW vom 5.2.1942, BAK, R 43II/1174, Bl. 157f.).

13 RAM an Heß, 30.5.1940, BAK, R 43II/1007.

14 RMdI (Frick) an Heß, 10.5.1940, BAK, R 41/22, Bl. 133–136.

Umfang nach dem Kriege ein vordringlicher Wohnungsbedarf auftreten wird, die Struktur einer Stadt, eines Gebiets wird ganz anders sich darstellen, wenn unsere Grenzen sich ausweiten, Kolonien erworben werden usw.» (ebd.) Reichsinnenminister Frick bat Heß aber auch noch aus grundsätzlicheren, kriegsunabhängigen Gründen «auf die DAF dahin einwirken zu wollen, daß sie von einer Weiterverfolgung dieser Pläne absieht und vor allem während des Krieges die derzeitige Aufgabenverteilung unangetastet läßt» (ebd., Bl. 136): «Die Wohnungspolitik ist vom Führer zur staatlichen Aufgabe bestimmt und dem Reichsarbeitsminister übertragen worden, der sich zur Durchführung der Behörden der allgemeinen Verwaltung, vor allem der Gemeinden und auf dem Gebiet des gemeinnützigen Wohnungsbaues der Deutschen Heimstätten bedient. Solange der Führer keine andere Regelung getroffen hat, ist die von der DAF angestrebte Ausweitung ihrer Zuständigkeiten also überhaupt nicht angängig.» (ebd., Bl. 135)

Der Streit spitzte sich zu, und die Behörde des Stellvertreters des Führers, in der sich die Einsicht durchzusetzen begann, daß die verfahrene Situation eine Neuregelung der Zuständigkeiten unumgänglich machte, forderte die Beteiligten und die relevanten Parteigrößen auf, hierzu Stellungnahmen abzugeben.

Der Briefwechsel in dieser Frage[15] zwischen Heß, Ley und Speer zeigt, daß man sich im Grundsatz einig war, das Wohnungs- und Siedlungswesen nach dem Krieg einem neuen Bauministerium unter Leitung des GBBau Fritz Todt, der am 7.3.1940 als überaus effizienter Organisator auch noch zum «Reichsminister für Bewaffnung und Munition» ernannt worden war, zuzuordnen.

Ley ging in seinem Schreiben an Heß vom 24.6.1940 davon aus, daß das RAM für dieses Gebiet überhaupt keinen «Führerauftrag» habe, sondern sich lediglich den Auftrag Feders «bei dessen Abgang» angeeignet habe.[16] Einem neuen Bauministerium unter Todts Führung stimmte er zu, versuchte aber seine eigenen Interessen dadurch zu sichern, daß er vorschlug, den Wohnungsbau nur formell einzugliedern, in der Praxis aber bei der DAF zu belassen. Strauch, dem sowohl das Reichsheimstättenamt wie die Trägergesellschaften als auch die Deutsche Bau A.G. und das Architekturbüro der DAF unterstanden, sollte lediglich als Verbindungsmann in das Bauministerium eintreten, ansonsten sollte «der Wohnungs- und Siedlungsbau wie bisher vom Heimstättenamt und dessen Trägergesellschaften durchgeführt werden» (ebd., Bl. 15). Diese, behauptete Ley, könnten im Jahr «mindestens 1/2 bis 1 Million Wohnungen erstellen», während «demgegenüber das Reichsarbeitsministerium überhaupt keine Apparatur besitzt und .. die gemeinnützigen Baugesellschaften verkalkt, veraltet und völlig unfähig sind, auch nur einige tausend Wohnungen zu bauen.» (ebd.)

Derartige, für Ley nicht untypische abstruse Zahlenangaben und Behauptungen nahm man natürlich auch in der Behörde Heß nur mit erheblicher Skepsis zur Kenntnis. Speer, der von Bormann um Stellungnahme gebeten wurde, distanzierte sich zwar von Leys Übertreibungen, unterstützte aber zugleich auch dessen Kritik am RAM: «Die

15 Vgl. hierzu die beim Generalinspektor für die Reichshauptstadt Berlin angelegte Akte «Vorschläge über die Bildung eines Bauministeriums Juli 1940 – Aug. 1940», BA (Potsdam) 46.06/341.

16 Ley an Heß, 24.6.1940, BA (Potsdam), 46.06/371, Bl. 9.

Kapazität der dem Einfluß des Reichsarbeitsministers unterstehenden Wohnungsbaugesellschaften mit nur einigen tausend Wohnungen anzugeben, ist eine erhebliche Unterschätzung. Der Reichsarbeitsminister hat sich allerdings auf die Festlegung von Richtlinien und Förderungsmaßnahmen beschränkt und im wesentlichen die Durchführung des Wohnungsbaues den Stellen überlassen, die Wohnungen in Verbindung mit ihren sonstigen Bauten errichten mußten, wie z.B. der Luftwaffe, dem Heer, dem Vierjahresplan usw. Eine wirkliche Lenkung der Wohnungsbautätigkeit hat gefehlt.»[17]
Mit diesem Urteil aus dem Mund des kompetenten und mächtigen Speer war die durch Ley lange vorbereitete Entmachtung des RAM im Grunde schon besiegelt. Auch Speer sprach sich für die Schaffung eines neuen, für alle Belange des Wohnungsbaus zuständigen Bauministeriums unter Führung Todts aus. «Nur» diesen hielt er für fähig, die nach dem Krieg anstehenden großen Bauaufgaben koordiniert zu bewältigen. Die Ansprüche der DAF lehnte er vorsichtig ab: Für die Zusammenarbeit zwischen Partei und Staat müsse ein «anderes Verfahren gefunden werden» (ebd., Bl. 3).
Wegen der bereits bestehenden Überlastung Todts als Leiter der «Organisation Todt», als GBBau und Rüstungsminister (ab 29.7.1941 kam noch die Ernennung zum «Generalinspektor für Wasser und Energie» hinzu) war während des Krieges an seine Beauftragung auch noch mit dem Wohnungsbau nicht zu denken. Diese Überlastung soll nach den «Erinnerungen» von Speer bereits der Grund dafür gewesen sein, daß Hitler ihm (Speer) schon im Sommer 1940 das gesamte Bauwesen übergeben wollte, was er aber mit dem Argument, es sei besser, «wenn Bau und Rüstung in einer Hand blieben», abgelehnt habe (1969, 210). Als Speer dann nach dem Absturz Todts im Februar 1942 dessen Nachfolge in allen Ämtern antrat, nahm er die Diskussion um ein künftiges Bauministerium wieder auf und bekräftigte seine Ansprüche auf dessen Leitung.
Zunächst aber mußte für die Vorbereitung des «Wohnungsbaus nach dem Kriege» eine andere Lösung gefunden werden.

2. Wohnungsbau nach dem Krieg – RAM

Während an anderer Stelle die wesentlichen Vorentscheidungen bereits gefällt wurden, entschloß man sich im RAM, noch einmal aktiv zu werden. Zum einen hoffte man, durch verschiedene organisatorische und personelle Zugeständnisse den Angriffen der DAF die Spitze nehmen zu können. Mit einem Schreiben vom 23.7.1940 lehnte Seldte zwar die Forderung Leys ab, an der Spitze des gemeinnützigen Wohnungswesens die «hervorragende Kraft» Brecht durch Strauch zu ersetzen, schlug aber stattdessen vor, diesen als stellvertretenden Leiter in den seit 1934 bestehenden «Ständigen Siedlungsbeirat» des RAM zu berufen.[18] Darüber hinaus bot er u.a. an:

– Strauch zum stellvertretenden Verwaltungsratsvorsitzenden des Reichsverbands des deutschen gemeinnützigen Wohnungswesens zu bestellen

17 Speer an Bormann v. 23.7.1940, BA (Potsdam), 46.06/371, Bl. 2.
18 Seldte an Ley, 23.7.1940, BAK, NS 6/276, Bl. 6–10.

- die Leiter der Gauheimstättenämter zu stellvertretenden Verbandsleitern der bezirklichen Prüfungsausschüsse des deutschen gemeinnützigen Wohnungswesens zu machen
- die Leiter der Wohnungsbaugesellschaften der DAF in die Beiräte der bezirklichen Prüfungsverbände des deutschen gemeinnützigen Wohnungswesens zu berufen
- die Gauheimstättenämter und das Reichsheimstättenamt bei der Baugestaltung und städtebaulichen Planung heranzuziehen
- dem Reichsheimstättenamt bei der Durchsetzung der nationalsozialistischen Forderungen auf dem Gebiet der Wohnkultur und der Heimgestaltung weitgehenden Einfluß einzuräumen
- die DAF mit 25 % des Kapitals an den Heimstätten zu beteiligen.

«Tapfer» forderte Seldte jeweils bei dem Angebot der Berufung von DAF-Vertretern in RAM-Gremien «volle Gegenseitigkeit», in einigen Punkten weitere Verhandlungen u.ä. Doch mit solchen Dingen hielt sich Ley nun nicht mehr auf. Die Entwicklung hatte zugunsten Leys eine Dynamik bekommen, in der Seldtes Angebote keine Rolle mehr spielten.
Dies galt letztlich auch für das am 13.6.1940 als Runderlaß des RAM bekanntgegebene «Wohnbauprogramm nach dem Kriege».[19] Darin wurde eine Zweiteilung zwischen einem «Sofortprogramm» und einem späteren «umfassenden Wohnbauprogramm» vorgenommen. Die Beschreibung des künftigen Programms blieb darin gänzlich im Vagen. Über die allgemeine Formulierung hinaus, daß Wohnungsbau und Siedlung nach dem Krieg «in jedem nur irgend erreichbaren Ausmasse» in Angriff genommen werden müßten, wurden keine quantifizierenden Angaben gemacht. Wegen der zu erwartenden «wirtschaftlichen und bevölkerungsmässigen Umschichtungen grossen Ausmasses», aber auch wegen der «Überlastung der Behörden» hielt man es für unmöglich, entsprechende Erhebungen durchzuführen und «jetzt schon ins Einzelne gehende, standort- und zahlenmässig fest umrissene umfangreiche Wohnungsprogramme aufzustellen oder gar der Öffentlichkeit darüber zu berichten.» (ebd.) Das war natürlich Wasser auf die Mühlen der DAF und überließ deren mit viel Propagandarummel verbreiteten Nachkriegsplanungen gänzlich das Feld.
Im RAM dagegen wollte man sich – neben der Fertigstellung begonnener Bauten[20] und der Abwicklung kriegswichtiger Wohnungsbauvorhaben, zu denen auch die Bereitstellung von Volkswohnungen als Massenunterkünften für die Rüstung gehörte – für den künftigen Wohnungsbau vor allem auf vorbereitende gesetzgeberische und organisatorische Arbeiten konzentrieren. So kündigte Durst die Aufhebung des zersplit-

19 RABl. v. 25.6.1940, H. 18, auszugsweise wiedergegeben in: Harlander/ Fehl 1986, 127ff.; auch: BAK, R 41/658, Bl. 36–38.

20 Als «Lehre» aus dem Ersten Weltkrieg, in dem man mit der übergangslosen Stillegung der Bauten große volkswirtschaftliche Werte «vergeudet» habe und die «Grundlagen zur Wohnungsnot des kommenden Jahrzehnts» gelegt habe, legte man – auch aus psychologischen Gründen – nun großen Wert auf die Fertigstellung der Anfang September 1939 auf rund 200 000 Einheiten geschätzten im Bau befindlichen Wohnungen (Seldte 1940, 6).

terten Baurechts durch «vor ihrem Abschluß» stehende Entwürfe zu einem «Reichsbaugesetz» und einer «Reichsbauordnung» an.[21] Außerdem wollte man die Vielzahl verschiedener Fördermaßnahmen im Bau von Volkswohnungen, Kleinsiedlungen, Landarbeiterwohnungen, Beamtenwohnungen, Eigenheimen etc. vereinfachen und vereinheitlichen und kündigte ein – nicht mehr verwirklichtes – Gesetz bzw. eine Verordnung über den «Wohnstättenbau» an. In der Durchführung setzte man im RAM vor allem auf die Gemeinden und die gemeinnützigen Wohnungsunternehmen; die Dienststellen der Partei und der DAF wurden nur abschließend am Rande erwähnt. Der «Stärkung der Schlagkraft und Einsatzbereitschaft» der gemeinnützigen Wohnungsunternehmen galt besondere Aufmerksamkeit. Brecht als Leiter des Reichsverbandes des deutschen gemeinnützigen Wohnungswesens, der die konkurrierenden Bestrebungen in der DAF genau kannte und wußte, daß es nun darum ging, der gemeinnützigen Wohnungswirtschaft ihren Platz im künftigen Wohnungsbau zu sichern, hatte bereits am 30.5.1940 «Richtlinien zur Vorplanung von Wohnungsbauvorhaben nach dem Kriege»[22] ausgearbeitet, die bis ins Detail gingen und – nicht zuletzt aufgrund der bis in den Wiederaufbau hinein bedeutsamen engen Verbindung Brechts zu den maßgeblichen Ministerialbeamten im RAM – von diesem explizit als Konkretisierung des eigenen Programms angesehen wurden. Die Übernahme einer tragenden Rolle im Nachkriegswohnungsbau setzte vor allem auch eine Steigerung der Leistungsfähigkeit der gemeinnützigen Wohnungsunternehmen voraus. Die organisatorischen Voraussetzungen waren hierfür durch das bereits im Februar 1940 verabschiedete «Gesetz über die Gemeinnützigkeit im Wohnungswesen» (WGG) (RGBl I, 438) geschaffen worden, das die sogenannte «Bedürfnisprüfung» einführte und die «Verschmelzung», d.h. die Zwangszusammenlegung als «leistungsschwach» angesehener Unternehmen. Im RAM hielt man über die auch vom «Reichsverband des deutschen gemeinnützigen Wohnungswesens» empfohlene Bildung von Arbeitsgemeinschaften und Baugemeinschaften hinaus Zusammenlegungen für unvermeidlich und gab «der Hoffnung Ausdruck, daß sie von allen Beteiligten willig hingenommen werden» (Durst 1940b, 140). Auf der anderen Seite wollte man aber auch durch eine Verbesserung der Kapitalausstattung der gemeinnützigen Wohnungsunternehmen ihre Leistungskraft erhöhen. Da die Hauszinssteuerrückflüsse während des Krieges allein durch den Neubau nicht verbraucht werden konnten, wurde den Gemeinden gestattet (RABl 1940 I, 292), aus diesen Mitteln ihre Kapitalbeteiligungen zu erhöhen (vgl. Durst 1940b, 140). In die gleiche Richtung zielte ein Erlaß vom 31.7.1940 zur «Mittelbeschaffung für den Ankauf von Baugelände» (RABl. 1940 I, 435): «Zur Vorbereitung der geplanten Bauvorhaben wird es vielfach notwendig sein, schon jetzt das benötigte Bau- und Siedlungsgelände zu erwerben. Dies wird namentlich dann angezeigt sein, wenn Gefahr besteht, dass geeignete Grundstücke sonst nicht oder nicht preiswert erworben werden können.»

21 Tatsächlich gediehen die Arbeiten des RAM an der Vereinheitlichung des Bauordnungs- und Städtebaurechts lediglich noch bis zur Vorlage eines Vorentwurfs für ein «Deutsches Baugesetzbuch» am 21.3.1942 (vgl. BAK, R 41/882), der aber nicht mehr weiter behandelt wurde (vgl. auch Pergande 1973, 115).

22 Abgedruckt in: Harlander/ Fehl 1986, 121ff.; auch: BAK, R 43II/1007a, Bl. 64ff. u. R 41/658, Bl. 39ff.

Diese Maßnahmen konnten auch bereits als Bestandteil des im Wohnungsbauprogramm vom 13.6.1940 angesprochenen «Sofortprogramms» angesehen werden. Dieses sollte «sich vor allem auf diejenigen Bauvorhaben stützen, die bereits vor dem Kriege oder in der ersten Kriegszeit vorbereitet worden sind, deren Ausführung oder Fertigstellung aber aus kriegswirtschaftlichen Notwendigkeiten zurückgestellt werden mußte ... Es muss angestrebt werden, dass möglichst in jeder grösseren Gemeinde einige Wohnbauvorhaben soweit vorbereitet werden, dass sie nach Kriegsende unverzüglich in Gang gesetzt oder wieder aufgenommen werden können.» (zit. in: Harlander/Fehl 1986, 129)

In einem Schreiben vom 26.7.1940 an Todt, in dem Seldte um Unterstützung seines Programms warb und um die Einplanung der für das «Sofortprogramm» notwendigen Baustoffe bat, versuchte er kurz darauf, die unbestimmten Angaben seines «Wohnbauprogramms» vom Juni nachzubessern.[23] Für den Zehnjahreszeitraum von 1939–48 wurde – bezogen auf das Altreich – nun folgende Bedarfsrechnung aufgemacht:

zur Beseitigung des Wohnungsfehlbestandes 1939	1,5 Mio. WE
zur Beseitigung der Wohnungsüberfüllung	0,9 Mio. WE
zur Schaffung von Ersatzwohnungen für normale Abbrüche	0,8 Mio. WE
zur Deckung des Zuwachsbedarfs	1,3 Mio. WE
	insgesamt 4,5 Mio. WE

Unter Einbezug der «neuen Reichsgebiete (Ostmark, Sudetenland und Ostgebiete)» schätzte Seldte den Gesamtbedarf auf sechs Millionen Wohnungen. Um wenigstens «die äußerste Not zu beheben», hielt er für sein «Sofortprogramm» im ersten Nachkriegsjahr die Erstellung von «mindestens 500 000 Wohnungseinheiten» für unbedingt erforderlich. Daran anschließend schlug er zunächst einmal ein «Fünfjahresprogramm» mit je 500 000 Wohnungen vor. Für 100 000 Wohneinheiten veranschlagte er – bei einer angenommenen Arbeitszeit von acht Monaten – jeweils 140 000 Arbeitskräfte, 2,5 Mrd. Stück Mauersteine, 140 000 t Stahl und Eisen etc. Bei durchschnittlichen Baukosten von 8 000 RM pro Wohnung schätzte er den gesamten Kapitalaufwand für 500 000 Wohnungen auf etwa vier Milliarden RM.

3. Der Führererlaß vom 15.11.1940 – Ausschuß und Denkschriften

Nach den anfänglichen «Blitzkriegserfolgen» und dem Waffenstillstand mit Frankreich am 24.6.1940 maß man in NS-Führungskreisen den Vorbereitungen für das lange angekündigte «Wohnungsbauprogramm des Führers» nunmehr höchste Dringlichkeit zu. Die Diskussion der Programminhalte und die Ausarbeitung eines entsprechenden Führererlasses sollten einem eigenen Ausschuß übertragen werden. Die Frage, welche Behörde die spätere Durchführung übernehmen sollte, blieb zunächst offen.

23 Seldte an Todt, Wohnbauprogramm nach dem Kriege, 26.7.1940, BAK, R 43II/1007a, Bl. 66–69.

Die Zeit für die Errichtung eines eigenen Bauministeriums war noch nicht reif, Todt stand nicht zur Verfügung, und der angeschlagene, über Jahre durch die DAF politisch demontierte bürokratische Apparat des RAM kam in den Augen der Parteiführer für eine solche Aufgabe nicht mehr in Betracht. So lief alles auf den Aufbau einer weiteren für die NS-Zeit so typischen neuen Sonderbehörde hinaus, eine Lösung, die insbesondere auch von Bormann[24] unterstützt wurde. Obwohl Bormann damit nicht allein das RAM ausschalten wollte, sondern auch beabsichtigte, den Zugriff der DAF auf den auch von ihm als Staatsaufgabe angesehenen Wohnungsbau abzublocken, ging sein Kalkül dieses Mal nicht auf. Ley erkannte die bestehende Lücke und griff mit Energie, einigem taktischen Geschick und vor allem der persönlichen Protektion Hitlers nach der sich bietenden Chance.

Die Auseinandersetzungen im Vorfeld des Führererlasses vom 15.11.1940 «zur Vorbereitung des deutschen Wohnungsbaues nach dem Kriege» (RGBl. I, 1495) markieren eine der interessantesten und bislang kaum gewürdigten Diskussionen und Weichenstellungen in der Geschichte moderner staatlicher Wohnungspolitik in Deutschland überhaupt. Vielleicht gerade weil die Diskussionen ausschließlich hinter verschlossenen Türen verliefen und vor den Augen der Öffentlichkeit verborgen blieben und weil sich in ihnen so viel aufgestauter Handlungsbedarf und so viel lange zurückgehaltene Programmatik entlud, trafen die verschiedenen wohnungspolitischen Konzeptionen in bisher nicht gekannter Klarheit und Schärfe aufeinander. Nach und nach wurden alle Machtträger im Wohnungswesen an der Debatte beteiligt und ließen durch ihre Stäbe umfangreiche Denkschriften ausarbeiten. Allen Beteiligten war bewußt, dies macht der Verlauf der Beratungen deutlich, daß es nun konkret die Bilanz der Erfahrungen der Wohnungspolitik der 20er und 30er Jahre zu ziehen galt und daß eine Neuorientierung der Wohnungspolitik in organisatorischer, vor allem aber auch konzeptioneller Hinsicht bevorstand.

Die Debatte wurde erstmals durch Recker Mitte der 80er Jahre[25] insbesondere über die Akten der Partei- und der Reichskanzlei quellenmäßig erschlossen und vor allem mit Hinblick auf die machtpolitischen Implikationen und die «angestrebten institutio-

24 Seit etwa 1938 trat Bormann immer deutlicher als selbständiger Leiter der Dienststelle Heß (Stab des Stellvertreters des Führers) auf; nach Heß' Englandflug rückte er dann am 12.5.1941 faktisch an dessen Stelle und übernahm im Ministerrang den Posten des «Leiters der Parteikanzlei»; am 12.4.1943 von Hitler zum «Sekretär des Führers» ernannt, entwickelte sich Bormann in den letzten Kriegsjahren zu einem «Super- und Kontrollminister der Reichsregierung», «an dem praktisch jeder vorbei mußte, ohne dessen Hinzuziehung es keinen Führererlaß mehr gab und der schließlich auch in einer kaum noch aufklärbaren Weise den anderen Dienststellen gegenüber mit 'Willensmeinungen' des Führers operieren konnte» (Broszat 1989, 394); Bormann, der in seiner ständig wachsenden Behörde über eine große Zahl fachlich hervorragender Mitarbeiter verfügte, verfolgte zwar das Ziel, den Führungsanspruch der Partei – und insbesondere der Parteikanzlei – stärker durchzusetzen, drängte aber dort auf eine klare Trennung von Staats- und Parteiaufgaben, wo durch ihre Verflechtung Mißerfolge oder Prestigeverluste für die Partei drohten; als mit dem Führererlaß vom 15.11.1940 die Wohnungspolitik sprunghaft an Gewicht gewann, begann Bormann, der das Parteiinteresse weder bei Ley noch bei Speer wirklich aufgehoben sah und deren Machtstreben zunehmend mißtrauisch und ablehnend gegenüberstand, immer stärker in wohnungspolitischen Fragen in organisatorischer wie auch in inhaltlicher Hinsicht zu intervenieren; vgl. allgemein zu Bormann von Lang 1977 u. 1990 u. Broszat 1989, 391ff.; zum Verhältnis von Ley und Bormann u.a. Smelser 1989, 279ff.

25 1985, 135ff., 1986, vgl. auch Smelser 1989, 273f.

nellen Regelungen» (1986, 335) ausgewertet und interpretiert. Nach der hier vertretenen These geht die Bedeutung dieser Debatte jedoch weit über die darauf folgende – befristete – Entmachtung der Ministerialbürokratie durch die Sonderbehörde Leys hinaus. Im Kern wurde um ein neues Konzept von Sozialstaatlichkeit im Wohnungsbau gerungen, wobei auf der einen Seite die etatistisch-planwirtschaftlichen Konzepte der DAF und auf der anderen Seite die eher marktwirtschaftlich orientierten Vorstellungen der Ministerialbürokratie und der etablierten Kräfte der Wohnungswirtschaft und des Kreditwesens standen. Die sozialpolitische Radikalität des DAF-Konzeptes bestand freilich, dies muß von vornherein betont werden, nur an der Oberfläche. Eingeschlossen in ihre Planungen waren nur die «rassisch wertvollen Volksgenossen», stillschweigend mitgedacht war aber immer äußerste Rücksichtslosigkeit gegenüber denen, die in ihren Utopien ausgegrenzt blieben, und gegenüber jenen, die diese – als besiegte Länder – durch Kontributionen und Sklavenarbeit bezahlen sollten.
So unterschiedlich die Ausgangspunkte in den Beratungen um den Führererlaß auch waren, im Ergebnis vollzog sich schließlich bei allen weiterbestehenden Differenzen doch eine bemerkenswerte Annäherung in der Problemperzeption und ein gewissermaßen «modernisiertes» Konzept technokratischer Sozialstaatlichkeit im Wohnungsbau, in dem die Konturen der wohnungspolitischen Weichenstellungen der Nachkriegszeit und der 50er Jahre in vielfältiger Weise vorgezeichnet waren.
Initiativ wurde zunächst nicht Ley, sondern Speer. Er entwarf am 13.9.1940 in Absprache mit Bormann einen Erlaß[26], der mit geringfügigen Änderungen am 15.9.1940 durch Hitler unterzeichnet wurde.[27]
Danach sollte durch einen Ausschuß, dem zunächst nur Heß bzw. Bormann, Schwerin von Krosigk, Seldte, Todt, Ley, Speer und Fiehler[28] angehörten[29], bis zum 1.11.1940 «Richtlinien für den neuen deutschen Wohnungsbau» erarbeitet werden. Das Ziel des neuen Wohnungsbaus wurde im Sinne der bevölkerungspolitischen Ziele des Regimes definiert: «Der erfolgreiche Ausgang dieses Krieges wird das deutsche Reich vor Aufgaben stellen, die es nur durch eine Steigerung seiner Bevölkerungszahl zu erfüllen vermag. Ausserdem aber hat es durch seinen Geburtenzuwachs die Lücken zu schliessen, die der Krieg dem Volkskörper als Opfer auferlegte. Es ist deshalb erforderlich, dass das neue deutsche Wohnungsbauprogramm in der Zukunft den Voraussetzungen

26 BAK, NS 6/276, Bl. 57f.

27 Erlaß Hitlers v. 15.9.1940, BAK, R 2/19481.

28 Karl Fiehler spielte in seiner Mehrfachrolle als Münchner Oberbürgermeister, Vorsitzender des Deutschen Gemeindetags und Leiter des Hauptamts für Kommunalpolitik eine nicht zu vernachlässigende Rolle in der wohnungspolitischen Diskussion; ausschlaggebend war dabei die enge Beziehung zu seinem Duzfreund Hitler, mit dem er ab 1924 15 Monate Festungshaft in Landsberg abgesessen hatte; nach dem Krieg zog sich das durch «unerschütterliche Gefolgstreue zum Führer mit unentwegter Einsatzbereitschaft und beispielgebender nationalsozialistischer Haltung» (Selbsteinschätzung in einem politischen Tätigkeitsbericht von 1942) charakterisierte Parteimitglied Nr. 37 auf die Rolle des Kommunalfachmanns zurück und kam mit zwei Jahren Arbeitslager, die durch die vorherige Haft als verbüßt galten, davon (alle Angaben nach Weyerer, Der Oberbürgermeister für 1000 Jahre, in: Münchner Stadtanzeiger v. 17.10.1991, 20).

29 Nach heftigen Protesten etwa von Reichsinnenminister Frick, der sich übergangen sah, wurden dann auch noch Frick, Reichswirtschaftsminister Funk, Himmler, die Deutsche Reichsbank, Gauleiter Wagner (Reichskommissar für die Preisbildung) sowie Vertreter des Generalbevollmächtigten für den Vierjahresplan (Göring) einbezogen.

für ein gesundes Leben kinderreicher Familien entspricht.» Diese Präambel war unstrittig und wurde auch in den endgültigen Erlaß vom 15.11. fast gleichlautend übernommen. Statt der minimierten Grundrisse der Vergangenheit sollten künftig 80 % der Wohnungen vier Räume (eine «geräumige» Wohnküche, drei Schlafzimmer), je 10 % einen Raum mehr oder weniger enthalten. Als «Mindestanforderung» wurde außerdem noch ein Luftschutzraum mit einer ausreichenden Zahl an Schlafgelegenheiten verlangt. Von dem auszuarbeitenden Erlaß wurden Vorschläge erwartet

«1. über die für die deutsche Wohnungswirtschaft erreichbare Zahl von Wohnungsneubauten für das 1. Nachkriegsjahr,
2. über die Schaffung einer für den deutschen Arbeiter tragbaren Wohnungsmiete,
3. über die Finanzierung dieser Wohnungen,
4. über die Festlegung der wichtigsten Baumaße auf die Dauer von zunächst 5 Jahren, damit die Bauindustrie in der Lage ist, eine Rationalisierung ihrer Baumethoden vorzunehmen,
5. über eine wesentliche Vereinfachung des gesamten Baugenehmigungsverfahrens unter weitestmöglicher Abgabe der Zuständigkeiten an die unteren Verwaltungsbehörden.» (ebd.)

Eine wichtige Vorentscheidung fiel dadurch, daß Ley im Ausschuß den Vorsitz und die Federführung übernahm. Dies geschah auf Weisung Hitlers, obwohl es Bormann bevorzugt hätte, diese Funktionen der Reichskanzlei zu übertragen.[30]
Natürlich brachte dies Ley erhebliche taktische Vorteile. So konnte er zur Grundlage der Beratungen die DAF-Denkschriften «Der Wohnungsbau nach dem Kriege»[31] und die «Grundgedanken zur Finanzierung und der tragbaren Miete»[32] machen, in denen die DAF-Planer ihre erstmals als genuin nationalsozialistisch verstandenen Vorstellungen einer radikalen Umwälzung der Wohnungspolitik entwickelten.[33]
Keinen Widerspruch gab es in den Beratungen gegen die in den DAF-Denkschriften enthaltenen Ausformulierungen der von Hitler vorgegebenen bevölkerungspolitischen Ziele im NS-Jargon. So behauptete man: «Gegenwärtig dürften wohl jährlich 300000 Kinder nicht geboren werden, weil die schlechten Wohnverhältnisse den Eltern den Mut dazu nehmen.» (DAF, Der Wohnungsbau ..., 1) Dies könne sich aber ein Volk nicht leisten, für das die Steigerung der Bevölkerungszahl lebensnotwendig

30 Vgl. Lammers an Bormann, 23.9.1940, BAK, NS 6/276, Bl. 91; vgl. auch Recker 1985, 135, Anm. 183.

31 DAF, Der Wohnungsbau nach dem Kriege, undatiert (Sept. 1940), BA R 43II/1007a, Bl. 119–152 (im folgenden: DAF, Der Wohnungsbau ...).

32 DAF, Grundgedanken zur Finanzierung und der tragbaren Miete, undatiert (Okt. 1940), BA R 2/19481 (im folgenden: DAF, Grundgedanken ...).

33 Vorläufer waren der Vorschlag von Otto Wetzel (stellvertr. Leiter des Reichsheimstättenamts) zu einer «Einheitliche(n) Gesetzgebung im Arbeiterwohnstättenbau» (1939) und die AWI-Denkschrift «Die Wohnungsfrage. Ein Versuch zur Klärung der sozial- und wirtschaftspolitischen Problematik des Wohnungsbaus», Berlin Juni 1939; in dieser Denkschrift wurde der Wohnungsbedarf für den 20-Jahreszeitraum bis 1958 auf 6 Mio. WE geschätzt; allerdings hielt es das AWI «aus bevölkerungspolitischen Gründen» für notwendig, dieses Bauprogramm nicht im Zeitraum von 20, sondern bereits in etwa 10 Jahren durchzuführen – eine Forderung, die so auch in die Beratungen um den Führererlaß vom 15.11.1940 einging (vgl. auch BSW 1940, 418).

sei: «Allein der Osten braucht Millionen deutscher Einwohner für die Siedlung. Dazu kommen die westlichen Gebiete und schliesslich all die Aufgaben, die zur Zeit mit fremden Hilfsvölkern im Reichsraum bewältigt werden. Alles in allem könnte die Volkszahl gut um 10 bis 15 Millionen grösser sein, als sie es tatsächlich ist. Wir werden unsere Zukunftsaufgabe in Europa nur dann mit Gewissheit erfüllen, wenn in der deutschen Familie im Normalfall wieder mindestens vier Kinder geboren werden, wie es zur Zeit des Soldatenkönigs auch der Fall war.» (ebd., 2) Voraussetzung hierfür sei ein Einsatz im Wohnungsbau, dem generell eine Schlüsselrolle für «den sozialen Frieden, die Volksgesundheit, Lebensfreude und Leistungsfähigkeit der Nation» zugesprochen wurde, der «nicht viel hinter dem zurückbleibt, was Deutschland zwischen 1933 und 1939 für seine Wehrkraft getan hat.» (ebd., 3) Kurzum: «Der Wohnungsbau muß zum Schutzwall gegen Vergreisung, fremdvölkische Unterwanderung und soziales Elend werden.» (ebd.)
Hochkontrovers war jedoch die durch die DAF damit verknüpfte etatistisch-totalitäre Perspektive, die den Markt bzw. die etablierten Wohnungsbauträger und die Privatwirtschaft auszuschalten drohte. Die Auffassung des Wohnungsbaues als verzinsliche Kapitalinvestition sei, so die Denkschrift, «die Hauptursache für die untragbaren Zustände in der gegenwärtigen Wohnungswirtschaft» (ebd., 4). Auf privatwirtschaftlicher Grundlage seien Mietkalkulation und tragbare Miete, die «in der Regel nur etwas mehr als den Aufwand für die laufende Erhaltung einer ausreichenden Wohnung» erbringe, nicht zur Deckung zu bringen. Die erforderlichen Beträge für Zinsen und Tilgung könnten über die Miete durch die Masse des Volkes nicht aufgebracht werden. Alle staatlichen Maßnahmen und Lösungsversuche dieses Dilemmas nach einem «gemischt-wirtschaftlichen Prinzip» hätten «nur ermöglicht, eine Wohnung von etwa 45 qm Grundfläche zu bauen. Nicht ermöglicht haben die Massnahmen, Wohnungsgrösse, Familienstand und Einkommen in ein dem sozialen Wohlstand des Volkes gerecht werdendes Verhältnis zu bringen.» (DAF, Grundgedanken ..., 1) Die Konsequenz könne nur sein, den Wohnungsbau wie andere «lebenswichtige Funktionen» wie etwa das Schulwesen oder den Massenverkehr auch «aus dem Bereich der kapitalwirtschaftlichen Verflechtung herauszunehmen» (DAF, Der Wohnungsbau ..., 5) und auf eine «volksgemeinschaftliche» Grundlage zu stellen. Wohnungsbau auf dieser Basis sehe die «Verzinsung» nicht «im geschäftlichen Ertrag», sondern «in dem Nachwuchs, der in diesen Wohnungen heranwächst.» Und: «Die Wohnung ist bei dieser Betrachtung kein auf Verzinsung angewiesenes Investitionsgut mehr, sondern tatsächlich wieder unverzinsliches Gebrauchsgut geworden. So gesehen, kann das Wohnungsproblem nur gelöst werden, wenn die Durchführung des Wohnungsbauprogramms nach dem Kriege eine Aufgabe des Reiches ist.» (ebd., 6)
Die konkreten Vorschläge waren folgerichtig auf diesen Ansatz abgestimmt. Der in den nächsten 10 Jahren zu deckende Bedarf wurde auf ca. sechs Millionen Wohnungen veranschlagt.[34] 300 000 WE sollten im ersten Nachkriegsjahr gebaut werden. Bei

34 Die letzte Reichswohnungszählung hatte 1927 stattgefunden; zusätzlich zu den sonstigen Unwägbarkeiten war auch das den DAF-Schätzungen zugrundeliegende amtliche Zahlenmaterial veraltet und sollte «möglichst bald» durch eine neue Zählung aktualisiert werden.

geschätzten Baukosten von ca. 14000 RM je Wohneinheit, die sich nur längerfristig durch Rationalisierung, Typung und Normung würden drücken lassen können, und dem sozialpolitisch gebotenen Konzept einer einkommensabhängigen, *tragbaren Miete* sei es angesichts des unumgänglichen großen öffentlichen Mitteleinsatzes nur konsequent, «die Wohnungen dann auch von vornherein durch das Reich als Bauherren errichten zu lassen» (DAF, Grundgedanken ..., 3). Erst für «spätere Jahre» wurde – in Abhängigkeit von den Erfolgen in der Rationalisierung und von der Senkung der Kapitalmarktzinsen – wieder an «eine Entlastung des Reiches» gedacht.

Die Miete wurde als «die Kardinalfrage im sozialen Wohnungsbau überhaupt» angesehen. Die «landläufige Auffassung», daß sie durchaus 20–25 % des Einkommens betragen könne, wurde vor allem für niedrigere Einkommen scharf zurückgewiesen. Im allgemeinen dürfe der tragbare Mietanteil 15 % des Einkommens nicht überschreiten und sei für kinderreiche Familien sogar noch niedriger anzusetzen. (DAF, Der Wohnungsbau ..., 18) In den «Grundgedanken zur Finanzierung und zur tragbaren Miete» wurde dies dann noch weiter konkretisiert. Bei einer angenommenen «Normalmiete» von 1 RM/qm ergab sich für die ins Auge gefaßte 74qm-Normalwohnung eine Mietbelastung von 74 RM, die allerdings nur kinderlose Bezieher höherer Einkommen (ab 400 RM) bezahlen sollten. Mit fallendem Einkommen und steigender Kinderzahl sollte sich die Miete jedoch bedeutend ermäßigen. Die Masse der Mieten würde in diesem System, so wurde kalkuliert, bei etwa 30 RM liegen. Die Differenz zur «Normalmiete» sollte das Reich tragen.

Die Baudurchführung sollte durch gemeinnützige Wohnungsbauträger *auf Grund besonderer Zulassung* (also durch die «Neuen Heimaten» der DAF)[35], die Verwaltung kostenlos durch die Gemeinden und die Mietereinweisung[36] durch Parteidienststellen im Benehmen mit den Gemeinden erfolgen.

Im Kern war dies die alte, gegen «Plutokratie» und «Zinskapital» gerichtete Vision eines totalitären Sozialstaates, der die ganze (deutsche) Gesellschaft in den Griff seiner totalen Fürsorge – und Kontrolle – nehmen sollte. Es war die unter Kriegsbedingungen aktualisierte Vision des «antikapitalistischen» Flügels der Partei, dem nun, angesichts potentiell unbegrenzter Ressourcen nach dem vermeintlich gewonnenen Krieg keine Begrenzungen mehr durch Finanzierungsfragen auferlegt schienen. So wurde etwa in

35 Wegen des außerordentlich hohen Einsatzes von Reichsmitteln müßten die Trägergesellschaften, so die klar auf die gemeinnützige Wohnungswirtschaft abzielende Argumentation der DAF-Planer, «unter einer straffen zentralen Leitung und Bewachung stehen, die sie zweckmässig für dieses Programm im Sinne der gestellten Aufgabe ausrichtet ... Das Ziel muss sein, einen einheitlichen Arbeits- und Verwaltungsapparat nach dem Prinzip der Partei zu schaffen und die Gliederung, ähnlich wie in der Partei, nach Gauen, Kreisen und Ortsgruppen durchzuführen. Auf diese Weise wäre eine die Verwaltungskosten verbilligende örtliche Gliederung durchgeführt und die längst fällige Bereinigung auf dem Gebiete des Wohnbauträgerapparates erreicht.» (DAF, Der Wohnungsbau ..., 13f.)

36 In der Hauptsache sollte der «Kreis der Einzuweisenden» auf Personen beschränkt sein, die
«a) biologisch wertvoll und politisch brauchbar sind,
b) nach der Zahl der Kinder und deren Alter geeignet erscheinen,
c) selbst ein bestimmtes Alter noch nicht überschritten haben,
d) unter Beachtung der Grundsätze a) bis c) bisher unzulänglich untergebracht sind,
e) besondere Verdienste um die Bewegung und Volksgemeinschaft aufzuweisen haben.» (DAF, Der Wohnungsbau ..., 14)

dem auch durch die geplanten Arbeiten an den Monumentalbauten und den Neugestaltungsmaßnahmen entstehenden riesigen Arbeitskräftebedarf im Bausektor kein besonderes Problem gesehen. Im Gegenteil: «Gerade der Wohnungsbau ist ein Musterbeispiel für die Möglichkeit des Masseneinsatzes fremdländischer Arbeitskräfte. Aus der Unterbringung in Baracken unter Gemeinschaftsverpflegung ergibt sich ohne weiteres die Möglichkeit der Überwachung, die hinsichtlich der fachlichen Tätigkeit durch deutsche Bauarbeiter zu geschehen hätte.» (DAF, Der Wohnungsbau ..., 27)[37]
Die Konzeption eines derartigen reichseigenen Wohnungsbaus durch die DAF rief bei den beteiligten Ministerien, aber auch der gemeinnützigen Wohnungswirtschaft und den Kommunalvertretern, die sich durchweg weitgehend ausgeschaltet sahen, erhebliche Aufregung hervor. Aber auch die Parteirivalen argwöhnten nicht zu Unrecht, daß damit die DAF zu einem nicht mehr kontrollierbaren Imperium ausgebaut werden sollte.
Bereits in der ersten Ausschußsitzung[38] zeigte sich, daß Todt eine herausragende Rolle spielen würde. Obwohl Ley für eine Wohnungsgröße von 80 qm plädierte, einigte man sich auf die von Todt vorgeschlagenen 72 qm. In der Kernfrage, der Finanzierung des künftigen Wohnungsbaus, kam man noch kaum voran. Speer erwähnte, daß Hitler an «Mietverbilligungsscheine» für kinderreiche Familien denke. Einigkeit herrschte angesichts unterschiedlichster Vorschläge nur darüber, daß man durch «Wohnungsmontage» und Rationalisierung der Bauproduktion die Kosten drastisch senken müsse.
Ley war am Zuge und legte einen Erlaßentwurf[39] vor, der zur Grundlage der Beratungen in der entscheidenden 2. Ausschußsitzung am 25.10.1940 gemacht wurde. Er enthielt die wesentlichen Punkte der DAF-Denkschrift, definierte in diesem Sinn den «neuen deutschen sozialen Wohnungsbau» als «eine Aufgabe des Reiches» (Abs. II) und sah die Ernennung eines Hitler unmittelbar unterstellten «Reichswohnungskommissars» vor.
Auf der Basis zahlreicher Denkschriften und Stellungnahmen[40] formierte sich gegen diesen Entwurf und die damit verknüpften persönlichen Ambitionen Leys unter der Wortführerschaft vor allem Todts und des Reichsfinanzministeriums, aber auch der

37 Auch in den übrigen Parteikreisen stand im Sommer 1940 außer Frage, «daß im künftigen Friedensvertrag die besiegten Länder Baumaschinen, Baumaterial und auch Bauarbeiter zu stellen hätten.» (Vermerk Sommer, vom 16.8.1940, zit. bei Recker 1981, 77)

38 Vgl. zu dieser Sitzung, an der Ley, Todt, Speer, Fiehler sowie die Staatssekretäre Syrup (RAM) und Reinhardt (RFM) teilnahmen, das Prot. von Bärmann vom 2.10.1940, BAK, NS 6/276, Bl. 130–132; im Auftrag des Ausschusses tagte unter Leitung von Strauch ein «Arbeitskreis für Verwaltungs- und Verfahrensvereinfachung» mit den jeweiligen Spitzenbeamten (u.a. Lehmann und Fischer-Dieskau vom RAM, Fuchs, Kiepert und Muttray vom RMdI, Harbers und Troll vom Hauptamt für Kommunalpolitik, Strauch, Wagner, Haker und Boeckinghoff von der DAF), der sich vor allem mit Fragen der Schaffung einer Mittelinstanz und der Vereinfachung der gesetzlichen Grundlagen befaßte, vgl. hierzu Vermerk über die 1. Sitzung des Arbeitskreises vom 3.10.1940, BAK, NS 6/276, Bl. 160–168.

39 «Entwurf eines Erlasses über vorbereitende Maßnahmen zur Durchführung des neuen deutschen Wohnungsbaus nach dem Krieg», undatiert (Ende Oktober 1940), BAK, R 2/19481.

40 Soweit bekannt, wurden Denkschriften vorgelegt durch das AWI bzw. die DAF (BAK, NS 6/276 R 2/19481 u. R 43II/1007a), das Reichsfinanzministerium (BAK R 2/19481), Fiehler (ebd., NS 25/1110 u. R 43II/1007b), den Reichsverband des deutschen gemeinnützigen Wohnungswesens (BAK, R 43II/1007a u. NS 6/276) und das Deutsche Frauenwerk (BAK, NS 6/252); zu den Stellungnahmen des RAM vgl. BAK, R 43II/1007a.

Dienststelle Bormanns, die im Hintergrund an den Fäden zog, eine weitgehend geschlossene Front, die entscheidende Änderungen des Entwurfs vor allem in den Punkten erzwang, die der DAF allzu großen Einfluß verschafft hätten.
Ganz in diesem Sinn hatte sich kurz vor der Ausschußsitzung noch einmal Todt in einem Schreiben an Bormann geäußert: «Ich habe es begrüßt, daß die Deutsche Arbeitsfront mit ihrer Dynamik die Dinge des Wohnungsbaues ins Rollen brachte, und ich kann mir vorstellen, daß sie in der ganzen Frage der sozialen Bedingungen (Wohnräume, Mietpreise usw.) wesentlich beteiligt ist. Die technische Seite der Durchführung braucht aber solidere Grundlagen. Besondere Bedenken habe ich auch dagegen, daß nach dem Entwurf früher oder später die Arbeitsfront die einzige Stelle ist, die die geschaffenen Wohnungen den Familien zuweist. Die Arbeitsfront bekäme hierdurch im gesamten deutschen Volksleben eine allzu überragende Stellung. Schon richten sich arbeitsfronteigene Baugesellschaften, arbeitsfronteigene Trägergesellschaften, arbeitsfronteigene Lebensmittelgesellschaften auf dieses bevorstehende Großprogramm der DAF ein. Hier besteht die Gefahr der Entwicklung zu einem Kollektivismus, dem ich größte Besorgnis entgegenbringe.»[41]
In der Sitzung am 25.10.1940[42] machte Ley, wie Bormanns Mitarbeiter Sommer in seinem Protokoll vermerkte, «wunderbarerweise ... ein Zugeständnis nach dem anderen zum offenbaren Entsetzen seiner Sachbearbeiter, die er eigentlich beinahe in jedem Punkt fallen ließ.» (Sommer, 224)
Die wichtigste, weil im Kern das Problem einer mehr plan- oder marktwirtschaftlichen Orientierung des Wohnungsbaus betreffende Frage richtete sich auf die Gesamtverantwortung bzw. Bauherrenschaft des Reiches für den künftigen Wohnungsbau und die vorgeschlagene etwaige Vollfinanzierung durch das Reich. Das Reichsfinanzministerium[43] hatte dazu schon im Vorfeld in einer von Poerschke entworfenen umfangreichen Denkschrift[44] am dezidiertesten ablehnend Stellung bezogen: «Das Reich selbst aber kann nicht als Bauherr auftreten. Es besitzt keinen technischen Apparat für den Wohnungsbau, und es liegt kein zwingender Grund vor, sich mit einer Aufgabe wie der Erstellung und Verwaltung von Millionen Wohnungen zu belasten.» (ebd., 8)
Für ein Zehnjahresprogramm von 4,5 Mio. Wohnungen, eine Zahl, die man für

41 Todt an Bormann, 22.10.1940, BAK, NS 6/276, Bl. 196f.

42 Nach dem ausführlichen Vermerk Fiehlers (BAK, NS 25/1110, Bl. 100–114) (im folgenden zit. als Fiehler) nahmen teil: Ley, Strauch, Pohl und weitere DAF-Vertreter, Todt mit Begleitung, Schwerin von Krosigk, Wagner (RK für die Preisbildung), Sommer u. Bärmann für den Stab des Stellvertreters des Führers, Pfundtner und Fuchs für das RMdI, Durst, Fischer-Dieskau und Schmidt für das RAM, Lange und Riehle für das RWM, Vertreter Görings, Vertreter Speers in seiner Eigenschaft als Generalbauinspektor für die Reichshauptstadt, Vertreter des Reichsluftfahrtministeriums und Fiehler mit Harbers und Jobst für das Hauptamt für Kommunalpolitik; vgl. als Darstellungen des Verlaufs der Sitzung auch die Vorlage Sommers vom 26.10.1940, BAK, NS 6/276, Bl. 224–233 (im folgenden zit. als Sommer) und den Vermerk Poerschkes vom 26.10.1940, BAK, R 2/19481 (im folgenden zit. als Poerschke).

43 Funk dagegen, der Nachfolger Schachts als Wirtschaftsminister, hielt sich zurück. Er war «ein Saufkumpan Leys (der seinerseits als «Reichstrunkenbold» bekannt war, Anm. d. Verf.), der viel von seiner Macht an Göring verloren hatte und einen Teil davon auf Kosten Seldtes zurückzuerobern hoffte» (Smelser 1989, 156).

44 RFM (Poerschke), Denkschrift des Reichsfinanzministeriums über den Wohnungsbau nach dem Kriege, 22.10.1940, BAK, R 2/19481.

realistischer hielt als die durch die DAF genannten 6 Mio. WE, wären incl. der Kosten für Aufschließung und Folgeeinrichtungen etwa 54–56 Mrd. RM notwendig, Summen, die nach Meinung des RFM weder aufgebracht werden könnten noch aufgebracht werden müßten. Stattdessen schlug man die verstärkte Heranziehung der Industrie und – für die Bereitstellung von erst- und zweitstelligen Hypotheken – des vorhandenen «Realkreditapparats» vor. Das Reich könnte sich dann im wesentlichen auf die Bereitstellung von drittstelligem Hypothekenkapital (3000 RM bei ca. 10000 RM angestrebten Gesamtkosten pro Wohnung) beschränken und – im Gegenzug zu weitgehenden Steuererleichterungen – einen möglichst großen Teil des geplanten Wohnungsbaus (etwa ein Drittel, d.h. 100000 der im ersten Jahr geplanten Wohnungen schienen möglich) auf die Industrie in Form des Werkwohnungsbaus verlagern.
Letzterem mochte aber die Partei aus grundsätzlichen Erwägungen nicht zustimmen. Sommer nahm nach Rücksprache mit Todt gegen den Werkwohnungsbau Stellung und faßte die Diskussion zu diesem Punkt für Bormann folgendermaßen zusammen: «Die Werkswohnung bringt den Arbeiter in ein Hörigkeitsverhältnis. Vor 1914 hat Krupp und Stumm, heute noch vorbildliche, Arbeitersiedlungen geschaffen. Die Arbeiter sind aber trotzdem und gerade wegen des Hörigkeitsverhältnisses durch die Werkswohnungen Marxisten geblieben. Die Industrie will jetzt weiter nichts, als ihre Kriegsgewinne unterzubringen und daneben ihrer Arbeiterschaft gegenüber stark sein. Man hat sich schließlich dahin geeinigt, daß die Gemeinden sich außer gemeinnütziger Wohnungsunternehmen auch großer Industriefirmen als Bauträger bedienen können, daß aber die Einweisung in die Wohnungen niemals in die Hand der Firmen kommt, so daß es keine Werkswohnungen werden.» (Sommer, 5)
Zum Für und Wider der Bauherrenschaft des Reiches ergab sich im Ausschuß eine komplizierte Diskussion. Ley beharrte unter Berufung auf Hitler darauf, daß die von Todt und sinngemäß auch von Fiehler statt seiner Formulierung «Der Wohnungsbau ist Sache des Reiches» vorgeschlagene Formulierung «Die Sorge für den Wohnungsbau ist Sache des Reiches» zu unbestimmt sei. Das Reichsfinanzministerium dagegen lehnte einen reichseigenen Wohnungsbau grundsätzlich ab, beschwor «Wiener Verhältnisse» und die drohende «Lähmung der Privatinitiative» und argumentierte, daß man unmöglich die Bauträgerschaft, die ohnehin nicht beim Reich liegen werde, sowie Besitz und Verwaltung der Wohnungen auseinanderreißen könne. Die Aufgabe des Reichs sei die Sicherung einer tragbaren Miete durch eine adäquate Finanzierung und Förderung des sozialen Wohnungsbaus, nicht die Baudurchführung selbst. Nach dem Protokoll von Fiehler stimmte Ley dem schließlich zu: «Ich will nur, daß das Reich die Sorge dafür übernimmt, daß eine erträgliche Miete herauskommt. Wie das das Reich macht, ob es diese Aufgabe etwa den Gemeinden überträgt, ist mir gleich. Es ist mir auch gleich, wer als Besitzer der Wohnungen auftritt.» (Fiehler, 3) Mit der Kompromißformulierung «Die Durchführung der von mir gestellten Forderungen ist eine Aufgabe des Reiches» (ebd., 4) war der reichseigene, behördliche Wohnungsbau schließlich vom Tisch.
Damit war auch der Weg frei für eine Regelung der Trägerfrage, die geeignet war, die Monopolansprüche der DAF und ihrer Unternehmen abzuwehren.
Gemeinden und gemeinnützige Wohnungsgesellschaften waren gegen ihre befürchtete

Ausschaltung durch einen reichseigenen Wohnungsbau Sturm gelaufen.[45] Noch am 22.10. ging Brecht in einer umfangreichen Denkschrift[46] auf den Erlaßentwurf der DAF ein. Die Folgen der beabsichtigten Bauherrenschaft des Reichs wurden von ihm in den düstersten Farben ausgemalt: «Damit würde die bisherige Heranziehung aller wohnungswirtschaftlichen Kräfte, auch der im gemeinnützigen Wohnungswesen bereitstehenden, in der Förderung des Wohnungsbaues aufgegeben. Bisher sind als Bauherren und Bauträger die rund 3500 gemeinnützigen Wohnungsunternehmen und private Bauherren eingeschaltet worden, während das Reich und die Gemeinden in der Regel nur eigene Dienstwohnungen und Wohnungen besonderer Art erstellten. Das Reich soll nunmehr in größtem Ausmaß selbst Bauherr und der größte Hauseigentümer werden...» (ebd. 1) Die behördliche Verwaltung sei «teurer, umständlicher und für die Volksgenossen unpersönlicher» (ebd., 2). Auch bei Brecht durfte der Verweis auf Wien nicht fehlen: «Nur unter der marxistischen Herrschaft ist der öffentliche Wohnungsbesitz und die behördliche Wohnungsverwaltung, insbesondere in Wien, stark gefördert worden.» (ebd.) Wichtigster Träger des sozialen Wohnungsbaus seien in der Vergangenheit die gemeinnützigen Wohnungsunternehmen gewesen. Durch sie seien insgesamt 1,3 Mio. Wohnungen, davon seit 1933 546630 Wohnungen (80 % davon Arbeiterwohnstätten) erstellt worden. Für den Wohnungsbau nach dem Krieg «sind bereits 206144 Wohnungen planerisch, grundstücksmäßig und weitgehend auch finanziell vorbereitet.» (ebd., 3) All dies und die Arbeit der ca. 26000 hauptamtlichen und ca. 30000 ehrenamtlichen Kräfte «würde bei Verwirklichung der neuen Vorschläge plötzlich abgebrochen». Sie würden bedeuten, «daß das gemeinnützige Wohnungswesen bei dem neuen deutschen Wohnungsbau seine vielfältigen und auf diese Aufgabe mobilisierten Kräfte nicht einsetzen kann, daß auf die tragende Idee der Selbsthilfe und der wohnungswirtschaftlichen Selbstverwaltung verzichtet wird, daß die erst vor kurzem gesetzlich neu festgelegte Wohnungsbaupflicht der gemeinnützigen Wohnungsunternehmen als falsch erklärt, daß die zahlreich vorhandenen und in der fachlichen Arbeit erprobten Einrichtungen, ferner alle weitgehenden bisherigen Vorbereitungen für den Wohnungsbau nach dem Kriege außer Kraft gesetzt und beiseite gestellt werden.» (ebd., 2)

Doch es kam weniger schlimm als von Brecht, der offensichtlich die Gefahr einer Ausschaltung der gemeinnützigen Wohnungsunternehmen sehr ernst nahm, befürchtet. Gegen die geschlossene Front der Ministerien und des Hauptamts für Kommunalpolitik mußte Ley in der Trägerfrage nachgeben. Statt der zu offensichtlich allein auf die DAF-Unternehmen zielenden «Wohnungsunternehmen auf Grund besonderer Zulassung» im DAF-Entwurf wählte man eine Formulierung, nach der die Baudurchführung und Verwaltung grundsätzlich bei den Gemeinden liegen sollte, die sich dabei im Bedarfsfall der gemeinnützigen Wohnungsunternehmen oder «sonstiger geeigneter Träger auf Grund besonderer Zulassung» bedienen könnten. Entgegen den ursprüng-

45 Vgl. z.B. die über den Staatssekretär im bayrischen Staatsministerium für Wirtschaft, Dauser, laufenden Eingaben an Lammers vom 7. u. 24.10.1940, BAK, R 43II/1007a, Bl. 5f. u. 22f.

46 Denkschrift «Die Mitarbeit der gemeinnützigen Wohnungsunternehmen am neuen deutschen Wohnungsbau nach dem Kriege», 22.10.1940, BAK, R 43II/1007a, Bl. 23–33.

lichen Vorschlägen behielten die Gemeinden vor allem auf Intervention Fiehlers auch das Recht zur Einweisung der Mieter, allerdings «mit Zustimmung der Partei».
Auch in der Frage der tragbaren Miete rückte Ley von den Vorschlägen seiner Mitarbeiter ab. Vor allem das RFM kritisierte die von der DAF vorgeschlagene, zwischen 4 und 74 RM variierende, «elastische» einkommensabhängige Miete als «weder praktisch durchführbar noch auch als Ziel richtig» (Fiehler, 8). Mieten unterhalb einer bestimmten Grenze seien allein schon mit Rücksicht auf die übrigen (höheren) Bestandsmieten unmöglich, gegen sie sprächen aber auch noch grundsätzlichere Erwägungen: «Die vorgeschlagene Regelung wiederspricht praktisch jedem Leistungsprinzip. Jedes Vorwärtsstreben würde entfallen. Eine stärkere Verletzung des Leistungsprinzips gibt es überhaupt nicht. Warum beschränkt man denn die Staffelung auf die Miete? Warum erstreckt man sie nicht auf das Brot, auf Kleidung usw.?» (Fiehler, 8f.) Ley gab sich geschlagen. Auch er hielt nun das System der gleitenden Miete, gegen das er «von Anfang an sehr heftige Bedenken» gehabt habe, für «utopisch» und «nicht für praktisch durchführbar» (Poerschke, 2f.). An dessen Stelle rückte das vom Reichsfinanzministerium vorgeschlagene Prinzip einer «starren Miete», die ggf. durch Kinderbeihilfen weiter gesenkt werden sollte. Bezugsgröße der Miete, von der im Erlaß verlangt wurde, daß sie in einem «gesunden Verhältnis zu dem Einkommen der Volksgenossen» zu stehen habe, war für das RFM und Fiehler eine Belastung von ca. 20 % des durchschnittlichen Arbeitereinkommens und mehr, während Ley eher 13–15 % für richtig hielt (Fiehler, 9f., Poerschke, 3f.).
Die Finanzierungsfragen, zu denen auch jenseits des «Vollfinanzierungs-Vorschlags» der DAF sehr unterschiedliche Pläne entwickelt wurden, wurden vorläufig nicht weiter verfolgt. Man war sich aber einig, daß dabei, soweit möglich, «die Einrichtungen der Wirtschaft heranzuziehen» seien und generell «die Förderung des Wohnungsbaues aus Mitteln des Reichs so weit auszudehnen (sei), daß tragbare Mieten und Lasten erreicht werden.» (Erlaß vom 15.11.1940) Ein siegreicher Ausgang des Krieges würde, dies hatten wohl die meisten im Hinterkopf, die Finanzierungsfrage ohnehin entschärfen. Typisch für diese Haltung war etwa Fiehlers Position: «Da anzunehmen ist, daß nach dem Sieg die gesamten Kriegsausgaben in irgend einer Form von unseren Gegnern erstattet werden müssen, glaube ich, daß es dem Reich ohne weiteres möglich ist, die geschilderte Belastung (in Fiehlers Vorschlag etwa 20 Mrd. RM für ein 10-Jahres-Wohnungsbau-Programm, d. Verf.) auf sich zu nehmen.»[47]
Unabdingbar erschien allen Beteiligten jedenfalls, und dies machte einen der Kernpunkte der ganzen Debatte aus, eine Verbilligung der durchschnittlichen Herstellungskosten einer Wohnung von ca. 14 000 RM auf 10 000 RM durch eine forcierte Rationalisierung, Vorfertigung, Normung, Typisierung von Grundrissen und Mechanisierung der Baustellen. Dies wurde umso nötiger, als Ley mit Berufung auf den «Führer» auch gegen den Widerstand der Ministerien eisern an der Vierraum-Wohnung festhielt. Insbesondere das RAM machte sich aus Kostengründen für die Dreiraum-Wohnung stark.[48] Man könne die Wohnungen so konstruieren, so Durst, «daß sie *später* (Her-

47 Denkschrift Fiehler vom 18.10.1940, BAK, NS 25/1110, S. 35.
48 Vgl. Seldte an Ley vom 30.10.1940 und, als Anlage, Vorschläge des Reichsarbeitsministeriums zu dem

vorh. i. Orig., d. Verf.) als Vier-Raum-Wohnungen verwendet werden können.» (Fiehler, 12) Ley bestand aber trotz der zweifellos beschränkten Baukapazitäten darauf, die Vierraum-Wohnung zu schaffen. Er habe «seinerzeit auch nicht einen zweisitzigen Volkswagen, sondern einen Viersitzer befohlen. Der zweisitzige Volkswagen hätte zum Volkstod geführt.» (Sommer, 8) Ähnlich wie beim Volkswagen, «wo er auch die Kosten auf 900 RM begrenzt habe», müsse man eben nun, hierin wurde Ley auch von Todt unterstützt, «der privaten Bauindustrie die Aufgabe stellen, Wohnungen in den Ausmassen des Führererlasses etwa zu 10 000 RM herzustellen.» (ebd., 7)

Seldte hingegen, der an der für die zukünftige Wohnungspolitik so entscheidenden Sitzung am 25.10. wegen «einer unaufschiebbaren Reise in die Ostgaue»[49] nicht persönlich teilnahm, warnte in einem nachträglichen Schreiben an Ley vom 30.10. in diesem Punkt vor einer zu weitgehenden Typisierung und Normung und der Festlegung reichseinheitlicher starrer Wohnungs- und Raumgrößen, «die den außerordentlich vielgestaltigen Verhältnissen und Wohnsitten in den einzelnen Gauen unmöglich gerecht werden können.»[50] Doch damit konnte sich das RAM nicht durchsetzen. Im persönlichen Gespräch mit Ley und Speer unterstrich Hitler noch einmal seinen Wunsch nach «größtmöglicher Beschränkung der Grundrisstypen .., weil dies erstens zur Verbilligung beitrage und zweitens gewisse Sonderwünsche der Architekten unterbinde.»[51]

Besonders schwierig wurde die Regelung der Zuständigkeitsfrage. Sommer vermerkte in seinem Protokoll, daß Ley auf den Widerspruch aller Beteiligten hin «zunächst den (im Erlaßentwurf vorgesehenen, d. Verf.) Reichswohnungskommissar fallen» ließ (Sommer, 9). Ley wollte diese Frage «der persönlichen Entscheidung des Führers vorbehalten» (Fiehler, 14). Nach diversen Interventionen in der Reichskanzlei, die den Erlaß vorbereitete, wurde Ley schließlich aber doch die Stellung eines dem «Führer» unmittelbar unterstellten «Reichskommissars für den sozialen Wohnungsbau» zugestanden.[52] Da spielte es kaum noch eine Rolle, daß Ley (zunächst) bei dieser Art von Sonderbeauftragung die Anerkennung als oberste Reichsbehörde versagt blieb und daß er de jure beim Erlaß von Rechts- und Verwaltungsvorschriften an das Einvernehmen mit den anderen beteiligten obersten Reichsbehörden gebunden war. Der entscheidende Schritt war getan, und dies mit Zustimmung fast aller NS-Potentaten. In einem eigenen Vermerk hatte man in der Reichskanzlei deren Stellungnahmen einzeln festgehalten.[53] Danach stimmten dem endgültigen Erlaß zu: Heß, Bormann, Schwerin von Krosigk, Frick, Todt, Speer, Funk, Wagner und Lange (Vizepräsident

Entwurf eines Führererlasses zur Vorbereitung des neuen deutschen Wohnungsbaus nach dem Kriege, BAK, R 43II/1007a, Bl. 37–43; vgl. auch die zusammenfassende Einschätzung der Veränderungen des DAF-Entwurfs aufgrund der Ausschußberatungen durch Durst in seinem Schreiben an Killy (Reichskanzlei) vom 1.11.1940, ebd., Bl. 52f.

49 Seldte an Lammers vom 22 10.1940, BAK, R 43II/1007a, Bl. 19f.

50 BAK, R 43II/1007a, Bl. 37f.

51 Vermerk Fischer-Dieskau zum Führererlaß vom 2.11.1940, BAK, R 43II/1007a, Bl. 86f.

52 Vgl. zu diesen Vorgängen Sommer, 9f., Recker 1986, 337.

53 Stellungnahme der dem Ausschuß angehörenden und von dem Vorsitzer hinzugezogenen Mitglieder, undatiert (Anfang Nov. 1940), BAK, R 43II/1007a, Bl. 153f.

der Deutschen Reichsbank), der aus währungspolitischen Gründen hinzugezogen worden war. Himmler stimmte zu, «wünscht jedoch stärkere Vollmachten für den Vorsitzer des Ausschusses». Was Seldte betraf, so wurde nach dem Hinweis auf dessen Zustimmung zum «sachlichen Teil» festgehalten: «Er stellt dann wiederum die Forderung nach dem Bau von Klein- und Kleinstwohnungen, verwirft eine reichseinheitliche Festlegung der Wohnungs- und Raumgrössen und warnt vor einer allzu weitgehenden Normung. Ferner bestreitet er die Zuständigkeit des Leiters der Deutschen Arbeitsfront, die Federführung zur Vorbereitung des neuen deutschen Wohnungsbaues nach dem Kriege zu übernehmen ...» (ebd., Bl. 154)

Am Ende war Ley zwar mit dem DAF-Projekt einer umfassenden «Sozialisierung» und Verstaatlichung der Wohnungspolitik nicht erfolgreich. Selbst auf dem Höhepunkt der Kriegseuphorie, als alle Lasten auf Besiegte abwälzbar erschienen und der NS-Machtelite in ihrem Größenwahn nahezu alles als machbar erschien, hatten sich die überkommenen Strukturen der Bau- und Wohnungswirtschaft und des organisierten Realkredits als resistent erwiesen. Nicht allein ein Großteil der Ministerialbürokratie, sondern auch technokratische Pragmatiker wie Todt und Speer setzten auf die Zusammenarbeit mit der Privatinitiative und der Industrie, nicht auf ihre Ausschaltung. Aber trotz der Abstriche war die Ernennung Leys am 15.11.1940 zum Reichskommissar für den sozialen Wohnungsbau ein spektakulärer Triumph und Einbruch in bisher staatliche Domänen.

4. Ley kontra Seldte

Es zeigte sich jedoch sehr rasch, daß mit dem Führererlaß vom 15.11.1940[54] nur ein erster Anfang gemacht war. Aufgabenbereich, Kompetenzen und Organisation der neuen Behörde auch in ihrem Unterbau waren höchst vage definiert, und viele Grundfragen der künftigen Wohnungspolitik waren in den Beratungen ungeklärt geblieben oder gar nicht erst kontrovers behandelt worden.

Für Ley dagegen war die Aufgabe klar. Der «Führer» hatte ihm die Verantwortung für den künftigen sozialen Wohnungsbau, einem Kernstück des von ihm angestrebten großen Nachkriegs-Sozialwerks, übertragen, und er war «fanatisch» entschlossen, diese Aufgabe ähnlich wie zuvor die Produktion des Volkswagens oder des Volksempfängers erfolgreich durchzuführen. «Ich glaube nun einmal fest daran», erklärte er in einer der ersten programmatischen Reden nach Verabschiedung des Erlasses im Dezember 1940, «dass wir alle Aufgaben lösen können, die wir uns stellen. Es wird gehen, ich glaube fanatisch daran, man muss bloss einen unerschütterlichen Willen haben und

54 Die Selbstdarstellung der auf dem Führererlaß beruhenden Tätigkeit der Behörde des Reichskommissars für den sozialen Wohnungsbau (RKSW) in dessen offiziellem Organ «Der soziale Wohnungsbau in Deutschland» (SWD) bzw. – ab 1943 – «Der «Wohnungsbau in Deutschland» (WD) ist durch unsere kommentierte und ausgewählte Zusammenstellung der wichtigsten Artikel dieser Zeitschrift breit dokumentiert (Harlander/ Fehl 1986); der Schwerpunkt der folgenden Darstellung liegt daher – neben jeweils zusammenfassenden Verweisen auf die praktische Tätigkeit bzw. die Planungen des RKSW – in dem primär auf Archivmaterial beruhenden Nachvollzug der Auseinandersetzungen mit den rivalisierenden Machtträgern und den dabei zum Ausdruck kommenden Veränderungen der wohnungspolitischen Intentionen.

dann etwas Köpfchen und etwas Geist, dann wird man das schon machen können.»[55] Besser noch als in den zahlreichen Presseveröffentlichungen und Verlautbarungen, mit denen Ley und seine DAF-Mitarbeiter den Führererlaß und den damit verbundenen wohnungspolitischen Neuanfang feierten, wird in dieser Rede trotz all der üblichen großspurigen, manchmal verlogenen Rhetorik etwas von Leys «Vision» und deren Verknüpfung mit dem, was Ley selbst immer wieder seine «bedingungslose Hingabe» an Hitler nannte, deutlich. «Der Wohnungsbau», führte er darin aus, «ist eine der dringlichsten Aufgaben, die wir überhaupt haben. Wenn wir ihn nicht lösen würden, würde die Sozialaufgabe nicht gelöst sein ... So hat der Führer den ersten grossen Sozialerlass gegeben, worin er bestimmte, wie die künftigen Wohnungen sein sollen, wer dafür die Verantwortung trägt und hat mir Auftrag gegeben, dafür zu sorgen, dass dieser Erlass durchgeführt wird. Meine Aufgabe lautet: genügende, billige und geräumige Wohnungen zu bauen.» (ebd.) Der «Führer» selbst habe die «geräumige Wohnung» befohlen: «Eine grosse Wohnküche, drei Schlafzimmer, eine Speisekammer, ein Bad und ein Balkon. Diese Grössenordnung ist vom Führer persönlich bestimmt worden. Er hat sich selber Gedanken darüber gemacht. Der Balkon stammt vom Führer und sogar über die Inneneinrichtung dieses Bades hat sich der Führer Gedanken gemacht. Er sagte: nein, Ley, es darf keine Badewanne sein, sondern es muss eine Dusche sein; sonst habe ich Angst, dass die Frau ihre Kinder eins nach dem andern im gleichen Badewasser badet. Bei einer Dusche kann sie das nicht. Als wir nun den Grundriss dem Führer zeigten, sagte er: meine Herren, hier fehlen noch zwei Dinge, eine Speisekammer und eine Abstellkammer. Dann hat er uns das erklärt mit der Speisekammer und mit der Abstellkammer und er gab mir gleich den Auftrag dazu, einen Volkskühlschrank zu bauen. Bis in die kleinsten Kleinigkeiten hinein ist die Wohnung das Werk des Führers selbst.» (ebd., Bl. 34)
Vor allem aber sollten diese «geräumigen Wohnungen», von denen nach dem Erlaß 80 % als Vierraum-Wohnungen mit 72 qm und nicht, wie Ley immer noch behauptete, mit 80 qm geplant waren, billig sein: «Als Norm soll die Durchschnittsmiete 30 RM im Monat nicht übersteigen. Hier werden wir wirklich unseren sozialistischen Gedanken verwirklichen: wer Kinder hat und Kinder ernähren will, hat mehr Sorgen als der, der keine Kinder hat. Und er hat mehr Wert als der, der keine hat. Wer dem Volk Kinder schenkt, wird von der Gemeinschaft besser bedacht, als der, der keine will oder hat. Wer 4 Kinder hat, wird sogar nur 20 RM Miete zahlen, und wer keine hat, wird 70 RM Miete zahlen. Und wer nach 6 Jahren keine Kinder hat, wird die grosse Wohnung räumen müssen und in die Klein- und Kleinst-Wohnungen ziehen, von denen wir ja leider Millionen haben. Die sind für die Kinderlosen oder für die bevölkerungspolitischen Blindgänger.» (ebd., Bl. 33) Wie aber konnten die für diesen auf die Fortpflanzungsfunktion reduzierten «Sozialismus»[56] geplanten 300 000 Woh-

55 Rede von Ley in Berlin, 7.12.1940, BA (Potsdam), 46.06/149, Bl. 37.

56 Dabei ging es im Sinne der rassenpolitischen Zielsetzungen des Regimes natürlich nicht allein um Kinderreichtum an sich, sondern um die Auswahl der «erbbiologisch wertvollen Kinderreichen»; bereits am 28.11.1940 forderte der Leiter des rassenpolitischen Amtes der NSDAP in einem Schreiben an Heß, daß der Reichsbund Deutsche Familie bei der Wohnungsvergabe herangezogen werden müsse; durch dessen «Ehrenbuchaktion» sei erstmals der Kreis der kinderreichen Familien «nach

nungen (nach Ley überwiegend im Mietgeschoßwohnungsbau) und später das Doppelte neben den Großbauten, den Neugestaltungsplänen und all den anderen Vorhaben realisiert werden? «Hier gibt es nur eins: Vereinfachung der Gesetze, der Vorschriften. Sie müssen auf ein Mindestmass herabgesetzt werden ... Das Zweite ist: wir werden die Bauweise rationalisieren. Heute baut man immer noch nach dem Prinzip, nach dem Pharao schon vor 5000 Jahren auch schon einen Stein auf den anderen gelegt hat. Die Technik kam, Lokomotiven, Dampfkraft usw. Die Maurer, die Zimmerleute und Architekten, die blieben alle beim Alten, die berührte das garnicht. Das muss anders werden ... Die Wohnung, die wir wollen, würde nach heutigen Kosten 14 000 RM kosten. Es wird gelingen, dass wir sie auf mindestens 10 000 RM herabdrücken. Ja, ich glaube auf 50 %.» (ebd., Bl. 36f.) Und ungeachtet der Ausschußberatungen, in denen die Trägerfrage ganz anders entschieden worden war, wiederholte Ley seine am Westwallbau orientierten Vorstellungen eines zentral geplanten und organisierten reichseigenen Wohnungsbaus: «Die Finanzierung dieser Bauten ist insgesamt .. eine grosse Aufgabe des Reiches, der Partei. Es ist keine Aufgabe irgendeines Kapitalisten, Hausbesitzers, Unternehmers, Bauherrn, sondern Aufgabe des Reiches. So werden wir denn für die Finanzierung sorgen. Der Zins muss verbilligt werden und er wird es. Wir werden alle finanziellen Kräfte mobilisieren und was fehlt, wird das Reich geben. So werden wir auch Stoßtrupps zusammenstellen. Bei den Bauwerken des Westwalles und des Vierjahresplanes haben wir das gelernt. Über die Organisationen Todt und des Generalbauinspektors Speer werden wir Stoßtrupps zusammenstellen, die einmal die Planierung, Ausschachtung und Fundamente in einer Arbeit am laufenden Band machen werden. Andere, die den Rohbau machen werden nach den neuen Methoden. Und ebenso Stoßtrupps, die die Innenarbeit machen. Das Ganze wird genormt werden. Wir sind 4–5 Jahre dabei, wir haben die Büros und Architekturstellen, die das alles in Vorarbeit getan haben.» (ebd., Bl. 37)
Ganz offenbar dämmerte den Parteirivalen zu spät, worauf man sich mit der Zustimmung zu Leys Ernennung eingelassen hatte. Im Ausschuß hätte zweifellos eine Mehrheit Todts Berufung bevorzugt. Aber dieser stand nicht zur Verfügung, und so nahm man schließlich mit Ley Vorlieb, auch in der Hoffnung, daß seine Rolle bzw. die Rolle der DAF auf die ja durchaus erwünschte Stimulierung des Wohnungsbaus vor allem unter sozialen Gesichtspunkten zu beschränken sein werde. Doch diese Hoffnung trog. Von Anfang an ließ Ley keinen Zweifel daran, daß er und zwar er allein sich für das gesamte Feld des Wohnungsbaus einschließlich des Siedlungs- und Städtebaus zuständig fühlte, und begann dementsprechend zu handeln.
Die Überraschung und Verärgerung über diese Entwicklung verdeutlicht ein erster Briefwechsel zwischen Todt, Speer und Ley bereits unmittelbar nach Verabschiedung des Führererlasses noch im November 1940. Mit Datum vom 21.11.1940 beschwerte sich Todt bitter bei Ley über mangelnde «Kameradschaft» bei der Vorstellung des Wohnungsbauprogramms: «Jetzt ist in der Presse das Wohnungsbauprogramm veröffentlicht worden, das wieder eine Gemeinschaftsleistung von vielen sein wird. Bei

seiner biologischen und politischen Förderungswürdigkeit einer Durchsicht unterzogen worden» (BAK, NS 6/276, Bl. 314f.).

aller bisherigen Befehdung fallen doch sehr viel Arbeiten dem Reichsarbeitsminister zu; auch der Generalbauinspektor muss mit seinem Stab aktiv mitwirken, der Generalbevollmächtigte für die Bauwirtschaft wird viel Mitarbeit übernehmen müssen und noch manch anderer auch. Ich hätte es auch hier für richtiger gefunden, wenn die wesentlichen Kameraden dieses Gemeinschaftswerkes zumindest etwas von dem Presseempfang erfahren hätten und wenn man die Kameradschaft der künftigen Zusammenarbeit durch entsprechenden Hinweis unterstrichen und betont hätte.»[57] Todt leitete den Brief auch Speer zu und dieser bestätigte in seinem aufschlußreichen Antwortschreiben Ende November nicht allein die Kritik Todts an Ley und versicherte ihm seine Unterstützung, sondern machte auch deutlich, daß er sich künftig – abgesehen von den im Zusammenhang mit der Neugestaltung der Reichshauptstadt stehenden Aufgaben – aus dem Wohnungsbau eher zurückziehen und die Rationalisierungs- und Entwicklungsaufgaben in diesem Bereich ganz Todt überlassen wollte. «Sie wissen», schrieb Speer, nachdem er seine «Freude» darüber ausgedrückt hatte, daß Todt «einmal die verbreitete Sitte, durch persönliches Geltungsbedürfnis die Zusammenarbeit zu erschweren, mit Deutlichkeit angeprangert» hatte, «dass ich immer der Meinung war, dass nur Sie den Wohnungsbau nach dem Kriege werden bewältigen können, – ich bin heute, nach den ersten Anfängen des Reichswohnungskommissars noch viel mehr davon überzeugt. Ich möchte Sie bitten, bei der Entwicklungsarbeit am Wohnungsbau meine Dienststelle besonders bei der Rationalisierung als einen Teil der Ihrigen aufzufassen, damit wir nicht gegeneinander ausgespielt werden können. Bei dieser Gelegenheit teile ich Ihnen mit, dass ich Reichsleiter Bormann gebeten habe, meine Bezeichnung im Stab des Stellvertreters des Führers 'Beauftragter für Bauwesen' zu ändern in etwa 'Beauftragter für Baukunst und Städtebau', da der weitergehende Begriff sich sowohl mit Ihren Arbeitsgebieten als auch mit denen von Reichsschatzmeister Schwarz überschneidet».[58]

In organisatorischer Hinsicht waren die ersten beiden Jahre der Tätigkeit der neuen Behörde Ley vor allem von langwierigen und zähen Auseinandersetzungen mit dem Reichsarbeitsministerium geprägt, dem Stück für Stück Kompetenzen und Personal abgerungen wurden. Fischer-Dieskau, schon einer der maßgeblichen Beamten der alten Hauptabteilung IV im Reichsarbeitsministerium, später (ab 1944) Leiter der Dienststelle des RKW und nach dem Krieg als Ministerialdirektor einer der führenden Beamten des Bundesministeriums für Wohnungswesen, erinnerte sich an «groteske Zustände» und einen «unablässigen Kampf um Zuständigkeiten, Personal, Haushaltstitel usw.» (1970, 130).

Sofort nach seiner Berufung zum Reichskommissar für den sozialen Wohnungsbau begann Ley, der zunächst zugesichert hatte, sich mit einem «kleinen, aber exquisiten Führungsstab»[59] zu begnügen, seine Behörde faktisch zu einer Art von Ministerium auszubauen, indem er – im wesentlichen auf Abteilungsleiterebene – Personal der DAF bzw. des Reichsheimstättenamtes, vor allem aber mehr und mehr Beamte aus der

57 Todt an Ley vom 21.11.1940, BA (Potsdam), 46.06/149, Bl. 76f.
58 Speer an Todt v. 28.11.1940, BA (Potsdam), 46.06/149, Bl. 75.
59 Vgl. den Vermerk Reichskanzlei, 15.7.1941, BAK, R 43II/1009.

Wohnungsabteilung des RAM an sich zog. Der «Vorläufige Geschäftsverteilungsplan des Reichskommissars für den sozialen Wohnungsbau» vom 12.7.1941[60] sah neben dem Behördenleiter Ley, seinem Stellvertreter Simon und Geschäftsführer Wagner neun Abteilungen (I: Bau- und Bodenrecht, Leitung Lampe; II: Finanzierung, Leitung Wagner; III: Organe des Wohnungsbaus, Leitung Strauch; IV: Wohnungsbewirtschaftung, Leitung Steinhauser; V: Raumordnung, Leitung Jarmer; VI: Ortsplanung, Leitung Schmidt; VII: Gebäudeplanung, Leitung Spiegel; VIII: Bauwirtschaft, Leitung Schönbein; IX: Verwaltung, Leitung Wagner) mit 60 Referaten vor. Die Leitung der Abteilungen hatte Ley zunächst den Mitarbeitern aus der DAF bzw. aus dem Reichsheimstättenamt übergeben. Unterhalb dieser Ebene finden sich die Namen der Beamten aus der Hauptabteilung IV des RAM (Fischer-Dieskau, Bellinger, Eylau, Boruttau, Thevs, Undeutsch, Werner-Meier, Pergande, Ehrenforth u.a.), über die Ley nach einem Erlaß vom 4.2.1941[61] verfügen konnte, soweit «sie mit Aufgaben des sozialen Wohnungsbaus befaßt» waren. Seldte ging bis März 1941 davon aus, daß Ley seinen Auftrag *innerhalb* der Wohnungsabteilung seines Ministeriums erfüllen werde. Als er dann sah, daß Ley ein eigenes Reichskommissariat mit seinen DAF-Leuten in den Führungspositionen aufbaute, akzeptierte er die Abordnung von Sachbearbeitern, die «ganz oder überwiegend den sozialen Wohnungsbau bearbeitet haben», an den RKSW.[62] Die Abordnung der betreffenden Beamten ging natürlich nicht reibungslos vonstatten, sondern trug eher die Züge eines Kampfes «um jeden Mann».[63]

Ein zähes Ringen ergab sich auch aus Leys Versuchen, seine Interessen bei der Schaffung der Neuorganisation der Mittelbehörden durchzusetzen. Nach dem Erlaß vom 15.11.1940 waren für die «gebietliche Lenkung des Wohnungsbaues und seine Steuerung im Rahmen des gesamten Bauwesens» die Gauleiter als Gauwohnungskommissare verantwortlich. Diese sollten sich dabei der staatlichen, grundsätzlich in der Zuständigkeit des RMdI stehenden Verwaltungsstellen bedienen. Ley zielte aber ganz im Gegenteil darauf ab, mit einer neuen für das Bauwesen zuständigen Mittelbehörde, den sog. «Wohnungs- und Siedlungsämtern» bei den Gauwohnungskommissaren, auf deren Einrichtung er sich bis August 1941 mit dem Reichsinnenminister in einem mühsamen Prozeß einigte[64], eine möglichst enge Verflechtung von Staats- und Partei-

60 BAK, R 43II/1174a, Bl. 215–228; vgl. auch den Geschäftsverteilungsplan der Hauptabteilung IV, Siedlungswesen, Wohnungswesen und Städtebau, im RAM unter Durst, BAK, NS 6/276, Bl. 340–343; vgl. weiter die Fassungen des Geschäftsverteilungsplans vom 11.3.1941, in dem noch Schulte-Frohlinde als Leiter der Abteilung Gebäudeplanung vorgesehen war (BAK, R 2/19482) und vom 7.10.1941 (BAK, NS 6/251, Bl. 87–91); vgl. hierzu auch den Haushaltsplan des RKSW für das Jahr 1941, nach dem die Behörde – ohne die Mehrzahl der Angestellten, die haushaltsrechtlich bei einer anderen Stelle geführt wurden – 59 Stellen umfaßte (BAK R 43II/1174a, Bl. 207–209).

61 RABl. I, 106; vgl. hierzu auch Recker 1986, 339.

62 Seldte an Ley, 1.4.1941, BAK, R 2/19482.

63 Vgl. etwa das Schreiben Leys an Seldte vom 8.10.1941 (BAK, R 43II/1174, Bl. 108–115), in dem er weitere Beamte (Blechschmidt, Wormit u.a.) forderte.

64 Verordnung über die Einrichtung und den Aufgabenbereich von Wohnungs- und Siedlungsämtern vom 30.8.1941 (RGBl. I, 543, abgedr. in Harlander/ Fehl 1986, 390ff.); gemäß dieser VO wurden den Gauwohnungskommissaren die Gauobmänner der DAF – zwar ohne Weisungsbefugnis, die Ley gefordert hatte, aber mit umfassenden Rechten auf Einsichtnahme und Kontrolle – als sog. «Inspekteure» beigegeben; vgl. zur Auseinandersetzung um die Wohnungs- und Siedlungsämter im einzelnen Recker 1986, 339ff.

bzw. DAF-Dienststellen herbeizuführen und sich dadurch einen eigenen Unterbau zu schaffen. Während das RMdI noch glaubte, mit der nun getroffenen Regelung noch weitergehende Forderungen der DAF «abgedrängt» zu haben[65], erhob sich wegen der weitgefaßten Aufgaben der Wohnungs- und Siedlungsämter, die z.B. in Fragen des Städtebaus oder der Baupolizei weit in die Kompetenzbereiche anderer Ressorts hineinreichten und gewissermaßen nun auf der Mittelebene die Neuverteilung der Kompetenzen vornahmen, die Ley auf zentraler Ebene (noch) nicht erreicht hatte, ein Sturm der Entrüstung. Die betroffenen Ministerien und zahlreiche Gauleiter beschwerten sich bei der Parteikanzlei «über die völlige Unklarheit ..., welches Recht für das Gebiet des Wohnungs- und Bauwesens überhaupt noch Geltung hat» (ebd., Bl. 53). Zur Einschätzung der bisherigen Effekte von Leys Arbeit referierte Klopfer in einer Vorlage für Bormann exemplarisch sein Gespräch mit dem im Preußischen Finanzministerium für Wohnungsangelegenheiten zuständigen Ministerialrat von Heusinger: «Er legte im einzelnen dar, daß seit der Bestellung des Reichskommissars für den sozialen Wohnungsbau auf dem Bausektor ein allgemeines Chaos entstehe. Dr. Ley verkünde immer wieder Ansprüche und Thesen, durch die stets neue Verwirrung geschaffen werde. Nachdem er das Reichsarbeitsministerium überrannt habe, habe er 'mit der Arbeitsfront zum Angriff gegen den Staat angesetzt'» (ebd., Bl. 55). Auch die Reichskanzlei führte gegenüber der Parteikanzlei, die zur größten Verärgerung Bormanns in die Verordnung über die «Wohnungs- und Siedlungsämter» nicht eingeschaltet worden war, beredte Klage über das «unhaltbare Chaos» (ebd., Bl. 56), das sich seit der Bestellung des RKSW auf dem Gebiet des Wohnungs- und Siedlungswesens auszubreiten drohte.

In der Parteikanzlei sah man den Wohnungsbau uneingeschränkt als Staatsaufgabe an und hielt – zumal man illusionslos ohnehin nicht daran glaubte, während des Krieges im Wohnungsbau Meriten ernten zu können – die Leyschen Aktivitäten und großartigen Versprechungen für eher schädlich. Mit der Bestellung Leys zum RKSW sei, so argumentierte Gölz – bezogen auf die in der DAF am Ausbau der Mittelinstanz bestehenden Interessen –, der Aufgabenbereich des Reichsheimstättenamtes und der Gauheimstättenämter eigentlich hinfällig geworden. Da man aber «nicht .. die eigentlich logische Konsequenz zog und diese Ämter auflöste», sei es «selbstverständlich, dass diese Stellen sich neue Tätigkeiten suchten».[66] So war man sich, trotz der erforderlichen unangenehmen Prozedur, die die Aufhebung eines formell ergangenen Erlasses mit sich bringen würde, weitgehend einig, die so unzureichend mit den anderen Ressorts abgestimmte und im wesentlichen allein auf die Interessen Leys bzw. der DAF bezogene Verordnung über die Wohnungs- und Siedlungsämter wieder aufzuheben. Am Ende errang Ley aber auch in dieser Angelegenheit wieder einen Teilerfolg und erreichte, daß durch eine «Ergänzungsverordnung» vom 16.4.1942 (RGBl. I, 178) lediglich die in der Verordnung strittigen Bestimmungen «bis auf weiteres außer Anwendung» gesetzt wurden.[67]

65 So Staatssekretär Stuckart gegenüber Klopfer, Vorlage Klopfer vom 28.10.1940, BAK, NS 6/265, Bl. 52–58.

66 Vorlage Gölz für Bormann vom 17.11.1941, BAK, NS 6/265, Bl. 88–98.

Der ganze Vorgang war aber auch Anlaß für ein grundsätzliches Schreiben von Bormann an Lammers, in dem von einem der Hauptverantwortlichen mit geradezu erstaunlicher Klarheit die negativen Folgen der nur noch auf Ermächtigungen und Willkür beruhenden Rechtsetzungspraxis analysiert – und kritisiert wurden: «War ursprünglich die Gesetzgebung des Reiches zu schwerfällig und an zu viele Formvorschriften gebunden, so hat sie im Laufe der letzten Jahre eine Auflockerung (sic!) erfahren, deren mögliche Auswirkungen rechtzeitig erkannt werden müssen, wenn für die Staatsführung ernste Gefahren vermieden werden sollen. Nur in wenigen Ausnahmefällen werden Gesetze noch vom Reichstag beschlossen. Auch Beschlußfassungen der Reichsregierung oder des Ministerrats finden nur noch in seltenen Fällen statt. Der weitaus größte Teil der Gesetze ergeht auf Grund besonderer Ermächtigungen in Form von Verordnungen oder auch im Wege von Ministerialerlassen. Dieser Teil der Gesetzgebung ist einer Kontrolle der Reichskanzlei so gut wie ganz entzogen.»[68] Das Fehlen einer wirksamen Kontrolle und Koordinierung führe aber zu nachträglichen Änderungen und Ergänzungen, zu Verwirrung und widersprechenden Bestimmungen, schließlich dazu, daß «in zunehmendem Masse im Reichsgesetzblatt verkündete Verordnungen überhaupt nicht mehr durchgeführt werden» (ebd., Bl. 62). Die Lösung und die Quintessenz der ganzen Argumentation lag für den gewieften Taktiker Bormann, auch wenn er Lammers pro forma um eine Stellungnahme dazu bat, «was getan werden kann, um für die Zukunft wenigstens allgemein eine den bindenden Vorschriften entsprechende Gesetzgebung sicherzustellen» (ebd.), natürlich in der Rechtfertigung einer verstärkten Einschaltung der Partei-Kanzlei und dem Ausbau der eigenen Machtposition.
Die vielen Hindernisse, die sich ihm in den Weg stellten, bestärkten Ley nur darin, bereits während des ganzen Jahres 1941 noch entschiedener auf eine Ausweitung seiner Kompetenzen zu drängen. Aber zunächst waren weder Hitler noch die «Vorentscheider» Bormann und Lammers bereit, die bestehenden Zuständigkeiten zugunsten Leys zu verändern. Oberste Dienstbehörde für die Ley unterstellten Beamten aus der Hauptabteilung IV des RAM war weiterhin das Reichsarbeitsministerium, und seine Kompetenzen blieben auf den «sozialen Wohnungsbau» beschränkt.
Dieser im Führererlaß vom 15.11.1940 nur ungenau definierte Begriff wurde zum zentralen Vehikel der Auseinandersetzungen mit dem RAM. Ley verstand darunter den gesamten künftigen Wohnungsbau («Sozialer Wohnungsbau ist Wohnungsbau nach durchschnittlichen Bedürfnissen in Serie für die breite Masse») und beanspruchte demgemäß auch immer unverhohlener die noch beim Reichsarbeitsministerium verbliebenen Kompetenzen. Seldte betonte demgegenüber in zahlreichen Schreiben in dieser Frage, daß der Führererlaß Ley Kompetenzen nur für einen bestimmten Teil des Wohnungsbaus, nämlich den sozialen Wohnungsbau für «in erheblicherem Umfange wirtschaftlich schwächere Bevölkerungsschichten» gegeben habe.[69] Quantifizie-

67 Wieder spielte die Rückendeckung durch Hitler offenbar eine ausschlaggebende Rolle, aber auch Speer scheint Ley unterstützt zu haben (vgl. hierzu Recker 1986, 344f.).
68 Bormann an Lammers, 29.10.1941, BAK, NS 6/265, Bl. 59–62.
69 Seldte an Ley, 26.5.1941, BAK, R 43II/1009.

rend veranschlagte er den Umfang des sozialen Wohnungsbaus auf «etwa nur 15 % der Arbeit» seiner Wohnungsabteilung (zit. in: Recker 1986, 338).

Man könnte das mit allen Raffinessen und immer verfeinerteren Definitionsversuchen ausgetragene Ringen, in das auch andere Ministerien wie das wegen des Behördenwohnungsbaus interessierte Reichsfinanzministerium oder auch das Oberkommando der Wehrmacht wegen des militärischen Unterkunftsbaus eingriffen[70], in wohnungspolitischer Hinsicht wohl getrost rasch übergehen, wenn es dabei allein um den Machtkampf von Behörden gegangen wäre. Doch Ley ging es um viel mehr. Für ihn war der Kampf um die Macht im Wohnungswesen ein Meilenstein in der Verwirklichung *seiner*, immer an den Ausbau der DAF zu einem «Staat im Staate» geknüpften, Vision eines totalitären Sozialstaats. Mit irgendwelchen Teilzuständigkeiten konnte und wollte er sich dabei nicht zufrieden geben und kämpfte daher für einen umfassenden Begriff von «sozialem Wohnungsbau». So paradox es auch erscheinen mag, gerade das mehr aus machtpolitischen denn aus völkisch-sozialen Motiven erbittert geführte Ringen Leys um eine Ausdehnung seines Kompetenzbereichs, das zu immer umfassenderen Bestimmungen des Begriffs «sozialer Wohnungsbau» führte, trug schließlich in ganz erheblichem Ausmaß dazu bei, den Gedanken der staatlichen Wohnungsfürsorge von seiner Gruppenbezogenheit zu lösen und, wie dies dann in der Nachkriegszeit mit dem Wohnungsbau des I. und II. Wohnungsbaugesetzes verwirklicht wurde, auf «die breiten Schichten des Volkes» zu lenken.

5. Eigenheimbau oder Mietwohnungsbau?

Nicht allein Aufgabenbereich, Kompetenzen und Organisation der neuen Behörde des Reichskommissars für den sozialen Wohnungsbau waren im Führererlaß vom 15.11.1940 vage definiert und wurden zum Gegenstand heftiger Auseinandersetzungen. Auch viele Grundfragen der künftigen Wohnungspolitik waren in den Beratungen des vorbereitenden Ausschusses ungeklärt geblieben. So war eines der – auch in den 50er Jahren – umstrittensten Themen, die Frage nach Priorität für die Eigenheim- oder Mietwohnungsbauförderung bzw. für den Flach- oder Geschoßbau, im Erlaß, der die verschiedenen Wohnformen gleichberechtigt nebeneinander aufführte, offengeblieben: «Der neue deutsche Wohnungsbau nach dem Kriege erfolgt in der Form der Geschoßwohnung, des Eigenheims (mit Gartenzulage) und der Kleinsiedlung (mit Wirtschaftsteil und Landzulage).» (RGBl. I, 1495)

70 Ley beanspruchte grundsätzlich die «umfassende Zuständigkeit für den gesamten Wohnungsbau» (Ley an Lammers vom 31.8.1941, BAK, R 43II/1009, Bl. 133f.), also auch den Behörden- und Wehrmachtswohnungsbau; Reichsfinanzminister Schwerin von Krosigk etwa wies dies zurück und bestritt in einem grundsätzlichen Schreiben an Lammers vom 1.3.1941 die Zuständigkeit Leys für den Beamtenwohnungsbau, der durch eine eigene Wohnungsfürsorge einzelner Ressorts (wie der Wehrmacht, der Eisenbahn und Post) betrieben werde, für den privat finanzierten Wohnungsbau (als Eigenheim oder Mietwohnung) und für den Werkwohnungsbau (BAK, R 43II/1009, Bl. 40f.); eine wirkliche Einigung kam nicht zustande; Ley beharrte auf seiner Zuständigkeit für die Aufstellung der allgemeinen Grundsätze des sozialen Wohnungsbaus, an die auch der Behördenwohnungsbau angepaßt werden müsse; allerdings sollte die Durchführung dieses Wohnungsbaus bei den jeweiligen Behörden selbst verbleiben (vgl. RKSW an RFM vom 16.9.1940 und RFM an Lammers vom 25.9.1941, BAK, R 43II/1009, Bl. 146–148).

Allgemein ging man nach den bekannt gewordenen Äußerungen Leys und der führenden Leute der DAF davon aus, daß nach dem Krieg in erster Linie Mietgeschoßwohnungsbau betrieben werden sollte.[71] Sehr deutlich drückte dies der preußische Finanzminister Popitz in einer ausführlichen kritischen Stellungnahme zur Tätigkeit des RKSW gegenüber Schwerin von Krosigk am 19.9.1941 aus, indem er zur «siedlungspolitischen Lage» schrieb: «Erschreckendes Anwachsen der Großstädte. Katastrophale Abwanderung aus der Landwirtschaft (seit 1933 1,5 Millionen Menschen). Staatspolitische Notwendigkeit der Stärkung des platten Landes, nicht dagegen der Großstädte. Ferner eine starke Bevorzugung des Ostens. Die staatspolitisch notwendige Siedlungspolitik deckt sich nicht mit der Siedlungspolitik, die die Deutsche Arbeitsfront für ihre gewerblichen, gerade in den Städten, vor allem Großstädten, sitzenden Mitglieder, wenn vielleicht auch unbewußt, zu treiben geneigt sein wird. Die Deutsche Arbeitsfront vertritt das Stadtvolk, der Reichsnährstand das Landvolk.»[72]
Auch Seldte sah sich mit Popitz bzw. dessem zuständigem Ministerialrat von Heusinger ganz auf einer Linie: «Auch ich messe der verstärkten und planmässigen Errichtung von Eigenheimen mit Garten gerade für die weniger begüterten Volksgenossen besondere Bedeutung bei, weil dadurch in der besten Form das bevölkerungs- und staatspolitisch gleichermaßen wichtige Eigentum am Grund und Boden geschaffen wird. Im Wohnungsbau nach dem Kriege muß und wird, wie ich annehme, der private Wohnungsbau erhöhte Bedeutung gewinnen.»[73] Ley dagegen befürchtete, so schien es, gerade im Gegenteil mit der Förderung des Eigenheims entpolitisierende Effekte. Zu Adolf von Heusinger äußerte er: «Glauben Sie, daß Sie die Leute aus dem Eigenheim noch zu Massenversammlungen bekommen?»[74]
Selbst Jarmer, der Leiter der Reichsstelle für Raumordnung und immerhin Abteilungsleiter beim RKSW, betonte seine weitgehende Übereinstimmung mit dem in dieser Frage besonders aktiven von Heusinger: «Der Angelpunkt jeder weitsichtigen Siedlungspolitik liegt darin, Wohnungen in erster Linie auf das Land und in die Mittelstädte zu konzentrieren, um damit eine Abwanderung aus der Großstadt zu erreichen.»[75]
Schließlich griff wiederum Bormann, der in der neuen Wohnungspolitik auch noch die überkommene Parteidoktrin aufgehoben wissen wollte, in die Diskussion ein und forderte Ley mit Schreiben vom 24.2.1941 zur Stellungnahme auf. In mehreren Schreiben brachte Ley dabei klar zum Ausdruck, daß er den Mietgeschoßwohnungsbau angesichts seiner Kosten- und Flächenvorteile und der künftigen Mobilitätserfordernisse für geeigneter und vordringlicher halte als die Kleinsiedlung und das Eigenheim, und wandte sich mit Verve gegen die alte Federsche Behauptung, daß «die Großstadt der Volkstod sei»: «Einmal haben die Musterungen erwiesen, daß die Menschen auf dem Lande nicht etwa gesünder sind als in der Großstadt,

71 Vgl. Vorlage Gölz für Bormann, 1.8.1941, BAK, NS 6/253, Bl. 81f.
72 Popitz an von Krosigk vom 19.9.1941, BAK, R 2/19482.
73 Seldte an Popitz vom 27.2.1941, BAK, NS 6/253, Bl. 11.
74 Nach der Erinnerung von Adolf von Heusingers Sohn, Eberhard von Heusinger, dem ich für diesen Hinweis dankbar bin.
75 Jarmer an von Heusinger vom 21.3.1941, BAK, NS 6/253, Bl. 15.

sondern daß es vielmehr umgekehrt ist, zum anderen bin ich aber auch der Meinung, daß es bei der Frage nach dem Kinderreichtum nicht darauf ankommen darf, ob der Mensch in der Großstadt oder in der Kleinstadt lebt. Die Frage, ob eine deutsche Familie Kinder bekommt oder nicht, ist ausschließlich eine Frage der inneren Haltung, aber nicht ihres Wohnortes.» Und zur Geschoßwohnung: «Es wird immer behauptet, daß im Eigenheim oder in der Kleinsiedlung mehr Kinder geboren würden, als in der Geschoßwohnung. Auch hier wird mit statistischen Zahlen operiert, die diese Tatsache beweisen sollen. M.E. beweisen diese Zahlen garnichts; denn es wird sich durch die Statistik nicht ermitteln lassen, ob der Mann in das Eigenheim zog, bevor er seine Kinder hatte, oder erst nachdem er sie hatte. Ich glaube jedenfalls, daß die Statistiker Ursache und Wirkung miteinander verwechseln.»[76] Die Kleinsiedlung erfuhr eine klare Abwertung: «Die Kleinsiedlung hat m.E. in der Vergangenheit eine Entwicklung genommen, die man nicht ohne weiteres gutheißen kann. Sie ist ja ein Kind aus der Zeit der Erwerbslosigkeit und hatte damals einen betont siedlerischen Charakter ... Nachdem inzwischen aber das Arbeitseinsatzproblem ein umgekehrtes Vorzeichen bekommen hat, sprechen nunmehr sogar eine Reihe von Gesichtspunkten gegen die Kleinsiedlung.»[77] Zum Eigenheim gab er nur vage Erklärungen ab. Es stehe nun einmal fest, daß «das Eigenheim und die Kleinsiedlung zwangsläufig einen höheren Arbeits- und Materialaufwand haben, als die Geschosswohnung».[78] Angesichts der «katastrophalen Wohnungsnot» (ebd.) könne man es sich wegen der höheren Mengeneffekte der Geschoßwohnung zumindest in den ersten Nachkriegsjahren einfach nicht leisten, dem Eigenheim oder der Kleinsiedlung den Vorzug zu geben.

Besonders wichtig war ihm als Argument gegen das Eigenheim (im Westen) die damit verbundene Einschränkung der Mobilität der für den Aufbau im Osten benötigten Arbeitskräfte und Siedler: «Wir werden nach dem Kriege die grösste Binnenwanderung erleben, die jemals in der Geschichte des deutschen Volkes zu verzeichnen war. Im Zuge der völligen Umstellung der großdeutschen und europäischen Wirtschaft nach dem Kriege wird es Jahre dauern, bis die Arbeitskräfte in den von uns genutzten Wirtschaftsräumen so verteilt sind, dass jeder einigermassen an seinem richtigen Platz steht. Bei dieser Voraussicht die Menschen bereits jetzt da, wo sie z. Zt. sitzen, durch ein Eigenheim oder eine Kleinsiedlung bodenständig zu machen, halte ich für verfehlt. Wenn ein Werk einen Arbeiter nach dem Kaukasus versetzen will, dann wird sich dieser Arbeiter dagegen sträuben, wenn er im Westen sein Eigenheim oder seine Kleinsiedlung als Eigentum hat.» (ebd., 3) Um aber doch dem Bedürfnis nach dem Garten wenigstens etwas entgegenzukommen, versprach Ley, «im Rahmen des 2-geschossigen Wohnungsbaues möglichst viel Einfamilien-Reihen-Häuser zu schaffen» (ebd.). Allerdings sollten diese zunächst «als Miet-Einfamilienhaus aufgezogen werden, wobei es der späteren Zukunft überlassen bleibt, das Haus in das Eigentum des Mieters zu überführen.» (ebd., 5)

76 Ley an Bormann vom 21.8.1941, BAK, R 2/19482.
77 Ley an Bormann vom 10.5.1941, BAK, NS 6/253, Bl. 40.
78 Ley an Bormann vom 21.8 1941, BAK, R 2/19482, 4.

Doch obwohl man in der Parteikanzlei für einige der Argumente Leys wie die mobilitätsbeschränkende Wirkung der Eigenheimförderung und die höheren Mengeneffekte der Geschoßwohnung durchaus Verständnis zeigte[79], hatte sich Ley mit diesen Vorstößen allzu weit von der überkommenen Parteidoktrin entfernt und wurde durch Bormann, der sich in der Eigenheimfrage in völliger Übereinstimmung mit der Reichskanzlei[80], dem Reichsfinanzministerium und Reichsarbeitsministerium, aber auch etwa mit Himmler[81] wußte und den Ansichten Leys zur bevölkerungspolitischen Relevanz des Eigenheims und der Geschoßwohnung «nicht beizupflichten» vermochte, kühl zurückgepfiffen: «Mit Rücksicht auf den großen Nutzen des Eigenheimes, darf es keine Rolle spielen, ob die Baukosten höher und der Materialverbrauch größer sind als bei der Geschoßwohnung. Neben den Repräsentationsbauten, wird der Wohnungsbau nach dem Kriege vor allem Künder nationalsozialistischer Lebensanschauung sein müssen. Das deutsche Volk erwartet, daß nach dem Kriege bessere und gesündere Wohnungen als früher gebaut werden. Der Wunsch nach dem Eigenheim und nach der Verwurzelung mit dem Boden liegt dem deutschen Menschen im Blute. Diesen Wunsch zu erfüllen, muß vornehmste Aufgabe des sozialen Wohnungsbaus sein.»[82]

In seinem Antwortschreiben, mit dem sich Ley bis Ende Januar 1942 Zeit ließ, stimmte er Bormann grundsätzlich zu, relativierte seine Positionen («Ich hatte lediglich den Eindruck, daß der Eigenheim- und der Kleinsiedlungsbau in der Propaganda der letzten Jahre zu stark herausgestellt worden ist ...») und versprach, einen Anteil von durchschnittlich 50 % Eigenheim- und Kleinsiedlungsbau anzustreben.[83]

Dennoch verfolgte er in der Praxis den von ihm eingeschlagenen Kurs weiter und hielt so lange an der vorsichtigen Rehabilitierung der Großstadt und des Geschoßwohnungsbaus fest, bis – etwa ab 1943 – die Kriegsereignisse und die Bombenschäden ohnehin alle derartigen Planungen stoppten und die Behörde Ley in die Behelfsheimaktion zwangen.

6. Reichswohnungskommissar

Im Laufe des Jahres 1942 spitzte sich der Streit zwischen dem RKSW und dem RAM so zu, daß schließlich auch in der Reichskanzlei und in der Parteikanzlei ein weiterer «Führerentscheid» für unumgänglich gehalten wurde. Seldte betonte noch einmal in einem Schreiben vom 29.4.1942 an Lammers, daß Ley nur ein Teilbereich des Wohnungsbaus übertragen worden sei. Unter «sozialem Wohnungsbau» sei «die Schaffung von Wohnungen zu verstehen, die aus überwiegend sozialpolitischen Gründen für die Bevölkerungskreise errichtet werden müssen, die mit Rücksicht auf ihre wirtschaftli-

79 Vgl. Vorlagen Gölz an Bormann vom 24.7.1941 und 1.8.1941, BAK, NS 6/253, Bl. 45–50.

80 Vgl. den Vermerk Kritzinger, Killy, Boley v. 24.10.1941, BAK, R 43II/1009.

81 Vgl. Reichsführer SS, Reichskommissar für die Festigung deutschen Volkstums, Richtlinien für die Planung und Gestaltung der Städte in den eingegliederten deutschen Ostgebieten, 30.1.1942, BA R 41/887.

82 Bormann an Ley v. 10.10.1941, BAK, R 2/19482.

83 Ley an Bormann vom 24.1.1942, BAK, NS 6/253, Bl. 113–115.

chen und sozialen Verhältnisse ohne unmittelbare Hilfe der öffentlichen Hand aus eigener Kraft die für sie zu fordernde wohnliche Versorgung nicht zu erlangen vermögen.»[84] Ley hingegen beharrte darauf, daß im Führererlaß vom 15.11.1940 immer nur vom «neuen deutschen Wohnungsbau», nicht vom «sozialen Wohnungsbau» gesprochen werde. «Daß meine Amtsbezeichnung den Zusatz 'für den sozialen Wohnungsbau' enthält, kann ... nur den Sinn haben, nach außen zum Ausdruck zu bringen, daß ich bei meiner Tätigkeit vor allem soziale Gesichtspunkte zu berücksichtigen und den Wohnungsbau entsprechend den Grundauffassungen des nationalsozialistischen Staates sozial auszurichten habe.»[85]

Für sachliche Verhandlungen sah er «keine Grundlage» (ebd.) mehr und entwarf im Februar 1942 eine ausführliche Darstellung der Auseinandersetzungen.[86] Auch wenn nicht sicher ist, ob dieser Brief in dieser Form abgegangen ist, gibt er doch zweifellos Leys Position treffend wieder. Darin beklagte er sich bei Hitler, daß «Umfang und Tempo der Arbeit» in wachsendem Maß durch «leidige Zuständigkeitsfragen» beeinträchtigt würden: «Eine Reihe von Obersten Reichsdienststellen bestreiten, daß die in Ihrem Erlaß vom 15. November 1940 genannten Aufgaben, zu deren Durchführung ich ausdrücklich von Ihnen, mein Führer, bestellt worden bin, tatsächlich an mich übergegangen seien.» (ebd., Bl. 25) Trotz «redlicher» Bemühungen und «einer unendlichen Fülle von Briefen, persönlichen Aussprachen und Ressortsverhandlungen» werde ihm immer noch jede Zuständigkeit abgesprochen. Niemand habe aber eine «einwandfreie Begriffsbestimmung geben können, was sozialer und was nichtsozialer Wohnungsbau sein soll.» (ebd., Bl. 26) In der Praxis könne aber eine solche Unterscheidung ohnehin nur dazu führen, daß «man hier nur Wohnungen für 'kleine Leute' und dort nur Wohnungen für 'feine Leute' bauen würde» (ebd.) – eine Trennung, die keinesfalls wünschenswert sei. Außerdem gab er zu bedenken, daß «ich bereits der vierte Reichswohnungskommissar nach dem Weltkrieg bin, und daß ich nicht gerne das Los der bisher an denselben Schwierigkeiten gescheiterten Reichswohnungskommissare teilen möchte.» (ebd., Bl. 25f.) Von daher bat er nicht allein um die Übertragung der Verantwortung für den gesamten Wohnungsneubau, sondern auch für die damit «organisch» verbundenen «Arbeitsgebiete des Städtebaues und des Althausbesitzes» (ebd., Bl. 26f.).

Eben dazu bestand aber zunächst auch außerhalb des Reichsarbeitsministeriums wenig Neigung. Die Arbeit Leys wurde durchweg ungünstig beurteilt. In einer umfassenden Vorlage für Bormann über die bisherige Tätigkeit des RKSW kam Gölz bereits Ende 1941 zu der Einschätzung: Ley «hat vielmehr, indem er ein *Wohnungsministerium* (Hervorh. i. Orig., d. Verf.) aufzog, sich auf Gebieten des Bauwesens betätigt, die nicht in seinen Zuständigkeitsbereich fallen. Es wäre zweifelsohne richtiger, wenn Dr. Ley dem Wohnungsbau Richtlinien geben, die Durchführung aber nicht selbst übernehmen, sondern dem Staate, der Wirtschaft und der Privatinitiative überlassen würde. Ein Versagen der Organe des Reichskommissars für den sozialen

84 Seldte an Lammers vom 29.4.1942, BAK, NS 6/265, Bl. 296f.
85 Ley an Seldte vom 22.3.1942, BAK, NS 6/265, Bl. 293.
86 Ley an Hitler, Februar 1942, BAK, R 43II/1009a, Bl. 25–28.

Wohnungsbau oder eine unbefriedigende Entwicklung der Wohnungstypen, die heute schon als «Führerwohnungen» bezeichnet werden, würde bei der von Mitarbeitern Dr. Leys immer wieder betonten angeblichen Parteibindung des Reichskommissars für den sozialen Wohnungsbau auch der *Partei zur Last gelegt werden* (Hervorh. i. Orig., d. Verf.).»[87] Auch in der Reichskanzlei hielt man es in Hinblick v.a. auf den privaten Wohnungsbau und die Ressortinteressen von Speer und Todt zunächst «weder (für) politisch opportun noch wirtschaftlich vertretbar und verwaltungsmäßig erwünscht, den gesamten deutschen Wohnungsbau in der von Dr. Ley erstrebten Weise zu reglementieren».[88]
Speer warf Ley in einem Schreiben an Bormann vom 13.12.1941[89] ebenfalls vor, «daß er den Wohnungsbau weitgehend selbst bzw. durch die Deutsche Arbeitsfront durchführen möchte» (handschriftliche Anmerkung Bormann: «Ja»). Daher versuche Ley auch «nicht genügend .., die großen Baufirmen des Reiches für den Wohnungsbau und seine technische Entwicklung zu interessieren. Dr. Todt hat seine Aufgaben immer unter weitestgehender Einschaltung der Privatindustrie durchgeführt und sich damit zu einem großen Teil seinen Erfolg von vornherein gesichert.» (ebd., Bl. 118) Bei der Bearbeitung der Typengrundrisse würde beim RKSW «viel zu sehr theoretisiert», die Arbeit ginge «nur langsam vorwärts» (ebd., Bl. 116). Für Berlin, für das er sich die alleinige Zuständigkeit gesichert hatte, hatte Speer zu diesem Zeitpunkt bereits einen Typengrundriß im Geschoßwohnungsbau für verbindlich erklärt.
Kompromißloser noch als für Ley war die Rationalisierung bei Speer der Kern des neuen Wohnungsbaus: «Meine Lieblingsidee bei meinem damaligen Vorschlag zu einem Führer-Erlass über den Wohnungsbau war die Festlegung der Baugrundmasse auf die Dauer von 10 Jahren. Es ist sicher, dass allein die Festlegung dieser Masse die gesamte Bau- und Ausbauindustrie dazu bewegen würde, neue Baumethoden zu entwickeln. *Damit kämen die Praktiker zu Worte.* (Hervorh. i. Orig., d. Verf.) Es dürfte wirklich nicht schwer sein, für den Wohnungsbau z. B. die Tiefe der Zimmer, die Ausmasse der Treppenhäuser, die Höhe der Geschosse, einige zur Auswahl stehende Neigungen der Dächer festzulegen. Diese immer wiederkehrenden Masse würden zwangsläufig zur maschinellen Herstellung von Dachbindern, Deckenkonstruktionen, Treppen usw. führen, – und während des Krieges zu eingehenden überlegungen darüber.» (ebd., Bl. 117) Allerdings implizierten die weitgehenden Rationalisierungsvorstellungen Speers auch – ein Faktor, der Ley begünstigen sollte –, daß er den Wohnungsbau «als eine Gesamtaufgabe» (ebd., Bl. 118) ansah.
Auf der anderen Seite sah etwa Gölz in den Rationalisierungsbemühungen des RKSW die Gefahr «zu starker Typisierung und bei Einschaltung der Wohnungsbauunternehmen der DAF. die Gefahr des *missverstandenen Sozialismus* (Hervorh. i. Orig., d. Verf.)»[90] : «Die Besichtigung von Siedlungen und Baustellen, die schon nach den vom

87 Vorlage Gölz vom 17.11.1941, BAK, NS 6/265, Bl. 97.
88 Vermerk Reichskanzlei vom 15.7.1941, BAK, R 43II/1009.
89 Speer an Bormann v. 13.12.1941, BAK, NS 6/251, Bl. 116–119.
90 Vorlage Gölz vom 17.11.1941, BAK, NS 6/265, Bl. 98.

Reichskommissar für den sozialen Wohnungsbau entwickelten Grundrissen und Typen gebaut wurden, zeigt jedoch ein erschreckendes Ergebnis. In vielen dieser *genormten Wohnungen* wird es kaum möglich sein, die Zimmer ohne *genormte Möbel* (Hervorh. i. Orig., d. Verf.) einzurichten ... Oft werden auch Wohnungstypen übereinander und nebeneinander errichtet, ohne dass im geringsten auf das äussere Aussehen der Häuser Rücksicht genommen wird. So entstehen Bauten, die einmal den nationalsozialistischen Anschauungen nicht entsprechen und zum anderen in vielen Fällen durch ihre oberflächliche Bauweise bald Elendsquartieren gleichen werden.» (ebd., Bl. 95)

Trotz aller Kritik und Vorbehalte vor allem auch gegen die Person Leys und seine immer ausgedehnteren Machtansprüche änderte sich die Stimmung im Laufe des Jahres 1942 noch einmal zu seinen Gunsten (vgl. auch Recker 1985, 149ff.).

Paradoxerweise war es gerade Speer, der nach dem Absturz Todts im Februar 1942 dessen Nachfolge angetreten hatte und nun, auf dem Höhepunkt seines Einflusses, Ley den Weg ebnete. In Schreiben an Bormann und Lammers, die ihn als den inzwischen ohne Zweifel einflußreichsten Machtträger im Bauwesen, dem niemand nach dem Krieg den Aufbau eines eigenen Bauministeriums würde streitig machen können, um Stellungnahme in dem Streit Seldte – Ley gebeten hatten, bezog er eindeutig Stellung zugunsten Leys. Der gesamte Wohnungsbau sei «als eine geschlossene Aufgabe anzusehen», der der Erfolg versagt bleiben müsse, wenn die Aufgaben der Rationalisierung und Typisierung auf Teilgebiete beschränkt würden. Und wider besseres Wissen über die Ambitionen der DAF – eher die eigenen Absichten als die Leys charakterisierend – fügte er hinzu: «Eine Lenkung nach einheitlichen Bestimmungen wird auch die Privatinitiative nicht ausschalten. Ich bin vielmehr der Überzeugung, daß die Privatinitiative die Reichstypen übernehmen wird, weil sie damit billiger und wirtschaftlicher bauen kann. Zudem ist ja gerade beabsichtigt, durch Typisierung und Rationalisierung die Herstellungskosten im Wohnungsbau und damit die Beteiligung des Reiches an der Aufbringung der Kosten zu vermindern, mit dem Endziel, daß der Wohnungsbau wieder vollständig von der Privatwirtschaft getragen wird.»[91]

Von dieser Wendung war selbst Bormann überrascht: «Wenn selbst Herr Speer ohne Rücksicht auf das Bauministerium, das er nach meiner Auffassung spätestens nach Friedensschluß aufziehen muß, der Verordnung zustimmt, kann ich unmöglich widersprechen. Ich habe Herrn Speer gestern noch einmal gesagt, mit Rücksicht auf die späteren Notwendigkeiten schiene die jetzige Entwicklung einen falschen Weg zu nehmen. Wenn Speer jetzt zustimme, gäbe er nach meiner Auffassung Zuständigkeiten preis.»[92]

Der Sinneswandel Speers kam wohl nicht gänzlich von ungefähr. Zum einen betrachtete er Ley fachlich nicht als dauerhaft gefährlichen Konkurrenten, zum anderen hatte

91 Speer an Lammers vom 4.8 1942, R 43II/1009a, Bl. 78–80.

92 Bormann an Abteilung III B München und an Lammers vom 3.10.1942, BAK, NS 6/251, Bl. 183f.; Bormann war bis zu diesem Zeitpunkt davon ausgegangen, daß auch Speer für eine Beschränkung der Arbeitsgebiete Leys votiere (vgl. Bormann an Lammers vom 23.4.1942, BAK, R 43II/1009a, Bl. 29 u. das Schreiben Lammers an Bormann vom 12.5.1942, BAK, R 43II/1009a, Bl. 55f.).

er sich in einer nicht veröffentlichten Zusatzvereinbarung mit Ley, die erst *nach* Errichtung des künftigen Bauministeriums in Kraft treten sollte, bereits weitgehende Kompetenzen gesichert.[93] Danach sollte dann nur noch die Fachplanung in den ausgewiesenen Wohnsiedlungsgebieten beim RKW bleiben, während die Städteplanung, die Raumplanung, die baupolizeilichen Befugnisse und vor allem auch die gesamte Lenkung «der Normung, Typisierung und Rationalisierung entgegen der seitherigen Handhabung» bei dem zu schaffenden Speer-Ministerium ressortieren sollte. In den Städten Berlin, Hamburg, München, Nürnberg und Linz sollten ohnehin Sondervollmachten für die Neugestaltungs-Beauftragten gelten.

So war am Ende noch einmal Ley siegreich und setzte vor allem mit Speers Hilfe mit dem 3. Führererlaß vom 23.10.1942[94] seine Ernennung zum Reichswohnungskommissar durch, der nun für den gesamten Wohnungsbau zuständig und mit allen Vollmachten einer obersten Reichsbehörde ausgestattet war.[95] Zunächst einmal gingen trotz heftigster Proteste Seldtes mit dem neuen 3. Führererlaß alle bisher noch vom Reichsarbeitsministerium wahrgenommenen Aufgaben im Bereich des Wohnungswesens samt des dazugehörigen Personals und der Haushaltsmittel auf den Reichswohnungskommissar über. Dem Reichsarbeitsministerium blieben von der ehemaligen Hauptabteilung IV lediglich noch der Städtebau und die Baupolizei. So sah sich Seldte veranlaßt, in einem Fernschreiben «in letzter Stunde» (am 27.10.!) an Lammers darauf hinzuweisen, daß nach der Unterstellung weiterer Arbeitsbereiche seines Ministeriums unter Sauckel (den Generalbevollmächtigten für den Arbeitseinsatz) und unter das Oberkommando der Wehrmacht die endgültige Abgabe des Wohnungswesens an Ley «praktisch und tatsächlich einer Ausscheidung des bisher im nationalsozialistischen großdeutschen Reich bestehenden Sozialministeriums aus dem Kreise der Reichsministerien gleichkommen» würde.[96]

Doch mit solchen, zudem verspäteten Interventionen war am Gang der Dinge natürlich nichts mehr zu verändern.

93 Vgl. Vorlage Gölz vom 24.10.1942, BAK, NS 6/251, Bl. 256f; Gölz regte in dieser Vorlage für Bormann an, «schon jetzt» die noch beim RAM verbliebenen Referate Städtebau und Raumplanung Speer zu unterstellen und in diesem Zusammenhang auch die Reichsstelle für Raumordnung aufzulösen und ihre Aufgaben ebenfalls Speer zu übertragen; Bormann ergänzte hier handschriftlich: «In diesen Streit um die Reichsstelle wollen *wir* (Hervorh. i. Orig., d. Verf.) uns nicht einmischen: es streiten sich darum bzw. wollen sie übernehmen 1) R.d.I. 2) der Reichskommissar f. d. Festigung Deutschen Volkstums 3) Pg Speer – G.B.Bau 4) Vierjahresplan 5) Reichskomm. f. d. Wohnungsbau usw.»

94 RGBl. 1942 I, S. 623, abgedr. in: Harlander/ Fehl 1986, 403ff.

95 Vgl. hierzu auch die von Lammers mit dem Erlaß verschickte allgemeine Begründung sowie die gesonderten Schreiben an Ley und Seldte, 26.10.1942, BAK, R 43II/1009b, Bl. 44–47; im Schreiben an Ley wies er ihn darauf hin, daß die «Einbringung von Gesetzesvorlagen im Reichskabinett» in dem neuen Erlaß «nicht mit inbegriffen» sei, da dies nur den Reichsministern vorbehalten sei; Lammers bot sich aber an, solche Gesetzesvorlagen «vorkommendenfalls» selbst einzubringen; Seldte gegenüber erklärte er, daß der «Führer» dessen Bedenken «nicht als durchschlagend erachtet und sich, nicht zuletzt auch in Würdigung des von Reichsminister Speer eingenommenen Standpunktes, zur Vollziehung des Erlasses entschlossen (habe)»; vgl. zu dem ganzen Vorgang auch Recker 1985, 150 sowie die Entwürfe zu dem 3. Führererlaß und die Vorlage von Stutterheims für Lammers vom 16.9.1942 in BAK, R 43II/1009a; vgl. auch den zusammenfassenden Artikel von Fischer-Dieskau 1942 und die Meldung im VB vom 29.10.1942.

96 Seldte an Lammers vom 27.10.1942, BAK, R 43II/1009b, Bl. 74f.

Betrachtet man das Ergebnis der folgenden Übernahmeverhandlungen vom 11.11.1942 zwischen dem Reichswohnungskommissar und dem Reichsarbeitsministerium in personeller Hinsicht, so wird klar, wie sehr die zunächst ganz wesentlich durch Kräfte aus der DAF bzw. dem Reichsheimstättenamt bestimmte neue Behörde (Simon, Strauch, Steinhauser) ab Ende 1942 unterhalb der Führungsebene (Ley sowie Stellvertreter Simon und Geschäftsführer Wagner) durch das Personal der alten Hauptabteilung IV des Reichsarbeitsministeriums (u.a. Fischer-Dieskau, Schmidt, Werner-Meier, Heilmann, Bellinger, Blechschmidt, Büge, Ebel, Gisbertz, Ehrenforth, Koch, Küster, Undeutsch, Wormit, Pergande, Zinkahn u.v.a.) geprägt war.[97] Angesichts der Bedeutung, die diese Fachleute nicht allein in der Behörde des Reichswohnungskommissars, sondern fast durchweg auch nach dem Krieg in den mit Wohnungsfragen befaßten zonalen Dienststellen, in der gemeinnützigen Wohnungswirtschaft, als Mitwirkende an der Wohnungsgesetzgebung und Verfasser der Standardkommentare, in den Wiederaufbauministerien der Länder und ab 1949 auch im Wohnungsbauministerium des Bundes innehatten, drängt sich die Frage auf, ob sich nicht – über einen längeren Zeitraum betrachtet – das Gewicht der beamteten Wohnungsfachleute aus dem Reichsarbeitsministerium letztlich umgekehrt proportional verhielt zu ihrer vermeintlichen Entmachtung nach 1940.

Ley hatte – was die Machtverteilung im Wohnungswesen betrifft – mit dem endgültigen Sieg über seinen Widersacher Seldte und der Bestellung zum Reichswohnungskommissar 1942 seinen Höhepunkt erreicht.

7. Übergangsregelung und Erprobungstypen

Grundsätzlich betraf der Führererlaß vom 15.11.1940 die Vorbereitung des Wohnungsbaus für die Zeit nach dem Krieg.[98] Dennoch sollte er auch noch im Krieg selbst soweit wie möglich zur Anwendung kommen, zumal dadurch die Möglichkeit bestand, bei der Typenbildung und Rationalisierung praktische Erfahrungen zu sammeln.

Dies war auch ganz im Sinne von Simon und Wagner, die Ley als seinen Vertreter und als Geschäftsführer an die Spitze der neuen Behörde gebracht hatte und die nun, nachdem der Startschuß gefallen war, darauf brannten, aktiv zu werden[99]: «Wir wollen

97 Geschäftsführer Wagner verfolgte ganz im Sinne der Reichs- und der Parteikanzlei das Ziel einer Trennung von Staats- und Parteiaufgaben und bemühte sich – was ihn in immer schärferen Gegensatz zu den DAF-Führern, aber auch zunehmend zu Ley brachte –, den RKW als staatliche Behörde zu führen; dies implizierte auch, daß er es nun nicht mehr für «angängig» hielt, daß Abteilungen einer Obersten Reichsbehörde von Angestellten der DAF geführt würden; daher sah er als Leiter für die von ihm geplanten vier Abteilungen des RKW RAM-Beamte vor: Fachplanung (Schmidt), Wohnungsbau (Fischer-Dieskau), Wohnungswirtschaft (Werner-Meier), Verwaltung und Personal (Heilmann), vgl. den Vermerk von Stutterheims über ein Gespräch mit Wagner vom 9.11.1942, BAK, R 43II/1161d, Bl. 5f. und das ausführliche Schreiben des RKW an das RAM über alle Details der Übernahme vom 11.11.1942, BAK, NS 6/251, Bl. 264–266.

98 Der folgende Abschnitt stützt sich in der Darstellung der Aktivitäten des RKSW zum Teil auf das entsprechende Kapitel in Harlander/ Fehl 1986, 25ff.

99 Nach der Einberufung Simons nahm Wagner bis zu seinem Konflikt mit Ley (vgl. hierzu weiter unten) Ende 1943 die Behördenleitung wahr.

es offen bekennen: Wie oft haben wir uns seit 1933 die Frage vorgelegt, warum faßt der Führer den Wohnungsbau nicht an, warum gibt er auf einem so wichtigen Gebiet der Sozialpolitik nicht den Befehl zur Neuordnung, den Befehl zum Losschlagen? Bewegt ihn diese Frage nicht, oder unterläßt es seine Umgebung, ihm die Nöte des Volkes auf diesem Gebiete vorzutragen? Heute wissen wir genau, es waren törichte Fragen ...» (Wagner 1941, 145)

In umfangreichen Grundsatzartikeln[100] entwickelten beide Anfang 1941 in dem ab 1.1.1941 herausgegebenen und auf Hochglanzpapier groß aufgemachten offiziellen Organ des RKSW «Der soziale Wohnungsbau in Deutschland» (vgl. Harlander/ Fehl 1986) ihre Interpretationen des Führererlasses vom 15.11.1940. Ungeachtet der Beratungsergebnisse im vorbereitenden Ausschuß wurden dabei zum Teil die alten DAF-Positionen wiederholt, und natürlich forderte man mit Blick auf das RAM und die noch eingeschränkten Kompetenzen, «den Wohnungsbau als Ganzes, als Einheit» (Wagner 1941, 147) aufzufassen. Wichtigstes Ziel, darüber bestand in der Behörde des RKSW absolute Einigkeit, war die Entwicklung der Wohnung zu einem typisierten und genormten Massenkonsumgut. Nur so würden die geforderten enormen Quantitäten (mit wachsenden Kriegsschäden stiegen die Bedarfsprognosen von 600 000 WE/Jahr bis auf eine Million, Ley 1944, 51) bereitgestellt werden können, nur so würde auch das soziale Kernstück des neuen Wohnungsbaus, die «tragbare Miete» verwirklichbar sein.

Die Wohnungsgrößen waren durch den Erlaß vorgegeben. Die Forderung lautete also: «Die Wohnungen sollen so gebaut werden, daß sie den geringstmöglichen Aufwand an Arbeit und Material erfordern. Mit dieser Forderung steht und fällt die ganze Lösung unseres Problems.» (Wagner 1941, 149)

Die Industrialisierung des Wohnungsbaus durch Rationalisierung, Normung und Typung gewann in dieser Perspektive geradezu definitorische Bedeutung: «Sozialer Wohnungsbau ist derjenige Wohnungsbau, der Wohnungen nach durchschnittlichen Bedürfnissen in Serie für die breite Masse herstellt.» (ebd., 150) Die allzu leicht «vergessene», aber in den Köpfen der führenden NS-Planer immer mitgedachte «Ergänzung» der geplanten Rationalisierung war, darauf wurde schon weiter oben hingewiesen, die Ausbeutung der unterworfenen Länder und ihre rücksichtslose Funktionalisierung als «Reservoir» für Menschen und Material – ein Ziel, das mit dem Einsatz von Kriegsgefangenen und KZ-Insassen in der Bauproduktion schon während des Krieges in ständig wachsendem Maß Realität wurde.[101]

Am 4.4.1941 gab der RKSW per Erlaß die «Übergangsregelungen für die Förderung des sozialen Wohnungsbaus»[102] bekannt. Danach sollten grundsätzlich für alle «als kriegswichtig» anerkannten und vom Neubauverbot des GBBau vom 16.2.1940 ausgenommenen Neubauten bereits im Krieg in Bezug auf Raumgröße und Ausstattung die Richtlinien des Führererlasses vom 15.11.1940 gelten. Für die Kriegszeit wurden

100 Simon 1941a und Wagner 1941.

101 Der Anteil der in der Bauwirtschaft tätigen Ausländer und Kriegsgefangenen erhöhte sich von 1940 bis 1944 von 12 % auf 48 % (Recker 1978, 119; vgl. auch Herbert 1985).

102 Abgedr. in: Harlander/ Fehl 1986, 378ff.

Abweichungen von den im Führererlaß festgelegten Anteilen für Vier- und Fünfraum-Wohnungen gestattet; der Anteil der Vierraum-Wohnungen sollte jedoch «möglichst hoch» sein. Außerdem galten die für die Wohnungstypen genannten Mindestgrößen zunächst als Höchstgrößen.
Im Mai 1941 stellte die Behörde Ley in einem Erlaß «Erprobungstypen»[103] sechs «Reichstypen» für den Mietgeschoßwohnungsbau vor. Reichstypen für Eigenheime, Kleinsiedlungen, Landarbeiterwohnungen sollten folgen Entworfen waren sie unter der Federführung von Johannes Jacob, einem der Mitarbeiter von Schulte-Frohlinde[104] bei der Entwicklung der bereits erwähnten «Reichsbauformen». Die Grundrisse wurden ausdrücklich als «Erprobungstypen» bezeichnet, erst später sollten die endgültigen Typen festgelegt werden. Dennoch wurde ihre Verwendung so weit wie möglich verbindlich gemacht: «Es kommt mir .. darauf an, daß trotz der augenblicklichen Bauschwierigkeiten so umfassend wie möglich nach diesen Erprobungstypen gebaut wird. Soweit also in Zukunft für die von der Bausperre ausgenommenen Bauvorhaben die Planung noch nicht begonnen ist, sind nur die von mir übersandten Grundrißtypen zugrunde zu legen.» (Erlaß vom 2.5.1941)
Spiegel als Leiter des Hauptreferates «Gebäudeplanung» beim RKSW und Jacob als sein Stellvertreter stellten die Erprobungstypen in der Hauszeitschrift des RKSW vor. (vgl. Spiegel 1941, Jacob 1941) Fünf der Erprobungstypen waren Vierraum-Wohnungen für die Vier-Kinder-Normalfamilie. Abweichend vom Führererlaß war auf Grund der vielen Eingaben die Teilung der ursprünglich vorgesehenen Wohnküche in einen Wohn- und einen Kochbereich möglich sowie die Installation einer Badewanne anstelle der zunächst vorgesehenen Dusche.[105]
Auf den Typengrundrissen aufbauend sollte dann in jeder «Hauslandschaft» die Gestaltung des Hauses zwei Normen folgen: einer «Reichsnorm» und einer auf die örtlichen Gegebenheiten und Traditionen bezogenen «Landschaftsnorm»: «Trotz der durch den Grundriß gegebenen gleichmäßigen inneren Ausrichtung wird keine nüchterne Gleichmacherei über das ganze Reich, wird keine Eintönigkeit und keine die lebendige Weiterentwicklung unterbindende starre Uniformierung eintreten – aber an Stelle des eigenbrödlerischen Wirrwarrs tritt eine die gesunde Überlieferung und die heutige Erfahrung auswertende Ordnung!» (Spiegel 1941, 289)

103 Abgedr. in: Harlander/ Fehl 1986, 384ff.
104 Schulte-Frohlinde selbst konnte die Rationalisierungsarbeiten in der Kriegszeit «nicht mit der gewünschten Schnelligkeit» weiterführen, da, wie er schrieb, «ein Teil meiner Mitarbeiter und auch ich den grauen Rock angezogen haben» (1940, 232).
105 Die Planer beim RKSW beschränkten sich keineswegs allein auf die Normierung des Bauens; im Rahmen des Programms «Schönheit des Wohnens» ging es zugleich um die Durchsetzung einer neuen, gegenüber der Möbelindustrie durch das Gütezeichen «Deutscher Hausrat» prämiierten, nationalsozialistischen Wohnkultur (vgl. Doerr 1941a); in der Parteikanzlei hielt man von diesen vor allem durch das Reichsheimstättenamt betriebenen Aktivitäten während des Kriegs nichts und brachte dies auch, wie einer Vorlage von Gölz für Bormann über ein Gespräch mit dem Geschäftsführer beim RKSW, Wagner, zu entnehmen ist, deutlich zum Ausdruck: «Es sei auch nach meiner Auffassung völlig unsinnig, Rundschreiben über Massnahmen 'Schönheit des Wohnens' zu erlassen, .. da es während des Krieges in den meisten Fällen unmöglich ist, eine Wohnung instand zu setzen. Wir sollten vielmehr zufrieden sein, wenn es uns gelingen würde, die Obdachlosen in einigermassen einwandfreien Behelfsbauten unterzubringen.» (Vorlage Gölz vom 20.1.1943, BAK, NS 6/265, Bl. 202)

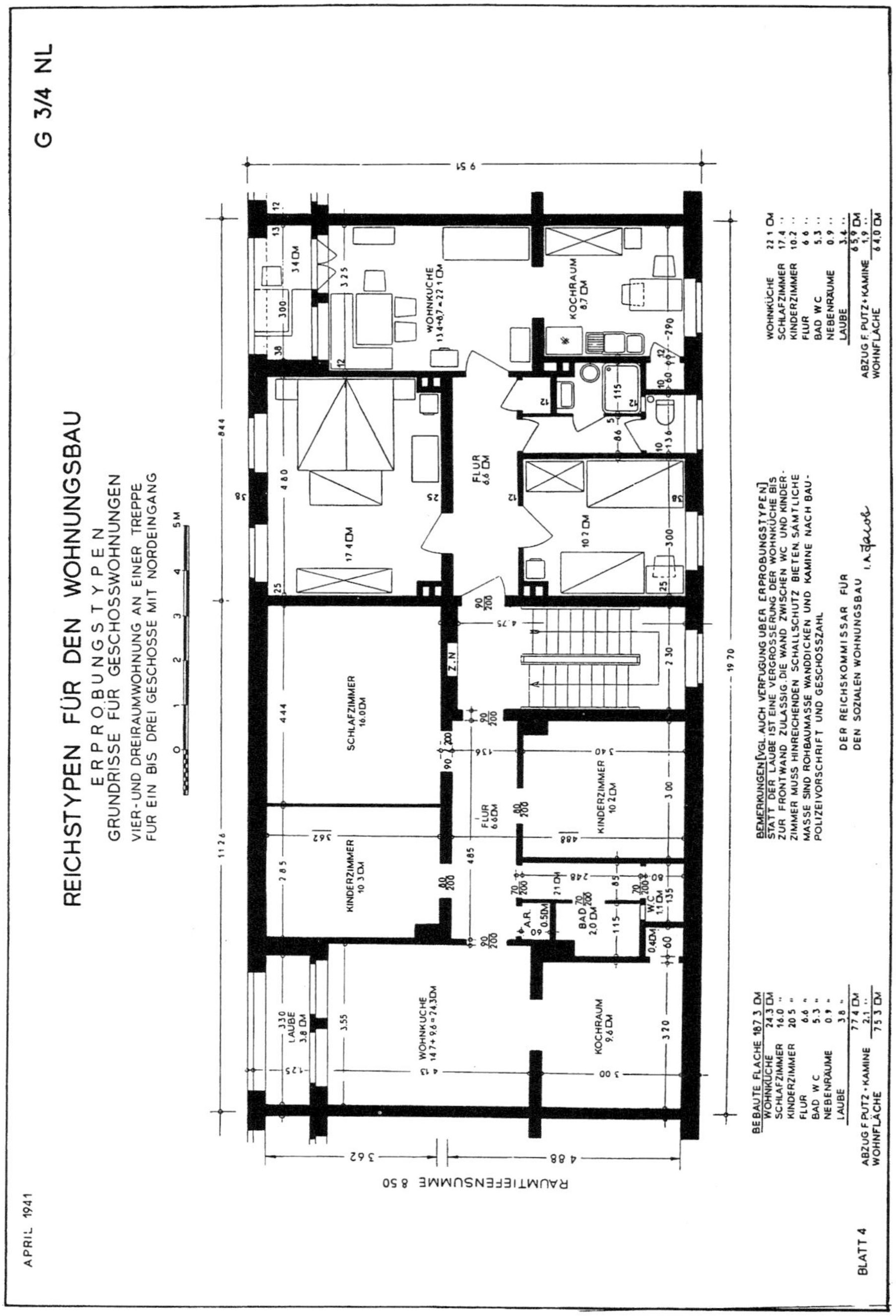

Der Erprobungstyp G 3/4 NL der beim RKSW entwickelten «Reichstypen für den Wohnungsbau», Mai 1941

Quelle: Jacob 1941, 297

Doch die Diskussion um die vom RKSW entwickelten Erprobungstypen verlief kontroverser als erwartet. Widerstand kam von allen Seiten. So befürchteten die Architektenschaft und auch die gemeinnützige Wohnungswirtschaft (vgl. Brecht 1941, 64) den Verlust gestalterischer Spielräume und die drohende «Eintönigkeit» als Resultat der reichseinheitlichen Anwendung von nur sechs Grundrißtypen. So gab etwa Wolf am Ende einer sehr ausführlichen und vorsichtig kritischen Stellungnahme des Reichsverbands des deutschen gemeinnützigen Wohnungswesens «die Anregung, außer den sechs Reichstypen *auch noch andere Lösungen* – wenn auch nur unter ausdrücklicher Genehmigung durch den Reichskommissar – *jetzt schon zuzulassen* (Hervorh. i. Orig., d. Verf.) ... Man darf jedenfalls nicht müde werden – und der Reichskommissar wird es sicher nicht übelnehmen –, weitere Vorschläge an die Hauptabteilung 'Gebäudeplanung' einzureichen, wobei selbstverständlich nur an beste und reife Lösungen gedacht ist, die sowohl die Wohnwerte als auch die Rationalisierung berücksichtigen.» (Wolf 1941, 119)
Wagner freilich konnte für solche Einwendungen keinerlei Verständnis aufbringen: «Auch heute wieder treten sie auf wie die Wölfe im Schafspelz und erklären, ja aber wo bleibt da unsere Kultur, wo bleibt da die Ästhetik? Gibt es wirklich Leute, die glauben, daß Männer wie Speer und Giesler sich für eine Typisierung des Wohnungsbaus einsetzen würden, wenn auch nur im Entferntesten die Gefahr bestünde, daß wir damit das Gesicht unserer Landschaft verschandeln?» (1941, 149)
Aber gerade auch von seiten der anderen Parteiführer stand man den Typisierungsbemühungen in der Behörde Ley sehr skeptisch gegenüber.
Giesler etwa kritisierte in einem Schreiben vom 17.6.1941 die Grundrisse im Detail.[106] Bei manchen schien ihm der Grundriß konstruktiv unklar, bei anderen sah er Belichtungs- oder Schallprobleme. Zum Typ 4 G 3/4 NL etwa bemerkte er: «Die Laube vor der Wohnküche bringt eine wesentliche Beeinträchtigung der Belichtung der Wohnküche. Außerdem ist das Größenverhältnis des Kochraumes zum Wohnraum nicht besonders günstig. Das Bad ist praktisch nur indirekt belichtet und sehr klein. Für eine Badewanne ist kein Platz vorgesehen.» (ebd.) Am Ende kündigte er die Übermittlung von ihm ausgearbeiteter Grundrisse an.
Auch Speer, der sich ja die selbständige Durchführung des Wohnungsbaus in Berlin hatte übertragen lassen, ließ eigene Grundrisse entwickeln. Im übrigen kritisierte er die entsprechenden Arbeiten beim RKSW als zu «langsam» und zu wenig praktisch.[107]
In Hamburg, das im Rahmen der Rüstungswirtschaft eine «bedeutende Rolle» bekommen hatte und dementsprechend auch im Wohnungsbau Priorität genoß, wurden relativ viele Wohnungen nach den «Erprobungstypen» gebaut, von denen allerdings ein Teil erst nach Kriegsende endgültig fertiggestellt werden konnte (Pahl-Weber 1986, 95f.). Aber auch hier attestierte man den Grundrissen des RKSW Mängel und wandelte den gewählten Typ (G 4 NA) ab (ebd., 103).

106 Giesler an RKSW vom 17.6.1941, BAK, NS 6/253, Bl. 137f.
107 Speer an Bormann, 13.12.1941, BAK, NS 6/251, Bl. 116f.

Selbst für die auf einer Ausstellung des Gauheimstättenamtes in Düsseldorf gezeigte «Vierraum-Musterwohnung» (Doerr 1941b) mußte wegen einer Reihe von Änderungen gegenüber dem Erprobungstyp G 4 O A des RKSW eine Anerkennung als «Sondertyp» beantragt werden.

In der Parteikanzlei, in der die vielfältigen Kritiken an der Arbeit des RKSW zusammenliefen, fand man bereits die Grundrisse «keineswegs befriedigend»[108] und sprach nach der Besichtigung von ersten Siedlungen und Baustellen angesichts der offensichtlichen Gefahr zu starker und schematischer Typisierung von «erschreckenden Ergebnissen».[109]

Nach den Beobachtungen der Parteikanzlei gab es aber auch beim RKSW selbst unterschiedliche Tendenzen: «Erfreulicherweise scheint sich allmählich die richtige Auffassung durchzusetzen, daß man nicht Wohnungen normen kann, sondern daß es richtiger ist, Einzelteile, wie Fenster, Türen und Beschläge zu normen, und daß man vor allen Dingen die Installationszellen zusammenlegt, um dadurch Leitungen und Material zu sparen. Zur Zeit wird wenigstens beim Reichskommissar für den sozialen Wohnungsbau davon gesprochen, daß man nicht mehr die Absicht habe, die Zimmereinteilung in Grundrißtypen endgültig festzulegen.»[110]

Doch zumindest nach außen und gegenüber der Öffentlichkeit versuchte man es von seiten des RKSW noch einige Zeit mit markigen Appellen. So drängte Stabsleiter Simon im November 1941: «Es wird sicherlich keinen Grundriß geben, gegen den der sogenannte Fachmann nicht irgendetwas einwenden könnte. Über diese dauernden Einwendungen aber kommen wir zu keiner praktischen Lösung. *Wir müssen uns jetzt endlich einmal entscheiden!*» (Hervorh. i. Orig.) (Simon 1941b, 792).

Die Diskussion konnte nicht mehr abgeschlossen werden.[111] Die Erprobungsphase wurde noch solange weitergeführt, bis ihr die Kriegsereignisse und die Einstellung aller Arbeiten im «normalen» Wohnungsbau mit dem endültigen Bauverbot durch den GBBau vom 15.1.1943 ein vorzeitiges Ende machten. Viele Projekte kamen nicht mehr über das Planungsstadium hinaus oder wurden noch begonnen und erst nach Kriegsende fertiggestellt. In einem Vermerk der Parteikanzlei über den Tätigkeitsbericht des RKSW für das Jahr 1941 vom 12.3.1942 ist festgehalten, daß 1941 insgesamt noch etwa 75000 Wohnungen fertiggestellt, aber nur 7094 Wohnungen nach den Erprobungstypen gebaut wurden.[112] Nach diesem Vermerk waren 1942 noch ca. 100000 Wohnungen für die Rüstungsindustrie im Bau, 30000 davon aus Mitteln des RKSW. Von diesen wurden nach den Angaben Leys in einem Schreiben an Speer[113] 1942 noch etwa

108 Vorlage Gölz vom 3.6.1941, BAK, NS 6/253, Bl. 156; Gölz kritisierte in seiner Vorlage für Bormann die Anordnung der Räume (gefangene Räume), die z.T. fehlende direkte Belichtung und Belüftung der Bäder, die geplanten Sitzbadewannen, die «von der Bevölkerung abgelehnt» würden u.ä.

109 Vorlage Gölz vom 17.11.1941, BAK, NS 6/265, Bl. 95.

110 Vorlage Parteikanzlei vom 24.7.1941, BAK, NS 6/253, Bl. 78–80.

111 Vgl. die Veröffentlichung weiterer Typengrundrisse durch den RKSW für Drei- und Fünfraum-Wohnungen sowie für ein Einfamilienhaus in Heft 22 von SWD sowie die ausführliche Stellungnahme von Wolf aus der Sicht der gemeinnützigen Wohnungswirtschaft in: «Die gemeinnützige Wohnungswirtschaft» (Nachfolgeorgan seit 1942 für «Siedlung und Wirtschaft») 1942, 14.

112 Vermerk Parteikanzlei vom 12.3.1942, BAK, NS 6/251, Bl. 123f.

113 Ley an Speer vom 13.2.1943, BAK, NS 6/199, Bl. 108.

50–60 000 Wohnungen gebaut, wieviele davon nach den Richtlinien des RKSW, ist nicht bekannt.

8. Gestaltung

Die Siedlungsgestaltung[114] der in der Erprobungsphase geplanten und gebauten (Groß-)Siedlungen entsprach in den Beispielen, die in der Zeitschrift des RKSW wiedergegeben wurden, zumeist den im Reichsheimstättenamt und von Neupert entwickelten Grundsätzen.
So wies etwa auch der durch das Gauheimstättenamt Danzig, die «Neue Heimat» Danzig und das Stadtplanungsamt Elbing erarbeitete Entwurf einer Großsiedlung mit ca. 1 000 Wohnungen in Elbing-Kupferhammer die charakteristischen Merkmale auf: Anpassung des Siedlungsgrundrisses an Landschaft und Topographie, Auflockerung und Durchgrünung, Trennung der Funktionen von Arbeiten und Wohnen, Hierarchisierung des Verkehrs, Hervorhebung der die ganze Anlage beherrschenden Gemeinschaftsbauten (Feierhalle, Parteistellen etc.) durch ihre erhöhte Lage als «Stadtkrone», Zeilenbau statt Blockbebauung. Der «Grundgedanke» bei dieser und ähnlichen Siedlungen war, wie dies der Danziger Stadtbaurat Fleischer formulierte, «innerhalb eines im großen straff aufgebauten Gesamtgefüges durch Auflockerung einen Organismus zu schaffen, der sich der Landschaft harmonisch eingliedert» (1941, 554).
Eine ganz andere Auffassung von Städtebau brachte der bekannte Entwurf einer Stadt X. (auf Usedom) für 20 000 Einwohner (5 000 Wohnungen) zum Ausdruck, der im Auftrag und unter Mithilfe von Speer entstand. Interessanterweise wurde er trotz seines zu den Planungen des Reichsheimstättenamtes so gegensätzlichen Charakters ebenfalls in «Der soziale Wohnungsbau in Deutschland» veröffentlicht und durch Speers Mitarbeiter Wolters und Stephan erläutert.
Die Gestalt des «völlig symmetrischen Stadtkörpers» wurde «nicht von irgendwelchen Zufälligkeiten des Geländes bestimmt» (Stephan 1942, 77), sondern hatte den «klaren, soldatisch strengen, auf eine starke bauliche Mitte ausgerichteten Stadtgrundriß» (Wolters 1942, 75) zum Ziel: «Wenn auch Gegebenheiten der Landschaft, z. B. starke Bodenbewegung, nicht ohne Einfluß auf den Plan der Stadt bleiben können, so wird der Städtebauer immer alles daransetzen, dem neuen Stadtgrundriß die neue Ordnung von Volk und Reich aufzuprägen. Es widerspricht unserer heutigen Auffassung, einem Stadtplan künstlich das malerische Gesicht einer im Mittelalter 'gewachsenen' Stadt zu geben, Straßen ohne realen Zweck zu krümmen, verwinkelte Plätze mit allerlei romantischen 'Motiven' anzulegen ...» (ebd.)
Speers «Idealstadtentwurf» wurde nicht verwirklicht. Wenig später, im Kontext der Wiederaufbauplanungen ab 1943, war freilich von solchen Entwürfen, die «ein Spiegel

114 «Siedlungsgestaltung» war der programmatische Begriff, den die DAF bzw. das Reichsheimstättenamt ab 1940 gegenüber dem ja noch beim Reichsarbeitsminister ressortierenden «Städtebau» bevorzugte; die Grundsätze der Siedlungsgestaltung, mehr politisches als ästhetisches Programm, wurden vor allem in den vom Reichsheimstättenamt ab 1940 herausgegebenen Heften «Siedlungsgestaltung aus Volk, Raum und Landschaft» entwickelt.

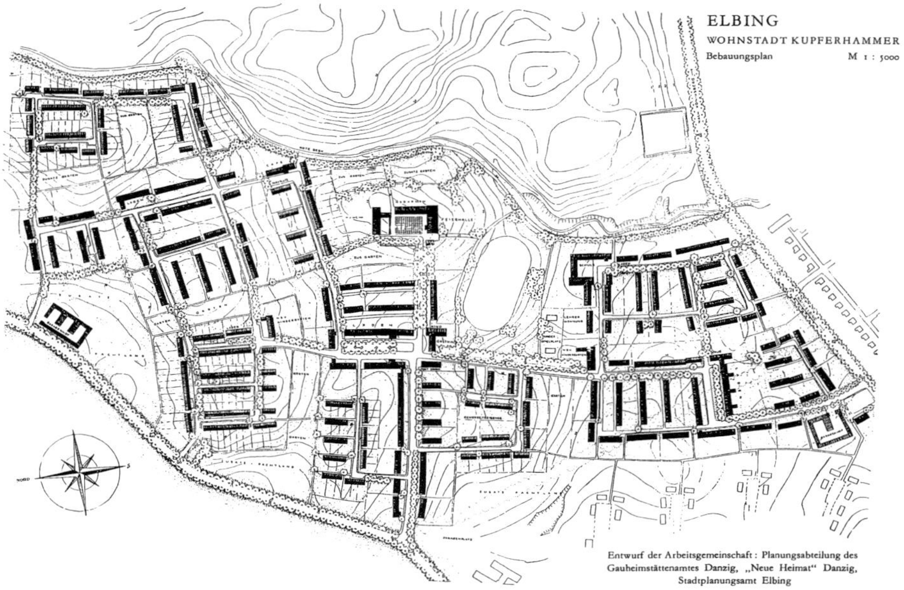

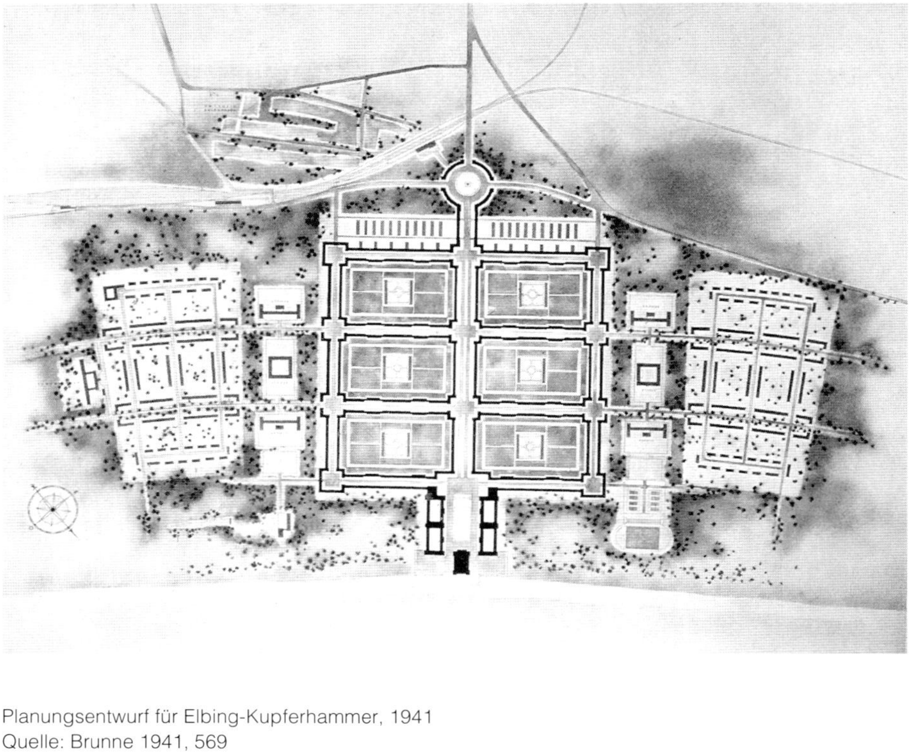

Planungsentwurf für Elbing-Kupferhammer, 1941
Quelle: Brunne 1941, 569
Lageplan für eine Stadt X., Entwurf: Architekturbüro der DAF unter Leitung von Speer
Quelle: Wolters 1942, 76

des gewaltigen politischen Willens und militärischen Geschehens des Großdeutschen Reiches» (Wolters 1942, 75) sein sollten, ebenso wie von den monumentalen Neugestaltungsplänen nicht mehr die Rede (vgl. Speer 1969, 328). Im Rückblick schließlich geriet das Ganze zu einer stilistischen Fingerübung: «Mich hat damals vor allem die Schönheit des Ornaments interessiert, der Gegensatz zwischen Strenge und Lokkerheit.»[115]

Jenseits der bestehenden Unterschiede in der städtebaulichen Gestaltung gab es aber auch zahlreiche – und für die Wiederaufbauplanungen und die Nachkriegszeit folgenreiche – Konvergenzen. So näherte man sich dem Problem der weiteren Untergliederung von Großsiedlungen und neuen Städten von verschiedenen Seiten an und kam zu ähnlichen Ergebnissen.

Für Neupert bestand die Gestaltung eines «organischen Stadtgebildes» in seinem Inneren in dem «Aufgliedern der Gesamtanlage nach Wohngemeinschaften, die als politische Einheiten klar faßbar sind» (1940b, 132). Diese sollten dann einem «gemeinsamen kulturellen Mittelpunkt» zugeordnet werden, «in dem die neue Stadt eine straffe Ausrichtung und ihre höchste Steigerung erfährt» (ebd.).

Auch Feder hatte in seinem Buch «Die neue Stadt» eine «organische Zellbildung» in der Stadt vorgeschlagen, die sich aus den von ihm und seinen Mitarbeitern ermittelten Richtwerten für öffentliche und private Einrichtungen ergab. «Kernbildende Kraft» besaß danach etwa eine Volksschule, zu deren Einzugsbereich etwa 3 500 Einwohner gerechnet wurden (Feder 1939, 19).

Wenn auch in den Überlegungen Feders und seiner Mitarbeiter[116] zur Stadtgliederung primär Versorgungsgesichtspunkte maßgeblich waren, so versäumte Feder am Ende doch nicht, darauf hinzuweisen, daß zwischen dem von ihm vorgeschlagenen «organischen Aufbau» der Stadt und dem auf Gemeindeebene aus Block, Zelle, Ortsgruppe und Kreis bestehenden Aufbau der NSDAP «eine auffallende Ähnlichkeit» bestehe (ebd., 468).

Carl Culemann, Mitarbeiter des Generalreferenten für Raumordnung in Westpreußen, radikalisierte diese «Ähnlichkeit» 1940 und postulierte das Gliederungsprinzip der NSDAP als allgemeingültiges Prinzip zur «Gestaltung der städtischen Siedlungsmasse»[117]: «Die Gestaltung des Lebens im Raum ist Teil der allgemeinen Aufgabe, das Leben des Volkes zu gestalten, und läuft also parallel zu der Gestaltung des Volkes durch die politische Organisation. Und das Gesetz, nach dem die Masse zu gestalten ist, ist notwendig das gleiche für die Zuordnung von Wohneinheiten in der städtischen Siedlung und für die Zuordnung von Menschen in der politischen Organisation der Partei, oder für die Zuordnung von Männern in den Gliederungen der Partei oder in der Wehrmacht.» (Culemann 1940, 914)

115 Speer im Gespräch mit Schneider am 14.11.1976, Schneider 1979, 96.

116 Rechenberg gab an, daß die Untersuchungen über den organischen Aufbau einer Stadt von 20 000 Einwohnern unter seiner Leitung am Lehrstuhl Feders durchgeführt wurden (1938, 386); auch ein weiterer Mitarbeiter Feders, Knoblich, erhob ähnliche Ansprüche (vgl. hierzu und zur Rezeption von Feders Buch Pahl-Weber 1986b, 49f.).

117 So der Titel des breit rezipierten Aufsatzes von Culemann, der 1940 in «Raumforschung und Raumordnung» und in «Bauen, Siedeln, Wohnen» (1940, 914ff.) erschien; vgl. auch Culemann 1956.

Der Parteiaufbau, auf den sich Culemann bezog, war ein Ergebnis der Neugliederung der Partei vom 1.5.1936, durch die die totale «Betreuung» der Volksgenossen durch die Partei perfektioniert werden sollte. Grundlage einer Ortsgruppe mit maximal 1500 Haushalten war nicht das einzelne Parteimitglied, sondern die Haushaltung (vgl. Pahl-Weber 1986b, 51).

Der mit der Neugestaltung Hamburgs beauftragte Konstanty Gutschow kannte Feders und Culemanns Gliederungsprinzipien und entwickelte ab 1940 seinerseits das Konzept der «Ortsgruppe als Siedlungszelle», das er zunächst nur auf die Stadterweiterung Hamburgs bezog, ab 1943/44 aber mehr und mehr zu einem allgemeinen Prinzip des Wiederaufbaus der Großstädte zu erweitern suchte.[118]

Grundgedanke war auch bei Gutschow, daß an die Stelle bisheriger «gestaltloser Ausbreitung» der Großstadt ein «zellenmäßiger Aufbau» treten müsse: «Nicht mehr wie ein Pfannkuchenteig soll sich das Häusermeer über die Umgebung ausbreiten, sondern in wohlgeordneten Gemeinschaften, die dem geschlossenen Dorf oder der Kleinstadt gleichen.»[119] Die von Gutschow vorgeschlagenen Siedlungseinheiten («Ortsgruppen») mit etwa 8000 Einwohnern sollten – ganz im Sinne der Ideologie der «Volksgemeinschaft» – die soziale Mischung unterschiedlicher Bevölkerungs- und Einkommensgruppen und dementsprechend auch die Mischung unterschiedlicher Gebäude- und Wohnungstypen enthalten. Die Ortsgruppe selbst war in sechs Zellen untergliedert, die auf eine zentrale Achse zwischen dem Gemeinschaftshaus und einer Ladenstraße ausgerichtet waren. Gutschow arbeitete – auch auf der Basis der Ergebnisse eines 1944 von ihm im erweiterten Kreis der Mitarbeiter ausgeschriebenen internen Wettbewerbs – intensiv an der Verfeinerung seines Konzepts und erreichte im November 1944 bei Speer dessen prinzipielle Anerkennung als Methodik des künftigen Wiederaufbaus (Durth/ Gutschow 1993, 250).

Auch in der Parteikanzlei hielt man es offensichtlich für ein Konzept, das den durch das Reichsheimstättenamt in der Reihe «Siedlungsgestaltung aus Volk, Raum und Landschaft» veröffentlichten Planungen durchaus gleichrangig gegenüberstand.[120]

Bei Gutschow, bei Reichow (1941 u. 1948), bei Wortmann (1941) und anderen war der Gedanke des «zellenförmigen Aufbaus der Stadt» eng an den der «Stadtland-

118 Vgl. zum Konzept der «Ortsgruppe als Siedlungszelle» im einzelnen Pahl-Weber 1985 u. 1986b, Durth 1992, 210ff., Durth/ Gutschow 1993, 239ff.

119 Die Ortsgruppe als Siedlungszelle, Ms. Gutschow, Dezember 1940, zit. in: Pahl-Weber 1986b, 47.

120 Vgl. hierzu den Brief von Hillebrecht an Gölz vom 11.5.1944 und den Vermerk von Gölz vom 30.8.1944, BAK, NS 6/284, zit. bei Pahl-Weber 1985, 295; begrifflich entnazifiziert gingen die «Siedlungszellen» dann als «Nachbarschaften» in den Nachkriegs-Städtebau ein. Gutschow hielt auch späterhin ungeachtet des Systemkontextes, in dem er sein Gliederungsprinzip entwickelt hatte, daran fest, ein universelles Prinzip gefunden zu haben, und schrieb, gekränkt über die Kritik an seiner Person, 1946 an Wolters: «Mein Hobby, die Siedlungszelle, habe ich übrigens mit Entzücken in den Londoner Wiederaufbauplänen von Abercrombie wiedergefunden. Dort sind sie Neigbourhood Units genannt. Sie sind der Leitgedanke der ganzen Planung ... In Hamburg werden diese Gebilde jetzt, nachdem sie durch mein Malheur als Siedlungszellen diffamiert sind, Siedlungsknollen genannt. Ich hoffe, daß Sie diesen mir so am Herzen liegenden städtebaulichen Gestaltungsgedanken nicht ernsthaft als Infiltration des Totalitätsanspruchs der Partei an den Städtebau diagnostizieren.» (Brief von K. Gutschow an Wolters vom 23.9.1946, zit. in: Durth/ Gutschow 1993, 264)

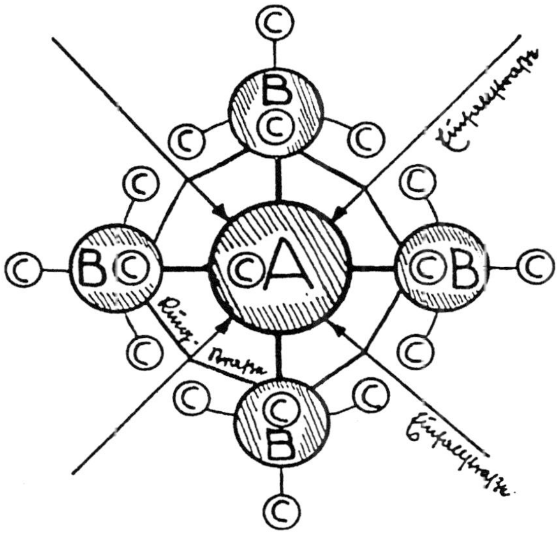

Aufbau und Gliederung von Siedlungseinheiten

	Siedlungseinheit		Familien	Einwohner	Partei-gliederung
I.	1. Wohnung		rd. 1	rd. 5	Hausstand Familie
	2. Nachbarschaft	3–4 Wohnungen	3—4	15—20	
II.	3. Gruppe	10 Wohnungen 3 Nachbarschaften	rd. 10	rd. 50	Block
	4. Teilzelle	3–4 Gruppen	30—40	150—200	
III.	5. Stadtzelle	10 Gruppen 3 Teilzellen	rd. 100	rd. 500	Zelle
	6. Stadtbezirk	3–4 Stadtzellen	300—400	1500—2000	
IV.	7. Ortsgruppe	10 Stadtzellen 3 Stadtbezirke	rd. 1000	rd. 5000	Ortsgruppe
	8. Normalstadt	3–4 Ortsgruppen	3000—4000	15 000-20 000	
V.	9. Stadtkreis	10 Ortsgruppen 3 Normalstädte	rd. 10 000	rd. 50 000	Kreis

Molekülbild» der Kernteilung einer Großsiedlung durch Feders Mitarbeiter Rechenberg 1938; Rechenbergs Erläuterung des stark an das Zentrale-Orte-Prinzip erinnernden Schemas: «Eine Siedlung muß in Unterteile, in Zellen gelegt werden, die organische Gemeinschaften, wie Straßengemeinschaften innerhalb der Kerne C, Verbrauchergemeinschaften (Kerne C) und Kulturgemeinschaften (4 Kerne C durch einen B zusammengefaßt) bilden. Ein Teilungsprinzip ist hier z. B. die Volksschule.»
Quelle: Rechenberg 1938, 387
Aufbau und Gliederung von Siedlungseinheiten in Analogie zur Parteigliederung nach Culemann
Quelle: Culemann 1940, 915

schaft» als neuer städtebaulicher Organisationsidee geknüpft – eines Begriffs, der unter dem Eindruck der Erfahrungen des Luftkriegs nun seine immer stärker dominierende Begründung und Konkretisierung durch die Erfordernisse des Luftschutzes erhielt.[121]

Am 19.9.1942 erließ der Reichsarbeitsminister im Einvernehmen mit dem Reichsminister der Luftfahrt und dem RKSW neue «Richtlinien für den baulichen Luftschutz im Städtebau»[122], die faktisch eine Art Städtebaugesetz beinhalteten. Die Grundforderungen richteten sich auf:

1. die «weiträumige Gestaltung der Städte und Siedlungen»; damit war die Gliederung der Stadt durch «in sich geschlossene Ortsteile» gemeint, die durch breite Grünstreifen voneinander getrennt werden sollten; Geschäfts-, Büro- und Verwaltungsbauten sollten möglichst dezentral auf verschiedene Stadtteile verteilt werden; Hauptverkehrswege sollten nach Möglichkeit nicht durch die bebauten Flächen hindurch, sondern an ihnen vorbeiführen;
2. «Trennung der stark luftgefährdeten Anlagen und Siedlungen»; statt des bisher geltenden Mindestabstands von 500 m zu stark luftgefährdeten Anlagen sollte nun ein Schutzabstand von etwa 1000 m (bei Großwerken, Treibstofflagern, Großkraftwerken u.ä. auch mehrere Kilometer) eingehalten werden; dort, wo die Verflechtung von Wohngebieten mit stark luftgefährdeten Betrieben schon bestand, sollte langfristig durch «eine Sanierung größeren Umfangs Abhilfe geschaffen werden»;
3. die «Auflockerung der Bebauung»; generell sollte eine Wohndichte von 60 bis max. 80 Wohnungen je Hektar Nettobauland nicht überschritten werden; geschlossene Baublöcke sollten auf Ausnahmefälle beschränkt bleiben, die Abstände der Häuser auf gegenüberliegenden Straßenseiten so bemessen sein, daß «die Verdämmungswirkung von Sprengbomben, die im Straßenraum zerknallen, so gering wie möglich gehalten wird» (ebd.).

Mit diesen Richtlinien, so Karl Otto vom Reichsluftfahrtministerium in seinem Kommentar in «Der Wohnungsbau in Deutschland» Anfang 1943, «eröffnet sich der Ausblick auf eine neue Stadtgestalt, für die es in der Geschichte bisher noch kein Beispiel gab. Aus dem Luftkrieg erwächst somit die auf die Luftverteidigung ausgerichtete, luftunempfindliche Stadt, die 'wehrhafte' Stadt unserer Zeit.» (1943, 64)

So makaber und zynisch es auch angesichts der Kriegszerstörungen anmutet, der Gedanke an die «neue Stadtgestalt» hatte für viele Planer offensichtlich so überwältigende Anziehungskraft, daß die Vernichtung der verhaßten Großstadt im Krieg durchaus als nicht unwillkommene Chance begriffen wurde: «Der Gedanke eines reich gegliederten, landschaftsverbundenen Stadtraumes wird von den Forderungen des Luftschutzes nachdrücklich unterstützt. Die im vorigen Jahr erneut herausgege-

121 Vgl. als Überblick Hohn 1992.
122 Abgedr. in: Harlander/ Fehl 1986, 397ff.

benen Richtlinien ... verlangen eine weitgehende Auflockerung – nicht Auflösung – der Städte im ganzen und in ihren Teilen. Der Krieg und besonders der Luftkrieg versetzt der Großstadt von gestern und heute den Todesstoß und schlägt eine mächtige Bresche für den Kampf um ihre umfassende Gesundung und wahre Neugestaltung.»[123]

Die Aufstellung von «Landschaftsnormen», die die reichseinheitlich typisierten und genormten Wohnungen nach dem Führererlaß mit Bezug auf den für eine «Hauslandschaft» typischen traditionellen Baubestand variieren und der von den Heimatschützern befürchteten «Uniformierung» und «kalten und seelenlosen Technisierung und Mechanisierung» (Lindner 1942b, 161) des Wohnungsbau entgegenwirken sollten, erwies sich als schwieriges, konfliktreiches Unternehmen.[124]

Von Seiten des RKSW verfügte man zunächst per Erlaß vom 10.9.1941[125] den Aufbau umfangreicher Sammlungen der vorhandenen «Landschaftsbauformen», also der jeweils vorhandenen regionalen Besonderheiten in Bauformen, Baukonstruktionen, Baustoffen etc. unter der Zuständigkeit der jeweiligen Gauwohnungskommissare. Auf dieser Grundlage sollte dann gauweise die äußere Gestaltung der Wohnhaustypen «aus den landschaftsbedingten Grundlagen entwickelt werden und dabei an die landschaftlichen Bauformen aus guten Stilepochen anknüpfen.» (ebd.) Angesichts der Breite der angelaufenen Arbeiten, die dem Rationalisierungsziel zuwiderzulaufen drohten, sah man sich jedoch schon bald darauf mit einem ergänzenden Erlaß vom 6.1.1942[126] veranlaßt, die Sammlung landschaftstypischer Besonderheiten auf wenige Merkmale zu konzentrieren. «Vordringlich» sollten nun lediglich Dachneigungen und Dachdeckungsarten, Bauteile oder Bauten, die klimabezogen waren, sowie charakteristische Fenstertypen gesammelt und ausgewertet werden.

Außerdem wurden für die landschaftsbezogene Gestaltung der Erprobungstypen in den einzelnen Gauen Architekturwettbewerbe ausgeschrieben.[127]

An den in der Zeitschrift «Der soziale Wohnungsbau in Deutschland» veröffentlichten Ergebnissen ist durchweg ablesbar, wie sehr bei diesen «Erprobungen» das Primat der

123 So der Bremer Oberbaurat und Berater-Kollege K. Gutschows Wilhelm Wortmann in seiner Denkschrift «Grundlagen für den Raumordnungsplan in Bremen», 15.12.1943, auszugsweise abgedr. in: Durth/ Gutschow 1988, Bd 2, 371f.; vgl. zur Biographie Wortmanns und seiner Nachkriegs-Karriere Durth/ Gutschow 1993, 517f.; auch nach dem Krieg – freilich nun unter ganz anderen Vorzeichen – spielten die Luftkriegserfahrungen, wie Hillebrecht berichtete, im Denken der durch sie geprägten Planergeneration weiterhin eine wichtige, öffentlich aber kaum je eingestandene Rolle: «Wenn man die Luftangriffe miterlebt hat, wie ich sie im Zentrum Hamburgs erlebt habe und zudem von den eigenen Verwandten geschildert bekam, wie die gerungen haben, rauszukommen aus der Stadt, um auf Grünflächen zu gelangen, wo sie dem Feuersturm entgingen – so hat dies für mich eine ganz entscheidende Rolle gespielt bei der Frage der Profilierung der Straßen. Denn kein Mensch weiß, was kommt ... Bei diesem Luftschutzmotiv muß ich bekennen, daß das unter uns 'top secret' war; keiner hat darüber geredet. Nur vertraulich haben wir darüber gesprochen, denn wir haben uns gesagt, das ist ein Thema, das wir nicht in die Öffentlichkeit bringen und auch nicht im Rat sagen können. Aber für uns persönlich war dies ein höchst wichtiges Thema.» (in: Durth 1981, 371)

124 Vgl. hierzu Auffahrt 1983, Harlander/ Fehl 1986, 34ff., Fehl 1994a.

125 Abgedr. in: Harlander/ Fehl 1986, 392ff.

126 Erlaß «Sammlung und Auswertung der Landschaftsbauformen für den sozialen Wohnungsbau» vom 6.1.1942, BA (Potsdam), 40.02/3, Bl. 201.

127 Vgl. hierzu etwa die Artikel in SWD zu Wettbewerben für Salzburger Haustypen (Schlegel 1942), in Pommern (Jacob 1942) und in Magdeburg-Anhalt (Spiegel 1942).

Rationalisierung, das Schematische und Kasernenhafte durchschlug und die geringfügigen regionalen Applikationen in der äußeren Gestaltung beherrschte. Dabei hatten insbesondere die Heimatschützer gehofft, mit dem neuen Wohnungsbau endlich auch die seit Jahrzehnten geforderte Wiederbegründung einer heimat- und landschaftsgebundenen Baukultur einleiten zu können. Hoffnung hatte vor allem das «Baufibelunternehmen» geweckt, das von dem unter der Führung Todts stehenden Arbeitskreis Baugestaltung in der Fachgruppe Bauwesen im NSBDT betrieben wurde. In allen Gauen sollten «Baufibeln», das «ABC des Alltagsbaues», erstellt und im Sinne einer breiten Erziehungsarbeit zur Unterstützung der Behörden, als Richtlinien für Architekten und Handwerker und als Lehrmaterial für die Staatsbauschulen eingesetzt werden (vgl. Auffahrt 1983, 33). Tatsächlich erschienen ab 1942 bis in die Nachkriegszeit hinein Baufibeln wie die von Karl Erdmannsdorfer[128] bearbeitete Baufibel für die Hauslandschaft Oberpfalz (1942) oder die durch Helmut Prechter bearbeitete Baufibel für das nördliche Oberbayern (1948).
Doch es zeigte sich rasch, daß die meisten Bearbeiter der Baufibeln ihre Arbeit «als zu konservierend» aufgefaßt hatten (Fehl 1994a, 3) und noch zu sehr an der regionalen Vielfalt an Bauformen orientiert waren. Ihnen hielt Lindner als «Fachbeauftragter des Deutschen Heimatbundes», der sich – letztlich ohne Erfolg – um die Vermittlung der tradierten Ansprüche des Heimatschutzes und der neuen Rationalisierungserfordernisse bemühte, die Losung entgegen, «das Landschaftsgebundene nicht allein im Besonderen, sondern im wertvollen Gemeinsamen zu suchen» (Lindner 1942a, 752). Statt weitere Detaillierung forderte er im Sinne einer zusammenfassenden Typenbildung im Gegenteil die Bildung von «Großlandschaften» (ebd.).
Für den beim RKSW mit Vorrang betriebenen städtischen Mietgeschoßwohnungsbau gaben die meisten Baufibelarbeiten, die ihre Vorbilder eher in ländlichen Bauformen vor 1850 suchten, ohnehin kaum Hinweise.[129] Dies sah auch Lindner, wenn er mit Blick auf die ländlichen Hauslandschaften trotzig-resignierend bemerkte: «Im sozialen Wohnungsbau wird sich alles weit einheitlicher und weiträumiger vereinfachen. Dadurch wächst für den Architekten und Städtebauer um so mehr die Verantwortung, so zu gestalten, daß in Flächen, Verhältnissen, Maßstäben, Baukörpern und Ortsbildern nichts Ödes und Nichtssagendes entsteht.» (Lindner 1942a, 752)
Doch der Kampf der Heimatschützer war zu diesem Zeitpunkt bereits längst verloren. Mit dem Erlaß des GBBau vom 6.3.1942 und den darin enthaltenen rigorosen Einsparungsvorschriften wurde der Raum für die Erprobung der Landschaftsnorm weiter verengt, im April 1943 waren alle «Vorbereitungen und Planungen für künftige Friedensaufgaben nunmehr vollkommen einzustellen»[130]. Der Krieg hatte die Niederlage des Heimatschutzes freilich nur beschleunigt. Mit seiner Reduktion auf die

128 Vgl. als Vorläufer der Baufibeln den von Erdmannsdorfer herausgegebenen «Bauberater für Siedlung und Eigenheim. Die Baugestaltung» (1940a) und die von ihm verfaßten «Richtlinien für heimatgebundenes Bauen» (1940b).
129 Die durch Konstanty Gutschow erstellte Hamburger Baufibel mit dem in ihr niedergelegten «Hamburger Fenster» kann insofern eher als Ausnahme gelten (vgl. Auffahrt 1983, 33).
130 Erlaß RMdI, Einstellung von Planungen, 6.4.1943, abgedr. in: Harlander/ Fehl 1986, 412.

nachgeordnete «Applikation landschaftsgebundener, handwerklich gefertigter Bauteile, die die rationalisierte Bauproduktion kaschierten, Heimatlichkeit vortäuschten und Tradition und Geschichtlichkeit ad absurdum führten» (Fehl 1994a, 34f.), hatte der – zudem politisch blinde – Heimatschutz eine Rolle akzeptiert, in der sein Scheitern zwingend vorgezeichnet war.

9. Kleinsiedlung

Anders als bei den Erprobungstypen für den Mietgeschoßwohnungsbau sah der RKSW bei der Kleinsiedlung (wie auch beim Landarbeiterwohnungsbau) «zunächst» davon ab, reichseinheitliche Typen vorzuschreiben, und verlangte stattdessen die Entwicklung von Landschaftstypen, «die den überkommenen Bauformen, den örtlichen Baustoffvorkommen und örtlichen handwerklichen und industriellen Herstellungsmethoden, den Lebensgewohnheiten, den Wirtschaftsbedürfnissen, den klimatischen und geologischen Unterschieden usw. der einzelnen Gegenden entsprechen.»[131] Neu war, daß die Kleinsiedlungen auch als Reihenhäuser errichtet werden konnten.
Kurz darauf erließ der RKSW am 8.8.1941 den sog. «Kodifikationserlaß» (RABl. 1941 I, 403ff.), eine «Zusammenstellung der nach der Übergangsregelung vom 4.4.1941 noch geltenden Bestimmungen über die Förderung von Volkswohnungen und der Kleinsiedlung» für den Dienstgebrauch.[132] Dies war notwendig geworden, da mit dem Zwang zur Anpassung aller Wohnungsbauten an die Vorschriften des Führererlasses durch die «Übergangsregelung» vom 4.4.1941 bei gleichzeitigem Fortbestehen der Vorschriften über die Förderung des Volkswohnungs- und Kleinsiedlungsbaus, wie Fischer-Dieskau bemerkte, «das geltende Recht eher noch unübersichtlicher geworden (war)» (Fischer-Dieskau 1941, 236). Tatsächlich nahm man jedoch nicht allein eine «Zusammenstellung der Bestimmungen» vor, sondern benützte die Gelegenheit, unter der Hand durch eine Neufassung wesentlicher Teile der Bestimmungen auch ihre Anpassung an die neuen Gegebenheiten im Sinne der Neuausrichtung der Wohnungspolitik seit 1940 vorzunehmen:

- Die Vorzugsstellung der Kleinsiedlung entfiel, sie stand nun gleichberechtigt neben den anderen Wohnungsbauformen;
- sie galt nun nicht mehr als die «beste Siedlungsform für die werktätige Bevölkerung», sondern wurde lediglich als eine Wohnform gekennzeichnet, die geeignet ist, «den deutschen Arbeiter mit dem Heimatboden zu verbinden ...» (Art. 1.1);

131 Erlaß «Aufstellung von Musterentwürfen für Kleinsiedlungen» des RKSW vom 19.7.1941, BA (Potsdam), 40.02/3, Bl. 224ff.

132 Die neuen Bestimmungen (BAK, R 41/1025, Bl. 28–55) waren nur für den Dienstgebrauch bestimmt und lösten das bisher geltende Recht insofern, formaljuristisch betrachtet, nicht ab; die Behörden sollten sich deshalb zwar in ihrem Handeln nach dem neuen «Kodifikationserlaß» richten, in ihren Schreiben aber noch die alten amtlich verkündeten Bestimmungen zitieren; der Grund lag darin, daß man zwar nicht auf eine Anpassung der Bestimmungen an die neuen Gegebenheiten verzichten wollte, sich den Erlaß wirklich neuer Förderungsbestimmungen aber ausdrücklich «für spätere Zeit vorbehalten» hatte (Fischer-Dieskau 1941a, 236).

- die Verpflichtung zur Selbsthilfe entfiel ebenso wie die Auffassung der Kleinsiedlung in erster Linie als Siedlungs- und Wirtschaftsmaßnahme (Art. 1.2; 3);
- dementsprechend entfiel bei der Siedlerauswahl auch die Überprüfung der allgemeinen Siedlertugenden, allerdings nicht die der politischen und rassischen Merkmale (Art. 5);
- der Bezug vornehmlich auf gewerbliche Arbeiter und Angestellte blieb, die Bevorzugung sog. Stammarbeiter entfiel (Art. 5);
- die Gebäude waren nun dem Führererlaß entsprechend sehr viel größer zu planen (Art. 11);
- die Höchstkosten wurden deutlich angehoben (Grundzahl: 8500–9000 RM)[133] (Art. 14); die Gesamtbelastung der Siedler durfte «in keinem Fall» höher sein «als ein Viertel des voraussichtlich dauernd gesicherten baren Reineinkommens der Siedlerfamilie» (Art. 15);
- sehr vorsichtig wurden Ausstattungsverbesserungen ermöglicht: die Wasserversorgung sollte nicht mehr «möglichst durch Brunnen erfolgen», eine Kanalanlage kam nicht mehr «grundsätzlich», sondern «im allgemeinen» nicht in Frage ... (Art. 8);
- die Eigenleistung mußte nicht mehr 15–20 %, sondern konnte nur 10 %, in Ausnahmefällen auch 5 % betragen (Art. 18);
- statt der früher üblichen Unterscheidung von unmittelbaren und mittelbaren Siedlungsträgern waren nun einfach neben den Heimstätten und den bereits bisher schon als unmittelbaren Siedlungsträgern zugelassenen gemeinnützigen Wohnungsunternehmen – wenig überraschend – auch die Wohnungsunternehmen der DAF, «Neue Heimat», zugelassen.

Was also im Kern blieb und die Kleinsiedlung weiterhin auszeichnete, war vor allem die Landzulage mit der Verpflichtung, sie zu bewirtschaften und damit «eine wesentliche Ergänzung des sonstigen Einkommens» zu erreichen. Ansonsten war das Bemühen sehr klar erkennbar, der Kleinsiedlung jede Sonderstellung zu nehmen und sie den anderen Wohnungsbauformen gleichzustellen.
Die praktische Relevanz dieser Veränderungen war in der Kriegszeit nur noch gering. Ihre Bedeutung lag in der Flankierung der ideologischen und programmatischen Wende zu einem industriell gefertigten Massenwohnungsbau. In gewisser Weise fiel also selbst der Kleinsiedlungsbau, zunächst programmatisches Herzstück nationalsozialistischer Wohnungspolitik, dem in der Kriegsphase einsetzenden Modernisierungsschub zum Opfer.

133 Die Grundzahlen wurden noch mit einer durch die Bewilligungsbehörde zu ermittelnden Schlüsselzahl vervielfältigt; daraus ergab sich dann der für die Herstellungskosten (ohne Grundstück, Einrichtungskosten, Mehrkosten für Luftschutz u.ä.) maßgebliche Höchstbetrag.

10. Rationalisierung

Die Typisierung der Grundrisse und die angestrebte möglichst weitgehende Normung der Baustoffe und Bauteile und ihre Produktion als Massenartikel wurden als «Vorstufen» verstanden, die «jedoch erst dann zu voller Auswirkung kommen können, wenn sie mit industriellen Fertigungsmethoden verbunden werden.» (Schönbein 1942a, 33) Die Reserven schienen, bei allen zugestandenen Unterschieden im Automobilbau und im Wohnungsbau, ungeheuer. Beim Wohnhaus, so rechnete etwa Schönbein, der Leiter der Abteilung Bauwirtschaft beim RKSW, betrug 1938 «der Anteil der als Massenfertigung anzusprechenden Baustoffe und Bauteile etwa 5 v.H. der Gesamtkosten»; beim Volkswagen dagegen 100 % (Schönbein 1942b, 332). Nun befinde sich der Wohnungsbau an der Wende. In der Ära des Liberalismus habe man über die Probleme der Normung und Rationalisierung des Wohnungsbaus nur geredet, ohne eine wesentliche Verbilligung erreicht zu haben.[134] Im «autoritären Staat» sei mit der zentralen Lenkung des Wohnungsbaus endlich die Möglichkeit gegeben, die Wohnungsproduktion umfassend neu zu organisieren und zu strukturieren (ebd.). Allerdings müßten hierzu neben den technischen und den organisatorischen auch die notwendigen psychologischen Voraussetzungen geschaffen werden: «Dieser Zwang zur Massenfertigung muß durch den Willen zur Massenproduktion ergänzt werden. Gerade im Wohnungsbau ist eine geistige Umstellung in dieser Hinsicht nötig ... Der Abscheu des Europäers vor der sogenannten Massenware muß sowohl bei den technisch Schaffenden wie auch bei den Verbrauchern – den zukünftigen Mietern unserer Wohnungen – überwunden werden.» (ebd., 333) In gewisser Hinsicht könne in diesem Punkt sogar Amerika als Vorbild dienen. Dort steige der Anteil fabrikgebauter Häuser steil an – eine Entwicklung, deren Perspektive eine große amerikanische Architekturzeitschrift, wie Schönbein meinte, richtig vorgezeichnet habe: «Der erste Weltkrieg schuf die Massennachfrage nach Kraftwagen und ermöglichte deren Massenherstellung. Der zweite Weltkrieg wiederholt diesen Vorgang im Wohnungsbau.» (ebd., 334)

134 Obwohl gescheitert, wurden die Vorarbeiten der 20er Jahre, so etwa der «Frankfurter Großversuch», von einem Teil der Rationalisierungsfachleute wie etwa Schmidt, der schon in den 20er Jahren im Sachverständigenrat der Reichsforschungsgesellschaft mitgewirkt hatte, oder vor allem von Stratemann nun wieder als «hervorragende Versuche» (1943, 88) geschätzt, aus deren Erfahrungen man lernen könne; vgl. zur Rationalisierungsdiskussion der 20er Jahre Fleckner 1993 u. Fehl 1993b.

Der Versuch einer Industrialisierung des Wohnungsbaus (vgl. Junghanns 1994) zielte einerseits auf die genormte «Serienfertigung» von Baustoffen[135] und Bauteilen bis hin zur «fabrikmässigen Herstellung des Hauses»[136] und andererseits auf möglichst mechanisierte und rationelle Arbeitsmethoden auf der Baustelle selbst (Maschineneinsatz, Montagebaumethoden, Taktverfahren etc.) (Neufert 1943a, 1).
Diese Pläne implizierten natürlich auch drastische Veränderungen in der Bauwirtschaft, die immer noch überwiegend handwerklich strukturiert war. «Zeitgemäße Betriebsform» sollte die industrialisierte und spezialisierte «Typenbauunternehmung» mit beschränktem Fabrikationsprogramm sein: «Das Ziel ist hier also die Schaffung von Bauunternehmungen, die ausschließlich im Wohnungsbau tätig sind und zu auskalkulierten Standardpreisen immer wieder die gleichen Typen bauen.» (Schönbein 1941, 817)
Eine entsprechende Betriebskonzentration des Bauhandwerks erschien als selbstverständliche Voraussetzung. Daß eine solche Neuausrichtung der Bauwirtschaft[137] angesichts der engen programmatischen Bindungen der Nationalsozialisten an das

135 Die Baugesellschaft der DAF, die «Deutsche Bau AG», hatte 1941 die Vorarbeiten in der Massenfabrikation von «Stahlsaitenbeton» so weit vorangetrieben, daß «fabrikationstechnisch der Erstellung der Fabriken (die man überall im Altreich, aber auch in der «Ostmark» und den ehemals polnischen Gebieten aufzubauen gedachte, d. Verf.) nichts mehr im Wege steht» (Simon 1941, 12).

136 Stegemann 1941b, 137; der bereits in den 20er Jahren durch den auf seine Initiative hin gegründeten «Deutschen Ausschuß für wirtschaftliches Bauen» und die Schriftenreihe «Vom wirtschaftlichen Bauen» (vgl. Fleckner 1993, 24) als Rationalisierungsfachmann hervorgetretene Stegemann war Leiter der Deutschen Akademie für Bauforschung (gegr. 1920 als «Deutscher Ausschuß für Wirtschaftliches Bauen»), die in der Kriegszeit als «Forschungsstelle beim Reichsarbeitsministerium, beim Reichsforstmeister und beim Reichsamt für Wirtschaftsausbau für Fragen der Bautechnik und des Bauwesens» angesiedelt war; 1941 verwies er in «Siedlung und Wirtschaft» auf die von ihm 1924/25 für die Landessiedlungsgesellschaft «Sächsisches Heim» entwickelten Einfamilienhaus-Typenpläne; alle wesentlichen nun aufgestellten Rationalisierungsforderungen seien «unter der Führung weniger weitblikkender und zielbewußter Männer» schon Ende der 20er Jahre in dem Vorläufer der von ihm geführten Akademie aufgestellt worden; allerdings sei ihre Durchführung damals wegen der Millionen von Erwerbslosen, die auf Arbeit warteten, «im Keime erstickt» worden (Stegemann 1941, 7); angesichts des Machtverfalls des RAM versuchte Stegemann, seine Akademie Anfang 1942 neu zu verorten, und gab in einem Schreiben an Gölz die Anregung, «daß doch Reichsleiter Bormann erwägen möchte, ob er nicht die Akademie, wie andere Reichs- und Parteistellen, sich in irgend einer Weise offiziell nutzbar macht. Ich sagte Ihnen schon, daß mir der Gedanke vorschwebt, die Akademie als Forschungsstelle für Fragen der Bauwirtschaft und der Bautechnik dem Reichsleiter zur Verfügung zu stellen.» (Stegemann an Gölz, 26.2.1942, BAK NS 6/253, Bl. 220) Auf Anfrage der Parteikanzlei antwortete das Hauptamt für Technik mit einer vernichtenden Kritik der Arbeit der Akademie, vor allem aber der Person Stegemanns; ohne einen «Wechsel des Präsidenten» sei eine «fruchtbringende Zusammenarbeit mit der Baustoffindustrie, der Bauindustrie, der Mehrzahl der Akademiemitglieder, dem NSBDT, dem Generalbevollmächtigten für die Bauwirtschaft und verschiedenen anderen massgebenden Stellen des Staates nicht möglich» (Streck an Parteikanzlei vom 30.5.1942, BAK, NS 6/253, Bl. 227); außer Stegemann spielten mit den ehemaligen Mitgliedern der Reichsforschungsgesellschaft für Wirtschaftlichkeit im Bau- und Wohnungswesen Hans Spiegel, Gustav Wolf, Wolfgang Triebel und Friedrich Schmidt noch weitere Rationalisierungsfachleute der Weimarer Zeit in den Rationalisierungsanstrengungen nach 1940 eine maßgebliche Rolle (vgl. Fleckner 1993, 115).

137 Das Handwerk suchte den neuen Tendenzen durch eifrige Bekenntnisse zur Leistungssteigerung zu entgehen. So hieß es in einer vom Reichsstand des Deutschen Handwerks 1941 erstellten «Denkschrift zur Leistungssteigerung in der handwerklichen Bauwirtschaft»: Der Reichshandwerkermeister werde «bei den neuen Großbauaufgaben des Friedens aufgrund seiner gesetzlichen Verantwortung für die Handwerkswirtschaft Maßnahmen treffen, damit einer ungesunden kapitalistischen Konzentration der Bauwirtschaft entgegengewirkt wird, da nach § 16 des Parteiprogramms die Struktur des leistungsfähigen Mittelbetriebs gefördert und erhalten werden muß» (zit. in Herbst 1982, 164).

Handwerk und den Mittelstand Probleme aufwerfen würde, war klar: «Wir Deutsche sind Schwierigkeiten jedoch nicht aus dem Wege gegangen, sondern haben mit Mut und Zielsicherheit neue Formen entwickelt. Es muß und wird uns daher auch gelingen, die auseinanderstrebenden Tendenzen der Notwendigkeit zur industriellen Fertigung im Wohnungsbau und des Willens zur Neugestaltung des Handwerks zu einem starken und tragenden Pfeiler im sozialen Wohnungsbau zu vereinen.» (Schönbein 1942a, 34) Widerstände gegen die neuen Sachzwänge wurden fortgewischt: «Wenn in § 16 dieser Grundthesen unserer Weltanschauung die Erhaltung des mittelständischen Gewerbes gefordert wird, so bedeutet dies jedoch nicht die Verhinderung des Fortschritts und die Konservierung bestehender Zustände.» (ebd., 33) Außerdem versprach man ja den formalen Erhalt der Selbständigkeit des Handwerksbetriebes und – gewissermaßen als Kompensation – «sozialpolitische Maßnahmen auf dem Gebiete der Berufserziehung, der Lehrlingsausbildung und der Gemeinschaftseinrichtungen» (ebd., 34).

Praktisch sollten die leistungsfähigen Klein- und Mittelbetriebe in sog. «Gemeinschaftsbetrieben» und – auf der Baustelle – in «Arbeitsgewerken» unter gauweiser Führung eines «Gaubeauftragten für die Arbeitsgewerke» zusammengeschlossen werden (ebd., 34f.).

Um Engpässe in der Bereitstellung und Belieferung mit Baustoffen und Bauteilen zu vermeiden und um die Ausstattung der Baustellen mit modernsten Maschinen und Geräten sicherzustellen, gründete die DAF mit einem Stammkapital von zunächst 10 Mio., dann 15 Mio. RM die «Bauhilfe GmbH».[138] Sie sollte darüber hinaus bei der Einrichtung von Bauhöfen und Musterbetrieben behilflich sein (Schönbein 1941, 819) und den vermehrten Einsatz von Kriegsgefangenen und Zwangsarbeitern in der Bauindustrie koordinieren helfen.

Bei den Parteirivalen wurden auch diese Aktivitäten der DAF mit Mißtrauen verfolgt. So sah Speer in einem Schreiben vom 12.12.1941 an Bormann, der um Stellungnahme gebeten hatte, in der Gründung der «Bauhilfe» einen «Versuch» zur Unterstützung der «Arbeitsgewerke», der «zweckmässig» sein könne, riet aber von «einer Durchführung in grössten Ausmassen», wie sie von der DAF angestrebt werde, ab.[139] Außerdem, so deutete Speer die Richtung seiner Befürchtungen näher an, «kann die Zentralisierung des Einkaufes zu einer Verbilligung führen, – *und hoffentlich nicht zu einer Einnahmequelle für die Deutsche Arbeitsfront. Darauf müßte geachtet werden.*» (Hervorh. i. Orig., d. Verf.) (ebd., Bl. 175)

Grundsätzlicher noch ging Todt in seiner Antwort vom 13.12.1941 an Bormann auf die mit der «Bauhilfe» entstehenden Risiken ein.[140] Auch er schloß nicht aus, daß der zentrale Einkauf und die zentrale Auftragsvergabe günstig wirken könne, befürchtete aber die Entwicklung zu «konzernähnlichen Produktionsstätten»: «Ich habe .. nach verschiedenen anderen Vorgängen bei der Deutschen Arbeitsfront die

138 SWD 1941, 391, WD 1943, 141; das Unternehmen sollte ausdrücklich eine Organisations- oder Verteilerfunktion erfüllen, eine Betätigung als Bauunternehmer oder die Herstellung von Baustoffen auf eigene Rechnung sollte ausgeschlossen sein; Geschäftsführer wurde Schönbein (vgl. GT 1941, 213).

139 Speer an Bormann vom 12.12.1941, BAK, NS 6/253, Bl. 174f.

140 Todt an Bormann vom 13.12.1941, BAK, NS 6/253, B. 176f.

Besorgnis, dass, besonders bei den Baugeräten, die 'Bauhilfe', also die Deutsche Arbeitsfront, sich einen gewaltigen eigenen Gerätepark zulegt. Dieser Gerätepark braucht dann eigene Reparaturwerkstätten. In den eigenen Reparaturwerkstätten werden dann nicht nur die Geräte repariert, sondern es werden auch neue gebaut. Die Werkstätten sind dann zu klein, es werden dann Fabriken erworben, und schliesslich weiß man nicht mehr genau, ob die Arbeitsfront eine soziale Betreuerorganisation ist oder ein Konzern, der Küchenherde, Badewannen, Betonmaschinen und Baugeräte fabriziert. Einer Entwicklung, dass die Arbeitsfront sich wirtschaftlich noch stärker als bisher betätigt, sehe ich mit Besorgnis entgegen, denn dann entstehen die Konflikte, die ich beim Westwall selbst erlebt habe. Dann weiß man nicht, ob der Mann in der Uniform der Arbeitsfront Amtswalter ist oder Geschäftsträger. Dann wird unter Ausnutzung der Parteiuniform wirtschaftlicher Druck ausgeübt.» Den letzten beiden Sätzen fügte Bormann handschriftlich hinzu: «Dr. Todt hat völlig Recht!» (ebd.)
Um Kompetenzkonflikte auf diesem Feld auszuschalten, erging kurz darauf – und nach Todts Absturz – im Februar 1942 auf Antrag Speers eine von Bormann gezeichnete vertrauliche Führeranordnung[141], in der ausdrücklich bestimmt wurde, daß «alle mit der Leistungssteigerung zusammenhängenden Fragen zentral beim Reichsminister für Bewaffnung und Munition (Speer, d. Verf.) bearbeitet werden»; demgemäß wurde auch die DAF gehalten, «die Bearbeitung aller technischer Fragen, insbesondere technischer und Rationalisierungsfragen,» an Speer bzw. das ihm unterstehende Hauptamt für Technik abzugeben (ebd.).
Speer seinerseits trieb in seiner Eigenschaft als GBI für die Reichshauptstadt die Rationalisierung im Wohnungsbau parallel zu den Bemühungen beim RKSW voran. Wichtigster Mann war der seit dem Erscheinen seiner «Bauentwurfslehre» 1936[142] hochgeachtete Fachmann Ernst Neufert[143], den Speer zu seinem «Beauftragten für Normungsfragen» ernannte. Im Herbst 1941 erschien dessen Studie «Bombensicherer Luftschutz im Wohnungsbau». Darin wurden fünf- bis achtgeschossige Mietwohnhaustypen sparsamster Art entwickelt, in die in verschiedenen Formen Luftschutzbunker integriert waren (vgl. Durth 1992, 187f.). Bis 1943, dem Jahr, in dem er auch zum Leiter des Baunormungsausschusses der deutschen Industrie gewählt wurde, stellte dann Neufert seine voluminöse «Bauordnungslehre» auf der Basis des von ihm entwickelten «Oktameter-Systems» fertig. Im Vorwort schrieb Speer: «Der Totale Krieg zwingt zur Konzentration aller Kräfte auch im Bauwesen. Weitgehende Vereinheitlichung zur Einsparung technischer Kräfte und zum Aufbau rationeller Serienfertigung ist die Voraussetzung zu einer Leistungssteigerung, die zur Bewältigung unserer großen Bauaufgaben erforderlich ist.» (Neufert 1943a, 3) Auf die Spitze getrieben wurden die Rationalisierungsvorstellungen Neuferts in der Vorstellung seiner «Hausbaumaschine», einer sich auf Schienen vorwärtsbewegenden mon-

141 Anordnung A 6/42 vom 16.2.1942, BAK, R 43II/1174a, Bl. 1.
142 Voigt schätzt die in 12 Sprachen übersetzte Weltauflage dieses erfolgreichsten Architekturlehrbuches überhaupt auf etwa 600 000 Exemplare (in deutscher Sprache: 33 Auflagen mit knapp 400 000 Exemplaren). (Voigt 1993, 179).
143 Vgl. Voigt 1993, Durth 1992, 184ff. u. Durth/ Gutschow 1993, 34ff.

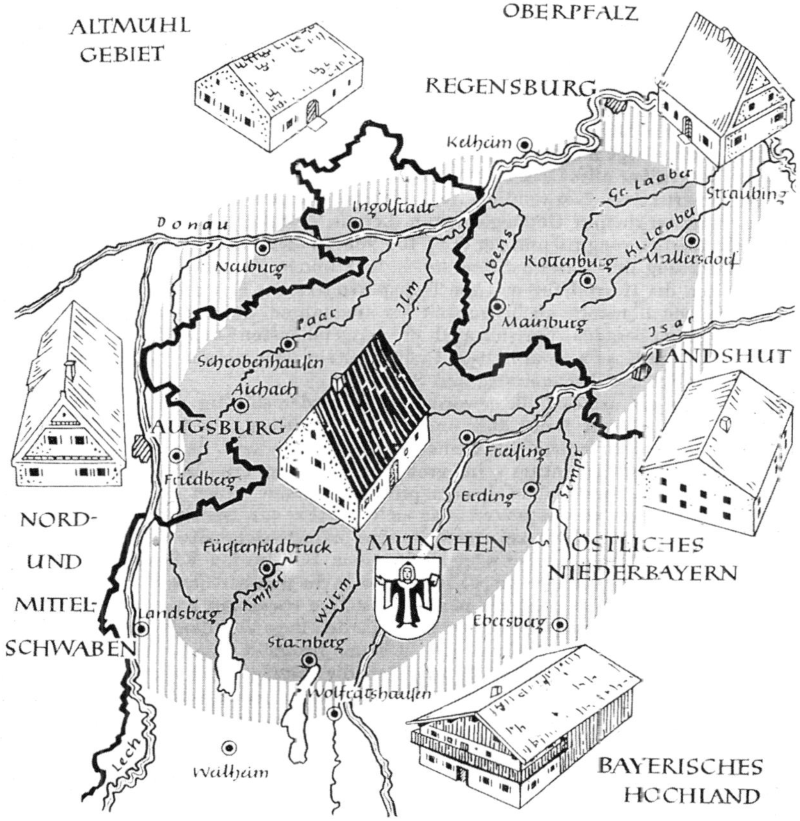

Hauslandschaft in der Baufibel für das nördliche Oberbayern
Quelle: Prechter 1948, 4
Gegenpol zum Heimatschutz: Neuferts «Hausbaumaschine»
Quelle: Neufert 1943a

strösen[144] Fabrikationsanlage, an deren Vorderseite das Material angeliefert werden sollte, während auf der Rückseite der fünfgeschossige fertige Zeilenbau herauswuchs.

Neuferts Hausbaumaschine kam nicht mehr zum Einsatz. Aber an ihr wird die konzeptionelle Radikalität deutlich, in der die führenden NS-Rationalisierungsfachleute zu denken begonnen hatte, eine Radikalität, die die naive Technikgläubigkeit der Vorläufer in den 20er Jahren weit hinter sich ließ. Doch bevor die diversen Vorbereitungen wirklich praxisrelevant werden konnten, war der «normale» Wohnungsbau auch schon am Ende. So wurde nicht mehr der Wohnungsbau der «Erprobungstypen», sondern der Behelfs- und Kriegswohnungsbau ab Ende 1942 zum eigentlichen praktischen Experimentierfeld der «Rationalisierer» beim RKSW und beim GBBau.

11. Träger des künftigen Wohnungsbaus

Ähnlich schwierig und kontrovers wie die bereits geschilderte Debatte um die Leitung des Wohnungsbaus in der Mittelinstanz gestaltete sich die Diskussion um die Träger des künftigen Wohnungsbaus. Zwar hatte der Führererlaß entgegen den ursprünglichen Intentionen der DAF die Durchführung grundsätzlich den Gemeinden bzw. «soweit sie nicht von den Gemeinden übernommen wird», den gemeinnützigen Wohnungsunternehmen oder «sonstigen Trägern auf Grund besonderer Zulassung» überlassen. Aber die DAF gab das Ziel einer «straffen, einheitlichen Lenkung» des Wohnungsbaus, eines Wohnungsbaus unter ihrer Kontrolle, nicht ohne weiteres auf.

Zunächst wurde von seiten des RKSW nach außen hin nur betont, daß die Dinge in der Trägerfrage noch «im Fluß» seien und der Zeitpunkt noch nicht gekommen sei, «sich über diese sehr wichtige Frage ... zu verbreiten.» (Wagner 1941, 153) So hatte laut Brecht, der erleichtert war, daß die gemeinnützige Wohnungswirtschaft im sozialen Wohnungsbau der Nachkriegszeit nicht überhaupt zugunsten eines reichseigenen oder gemeindeeigenen Wohnungsbaus gänzlich ausgeschaltet worden war (1941, 45), die Parole zu lauten: «In den großen, entscheidenden und wichtigen Fragen der Einsatzgliederung und der Arbeitsordnung des gemeinnützigen Wohnungswesens im neuen deutschen Wohnungsbau in Ruhe und Vertrauen abwarten, in der Tages- und Einzelarbeit, ausgerichtet auf die kommenden Aufgaben, aber umso aktiver und leidenschaftlicher und zielbewußter arbeiten!» (zit. in: SuW 1941, 49)

Doch allzu viel Vertrauen, dies wußte eigentlich auch Brecht, war aus der Sicht der gemeinnützigen Wohnungswirtschaft nicht gerechtfertigt. Beim RKSW ging man von

144 Hugo Häring kritisierte zwar 1947 in «Baukunst und Werkform» Neuferts Wohnmaschine als «das Ergebnis eines ganz und gar von GOTT verlassenen Bauwillens», hob aber doch gleichzeitig hervor, daß das, was «in diesem Zusammenhang ... in der Entwicklung des industriellen Bauens getan und erreicht worden ist, .. von großem Wert für die Zukunft (ist). Die heftigen Widerstände, die vordem etwa den fabrikmäßig hergestellten Wohnbauten oder den Großsiedlungen oder Wohnhochhäusern entgegengebracht wurden, sind heute verschwunden ...» (zit. bei Voigt 1993, 191).

einer allgemeinen «örtlichen Übersetzung» mit Wohnungsunternehmen aus, die es durch Zusammenlegungen zu «bereinigen» galt. Die Konzentration auf wenige leistungsstarke überörtliche Träger ergab sich für Strauch «zwangsläufig auch dadurch, daß der neue deutsche Wohnungsbau mit seiner Typisierung und seinen mechanisierten Baumethoden eine allzu starke Übersetzung der Trägergesellschaften schon aus organisatorischen Gründen verbietet» (Strauch 1942, 69).

Im Sinne der angestrebten gauweisen Zentralisierung des Wohnungswesens verfolgte man zunächst den Aufbau sog. «Gaueinsatzgesellschaften», die für «die Beschaffung von Material, Geld, Menschen, Maschinen zu sorgen» haben sollten.[145] Zur eigentlichen Durchführung sollten sie sich dann der Gauwohnungsgesellschaften («Neue Heimat»)[146] bzw. der Kreiswohnungsgesellschaften bedienen. Langfristig, als ein «Endziel» der «restlosen» Zusammenfassung der Wohnungswirtschaft, wurde angestrebt, «dass in jedem Land- oder Stadtkreis eine tragfähige Gesellschaft vorhanden sei» (ebd., Bl. 175).

Die geplante Reorganisation sollte nicht zuletzt auch die Konkurrenz der «Heimstätten» als überörtlicher Träger beseitigen und hätte den «Neuen Heimaten» eine Art «Baumonopol»[147] verschafft. Der Reichsfinanzminister machte sich zum Wortführer des Widerstands gegen diesen neuerlichen Versuch einer Ausweitung der DAF-Befugnisse: Man könne «einen zwingenden Anlaß zu seiner (des vorhandenen Apparats der gemeinnützigen Wohnungswirtschaft, d. Verf.) völligen organisatorischen Umgestaltung ... nicht erblicken».[148] Stattdessen beharrte das RFM darauf, daß ein überwiegend staatlich finanzierter Wohnungsbau auch *ausschließlich* unter staatlicher Aufsicht und Kontrolle durchgeführt werden müsse. Auch zur Zerschlagung der örtlichen Baugesellschaften und insbesondere der durch «soviel persönliche Initiative und hingebungsvolle Arbeit ehrenamtlicher Art» geprägten Baugenossenschaften zugunsten «unerprobter Neubildungen» sah man keinerlei Veranlassung (ebd., Bl. 245). Vor allem wegen der Einsprüche des RFM und des Preußischen Finanzministers mußte schließlich ein Verordnungsentwurf zur Fusion der «Neuen Heimat» und der «Heimstätten» zurückgezogen werden.[149] Wieder hatten sich wie schon im Fall der Wohnungs- und Siedlungsämter die überkommenen staatlichen Strukturen als resistenter erwiesen als vermutet. So erklärte schließlich Wagner gegenüber der Parteikanzlei, daß man lediglich noch «die kleineren und nicht oder kaum lebensfähigen Wohnungsgesellschaften zusammenlegen (wolle)» (ebd.). Allerdings, so fügte er hinzu, würde die DAF zweifellos – und voraussichtlich mit Erfolg – bei den Gauleitern (Gauwohnungs-

145 So Wagner in einer Besprechung am 29.1.1941 mit Vertretern des Hauptamts für Kommunalpolitik, BAK, NS 25/1110, Bl. 174ff.

146 Die Zahl der DAF-Wohnungsunternehmen hatte sich nach einer Mitteilung von Strauch als dem Leiter der wirtschaftlichen Unternehmungen der DAF an den Stab des Stellvertreters des Führers vom 3.4.1941 von Ende 1938 bis zum 31.3.1941 von 22 auf 50 erhöht, das Gesellschaftskapital von 9,9 Mio. RM auf 67,2 Mio. RM, der Wohnungsbestand von 46331 auf 57025 Wohnungen (BAK, NS 6/302, Bl. 2f.).

147 So das Hauptamt für Kommunalpolitik in einer kritischen Stellungnahme zu den Plänen des RKSW bzw. der DAF gegenüber der Parteikanzlei am 2.9.1941 (BAK, NS 6/253, Bl. 236).

148 RFM an RKSW vom 30.10.1941, BAK, NS 6/253, Bl. 241–246.

149 Vermerk Gölz vom 3.12.1941, BAK, NS 6/253, Bl. 249.

kommissaren) darauf drängen, daß diese in der Praxis die «Neue Heimat» den «Heimstätten» vorziehen würden (ebd.).

Was die gemeinnützigen Wohnungsunternehmen betraf, so war deren «Zusammenlegung» ja bereits durch das Wohnungsgemeinnützigkeitsgesetz (WGG) vom 29.2.1940 (RGBl. I, 437) eingeleitet worden. Nach Verabschiedung des Führererlasses vom 15.11.1940 wollte man dann die «Verschmelzungsaktion» noch enger auf ihren geplanten künftigen Einsatz abstimmen. Um sich hier alle Optionen offenzuhalten, wurde die Zusammenlegung im Sommer 1941 für kurze Zeit ausgesetzt und ein entsprechender Erlaß vorbereitet, der dann am 14.11.1941 veröffentlicht wurde.[150] Danach sollte sich die jeweils bei der Aufstellung des jährlichen Wohnungsbauprogramms zu bestimmende Zulassung von Wohnungsbauträgern für Bauvorhaben im sozialen Wohnungsbau grundsätzlich «nach dem Grade ihrer Leistungsfähigkeit» richten. Zusammenlegungen sollten herbeigeführt werden, um «eine örtliche Übersetzung» zu beseitigen und «die Leistungsfähigkeit der Wohnungswirtschaft des einzelnen Gaues» zu steigern. Neugründungen waren auf Fälle beschränkt, in denen «die im Gau bereits vorhandenen Wohnungsunternehmen die erforderlichen Wohnungsbauten nicht durchführen können» (ebd.). Überörtliche Unternehmen sollten zur Durchführung solcher Bauvorhaben eingesetzt werden, «die von besonderer Bedeutung sind oder zweckgebunden sind oder deren Errichtung die Leistungsfähigkeit der anderen Unternehmen übersteigt» (ebd.).

Diese Regelung gab einerseits der DAF und der «Neuen Heimat» genügend Spielraum, während sich andererseits auch die gemeinnützige Wohnungswirtschaft Hoffnungen machte, daß dadurch «nunmehr für die praktische Durchführung im einzelnen der wohnungswirtschaftlich zweifellos gesunde Leistungswettbewerb erhalten bleibt» (SuW 1941, 254).

Freilich setzte dies auch die bedingungslose Unterwerfung unter das Leistungs- und Verschmelzungsdiktat voraus. Mit der Wiederaufnahme und Forcierung der «Verschmelzungsaktion» nach dem Erlaß vom 14.11.1941 durch die gauweise Aufstellung sog. «Verschmelzungspläne» verfolgte man mehrere Ziele zugleich:

- das wirtschaftliche Ziel einer Leistungssteigerung kapitalschwacher und kleiner örtlicher Unternehmen
- die Freisetzung einer möglichst großen Zahl von Arbeitskräften für Kriegszwekke; je weiter der Krieg fortschritt, desto stärker wurde darauf gedrungen, die «Zusammenlegungsaktion gleichzeitig als Kriegsmaßnahme ... nachdrücklich zu betreiben» (Ehrenforth 1943, 361)
- die Beseitigung unliebsamer Konkurrenten für die DAF-Unternehmen
- und nicht zuletzt auch das politische Ziel der definitiven Ausschaltung nicht genehmer Genossenschaften und Wohnungsunternehmen.

150 Erlaß RKSW «Einsatz gemeinnütziger Unternehmen im sozialen Wohnungsbau», 14.11.1941, BA (Potsdam), 40.02/3 Bl. 208.

Trotz der Gleichschaltungsmaßnahmen nach 1933 wurden viele von den insgesamt 3490 gemeinnützigen Wohnungsunternehmen (davon 2826 Genossenschaften) immer noch als Unterschlupf für ehemalige Gewerkschafter, Sozialdemokraten und wertkonservative Zentrumsleute angesehen, denen man eine ausreichende «politische Zuverlässigkeit» in der nun anstehenden Ausrichtung der Wohnungspolitik auf «die großen Ziele der nationalsozialistischen Staats- und Wirtschaftsführung» (Werner-Meier 1940, 147) nicht zutraute.
Ohne Zweifel lag gerade auch in den politischen Intentionen der «Verschmelzungsaktion» und der daraus folgenden Beseitigung noch vorhandener Reste der Richtungsvielfalt in der gemeinnützigen Wohnungswirtschaft eine gravierende Hypothek für die Nachkriegszeit, auch wenn sich der Verband gegenüber den Hauptbetroffenen, den kleinen Genossenschaften, beeilte, allein die ökonomische Rationalität der Maßnahme hervorzukehren: «Es muß erneut und deutlich betont werden, daß es sich dabei nicht um eine Maßnahme gegen die Baugenossenschaften handelt, überhaupt nicht um eine Maßnahme zur Begünstigung der einen oder anderen Rechts- oder Unternehmensform, sondern daß es wirklich nur darum geht, örtliche Übersetzungen in der Zahl der Wohnungsunternehmen zum Zwecke der Leistungssteigerung zu beseitigen.» (Brecht 1941, 79)
Die Gemeinden, die Harbers vom Hauptamt für Kommunalpolitik in einer umfangreichen Denkschrift[151] – neben dem RKSW und den Gauwohnungskommissaren – eigentlich als «dritten Hauptfaktor» des künftigen Wohnungsbaus sah, spielten in den Planungen der DAF bzw. des RKSW nur eine nachgeordnete Rolle (vgl. Wagner 1941b). Zum einen hatten sie die Wohnbedarfsmeldungen abzugeben, auf deren Grundlage der Gauwohnungskommissar die jährlichen Gauwohnungsprogramme erstellen sollte. Ansonsten oblag ihnen nicht der Wohnungsbau selbst, sondern dessen Vorbereitung durch die Aufstellung von Flächennutzungs- und Bebauungsplänen, den Bodenerwerb und die Erschließung sowie schließlich – in Abstimmung mit der NSDAP – «die Besetzung der neuen Wohnungen mit geeigneten Mietern» (ebd., 223).[152]
Eine unmittelbare Bauträgerschaft der Gemeinden sollte auf Ausnahmefälle wie den Wohnungsbau für die eigenen Bediensteten beschränkt bleiben. Aber auch den mittelbaren Einfluß über die gemeinnützigen Wohnungsunternehmen mit kommunaler Beteiligung sahen die Gemeinden durch die Konkurrenz zu den DAF-Unternehmen, die gauweise Zentralisierung des Wohnungswesens und die beabsichtigte Verlagerung gerade der wesentlichen Bauaufgaben auf überörtliche Träger bedroht.
Allgemein verdichtete sich in den ersten Monaten nach dem Führererlaß vom

151 Guido Harbers, 4.7.1941, Der deutsche Wohnungsbau nach dem Kriege unter Mitwirkung der Gemeinden, BAK, NS 25/1138.

152 Vgl. zu den Planungsaufgaben der Gemeinden im einzelnen den Beitrag von Lange, Direktor des Siedlungsverbands Ruhrkohlenbezirk, 1941.

15.11.1940 auf Gemeindeebene der Eindruck, daß nun die DAF zu Lasten der Gemeinden den Wohnungsbau übernommen habe.[153]
Im Hauptamt für Kommunalpolitik, in dem man durch diese Entwicklung nicht zuletzt auch die eigenen Ämter für Kommunalpolitik ausgeschaltet sah, war man im Gegensatz zu den Bestrebungen der DAF der Auffassung, daß der «Sinn des Führererlasses .. die Übertragung der Durchführung des Wohnungsbaus an die Gemeinden (ist)».[154] Aus diesem Grund setzte man sich für den Erhalt der durch die Gemeinden geschaffenen, «durchaus bewährten» Wohnungsbauträger ein und verlangte auch, daß «die Gemeinden als Bauträger in dem jeweils zweckmässigen Ausmaß selbst auftreten können» (ebd.).
Auch verschiedene Besprechungen zwischen Wagner vom RKSW und dem Hauptamt für Kommunalpolitik[155] halfen aber nicht, «die noch schwebenden Unklarheiten wegen des Einsatzes der Gemeinden im sozialen Wohnungsbau des Führers zu beseitigen» (Besprechung vom 21./23.4.1942, ebd., Bl. 265). Wagner bekräftigte ausdrücklich seine Ablehnung jeder unmittelbaren Einschaltung der Gemeinden in den Wohnungsbau und hoffte – zum Entsetzen von Harbers – im April 1942 zudem, «daß die gerade erst erfolgte Einschränkung der Verordnung über die Wohnungs- und Siedlungsämter bezüglich ihres Rechts, in die Planungsarbeit der Gemeinden oder in baupolizeilichen Entscheidungen nach eigenem Ermessen einzugreifen, baldmöglich, jedenfalls sofort nach dem Kriege aufgehoben werden würde» (ebd.).
Wenn auch das letzte Wort zur künftigen Rolle der Gemeinden im Wohnungsbau – vor allem hinsichtlich ihrer finanziellen Beteiligung (vgl. von Schmeling 1942) – damit noch nicht gesprochen war, so beförderten und befestigten die Planungen des RKSW doch die weitere Entkommunalisierung und Zentralisierung des Wohnungswesens, eine Tendenz, die sich auf Jahrzehnte hinaus als stabil erweisen sollte.
Mit den Industrieunternehmen stand schließlich noch ein Träger bereit, über dessen Beteiligung am künftigen Wohnungsbau das letzte Wort ebenfalls noch nicht gesprochen war. Zwar gab es, wie geschildert, von seiten der DAF, aber auch der Parteikanzlei starke Vorbehalte gegen den klassischen Werkwohnungsbau und die daraus resultierenden Abhängigkeiten, aber auf der anderen Seite hatte ja nicht allein das Reichsfinanzministerium, sondern auch Todt und Speer immer wieder die Notwendigkeit der Einschaltung der Industrie in den Wohnungsbau hervorgehoben.
So suchte in der ersten nach dem Führererlaß vom 15.11.1940 stattfindenden Sitzung der Industrieabteilungen der Wirtschaftskammern zum Thema «Wohnungsbau nach dem Kriege» auch Reuß die verunsicherten Wirtschaftsvertreter mit dem Hinweis zu beruhigen, «daß Dr. Todt auf die tatkräftige Mitwirkung der Industrie bei der Durchführung des Wohnungsbauprogramms den größten Wert lege».[156] Ein Enga-

153 Vgl. hierzu zahlreiche Schreiben in BAK, NS 25/1110.
154 Hauptamt für Kommunalpolitik an Parteikanzlei vom 2.9.1941, BAK, NS 6/253, Bl. 236f.
155 Vgl. Niederschriften der Besprechungen vom 10.3.1941 (BAK, NS 25/1110, Bl. 216–220) und vom 21./23.4.1942 (ebd., Bl. 265f.); an dem Gespräch im April 1942 nahmen teil: Wagner, Fischer-Dieskau, Heilmann, Spiegel und Harbers.
156 Niederschrift über die Sitzung der Industrieabteilungen der Wirtschaftskammern vom 16.12.1940

gement der Industrie verlange allerdings, hierin knüpfte man an bereits früher aufgestellte Forderungen an, steuerliche Vergünstigungen für die eingesetzten betrieblichen (Restfinanzierungs-) Mittel und «maßgeblichen» (Reuß) bzw. «entscheidenden» (Achinger) Einfluß bei der Besetzung der Wohnungen (ebd., Bl. 26ff.). Im August 1941 konnte die Reichsgruppe Industrie dann dem RKSW bereits das Ergebnis einer Umfrage über die in den ersten Nachkriegsjahren in der Industrie geplante Wohnungsbautätigkeit mitteilen. Obwohl viele Unternehmen noch keine Prognosen über ihre wirtschaftliche Lage nach Kriegsende abzugeben wagten, andere etwaige verfügbare Mittel auf die Modernisierung des Produktionsapparates konzentrieren wollten und wieder andere wegen der Einberufung des Unternehmers keine Angaben machen konnten, summierten sich die Angaben der einzelnen Wirtschaftskammerbezirke «für das erste Friedensjahr auf rund 107000, für das zweite Friedensjahr auf rund 88000, für das dritte Friedensjahr auf rund 85000 Wohneinheiten. Das Absinken des vorliegenden zahlenmässigen Ergebnisses für das zweite und das dritte Nachkriegsjahr darf nicht etwa als ein Nachlassen der Förderungsbereitschaft gedeutet werden, sondern beruht lediglich darauf, dass die Entwicklung der tatsächlichen Verhältnisse für die späteren Friedensjahre naturgemäss noch schwerer zu übersehen ist als diejenige für das erste Friedensjahr.»[157]
In den Fragen der steuerlichen Vergünstigungen und des Besetzungsrechts («unter selbstverständlicher Berücksichtigung der von der Partei zu erlassenden Richtlinien», ebd., Bl. 96) trat man allerdings auf der Stelle. Die oben behandelten – durch den RKSW später zurückgezogenen bzw. modifizierten – Pläne zu einer gauweisen Zentralisierung des Wohnungswesen bei den «Neuen Heimaten» im Laufe des Jahres 1941 betrachtete man «mit schwersten Befürchtungen».[158] Aus der Sicht der Industrie stand damit ja grundsätzlich in Frage, «ob eine unmittelbare Betätigung der Werke in eigenen Baumassnahmen noch möglich ist» (ebd.). Demgegenüber legte man größten Wert darauf, «dass der Wohnungsbau auf der Grundlage möglichst ausgeprägter eigener Verantwortung und Initiative vor sich gehen kann» (ebd.).

12. Finanzierung

Bereits in den Beratungen zum Führererlaß vom 15.11.1940 waren die höchst kontrovers diskutierten Finanzierungsfragen ungelöst geblieben. Das grundsätzliche Ziel, Wohnungsgröße und «tragbare» Mieten prinzipiell unabhängig von den Baukosten zu bestimmen, war unstrittig und wurde allgemein als «vollkommen neuer Weg» in der Finanzierung (Thevs 1941, 132) und sozialpolitisch bedeutsamster Bruch mit der Vergangenheit gefeiert: «Ein Ausweichen in ... Kleinstwohnungen, wozu die Bauherren bei der bisherigen Wohnungspolitik – als Folge von Kostenobergrenzen – und

betreffend: Wohnungsbau nach dem Kriege, BAK, NS 6/251, Bl. 22–29.

157 Reichsgruppe Industrie, Hauptgeschäftsführer Guth an RKSW vom 25.8.1941, BAK, NS 6/252, Bl. 95–97.

158 Küster (Industrieabteilung der Wirtschaftskammer Düsseldorf) an Poerschke (RFM) vom 20.10.1941, BAK, R 2/19482.

raschen Lösung des Wohnungsproblems ... verbauen.»[165] Damit sei «eine völlige Erstarrung des Baukostenniveaus unvermeidlich» (ebd., Bl. 43). Entscheidend sei eine Ausgestaltung der öffentlichen Förderung, «durch die sämtliche Bauträger unmittelbar und in eigenem Interesse an einer Herabdrückung aller Unkosten und an einer Wahrnehmung sämtlicher Einsparungsmöglichkeiten interessiert werden» (ebd., Bl. 44).

Auch die gemeinnützige Wohnungswirtschaft forderte Anreize für eine Senkung der Überteuerungskosten: «Eins ist zu bedauern: Die Miete ist künftig nicht von der Geschicklichkeit der Finanzierung und der Behandlung der Baukosten beeinflußbar. Ich glaube, daß man hier bei einer künftigen Trennung der Finanzierung nach Dauerwerten und Überteuerungskosten wieder einen weiteren Anreiz schaffen muß, um diejenigen Wohnungsunternehmen besonders herauszustellen, sei es durch günstigere Bedingungen, durch verstärkte Einschaltung in der Wohnbautätigkeit usw., die durch eigene Leistung als Produkt ihrer Initiative mit möglichst geringen Überteuerungskosten auskommen.» (Brecht 1941, 67) Ähnlich argumentierte der spätere SPD-Bundestagsabgeordnete und maßgeblich an der Entstehung des I. WoBauG beteiligte Klabunde. Er schlug als Anreiz «ein ausgeklügeltes Prämiensystem» oder «die Gewährung fester Zuschüsse ohne Rücksicht auf die endgültige Höhe der Bauabrechnung» vor (Klabunde 1941, 620).

Die schärfsten Kontroversen löste ein Beitrag des Marine-Intendanturrates Schmiedel (1942, 299ff.) aus, der als Konsequenz des unumgänglichen großen Anteils reichsseitiger Finanzierung die Autonomie und Gewinnspielräume der Wohnungswirtschaft grundsätzlicher in Frage stellte. Danach sollten zur Verringerung der Zuschußleistung des Reiches die nach völliger Tilgung der Darlehen den Wohnungsunternehmen verbleibenden Mieterträge (nach Abzug der Bewirtschaftungskosten, Eigenkapitalverzinsung etc.) zu einer Art nachträglicher Verzinsung der Reichsdarlehen herangezogen werden. Von dem staatlichen Zugriff auf die Gewinne des entschuldeten Hausbesitzes war es dann nur noch ein Schritt zum Konzept einer «Treuhandschaft», in der der Bauträger die Wohnungen faktisch nur noch gegen entsprechendes Entgelt im Auftrag des Reiches verwalten sollte: «Zwar würde hierdurch dem Hausbesitz jede Gewinnspekulation abgeschnitten werden, es bleibt ihm jedoch der angemessene Verdienst für die von ihm erbrachte Leistung.» (ebd., 302)

Diese Einschränkung der Autonomie der Wohnungsunternehmen wurde von anderen Autoren scharf zurückgewiesen (vgl. Klabunde 1942, 618). Insbesondere wurde bestritten, daß es sich bei den Gewinnen um ungerechtfertigte Gewinne handle. Dazu wurde vor allem auf ihre Funktion als Rücklagen für Instandsetzungen und Modernisierungen, als Kompensation für Anfangsverluste und als Basis für die Zahlung von Realsteuern wie der Grundsteuer verwiesen.

Auch Mössner, der sich in seiner Denkschrift von 1943 sehr gründlich mit allen bekannt gewordenen Vorschlägen beschäftigte, lehnte die Konsequenz des Schmiedelschen Ansatzes, «daß der Wohnungsbau insgesamt rechtlich und finanziell so gut

165 Mössner, Grundfragen der künftigen Wohnungsbaufinanzierung, o.D. (1943), BA (Potsdam), 40.02/242, Bl. 44 (im folgenden zit. als Mössner, Grundfragen ...).

wie in reichseigener Regie steht» (Mössner, Grundfragen ..., Bl. 46) rundum ab: «Gerade das, was sich in der Praxis noch jedesmal wirtschaftlich, finanziell und sozialpolitisch als verhängnisvoll erwiesen hat, wäre damit erreicht, nämlich *die Übernahme der Erstellung und Verwaltung sämtlicher Bauvorhaben in die eigene Verantwortung und eigene Risikohaftung der öffentlichen Hand* (Hervorh. i. Orig., d. Verf.), d.h. einer Behördenorganisation.» (ebd.) Er hatte eine ganz andere Vision (mit der er in gewisser Weise das Konzept sozialer Marktwirtschaft der 50er Jahre vorwegnahm): «Eine Rekordproduktion zu sinkenden Kosten bei niedrigen Reinerträgen ist aber praktisch nur auf dem Wege rücksichtsloser Rationalisierung und Einspannung aller Eigenenergien der in der Wohnungswirtschaft lebendigen Kräfte erreichbar. Nicht eine Herabsetzung der Verantwortung und eine Minderung des Eigeninteresses, sondern eine Erziehung zur Selbstverantwortung und die Förderung eines kräftigen Eigenlebens im Dienst der Staatsinteressen ist hier am Platze ... Allein unternehmerwirtschaftliches und nicht behördliches Denken wird stets bestrebt sein, mit einem geringstmöglichen Aufwand an Mitteln eine möglichst hohe Leistung zu erreichen.» (ebd., Bl. 47) Mössners eigener Vorschlag griff im Konkreten den Gedanken der Überteuerungskosten bei Steyrer auf, ging aber nicht von ihrer Übernahme in vollem Umfang durch das Reich aus, sondern sah – neben Mietbeihilfen – ein abgestuftes System degressiver Zuschüsse vor, das die Unternehmen zwangsläufig in die Richtung eines allmählichen Abbaus der Überteuerungskosten führen sollte (ebd., Bl. 58ff.).
Obwohl über die verschiedenen Vorschläge keine Entscheidungen mehr fielen, hatten doch die Interessen der Wohnungswirtschaft und des organisierten Realkredits starke Beharrungskräfte gezeigt, und es kann kaum ein Zweifel bestehen, daß eher planwirtschaftliche und wieder das alte DAF-Konzept eines reichseigenen Wohnungsbaus belebende Vorschläge wie der von Schmiedel auch im Rahmen des Konzepts einer zwar staatlich «gelenkten», aber auf Privatinitiative gegründeten Wirtschaft ohne Chance geblieben wären.

13. Boden

Ein Kostenfaktor, der unter allen Umständen begrenzt werden sollte, waren die Bodenkosten, die in den Großstädten, wie Mössner vermerkte, «oft bis zu einem Viertel der gesamten Gestehungskosten ausmachten».[166]
Daß die gegen Bodenzins und Bodenspekulation gerichtete Rhetorik des Punkts 17 im Parteiprogramm der NSDAP in späteren «Interpretationen» durch Hitler «in erster Linie» antijüdisch gewendet wurde, wurde bereits weiter oben dargestellt. Dennoch keimten 1940/41 mit dem neuen Wohnungsbauprogramm vor allem bei bodenreformerisch geprägten Autoren auch wieder Hoffnungen auf eine grundsätzliche Regelung der Bodenfrage: «Die Folgen der hemmungslosen Verteuerung des Grund und Boden sind bekannt. Die Wohnungsfrage ... ist die soziale Frage überhaupt, sie ist gleichbedeutend mit der Lebensfrage eines jeden Volkes. Die wichtigste Voraussetzung für die

166 Mössner, Grundfragen ..., Bl. 55.

Lösung dieser wichtigen Frage ist ein nationalsozialistisches Bodenrecht.» (Schulte, 210)
Die für den Wohnungsbau bedeutsamste bodenpolitische Maßnahme war schon vor dem Krieg die Preisstoppverordnung vom 26.11.1936 gewesen (vgl. Pergande 1973, 111f.). Mit dem Stichtag 17.10.1936 war im Zuge der Vierjahresplanarbeiten bei Grundstücksverkäufen ein Preisstopp eingeführt worden.
Um diese Maßnahme fortzuentwickeln, hatte der Führererlaß vom 15.11.1940 die Festsetzung von Richtpreisen für das als Wohn- und Siedlungsfläche ausgewiesene Bauland durch die Preisbildungsbehörden angeordnet. Ein Runderlaß des Reichskommissars für die Preisbildung vom 10.6.1941 (SWD 1941, 416) forderte daraufhin die Erstellung von Richtpreisplänen nach zuvor festgelegten Preisstufen (von 0,40 RM bis 24 RM je qm) durch alle Gemeinden, die die unterschiedlichen Verfahren vereinheitlichen sollten. Basis der Richtpreiseinstufungen sollte weiterhin das Niveau des Stichtages der Preisstoppverordnung sein. Damit wollte man in erster Linie verhindern, «daß die starke Bautätigkeit nach dem Kriege zu einer Steigerung der Baulandpreise führt und die schon an sich sehr erheblichen finanziellen Aufwendungen für den Wohnungsbau dadurch noch vermehrt werden» (RABl. 1941 I, 304)
Ley feierte den Runderlaß vom 10.6.1941 in seinem damit verbundenen Rundschreiben als «von grundlegender, ja revolutionärer Bedeutung. Er zieht einen Schlußstrich unter die aus liberalistischen Gedankengängen entwickelte Praxis, auch den Preis des Grund und Bodens wie den jeder beliebigen anderen Ware nach den Gesetzen von Angebot und Nachfrage bestimmen zu lassen. In Zukunft soll die Gestaltung des Bodenpreises nicht mehr von Zufälligkeiten abhängig sein, die dem Einzelnen einen oft völlig unverdienten Gewinn auf Kosten der Allgemeinheit in den Schoß warfen und die Neubautätigkeit erschwerten; der Bodenpreis soll vielmehr *autoritär* (Hervorh. i. Orig., d. Verf.) durch die dazu berufenen Stellen bestimmt werden. Damit ist ein entscheidender Schritt zur Erfüllung des Punktes 17 des Parteiprogramms getan.»[167]
Doch so einfach, wie dies Ley in gewohnt großsprecherischer Manier ankündigte, lagen die Dinge in der Praxis nicht. Dies zeigten schon die um die Probleme der Ausgestaltung dieses Erlasses kreisenden Diskussionsbeiträge in der Zeitschrift des Reichswohnungskommissars.[168] Das Grundproblem dieses – und jeden – Preisstopps war, «daß für den Verkäufer die Bodenspekulation nunmehr der Vergangenheit angehört, nicht jedoch für den Käufer» (Schulte 1942, 212). Es bestand ja weiterhin die Möglichkeit einer Steigerung des realen Lagewertes über den Richtpreis hinaus und damit auch die Möglichkeit seiner unentgeltlichen Nutzung und Aneignung. Diskussionsvorschläge zu einer hierauf bezogenen «Grundrentensteuer» (Schulte 1942, 214) spielten jedoch keine Rolle. So weit sollte nationalsozialistische Bodengesetzgebung ohnehin nicht reichen: «Eine völlige Beseitigung der Grundrente ist nicht Absicht der Bodenpolitik des nationalsozialistischen Staates. Seine Bodengesetzgebung will zwar

167 Ley, Rundschreiben vom 12.6.1941, RABl. I, 303.
168 Vgl. hierzu Lampe 1941, Schulte 1942, Heilmann 1942, Becker 1943.

den Grund und Boden nicht gleich einer Handelsware behandelt wissen, sie hat ihn aber als Wirtschaftsgut nicht aus der Verflechtung in den gesamten Marktmechanismus herausgelöst. Wollte man letzteres tun, so käme das in seinen letzten Auswirkungen einer Verstaatlichung des Grund und Boden und der Aufhebung des Privateigentums gleich.» (Heilmann in: SWD 1941, 787)
Die Diskussion um Richtpreise und Bodenpolitik wurde im Mai 1943 unter Hinweis auf die kriegsbedingten Unsicherheiten, die der weiteren Klärung der Fragen entgegenstanden, vorläufig abgeschlossen, ohne daß die Ungereimtheiten der getroffenen Lösung in Abrede gestellt wurden (vgl. Becker 1943, 194).

14. Bestandspolitik

Bereits kurze Zeit nach Kriegsbeginn mehrten sich die Stimmen, die angesichts der Wohnungsnot vor allem in den Großstädten Möglichkeiten zur zwangsweisen Bewirtschaftung freiwerdenden Wohnraums forderten. Eine derartige Regelung wünschte etwa Fiehler für München, während der Stuttgarter Oberbürgermeister Strölin die Anordnung einer Zuzugssperre vorschlug. So sah sich das Reichsarbeitsministerium veranlaßt, für den 2.7.1940 den Stellvertreter des Führers, den Reichsminister des Innern, den Reichsminister der Justiz, den Reichskommissar für die Preisbildung und den Beauftragten für den Vierjahresplan zu einer grundsätzlichen Aussprache über die Frage der Wiedereinführung der Wohnungszwangswirtschaft einzuladen.[169] Die DAF bzw. Ley wurden von dieser Sitzung nicht benachrichtigt.
Abgesehen von der Erleichterung der Beschaffung von Wohnraum für kinderreiche Familien, die der Reichskommissar für die Preisbildung durch eine Verordnung vom 20.4.1939 (RGBl. I, 815) geschaffen hatte, gab es keine gesetzliche Grundlage für eine allgemeine Zwangsbewirtschaftung des Wohnraums. Die Aufhebung des mißliebigen Wohnungsmangelgesetzes von 1923 (RGBl. I, 754) im März 1933 war, dies betonte Syrup in seinem Einladungsschreiben, eine der ersten Maßnahmen der nationalsozialistischen Regierung gewesen: «Ich darf daran erinnern, dass kaum eine Maßnahme der Regierungen der Nachkriegszeit derartig scharf angegriffen wurde und eine derartige Erbitterung in der Bevölkerung hervorgerufen hat, wie die Wohnungszwangswirtschaft.» (ebd., Bl. 27f.) Die Wiedereinführung einer derart unpopulären Maßnahme schien dem RAM auch 1940 nicht opportun. Der Verwaltungsaufwand stünde in keinem Verhältnis zum Erfolg: «Bei der geringen Anzahl der verfügbar werdenden Wohnungen würde nur ein Bruchteil der Wohnungssuchenden überhaupt eine Wohnung erhalten, während der größte Teil trotz der Anerkennung des Wohnbedarfs durch das Wohnungsamt nicht befriedigt werden könnte. Als Folge würde eine starke Mißstimmung der Bevölkerung gegen die Gemeinden entstehen, wie sie sich auch in der Nachkriegszeit gegenüber den Wohnungsämtern zeigte.» (ebd.)
Die Sitzung am 2. Juli zeigte unter den beteiligten Vertretern des Stellvertreters des

169 Vgl. Staatssekretär Syrup (RAM) an Stellvertreter des Führers vom 29.5.1940, Wiedereinführung der Wohnungszwangswirtschaft, BAK, NS 6/198, Bl. 26–28.

Führers, der Ministerien und des Beauftragten für den Vierjahresplan, der «angesichts der großen politischen Tragweite der Frage»[170] von Seldte um Entscheidung gebeten wurde, vollständige Übereinstimmung über die Ablehnung der Wohnungszwangswirtschaft.[171] Auf der anderen Seite zog man aber doch eine ganze Reihe von Maßnahmen in Erwägung, die wenigstens etwas Erleichterung bringen sollten. So schlug der Reichskommissar für die Preisbildung im Nachgang zur Sitzung vom 2.7.1940 in einem Schreiben an den Reichsarbeitsminister u.a. die «verstärkte Schaffung von Altersheimen», die Prüfung von «Zuzugssperren» für Personen und Firmen in besonders belastete Städte wie Berlin und München, die Verschärfung und Verallgemeinerung des «Umwandlungsverbots für Wohnräume» und die «Erfassung unausgenutzter Wohnungen» (leerstehende Wohnungen, Doppelwohnungen) vor.[172]

Trotz des wachsenden Drucks aus den Städten und einzelnen Gauen zögerte man wegen der geschilderten grundsätzlichen Bedenken in den ersten Kriegsjahren noch mit einer einschneidenden Verschärfung wohnungszwangswirtschaftlicher Maßnahmen. Erst nach und nach ergingen einzelne Verordnungen wie das Verbot der Umwandlung von Wohnungen in Räume anderer Art vom 29.7.1941 (RGBl. I, 451) und das nun reichsweit gültige Verbot der Zweckentfremdung von Wohnungen vom 14.8.1942 (RGBl. I, 545) (vgl. Pergande 1973, 125).

Auch das Mieterschutzgesetz vom 18.4.1936 (RGBl. I, 371) wurde allmählich durch verschiedene Verordnungen (Ausweitung seines Geltungsbereichs, Erschwerung von Kündigungen etc.) verschärft und endete schließlich mit Rücksicht auf die Stimmung an der «inneren Front», die man nicht durch etwaige Kündigungen für Frontsoldaten u.ä. gefährden wollte, mit der sechsten Verordnung vom 15.12.1942 und der als Anlage beigefügten Neufassung des Mieterschutzgesetzes, die am 1.1.1943 (RGBl. I, 712) in Kraft trat, in einem «totalen Mieterschutz» (Pergande 1973, 123). Die Mieten waren durch die Preisstoppverordnungen des Reichskommissars für die Preisbildung ohnehin seit 1936 eingefroren.

Im Laufe des Jahres 1942 spitzte sich die Lage dann allmählich zu. Auch das Propagandaministerium verlangte im April 1942 nun energischere Maßnahmen. In einem Schreiben an den Reichsinnenminister[173] hieß es: «Die Berichte der Reichspropagandaämter und des SD weisen immer wieder auf eine katastrophale Wohnungsmarktlage hin. Durch das Fehlen von Wohnungen ist bei der Bevölkerung eine starke Beunruhigung über die gegenwärtige Bewirtschaftung des Wohnraumes entstanden, so daß die Bereinigung der Wohnungsmarktlage im Rahmen des Möglichen vordringlich ist.» (ebd.) Noch immer gebe es ungenutzte Zweit- und Drittwohnungen, von kinderlosen Ehepaaren oder Junggesellen untergenutzten Wohnraum und Umwandlungen von Wohn- in Gewerberäume. Angesichts der massenhaften Wohnungsgesuche von Frontsoldaten, Schwerkriegsbeschädigten und kinderreichen Familien forderte das Propagandaministerium eine reichsweit geltende Handhabe, um

170 Seldte an Göring vom 24.7.1940, BAK, NS 6/198, Bl. 41.

171 Vermerk Wormit (RAM) vom 4.7.1940, BAK, NS 6/198, Bl. 42–45.

172 Reichskommissar für die Preisbildung an RAM vom 23.7.1940, BAK, NS 6/198, Bl. 36f.

173 Reichsministerium für Volksaufklärung und Propaganda an RMdI vom 4.4.1942, BAK, NS 6/198, Bl. 177f.

«ungenutzten Wohnraum der wohnungssuchenden Bevölkerung zugänglich zu machen» (ebd.).[174]
Auch die DAF wurde mit ihrer Abteilung «Haus und Heim» aktiv und nahm in einzelnen Fällen Wohnungsbeschlagnahmungen vor. Dies führte natürlich – unter Hinweis auf die fehlende Rechtsgrundlage und die unterstellte «unzweideutige» Ablehnung der Wohnungszwangswirtschaft durch den «Führer» – zu scharfen Protesten des Reichsbundes der Haus- und Grundbesitzer.[175]
Ley selbst plante im Mai 1942 unter Ausübung «sanften Zwangs»[176] eine großangelegte Aktion zur Wohnraumbeschaffung, die aber in der von ihm geplanten Form durch Bormann nicht gebilligt wurde: «Mit der von Ihnen beabsichtigten Aktion zur Beschaffung von Wohnraum ... kann ich mich nicht einverstanden erklären. Der Wohnraum, der durch die von Ihnen vorgesehenen Massnahmen gewonnen werden kann, würde in keinem Verhältnis zu dem Wohnbedarf stehen. Es würden aber Anrechte geschaffen werden, deren Erfüllung nicht möglich ist. Jeder Wohnungssuchende würde seinen Anspruch auf eine Wohnung bei der Partei anmelden, die aber bei dem Mangel an Wohnungen auch berechtigte Anträge nicht befriedigen könnte und deren Tätigkeit bei diesem Verhältnis sich stimmungsmässig nur nachteilig auswirken würde.»[177] Bormann, der den Wohnungsbau ohnehin als Staatsaufgabe ansah, hielt die Einschaltung der Partei oder die Durchführung reichseinheitlicher Pläne «für gefährlich» und ersuchte Ley, von seinen Plänen «abzusehen», hatte aber keine Bedenken, daß «die Gemeinden von sich aus den Versuch anstellen, nicht ausgenutzten Wohnraum zu gewinnen» (ebd.). Allerdings bekräftigte er auch bei dieser Gelegenheit noch einmal mit Berufung auf den «Führer» seine Ablehnung weitergehender wohnungszwangswirtschaftlicher Maßnahmen: «Eine Einweisung von Familien als Untermieter in eine nicht voll genutzte Wohnung verstösst gegen die ausdrückliche Anordnung des Führers, der wiederholt geäußert hat, dass er eine Beschlagnahme des nicht oder nicht voll ausgenutzten Wohnraums nicht wünsche.» (ebd., Bl. 16)
Der Zeitpunkt für die «totale» Lenkung und Bewirtschaftung des Wohnungsbaus schien den maßgeblichen Stellen 1942 noch nicht gekommen. Erst als die Luftkriegs-

174 Vgl. zu der sich bereits im Verlauf des Jahres 1942 drastisch verschlechternden Lage in den Städten und den in der Bevölkerung immer lauter gestellten Forderungen nach Zugriff auf nicht oder nur unzulänglich genutzten Wohnraum Recker 1979, 414ff.

175 Vgl. hierzu etwa das Rundschreiben des Reichsbundes der Haus- und Grundbesitzer vom 17.3.1942 und die Anlage zu einer Wohnungsbeschlagnahmung durch die DAF in Augsburg, BAK, NS 6/250, Bl. 369.

176 Vgl. Ley an Bormann vom 28.5.1942 sowie die anliegende Denkschrift des AWI der DAF, «Wohnraum-Zwangsbewirtschaftung?» vom 19.5.1942, BAK, R 43II/1171b, Angaben nach Recker 1985, 251, Anm. 385.

177 Bormann an Ley vom 15.7.1942, Betrifft: Wohnungsnot und Wohnraumverteilung in Deutschland, BAK, NS 6/199, Bl. 14–17; vgl. auch die diesem Schreiben zugrundeliegende Vorlage von Gölz vom 9.6.1942 (BAK, NS 6/199, Bl. 5–8), in der als Negativbeispiel auf den Fall des Gauleiters Wagner verwiesen wurde, der in einem Feldpostbrief an die Soldaten seines Gaues mitgeteilt hatte, daß er Räumungsklagen während des Krieges nicht mehr zulassen und eine Parteidienststelle einrichten werde, die sich mit der Schlichtung von Mietstreitigkeiten und nach Möglichkeit auch der Zuteilung von Wohnungen befassen werde; danach seien Hunderte von Briefen und Gesuchen nach Wohnraum eingegangen, von denen aufgrund des Wohnungsmangels aber kaum eines positiv bearbeitet werden könne.

schäden immer verheerendere Ausmaße annahmen und nach dem Übergang in den «totalen Krieg»[178] ab 1943, folgte schließlich auch – unter der Leitung des seit dem 23.10.1942 zum Reichswohnungskommissar ernannten Ley – der Übergang zur «totalen Wohnungspolitik» (Fischer-Dieskau 1943, 219).

15. Zusammenfassung

Der Zeitabschnitt von 1940 bis 1942 besitzt zweifellos eine Schlüsselfunktion für das Verständnis der Wohnungspolitik in der NS-Zeit. In ihm vollzog sich die Entmachtung des bisher für die Wohnungspolitik zuständigen Reichsarbeitsministeriums und mit der Berufung Leys zum Reichskommissar für den sozialen Wohnungsbau (ab Oktober 1942 zum Reichswohnungskommissar) der Griff der DAF (nicht der Partei, wie sich an den zunehmenden Interventionen Bormanns zeigte) nach der Macht im Wohnungswesen. Trotz der wohnungspolitischen Wende, die der Führererlaß vom 15.11.1940 markierte, waren die DAF und Ley letztlich mit dem von ihr angestrebten Projekt einer umfassenden «Sozialisierung» und Verstaatlichung der Wohnungspolitik nicht erfolgreich. Ob in der Finanzierung, in der Träger- oder Bodenfrage, immer wieder bestätigte sich auch in der Praxis der Erprobungsphase die Tendenz, die sich schon in den Beratungen um den Führererlaß gezeigt hatte: Die überkommenen Strukturen in der Staatsadministration, der gemeinnützigen Wohnungswirtschaft und des organisierten Realkredits erwiesen mehr Widerstands- und Beharrungskraft als erwartet. (Teilweise wurden auch durch die unvermeidlichen personellen Kontinuitäten neugeschaffene Behörden wie die des RKSW – List der Geschichte – gewissermaßen «unterwandert», so daß sich «neue» und «alte» Institutionen auf komplizierte Weise verschränkten.) Ohne die sich ständig gegenseitig belauernde und paralysierende Rivalität der NS-Machtträger untereinander wäre allerdings auch diese Behauptung nicht möglich gewesen. Spielraum verschafften auch die fallweise Unterstützung durch technokratische Planer wie Todt und Speer und – in der Kriegsphase von immer größerem Gewicht – die Überzeugung von Bormann, Goebbels und auch Himmler, daß in der Wohnungsfrage für die Partei während des Krieges ohnehin keine Meriten zu verdienen seien.
An entscheidenden Punkten jedenfalls konvergierten die Interessen der traditionellen wohnungspolitischen Kräfte, und aus den Auseinandersetzungen mit dem politischen Radikalismus der DAF entwickelte sich peu à peu ein grundsätzlich an marktwirtschaftlichen Ordnungsvorstellungen orientiertes Konzept von Sozialstaatlichkeit, in dem mehr und mehr die Konturen des Nachkriegswohnungsbaus sichtbar wurden. Bevor jedoch die diversen Vorbereitungen über die «Erprobungsphase» hinaus praxisrelevant werden konnten, stoppten die Kriegsereignisse alle weiteren Arbeiten am künftigen Wohnungsbau. Wohnungspolitik hatte, auch wenn es ihre Protagonisten nicht wahrhaben wollten, im wesentlichen nur noch das Ziel, die Ergebnisse der gegnerischen «dehousing»-Strategie zu kompensieren.

178 Goebbels hielt seine berüchtigte Sportpalast-Rede am 18.2.1943, in der er u.a. fragte: «Ich frage euch: Wollt ihr den totalen Krieg? Wollt ihr ihn, wenn nötig, totaler und radikaler, als wir ihn uns heute überhaupt noch vorstellen können?» (zit. in Hofer 1957, 251).

VI. 1943–45 Wohnungsbau für Luftkriegsbetroffene und Wiederaufbauplanungen

Um die Jahreswende 1942/43 waren mit der Kapitulation der 6. deutschen Armee in Stalingrad (31.1.–2.2.1943) und der anglo-amerikanischen Landung in Nordafrika (7./8.11.1942) die deutschen Hoffnungen auf einen baldigen «Endsieg» in weite Ferne gerückt. Nun lösten Durchhalte-Parolen die Blitzkriegserfolgs-Meldungen ab, und statt des «Wohnungsbaus nach dem Kriege» wurde mehr und mehr die «Wohnraumversorgung der Bevölkerung im Kriege» (Wagner, SWD 1943, 161) zum eigentlichen Problem.

Hauptursache war die enorme Eskalation des Bombenkriegs[1] ab 1942/43, die den Alltag in den Städten in der letzten Kriegsphase angesichts der ständigen Bedrohung aus der Luft mehr und mehr zu einem Kampf ums Überleben werden ließ.

Die stufenweise Eskalation des Luftkriegs ist bekannt, wenn auch bis heute nicht wirklich begreif- und faßbar: Anfänglichen wenig erfolgreichen «Präzisionsangriffen» der Alliierten auf einzelne Ziele folgte – auch als Reaktion auf die deutschen Luftangriffe auf Rotterdam, Coventry, London, Warschau und den Angriff auf die Sowjetunion – ab 1941/42 im Rahmen des «strategischen Luftkriegs» und «dehousing»-Konzepts der Briten die gezielte Wendung zur Flächenbombardierung, zum «area bombing», für das zunächst gerade die brandanfälligsten und am dichtesten bebauten Großstädte und Altstadtquartiere ausgewählt wurden.

Das «moral bombing» des immer perfekter geführten Brandkriegs mit seinen entsetzlichen Feuerstürmen[2] richtete sich dabei explizit gegen die Zivilbevölkerung und insbesondere die Industriearbeiterschaft.[3] Paradoxerweise (naiverweise?) glaubte insbesondere die britische Luftwaffenführung unbeirrbar daran, gerade durch massivste Schläge gegen die Zivilbevölkerung und ihre Moral eine rasche und damit viele Menschenleben rettende Kriegsentscheidung herbeiführen zu können (vgl. Moessner-

1 Vgl. Bundesminister für Vertriebene, Flüchtlinge und Kriegsgeschädigte 1958, Webster/ Frankland 1961, Recker 1979, Hohn 1991, Moessner-Hecker 1991.

2 Hohn faßt die dabei angewandten Praktiken folgendermaßen zusammen: «In der Regel fielen zunächst Luftminen, die durch den erzeugten gewaltigen Luftdruck und Sog die Dächer im weiteren Umkreis abdeckten, die Fensterscheiben zerschmetterten und somit das brennbare Innere der Häuser freilegten, sowie schwere Sprengbomben, die die Häuser zum Einsturz brachten und Wasserleitungen zerstörten. Dagegen sollten die mittleren und kleineren Sprengbomben Panik verbreiten und die Löschkräfte in den Kellern halten. Danach folgte der Abwurf von schweren Flüssigkeitsbrandbomben, von Stabbrandbomben in Kanistern und kleinen einzelnen Brandbomben mit dem Ziel, Flächenbrände und Feuerstürme auszulösen.» (Hohn 1991, 12)

3 Erstmals wurden die Wohngebiete mit der Direktive 22 des britischen Luftstabs vom 14.2.1942 zu Hauptzielen erklärt; der Chef des Luftstabs, Sir Charles Portal, erläuterte die Direktive tags darauf noch einmal ausdrücklich seinem Stellvertreter Sir Norman Bottomley: «Bezüglich der neuen Bomber-Direktive. – Ich nehme an, es ist klar, daß die Zielpunkte die Wohngebiete («built-up areas») sein sollen (und) nicht zum Beispiel die Docks oder Flugzeugfabriken, obgleich diese in Anhang A genannt werden. Das muß (jedem) klargemacht werden, falls es noch nicht verstanden worden ist.» (zit. in: Moessner-Heckner 1991, 19)

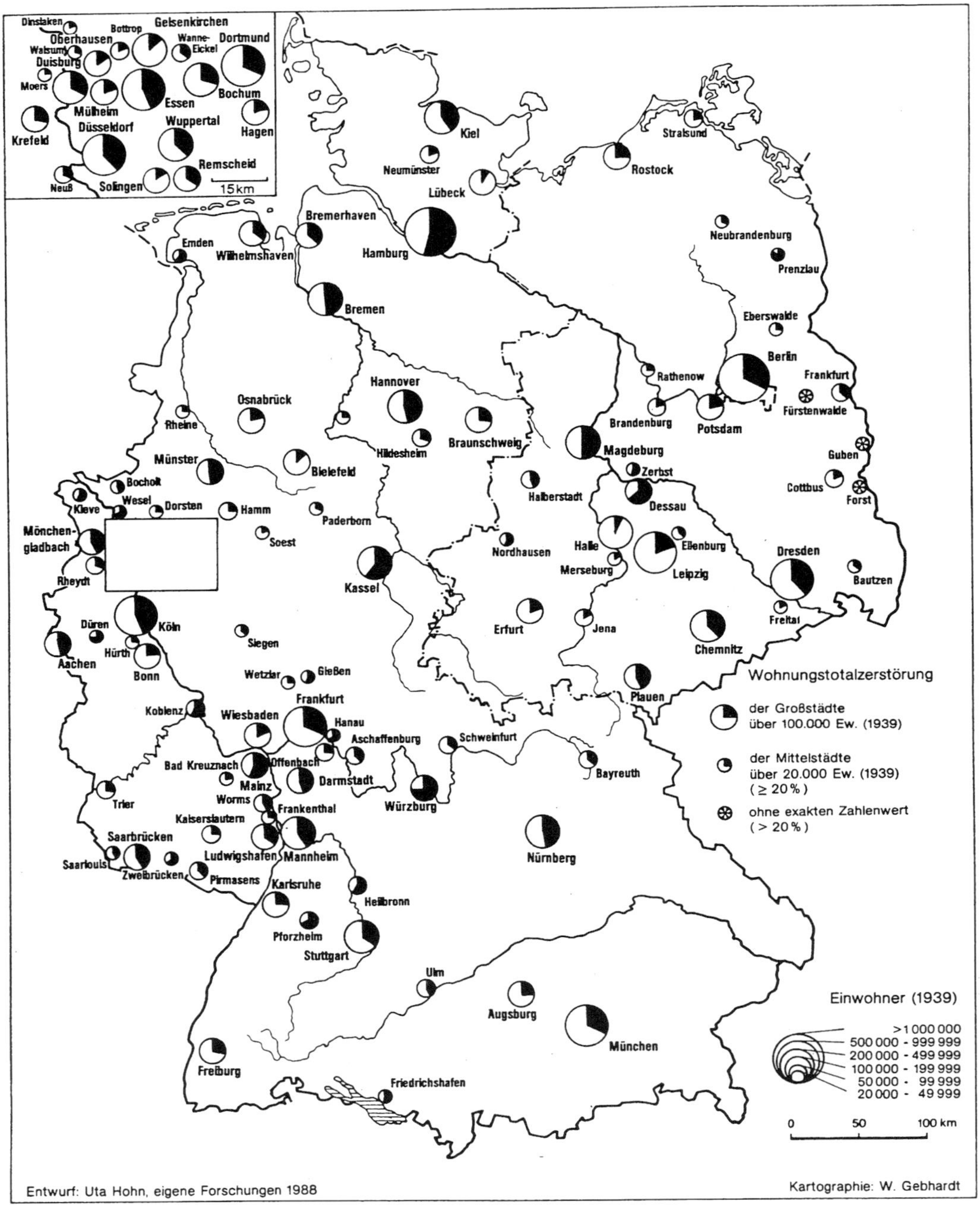

Zerstörung deutscher Groß- und Mittelstädte 1945, Darstellung U. Hohn
Quelle: Hohn 1991, 320

Heckner 1991, 17). Schon im Juli 1940 hatte Churchill geschrieben: «Nichts anderes wird den Deutschen zur Vernunft bringen und ihn in die Knie zwingen als ein absolut verheerender Ausrottungsangriff mit überschweren Bombern von diesem Land aus auf das Heimatland der Nazis.» (zit. in: Aders 1992, 16f.)
Auf der Basis eines Gutachtens von Lord Cherwell, dem Berater Churchills,[4] setzte dann 1942 das britische Kriegskabinett definitiv auf die kriegsverkürzende Wirkung der Luftkriegsstrategie und beschloß am 7. Mai, mit Flächenangriffen auf deutsche Städte «der Mehrheit der deutschen Zivilisten die äußersten Schrecken des Krieges ins Heim zu bringen» (zit. in: Aders 1992, 25).
Der «1000-Bomber-Angriff» auf Köln am 31. Mai 1942[5] sollte auf spektakuläre Weise die neuen Möglichkeiten demonstrieren. Der seit dem 22.2.1942 zum Chef der britischen «Bomber Command» ernannte Arthur Harris («Bomber-Harris»)[6] versprach sich von ihm eine enorme «moralische Auswirkung in Deutschland ... Das Unternehmen wird außerdem bewirken, daß der 'Boche' einen Vorgeschmack von dem bekommt, was auf ihn noch zukommt» (ebd., 30). Tatsächlich galt mit diesem «ersten Groß-Luftangriff der Kriegsgeschichte» (Aders 1992, 9), den dabei ausgelösten 2500 Großbränden, den 13000 total vernichteten Wohnungen und den mindestens 500 Toten und 5000 Verletzten (ebd., 63) die Effektivität derart massierter Bombenangriffe für die Alliierten als erwiesen.
Letztlich hatten jedoch, darüber sind sich die meisten Historiker einig, die Bombardierungen keine kriegsentscheidende Bedeutung: «Der Krieg wurde auf dem Land und nicht in der Luft entschieden.»[7] Weder gelang es, die Industrie- und Rüstungsproduktion, die vielfach unter Tage oder auf dem Land weitergeführt wurde, entscheidend zu beeinträchtigen, noch, so die bisher herrschende Meinung, die Moral der Bevölkerung

4 Lord Cherwell ging in einem Gutachten vom 30.3.1942 auf der Basis von Auswertungen der deutschen Luftangriffe auf Hull und Birmingham, die gezeigt hatten, daß die Moral der Zivilbevölkerung durch die Zerstörung der Wohnhäuser am nachhaltigsten untergraben wurde, davon aus, daß es möglich sei, mit Hilfe der inzwischen erreichten technischen Verbesserungen und einer Verstärkung der Bomberflotte bis Mitte 1943 58 deutsche Großstädte völlig zu zerstören und damit 22 Millionen Deutsche obdachlos zu machen; daran, so argumentierte Cherwell, müsse die Moral der deutschen Bevölkerung zerbrechen (vgl. Aders 1992, 24f., Moessner-Heckner 1991, 20f.).

5 Vgl. Rüther 1992a; der darin enthaltene Beitrag von Rüther (1992b) zu den «Reaktionen und Folgen» des Angriffs schildert detailliert die Organisation der Schadensbekämpfung; ein Hauptziel der Evakuierungen, der Aufräumungsarbeiten, der Versorgung mit Obdach und Nahrung und der – «nicht kleinlichen» – Entschädigungen war die Mobilisierung des «Durchhaltewillens» der Bevölkerung; es ist ein Verdienst der Arbeit, eine «Hilfe» zu erwähnen, die nur zu häufig vergessen wird: «In immer stärkerem Maße wurden Zwangsarbeiter, Kriegsgefangene und schließlich KZ-Häftlinge eingesetzt, um die Schäden nach Bombenangriffen zu beheben und die gefährliche Arbeit der Blindgängerbeseitigung durchzuführen.» (ebd., 99)

6 Nach den Erinnerungen von Harris' Stabschef Saundby soll Harris Anfang Mai 1943 in einer Art Selbstgespräch gesagt haben: «Wenn wir nur etwas wirklich Großes durchführen könnten! Ein spektakulärer Angriff! Groß genug, um ein wirklich bedeutendes Zielobjekt auszulöschen. Etwas, das die Einbildungskraft der Öffentlichkeit erregt. Eine Tausendschaft von Flugzeugen! Tausend Bomber über Deutschland! Wenn wir so etwas zusammenkriegten, bekämen wir in Zukunft alle Unterstützungen, die wir benötigen.» (zit. in: Aders 1992, 26)

7 Jäckel in: Hiller/ Jäckel/ Rohwer 1991, 323; zu diesem Schluß kamen auch die meisten Experten in der «United States Strategic Bombing Survey» und in der «British Bombing Survey», den offiziellen Untersuchungen zur Wirkung der Bombardierungen nach Kriegsende (vgl. Moessner-Heckner 1991, 156).

nachhaltig zu untergraben. Gerade in diesem Punkt legen allerdings neuere Untersuchungen vorsichtigere Schlußfolgerungen nahe. Offenbar markierte das Grauen des Bombenkriegs, der Verlust von Angehörigen, das Erleben von Hilflosigkeit und Ohnmacht auch der staatlichen und Partei-Dienststellen doch für viele Menschen einen Wendepunkt zur Resignation, Passivität und Mutlosigkeit, der auch durch die Haß- und Vergeltungsparolen gegen England und die NS-Durchhalteappelle («Unsere Mauern brachen, unsere Herzen nicht» u.ä.) nicht mehr übertüncht werden konnte.[8] Tatsächlich erreichte mit der neuerlichen Ausweitung des Luftkriegs durch den Kriegseintritt der Amerikaner[9], durch die Eroberung der Luftherrschaft ab 1943/44 und schließlich durch die Möglichkeit zu Tagangriffen das Städtebombardement weitere, bis dahin unvorstellbare Steigerungen, die keine deutsche Stadt mehr verschonten. Während schon über die Nachkriegsordnung in Europa verhandelt wurde, hofften die westlichen Militärs bis in die letzten Kriegstage, durch erneute schwerste Luftangriffe wie gegen Dresden vom 13. bis 15.2.1945, bei denen mehr als 45 000 Menschen starben, den Zusammenbruch zu beschleunigen «und gleichzeitig dem ungeliebten Verbündeten Sowjetunion die eigene militärische Stärke demonstrieren zu können».[10]

In nüchternen Zahlen ausgedrückt, verloren in Deutschland etwa 410 000 Zivilpersonen ihr Leben durch den Luftkrieg. Die Schätzungen zur Zahl der zerstörten Wohnungen weichen stark voneinander ab. Dennoch kann man von etwa 3,5 bis 4 Millionen zerstörten Wohnungen im alten Reichsgebiet ausgehen.[11]

8 Vgl. Büttner 1991, 282ff., Rüther 1992b, 105; nach Ursula Büttner bedeuteten die schrecklichen Folgen des «Unternehmens Gomorrha», der alliierten Bombenangriffe auf Hamburg vom 24.7–3.8.1943 mit 34 000 Toten, 125 000 Verletzten und 255 000 zerstörten Wohnungen einen Wendepunkt im Erleben und der Stimmung der Bevölkerung; nach der Hamburg-Katastrophe sei das durch jahrelange Propaganda erzeugte «Gefühl der Sicherheit» überall im Reich «urplötzlich zusammengebrochen» (ebd., 286); durch alle Berichte unterschiedlicher Herkunft ziehe sich von da an die Befürchtung, «daß die Kriegsniederlage unabwendbar sei» (ebd., 287); insofern sei «die Bedeutung solcher verheerender Großangriffe höher einzuschätzen, als es im allgemeinen geschieht» (ebd., 296).

9 Ab August 1942 flog die US Army Air Force (USAAF) gegen deutsche Ziele in Frankreich und ab Januar 1943 gegen Deutschland.

10 Vgl. Neutzner 1991, 5; ebenfalls eine schreckliche Episode in dieser letzten Kriegsphase, die Zerstörung Pforzheims im Bombenangriff vom 23. Februar 1945, hat die amerikanische Historikerin Moessner-Heckner in einer neueren Studie minutiös rekonstruiert. Über 17 000 Menschen starben in der Aktion «Yellowfin», dem Tarnnamen für den Angriff. In der Frage nach dem «warum?» für diese Vernichtungsaktion kommt Frau Moessner-Heckner am Ende ihrer Analyse zu dem Ergebnis, daß es keine strategischen Gründe gab, daß Pforzheim letztlich «grundlos starb. Es wurde zerstört, weil es noch nicht zerstört war. Es fiel einer Unlogik zum Opfer, die in Kriegszeiten oft mit Notwendigkeit verwechselt wird.» (Moessner-Heckner 1991, 11) Pforzheim kam nicht wegen kriegswichtiger Industrieanlagen auf die Ziellisten. Allein wegen seiner Eisenbahnverkehrsanlagen war es auf der Liste der sog. «Füllziele» gelandet. Vor allem aber hatte es noch eine unzerstörte, besonders eng bebaute und brandanfällige Innenstadt und wurde deshalb, als im Zuge einer – trotz erheblicher Bedenken auch unter den Alliierten – von Churchill vorangetriebenen Reaktivierung der Flächenangriffsoffensive im Februar 1945 nach geeigneten Zielen gesucht wurde, auf die «aktive Liste» gesetzt und am 23. Februar zerstört. Es ging allein um das Brechen des noch verbliebenen «Durchhaltewillens» der Zivilbevölkerung, auch um die Demonstration von Stärke unter den Alliierten und auch um Rivalitäten zwischen den verschiedenen Teilen der Streitkräfte, die jeweils den Hauptanteil an der Kapitulation Deutschlands für sich beanspruchten. Im Unterschied zu den sog. Präzisionsangriffen besonders gegen Hydrierwerke, Ölraffinerien und das Verkehrsnetz, denen durchaus kriegsverkürzende Wirkung zukam, bewertet Moessner-Heckner in ihrer gründlich abwägenden Arbeit derartige Flächenangriffe, die mit der Einäscherung deutscher Städte während der letzten Kriegsphase endeten, im Endeffekt als «reinen 'Overkill'», als «Plan für Terror und Tod» und «sinnlosen Zerstörungswahn» (ebd., 154f.).

1. Wohnungsbau für Bombengeschädigte

Bis zur Jahreswende 1941/42 waren über den Einsatz städtischer Dienststellen hinaus noch keine außerordentlichen Maßnahmen notwendig, um die Bevölkerung nach Bombenangriffen zu betreuen und unterzubringen.[12] Doch mit der Ausweitung des Luftkriegs ab 1942 wuchs die Zahl zerstörter und schwer beschädigter Wohnungen und die Überbelegung der vorhandenen Wohnungen in einem Maß, das nicht mehr durch notdürftige Instandsetzungen und die kommunale Erfassung un- oder untergenutzten Wohnraums zu kompensieren war.

Die Lage erforderte zentralstaatliches Eingreifen, und die erste größere Initiative zum Ersatzwohnungsbau für Obdachlose nach Luftangriffen ergriff der Reichsarbeitsminister, der – sicherlich auch mit Blick auf den Kompetenzstreit mit Ley – zudem noch einmal seine Handlungsfähigkeit unter Beweis zu stellen suchte. Die Begründung für den Erlaß vom 10.7.1942 («Bau von Wohnungen für Obdachlose infolge von Luftangriffen»)[13] reflektierte die veränderte Lage: «In steigendem Maße hat der Feind seine Terrorangriffe gegen die Wohnviertel deutscher Städte gerichtet. Zur endgültigen Unterbringung der Obdachlosen erweist es sich als erforderlich, auch außerhalb der Kriegssachschädenregelung und des sozialen Wohnungsbaues die Errichtung von Ersatzwohnungsbauten für die durch Luftangriffe zerstörten Wohnungen zu fördern.» (ebd.) Zu diesem Zweck stellte das RAM niedrigverzinsliche Darlehen für private Bauherren zur Verfügung, die damit «Dauerwohnungen» errichten sollten, die aber in Größe, Ausstattung und Miete nicht den Bestimmungen des Führererlasses für den Wohnungsbau nach dem Krieg zu entsprechen brauchten.[14]

Der Erlaß war mit dem Reichsfinanzminister, nicht aber mit Ley und Speer abgestimmt, die beide die unverzügliche Rücknahme des Erlasses forderten.[15] Auffallend scharf reagierte Speer mit einem Schreiben vom 26.8.1942 an Seldte: «Durch die Presse erhielt ich Kenntnis von Ihrem Runderlaß vom 10.7.1942 betr. den Bau von Wohnungen für Obdachlose infolge von Luftangriffen. Direkt ist mir der Erlaß leider nicht zugegangen, obgleich darin auch mein Aufgabenbereich wesentlich berührt wird; denn mit der Bewilligung von Geld allein ist es ja nicht getan, wenn nicht gleichzeitig die dazu erforderlichen Baustoffe und Arbeitskräfte bereitgestellt werden ... Zu Ihrer Aufklärung muß ich bemerken, daß ich unter dem Zwang der Verhältnisse habe

11 Vgl. zu den Zahlenangaben auch Recker 1979, 410 u. Spiegel-Dokument 4/1993, 15; Hohn nennt – mit Mehnert – für das Gebiet der vier Besatzungszonen 2,5 Mio. total zerstörte und 4 Mio. in unterschiedlichem Ausmaß beschädigte Wohnungen (Hohn 1991, 59); Die Ursachen für die z.T. divergierenden Zahlenangaben in diesem ganz besonders «verworrenen Gebiet der Statistik» (ebd., 42) liegen in definitorischen Problemen, unterschiedlichen Erhebungsmethoden, Erhebungszeitpunkten, Schadensklassenbreiten u.ä., sind aber auch in dem Versuch von Städten zu jener Zeit zu suchen, «höhere Zuteilungen an Baumaterial, jedoch geringere Flüchtlings- und Vertriebenenzuweisungen zu erhalten» (ebd., 44).

12 Vgl. die Darstellung der in den Städten üblichen Maßnahmen nach schweren Bombenangriffen bei Recker 1979, 412ff.

13 Erlaß RAM vom 10.7.1942, Bau von Wohnungen für Obdachlose infolge von Luftangriffen, BAK, R 43II/1009a, Bl. 112f.

14 Vgl. hierzu das erläuternde Schreiben Seldtes an Lammers vom 8.9.1942, BAK, R 43II/1009a, Bl. 111f.

15 Vgl. Ley an Lammers vom 19.8.1942, BAK, R 43II/1009a, Bl. 86f. und Speer an Seldte vom 26.8.1942, ebd., Bl. 110f.

anordnen müssen, die durch Bombenschäden obdachlos gewordenen Familien zunächst nur in behelfsmäßigen Unterkünften, vornehmlich in Baracken, unterzubringen ... Wenn Sie in Ihrem Erlaß Primitivbauten mit besonderer Betonung von einer Förderung ausschließen, während ich gezwungen bin, die Frage in erster Linie durch Errichtung von Behelfsbauten zu lösen, so tritt damit eine Unterschiedlichkeit der Auffassungen zu Tage, die weitesten Kreisen unverständlich bleiben wird.»[16] Speer lehnte im folgenden rundweg ab, die für den Seldte-Erlaß erforderlichen bauwirtschaftlichen Voraussetzungen zu schaffen, bat ihn, seinen Erlaß außer Kraft zu setzen, und vergaß nicht hinzuzufügen, daß demselben «eine praktische Bedeutung ... nach dem vorher Gesagten ohnehin nicht zu(käme)» (ebd.).

Der neuerliche Kompetenzstreit nun auch mit Speer beschleunigte Seldtes Prestigeverlust weiter und begünstigte letztlich Ley. Nicht zuletzt auf Speers Plazet hin[17] waren im Sommer 1942 dann auch schließlich die Partei- und die Reichskanzlei bereit, dem Drängen Leys nachzugeben und im Kompetenzstreit mit Seldte eine Entscheidung in seinem Sinn herbeizuführen. Mit dem dritten Führererlaß vom 23.10.1942 hatte sich Seldtes Ersatzwohnungsbauinitiative dann erledigt: Alle Kompetenzen im Wohnungsbau waren auf den Reichswohnungskommissar Ley übergegangen.

Bereits kurz zuvor, am 17.9.1942, einigten sich Ley und Speer auf eine gemeinsam erlassene «Anordnung über Sondermaßnahmen zur Schaffung von Behelfsunterkünften für Bombengeschädigte».[18]

Vorausgegangen war Anfang August ein Treffen im allerengsten Führungszirkel, in dem, wie Bormann in seiner Einladung an Speer, Ley und Giesler schrieb, der «Führer» mit den Beteiligten «den Notwohnungsbau erörtern» wollte.[19] Von nun an waren die Weichen im Wohnungsbau neu gestellt: Zwar sollten noch die im Bau befindlichen Bauten fertiggestellt werden, ansonsten gab es aber – endgültig ab dem 15.3.1943[20] – Neubau nur noch als «kriegsmäßigen Behelfswohnungsbau» (Wagner 1943, 162).

Die generelle Zuständigkeit für den Bau der «Behelfsunterkünfte für Bombengeschädigte» nach der Anordnung vom 17.9.1942 lag beim RKW, der aber einen Einsatzstab bilden sollte, in dem die Parteikanzlei, der GBI, das Oberkommando der Wehrmacht (OKW), Sauckel (Der Beauftragte für den Arbeitseinsatz) und verschiedene Ministerien vertreten waren. Die örtliche Planung sollten die Gemeinden, die Baudurchführung nach den Vorstellungen Leys die «Bauhilfe» der DAF übernehmen. Die Behelfsunterkünfte sollten ausdrücklich «*nicht* (Hervorh. i. Orig., d. Verf.) für die Dauer bestimmt» sein und «unter Anlegung eines strengen Kriegsmaßstabes» in «einfachster Form» errichtet werden. Der Behelfswohnungsbau, dies erklärte auch Wagner in einer Grundsatzrede zur «Wohnraumversorgung der Bevölkerung im Kriege» am 9.3.1943, habe «nichts mit den sozialpolitischen Grundsätzen zu tun .., die der Führer und das nationalsozialistische Deutschland für einen friedensmäßigen Wohnungsbau zum

16 Speer an Seldte vom 26.8.1942, BAK, R 43II/1009a, Bl. 110f.
17 Vgl. Speer an Lammers vom 4.8.1942, BAK, R 43II/1009a, Bl. 78–80.
18 Abgedr. in: Harlander/ Fehl 1986, 401ff.
19 Bormann an Ley vom 1.8.1942, betr.: Notwohnungsbau, BAK, NS 6/199, Bl. 170.
20 Vgl. hierzu den Erlaß des RKW vom 15.3.1943, «Wohnraumversorgung der Bevölkerung im Kriege», abgedr. in Harlander/ Fehl 1986, 409ff.

Gesetz erhoben hat ... Der kriegsmäßige Behelfswohnungsbau ist ein Produkt der Improvisation, das aus dem deutschen Sozialbild in dem Tempo verschwinden wird, wie es uns nach dem Kriege möglich sein wird, den neuen deutschen Wohnungsbau durchzuführen.» (1943, 162)

2. Kriegseinheitstyp

Von vornherein wurde festgelegt, daß die Behelfsunterkünfte als «Einheitstypen» errichtet werden sollten, um «die Massenfertigung aller Bauteile und in der Folge des ganzen Hauses» zu ermöglichen (Schönbein 1943, 231). Nachdem der Bau der «Behelfsunterkünfte für Bombengeschädigte» während des Winters 1942/43 zunächst nur schleppend angelaufen war[21], entwickelte Neufert den dort verwandten Holzhaustyp im Auftrag Speers weiter zu einem in allen Bauweisen herstellbaren «Kriegseinheitstyp»[22], der dann schließlich am 5.6.1943 durch einen Runderlaß des RKW[23] verbindlich gemacht wurde.

Doch auch diese Aktion wurde durch die Kriegsereignisse überrollt und entsprach, als alle Voraussetzungen zur massenhaften Produktion von Neuferts zweigeschossigem Vierspänner-Typ geschaffen waren, bereits nicht mehr den vorhandenen Möglichkeiten und Erfordernissen. Bis Ende 1943 wurden nur noch für ca. 6000 Wohnungen nach dem Kriegseinheitstyp die entsprechenden Kontingente zugeteilt.[24] In den ersten Monaten des Jahres 1944 lief das Programm dann aus. Nach dem 15.4.1944 wurden nach einem weiteren Erlaß des RKW[25] keine Wohnungsbauten mehr nach dem Kriegseinheitstyp oder seinem Vorläufer genehmigt. Selbst dieser «kleine und primitive» (Wagner 1943, 163) Wohnungstyp hatte sich als zu aufwendig erwiesen, und man ging zu noch einfacheren Behelfsheimformen über.

Dabei hatte das Reichsarbeitsministerium schon gegen den «Kriegseinheitstyp» schwerste Bedenken geäußert.[26] Die «Neufert-Baracke» sei wegen ihrer Feuergefährlichkeit und der Massierung von Menschen in den zweigeschossigen Bauten bei

21 Vgl. hierzu Recker 1985, 252f.; gleich zu Beginn machte das RAM in einem Schreiben vom 25.9.1942 an den GBI «schwerste Bedenken» vor allem gegenüber der im Erlaß vom 17.9.1942 vorgesehenen Standplatzwahl und der von Neufert vorgeschlagenen zweigeschossigen Holzbaracke geltend (BAK, R 43II/1009b, Bl. 68).

22 Vgl. Neufert 1943b (mit Abb. und Plänen abgedr. in Harlander/ Fehl 1986, 312ff.) sowie Schönbein 1943.

23 Abgedr. in SWD 1943, 244f.; ein ergänzender Erlaß des RKW vom 24.6.1943 (Betrifft: Kriegswohnungsbau, Finanzierung und Trägerschaft, BAK, NS 6/113, Bl. 58f.) regelte die Finanzierung und Bauträgerschaft; die Kosten für das Gelände und die Aufschließung hatte die Gemeinde aufzubringen, die Gebäudekosten wurden durch das Reich übernommen; die Miete sollte in Anlehnung an die örtliche Miete von der unteren Verwaltungsbehörde (Preisbehörde) «angemessen» festgesetzt werden.

24 Vgl. den direkt an Hitler gerichteten «Bericht über die Wohnraumbeschaffung im Jahre 1943» durch Ley, undatiert (Anfang 1944), BAK, NS 6/581, Bl. 178; im selben Bericht bezifferte Ley die Zahl der im Rahmen der Aktion «Behelfsunterkünfte für Bombengeschädigte» im Bau befindlichen Neufertschen Holzhäuser auf 22 000; hierauf bezog sich auch die von Ley in WD im Dezember 1943 (1943, 352) genannte Zahl von 25 000 geschaffenen «behelfsmäßigen Wohnungen» und nicht, wie irrtümlich angenommen (Harlander/ Fehl 1986, 71), auf den «Kriegseinheitstyp».

25 Abgedr. in Harlander/ Fehl 1986, 425f.

26 Vermerk Durst (RAM) über Klopfer an Bormann vom 2.8.1943, BAK, NS 6/300, Bl. 146f.

Luftangriffen viel zu stark gefährdet. Auch unabhängig davon sei es untragbar, die ausgebombten Familien in den unzureichend belüftbaren Vierspännern «jahrelang auf so engem Raum zusammenzupferchen» (ebd.). Ohnehin sei «eine Einheitsbaracke für das ganze Reich, die nur von einem Träger ausgeführt wird, .. im gegenwärtigen Zeitpunkt höchst unzweckmäßig» (ebd.). Stattdessen schlug Durst vor, den Verantwortlichen vor Ort die Möglichkeit einzuräumen, mit den jeweils vorhandenen Baufirmen und Bauträgern flexible Lösungen zu erarbeiten.
Neufert selbst hatte dagegen seinen perfekt durchrationalisierten und mit der Bauindustrie abgestimmten Einheits-Haustyp als «eine Wende im Bauwesen» gefeiert. Durch den Kriegseinheitstyp sei endlich «die Voraussetzung für eine permanente Massenherstellung und damit für eine Industrialisierung des Bauens gegeben, die bei der bisherigen Vielfalt der Baumaße und Formen nicht möglich war.» (1943b, 240) Schönbein als Leiter der Abteilung Bauwirtschaft beim RKSW sekundierte: «Der Krieg ist der Vater aller Dinge. Er zwingt uns zu Maßnahmen, deren Einführung sonst erst in langer Zeit oder überhaupt nicht möglich gewesen wäre. Ein solcher Umbruch ist für die Beteiligten nicht ohne Nachteile; die nach uns kommen, werden die Vorteile für sich in Anspruch nehmen können.» (1943, 232)

3. Wohnraumlenkung

Angesichts der Schwierigkeiten, auf die 1942/43 jede auch noch so einfache Art von Notwohnungsbau in der Zuteilung von Kontingenten an Baustoffen und Arbeitskräften[27] stieß, mußte versucht werden, nunmehr durch die Ausschöpfung noch vorhandener Wohnraumreserven im Bestand und dessen Bewirtschaftung Entlastung zu erreichen.
Zu diesem Zweck erließ Ley nach seiner Ernennung zum Reichswohnungskommissar am 27.2.1943 eine «Verordnung zur Wohnraumlenkung»[28] und am 15.3.1943 einen ergänzenden Runderlaß «Wohnraumversorgung der Bevölkerung im Kriege», der die Gauleiter zusammenfassend über die Lage und Leys wohnungspolitische Absichten und Ziele unterrichten sollte.
Mit der «Wohnraumlenkungsverordnung» hatten die Gauleiter als Gauwohnungskommissare und die Gemeinden nun eine Handhabe, alle leerstehenden oder freiwerdenden Wohnungen zu erfassen und bevorzugt an sog. «bevorrechtigte» oder «begünstigte Volkskreise»[29] zu verteilen. Dabei sollte jedoch, wie ausdrücklich hervorgeho-

27 Vgl. hierzu etwa das Schreiben Leys an Speer vom 13.2.1943, in dem er Speer dringlich um die Zuteilung von 100 000 t Eisen für die Zwecke der Wohnraumversorgung bat; mit dieser Menge, nach Leys Darstellung 1/4 % der insgesamt vorhandenen Eisenkapazität von 39 Mio. t könne er «150–180 000 Wohnungen im Jahr schaffen und damit doch wenigstens einen ins Gewicht fallenden Teil des jährlich wachsenden Wohnungsbedarfs befriedigen»; doch auch hierauf erhielt Ley, wie aus einem Zusatz Leys hervorgeht, «wegen der schweren Lage in der Rüstung» eine Absage (BAK, NS 6/199, Bl. 107–110).

28 RGBl. I, 127, abgedr. in Harlander/ Fehl 1986, 404ff.; vgl. auch die Ausführungsbestimmungen in der Bekanntgabe durch den RMdI vom 26.7.1943, BAK, R 18/166, Bl. 85–87.

29 Zu den «bevorrechtigten Volkskreisen», die in der Dringlichkeit ausgebombten Familien gleichzustellen waren, gehörten u.a. schwer Kriegsversehrte, Träger hoher Tapferkeitsauszeichnungen, Hinterbliebene von Familien, in denen mehr als zwei Familienangehörige «infolge einer Kriegseinwirkung»

ben wurde, «in keinem Falle in eine selbständige Wohnung mehr als eine Familie eingewiesen werden» (§ 6). Vor allem ging es aber darum, mit geringstem Aufwand «in vorhandenen Gebäuden Wohnraum durch Um- und Ausbauten verfügbar zu machen» (§ 3) und «zweckentfremdeten Wohnraum seinem ursprünglichen Zweck wieder zuzuführen» (§ 4). Außerdem wurde nun die Möglichkeit geschaffen, in zu «Brennpunkten des Wohnbedarfs» erklärten Gemeinden Zuzüge von der vorherigen Zustimmung der Gemeinde abhängig zu machen (§ 11).
Dennoch blieben gegenüber der Zerstörung von mehr als einer Million Wohnungen durch Luftangriffe im Jahr 1943[30] die durch Ley eingeleiteten Aktivitäten, so sehr er sich auch in seinem «Bericht über die Wohnraumbeschaffung im Jahre 1943»[31] darum bemühte, seine Leistungen ins rechte Licht zu rücken, nur ein Tropfen auf den heißen Stein. Ley selbst gab an, daß aufgrund der Wohnraumlenkungsverordnung etwa 30 000 sog. Doppelwohnungen und ca. 25 000 zweckentfremdete Wohnungen wieder für die Versorgung Wohnungsloser bereitgestellt werden konnten. Die Zahl der durch Um- und Ausbau gewonnenen Wohnungen bezifferte Ley auf 23 000 Wohnungen.[32] Außerdem unterstützte der RKW auch die Winterfestmachung von Wohnlauben. Einschließlich der im Jahr 1943 noch fertiggestellten Normalwohnungen und der bereits bezugsfertigen Behelfsunterkünfte kam Ley für das Jahr 1943 auf eine – geschönte – Gesamtzahl von 118 000 zusätzlich geschaffenen Wohnungen.
Die Zahlen verdeutlichen, daß von seiten des Reichswohnungskommissars für die Unterbringung der durch Bombenangriffe betroffenen Bevölkerung im Jahr 1943 kaum Hilfe kam und wohl aufgrund der durch Speer bereitgestellten geringen Kontingente auch nicht kommen konnte.
Wichtiger für die Soforthilfe vor Ort war die Arbeit des im Januar 1943 gegründeten *«Interministeriellen Luftkriegsschädenausschusses»*, dessen Leitung Goebbels übernommen hatte. Dieser Ausschuß hatte die zentrale Koordinierung der Betreuungs- und Unterbringungsmaßnahmen und die Bereitstellung zusätzlicher Versorgungsgüter[33] zur Aufgabe. Ihm standen zahlreiche Einrichtungen zur Verfügung, mit denen fallweise Hilfe geleistet werden konnte: «motorisierte Hilfszüge mit Verpflegung, Bekleidung und dringend erforderlichen Gegenständen des täglichen Bedarfs, Küchenschiffe, Lazarett- und Küchenzüge, verschiedene Sonderkommandos für Aufräum- und Instandsetzungsarbeiten des Verkehrs- und Versorgungssystems, zur Reparatur nur teilweise zerstörter Wohnungen u.a.m.» (Recker 1979, 413)
Da auch Reparaturen und Instandsetzungen aufgrund des Baustoff- und Facharbei-

ihr Leben verloren hatten; «begünstigte Volkskreise» waren Familien mit Kriegsversehrten der Stufen II und III usw., vgl. zu den Einzelheiten die §§ 7–9 der Wohnraumlenkungsverordnung.

30 Nach der Schätzung Leys in seinem «Bericht über die Wohnraumbeschaffung im Jahre 1943», BAK, NS 6/581, Bl. 174.

31 Ley: «Bericht über die Wohnraumbeschaffung im Jahre 1943», BAK, NS 6/581, Bl. 174–182.

32 Nach einem Schreiben von Fischer-Dieskau an Dorsch beim Reichsminister für Rüstung und Kriegsproduktion vom 25.8.1944 wurden im Zeitraum von 1.7.1943 bis 30.6.1944 59 939 Ausbauwohnungen neu gewonnen und 19 491 zweckentfremdete Wohnungen rückgeführt (BAK, NS 6/298, Bl. 86).

33 Für die Versorgung von Bombengeschädigten existierten Mitte 1942 etwa 1 000 Lager mit großen Mengen an Lebensmitteln und Bekleidungsgegenständen (vgl. Hansen 1991, 342).

termangels keine große Rolle spielten, gewannen Evakuierungen und Umquartierungen eine immer größere Bedeutung (vgl. Hohn 1991, 52ff., Recker 1979, 417ff.). Der bis Anfang 1943 dominierenden freiwilligen «Verwandtenhilfe» folgten auf Initiative des Reichsinnenministers ab April 1943 immer mehr Maßnahmen der gelenkten Evakuierung. Grundsätzlich sollten die Betroffenen heimatnah untergebracht werden. Wo dies aber nicht möglich war oder der noch im jeweiligen Gau verfügbare Wohnraum für Personen, deren Verbleib aus kriegswichtigen Gründen erforderlich war, bereitgestellt werden mußte, wurden den zu Evakuierenden genau festgelegte Aufnahmegaue[34] zugewiesen.

Mit der Ermittlung geeigneter Unterkünfte, der Betreuung und Einweisung der Evakuierten war in Zusammenarbeit mit dem RMdI vor allem die NS-Volkswohlfahrt (NSV)[35] befaßt. Eine Erfassungsaktion der NSV im Mai 1943 ergab etwa eine Million freiwillig zur Verfügung gestellter sog. Pflegestellen und etwa eine halbe Million weiterer Unterbringungsmöglichkeiten, auf die mit einer Beschlagnahmung nach dem Reichsleistungsgesetz zurückgegriffen werden konnte.[36]

Insofern wurde von seiten des RMdI, aber auch von Goebbels die durch Ley am 21.6.1943 herausgegebene Verordnung zur «Wohnraumversorgung der luftkriegsbetroffenen Bevölkerung» (RGBl. I, 355) für überflüssig gehalten.[37] Nach dieser Verordnung konnten durch die Gemeinden Nebenwohnungen, unterbelegte Wohnungen, Ausbauwohnungen und zweckentfremdete Wohnungen erfaßt und mit Luftkriegsbetroffenen belegt werden. Die Verordnung blieb bestehen, ihre Handhabung ließ aber in der Praxis, so kritisierte Bormanns Mitarbeiter Gölz Mitte 1944, «sehr viel zu wünschen übrig. Dieses Verfahren führt laufend zu Beschwerden darüber, dass in Villen und grossen Wohnungen verfügbarer Wohnraum nicht beschlagnahmt werde».[38]

Mit der Eskalation des Luftkriegs erreichten die Evakuierungen ein immer größeres Ausmaß. Schließlich wurden ganze Bevölkerungsgruppen (die 6–14jährigen in der Kinderlandverschickung), Städte und Landstriche total evakuiert. Nach Schätzungen lebten bei Kriegsende auf dem Gebiet der späteren Bundesrepublik etwa vier bis fünf Millionen Menschen in der Evakuierung (Hohn 1991, 56).

Doch obwohl die Evakuierung sicher die physischen und psychischen Belastungen durch die Bombenangriffe verringerte und durch die Herabsetzung der Wohndichte in den luftgefährdeten Städten viele Menschen rettete, ergaben sich aus der Trennung der Familien, der ständigen Sorge um die Angehörigen, den zunehmenden Versorgungsschwierigkeiten und den Konflikten zwischen Einheimischen und Evakuierten auch erhebliche Spannungen und Schwierigkeiten, die die Stabilität der «inneren Front» in wachsendem Maß zu beeinträchtigen drohten (vgl. Recker 1979).

34 Eine Liste der Entsende- und Aufnahmegaue ist wiederabgedruckt in Hohn 1991, 172.

35 Vgl. zu Aufgaben und Entwicklung dieses Verbandes Hansen 1991.

36 Vermerk Jacobi, RMdI, vom 15.5.1943, BAK, R 18/1531, Bl. 28; als eine weitere noch nicht ausgeschöpfte Reserve wurden die Unterbringungsmöglichkeiten in Fremdenverkehrsgemeinden, Kurorten und Bädern genannt; im RMdI hielt man darüber hinaus die Schaffung von Dauerunterkünften durch Wohnungsteilungen «übergroßer, nicht voll ausgenutzter Wohnungen» (ebd., Bl. 29) für unumgänglich – ein Plan, der aber von seiten des RKW als zu weitgehend abgelehnt wurde.

37 Vgl. hierzu Fischer-Dieskau an Dorsch vom 25.8.1944, Bl. 84f.

38 Vorlage Gölz, Betrifft: Wohnraumbeschaffung, vom 8.8.1944, BAK, NS 6/298, Bl. 68.

4. Das Deutsche Wohnungshilfswerk und der Behelfsheimbau

Typischerweise auf Drängen Bormanns, der immer stärker in die Wohnungspolitik eingriff und gegenüber den Evakuierungsmaßnahmen «starke Bedenken» entwickelt hatte, entschloß sich Hitler Anfang August 1943, Ley mit der Ausarbeitung eines Führererlasses für ein großangelegtes «Deutsches Hilfswerk» (später «Deutsches Wohnungshilfswerk») zu beauftragen, durch das überall im Reich einfachste «Notwohnungshäuschen in der Art von Schrebergärten oder der russischen Lehmhütten» (Bormann, zit. in: Recker 1985, 254) in größtmöglicher Zahl vorwiegend durch Selbsthilfeeinsatz errichtet werden sollten. Damit könnten, so die Hoffnungen Bormanns und Hitlers, die betroffenen Familien in der Nähe ihres bisherigen Wohnorts verbleiben und vor allem auch die Unterbringung der in den Rüstungsbetrieben benötigten Arbeitskräfte gewährleistet werden.

Die Behelfsheimaktion, faßte Ley wenig später auf einer Gauleitertagung Anfang 1944 im NS-Jargon die damit verknüpften Intentionen zusammen, «ist eine Waffe in diesem Kriege, um der Wohnraumblockade, die uns die Gegner zugedacht haben, wirksam entgegentreten zu können. Soviel Wohnungen sie uns zerstören, soviel Herdstellen wollen wir, wenn auch in primitivster Form, wiederschaffen, damit jeder Volksgenosse wieder sein Heim in einfachster Form zurückerhält. Die Reibungen, die durch die evakuierten Volksgenossen in Hunderttausenden von Familien entstehen, können wir nur durch die Schaffung eigener Herdstellen bzw. durch den Bau von Behelfsheimen beseitigen.» (1944, 53)

Die neue Zielrichtung wurde kaum in Frage gestellt, und bereits nach einer kurzen Vorbereitungsphase erging am 9.9.1943 der «Erlaß des Führers über die Errichtung des Deutschen Wohnungshilfswerks» (RGBl. 1943 I, 535).

Kernstück des «Deutschen Wohnungshilfswerks» (DWH) war der Behelfsheimbau, der durch Ley in einem ergänzenden Erlaß vom 22.9.1943 («Errichtung von Behelfsheimen für Luftkriegsbetroffene»)[39] näher geregelt wurde.

Die Wohnfläche des hierfür von Spiegel entwickelten «Reichseinheitstyps 001» mit zwei Räumen für 4–5 Personen umfaßte lediglich 20 bis 22 qm. Ein 200 qm großer Garten fungierte als «grünes Zimmer». Die auf eine Lebensdauer von fünf bis zehn Jahren angelegten Häuschen[40] sollten «unter Verzicht auf alle Errungenschaften der Zivilisation, wie elektrische Installation, Wasserleitung, Kanalisation, hygienische Anlagen»[41] vor allem durch Einsatz von «Selbst- und Gemeinschaftshilfe» errichtet werden. Nur «in Ausnahmefällen» sollten in Abstimmung mit Speer auch «Kräfte der Bauwirtschaft herangezogen werden können».[42]

39 Abgedr. in: Harlander/ Fehl 1986, 419ff.

40 Nach dem Krieg sollten sie als Wochenendhäuser, Wohnlauben, als Werkstätten, Schuppen und Garage, als Kleintierstall – oder auch «zu mehreren gereiht, als Unterkunft für Saisonarbeiter oder fremdländische Arbeitskräfte verwendet werden» (Spiegel 1944, 162).

41 Anordnung Leys vom 13.12.1943, «Aufgaben und Organisation des deutschen Wohnungsbaues», BAK, NS 6/581, Bl. 52f.

42 Erlaß vom 9.9.1943; Grundsätzlich konnten und sollten «außer dem einzelnen Volksgenossen .. Gemeinden, Betriebe, Körperschaften öffentlichen Rechts, Genossenschaften usw., mit einem Wort jede und jedwede Institution, Behelfsheime schaffen» (Ley 1943, 554); auch die gemeinnützige Wohnungswirtschaft, die beim bisherigen Bau von Behelfsunterkünften noch keine Rolle gespielt

Verfügten die Bauwilligen nicht selbst über geeignete Grundstücke, sollten diese durch die Gemeinden bereitgestellt werden. Gruppenweise Zusammenfassungen wurden empfohlen, «Massierungen» aber wegen der Luftgefahr abgelehnt.
Die Kosten für die Baustoffe übernahm das Reich in voller Höhe durch eine «Prämie» von 1700 RM nach Fertigstellung der Wohnlauben. Nur der Arbeitseinsatz der Selbsthelfer sollte als Eigenbeitrag geleistet werden. Um die Selbsthilfe zu stimulieren und gleichzeitig wenigstens einen kleinen Ausgleich für die erlittenen Schäden zu geben, sollten die Behelfsheime in das Eigentum der Bauherrn übergehen. Falls, was ebenfalls möglich war, Gemeinden und wirtschaftliche Unternehmen Bauherren waren, war «die unentgeltliche Übereignung des Behelfsheims an Luftkriegsbetroffene erwünscht».[43]
Grundsätzlich wurden zwei Arten von Behelfsheimen (im Volksmund: «Leylauben») unterschieden: Behelfsheime aus allen möglichen örtlich vorhandenen Baustoffen, aus Trümmerschutt etc., die einzeln oder in kleinen Gruppen erstellt wurden, und der den Rationalisierern beim RKW besonders am Herzen liegende Behelfsheimbau mit vorgefertigten Bauteilen, die dann «im Montagebau an Hand von Baufibeln wie im Ankerbaukasten zusammengesetzt» (Ley 1943, 352) werden sollten.[44]
Gerade weil der Behelfsheimbau «kein Wohnungsbau friedensmäßiger Vorstellung» (Spiegel 1944, 3) war, eignete er sich in den Augen Spiegels umso mehr als Experimentierfeld äußerster Rationalisierungsanstrengungen: «Das Behelfsheim ist ein Kriegserzeugnis mit allen den charakteristischen Kennzeichen des kurzlebigen Massenverbrauchsgutes, wie Serienfertigung, weitestgehender Einsatz der Normung, äußerste Werkstoffausnutzung, Ersatz der Handarbeit durch Maschinenfertigung, Verbrauch in Massen, kurze Lebensdauer.» (ebd.) Die großstädtischen Bequemlichkeiten wie Gasherd, Sammelheizung, Wasserzapfstellen im Haus etc. hätten ohnehin vielfältige Nachteile, die nun der Krieg ans Licht bringe: «Sie machen unselbständig, sie verweichlichen; die Abhängigkeit von solchen Bequemlichkeiten verdirbt den Widerstandswil-

hatte, drängte nun durch ihren Präsidenten Brecht, der mit Blick auf die Nachkriegsbauaufgaben in der «Umschaltung» der gemeinnützigen Wohnungswirtschaft «auf Kriegseinsatz» durchaus eine nützliche Aufgabe sah, auf eine Beteiligung: «Hier wird sich, wie früher beim sog. normalen Wohnungsbau, erweisen, daß die Wohnungserstellung in einer gelenkten Wohnungswirtschaft zwingend erfordert und vielfach geradezu voraussetzt, daß die Durchführung nicht allein der eigenwilligen Bereitschaft einer mannigfachen Vielheit von Einzelbauherren überlassen werden kann, sondern daß die Durchführung weitgehend ... von den einer gesetzlichen Wohnungsbaupflicht (WGG) unterworfenen und betrieblich auf eine ständige Wohnungserstellung ausgerüsteten und ausgerichteten Wohnungsunternehmen getragen werden muß ... Die Umschaltung der Wohnungswirtschaft auf Kriegseinsatz (wird) in mehrfacher Hinsicht dazu dienen können, Grundfragen, Verfahrensgeltungen, Organisationsmethoden u.a.m. unter schwierigen Umständen an ersten Beispielen zu erproben und die hier gemachten Erfahrungen für die umfassendere spätere Aufgabe zu nutzen. Soweit der Einsatz der Wohnungsunternehmen in Frage kommt, wird man schon jetzt sagen können, daß in erster Linie diejenigen Wohnungsunternehmen für den Einsatz der Wohnungserstellung nach dem Kriege zuzulassen sind, die sich jetzt in der Notzeit des Krieges und in der scharfen Bewährungszeit der Wohnungswirtschaft in der Erstellung von Behelfsheimen oder der Errichtung von Ausbauwohnungen als tauglich erwiesen haben.» (Brecht 1944, 123).

43 Erlaß vom 22.9.1943, in: Harlander/ Fehl 1986, 423

44 Der für industriell vorgefertigte Teile vorgeschriebene «Sondertyp 125» wurde, wie eine Dokumentation des Museums für Hamburgische Geschichte im KZ Neuengamme belegt, in erheblichem Umfang in deutschen Bauindustriewerken durch KZ-Häftlinge produziert (Museum Hamburg 1981).

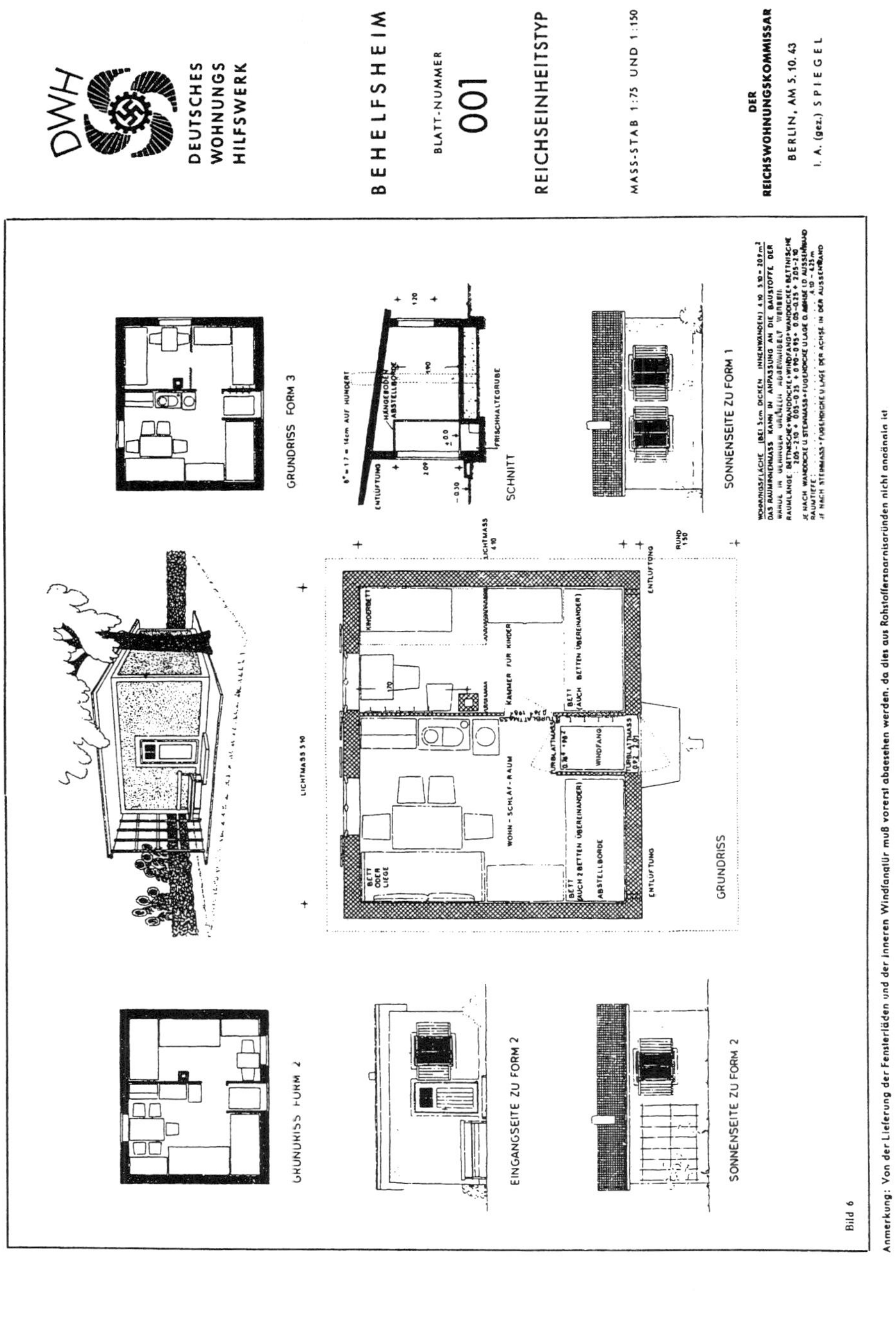

Reichseinheitstyp 001, Entwurf Spiegel 1944
Quelle: Spiegel 1944, 8

len und die Fähigkeit zur Selbstbehauptung in Kriegsnotzeiten.» (ebd., 2) So habe die Not auch ihr Gutes: «Wir werden durch den Krieg zum einfachen Leben zurückgeführt ... Wir machen den Großstädter durch das Behelfsheim selbständiger und widerstandsfähiger gegen die Feindeinwirkungen und stärker für Krieg und Sieg. So mag in dem Luftterror ein Teil jener Kraft wirksam werden, die stets das Böse will und stets das Gute schafft ...» (ebd.)
Ley freilich, der Ende 1943/ Anfang 1944 in der Praxis größte Schwierigkeiten hatte, «die Serienproduktion in Anlauf zu bringen», beschwor derweil die Gauleiter in einem geheimen Anschreiben, den Behelfsheimbau mit allen, vor allem auch den herkömmlichen Mitteln in Gang zu bringen: «Wenngleich ... der Parteigenosse Speer und ich mit aller Energie hinter dieser Serienproduktion her sind, so warne ich nochmals davor, sich darauf zu verlassen. Jeder Gau muss aus seinem ortsüblichen, vorhandenen oder von ihm zu schaffenden Baumaterial bauen und wenn es aus dem *primitivsten Stoff* (Hervorh. i. Orig., d. Verf.) ist. Für die Zeit, die es zu überbrücken gilt, werden auch Häuser aus Lehm und ähnlichen Stoffen halten. Im übrigen weiss ich aus meiner eigenen Heimat, dass dort schon seit Hunderten von Jahren Menschen in Häusern aus Lehm wohnen. Wir müssen, wenn notwendig, zum *Primitivsten zurückkehren* (Hervorh. i. Orig., d. Verf.).»[45] Auch Ley konzedierte, «dass die 22 qm eine wirklich primitiv kleine Wohnfläche darstellen» (ebd., Bl. 46). Aber man habe keine andere Wahl, und daher gebe es «nur ein Motto: Fangen Sie an!» (ebd., Bl. 48)
Trotz aller Bitten und Drohungen («Sabotage») blieben die Ergebnisse der von den Parteirivalen als eine Art «Bewährungsprobe» für Ley verstandenen Behelfsheimaktion[46] bei weitem hinter den Erwartungen zurück. Nicht nur die Serienproduktion der Bauteile war wegen fehlender Kapazitäten schwer in Gang zu setzen, auch die Beschaffung von Material und Arbeitskräften erwies sich als äußerst schwierig. Auch der Kostenrahmen von 1700 RM war in vielen Fällen nicht ausreichend, so daß der RKW Mitte 1944 schließlich der Deckung der Restfinanzierung aus Reichsmitteln zustimmen mußte.[47] Ursache für die Kostenüberschreitungen war nicht zuletzt, wie die Parteikanzlei monierte, die unzureichende Führung und Kontrolle der Aktion durch den RKW selbst: «Durch die ständigen personellen und organisatorischen Änderungen in der Dienststelle des Reichswohnungskommissars konnte jedoch von einer einheitlichen Lenkung nicht gesprochen werden. Die Folge davon ist die Tatsache, dass in fast allen Gauen grösser gebaut wurde, als der Führererlass es vorschreibt.»[48] Allerdings hatte Ley aufgrund der starken Stellung der Gauleiter auch nur wenig effektive Möglichkeiten, sie an seine Weisungen zu binden. Die neuerlichen Versuche Leys in dieser

45 Ley vom 18.11.1943, Betrifft: «Deutsches Wohnungshilfswerk», BAK, NS 6/581, Bl. 45.

46 Goebbels notierte nach der Beauftragung Leys mit dem Deutschen Wohnungshilfswerk am 15.9.1943 in seinem Tagebuch: «Der Führer hat den Erlaß für das Wohnungshilfswerk mit einer Betrauung für Dr. Ley unterschrieben. Damit hat Ley jetzt eine Möglichkeit, einmal aus einem großen Auftrag etwas zu machen. Bisher konnte man immer feststellen, daß er großen Wert darauf legte, Kompetenzen zu bekommen. Er kämpft mit Energie für diese Kompetenzen.; hat er sie aber, dann läßt er sie liegen, um einen neuen Kampf um neue Kompetenzen aufzunehmen.» (zit. bei Smelser 1989, 277)

47 Vgl. den Entwurf zu einem Runderlaß des RMdI vom 4.8.1944, BAK, R 18/1532, Bl. 197 und die durch Recker angegebenen Quellen (1985, 263f.).

48 Vorlage Gölz vom 8.8.1944, BAK, NS 6/298, Bl. 66.

Phase zu einer Stärkung der Gauheimstättenämter und damit seines Einflusses auf der Mittelebene wurden, wie im folgenden noch zu zeigen ist, abgeblockt.
Das von Ley gewohnt großsprecherisch angekündigte Jahresprogramm von einer Million Behelfsheimen wurde nicht im mindesten erreicht. Nach Leys Bericht zur Wohnraumbeschaffung waren bis 31. Dezember 1943 erst etwa 5000 Behelfsheime fertiggestellt, weitere 33000 waren nach den Meldungen der Gauleiter im Bau.[49] Wie viele Behelfsheime im Laufe des Jahres 1944 noch gebaut wurden, kann nicht mehr mit Sicherheit festgestellt werden. Die von Ley veröffentlichte Zahl von 300000 bis zum Spätsommer 1944 gebauten Behelfsheimen[50] war zweifellos propagandistisch überhöht und wurde auch in der Parteikanzlei mit Skepsis aufgenommen. Die letzte einigermaßen zuverlässige Schätzung der Ergebnisse im Behelfsheimbau wurde durch die Parteikanzlei vorgenommen und datiert auf den 29.1.1945.[51] Danach waren bis 1.8.1944 insgesamt erst 63900 und bis 1.10.1944 erst 77000 Behelfsheime fertiggestellt. Mit Blick auf den bereits während der Sommermonate 1944 sehr geringen Baufortschritt dürfte die Gesamtzahl der gebauten Behelfsheime am Ende deutlich unter 100000 gelegen haben.
Das Baugeschehen der letzten Kriegsmonate und die Zuweisung noch verfügbarer Kontingente für Behelfsheime, den notdürftigen Umbau von Wohnlauben zu Behelfsheimen und den Dachgeschoßausbau regelte ab 9.6.1944 ein Erlaß von Speer.[52] Nach einem Schreiben von Fischer-Dieskau an Bormann vom 25.8.1944 war allerdings im Gefolge der damit verbundenen Umorganisationen im Reichsministerium für Rüstung und Kriegsproduktion «die Kontingentzuteilung für das Deutsche Wohnungshilfswerk vollständig ins Stocken geraten. Ich wäre dankbar, wenn Sie ... auf das Ministerium Speer einwirken könnten, hier eine Änderung eintreten zu lassen.»[53]
Das – freilich wohl unausweichliche – Scheitern Leys in der Behelfsheimaktion war zugleich ein Symptom für den allgemeinen Abstieg, der für ihn in der letzten Kriegsphase einsetzte. Leys Biograph Smelser faßte den Wandel treffend folgendermaßen zusammen: «Seine (Leys, d. Verf.) einst so dynamische DAF war jetzt von Korruption geschüttelt, durch Einberufungen dezimiert, strotzte aber immer noch vor Reichtum; durch bloßes Beharrungsvermögen und unter der Last der ihr auferlegten Kriegsverpflichtungen schleppte sie sich während des Krieges weiter, ihres einst so dynamischen Populismus fast völlig beraubt. Leys utopische Pläne, den Krieg als revolutionäres Instrument zur Veränderung der deutschen Gesellschaft zu benutzen, scheiterten, als die Prioritäten des Krieges diesbezügliche Aktivitäten weitgehend unterbanden ...» (1989, 278)
Auch ein letzter Versuch Leys, das Reichsheimstättenamt zu reaktivieren und im Zuge

49 Ley, Bericht über die Wohnraumbeschaffung im Jahre 1943, o.D. (Anfang 1944), BAK, NS 6/581, Bl. 180f.

50 Vgl. Kiehl 1944, 230; die Zahl wurde z.T. auch in der neueren Literatur wiedergegeben, Recker 1979, 422 u. Harlander/ Fehl 1986, 71.

51 Vorlage Klauß vom 29.1.1945, BAK, NS 6/299, Bl. 71f.

52 Erlaß «Neuorganisation des Bauwesens im Reichsgebiet» vom 9.6.1944 (abgedr. in Harlander/ Fehl 1986, 428f.).

53 Fischer-Dieskau an Bormann vom 25.8.1944, BAK, B 298, Bl. 84f.

einer umfassenden Reorganisation des Wohnungswesens die eigene Position zu stärken, blieb letztlich ohne Erfolg.

5. Reichsheimstättenamt und Reichswohnungskommissar

Nach der Ernennung Leys zum Reichskommissar für den sozialen Wohnungsbau mußte das Reichsheimstättenamt nach einer Anordnung Leys vom 15.8.1941 alle Aufgaben, die sich auf die praktische Durchführung des sozialen Wohnungsbaus bezogen, an das Reichskommissariat abgeben.[54] Dem Reichsheimstättenamt verblieben im wesentlichen lediglich noch Forschungsaufgaben und – zusammen mit den Gau- und Kreisheimstättenämtern – die wohnungspolitische Betreuungsarbeit vor Ort.

Von seiten der Parteikanzlei, aber auch etwa Speers hielt man die ohnehin wenig geschätzten Heimstättenämter nach der Verlagerung des Wohnungswesens auf eine staatliche Behörde für überflüssig und erwartete ihre Auflösung.[55]

Um dem zuvorzukommen und neue Aufgabengebiete zu erschließen, setzte sich der aus dem Militärdienst zurückgekehrte Leiter des Reichsheimstättenamts, Steinhauser, bei Bormann dafür ein, das Amt aus der DAF auszugliedern und daraus ein eigenes Hauptamt der NSDAP zu entwickeln. In einem Schreiben vom 21.10.1942 bot er, um das Anliegen für Bormann attraktiver zu gestalten, außerdem noch an, in dem von Bormann neu eingerichteten «Arbeitsbereich Osten der NSDAP» ein Hauptarbeitsgebiet «Wohnungs- und Siedlungspolitik» aufzubauen, in dem er u.a. «die Durchgestaltung der Gesamträume im Anschluß an die Arbeit der Raumordnung», «die Ausrichtung aller beteiligten Fachkräfte» und «die Entwicklung einer der Herrenstellung deutscher Menschen im Osten angemessenen Wohnkultur» bearbeiten wollte.[56]

Bormann dachte nicht daran, die eigene Stellung in der Partei durch die Einrichtung eines neuen Hauptamts zu schwächen. Für ihn und seine Mitarbeiter war klar, wie dies Gölz mehrfach gegenüber Steinhauser erklärte, daß «die Interessen der Partei auf dem Gebiet des Wohnungs- und Siedlungswesens nicht durch die DAF. und auch nicht durch ein neu einzurichtendes Fachamt der Partei wahrgenommen würden, sondern ausschließlich durch die Parteikanzlei.»[57] Als aber auch Ley gegenüber Bormann insistierte, daß das Reichsheimstättenamt eine Angelegenheit der Partei sein müsse, stellte Bormann seine Position ausdrücklich klar: «Ich habe darauf Herrn Dr. Ley erwidert, das Reichsheimstättenamt sei nicht, wie er offenbar annähme, von ihm gegründet worden, sondern Herr Hess habe auf Anregung des Herrn Dr. Ludowici diesen herangeholt und ihm den Aufbau des Heimstättenamts der Partei übertragen. Immer stärker habe sich dann aber herausgestellt, dass die praktische Tätigkeit des Heimstättenamtes keinesfalls in den Aufgabenbereich der NSDAP. gehöre, und des-

54 Vgl. «Zeitschrift für Wohnungswesen» vom 15.8.1941, «Neufestsetzung der Aufgabengebiete und der Organisation des Reichsheimstättenamtes», BA (Potsdam), 62.03/6080, Bl. 6.

55 Vgl. etwa die Vorlagen von Gölz vom 4.11.1942 und 20.1.1943, BAK, NS 6/265, Bl. 336–338 u. 201–203.

56 Steinhauser an Bormann vom 21.10.1942, BAK, NS 6/265, Bl. 329–333.

57 Vorlage Gölz vom 4.11.1942, BAK, NS 6/265, Bl. 337f.

halb wäre auf mein Drängen das Heimstättenamt bei der Partei abgeschrieben und gänzlich der DAF. übergeben worden. Meinen seinerzeit eingenommenen Standpunkt, dass die praktische Tätigkeit des Heimstättenamts nicht in die Partei gehöre, müsse ich auch weiterhin unbedingt aufrecht erhalten.»[58]

Da Ley nun aufgrund der Anordnungen Hitlers zur Vereinfachung der Verwaltung von Anfang 1942[59] nichts anderes übrig blieb, als die Arbeit des Reichsheimstättenamtes weiter einzuschränken, versuchte er, das Problem durch eine Reorganisation zu lösen: Ein Teil der Aufgaben des Reichsheimstättenamtes wurde den Verbänden der Wohnungswirtschaft und des Kleingartenwesens (Reichsbund der Haus- und Grundbesitzer-Vereine, Bund Deutscher Mietervereine, Reichsbund der Kleingärtner, Deutscher Siedlerbund usw.) übertragen und Steinhauser mit deren Gesamtleitung beauftragt, was in der Parteikanzlei Befürchtungen über einen nun möglicherweise folgenden schädlichen Aktivismus dieser Verbände auslöste.[60] Die Leitung des stark geschrumpften Reichsheimstättenamts, dessen Arbeit nach einem weiteren Führererlaß vom 13.1.1943 über den verstärkten Einsatz von Männern und Frauen für Zwecke der Reichsverteidigung[61] schließlich vorübergehend weitgehend eingestellt werden mußte, wurde in Personalunion dem Geschäftsführer des RKW, Wagner, übertragen.[62] Als Ley dann aber im September 1943 die Leitung des Deutschen Wohnungshilfswerks übergeben wurde, hielt er die Gelegenheit für günstig und versuchte, durch eine handstreichartige, mit keinem der anderen Machtträger abgestimmte Reorganisation die Führung im Wohnungswesen seinen DAF-Leuten bzw. dem reaktivierten und wie er wohl annahm, «dynamischeren» Reichsheimstättenamt zu übertragen. Der alte Dualismus von Partei bzw. DAF und Staat im Wohnungswesen war auch durch die neue Institution des Reichswohnungskommissars nicht beseitigt worden. In dem Maße, wie diese Behörde mit der Übernahme des Personals des RAM und der Veränderung des rechtlichen Status nach dem dritten Führererlaß vom Oktober 1942 sukzessive immer deutlicher den Charakter einer staatlichen Behörde annahm, verlor Ley das Interesse an ihr und wandte sich wieder verstärkt dem Reichsheimstättenamt zu.

Am 13.12.1943 gab er eine Anordnung[63] heraus, in der er erklärte, daß man die Durchführung einer Aufgabe wie des Deutschen Wohnungshilfswerks nicht einer Reichsbehörde übergeben könne. Deshalb sei es notwendig, das Reichsheimstättenamt, dem er ab sofort die praktische «Durch- und Ausführung der Beschaffung des Wohnraumes in jeder Form» übertrug, «wieder zu aktivieren und zu mobilisieren»

58 Bormann, Aktenvermerk für Friedrichs und Klopfer vom 23.10.1942, BAK, NS 6/265, Bl. 334f.

59 Vgl. den Erlaß des Führers über die weitere Vereinfachung der Verwaltung vom 25.1.1942 BAK, R 43II/1009a, Bl. 51–54; der Erlaß forderte «nunmehr in erster Reihe gebieterisch den Einsatz aller verfügbaren Kräfte für die Wehrmacht und die Rüstungsindustrie» und demgemäß auch die Zurückstellung aller «Vorbereitungen und Planungen für künftige Friedensaufgaben»; entsprechende Weisungen gingen an die Wehrmacht, die Partei und Göring.

60 Vorlage Gölz vom 20.1.1943, BAK, NS 6/265, Bl. 202.

61 Vgl. hierzu die Anordnung Leys vom 19.11.1943, BA (Potsdam), 40.02/96, Bl. 147.

62 DAF.-Anordnung 2/43 vom 18.11.1942, BA (Potsdam), 62.03/6080, Bl. 1.

63 Ley, Aufgaben und Organisation des deutschen Wohnungsbaus, 13.12.1943, BAK, NS 6/581, Bl. 50–57.

(ebd., Bl. 54). Ihm sollten auch die Bauhilfe und die Bauhöfe unterstehen. Beim RKW verblieben danach lediglich noch die Schaffung der «gesetzlichen Voraussetzungen des Wohnungsbaues und .. die Verhandlungen mit den übrigen Reichsbehörden» (ebd., Bl. 55). Wagner als Vertreter der «staatlichen Linie» beim RKW wurde als Leiter des Reichsheimstättenamtes abgesetzt und stattdessen der zuvor als Kohlen-Kommissar tätige Paul Walter ernannt.[64] Obwohl der RKW formal oberste Behörde blieb, wurde das Verhältnis zum Reichsheimstättenamt faktisch auf den Kopf gestellt. So enthielt die Anordnung zum Beispiel einen Passus, der vorsah, daß der RKW «Bitten» des Leiters des Reichsheimstättenamtes auf den Erlaß von benötigten Verordnungen «unbedingt nachzukommen» habe (ebd., Bl. 56).

Am Ende seiner Anordnung ließ Ley «keinen Zweifel», daß er «gar keine Zeit habe, sich mit Auseinandersetzungen und Diskussionen irgendwelcher Art aufzuhalten.» (ebd., Bl. 57) Die Anordnung ergehe «nach reiflicher Überlegung» und «aus dem unabänderlichen Willen, auf schnellstem Wege Wohnungen für die obdachlosen Volksgenossen der bombengeschädigten Gebiete zu schaffen» (ebd.).

Der Absetzung Wagners als Leiter des Reichsheimstättenamts folgte Anfang Januar 1944 auch seine Beurlaubung als Leiter des RKW. Wagner war zu Leys Anordnung, die «mit der Verlagerung einer grossen Zahl von Durchführungsaufgaben vom Staat auf die Partei» nach seiner Einschätzung «unerhört einschneidende Neuordnungen im Wohnungswesen» nach sich zog und einen «völlig neuen Kurs» einschlug, nicht einmal mehr gehört worden.[65] Der tief gekränkte Wagner[66] wehrte und rechtfertigte sich in langen Schreiben an Simon und Ley, die auch der Partei- und der Reichskanzlei zugingen und auch Details nicht aussparten, so daß die Hintergründe dieses symptomatischen Vorgangs recht gut rekonstruierbar sind.

Unter Wagner, der entgegen den DAF-Bestrebungen den Wohnungsbau als staatliche Aufgabe ansah und die Behörde ganz in diesem Sinne führte, hatte sich der RKW zweifellos nicht im Sinne Leys entwickelt. Ley warf ihm vor, er habe ihm entgegengearbeitet, «die Behörde nicht mit dem notwendigen nationalsozialistischen lebendigen Geist erfüllt» und in einen schwerfälligen Apparat verwandelt, der unfähig sei, die Behelfsheimaktion zum Erfolg zu führen.[67] Wagner rechtfertigte sich gegenüber Ley damit, «daß die Problematik der Durchführung der Behelfsheimaktion nicht in der

64 Vgl. Anordnung vom 15.12.1943, BA (Potsdam), 40.02/96, Bl. 146.

65 Alle Zitate aus einem Schreiben von Wagner an Simon (Stellvertreter Leys beim RKW) vom 3.1.1944, BAK, NS 6/298, Bl. 45–49.

66 Bei den Auseinandersetzungen im Vorfeld seiner Beurlaubung hatte Ley Wagner u.a. offensichtlich aus nichtigem Anlaß den Vorwurf der «Fahnenflucht» gemacht – ein Vorwurf, der Wagner, einen Mann, der nach eigenem Bekenntnis «in seinem ganzen Leben immer nur soldatisch gedacht hat», offenbar tiefer traf als alle dienstlichen Vorhaltungen Leys (Wagner an Simon vom 3.1.1944, BAK, NS 6/298, Bl. 45–49). Anfang Januar 1942 war Wagner zum Ministerialdirektor befördert worden; nach den bei dieser Gelegenheit in der Reichskanzlei angelegten Akten war der 1902 geborene, promovierte (Dr.rer.pol.) und als Wohnungsfachmann geltende Hans Wagner seit 1927 bei verschiedenen Heimstätten und Wohnungsgesellschaften (u.a. «Neue Heimat») tätig gewesen, bevor er ab Ende 1940 als Geschäftsführer zum RKSW wechselte; der ehemalige schwerbeschädigte Freikorpskämpfer besaß verschiedene Tapferkeitsauszeichnungen, war Pg. seit 1931 und seit 1941 SS-Hauptsturmführer (vgl. RKSW an Lammers vom 10.1.1942, BAK, R 43II/1161d, Bl. 54f.).

67 Wagner an Ley vom 13.1.1944, BAK, R 43II/1161d, Bl. 77–80.

Behördenapparatur zu suchen ist, sondern in der Differenz zwischen Ihrem 'Wollen' und dem effektiven 'Können' des GB-Bau. Diese Differenz lässt sich durch Propaganda, Organisationsveränderungen und Personenwechsel auch nicht beseitigen.» (ebd., Bl. 80) Außerdem sei es zu einer «hässlichen Übung geworden, dass nachgeordnete Dienststellen, denen die Oberste Reichsbehörde aus irgendwelchen sachlichen Gründen gelegentlich mal einen vorgebrachten Wunsch nicht erfüllen kann, sofort zu ihrem Gauleiter hingehen und diesem erklären, in der Berliner Dienststelle sässen nur Bürokraten» (ebd., Bl. 79). Im übrigen hielt er die Verlagerung eines Großteils der Aufgaben vom RKW auf das Reichsheimstättenamt und die vorgesehene Ernennung seines Nachfolgers Walter zum «Sonderbeauftragten für das Wohnungshilfswerk» für einen weder rechtlich noch praktisch gangbaren Weg. Wie negativ er – und man darf diese Einschätzung wohl allgemein beim RKW unterstellen – das Reichsheimstättenamt in seiner früheren Tätigkeit beurteilte, geht aus einer auch grundsätzlich aufschlußreichen Passage seines Rechtfertigungsschreibens an Simon hervor: «Trotz seiner grossen sozialpolitischen Bedeutung ist das Wohnungswesen erst als eine der letzten grossen Aufgaben des Dritten Reiches durch Führererlass im November 1940 materiell und formell geordnet worden ... Bis dahin war die staatliche Wohnungspolitik nur von Halbheiten und Unklarheiten getragen. Auch im Parteisektor war das nicht anders; viel guter Wille paarte sich hier meistens mit unreifen und dilettantischen Vorstellungen. So hatte auch das Reichsheimstättenamt nur eine sehr geringe Resonanz, und wenn der Führer Dr. Ley zum Reichskommissar bestellte, dann meiner Überzeugung nach nicht wegen der Leistungen des Reichsheimstättenamtes, sondern wegen seiner persönlichen sozialistischen, wie immer instinktmäßig richtigliegenden grundsätzlichen Haltung zur Wohnungspolitik.»[68]

Die Beurlaubung Wagners blieb bestehen[69], doch Bormann, Lammers und Himmler einigten sich Anfang 1944 rasch darauf, Ley wegen seines neuerlichen Versuchs der von ihnen im Wohnungsbau strikt abgelehnten Vermengung von Staats- und Parteiaufgaben in die Schranken zu weisen.

In der Parteikanzlei hielt man Leys Bemühen, «mit allen Mitteln die Dienststellen der DAF einzuschalten»[70], «obwohl die frühere Tätigkeit der Heimstättenämter unbedingt negativ beurteilt werden muss», für «völlig untragbar» (ebd.). Durch das damit angerichtete «Chaos» arbeite man allenfalls Speer in die Hände, bei dessen Behörde «man glaubt, auf diese Weise die Dienststelle des Reichswohnungskommissars bald übernehmen zu können» (ebd., Bl. 68). So kritisch man in der Parteikanzlei auch den Aktivitäten Leys gegenüberstand, so sehr war man auch daran interessiert, einen weiteren Machtzuwachs von Speer zu verhindern. Doch Bormann sah im Wohnungswesen Anfang 1944 hierzu kaum noch Möglichkeiten. Als Klopfer ihm ins Führerhauptquartier eine weitere dementsprechende Vorlage von Gölz zuschickte, in der dieser Möglichkeiten einer Stärkung der Dienststelle des RKW unter dem Aspekt

68 Wagner an Simon vom 3.1.1944, BAK, NS 6/298, Bl. 45f.

69 Vgl. zahlreiche Schriftstücke hierzu und zur möglichen weiteren Verwendung Wagners in BAK, R 43II/1161d.

70 Vorlage Gölz vom 30.12.1943, BAK, NS 6/581, Bl. 67.

erörterte, daß eine «richtig geführte» Behörde «sicher auf die Ausweitungsbestrebungen des Reichsministers Speer hemmend wirken» würde, fügte Bormann handschriftlich hinzu: «Ich glaube nicht, daß irgend eine äußere Maßnahme zur Stärkung der Stellung Dr. Leys beitragen kann. Mit äußeren Mitteln kann man ein Ansehen weder erringen noch erweitern noch auf die Dauer halten. *Die Leistung* (Hervorh. i. Orig., d. Verf.) entscheidet! Im übrigen: Herr Speer hat mehrfach geäußert, nach dem Krieg müsse selbstverständlich der Wohnungsbau von ihm übernommen werden, unter Ley 'würde nichts daraus'!»[71]

Die durch Ley vorgenommene «Vermengung» von Partei- und Staatsaufgaben wurde auch durch Lammers[72] und Himmler, der befürchtete, daß die unvermeidlichen Rückschläge im Notwohnungsbau dann «ausschließlich der Partei zur Last gelegt werden» könnten[73], scharf kritisiert.

Daher forderte schließlich Bormann – und bezeichnenderweise nicht Lammers, der sich Bormanns Forderung aber anschloß[74] – Ley mit Schreiben vom 18.1.1944 ultimativ auf, seine Anordnung vom 13.12.1943 zurückzuziehen. In dieser «grundsätzlichen Stellungnahme» wiederholte Bormann seine Auffassung, daß der Wohnungsbau eine «rein staatliche Aufgabe» sei, deren praktische Durchführung in erster Linie bei den Gemeinden und nicht bei den Heimstättenämtern bzw. deren Leitern als Leys «Sonderbeauftragten» liegen könne. Falls Ley weiterhin den Führererlaß vom November 1940 «illusorisch» machen würde, drohte Bormann mit einem Führerentscheid, bei dem die «Frage aufgeworfen» werden müßte, «ob nicht eine Neuregelung notwendig ist, die entweder die Auflösung der Dienststelle des Reichswohnungskommissars oder des Heimstättenamts zur Folge haben muss».[75]

Damit waren die Machtverhältnisse klargestellt: Ley mußte zurückstecken und nahm seine Anordnungen vom Dezember 1943 bereits am 25.1.1944 zurück.[76]

Trotz des formalen Widerrufs gaben im Deutschen Wohnungshilfswerk aber doch faktisch weiterhin die DAF-Leute den Ton an. Fischer-Dieskau, der als Dienststellenleiter des RKW an Wagners Stelle rückte, hatte offenbar, wie Gölz Anfang Februar 1944 vermerkte, keine Möglichkeiten, dies zu verhindern: «Nach der Beurlaubung des Ministerialdirektors Dr. Wagner ... wird Dr. Ley in erster Linie von den Parteigenossen Walther (richtig: Walter, d. Verf.) und Wetzel (Reichsheimstättenamt) beraten. Beide haben vom Wohnungsbau und den einschlägigen Fragen keine Ahnung. Da Stabsleiter Simon bei der Wehrmacht ist, haben die Parteigenossen Marrenbach und Hupfauer stärkeren Einfluss auf Dr. Ley und versuchen mit allen Mitteln, die DAF mehr als seither in die Massnahmen des 'Deutschen Wohnungshilfswerks' einzuschalten. Die

71 Vorlage Gölz vom 10.1.1944, BAK, NS 6/581, Bl. 155f.

72 Vgl. Lammers an Bormann vom 24.1.1944, BAK, NS 6/581, Bl. 205f.

73 Vgl. Himmler an Bormann vom 8.2.1944, BAK, NS 6/581, Bl. 240f.; vgl. auch Himmlers Anweisung vom 19.2.1944, mit dem das Weisungsrecht der von Ley eingesetzten «Sonderbeauftragten für das Deutsche Wohnungshilfswerk in den Gauen» gegenüber staatlichen Stellen ausdrücklich außer Kraft gesetzt wurde (BAK, NS 6/298, Bl. 53).

74 Lammers an Ley vom 6.2.1944, BAK, NS 6/298, Bl. 51.

75 Entwurf des Schreibens von Bormann an Ley vom 18.1.1944, BAK, NS 6/581, Bl. 187.

76 Verlautbarung Ley vom 25.1.1944, BAK, R 43II/1033a; vgl. hierzu auch den Vermerk für Klopfer vom 29.3.1944, BAK, NS 6/581, Bl. 297.

Behörde des Reichswohnungskommissars, deren Geschäfte Ministerialdirigent Fischer-Dieskau führt, ist z.Zt. ohne jeden Einfluss. Fischer-Dieskau ist auch zu schwach, um sich durchzusetzen.»[77]
Auch die Heimstättenämter auf Gauebene wurden in Konkurrenz zu den Wohnungs- und Siedlungsämtern wieder aktiviert. Diese «Aktivierung» schlug jedoch, wie Gölz einige Monate später konstatierte, «völlig fehl» und brachte «nirgends» ein «positives Ergebnis».[78] Ebenso häuften sich bei der Parteikanzlei Klagen, daß von Leys neuen Mitarbeitern wieder verstärkt Bestrebungen ausgingen, gemeinnützige Wohnungsunternehmen in die DAF-Gesellschaft «Neue Heimat» einzugliedern (vgl. ebd., Bl. 8).
Es war ein Kampf ohne Ende: Wie in anderen Bereichen zerlegte sich das NS-Regime auch im Wohnungswesen in seinen letzten Stunden sukzessive in eine Vielzahl kleinerer und größerer Machtbereiche, die zunehmend ohne Rücksicht auf andere Belange und ohne wirksame Koordinierung nach Gutdünken Aktivitäten entfalteten.
Der Gedanke einer wirksamen Koordinierung war auch von vornherein illusorisch auf einem Feld, dessen Bedeutung mit den Flächenbombardements ab 1942/43 immer deutlicher hervortrat: der Planung des Wiederaufbaus der zerstörten Städte.

6. Der «Wiederaufbauerlaß» vom 11.10.1943

Während Ley mit der Ernennung zum Reichswohnungskommissar im Oktober 1942 seinen Höhepunkt erreicht hatte und nach den Mißerfolgen und Rückschlägen in der Behelfsheimaktion und im Deutschen Wohnungshilfswerk nach und nach wieder an Einfluß verlor, konnte der in dieser Phase für Hitler «unentbehrliche» und unermüdliche Multi-Organisator Speer bis in das Jahr 1944 hinein seine Positionen immer noch weiter ausbauen. Dabei vermied er geschickt die direkte Konfrontation mit Ley, verschaffte sich aber durch einen Führererlaß vom 11.10.1943[79] den auch für den Wohnungsbau eminent wichtigen Auftrag, schon während des Krieges die Planung und den Wiederaufbau der zerstörten Städte vorzubereiten.[80] Damit war Speer nun in den Wiederaufbaustädten auch formal für städtebauliche Fragen zuständig und hatte damit die letzte zuvor noch beim Reichsarbeitsministerium verbliebene bedeutsame Kompetenz an sich gezogen.
Mit diesem Machtzuwachs unterstrich Speer seine Ansprüche auf das Bauministerium der Nachkriegszeit, besetzte ein wichtiges Feld, in dem auf unterschiedliche Weise auch die Parteirivalen Ley, Bormann, Himmler und Goebbels Interessen artikuliert hatten und stärkte vor allem auch seine Position gegenüber den Gauleitern, die dem

77 Vorlage Gölz vom 8.2.1944 BAK, NS 6/581, Bl. 244.
78 Vorlage Gölz vom 30.5.1944, BAK, NS 6/252, Bl. 7.
79 Erlaß des Führers über die Vorbereitung des Wiederaufbaues bombengeschädigter Städte vom 11.10.1943 (RGBl. 1943 I, S.576), BAK, NS 6/197, Bl. 1.
80 Speer hatte, um noch während des Krieges mit den Wiederaufbauplanungen in den am schwersten zerstörten Städten beginnen zu können, bereits im März 1943 von Hitler die Genehmigung zur Ausarbeitung eines entsprechenden Erlasses erhalten; vgl. hierzu und zur Tätigkeit des von Speer gebildeten Arbeitsstabes Wiederaufbauplanung im einzelnen die umfassenden Darstellungen von Durth 1992, 241ff. u. Durth/ Gutschow 1993, 52ff.

technokratischen, als «parteifremd» empfundenen Aufsteiger und seiner Machtfülle zunehmend mißtrauisch und ablehnend gegenüberstanden.[81]
Ebenso wie den in ihren Befugnissen getroffenen Gauleitern ging dieser Ausbau der Kompetenzen Speers auch Bormann, der zu seiner Verärgerung in die Ausarbeitung des Erlasses nicht eingeschaltet worden war, entschieden zu weit. Interne Analysen der Parteikanzlei sahen das bestehende Machtgleichgewicht gefährdet und erkannten in den mit dem Wiederaufbauerlaß verbundenen Aktivitäten von Speers Beauftragten «die Absicht, die Aufgaben des Reichswohnungskommissars zu übernehmen. Sie beschäftigen sich in vielen Fällen sehr stark mit der Wohnungsplanung.»[82] Gölz befürchtete dies umso mehr, als er die Dienststelle des RKW ab Anfang 1944 immer stärker unter den Einfluß von in seinen Augen fachlich unfähigen DAF-Vertretern (Marrenbach, Walter) kommen sah: «Diese Entwicklung ist nach meiner Auffassung keineswegs wünschenswert, weil eine fachlich schwache Dienststelle des Reichswohnungskommissars sehr bald in die Abhängigkeit des Reichsministeriums Speer gerät oder ganz von ihm übernommen wird.» (ebd.)
Auch Bormann selbst[83] ließ gegenüber seinen Mitarbeitern keinen Zweifel an seiner grundsätzlichen Haltung zu Speers Bestrebungen und dem Wiederaufbauerlaß: «Der Erlaß ist keineswegs von sachlichen Notwendigkeiten diktiert, denn wir wissen nicht, in welchem Umfang die deutschen Städte bei Kriegsende zerstört sein werden. Eine Planung, die also z.B lediglich den gegenwärtigen Zustand berücksichtigt, kann bereits in Kürze oder bis Kriegsende *völlig* falsch sein, weil *z.B.* die Zerstörung bis dahin so umfangreich ist, daß man zu ganz anderer Planung als bisher kommen muß. Tatsächlich strebte schon vor Jahren Pg Speer den Erlaß – siehe Vorgänge – in etwa gleichem Sinne an. Damals lehnte der Führer ab, weil er betonte, Speer müsse Architekt bleiben, dürfe nicht als Künstler an Verwaltungsaufgaben gebunden werden. Über diese Ablehnung war Pg Speer, der schon damals andere Ziele hatte, außerordentlich verärgert u. besonders mir u. Prof. Giesler nahm Herr Speer unsere ablehnende Stellungnahme übel. Der jetzige Entwurf geht nun viel weiter als der seinerzeitige: Speer wird *u.a.* schon jetzt als Bau-Diktator eingesetzt; er will die O.T. (Organisation Todt, d. Verf.) hierfür einschalten; sie soll sozusagen federführend auch für die Hochbau-Aufgaben werden.» (Hervorh. i. Orig., d. Verf.)[84]
Tatsächlich erwuchs Speer in Bormann, den er, wie er in seinen «Erinnerungen» schrieb, «mied» und von Anfang an wegen dessen besonderer «Brutalität und Gefühls-

81 Vgl. hierzu Durth 1992, 236ff.; sicherlich spielten auch das Interesse an einem Arbeitsbereich, der Speers eigentlichen Qualifikationen näherstand als die des Rüstungsministers, und die Möglichkeit, mit dem alten Mitarbeiterkreis wieder in einen engeren Arbeitskontakt zu treten, eine wesentliche Rolle für Speers Bemühungen um diese Aufgabe; möglicherweise begann Speer auch bereits, wie Durth zur Diskussion stellte, «angesichts sinkender Siegesgewißheit und der Grenzen einer weiteren 'Totalisierung' des Krieges – zudem noch ständig konfrontiert mit Konflikten und Intrigen – eine dritte Karriere als Planer des Wiederaufbaus vorzubereiten .., nachdem die erste als Hitlers Architekt und die zweite als Rüstungsminister in den Kriegswirren zu scheitern drohte» (ebd., 240).

82 Vorlage Gölz vom 30.5.1944, BAK, NS 6/252, Bl. 7.

83 Vorlage Gölz vom 6.11.1943 mit handschriftl. Anmerkungen Bormanns vom 13.11.1943, BAK, NS 6/251, Bl. 4–6.

84 Vgl. zu dem von Bormann angesprochenen weiter zurückliegenden Vorgang auch die Darstellung Speers (1969, 191).

rohheit» «nicht ausstehen» konnte, ein gefährlicher Gegner, der ab 1944 immer mehr die Oberhand gewann.[85] Dennoch gelang es Bormann nicht, Speer gänzlich auszuschalten. Als Speer Ende 1944 darauf drängte, die 43 am schwersten geschädigten Städte durch einen ergänzenden Führererlaß zu Wiederaufbaustädten zu erklären und für die erforderlichen Planungen etwa 200 Kräfte im ganzen Reich beanspruchte, hielt dies Bormann zwar weiterhin «nicht für sinnvoll», machte aber auch nicht den Versuch, diese Führerentscheidung, auf die, wie er auf dem entsprechenden Schreiben von Lammers handschriftlich vermerkte, Speer «größten Wert» legte, zu blockieren.[86]

7. Arbeitsstab Wiederaufbauplanung

Zunächst aber bauten im Auftrag Speers ab Ende 1943 Wolters, Gutschow, Hettlage und der Nürnberger Oberbürgermeister Liebel vor allem aus dem vertrauten Kreis der Architekten des Generalbauinspektors einen «Arbeitsstab für den Wiederaufbau bombenzerstörter Städte» auf, mit dem Speer den Wiederaufbau auf neue, pragmatische Weise zu organisieren gedachte.[87]
Auf einer Besprechung am 30.11.1943, zu der Speer neben Mitarbeitern des GBI auch Vertreter verschiedener Ministerien und den – zu diesem Zeitpunkt noch im Amt befindlichen – Geschäftsführer des RKW, Wagner, eingeladen hatte, gab er erstmals die neuen Prinzipien bekannt.[88] Statt der im Städtebau bisher geplanten vorrangigen monumentalen Neugestaltung der Innenstädte, zu der ihm – und Hitler – inzwischen «die Lust vergangen» war (1969, 328), müsse nun die Planung – neben dem unumgänglichen Behelfsheimbau – «in der Reihenfolge vor sich gehen, daß zuerst die Verkehrsplanung, dann die Planung der Wohn- und Siedlungsgebiete und schließlich die Planung des Stadtkerns bearbeitet würde. Der Führer habe ihm ausdrücklich erklärt, dass nach dem Kriege vor dem Aufbau des Stadtkerns der Aufbau der Wohn- und Siedlungsgebiete zu erfolgen habe ... Die bauwirtschaftlichen Voraussetzungen für das gesamte Wohnungsbauprogramm nach dem Kriege werde er allein sicherstellen. Es

85 Speer 1969, 101 u. 227; vgl. hierzu auch Dülffer 1990, 266.

86 Lammers an Bormann vom 9.11.1944, BAK, NS 6/197, Bl. 13.

87 Durth 1992, 241ff.; zu dem von Wolters bzw. K. Gutschow als Stellvertreter geleiteten Arbeitsstab und seinem weitverzweigten Umfeld gehörten u.a. Dustmann, Elkart, Giesler, Hebebrand, Hetzelt, Neufert, Niemeyer, Rechenberg, Reichow, Rimpl, Schulte-Frohlinde, Stephan, Tamms und Wortmann – ein Kreis von Planern, deren Verbindungen, wie Durth/ N. Gutschow konstatierten, «sich weit über 1945 hinaus – auch für neue Karrieren – als tragfähig erweisen sollten» (ebd. 1993, 55).

88 Die Rede Speers findet sich in BAK, R 3/1584; längere Passagen zitieren Durth/ Gutschow 1993, 52ff.; eine Zusammenfassung der Rede und der anschließenden Diskussion aus Sicht des RKW enthält der Vermerk Wagners vom 6.12.1943, BAK, NS 6/197, Bl. 10–12; Ley selbst war bei diesem Treffen nicht anwesend, ließ sich aber hinsichtlich der beim RKW über die Kompetenzausweitungen Speers entstandenen Befürchtungen offenbar kurz darauf durch diesen persönlich beruhigen und fügte dem Vermerk Wagners die Bemerkung hinzu: «Unterhaltung mit Pg. Speer, alte Vereinbarung bleibt – Wohngebiete werden ausgewiesen und *wir* (Hervorh. i. Orig.) planen und bauen»; damit bezog sich Ley auf die anläßlich seiner Ernennung zum Reichswohnungskommissar geschlossene interne Vereinbarung mit Speer, daß die Städteplanung und die Raumplanung zwar in dem künftigen «Bauministerium» ressortieren sollten, die Fachplanung in den ausgewiesenen Wohnsiedlungsgebieten aber weiterhin beim Reichswohnungskommissar verbleiben sollte (vgl. Vorlage Gölz vom 24.10.1942, BAK, NS 6/251, Bl. 256).

werde ein Leichtes sein, große Teile der Kriegsindustrie nach dem Kriege für den Wohnungsbau einzuspannen.»[89] Auch in der Streitfrage, ob die «Planung betont eine aufgelockerte oder eine massierte Bauweise zur Grundlage haben» solle, blieb Speer dem eingeschlagenen flexibel-pragmatischen Kurs treu und vertrat die Auffassung, «man dürfe hier kein Dogma aufstellen.» (ebd.)

Auf dieser Grundlage machten sich Wolters und Gutschow mit dem «Wiederaufbaustab» an die Arbeit. Ein erster Schwerpunkt waren gründliche Erhebungen und Vereinheitlichungen der Schadensstatistik der Städte und schließlich die Erarbeitung umfangreicher städtebaulicher Richtwerte, denen Gutschow sein Gliederungsmodell der «Ortsgruppe als Siedlungszelle» zugrundelegte.

Obwohl eigentlich Aufgabe Leys, beschäftigte sich weitgehend unabhängig von dessen Arbeiten[90] auch Speers Arbeitsstab ab April 1944 zunehmend mit Wohnungsfragen. Doch so deutlich sich auch mit der «gegliederten und aufgelockerten Stadt» in städtebaulichen Fragen allmählich ein Konsens der Planer herausbildete, so kontrovers blieben die Vorstellungen vom zukünftigen Wohnen. Gewiß, man war sich einig, daß angesichts der Kriegszerstörungen und des schon Anfang 1944 von Gutschow auf mindestens 3,5 Millionen Wohnungen geschätzten unmittelbaren Fehlbestands alle Möglichkeiten der Rationalisierung ausgeschöpft werden müßten. Doch den auf eine sehr weitgehende Typisierung, Rationalisierung und Mechanisierung des Nachkriegswohnungsbaus gerichteten Vorschlägen Ernst Neuferts, Herbert Rimpls und Friedrich Hetzelts standen die gegenüber, die wie Konstanty Gutschow, Roland Rainer (1944), Hans Stephan oder auch Schulte-Frohlinde mit unterschiedlichen Akzentsetzungen gegen das «Massenmiethaus» und «überzogene Rationalisierungshoffnungen» Stellung bezogen und sich für das Einfamilien(reihen)haus, Landschaftsbezug und variablere Grundrisse einsetzten (vgl. Durth 1992, 261ff.).

In dieser Auseinandersetzung zwischen «Modernen»[91] und «Traditionalisten» wußten

89 Vermerk Wagners vom 6.12.1943, BAK, NS 6/197, Bl. 11; in einem Rundschreiben an die Gauleiter vom 18.11.1943, in dem Speer die Dringlichkeit der Wiederaufbauplanungen unterstrich und um Benennung der dafür in Frage kommenden Städte bat, führte er seine Grundsätze noch einmal aus (Speer an Gauleiter, undatiert (18.11.1943), BA (Potsdam), 40.02/102, Bl. 229).

90 Speer war der Auffassung, wie Wolters im November 1944 im Arbeitsstab hinsichtlich der Konkurrenz zu den Wohnungsplanungen beim RKW berichtete, daß «es nicht schlecht (sei), wenn zwei Apparate nebeneinander arbeiteten. Es müsse sich eben auf die Dauer herausstellen, wer das schlagkräftigere und bessere Instrument in Händen habe» (zit. in: Durth 1992, 262).

91 Beispielhaft für das Denken der jungen Berliner Architekten um Speer, die sich als eigentliche Vollstrecker einer – durch den Nationalsozialismus politisch geläuterten – Moderne sahen, war etwa Wolters Schrift «Vom Beruf des Baumeisters» von 1944; «heute» stehe der Architekt, heißt es darin, «auch im Formalen positiv zur modernen Technik», der Krieg habe den Architekten als «universalen Künstler und Techniker» hervorgebracht, den «Erzbaumeister», der in der umfassenden Aufgabe des Wiederaufbaus «alle Fäden in seiner Hand zusammenhält» (zit. bei Durth 1992, 285); jetzt erst rücke die Vollendung der Moderne in den Blick: «Das erste Drittel unseres Jahrhunderts sieht neue, teilweise fruchtbare Bemühungen. In einigen dieser neuen Arbeiten ist bereits ein Vorahnen eines wahrhaft neuen Bauens zu spüren. Aber diese Bestrebungen waren zum Scheitern verurteilt, da die eigentliche Voraussetzung, der starke politische Bauherr, fehlte. (...) Die formalen, in erster Linie kunstgewerblichen Bestrebungen dieser Männer konnten daher zu keiner grundsätzlichen Wandlung führen. Sie konnten auch nicht zur gesuchten sogenannten 'Moderne' werden, denn sie blieben eine Modeerscheinung, obwohl ihnen das unbestreitbare Verdienst bleibt, die endgültige Loslösung vom Eklektizismus herbeigeführt zu haben.» (ebd.)

freilich die «Modernen» Speer eher auf ihrer Seite. So berichtete rückblickend Wolters über dessen Haltung in dieser Frage: «Speer, der nach seinem Einblick in die moderne Serienfertigung der Waffen unsere Bauwirtschaft – der amerikanischen gegenüber – für rückständig, wenn nicht vorsintflutlich hielt, drängte auf Normung und Typisierung im Wohnungsbau. Er hatte mir bereits früher einmal gesagt, daß er von unseren großen Baufirmen keine durchschlagenden Neuerungen erwarte, daß er nach dem Kriege den sozialen Wohnungsbau vielmehr mit 'unbelasteten' Rüstungsfirmen durchzuführen beabsichtige.» (zit. bei Durth 1992, 307, Anm. 298)

8. «Gestaltung der Wohngebiete» beim Reichswohnungskommissar

Während sich die Bearbeitung der Wohnungsfragen in Speers Wiederaufbaustab eher im stillen vollzog, nahm Ley die nach der Vereinbarung mit Speer in seinen Zuständigkeitsbereich fallende Planung der Wohnsiedlungsgebiete in aller Öffentlichkeit auf. Die aus seiner Perspektive für den Wiederaufbau geltenden Grundsätze entwickelte Ley zuerst im Februar 1944 auf einer Gauleitertagung (Ley 1944). Im Zentrum stand dabei das Bemühen um den Abbau der immer noch vorhandenen Vorbehalte und Ressentiments gegenüber der Großstadt und dem Geschoßwohnungsbau: «Wer eine Stadt im heutigen Deutschland planen will, muß zuerst einmal eine bestimmte Einstellung zur Stadt selbst gewinnen. Wir sind gewohnt, die Stadt als einen völkischen Gefahrenpunkt, als biologischen Krankheitsherd anzusehen. Die Stadt reißt den Menschen aus einer örtlichen Gemeinschaftsbindung, wie sie das Dorf noch kennt, heraus und bietet ihm die Möglichkeit, im gewissen Sinn anonym, unkontrolliert von der Gemeinschaft, ein Leben nur nach seinem persönlichen Geschmack zu führen. Diese Erscheinung liegt im wesentlichen daran, daß unsere Städte unorganisch aufgebaut sind, daß sie den Gemeinschaftszusammenhang der örtlichen Zelle verloren haben. Wenn wir aber vor der Tatsache stehen, daß wir Städte haben und neue Städte bauen müssen, dann müssen wir auch zur Stadt eine neue positive Einstellung gewinnen. Ich bin der Überzeugung, daß eine Stadt, selbst eine Großstadt, wenn sie richtig aufgebaut ist, keinen biologischen und politischen Gefahrenherd für ein Volk darzustellen braucht.» (ebd., 50) Die städtebaulichen Grundsätze waren dieselben wie in Speers neuen Verlautbarungen: Anknüpfen an das vorhandene Straßennetz, Anpassung der Straßenbreiten an die neuen Verkehrsaufgaben, Auflockerung, Hinterhofsanierung u.ä.

Die Grundsätze für die Wohnungsplanung sollte der aus dem Krieg zurückgekehrte Neupert[92], der am 10.2.1944 mit der Einrichtung eines «Büros für Wohnungsplanung» beim Reichsheimstättenamt beauftragt[93] und am 5.6.1944 per Erlaß[94] zu Leys «Beauf-

92 Neupert war als Leiter der Hauptabteilung Städtebau und Wohnungsplanung des Reichsheimstättenamts nach Kriegsbeginn neben den SS-Planungsstäben mit der Siedlungsgestaltung in den besetzten Ostgebieten befaßt; die Ergebnisse dieser bis in den Winter 1941/42 andauernden Planungstätigkeit wurden in den Heften zur «Siedlungsgestaltung aus Volk, Raum und Landschaft» des Reichsheimstättenamtes publiziert; nach seinem Kriegseinsatz kehrte er Anfang 1944 kriegsverwundet nach Berlin zurück (vgl. Durth/ Gutschow 1993, 46).

93 Vgl. Ley an Neupert vom 10.2.1944, BA (Potsdam), 40.02/96, Bl. 145.

94 Abgedr. in: Harlander/ Fehl 1986, 427.

tragtem für die Gestaltung der Wohngebiete» erklärt wurde, in Abstimmung mit Speers Arbeitsstab vorbereiten.

Die Koordination zwischen Neupert und Wolters/ Gutschow gestaltete sich schwierig. Bis in den Frühherbst 1944 hinein gab es verschiedene Treffen[95], und man kam zu einer Absprache über die Form der Zusammenarbeit[96], doch dann riß der Kontakt wieder ab.

Die unterschiedlichen Standpunkte waren auch nicht leicht überbrückbar. Auf seiten der Speer-Beauftragten war man der Meinung, daß «die städtebauliche Gestaltung der Stadt auch eine starke Einflußnahme auf die Planung des Wohngebietes nach sich ziehen (werde)»[97], und war über den Aufbau eines ähnlich arbeitenden Arbeitsstabes beim RKW wenig erbaut. Insbesondere befürchtete man durch die in Leys Erlaß vom 5.6.1944 vorgesehene Bestellung besonderer Beauftragter für die Wohnungsplanung bei den Gauwohnungskommissaren Überschneidungen und Kompetenzkonflikte mit den von Speer für die Planung in den 43 Wiederaufbaustädten eingesetzten Architekten. Neupert hingegen berief sich auf die Absprachen zwischen Speer und Ley und äußerte im Gespräch mit Wolters und Gutschow größte Bedenken gegen eine Ausweitung der Tätigkeit des Speerschen Arbeitsstabes, da «die meisten der beauftragten Architekten .. auf dem Gebiete der Wohnungsplanung völlig neu (seien)».[98] Auch gegenüber Wolters und Gutschow selbst hatte der ganz auf seine eigenen, in den Heften «Siedlungsgestaltung aus Volk, Raum und Landschaft» des Reichsheimstättenamtes niedergelegten, Planungsvorstellungen fixierte Neupert, wie seinen Aufzeichnungen zu entnehmen ist, erhebliche fachliche Vorbehalte (vgl. ebd.).

Umgekehrt fanden aber seine Überlegungen zum Teil, so auch die von ihm in einer Denkschrift vom Oktober 1944 zum «Aufbau der Wohnformen im Stadtverband» entwickelte Verteilung der Hausformen auf Städte verschiedener Größenordnung[99], bei den «Berlinern» durchaus Zustimmung – zumindest bei Speer, der ihm in einer Antwort vom 24.11.1944 auf die Zusendung der Denkschrift schrieb: «Ich bin mit den Grundsätzen, die hier für den zukünftigen Wohnungsbau aufgestellt sind, einverstanden, vor allem vertrete ich ebenfalls Ihre Auffassung, daß der Mehrgeschoßwohnungsbau in den größeren Städten unter keinen Umständen verhindert werden kann und

95 Vgl. hierzu die Niederschriften über die Besprechungen am 15.3., 25.3., 9.6. und 12.9.1944, BA (Potsdam), 40.02/28.

96 Vorschlag über eine Zusammenarbeit zwischen Reichsminister Speer und Reichswohnungskommissar bei der Planung der bombengeschädigten Städte, BA (Potsdam), 40.02/28, Bl. 146.

97 Niederschrift Neuperts über die Besprechung mit Wolters am 15.3.1944, BA (Potsdam), 40.02/28, Bl. 154.

98 Niederschrift Neuperts über die Besprechung mit Wolters und Gutschow am 9.6.1944, BA (Potsdam), 40.02/28, Bl. 121.

99 Vgl. hierzu die entsprechende Schautafel in: Harlander/ Fehl 1986, 23; in den größeren Städten hatte danach mit zunehmendem Gewicht der Geschoßwohnungsbau für Neupert durchaus seinen Platz, eine Position, aus der heraus er «das einseitige Eintreten für den Flachbau» bei Rainer, Gutschow, Niemeyer und anderen ablehnte; vgl. seine «Stellungnahme zur Forderung nach der besten und zweckmässigsten Hausform bei Neugründung und Wiederaufbau von Städten» vom 13.6.1944, BA (Potsdam), 40.02/102, Bl. 246–250; vgl. auch das mit der Schrift «Aufbau der Wohnformen im Stadtverband» verschickte Begleitschreiben vom 17.10.1944, mit dem Ley die Gauleiter bat, die dort niedergelegten Grundsätze als «Richtlinien der Gestaltung der Wohngebiete auch in Ihrem Gau zugrunde zu legen», BA (Potsdam), 40.02/4, Bl. 35f.

daß er darüber hinaus auch bevölkerungspolitisch positiv angesehen werden kann, wenn man nicht an der bisherigen Form der alten Geschoßwohnungen und der alten Mietsblöcke festhält. Ich habe daher meinem Arbeitsstab Wiederaufbauplanung Ihre Richtlinien gegeben und ihn angewiesen, diese Grundsätze den Planungen zu Grunde zu legen.» (zit. in Durth 1992, 307, Anm. 292)

Neupert entfaltete mit seinem kleinen Stab eine äußerst rege Planungstätigkeit. So brachte er im Juli 1944 seine «Grundsätze für den Wiederaufbau deutscher Städte»[100] heraus, mit denen er beanspruchte, «völlig neue Wege» zu gehen und *den* Planungsansatz für den Wiederaufbau gefunden zu haben. Im Kern beinhalteten diese «Grundsätze» nicht mehr und nicht weniger als die Übertragung des im Osten eingeübten «tabula rasa-Denkens» auf die gesamte Wiederaufbauplanung. Alles war in dieser Gedankenwelt prinzipiell disponibel für die angestrebte «bauliche Gestaltwerdung der nationalsozialistischen Weltanschauung» (ebd., Bl. 195). Dies reichte von der Konzeption einer nach «volkspolitischen» Grundsätzen aufgestellten ganz neuen «Siedlungsordnung», die zur Herstellung «organischer Siedlungsräume» im großen Stil Aus- und Umsiedlungen von Bevölkerungsteilen, Industrieverlagerungen etc. vornehmen sollte, bis hin zur Planung der «völligen Erneuerung» des «gesamten Körpers der Stadt»: «So werden z.B. auch Wohngebiete aus rückliegenden Epochen, die geringe Bombenschäden aufweisen bzw. überhaupt nicht von Zerstörungen betroffen sind, zu einem späteren Zeitpunkt nach Deckung des Wohnungsbedarfs abgebrochen und durch neue moderne Wohnbauten ersetzt werden müssen. Schon jetzt ist daher die Planung auf dieses Endbild zuzuschneiden.» (ebd., Bl. 200) Die daran anschließenden wie bei den «Berlinern» von der Ortsgruppe (Größe: 5–7000 Einwohner im Flachbau, bis zur doppelten Einwohnerzahl bei mehrgeschossigen Bauten) ausgehenden Vorstellungen zur Struktur und Gliederung der künftigen Stadt im einzelnen entsprachen in den Forderungen nach Auflockerung, Durchgrünung, Hierarchisierung des Verkehrs und Mischung der Wohnformen durchaus den auch unter Speers Planern üblichen Vorstellungen.

Der von Neupert und seinen Mitarbeitern[101] geplante «Umbau des Siedlungsraumes als grösster Sozialmassnahme aller Zeiten»[102] bedurfte in ihren Augen auch gänzlich neuer organisatorischer Lösungen. Die Tendenz, den Städtebau und den Wohnungsbau nach dem Krieg in dem von Speer geplanten Bauministerium zu integrieren, hielt man für eine «verhängnisvolle Entwicklung» (ebd.). Stattdessen schlug man eine neu zu schaffende «Reichsstelle für Siedlungsgestaltung» vor, die als eine Oberste Reichsbehörde ab der Gauebene auch die Aufgaben der Reichsstelle für Raumordnung übernehmen sollte: «Diese Behörde wird damit überhaupt zur obersten Planungsbehörde des Reiches und steht als solche gleichberechtigt neben dem Bauministerium, in dem die praktische Durchführung aller Bauvorhaben gelenkt wird.» (ebd.)[103]

100 Neupert, 22.7.1944, BA (Potsdam), 40.02/28, Bl. 192–225.

101 Die Mitarbeiter Neuperts (u.a. Roggatz, Reisinger und Nicolaus) kamen überwiegend aus dem Reichsheimstättenamt.

102 «Grundfragen der Organisation, der Planung und des Wohnungsbaues», o.Verf. (Abt. VII RKW), o.D. (9/1944) sowie die Stellungnahme von Nicolaus vom 14.9.1944, BA (Potsdam), 40 02/26, Bl. 109–112.

Als gesetzlichen Rahmen hierfür entwarf Neupert ein «Reichssiedlungsgesetz»[104], mit dem «die Neugestaltung des großdeutschen Lebensraumes und der neue deutsche Wohnungsbau» umfassend geregelt werden sollten.
Andere Behörden und Institutionen waren an diesen Bestrebungen zur Durchsetzung einer «totalen Planung» im Neupertschen Sinn nicht mehr beteiligt. Dementsprechend gering war die Resonanz auf die Vorschläge – offensichtlich selbst innerhalb der Behörde des RKW. Neuperts Arbeitsstab war zwar als «Abteilung VII» formal dem RKW eingegliedert, aber gegenüber den anderen Abteilungen zweifellos in einer Außenseiterrolle.
Als Ley mit einer Anordnung vom 31.10.1944[105] bekanntgab, daß er bis Ende Januar 1945 eine große «Führervorlage» über den Wohnungsbau nach dem Kriege zusammenstellen wollte, die die vor allem durch die Kriegszerstörungen inzwischen veränderten Bedingungen reflektieren sollte, beauftragte er mit ihrer Abfassung jedenfalls nicht Neupert, sondern seinen persönlichen Referenten Otto Wetzel. In einer Abteilungsleiterbesprechung am 19.12.1944 beschwerte sich daraufhin – laut Protokoll – Neupert darüber, «dass Reichsamtsleiter Wetzel die Verfertigung dieser Denkschrift bei Dr. Ley angeregt hat, trotzdem er davon Kenntnis hatte, dass Arch. Neupert mit der Abfassung einer Denkschrift über die grundsätzlichen Fragen des Wohnungsbaues nach dem Kriege beauftragt war.»[106] Fischer-Dieskau als Dienststellenleiter des RKW erklärte jedoch kühl, «dass – ungeachtet der Auffassung des Arch. Neupert über die grundsätzliche Bedeutung seiner Denkschrift – die Bearbeitung der Wetzel'schen Denkschrift von den einzelnen Abteilungen weiter fortgeführt werden müsse» (ebd., Bl. 82).
Trotz aller Anstrengungen[107] war Neuperts Arbeitsstab auch im Umkreis der Behörde des Reichswohnungskommissars nur eine der Stellen, die in der letzten Kriegsphase noch einmal Einfluß auf den «Wohnungsbau nach dem Kriege» zu gewinnen versuchten.[108]

103 Vgl. zu der vorgesehenen Aufgabenteilung zwischen der Reichsstelle für Siedlungsgestaltung, der Reichsstelle für Raumordnung, dem Reichswohnungskommissar und dem Bauministerium die an die Stellungnahme von Nicolaus vom 14.9.1944 angefügte Übersicht, BA (Potsdam), 40.02/26, Bl. 113f.

104 Abdruck des Entwurfs in Harlander/ Fehl 1986, 48; auf der Grundlage dieses Gesetzes sollte dann die Reichsstelle für Siedlungsgestaltung die Planungsaufgaben und der RKW die Durchführung des Wohnungsbaus übernehmen; hierzu war der Erlaß detaillierter «Ordnungen» (Bauland-, Aufschließungs-, Bau-, Träger- und Finanzierungsordnung) geplant.

105 RKW, Anordnung vom 31.10.1944, BA (Potsdam), 40.02/102, Bl. 147.

106 Vermerk Gerlach zur Abteilungsleiterbesprechung am 20.12.1944, BA (Potsdam), 40.02/102, Bl. 81f.

107 Neben dem «Aufbau der Wohnformen ...» und den «Grundsätzen ...» gab er in dieser Zeit auch eine «Untersuchung an einem Bauplatz in Berlin-Charlottenburg» und «Richtlinien für die Arbeitskreise der Akademie» heraus (vgl. sein Schreiben an den Leiter des AWI, Pohl, vom 8.2.1945, BA (Potsdam), 40.02/26, Bl. 270f.).

108 Insofern kann es auch nicht – wie bei Durth/ Gutschow (1993, 49ff.) – genügen, die Tätigkeit des RKW in der letzten Kriegsphase weitgehend mit der Arbeit Neuperts und seiner Mitarbeiter zu identifizieren.

9. «Der Wohnungsbau nach dem Kriege» – Arbeiten und Denkschriften in den letzten Kriegstagen

Das Arbeitswissenschaftliche Institut der DAF (AWI), das bereits 1939 und 1940 mit seinen Denkschriften wesentlichen Einfluß auf die wohnungspolitische Entwicklung genommen hatte, war 1944 zu der Auffassung gelangt, daß der Krieg ganz neue Bedingungen geschaffen habe, die eine Überarbeitung des geplanten Nachkriegs-Wohnungsbauprogramms von Grund auf erforderten: «Dabei bedürfen Mitte 1944 die grundsätzlichen Voraussetzungen ebenso einer Überprüfung wie die tatsächlichen, die der Krieg durch seine Zerstörungen gebracht hat.»[109]

In der hierzu verfaßten umfangreichen neuen DAF-Denkschrift «Der soziale Wohnungsbau nach dem Kriege» (August 1944) trat zu dem immer schon propagierten bevölkerungspolitischen Ziel («Der Nachwuchs des Volkes ist zu sichern und zu heben», ebd., Bl. 17) nun auch noch das Ziel eines Ausgleichs der durch den Krieg gebrachten Opfer: «Der Kriegsgeneration sind die besten materiellen und kulturellen Existenzmöglichkeiten zu bieten.» (ebd.) Für die Erfüllung beider Ziele wurde dem Wohnungsbau eine Schlüsselrolle zugemessen. Doch die Durchführung eines «so gigantischen Bauvorhabens, mit dem in wenigen Jahren Millionen von Wohnungen zu erstellen sind» (ebd., Bl. 19), könne nicht dem «sogenannten freien Wohnungsbau liberalistischer Art» überlassen werden, sondern erfordere die «straffe Führung» durch den «autoritären Staat». Hier trat wieder der alte «DAF-Sozialismus» zu Tage, der sich auch in der Forderung nach einem Anteil der Miete am Haushaltseinkommen zeigte, der nicht höher als 12 % sein sollte (vgl. ebd., Bl. 33). Wie konnte aber dann noch die von Ley auf einer Arbeitstagung der Deutschen Akademie für Wohnungswesen im Mai 1944 aufgestellte Direktive erfüllt werden, daß «der soziale Wohnungsbau nach dem Kriege *ohne jede Subvention* (Hervorh. i. Orig., d. Verf.) durchgeführt werden soll» (ebd., Bl. 36)? Dies war erklärtermaßen die «Kernfrage» (ebd.), mit der sich die Denkschrift zu beschäftigen hatte. Neben all den Vorschlägen zur Rationalisierung der Bauproduktion, zur «Übernahme der Aufschließungskosten durch die Kommunen», zur «kostenlosen Bereitstellung öffentlichen Baulandes», zur Bereitstellung «von billigem Kapital» und zu einem «Wohnungslastenausgleich»[110] entpuppte sich dabei vor allem ein Vorschlag als eigentlicher Kern: der, wie es ebenso trocken wie zynisch hieß, «Einsatz billiger ausländischer Arbeitskräfte» (ebd., Bl. 52)

Die Forderung nach massivstem Einsatz ausländischer Arbeitskräfte im Wohnungsbau gewann in den Konzepten der letzten Kriegsphase in dem Maß an Bedeutung, in dem – wohl auch unter dem Einfluß Hitlers selbst – Ley, Giesler und andere zu dem zuvor so eifrig propagierten Gedanken einer radikalen Rationalisierung der Bauproduktion wieder auf Distanz gingen.

In einer Besprechung beim RKW am 14.2.1945 gab Ley *seine* Fortschreibung des Führererlasses vom 15.11.1940 bekannt und entwickelte ein letztes Mal «Richtlinien

109 AWI (DAF), vertrauliche Denkschrift «Der soziale Wohnungsbau nach dem Kriege», August 1944, BA (Potsdam), 40.02/26, Bl. 16.

110 Dabei war an einen «Lastenausgleich zwischen sozial weniger erwünschten (d.h. vor allem Kleinstwohnungen und Großwohnungen) und sozial notwendigen Wohnungen» gedacht (ebd., Bl. 43).

zur Vorbereitung des Wohnungsbaues nach dem Kriege».[111] Unter Berufung auf Hitler erklärte er, daß an der im Führererlaß festgelegten Größe der Wohnungen (74 qm) «unabänderlich» festgehalten werden müsse. Die Zahl der Wohnungen aber müsse enorm gesteigert werden: Der «Führer» halte «die Erstellung von 5 Millionen Wohnungen im Jahr für durchführbar» (ebd., Bl. 120). Demgegenüber müßten alle anderen Wirtschaftszweige zurücktreten. Dabei sei zu erprobten und bewährten Baustoffen (Ziegelstein) und Bautechniken zurückzukehren: «Die andauernden Versuche, neue Bauweisen zu finden, die angeblich eine Beschleunigung der Bauzeit erbringen sollen, haben bisher zu keinem befriedigendem Ergebnis geführt. Im Gegenteil, der Behelfsheimbau hat gezeigt, dass eine fabrikmässige Erstellung nicht wesentlich wirtschaftlicher sei und nahezu dieselbe Arbeitszeit erfordere, vor allem aber eine große Bauunterhaltung verlange. Die Versuche im endgültigen Wohnungsbau im Montagebau sind daher einzustellen bzw. auf das geringste Maß zurückzuschrauben ... Der Wohnungsbau hat eine eigene Gesetzmässigkeit und auch der Führer lehnt den Montagebau grundsätzlich ab.» (ebd., Bl. 121) Neupert protokollierte weiter, daß Ley forderte, die Normung auf bestimmte Bauteile wie z.B. Deckenbalken, Sparren, Fenster, Türen und Sanitäreinrichtungen zu beschränken: «Auf keinen Fall darf die Normung bis zur Einführung des Rasters kommen. Er sei schärfster Gegner der von Neufert propagierten Rasterung des gesamten Grundrisses. Dies bedeute die Schematisierung des Lebens.» (ebd., Bl. 122) Giesler, der zu der Besprechung hinzukam, stieß ins selbe Horn: Auch er «lehne für seinen Aufgabenbereich die Annahme der von Neufert vertretenen Dinge ab. Es sei Amerikanismus, wenn nicht Bolschewismus» (ebd., Bl. 123).
Es ist nicht auszuschließen, daß die Formulierungen Leys und Gieslers durch den Protokollanten Neupert noch einmal zugespitzt wurden – zumal die Stoßrichtung genau Neuperts Intentionen entsprach. Etwa zeitgleich billigte er in seinem Entwurf für die geplante Führervorlage[112] Modul und Raster lediglich eine Hilfsfunktion bei der Planung von Industrieanlagen und beim Bau von Baracken und Behelfsheimen zu. Ausschließlich angewandt führten sie zu «Vermassung», «Verödung» und «Schematismus» (ebd., Bl. 161f.).
Auch unabhängig vom Wortlaut der Formulierungen trat hier ein bemerkenswerter Stimmungsumschwung zu Tage. Es waren wohl weniger die Argumente der Traditionalisten und Heimatschützer oder der Vertreter des Handwerks, die diese neuerliche «Wende» bewirkten, sondern in erster Linie die Enttäuschung über die Mißerfolge in den zurückliegenden Aktionen. Wieder einmal – wie schon zu Ende der 20er Jahre – hatten sich die Hoffnungen der «Rationalisierer» auf eine rasche Verbilligung und Steigerung der Bauproduktion nicht erfüllt. Insbesondere die Mißerfolge in der Be-

111 Aktenvermerk Neupert vom 15.2.1945, BA (Potsdam), 40.02/102, Bl. 120–124, im folgenden zit. als «Richtlinien ...».

112 «Neugestaltung deutschen Wohnens», o. Verf. (Neupert bzw. seine Abt. VII beim RKW), eine Gliederung hierzu ist handschriftl. auf den 8.3.1945, der folgende ausformulierte Entwurf auf den 15.2.1945 datiert (BA (Potsdam), 40.02/26, Bl. 147–172). Neupert berichtete in einem Brief an Durth vom 20.11.1986, daß er in etwa 100 graphischen Tafeln eine Darstellung seiner Prinzipien beabsichtigte, «um im Frühjahr 1945 in der Reichskanzlei eine Entscheidung Hitlers über die Art des Wiederaufbaues herbeizuführen. Von diesen Tafeln waren bis zur Kapitulation etwa 40 Stck. fertiggestellt ...» (Durth/Gutschow 1988, 38).

helfsheimaktion, die ja für einen Einsatz rationalisierter Produktions- und Baumethoden besonders geeignet schien, und die damit verbundenen Prestigeverluste bei den Parteirivalen dürften den Sinneswandel bei Ley provoziert haben. Auch mit den normierten «Erprobungstypen» im Führerwohnungsbau hatte Ley bis in die Parteikanzlei hinein letztlich mehr Kritik als Zustimmung geerntet, so daß seine Bereitschaft wuchs, anzuerkennen, daß «der Wohnungsbau nicht wie eine Organisation Todt aufgezogen werden (könne)» (Richtlinien ..., Bl. 123). Offensichtlich hatte sich auch Hitler selbst abfällig über den Montagebau geäußert und stattdessen die Verbesserung erprobter Bauweisen gefordert – Grund genug für seinen «treuesten Paladin», die angegebene Richtung weiterzuverfolgen. Hinzu kam natürlich die willkommene Gelegenheit, mit dem Sack auch den Esel, sprich Speer, zu schlagen und den ab Ende 1944 von Hitler zunehmend übergangenen Rivalen Speer (vgl. Speer 1969, 401ff.) weiter zu isolieren.

Wenn nicht über die Rationalisierung, so war, wie schon bei Neupert, das Wohnungsproblem für Ley über den Masseneinsatz verschleppter und versklavter ausländischer Arbeiter zu lösen: «Ausgehend von der heutigen Beschäftigtenzahl von 30 Millionen Menschen, von denen 10 Millionen ausländische Arbeiter sind, wird man für den Wohnungsbau nach dem Kriege von vornherein mit diesen 10 Millionen ausländischen Arbeitern und unter Umständen mit noch 10 weiteren Millionen rechnen können, so dass 20 Millionen deutsche Arbeiter für die Erfüllung aller übrigen Lebensbedürfnisse zur Verfügung stehen, während mit etwa 20 Millionen ausländischer Arbeiter unter Führung von etwa 2 Millionen deutscher Facharbeiter der gesamte Wohnungsbau geleistet werden muss.» (Richtlinien ..., Bl. 122)

Derart monströse und absurde Pläne hatten freilich ganz offensichtlich jeden Realitätsbezug verloren und spiegelten im Februar 1945 lediglich noch den starren und unbeirrbaren Fanatismus ihrer Urheber wider.

Wie weit sie in der Behörde des RKW noch ernstgenommen wurden, ist heute nicht mehr feststellbar. Dort arbeitete man nach letzten Einberufungen zum Bau des «Ostwalls» im Sommer 1944[113] mit den wenigen verbliebenen Mitarbeitern unter schwierigen Bedingungen[114] bis in die letzten Kriegstage hinein an der Auswertung der vorliegenden Denkschriften[115] und an der Vorbereitung der von Ley angeordneten Führervorlage für den Wohnungsbau nach dem Kriege. Die erhaltenen Fragmente und

113 Vgl. den Vermerk von Deuble zur Abteilungsleiterbesprechung vom 7.8.1944, BA (Potsdam), 40.02/102, Bl. 104f.

114 Bereits mit Schreiben vom 26.1.1944 an die übrigen Behörden und nachgeordneten Dienststellen wurde durch den RKW die Zerstörung des Berliner Dienstgebäudes in der Moltkestraße und der Verlust des größten Teils der Akten bekanntgegeben; eine Weiterbehandlung der noch schwebenden Angelegenheiten war damit unmöglich geworden (BAK, R 43II/1161d, Bl. 34); danach mußten sich Leys Planer mit Provisorien behelfen und waren noch mehrfach gezwungen, die Arbeitsräume zu wechseln. (vgl. auch Durth/ Gutschow 1993, 51).

115 Vgl. hierzu die Vermerke Gerlachs über die Abteilungsleiterbesprechungen vom 5.12. u. 19.12.1944, BA (Potsdam), 40.02/102, Bl. 81–85; zum Teil wurden mit der Denkschrift Rainers oder der von Niemeyer/ Göderitz (Vorsitzende der Akademie für Städtebau, Reichs- und Landesplanung) dieselben Arbeiten wie in Speers Wiederaufbaustab diskutiert; vgl. hierzu die Kritiken Neuperts vom 13.6.1944 (an Rainer) und vom 29.11.1944 (an Niemeyer/ Göderitz), BA (Potsdam), 40.02/102, Bl. 246–250 u. 163–166.

Pläne vermitteln das Bild am Ende weitgehend zusammenhangloser Anstrengungen beim RKW, im Reichsheimstättenamt und in der Deutschen Akademie für Wohnungswesen[116], in denen die alten – und ungelösten – Widersprüche (pro und contra Rationalisierung, Hochbau oder Flachbau etc.) wieder deutlich hervortraten.
Das interessanteste, weil am besten den unter den beamteten Fachleuten erreichten Diskussionsstand widerspiegelnde und damit auch für die Nachkriegsentwicklung wohl folgenreichste Papier aus dieser letzten Phase war der «Entwurf einer Gliederung für eine Denkschrift über den Wohnungsbau nach dem Kriege»[117] von Fischer-Dieskau als Dienststellenleiter des RKW.
Neben der Forderung nach geeigneten gesetzlichen Grundlagen durch ein neues Bodenrecht, ein Baugesetzbuch, ein Städtebaugesetz, ein Baulandbeschaffungsgesetz und ein Wohnbauförderungsgesetz nahmen in Fischer-Dieskaus Entwurf die Rationalisierung der Bauweisen und die Mechanisierung des Bauvorgangs, die Fragen der «Typung und Normung» für den Rohbau, Ausbau und die Einrichtung, die Festlegung von Typenkatalogen für die einzelnen Wohnformen und die «Ankurbelung der Serienfertigung und des Montagebaus» (ebd., Bl. 232) breiten Raum ein. Zum «normalen» Wohnungsbau als Einfamilienhaus- und Geschoßwohnungsbau traten als Übergangsmaßnahmen die Instandsetzung beschädigter Wohnungen und der Behelfsheimbau. Träger des künftigen Wohnungsbaus sollten öffentlich-rechtliche Träger, gemeinnützige und nicht-gemeinnützige Wohnungsunternehmen und private Bauherren werden. Die Finanzierung sollte grundsätzlich privatwirtschaftlich und subventionsfrei erfolgen. Bis die Voraussetzungen hierfür durch eine entsprechende Senkung der Bodenpreise, der Baupreise und Zinsen erreicht sein würden, sollten die «unrentierlichen Kosten» durch von Jahr zu Jahr herabzusetzende zinslose Reichsdarlehen gedeckt werden. Die rentierlichen Kosten sollten durch Kapitalmarkthypotheken und das Eigenkapital der Bauherren aufgebracht werden. Allerdings wurde für das erste Nachkriegsjahr zunächst ein «Anlaufkredit» von mehreren Milliarden Reichsmark für unumgänglich gehalten. Die Miete sollte einerseits die laufenden Lasten und Bewirtschaftungskosten decken und andererseits tragbar sein, d.h. – in Fischer-Dieskaus Vorschlag – 20 % des Familieneinkommens nicht überschreiten. Hinsichtlich der Organisationsfragen vermerkte der Gliederungsentwurf wie nicht anders zu erwarten: «Betonung der Notwendigkeit der Zusammenfassung aller den Wohnungsbau unmittelbar betreffenden Fragen einschl. der städtebaulichen Fragen und der Wiederingangsetzung beschädigter Wohnungen beim Reichswohnungskommissar» (ebd., Bl. 233). Kein Wort von einem Bauministerium Speer, aber auch nicht vom Reichsheimstättenamt oder gar der Neupertschen «Reichsstelle für Siedlungsgestaltung»!
Während ringsum Deutschland in Schutt und Asche sank und Hitlers treueste Vasallen

116 Vgl. hierzu etwa das Grundsatzpapier von Spiegel «Zielsetzung für die Arbeiten der Abteilung Hausplanung, Konstruktion, Normung» vom 10.11.1944, in dem Serienbau und Montagebau durchaus noch einen Stellenwert hatten; allerdings räumte auch Spiegel ein, daß die «Bestform» der Wohnung «weder für das ländliche Einfamilienhaus noch für die Stadtwohnung heute (noch nicht, in der Vorlage gestrichen, d. Verf.) vorhanden (ist)» (ebd., Bl. 196).

117 Dieser Entwurf liegt in einer Fassung vom 18.12.1944 (BA (Potsdam), 40.02/102, Bl. 138–143) und einer erweiterten Fassung vom 15.1.1945 vor, auf die im folgenden Bezug genommen wird. (BA (Potsdam), 40.02/26, Bl. 229–236).

letzte zynische Visionen entwickelten, gelang Fischer-Dieskau und seinen Beamten noch eine nüchtern-trockene Aufgliederung der im Wohnungsbau bevorstehenden Aufgaben – sie wußten, daß das Leben weitergeht ...[118]

10. Zusammenfassung

Die praktische Wohnungspolitik der letzten Kriegsphase war im wesentlichen nur noch darauf gerichtet, die Folgen der alliierten Luftkriegsstrategie zu kompensieren. Neben den Maßnahmen der Wohnraumlenkung gewannen mit der Eskalation des Luftkriegs ab 1942/43 die Evakuierungen immer größere Bedeutung.
Doch mit den wachsenden Bombenzerstörungen wuchsen auch die Not und die Beunruhigung der Bevölkerung in einem Maß, das nach aktiverem Eingreifen verlangte. Vor allem auf Drängen Bormanns wurde daraufhin mit einem «Führererlaß» vom 9.9.1943 das «Deutsche Wohnungshilfswerk» gegründet. Ley wurde beauftragt, zur Stabilisierung der «inneren Front», aber auch zur Schaffung von Unterkünften für Rüstungsarbeiter in den Ballungsräumen den Bau von Behelfsheimen auf jede nur mögliche Art voranzutreiben. Doch die Behelfsheimaktion lief aufgrund der fehlenden Kontingente, des harten, langen Winters 1943/44, aber auch, wie die Parteirivalen monierten, der unzureichenden Führung und Kontrolle durch Ley, nur schleppend an und erreichte bei weitem nicht die von Ley versprochene Jahresleistung von einer Million Wohnungen. Obwohl von den Fachleuten zunächst als durchaus willkommenes Experimentierfeld radikaler Rationalisierung im Wohnungsbau begrüßt, wurden insbesondere auch die in die fabrikmäßige Serienfertigung der Behelfsheime gesetzten Erwartungen enttäuscht.
Letztlich war freilich das wohl unausweichliche Scheitern Leys in der Behelfsheimaktion nur Symptom für den allgemeinen Abstieg, der für ihn in der letzten Kriegsphase einsetzte. Seine neuerlichen Versuche einer Reorganisation des Wohnungswesens zugunsten der DAF und des Reichsheimstättenamtes blieben gegen den Widerstand von Bormann, Himmler, Goebbels und Speer letztlich ohne Erfolg, und Stück für Stück zerbrachen nun vor der Realität des Krieges all die utopischen Pläne und Visionen der zuvor ins Auge gefaßten «beispiellosen» Nachkriegssozialordnung. Schließlich blieb in den Planungen der letzten Wochen und Monate bei Hitler und Ley von dem 1940 so groß angelegten technokratischen Modernisierungskonzept im Wohnungsbau nur noch sein innerster Kern übrig: Das Ziel millionenfacher Unterdrückung, Versklavung und Ausbeutung anderer Völker.

118 Wenige Monate später, am 25.10.1945, beging Ley, wie schon vor ihm Hitler, Goebbels, Himmler und Bormann, kurz nachdem ihm in Nürnberg die Anklageschrift als einem der Hauptkriegsverbrecher überreicht worden war, in seiner Zelle Selbstmord; vgl. zum Verhalten Leys ab dem Zeitpunkt seiner Verhaftung am 15.5.1945 durch amerikanische Truppen Smelser 1989, 236ff.

Schlußbetrachtung

Die einleitend aufgeworfene Frage nach der Modernisierungswirkung der durch die Nationalsozialisten im Wohnungswesen in Gang gesetzten Prozesse kann nun differenzierter beantwortet werden. Mit Blick auf die praktischen Ergebnisse scheint die Frage relativ leicht zu klären. Betrachtet man als elementare Ziele sozialstaatlicher Intervention im Wohnungswesen seit der Weimarer Republik den Abbau und die Beseitigung von Wohnungsnot und Mangellagen, die Sicherstellung einer möglichst gleichmäßigen Versorgung der Bevölkerung mit quantitativ ausreichendem und qualitativ den jeweiligen hygienischen, technischen und kulturellen Standards entsprechendem Wohnraum sowie den Ausgleich der am Wohnungsmarkt bestehenden strukturellen Ungleichgewichte durch Mieterschutzgesetzgebung u.ä. (vgl. zuletzt Schulz 1993b, 22ff.) und legt diese Meßlatte an, so kann eine Bilanz nationalsozialistischer Wohnungspolitik wenig auf ihrer Habenseite verzeichnen. Auch nach der Überwindung der Folgen der Weltwirtschaftskrise blieb das finanzielle Engagement des NS-Staates im Wohnungswesen marginal. Die Prioritäten lagen im Vierjahresplan, der Aufrüstung und dem Westwallbau. Nach Kriegsbeginn beschränkte sich die Wohnungsproduktion ohnehin auf die sog. kriegswichtigen Bauten (v.a. Wohnungen und Unterkünfte für Rüstungsarbeiter), die «Erprobungstypen» für den «Führerwohnungsbau» und schließlich den Behelfsheimbau. Bereits bis 1939 konnte das bestehende Wohnraumdefizit trotz der Mobilisierung der «Sparstrumpfkapitalien» für den privaten Wohnungsbau nicht abgebaut werden, nach 1939 vergrößerte es sich ins Unermeßliche: Deutschland wurde weithin zum Trümmerfeld.

Auch in qualitativer Hinsicht waren die 30er Jahre ein gewaltiger Rückschritt. Seit den 20er Jahren war klar, daß es im Wohnungsbau für die einkommensschwächeren Schichten zur Deckung der unrentierlichen, also der nicht aus dem Mietaufkommen zu deckenden Kosten prinzipiell nur zwei Möglichkeiten gab: erhebliches staatliches finanzielles Engagement und/oder radikale Reduzierung der Baukosten. Der NS-Staat wählte den letzteren Weg. Und vor der Wende zur Rationalisierung und Industrialisierung des Bauens ab 1940 konnte dies zunächst nur die drastische Senkung von Standards und Wohnflächen bedeuten. So kam es zu den minimalisierten Wohnflächen der Kleinsiedlungen und Volkswohnungen, die nicht gerade als Aushängeschild nationalsozialistischer Sozialpolitik dienen konnten. Nationalsozialistische Wohnungspolitik war zum Ende der 30er Jahre, dies wurde auch von den NS-Führern immer deutlicher erkannt, in einer schier ausweglosen Sackgasse angelangt, die auch nicht durch die Verlängerung und sukzessive Verschärfung des aus der Weimarer Zeit überkommenen Mieterschutzes, Mietpreisstopps bzw. der Wohnraumbewirtschaftung kompensiert werden konnte.

Dies war der Hintergrund der wohnungspolitischen «Wende» von 1940, die eben nicht bloß einen der vielen großsprecherisch-voluntaristischen Akte des NS-Regimes dar-

stellt, sondern der mit der Konzeption und dem Übergang zu einem «modernen» Massenwohnungsbau, in dessen Vorbereitung alle relevanten wohnungswirtschaftlichen Kräfte und Fachleute einbezogen waren, eine bislang unterschätzte essentielle Brückenfunktion für die Nachkriegszeit und den Wiederaufbau zukommt. Wenn also hier von Modernisierungsprozessen in der NS-Wohnungspolitik gesprochen wird, so kann sich dies – weit weniger als auf Gebautes – im wesentlichen nur auf Programme und Konzepte, Veränderungen von Strukturen in der Administration und Bauwirtschaft, Vorbereitungen, Paradigmenwechsel u.ä. beziehen.
Tatsächlich trat im Nachvollzug der programmatischen Debatten seit Anfang der 30er Jahre ein Prozeß zu Tage, in dem sich nach und nach immer prononcierter «moderne» Positionen in dem angesprochenen Sinn durchzusetzen begannen. Die Zurückdrängung der in der NS-Zeit anfänglich – vor allem propagandistisch – dominierenden Blut-und-Boden-Mystiker und auf eine radikale Zerschlagung der Großstadt, Dezentralisierung und Reagrarisierung zielenden Ideologen setzte bereits kurz nach 1933 ein. Es folgte ab 1935/36 im Kontext forcierter Aufrüstungspolitik und der von ihr ausgehenden Imperative die schrittweise Rehabilitation der Großstadt und des Geschoß- und Mietwohnungsbaus. Der «Wende» von 1940 mit dem Übergang zur Planung des sozialen Wohnungsbaus der Nachkriegszeit kam dann zwar nicht mehr für die Praxis, aber programmatisch eine Schlüsselfunktion zu. Typischerweise ging sie nicht von den beamteten Bürokraten aus, die zu eher kraftlosen Verteidigern des status quo und Verwaltern des Mangels herabgesunken waren, sondern von Ley und seiner zu Ende der 30er Jahre höchst erfolgreichen und wirtschaftlich potenten DAF. In einem Augenblick, in dem vor dem Hintergrund der anfänglichen «Blitzkriegs»-Erfolge die Ressourcen unbegrenzt erschienen und Finanzierungsfragen kaum ins Kalkül gezogen wurden, entwarfen die DAF-Planer und Ley *ihre* Vision der Modernisierung der überkommenen gesellschaftlichen Strukturen.
Die anfängliche Dynamik und Durchschlagskraft dieser Programmatik im Bereich der Wohnungspolitik resultierte weniger aus Leys persönlicher, an entscheidenden Punkten freilich immer wieder durch Hitler gedeckter Machtstellung, sondern eher daraus, daß sie den durch die Rationalisierungsprozesse in der Kriegswirtschaft ausgelösten «Modernisierungsschub» und «tendenziellen Wandel vom völkischen Ideal zum technokratischen Realismus» (Herbst 1982, 458) geschickt mitvollzog und für das Wohnungswesen umzusetzen versuchte. Kernpunkt war das Ziel der Produktion der «Wohnung als Massenkonsumgut», das vor allem durch eine radikale Neuorganisation des Wohnungswesens und – in Analogie zu Volkswagen, Volksempfänger und Volkskühlschrank – durch konsequente Rationalisierung, Normung und Typung verwirklicht werden sollte. Mit aller Macht suchte man nun, wie in anderen Bereichen, die Möglichkeiten moderner Technik den eigenen Zielen anzupassen, ja, sah in gewisser Weise überhaupt erst im «totalen Staat» nationalsozialistischer Prägung die Chance zu ihrer systematischen Entwicklung und Anwendung gekommen. Daß sich mit diesem Versuch der Vereinnahmung moderner Technik und Wissenschaft die Irrationalität und Inhumanität der Systemziele des Nationalsozialismus nicht verringerten, sondern sogar eher noch steigerten, ist desillusionierender und bis heute gerne verdrängter Bestandteil der Geschichte der Industrialisierung und Technik in diesem Jahrhundert.

Die Ausweitung wohlfahrtsstaatlicher Garantien und damit auch der Aufstieg des «sozialen Wohnungsbaus» zu einem integralen Bestandteil moderner Sozialstaatlichkeit war, dies zeigt die Erfahrung seit den 20er Jahren auch in den anderen westlichen Industriegesellschaften, in ökonomischer Hinsicht nur zu einem sehr geringen Teil an Rationalisierungsanstrengungen, in ganz wesentlichem Umfang aber an die Bedingungen von Wachstum und wirtschaftlicher Prosperität geknüpft. Die Modernisierungsbedingung dagegen, mit der die Nationalsozialisten ihre Rationalisierungspläne flankierten, stand gerade im Bauwesen von Anfang an im Kontext ihrer Kriegs- und Eroberungspläne und zielte brutal auf die millionenfache Ausbeutung von Arbeitskräften aus den unterworfenen Völkern!
Die künftige Entwicklung der deutschen «Volksgemeinschaft» jedenfalls stand in den Visionen der NS-Planer zur Nachkriegssozialordnung nun nicht mehr im Widerspruch, sondern war kompatibel und gründete sogar trotz aller programmatischer Bindungen der Nationalsozialisten an das Handwerk und an die Kleinsiedlung ganz wesentlich auf der Durchsetzung eines beschleunigten Industrialisierungs- und Modernisierungsprozesses.
In den Kämpfen unter den NS-Potentaten ging es um Macht und Einfluß in dem eingeleiteten Modernisierungsprozeß, nicht mehr um seine generelle Akzeptanz. Trotz der wohnungspolitischen Wende, die der Führererlaß vom 15.11.1940 markierte, war Ley aber letztlich mit dem von ihm – zugunsten seiner DAF – geplanten Projekt einer umfassenden «Sozialisierung» und Lösung der Wohnungswirtschaft aus ihren «kapitalwirtschaftlichen Verflechtungen» nicht erfolgreich. Ley hatte den seit Beginn der 30er Jahre unterbrochenen Modernisierungsprozeß wieder in Schwung gebracht und tat viel für die Neuorientierung der überkommenen Parteidoktrin. Von den anderen Rivalen, die darauf aufbauen konnten, unterschied er sich konzeptionell durch seine sozialpolitische Radikalität, vor allem aber durch seinen totalitären Etatismus bzw. die unaufhörlichen Versuche, seiner DAF eine hegemoniale Stellung auch im Wohnungsbereich zu verschaffen. Aber genau mit diesen Ansprüchen scheiterte er schließlich auch.
Die etablierten Kräfte der Staatsadministration, der gemeinnützigen Wohnungswirtschaft und des organisierten Realkredits bewiesen – mit fallweiser Unterstützung der argwöhnischen Parteirivalen, die, wie Speer mit dem vom ihm geplanten Nachkriegs-Bauministerium oder Bormann mit dem zunehmend durch ihn selbst interpretierten «Parteiinteresse», jeweils eigene Absichten verfolgten – mehr Widerstands- und Beharrungskraft als erwartet. Und bevor die diversen Vorbereitungen über die «Erprobungsphase» hinaus praktische Bedeutung erlangen konnten, stoppten die Kriegsereignisse alle weiteren Arbeiten am künftigen Wohnungsbau. Statt der «Führerwohnungen» plante man nun Behelfsheime und arbeitete auf mehr oder minder pragmatische Weise an Plänen zum Wiederaufbau der bombenzerstörten Städte.
Trotz oder vielleicht gerade wegen des Scheiterns der anfänglich mit ihm verknüpften DAF-Visionen reicht die Bedeutung des wohnungspolitischen Kurswechsels nach 1940 weit über seinen schließlich durch den Krieg erzwungenen Abbruch hinaus: Durch alle Rivalitäten und individuellen Machtkämpfe hindurch und gewissermaßen

unterhalb der propagandistischen Obertöne und Durchhalteparolen im «totalen Krieg» hatten sich die Konturen einer Politik herauszuschälen begonnen, die in vielen Punkten bereits den Konsens vorzeichneten, der den wohnungspolitischen Weichenstellungen zu Beginn der 50er Jahre zugrunde lag.

Noch während des Krieges entstanden, gewissermaßen als Folge der erbitterten Kämpfe mit dem Etatismus der DAF, die Umrisse und so etwas wie der pragmatische Konsens der Fachleute und der Wohnungswirtschaft über die Notwendigkeit eines sozialen Wohnungsbaus für «breite Schichten des Volkes» in Form eines stark typisierten, genormten großstädtischen Massenmietwohnungsbaus. Es war ein Wohnungsbau, bei dem der Staat unter erheblichem Mitteleinsatz in der Objektförderung eine «tragbare Miete» (ähnlich der «Richtsatzmiete» des I. WoBauG) garantieren sollte, ohne selbst unmittelbar als Bauherr und Träger aufzutreten. Als Träger hatte sich die gemeinnützige, vor allem aber auch die private Wohnungswirtschaft behauptet. Und, vielleicht die wichtigste Brücke zu den 50er Jahren, es hatte sich, zumindest in der Linie der technokratischen Realisten Todt und Speer, die statt auf die planwirtschaftlichen Visionen Leyscher Prägung eher auf die Kooperation mit der Industrie und Privatinitiative setzten, auch schon das Ziel einer fortschreitenden Liberalisierung des Wohnungsbaus behauptet: Dies betraf nicht allein das Ziel einer möglichst raschen Beseitigung wohnungszwangswirtschaftlicher Maßnahmen, sondern auch – qua Rationalisierung – die Hoffnung auf Herstellung von Rentabilität im privaten Wohnungsbau und damit langfristig auch auf die Möglichkeit des Abbaus der vorläufig unverzichtbaren öffentlichen Subventionen.

Mit eben diesen Punkten ist aber auch bereits die wohnungspolitische Substanz[1] des in Bundestag und Bundesrat ohne Gegenstimmen verabschiedeten Ersten Wohnungsbaugesetzes (I. WoBauG) von 1950 (BGBl. 1950, 83) bezeichnet.[2] Sein praktischer «Fluchtpunkt» war die immense Wohnungsnot der Nachkriegszeit, sein ordnungspolitischer Bezugspunkt eine sozialpolitisch abgesicherte Liberalisierung und die weitestmögliche Einbindung der Marktkräfte – weitergehende planwirtschaftliche Vorstellungen, wie sie nach 1945 anfänglich bei allen Parteien im Vordergrund standen und von der SPD auch weiterhin verfolgt wurden, fanden bereits keine Mehrheiten

1 Vgl. hierzu etwa die in ihren Grundzügen vom Kabinett Adenauer gebilligte Denkschrift aus dem neugeschaffenen Ministerium Wildermuth «Grundzüge der Wohnungspolitik», Anlage zu Wildermuth an Adenauer vom 10.11.1949, BAK, B 134/1282.

2 Vgl. zum technischen Verlauf der Beratungen die Darstellung in dem Kommentar von Fischer-Dieskau und Pergande (1950); vgl. weiter zur Entstehungsgeschichte des I. WoBauG die Materialien im Parlamentsarchiv, I, 26 A und I, 26 B1–B3; Basis des singulären wohnungspolitischen Konsenses in der Verabschiedung des I. WoBauG, der freilich in der Folgezeit wieder rasch zerbrach, war ein Beratungsverfahren, in dem praktisch die im Wohnungsministerium ausgearbeitete Regierungsvorlage mit dem SPD-Entwurf (der seinerseits auf dem Entwurf des Gesamtverbandes gemeinnütziger Wohnungsunternehmen basierte) vereinigt wurde; vgl. hierzu Gesamtverband Gemeinnütziger Wohnungsunternehmen, «Entwurf für ein Gesetz über den sozialen Wohnungsbau», September 1949, BAK, B 134/6232 u. SPD-Fraktion, Entwurf eines Gesetzes über den Sozialen Wohnungsbau vom 20.12.1949, Deutscher Bundestag 1. Wahlperiode 1949, Drucksache Nr. 352; vgl. hierzu bzw. generell zur Entwicklung der Wohnungspolitik zwischen 1945 und 1957 die jüngst erschienene ausgezeichnete Arbeit von Schulz (1994), der mit einer umfassenden Erschließung und Bearbeitung der relevanten Quellen und Archivalien die hier bislang bestehende Forschungslücke geschlossen hat, vgl. weiter zur Wohnungspolitik nach 1945 u.a. Pergande 1973, Blumenroth 1975, GEWOS 1990, Hafner 1993.

mehr.[3] Dies implizierte von Anfang an die Gleichstellung gemeinnütziger, privater und öffentlicher Träger und den Verzicht auf eine Dauerbindung des öffentlich geförderten Wohnraums. Zielgruppe des Gesetzes wurden – im Unterschied zum historischen Konzept des «Arbeiterwohnungsbaus» – die «breiten Schichten des Volkes», zu denen nach der im Gesetz genannten «Jahresarbeitsverdienstgrenze der Angestelltenversicherung» ca. 80 % der Bevölkerung rechneten. Mit diesem Gesetz wurden in der Bundesrepublik die Weichen für einen «modernen», sozialstaatlich garantierten Massenwohnungsbaus bereits Anfang der 50er Jahre definitiv gestellt, auch wenn sich seine Durchsetzung in einem widersprüchlichen und kontroversen Prozeß noch bis in die 60er Jahre hinziehen sollte.

Zunächst allerdings besaßen die zonalen Behörden und die für das Wohnungswesen grundsätzlich zuständigen Länder[4] in den durch Wohnraumbewirtschaftung, Enttrümmerung, Winterfestmachung, Behelfswohnungsbau, Instandsetzung und Wiederaufbau gekennzeichneten ersten Nachkriegsjahren – abgesehen vielleicht von einer bescheidenen Förderung der Kleinsiedlung und der Selbsthilfe sowie von Sonderprogrammen wie dem Bergarbeiterwohnungsbau – in der Praxis kaum Spielräume für die Förderung des Neubaus und die Entwicklung einer eigenen Wohnungspolitik.[5] Bis weit in die 50er Jahre hinein schien der Wiederaufbau zudem mit der anfänglichen Renaissance der Kleinsiedlung und der Betonung der Selbsthilfe, mit der Dominanz handwerklicher Produktion und dem Wiederaufleben von Bodenständigkeit und Heimatstil eher in der restaurativen Tradition der 30er Jahre zu stehen als in der Kontinuität des Modernisierungsprozesses der 40er Jahre. Doch die letzten Kriegsjahre und die Not der unmittelbaren Nachkriegszeit mit ihren Sonderbedingungen, die mit dem Einsetzen des «Wirtschaftswunders», der Integration der Flüchtlinge und Vertriebenen und dem Erreichen der Vollbeschäftigung Zug um Zug entfielen, hatten diesen Prozeß nur für eine begrenzte Zeit unterbrochen.

Als dann nach der Währungsreform und der Gründung der Bundesrepublik sich die Chance zur Neuformulierung zentralstaatlicher Wohnungspolitik bot, standen in der gemeinnützigen Wohnungswirtschaft, im Kreditwesen, in dem neugegründeten Ministerium für Wohnungsbau sowie in Parteien und Verbänden die Kräfte und Fachleute bereit, die wie Fischer-Dieskau, Pergande, Klabunde, Brecht und viele

3 Alfred Müller-Armack, einer der einflußreichsten Sachverständigen und einer der «Väter» der «sozialen Marktwirtschaft» formulierte die Zielrichtung in einem Vortrag am 25.4.1949 in Hannover folgendermaßen: «Was erstrebt wird, ist die Schaffung einer *Sozialen Marktwirtschaft* (Hervorh. i. Orig., d. Verf.) im Bereich des Wohnungsbaus, d.h. eine Verbindung sozialen Schutzes mit den – wie die jüngste Entwicklung bewiesen hat – auch heute noch möglichen produktiven Leistungen einer freien Ordnung.» (BAK, Z 40/412)

4 Die Alliierten hatten mit dem Kontrollratsgesetz Nr. 18 zwar die Kontrolle über die Wohnraumbewirtschaftung an sich gezogen, das Wohnungswesen aber grundsätzlich in die Verantwortung der deutschen Behörden (in erster Linie der Wiederaufbauminister der Länder) gestellt (vgl. zur Durchführung des Gesetzes Nr. 18 u.a. BAK, Z 1/1200–1207 u. Z 40/465 u. 466); eine koordinierende Tätigkeit der zonalen Behörden und Ausschüsse kam teils wegen des Widerstands der Besatzungsmächte, teils wegen des Widerstands der Länder, die eine Einschränkung ihrer Kompetenzen durch zentrale Instanzen befürchteten, kaum in Gang.

5 Vgl. hierzu, bezogen auf Selbsthilfe und Kleinsiedlungsbau, Gödde/ Harlander/ Hater 1992, neuerdings Diefendorf 1993, 125ff.

andere[6] auch über diesen Systembruch hinweg letztlich Garanten für langfristige Kontinuitäten im deutschen Wohnungswesen waren.
Hat es auch keine «Stunde Null» in der Nachkriegswohnungspolitik gegeben, so war in den verschiedenen Besatzungszonen, bei Parteien und Verbänden die erste Nachkriegszeit in wohnungspolitischer Hinsicht trotz oder gerade wegen der Beschränkungen in der Praxis durch außerordentlich wechselvolle, für sehr heterogene Einflüsse offene Entwicklungen geprägt. Der Einfluß der Alliierten auf die Gestaltung der künftigen Wohnungspolitik blieb dabei letztlich gering, aber die politischen Parteien formierten sich neu und bezogen in den Prozeß ihrer wohnungspolitischen Willensbildung – nicht zuletzt auch mit Rückgriff auf die Erfahrungen der 20er Jahre – eigentlich «die gesamte Breite der wohnungspolitischen Instrumente (ein), die seit Beginn der Hochindustrialisierung in Deutschland entwickelt worden waren» (Schulz 1994, 168). Am Ende traten dann mit dem im I. WoBauG gefundenen pragmatischen Konsens die konzeptionellen Kontinuitäten zu den Diskussionen der frühen 40er Jahre aber wieder klar hervor – sicherlich zum Teil ein Ergebnis der fast gänzlich ungebrochenen personellen Kontinuitäten bei den maßgeblichen Fachleuten und Politikern, vielleicht aber mehr noch ein Indiz für den geringen Gestaltungsspielraum, der überhaupt zur Lösung der Aufgabe eines «sozialen Wohnungsbaus» für «breite Schichten des Volkes» zur Verfügung stand.

6 Fischer-Dieskau als zuständiger Abteilungsleiter und Pergande waren auf seiten des Ministeriums für Wohnungsbau, Klabunde und Brecht auf seiten der SPD und des Gesamtverbands Gemeinnütziger Wohnungsunternehmen führend an der Erarbeitung der entscheidenden Entwürfe zum I. WoBauG beteiligt; sie alle waren auch in der NS-Zeit an verantwortlicher Stelle in den geschilderten Prozeß einer «pragmatischen Modernisierung» der Wohnungspolitik eingebunden, der seine letzte Fassung in Fischer-Dieskaus «Entwurf einer Gliederung für eine Denkschrift über den Wohnungsbau nach dem Kriege» vom 15.1.1945 (BA (Potsdam), 40.02/26) gefunden hatte und nun auch die Substanz des I. WoBauG mitprägte; vgl. zu den personellen Kontinuitäten bei den Fachleuten der politischen Parteien, der Wohnungswirtschaft und im Wohnungsbauministerium, in dem nach seiner Gründung 1949 (mit Ausnahme des Staatssekretärs Hermann Wandersleb) die Leitungsebene vollständig und zum großen Teil auch die Referenten durch Beamte aus der ehemaligen Reichsverwaltung besetzt waren, Schulz 1994, 191ff.

Abkürzungen

AWI	Arbeitswissenschaftliches Institut (der DAF)
BA (Potsdam)	Bundesarchiv (Potsdam)
BAK	Bundesarchiv (Koblenz)
BSW	Bauen, Siedeln, Wohnen
DAF	Deutsche Arbeitsfront
DBZ	Deutsche Bauzeitung
DINTA	Deutsches Institut für technische Arbeitsschulung
DSB	Deutscher Siedlerbund
GBBau	Generalbevollmächtigter für die Bauwirtschaft
GBI	Generalbauinspektor für die Reichshauptstadt Berlin
Gestapo	Geheime Staatspolizei
GT	Der Gemeindetag
HJ	Hitlerjugend
KdF	Kraft durch Freude
KfdK	Kampfbund für deutsche Kultur
KZ	Konzentrationslager
NSBDT	Nationalsozialistischer Bund Deutscher Techniker
NSDAP	Nationalsozialistische Deutsche Arbeiterpartei
NSV	Nationalsozialistische Volkswohlfahrt
OT	Organisation Todt
Pg.	Parteigenosse
RABl.	Reichsarbeitsblatt
RAG	Reichsarbeitsgericht
RAM	Reichsarbeitsministerium
RGBl.	Reichsgesetzblatt
RKSW	Reichskommissar für den sozialen Wohnungsbau
RKW	Reichskommissar für den Wohnungsbau
RuPrAM	Reichs- und Preußischer Arbeitsminister
RWM	Reichswirtschaftsministerium
RM	Reichsmark
SA	Sturm-Abteilung
SdA	Schönheit der Arbeit
SS	Schutz-Staffel
SuW	Siedlung und Wirtschaft
SWD	Der soziale Wohnungsbau in Deutschland
VB	Völkischer Beobachter
VO	Verordnung
WD	Der Wohnungsbau in Deutschland
WGG	Wohnungsgemeinnützigkeitsgesetz

Quellen- und Literaturverzeichnis

1. Archivmaterialien

Bundesarchiv, Koblenz (BAK):

R 2	Reichsfinanzministerium Akten: 19481, 19482
R 18	Reichsministerium des Innern Akten: 166, 1531, 1532, 5370
R 41	Reichsarbeitsministerium Akten: 22, 658, 690, 697, 699, 713, 715, 808, 887, 1007, 1025, 1027, 1033, 1511
R 43II	Reichskanzlei (NS-Zeit) Akten: 1007, 1007a, 1007b, 1009, 1009a, 1009b, 1029a, 1033a, 1161d, 1174, 1174a
NS 5 I	Deutsche Arbeitsfront Akten: 317, 335
NS 6	Parteikanzlei Akten: 113, 197–199, 250–253, 256, 265, 276, 178, 251–253, 265, 298–300, 302, 581, 776
NS 25	Hauptamt für Kommunalpolitik Akten: 990, 1000, 1040, 1110, 1138, 1176, 1179
NSD 50	NS-Drucksachen Akten: 312, 323
B 105	Städtetag Akten: 185, 186
B 134	Bundesministerium für Wohnungsbau Akten: 1282, 6228–6235
Z 1	Länderrat Akten: 1200–1207
Z 2	Zonenbeirat Akten: 36, 61, 88
Z 40	Zentralamt für Arbeit Akten: 346, 360, 412, 464–466

Bundesarchiv, Potsdam (BA Potsdam):

31.01	Reichswirtschaftsministerium Akten: 10099, 10100, 10106
39.01	Reichsarbeitsministerium Akten: 11262
40.02	Deutsche Akademie für Wohnungswesen Akten: 3, 4, 26, 28, 76, 91, 96, 102, 242
46.06	Generalinspektor für die Reichshauptstadt Berlin Akten: 149, 371, 399, 3273
61 RE 1	Reichslandbund Pressearchiv 1933–34 Akten: 2377, 2378
62.03	Deutsche Arbeitsfront, AWI, Zeitungsausschnittsammlung Akten: 5011, 5045, 5058, 5425, 6079, 6080, 7400–7402

Parlamentsarchiv Bonn:

I 26, A, B1–B3 Materialien zum Ersten Wohnungsbaugesetz

Archiv der sozialen Demokratie der Friedrich-Ebert-Stiftung (FES), Bonn:

Bestand Kurt Schumacher, Mappen 51, 197, 199

2. Literatur

Abelshauser, W.: Wirtschaftsgeschichte der Bundesrepublik Deutschland (1945–1980), Frankfurt a.M. 1983

Abelshauser, W., A. Faust, D. Petzina: Deutsche Sozialgeschichte 1914–1945. Ein historisches Lesebuch, München 1985

Aders, G.: Hintergründe und Ablauf, in: Rüther, M. (Hg.): Köln, 31. Mai 1942: der 1000 Bomber-Angriff, Köln 1992

Alber, J.: Nationalsozialismus und Modernisierung, in: KZfSS März 1989, 346ff.

Albrecht, G. u.a. (Hg.): Handwörterbuch des Wohnungswesens, Jena 1930

Aly, G.: Bevölkerungspolitische Selektion als Mittel der sozialen «Neuordnung», in: Frei/ Kling 1990

Aly, G., S. Heim: Vordenker der Vernichtung. Auschwitz und die deutschen Pläne für eine neue europäische Ordnung, Hamburg 1993 (Taschenbuchausgabe)

Andernacht, D., G. Kuhn: «Frankfurter Fordismus», in: Deutsches Architektur-Museum Frankfurt am Main (Hg.): Ernst May und das Neue Frankfurt 1925–1930, Berlin 1986

Auer, H. von: Der Wohnungsbau in den Städten im 2. Halbjahr 1931, in: Städte und Statistik 1932, 61ff.

Auffahrt, S.: Baufibeln oder die Stabilisierung der «Inneren Front», in: Arch + 72/1983, 29ff.

Bamberg, G.: Siedlungen der Deutschen Arbeitsfront im Aachener Kohlenrevier – Siedlung Alsdorf, in: BSW 1937, 506ff.

Barkai, A.: Das Wirtschaftssystem des Nationalsozialismus. Der historische Hintergrund 1933–1936, Köln 1977

Bartetzko, D.: Zwischen Zucht und Ekstase. Zur Theatralik von NS-Architektur, Berlin 1985

Baumann, Z.: Moderne und Ambivalenz. Das Ende der Eindeutigkeit, Hamburg 1992 (engl. Originalausgabe 1991)

Bayerischer Landesverein für Heimatpflege (Hg.): Baufibel für das nördliche Oberbayern (Bearb.: H. Prechter), München 1948

Beck, U.: Risikogesellschaft, Frankfurt a.M. 1986

– ders.: Der Konflikt der zwei Modernen, in: Zapf 1991

– ders.: Die Erfindung des Politischen. Zu einer Theorie reflexiver Modernisierung, Frankfurt a.M. 1993

Beck, U., W. Bonß: Soziologie und Modernisierung. Zur Ortsbestimmung der Verwendungsforschung, in: Soziale Welt 4/1984

Becker: Erfahrungen mit der Preisfestsetzung von Bauland, in: WD 9-10/1943, 189ff.

Bellinger, H.: Neufassung und Vereinfachung der Kleinsiedlungsbestimmungen, in: SuW 10/1937, 577ff.

Berger, J. (Hg.): Die Moderne – Kontinuitäten und Zäsuren (Soziale Welt, Sonderbd. 4), Göttingen 1986

– ders.: Modernitätsbegriffe und Modernitätskritik in der Soziologie, in: Soziale Welt 3/1988

Berger, P. L., B. Berger, H. Kellner: Das Unbehagen in der Modernität, Frankfurt/New York 1975 (amerikan. Originalausgabe New York 1973)

Bergmann, K.: Agrarromantik und Großstadtfeindschaft, Meisenheim am Glan 1970

Bernhard, N.: Balkanisierung des Wohnungswesens. Zweifelhafte Selbsthilfe aus dem Selbsterhaltungstrieb heraus, in: BSW 13/1932, 179ff.

Betker, F.: Ökologische Stadterneuerung – ein neues Leitbild der Stadtentwicklung? Aachen 1992

Bettelheim, Ch.: Die deutsche Wirtschaft unter dem Nationalsozialismus, München 1974 (frz. Originalausgabe Paris 1971)

Beyme, K. von: Der Wiederaufbau. Architektur und Städtebaupolitik in beiden deutschen Staaten, München/Zürich 1987

– ders. u.a. (Hg.): Neue Städte aus Ruinen. Deutscher Städtebau der Nachkriegszeit, München 1992

Blaich, F.: Der schwarze Freitag. Inflation und Weltwirtschaftskrise, München 1985

Blechschmidt: Reichsbürgschaften für den Kleinwohnungsbau, Eberswalde 1937 (bzw. 1934)

Blumenroth, U.: Deutsche Wohnungspolitik seit der Reichsgründung. Darstellung und kritische Würdigung, Münster 1975

Bodenschatz, H.: Platz frei für das Neue Berlin! Geschichte der Stadterneuerung in der «größten Mietskasernenstadt der Welt» seit 1871, Berlin 1987

– ders.: Zur Krise des sozialstaatlichen Entwicklungsmodells, in: RaumPlanung 46/1989, 167ff.

Bodenschatz, H., C. Seifert: Stadtbaukunst in Brandenburg an der Havel. Vom Mittelalter bis zur Gegenwart, Berlin 1992

Bollerey, F., G. Fehl, K. Hartmann (Hg.): Im Grünen wohnen – im Blauen planen. Ein Lesebuch zur Gartenstadt, Hamburg 1990

Bollmus, R.: Alfred Rosenberg – «Chefideologe» des Nationalsozialismus?, in: Smelser/ Zitelmann 1990

Borchardt, K.: Realkredit und Pfandbriefmarkt im Wandel von 100 Jahren, in 100 Jahre Rheinische Hypothekenbank, Frankfurt a.M. o.J. (ca. 1971)

– ders.: Wachstum, Krisen, Handlungsspielräume der Wirtschaftspolitik, Göttingen 1982

Bose u.a.: «...ein neues Hamburg entsteht...». Planen und Bauen von 1933–1945, Hamburg 1986
Bracher, K. D., M. Funke, H.-A. Jacobsen (Hg.): Nationalsozialistische Diktatur, Düsseldorf 1983
Brandt, F.: Lehrsiedlung Braunschweig-Mascherode, in: BSW 9/1939, 440ff.
Brecht, J.: Die Siedlung in der Arbeitsbeschaffung, in: SuW 7/1934, 284ff.
– ders.: Die gemeinnützige Wohnungswirtschaft im Kriege, in: WD 11-12/1944, 121ff. (abgedr. in: Harlander/ Fehl 1986, 340ff.)
Brecht, J., J. Fischer-Dieskau, H. Wagner: Die Aufgaben des gemeinnützigen Wohnungswesens im neuen deutschen Wohnungsbau, Jena 1941
Brecht, J., E. Klabunde: Wohnungswirtschaft in unserer Zeit, Hamburg 1950
Breitmeyer: Die zweite Hypothek, in: SuW 1939, 268ff.
Brenner, H.: Die Kunstpolitik des Nationalsozialismus, Reinbek b. Hamburg 1963
Broszat, M.: Plädoyer für eine Historisierung des Nationalsozialismus, in: Graml, H., K.-D. Henke: Nach Hitler. Der schwierige Umgang mit unserer Geschichte. Beiträge von Martin Broszat, München 1986
– ders.: Der Staat Hitlers, München 1989 (1969)
Broszat, M., H. Möller: Das Dritte Reich. Herrschaftsstruktur und Geschichte, München 1983
Brunne, K.: Die Groß-Siedlung Elbing-Kupferhammer, in: SWD 16/1941, 567ff. (abgedr. in: Harlander/ Fehl 1986, 216ff.)
Buchholz, W.: Die nationalsozialistische Gemeinschaft «Kraft durch Freude» – Freizeitgestaltung und Arbeiterschaft im Dritten Reich, Diss., München 1976
Büttner, U.: Hamburg im Luftkrieg. Die politischen und wirtschaftlichen Folgen des «Unternehmens Gomorrha», in: Hiller/ Jäckel/ Rohwer 1991
Bundesarchiv und Institut für Zeitgeschichte (Hg.): Akten zur Vorgeschichte der Bundesrepublik Deutschland 1945–1949, 5 Bde., München/Wien 1976–1981
Bundesminister für Vertriebene, Flüchtlinge und Kriegsgeschädigte (Hg.): Dokumente deutscher Kriegsschäden, Bd. 1, Bonn 1958
Conze, W., M. R. Lepsius (Hg.): Sozialgeschichte der Bundesrepublik Deutschland. Beiträge zum Kontinuitätsproblem, Stuttgart 1983
Corni, G.: Richard Walther Darré – Der «Blut-und-Boden»-Ideologe, in: Smelser/ Zitelmann 1990
Cramer, J., N. Gutschow: Bauausstellungen. Eine Architekturgeschichte des 20. Jahrhunderts, Stuttgart 1984
Culemann, C.: Gestaltung der städtischen Siedlungsmasse, in: BSW 24/1940, 914ff.
– ders.: Funktion und Form in der Stadtgestaltung, Bremen 1956
DAF (Arbeitswissenschaftliches Institut): Denkschrift «Die Wohnungsfrage. Ein Versuch zur Klärung der sozial- und wirtschaftspolitischen Problematik des Wohnungsbaus», Berlin Juni 1939
– dass.: Jahrbuch 1940/41, Berlin o.J. (1942)
– dass.: Die Deutsche Arbeitsfront, Berlin 1943
DAF (Reichsheimstättenamt): Sichere Kapitalanlage (Heft 13), Eberswalde/ Berlin/ Leipzig o.J. (1934)
– dass.: Die deutsche Heimstätten-Siedlung (Heft 14), Berlin 1935
– dass.: Die Siedlung. Planungsheft der DAF (Bearbeiter: G. Laub), Berlin 1938
– dass.: Städtebild und Landschaft, Berlin 1939
Dahrendorf, R.: Gesellschaft und Demokratie in Deutschland, München 1971 (1968)
– ders.: Die offene Gesellschaft und ihre Feinde, in: Zapf 1991
Derlam, Th.: Die Frankfurter Altstadt und ihre Gesundung, in: SWD 4/1942, 118ff.
Deutsche Gesellschaft für Wohnungswesen: Altstadtsanierung mit Reichshilfe, Berlin 1940
Deutscher Städtetag: Tagungsberichte. 6. Sitzung des Hauptausschusses sozialer Wohnungsbau am 25.3.1949, Frankfurt a.M.
Deutscher Verein für Wohnungswesen e.V.: Wohnungsbau in Reich und Ländern 1933–1937. Eine Untersuchung über die Ergebnisse der deutschen Wohnungsstatistik und Vorschläge zu ihrer Ausgestaltung, Berlin 1939
Diefendorf, J. M. (Hg.): Rebuilding Europe's Bombed Cities, London/New York 1990
– ders.: In the wake of war: the reconstruction of German cities after World War II, Oxford 1993
Doerr, H.: Schönheit des Wohnens – ein politisches Problem, in: SWD 2/1941a, 42f.
– ders.: Die «Vierraum-Musterwohnung» in Düsseldorf, in: SWD 20/1941b, 698ff. (abgedr. in: Harlander/ Fehl 1986, 219ff.)
Dülffer, J.: Albert Speer – Management für Kultur und Wirtschaft, in: Smelser/ Zitelmann 1990
– ders.: Ein angemessener Begriff? Nationalsozialismus und Modernisierung, in: FAZ v. 10.6.1991
Dülffer, J., J. Thies, J. Henke: Hitlers Städte. Baupolitik im Dritten Reich, Köln/Wien 1978
Durst, K.: Die Maßnahmen der Reichsregierung zur Belebung der Bauwirtschaft durch Instandsetzung, Teilung und Umbau von Wohnungen, in: BSW 19-20/1932, 281ff.
– ders.: Die Wohnungs- und Siedlungspolitik des Reichsarbeitsministeriums im Jahre 1939, in: SuW 1940a, 90f.

– ders.: Fragen des Wohnungsbaues in und nach dem Kriege, in: SuW 6/1940b, 138ff.
Durth, W.: Wieder-Aufbau oder Neubeginn? Einführung in Gespräche mit Max Guther, Rudolf Hillebrecht, Heinz Schmeißner und Walther Schmidt, in: Stadtbauwelt 72/1981
– ders.: Architektur und Stadtplanung im Dritten Reich, in: Prinz/ Zitelmann 1990
– ders.: Deutsche Architekten. Biographische Verflechtungen 1900–1970, Braunschweig 1992 (1986)
Durth, W., N. Gutschow: Architektur und Städtebau der Fünfziger Jahre. Band 33 der Schriftenreihe des Deutschen Nationalkomitees für Denkmalschutz, Bonn 1987
– dies.: Träume in Trümmern. Planungen zum Wiederaufbau zerstörter Städte im Westen Deutschlands 1940–1950, 2 Bde., Braunschweig/Wiesbaden 1988
– dies.: Träume in Trümmern. Stadtplanung 1940–1950 (Taschenbuchausgabe der Publikation v. 1988), München 1993
Durth, W., W. Nerdinger: Architektur und Städtebau der 30er/40er Jahre, Schriftenreihe des Deutschen Nationalkomitees für Denkmalschutz, Bd. 46, Bonn 1994
Eggerstedt, H.: Fünf Jahre Architekturbüro der Deutschen Arbeitsfront, in: BSW 11/1939, 548ff.
Ehrenforth, W.: Das Gemeinnützigkeitsrecht im Kriege, in: WD 23-24/1943, 359ff.
– ders.: Das Zweite Wohnungsbau- und Familienheimgesetz, Bonn 1958
Erdmannsdorfer, K.: Bauberater für Siedlung und Eigenheim. Die Baugestaltung, München o J. (1940a)
– ders.: Richtlinien für heimatgebundenes Bauen, in: BSW 13/1940, 429ff.
Feder, G.: Das Programm der N.S.D.A.P. und seine weltanschaulichen Grundlagen, München 1930
– ders.: Die Wohnungsnot und die soziale Bau- und Wirtschaftsbank als Retterin aus Wohnungselend, Wirtschaftskrise und Erwerbslosenelend, München 1932
– ders.: Das deutsche Siedlungswerk. Zwei programmatische Reden, in: SuW 5/1934, 183ff.
– ders.: Die neue Stadt. Versuch der Begründung einer neuen Stadtplanungskunst aus der sozialen Struktur der Bevölkerung, Berlin 1939
Fehl, G.: Die Moderne unterm Hakenkreuz. Ein Versuch, die Rolle funktionalistischer Architektur im Dritten Reich zu klären, in: Frank 1985
– ders.: «Wohnungen» vom Fließband, in: Schildt/ Sywottek 1988
– ders.: Fordismus und Städtebau um 1930: «Auflösung» oder «Auflockerung» der Großstadt? in: Wissenschaftl. Zeitschrift der Hochschule für Bauwesen und Architektur Weimar 1-3/1990a, 61ff.
– ders.: Gartenstadt und Raumordnung in Deutschland: Konzepte für eine wohlgeordnete Suburbanisierung (1900–1945), in: Die alte Stadt 2/1990b, 161ff.
– ders.: Welcher Fordismus eigentlich? (Manuskript) Aachen 1993a
– ders.: «Eine Wohnung, gebaut wie ein Auto». Ford und die «Industrialisierung des Wohnungsbaus» im Nationalsozialismus, in: Bauhaus Dessau/ Lehrstuhl Planungstheorie (Hg.): Zukunft aus Amerika, Dessau 1993b (im Erscheinen)
– ders.: «Führer-Wohnungsbau» und «Landschaftsnorm». Zum Scheitern des Heimatschutzes im Nationalsozialismus, in: Wissenschaftliche Zeitschrift der Hochschule für Architektur und Bauwesen, Weimar 1/1994a
– ders.: Typisierter Wohnungsbau im «Dritten Reich», in: Durth/ Nerdinger 1994b
Fest, J.: Hitlers Krieg, in: Frei/ Kling 1990
Fey, W.: Leistungen und Aufgaben im Deutschen Wohnungs- und Siedlungsbau (Sonderhefte des Instituts für Konjunkturforschung Nr. 42), Berlin 1936
– ders.: Der Wohnungsbau in der Bundesrepublik Deutschland. Zwischenbilanz und Vorschau, Bonn 1951
Fiehler, K.: München baut auf. Ein Tatsachen- und Bildbericht über den nationalsozialistischen Aufbau in der Hauptstadt der Bewegung, München o.J. (1938)
Fischer, J.: Wohnungspolitik im Dritten Reich, in: Berliner Tageblatt v. 24.12.1933, Beiblatt «Zentralmarkt für Grundstücke, Bauten, Hypotheken, Geld»
Fischer, O.: Neuzeitlicher Wohnungsbau in der Altstadt Frankfurt a. Main, in SWD 4/1942, 124ff.
Fischer-Dieskau, J.: Einführung in die Wohnungs- und Siedlungspolitik. Grundlagen und Hauptprobleme, Berlin 1938
– ders.: Zur Wende des Wohnbaujahres 1938/39, in: BSW 3/1939, 139ff.
– ders.: Grundsätzliches zum «Kodifikationserlaß» des Reichskommissars für den sozialen Wohnungsbau vom 8. August 1941, in: SuW 1941a, 235ff.
– ders.: Förderung des Wohnungsbaues mit Rückflüssen aus den Hauszinssteuerhypotheken, in: SWD 21/1941b, 757ff.
– ders.: Zum Dritten Erlaß des Führers über den deutschen Wohnungsbau, in: SWD 23/1942, 719ff. (abgedr. in: Harlander/ Fehl 1986, 269ff.)
– ders.: Totale Wohnungspolitik, in: WD 11-12/1943, 219ff. (abgedr. in: Harlander/ Fehl 1986, 308f.)

– ders.: Einige Erfahrungen und Lehren aus der vergangenen Reichswohnungspolitik, in: Die Neue Stadt, 3/1949
– ders.: Zum Problem der verwaltungsmäßigen Verankerung von Wohnungswesen, Städtebau und Raumodnung in den ministeriellen Instanzen des Reichs und der Bundesrepublik Deutschland – Rückblick und Ausblick, in: Preusker, V.-E. (Hg.): Festschrift für Hermann Wandersleb. Zur Vollendung des 75. Lebensjahres, Bonn 1970

Fischer-Dieskau, J., H.-G. Pergande: Das Erste Wohnungsbaugesetz des Bundes, Kommentar, Oldenburg 1950

Flechtheim, O. (Hg.): Dokumente zur parteipolitischen Entwicklung in Deutschland seit 1945. Programmatik der deutschen Parteien, Erster Teil, Berlin 1963

Fleckner, S.: Reichsforschungsgesellschaft für Wirtschaftlichkeit im Bau- und Wohnungswesen. 1927–1931, Entwicklung und Scheitern, Diss. Aachen 1993

Fleischer, M.: Die Groß-Siedlung Danzig-Stolzenberg, in: SWD 16/1941, 554ff. (abgedr. in: Harlander/ Fehl 1986, 209ff.)

Flora, P.: Modernisierungsforschung. Zur empirischen Analyse der gesellschaftlichen Entwicklung, Opladen 1974

Ford, H.: Mein Leben und mein Werk, Leipzig 1923 (amerikan. Originalausgabe Detroit 1922)
– ders.: Das große Heute, das größere Morgen, Leipzig 1928

Forndran, E.: Die Stadt- und Industriegründungen Wolfsburg und Salzgitter. Entscheidungsprozesse im nationalsozialistischen Herrschaftssystem, Frankfurt a.M./New York 1984

Fraenkel, E.: Der Doppelstaat, Frankfurt a.M./Köln 1974 (Taschenbuch 1984)

Frank, E.: Geordnete Wohnungswirtschaft, Neuaufbau und Sanierung, Berlin 1939

Frank, H.: Faschistische Architekturen. Planen und Bauen in Europa 1930 bis 1945, Hamburg 1985
– ders.: Heimatschutz und typologisches Entwerfen. Modernisierung und Tradition beim Wiederaufbau von Ostpreußen 1915–1927, in: Lampugnani/ Schneider 1992

Frank, H., D. Schubert (Hg.): Lesebuch zur Wohnungsfrage, Köln 1983

Frei, N.: Der totale Krieg und die Deutschen, in: Frei/ Kling 1990

Frei, N., H. Kling (Hg.): Der nationalsozialistische Krieg, Frankfurt a.M./New York 1990

Friemert, C.: Schönheit der Arbeit. Produktionsästhetik im Faschismus, München 1980

Frese, M.: Betriebspolitik im «Dritten Reich». Deutsche Arbeitsfront, Unternehmen und Staatsbürokratie in der westdeutschen Großindustrie 1933–1939, Paderborn 1991

Gebhardt, W.: Heimstättensiedlung und Reichsheimstättenamt, in: BSW 17/1935, 349ff.
– ders.: Der entfesselte Siedlungsbau, in: BSW 19/1937, 499ff.

GEWOS: Das Haus mit Garten. Eine empirische Untersuchung über Verhalten und Einstellungen von Kleinsiedlern, Braunschweig 1975
– dass.: Wohnungspolitik nach dem 2. Weltkrieg, Schriftenreihe «Forschung» des Bundesministers für Raumordnung, Bauwesen und Städtebau, Bonn/Bad Godesberg 1990

Ginsburger, R.: Warum und wozu Selbstversorgersiedlungen, in: Die Form 1932, 191ff.

Giordano, B.: Wenn Hitler den Krieg gewonnen hätte. Die Pläne der Nazis nach dem Endsieg, Hamburg 1989

Gisbertz, W.: Handbuch der Kleinsiedlung, Köln-Braunsfeld 1960

Gisbertz, W., W. Gase: Das Deutsche Kleinsiedlungsrecht. Handbuch der Kleinsiedlung; Bd.1: Stuttgart/Berlin 1936, Bd. 2: Stuttgart/Berlin 1938

Gödde, H., T. Harlander, K. Hater: «Siedeln tut Not». Wohnungsbau und Selbsthilfe im Wiederaufbau, Aachen 1992

Göderitz, J., R. Rainer, H. Hoffmann: Die gegliederte und aufgelockerte Stadt, Tübingen 1957

Göring, H.: Gemeinden und Vierjahresplan, in: Der Gemeindetag 6-7/1937, 219ff.

Goltz, G. v. d.: Erwerbslosensiedlung?, in: Archiv für Innere Kolonisation 1931, 475ff.

Gottl-Ottilienfeld, F. von: Fordismus. Über technische Vernunft und Industrie, Jena 1926

Graml, H.: Der nationalsozialistische Krieg, in: Frei/ Kling 1990

Griesheimer: Die Förderung des Volkswohnungsbaues, in: GT 16/1939, 552f.

Grund, P.: Düsseldorf-Schlageterstadt, in: Moderne Bauformen 1937, 341f.

Gut, A.: Der Wohnungsbau in Deutschland nach dem Weltkrieg, München 1928

Habermas, J.: Der philosophische Diskurs der Moderne, Frankfurt a.M. 1985
– ders.: Die Moderne – ein unvollendetes Projekt, in: Welsch 1988
– ders.: Die nachholende Revolution, Frankfurt a.M. 1990

Haehling von: Art. Erwerbslosensiedlung, in: Schwan, B. (Hg.): Wörterbuch der Wohnungs- und Siedlungswirtschaft 1938, 448)

Häring, D.: Zur Geschichte und Wirkung staatlicher Interventionen im Wohnungssektor. Gesellschaftspolitische und sozialpolitische Aspekte der Wohnungspolitik in Deutschland, Hamburg 1974

Hallgarten, J. Radkau: Deutsche Industrie und Politik von Bismarck bis heute, Frankfurt a.M. 1974
Hansen, E.: Wohlfahrtspolitik im NS-Staat, Augsburg 1991
Harlander, T.: Kleinsiedlungspolitik zwischen 1930 und 1950 – eine deutsche Geschichte, in: Schulz, G. (Hg.), Wohnungspolitik im Sozialstaat. Deutsche und europäische Lösungen 1918–1960, Düsseldorf 1993a
– ders.: «KdF» im deutschen Bewußtsein, in: Werkgruppe Prora 1994
Harlander, T., G. Fehl: Hitlers sozialer Wohnungsbau. Aufsätze und Rechtsgrundlagen zur Wohnungspolitik, Baugestaltung und Siedlungsplanung aus der Zeitschrift «Der Soziale Wohnungsbau in Deutschland», Hamburg 1986
Harlander, T., K. Hater, F. Meiers: Siedeln in der Not. Umbruch von Wohnungspolitik und Siedlungsbau am Ende der Weimarer Republik, Hamburg 1988
Heilig, W.: Die Deutsche Siedlungsausstellung München 1934, in: SuW 6/1934, 239ff.
Heilmann, G.: Gesetz über einstweilige Maßnahmen zur Ordnung des deutschen Siedlungswesens, in: Schwan (Hg.): Wörterbuch der Wohnungs- und Siedlungswirtschaft, Bd. 1, Stuttgart/Berlin 1938, 555ff.
– ders.: Preisbildung und Preisüberwachung bei Bauland, in: SWD 18/1942, 553ff.
Herbert, U.: Fremdarbeiter. Politik und Praxis des «Ausländer-Einsatzes» in der Kriegswirtschaft des Dritten Reiches, Berlin 1985
Herbst, L: Der Totale Krieg und die Ordnung der Wirtschaft, Stuttgart 1982
– ders. (Hg.): Westdeutschland 1945–1955. Unterwerfung, Kontrolle, Integration, München 1986
Herf, J.: Reactionary modernism. Technology, culture and politics in Weimar and the Third Reich, Cambridge 1984
Hettlage, K.M.: Gemeindefinanzen, in: Der Gemeindetag, 11-12/1936, 400ff.
Heyen, F.-J.: Parole der Woche. Eine Wandzeitung im Dritten Reich 1936–1943, München 1983
Hilberseimer, L.: Werkbund und Siedlungswesen. Bericht des Ausschusses für Siedlungswesen, in: Die Form 1932, 335
Hildebrand, K.: Das Dritte Reich, München 1987
Hiller, M. P., E. Jäckel, J. Rohwer (Hg.): Städte im 2. Weltkrieg. Ein internationaler Vergleich, Essen 1991
Hinz, B. u.a.: Die Dekoration der Gewalt – Kunst und Medien im Faschismus, Gießen 1979
Hirsch, J., R. Roth: Das neue Gesicht des Kapitalismus, Hamburg 1986
Hirtsiefer, H.: Die Wohnungswirtschaft in Preußen, Eberswalde 1929
Höhns, U.: Grenzenloser Heimatschutz 1941. Neues, altes Bauen in der «Ostmark» und der «Westmark», in: Lampugnani/ Schneider 1992
Hofer, W. (Hg.): Der Nationalsozialismus. Dokumente 1933–1945, Frankfurt a.M. 1957
Hofmann, W.: Abstraktion und Bürokratie, Raumplaner im NS-Staat, in: Forum Wissenschaft 2/93
Hofmann, W., G. Kuhn (Hg.): Wohnungspolitik und Städtebau 1900–1930, Berlin 1993
Hohn, U.: Die Zerstörung deutscher Städte im Zweiten Weltkrieg – Regionale Unterschiede in der Bilanz der Wohnungstotalschäden und Folgen des Luftkriegs unter bevölkerungsgeographischem Aspekt, Dortmund 1991
– dies.: Der Einfluß von Luftschutz, Bombenkrieg und Städtezerstörung auf Städtebau und Stadtplanung im «Dritten Reich», in: Die Alte Stadt 4/1992, 326ff.
Hülsmann, G.: Wahr-Nehmung. Anmerkungen zu Emil Steffanns «Baufibel für Lothringen», in: Arch + 72/1983, 27f.
Hüttenberger, P.: Nationalsozialistische Polykratie, in: Geschichte und Gesellschaft 2/1976, 417ff
Jacob, J.: Beschreibung der Reichsbauformen, in: BSW 1940, 232ff.
– ders.: Erprobungstypen, in: SWD 9/1941, 290ff. (abgedr. in: Harlander/ Fehl 1986, 290ff.)
– ders.: Der Wettbewerb für die Gestaltung von Geschoßwohnungsbauten in Pommern, in: SWD 14/1942, 429ff.
Jäckel, E.: Hitlers Weltanschauung. Entwurf einer Herrschaft, erweiterte Ausgabe, Stuttgart 1981
Jobst, G.: Die Altstadtsanierung in Kassel, in: BSW 1937, 145ff.
Junghanns, K.: Das Haus für alle. Zur Geschichte der Vorfertigung in Deutschland, Berlin 1994
Kähler, G.: Architektur als Symbolverfall. Das Dampfermotiv in der Baukunst, Braunschweig 1981
Kahl, W.: Der deutsche Arbeiter reist, Berlin 1940
Kammler, H.: Baukosten, Gelände- und Aufschließungskosten, in: Internationaler Verband für Wohnungswesen (Hg.): Die sozialpolitische Bedeutung der Wohnungswirtschaft, Berlin 1931
Kauffmann, F. A.: Deutsches Wohnen, Berlin 1940
Kaufmann, G.: Der Weg aus dem Chaos. Das Wirtschaftsprogramm des Allgemeinen Deutschen Gewerkschaftsbundes, in: BSW 13/1932, 169ff.
Kaufmann, F.-X.: Religion und Modernität, in: Berger 1986
Kaupen-Haas, H.: Der Griff nach der Bevölkerung. Aktualität und Kontinuität nazistischer Bevölkerungspolitik, Nördlingen 1986

Kautt, D.: Stadtentwicklung in der Polarität städtebaulicher Leitbilder: Das Beispiel Wolfsburg, in: Die alte Stadt 2/1988
Kershaw, I.: Der NS-Staat, Geschichtsinterpretationen und Kontroversen im Überblick, Reinbek b. Hamburg 1989 (engl. Originalausgabe London 1985)
Kiehl, W.: In Behelfsheimen notiert, in: WD 21-22/1944, 230 (abgedr. in: Harlander/ Fehl 1986, 375)
Klabunde, E.: Abweichungen von der normalen Kalkulation, in: SWD 20/1942, 617ff.
Kluke, P.: Hitler und das Volkswagenprojekt, VJHZ 1960
Knoblauch, A.: Die drei Notverordnungen und die Wohnungswirtschaft, in: Die Wohnung 1931/32, 197ff.
Knoll, E.: Kritik an der Reichswohnungspolitik, in: SuW 6/1938, 419ff.
- ders.: Grundsätzliches zur deutschen Wohnungs- und Siedlungspolitik, Eberswalde/ Berlin/ Leipzig 1939
Knorr, W.: Bevölkerungspolitische Forderungen im Wohnungsbau, in: BSW 2/1939, 77ff.
Koller, P.: Die Siedlung Steimkerberg im Rahmen der Stadtplanung, in: BSW 20/1940, 656ff.
Konter, E. (Hg.): Wendezeiten in Architektur und Stadtplanung, Berlin 1986
Kopetzki, Ch.: Einige Voraussetzungen für Stadterneuerung und Stadtumbau im Nationalsozialismus, in: Lüken-Isberner 1991
Krämer-Badoni, Th. (Hg.): Das Gesellschaftsprojekt des Nationalsozialismus. Stadt und Raum (Projektabschlußbericht Studiengang Sozialwissenschaft, Universität Bremen), Bremen 1989
Krätke, St.: Fordistischer Wohnungsbau in Deutschland – «Soziale Bauwirtschaft» der 20er Jahre als Vorreiter, in: Borst, R. u.a. (Hg.): Das neue Gesicht der Städte, Basel/Berlin 1990
Kratz, W.: Die Wohnbauarbeit des Architekturbüros der Deutschen Arbeitsfront, in: BSW 11/1939, 560ff.
Krier, L.: Albert Speer, Architecture 1932–1942, Brüssel 1985
Kühnl, R. (Hg.): Texte zur Faschismusdiskussion I. Positionen und Kontroversen, Reinbek b. Hamburg 1974
- ders.: Der deutsche Faschismus in Quellen und Dokumenten, Köln 1987 (1975)
- ders.: Der Faschismus. Ursachen, Herrschaftsstruktur, Aktualität, Heilbronn 1988
Lammert, P.: Die gegliederte und aufgelockerte Stadt vor und nach 1945, in: Die alte Stadt 4/1987
Lampe, H.: Die Festsetzung von Richtpreisen für Bauland, in: SWD 12/1941, 402ff.
Lampugnani, V.M.: Vom «Block» zur Kochenhofsiedlung, in: ders./ Schneider 1992
- ders., R. Schneider (Hg.): Moderne Architektur in Deutschland 1900 bis 1950. Reform und Tradition, Stuttgart 1992
- ders., R. Schneider (Hg.): Moderne Architektur in Deutschland 1900 bis 1950. Expressionismus und Neue Sachlichkeit, Stuttgart 1994
Lang, J. von: Der Sekretär. Martin Bormann: Der Mann, der Hitler beherrschte, Stuttgart 1977
- ders.: Martin Bormann – Hitlers Sekretär, in: Smelser/ Zitelmann 1990
Lange: Aufgaben der Gemeinden für den Wohnungsbau in der Nachkriegszeit, in: GT 3/1941, 41ff.
Larsson, L. O.: Die Neugestaltung der Reichshauptstadt. Albert Speers Generalbebauungsplan für Berlin, Stockholm/Stuttgart 1978
Lasch, V.: Stadtsanierung und Stadtumbau in Kassel, in: Kopetzki u.a. (Hg.): Stadterneuerung in der Weimarer Republik und im Nationalsozialismus, Kassel 1987
Ley, R.: Die Deutsche Arbeitsfront. Ihr Werden und ihre Aufgaben, München 1934
- ders.: Was hat die Partei mit Wohnungsfragen zu tun?, in: BSW 18/1938, 563ff.
- ders.: Deutschland ist schöner geworden, München 1939
- ders.: Das deutsche Wohnungshilfswerk, in: WD 23-24/1943, 352ff. (abgedr. in: Harlander/ Fehl 1986, 320ff.)
- ders.: Grundsätzliches zum künftigen Wohnungsbau, in: WD 5-6/1944, 49ff. (abgedr. in: Harlander/ Fehl 1986, 335ff.)
Lichtnau, B.: Prora auf Rügen. Das unvollendete Projekt des 1. KdF-Seebades in Deutschland, Prora 1992
Liebel, W.: Kommunale Arbeitsbeschaffung 1933 und 1934, Der Gemeindetag, 11-12/1936, 391ff.
Lindner, W.: Die Ingenieurbauten in ihrer guten Gestaltung, Berlin 1923
- ders.: Der Heimatschutz im neuen Reich, Leipzig 1934
- ders.: Heimatschutz – Heimatpflege – Heimatgestaltung, in: BSW 13/1940, 427ff.
- ders.: Landschaftsgebundenes Baugestalten, in: SWD 24/1942a, 751f.
- ders.: Landschaftsgebundene Baugestaltung, Die Deutsche Heimat 1942b, 159ff.
Lindner, W., E. Böckler: Die Stadt. Ihre Pflege und Gestaltung, München o.J. (1939)
Lindner, W., E. Kulke, F. Gutsmiedl: Das Dorf. Seine Pflege und Gestaltung, München 1938
Linse, U.: Zurück o Mensch zur Mutter Erde, München 1983
Lotz, W.: Siedlung und Arbeit, in: Die Form 1932, 5ff.
- ders.: Schönheit der Arbeit in Deutschland, Berlin 1940
Ludowici, W.: Die Siedlung im nationalsozialistischen Staat, in: BSW 16/1934a, 232ff.
- ders.: Standortlehre und Verkehrsnetz, in: SuW 1934b, 407ff.

– ders.: Das deutsche Siedlungswerk, Heidelberg 1935a
– ders.: Überwindung des Klassenstaats durch Siedlung, in: BSW 19-20/1935b, 402ff.
– ders.: Der Weg in die Heimat. Kein Siedlungs-Stückwerk mehr, in: SuW 1/1935c, 4ff.
– ders.: Das wachsende Haus in der Siedlerstelle, Baumeister 1935d, 281ff
Ludwig, K.-H.: Technik und Ingenieure im Dritten Reich, Düsseldorf 1974
Lüken-Isberner, F. (Hg.): Stadt und Raum 1933–1949, Kassel 1991
Lütge, F.: Wohnungswirtschaft. Eine systematische Darstellung unter besonderer Berücksichtigung der deutschen Wohnungswirtschaft, Stuttgart 1949
Luhmann, N.: Soziale Systeme, Frankfurt a.M. 1984
– ders.: Das Moderne der modernen Gesellschaft, in: Zapf 1991
Lundgreen, P. (Hg.): Wissenschaft im Dritten Reich, Frankfurt a.M. 1985
Marrenbach, O.: Fundamente des Sieges. Die Gesamtarbeit der Deutschen Arbeitsfront von 1933 bis 1940, Berlin 1940
Mason, T.: Arbeiterklasse und Volksgemeinschaft. Dokumente und Materialien zur deutschen Arbeiterpolitik 1936–1939, Opladen 1975
– ders.: Sozialpolitik im Dritten Reich. Arbeiterklasse und Volksgemeinschaft, Opladen 1977
Mattausch R.: Siedlungsbau und Stadtgründungen im deutschen Faschismus, Frankfurt a.M. 1981
Matzerath, H., H. Volkmann: Modernisierungstheorie und Nationalsozialismus, in: Kocka, J. (Hg.): Theorien in der Praxis des Historikers: Forschungsbeiträge und ihre Diskussion, Göttingen 1977
Merker, R.: Die bildenden Künste im Nationalsozialismus. Kulturideologie, Kulturpolitik, Kulturproduktion, Köln 1983
Messerschmidt, R.: Das nationalsozialistische Deutschland, in: Frei/ Kling 1990
– ders.: Nationalsozialistische Raumforschung und Raumordnung aus der Perspektive der «Stunde Null», in: Prinz/ Zitelmann 1991
Michaelis, H., Schraepler, E. (Hg.): Ursachen und Folgen. Vom deutschen Zusammenbruch 1918 und 1945 bis zur staatlichen Neuordnung Deutschlands in der Gegenwart. Eine Urkunden- und Dokumentensammlung zur Zeitgeschichte, Bde. 9–26, Berlin 1964–1978
Migge, L.: Das Paradies der großen Stadt, in: Die Volkswohnung 1920, 146ff.
Miller Lane, B.: Architektur und Politik in Deutschland 1918–1945, Braunschweig/Wiesbaden 1986 (1968)
Milward, A. S.: Der Zweite Weltkrieg. Krieg, Wirtschaft und Gesellschaft 1939–1945, München 1977
Moessner-Heckner, U.: Pforzheim, Code Yellowfin: eine Analyse der Luftangriffe 1944–1945, Sigmaringen 1991
Mommsen, H.: Der Nationalsozialismus und die deutsche Gesellschaft. Ausgewählte Aufsätze, Reinbek b. Hamburg 1991
– ders.: Nationalsozialismus als vorgetäuschte Modernisierung, in: ders. 1991a
– ders.: Hitlers Stellung im nationalsozialistischen Herrschaftssystem, in: ders. 1991b
Morsey, R.: Die Bundesrepublik Deutschland. Entstehung und Entwicklung bis 1969, München 1987
Müller, K.: Nachholende Modernisierung? Die Konjunkturen der Modernisierungstheorie und ihre Anwendung auf die Transformationen der osteuropäischen Gesellschaften, in: Leviathan 2/1991, 261ff.
Münch, R.: Der Mythos der funktionalen Differenzierung, in: Glatzer 1991
Museum für Hamburgische Geschichte: Konzentrationslager Neuengamme 1938–1945, H. 16 der Reihe Hamburg Porträt, Hamburg 1981
Nadolny: Wirtschaftspolitische Kritik der vorstädtischen Kleinsiedlung, in: Siedlung und Wirtschaft 1931/32, 202f.
Nerdinger, W. (Hg.): Bauhaus-Moderne im Nationalsozialismus. Zwischen Anbiederung und Verfolgung, München 1993a
– ders.: Modernisierung, Bauhaus, Nationalsozialismus, 1993b, in: ders. 1993a
– ders.: Bauhaus-Architekten im «Dritten Reich», 1993c, in: ders. 1993a
– ders. (Hg.): Bauen im Nationalsozialismus. Bayern 1933–1945, München 1993d
– ders.: Bauen im Nationalsozialismus. Von der quantitativen Analyse zum Gesamtzusammenhang, 1993e, in: ders. 1993d
Neufert, E.: Bauentwurfslehre, Berlin 1936
– ders.: Bauordnungslehre, Berlin 1943a
– ders.: Die Pläne zum Kriegseinheitstyp, in: WD 13-14/1943b, 233ff. (abgedr. in: Harlander/ Fehl 1986, 312ff.)
Neumann, E.: Das städtische Siedlungswesen, Stuttgart 1933
Neumann, F.: Siedlung!-Volksbegehren; Siedlung-Volksvertrauen! Ein Querschnitt durch die öffentliche Meinung, in: Siedlung und Wirtschaft (SuW) 5/1933, 162ff.
– ders.: Siedlungswirtschaft und Gemeinsinn. Siedlung als Ganzheitsidee, in: Neumann/ Heilig 1934

Neumann, F.: Behemoth. Struktur und Praxis des Nationalsozialismus 1933–1944, Frankfurt a.M. 1988 (deutsche Erstausgabe 1977; amerikanische Originalausgabe 1944)
Neumann, F., W. Heilig (Hg.): Baugesinnung und Gemeinsinn, (Sonderdruck von SuW zur Ausstellung), 1934
Neupert, K.: Die politischen und organisatorischen Grundlagen der totalen Planung und Gestaltung, in: BSW 5/1940a, 130f.
– ders.: Die fachlichen Aufgaben der totalen Planung und Gestaltung, in: BSW 5/1940b, 131ff.
– ders.: Der Aufbau der deutschen Kulturlandschaft im Osten, in: BSW 5/1940c, 134ff.
– ders.: Das Wohnen als Ausdruck der neuen Stadt, in: BSW 11/1940d, 369ff.
Neutzner, M. (Hg.): Lebenszeichen – Dresden im Luftkrieg. Dokumentation der Ausstellung – August 1989 – April 1990, Dresden 1991
Niethammer, L.: Rekonstruktion und Desintegration: Zum Verständnis der deutschen Arbeiterbewegung zwischen Krieg und Kaltem Krieg, in: Winkler, H. A. (Hg.): Politische Weichenstellungen im Nachkriegsdeutschland 1945–1953, Göttingen 1979
– ders.: Zum Wandel der Kontinuitätsdiskussion, in: Herbst, L. (Hg.): Westdeutschland 1945–1955. Unterwerfung, Kontrolle, Integration, München 1986
Nipperdey, Th.: Nachdenken über die deutsche Geschichte, München 1991 (1986)
Noack, V.: Umgestaltung des Gängeviertels in Hamburg, in: BSW 23-24/1934, 390ff.
Nolte, E. (Hg.): Theorien über den Faschismus (Taschenbuchausgabe), Königstein/Ts. 1984 (1967)
Novy, K., M. Prinz: Illustrierte Geschichte der Gemeinwirtschaft, Berlin/Bonn 1985
NS-Gemeinschaft «Kraft durch Freude» (Gau Hamburg): Urlaubsreisen 1938, Sonderausgabe des KdF-Monatsheftes
Offe, C.: Die Utopie der Null-Option. Modernität und Modernisierung als politische Gütekriterien, in: Berger 1986
Ogan, B., W. Weiß (Hg.): Faszination und Gewalt. Zur politischen Ästhetik des Nationalsozialismus, Nürnberg 1992
Otto, K.: Luftkrieg und Wohnungsbau, in: WD 3/1943, 61ff. (abgedr. in: Harlander/ Fehl 1986, 276ff.)
Pahl-Weber, E.: «Die Ortsgruppe als Siedlungszelle». Ein Vorschlag zur Methodik der großstädtischen Stadterweiterung von 1940, in: Frank 1985
– dies.: Der Wohnungs- und Siedlungsbau in Hamburg, 1986a, in: Bose u.a. 1986
– dies.: «Die Ortsgruppe als Siedlungszelle», 1986b, in: Bose u.a. 1986
– dies.: Reconstruction under control – Konzepte für den Wiederaufbau «in deutscher Hand» unter britischer Kontrolle, in: Lüken-Isberner, F. (Hg.) 1991
Paquet, A.: Die Frankfurter Altstadt – Abbau oder Sicherung? Das Für und Wider des Sanierungsplans, in: Beilage zu «Baumeister», 10/1936, 205ff.
Parsons, T.: Evolutionäre Universalien der Gesellschaft, in: Zapf, W. (Hg.): Theorien sozialen Wandels, Köln 1969
Peltz-Dreckmann, U.: Nationalsozialistischer Siedlungsbau, München 1978
Pergande, H.-G.: Ein Bundeswohnungsgesetz und seine Grenzen, 1950a, in: Bauwirtschaft 4/1950
– ders.: Die Gesetzgebung auf dem Gebiete des Wohnungswesens und des Städtebaues, Bonn/Bad Godesberg 1973
Peters, K.-H.: Wohnungspolitik am Scheideweg. Wohnungswesen, Wohnungswirtschaft, Wohnungspolitik, Berlin 1984
Petrick, G.: Neue Wohnhausbauten in der Reichshauptstadt, in: BSW 23/1939, 1091ff.
Petsch, J.: Baukunst und Stadtplanung im Dritten Reich, München/Wien 1976
– ders.: Zum Problem der Kontinuität nationalsozialistischer Architektur und Stadtplanung in den Fünfziger Jahren am Beispiel der Zeitschrift «Baumeister», in: Hinz u.a. (Hg.) 1979
Petsch, J., W. Petsch: Bundesrepublik – eine Neue Heimat. Städtebau und Architektur nach '45, Berlin 1983
Petz, U. von: Stadtsanierung im Dritten Reich, Dortmund 1987
– dies.: «Diese Wohnung spottet vor der ganszen Weldt» – Altstadtsanierung in Braunschweig in nationalsozialistischer Zeit, in: Jahrbuch für Stadterneuerung 1992
Petzina, D.: Autarkiepolitik im Dritten Reich. Der Nationalsozialistische Vierjahresplan, Stuttgart 1968
– ders.: Die deutsche Wirtschaft in der Zwischenkriegszeit, Wiesbaden 1977
Petzina, D., W. Abelshauser, A. Faust: Sozialgeschichtliches Arbeitsbuch III. Materialien zur Statistik des Deutschen Reiches 1914–1945, München 1978
Peukert, D., J. Reulecke (Hg.): Die Reihen fest geschlossen. Beiträge zur Geschichte des Alltags unterm Nationalsozialismus, Wuppertal 1981
Picker, H.: Hitlers Tischgespräche im Führerhauptquartier, Stuttgart 1976
Poerschke, S.: Heimstättenarbeit in Westfalen im Lichte 50jähriger staatlicher Wohnungspolitik, Münster 1952

Preller, L.: Sozialpolitik in der Weimarer Republik, Kronberg/Ts. u. Düsseldorf 1978
Prigge, W., W. Kaib (Hg.): Sozialer Wohnungsbau im internationalen Vergleich, Frankfurt a.M. 1988
Prinz, M.: Die soziale Funktion moderner Elemente in der Gesellschaftspolitik des Nationalsozialismus, in: Prinz/ Zitelmann 1991
Prinz, M., R. Zitelmann (Hg.): Nationalsozialismus und Modernisierung, Darmstadt 1991
Rading, A.: Erwerbslosensiedlung, in: Die Form 1932, 100ff.
Radkau, J.: Technik in Deutschland. Vom 18. Jahrhundert bis zur Gegenwart, Frankfurt a.M. 1989
Rainer, R.: Die zweckmäßigste Hausform für Erweiterung, Neugründung und Wiederaufbau von Städten, Berlin 1944
Rappaport, P.: Der Wiederaufbau der deutschen Städte. Leitgedanken, Essen 1946 (1945)
Rasp, H.-P.: Eine Stadt für tausend Jahre. München – Bauten und Projekte für die Hauptstadt der Bewegung, München 1981
Rauschning, H.: Gespräche mit Hitler, Zürich 1940
Rebentisch, K.: Führerstaat und Verwaltung im Zweiten Weltkrieg. Verfassungsentwicklung und Verfassungspolitik im sogenannten Altreich 1939–1943, Habil.schrift Frankfurt a.M. 1986.
Rebentisch, D., K. Teppe: Einleitung, in: dies.: Verwaltung contra Menschenführung im Staat Hitlers, Göttingen 1986
Rechenberg, F.: Die Siedlung als Ausdruck der Gemeinschaft, in: BSW 13/1938, 383ff.
Recker, M.-L.: Staatliche Wohnungsbaupolitik im Zweiten Weltkrieg, in: Die Alte Stadt 2/1978
– dies.: Wohnen und Bombardierung im Zweiten Weltkrieg, in: Niethammer, L. (Hg.): Wohnen im Wandel, Wuppertal 1979
– dies.: Die Großstadt als Wohn- und Lebensbereich im Nationalsozialismus. Zur Gründung der «Stadt des KdF-Wagens», Frankfurt a.M./New York 1981
– dies.: Nationalsozialistische Sozialpolitik im Zweiten Weltkrieg, München 1985
– dies.: Der Reichskommissar für den sozialen Wohnungsbau. Zu Aufbau, Stellung und Arbeitsweise einer führerunmittelbaren Sonderbehörde, in: Rebentisch, D., K. Teppe (Hg.): Verwaltung contra Menschenführung im Staat Hitlers, Göttingen 1986
Reichel, P.: Der schöne Schein des Dritten Reiches. Faszination und Gewalt des Faschismus, München/Wien 1992 (1991)
Reichhardt, H. J.: Die Stadt in der Nazi-Zeit, in: Bluhm u.a. (Hg.): Berlin – Eine Ortsbesichtigung, Berlin 1992
Reichhardt, H. J., W. Schäche: Von Berlin nach Germania – Die Zerstörung der Reichshauptstadt durch Albert Speers Neugestaltungspläne, Berlin 1984
Reichling, G.: Flucht und Vertreibung der Deutschen – Statistische Grundlagen und terminologische Probleme, in: Schulze, R. u.a. (Hg.): Flüchtlinge und Vertriebene in der westdeutschen Nachkriegsgeschichte, Hildesheim 1987
Reichow, H. B.: Grundsätzliches zum Städtebau im Altreich und im neuen deutschen Osten, in: Raumforschung und Raumordnung 5/1941, 225ff.
– ders.: Organische Stadtbaukunst. Von der Großstadt zur Stadtlandschaft, Braunschweig 1948
– ders.: Die autogerechte Stadt. Ein Weg aus dem Verkehrs-Chaos, Ravensburg 1959
Riemer, G.: Musteranlagen für Volkswohnungen und Kleinsiedlung (Heimstättensiedlung), in: BSW 1936, 122
Ritschl, A.: Die NS-Wirtschaftsideologie – Modernisierungsprogramm oder reaktionäre Utopie?, in: Prinz/ Zitelmann 1991
Rittich, W.: Architektur und Bauplastik der Gegenwart, Berlin 1938
Rössler, M.: Raumforschung und Städtebau – Anmerkungen zum Verhältnis von zwei Institutionen im Nationalsozialismus: Die Reichsarbeitsgemeinschaft für Raumforschung und die Deutsche Akademie für Städtebau, Reichs- und Landesplanung, in: Lüken-Isberner 1991
Rössler, M., S. Schleiermacher (Hg.): Der «Generalplan Ost» – Hauptlinien der nationalsozialistischen Planungs- und Vernichtungspolitik, Berlin 1993
Rogler, R.: Die Gemeinschaftssiedlung Mascherode bei Braunschweig, in: BSW 3/1937, 66ff.
Rosenberg, A.: Der Mythos des 20. Jahrhunderts, München 1930
Rostock, J., F. Zadnicek: Paradiesruinen. Das KdF-Seebad der Zwanzigtausend auf Rügen, Berlin 1992
Ruck, M.: Der Wohnungsbau – Schnittpunkt von Sozial- und Wirtschaftspolitik, in: Abelshauser, W. (Hg.): Die Weimarer Republik als Wohlfahrtsstaat, Stuttgart 1987
– ders.: Die öffentliche Wohnungsbaufinanzierung in der Weimarer Republik, in: Schildt/ Sywottek 1988
Rüther, M. (Hg.): Köln, 31. Mai 1942: der 1000-Bomber-Angriff, Köln 1992a
– ders.: Reaktionen und Folgen, 1992b, in: ders. 1992a

Sachse, C.: Betriebliche Sozialpolitik als Familienpolitik in der Weimarer Republik und im Nationalsozialismus. Mit einer Fallstudie über die Firma Siemens, Hamburg 1990
Sachse, C. u.a.: Angst, Belohnung, Zucht und Ordnung. Herrschaftsmechanismen im Nationalsozialismus, Opladen 1982
Saldern, A. von: Hermann Dietrich. Ein Staatsmann der Weimarer Republik, Boppard 1966
Scarpa, L.: Anmerkungen zum Deutschen Bund Heimatschutz, in: Arch + 72/1983
Schacht, H.: Magie des Geldes, Düsseldorf/Wien 1966
Schäche, W.: Bauen im Nationalsozialismus: Dekoration der Gewalt, in: Kleihues, J. P. (Hg.): 750 Jahre Architektur und Städtebau in Berlin. Die Internationale Bauausstellung im Kontext der Baugeschichte Berlins, Stuttgart 1987
– ders.: Architektur und Städtebau in Berlin zwischen 1933 und 1945. Planen und Bauen unter der Ägide der Stadtverwaltung, Berlin 1992 (1991)
Schäfer, H. D.: Amerikanismus im Dritten Reich, in: Prinz/ Zitelmann 1991
Schildt A., A. Sywottek (Hg.): Massenwohnung und Eigenheim. Wohnungsbau und Wohnen seit dem Ersten Weltkrieg, Frankfurt a.M./New York 1988
Schlegel, R.: Wettbewerb für Salzburger Haustypen, in: SWD 7/1942, 217ff.
Schmeer: Moderne Wohnungswirtschaft, in: BSW 9/1937, 224ff.
Schmeling, von: Gemeinden und sozialer Wohnungsbau, in: GT 11-12/1942, 133ff.
Schmidt, C.-H.: Das wachsende Behelfsheim am Beispiel Langenhorn-Nord, Dissertation, Hamburg-Blankenese 1950
Schmidt, F.: Wohnbautätigkeit des Staates, in: Internationaler Verband für Wohnungswesen (Hg.): Die sozialpolitische Bedeutung der Wohnungswirtschaft, Berlin 1931
Schmidt, F., H. Bellinger: Die Kleinsiedlung, Eberswalde/Berlin/Leipzig 1939
Schmidt, F., J. Fischer: Förderung des Baues von Not- und Behelfswohnungen, Eberswalde/Berlin o.J. (1934)
– dies.: Reichszuschüsse für Instandsetzungs-, Ergänzungs- und Umbauarbeiten, Eberswalde/ Berlin o.J. (Ende 1933, Anfang 1934)
Schmiedel, U.: Gedanken zur Finanzierung mit Reichsmitteln, in: SWD 10/1942, 299ff.
Schmitthenner, P.: Baukunst im neuen Reich, München 1934
Schneider, Ch.: Stadtneugründung im Dritten Reich – Wolfsburg und Salzgitter, München 1979
Schnell: Gedanken und Anregungen zur Neuordnung der Finanzierung des sozialen Wohnungsbaues, in: SWD 1/1942, 2ff.
Schoenbaum, D.: Die braune Revolution. Eine Sozialgeschichte des Dritten Reiches, München 1980 (1968)
Schönbein, H.: Wohnungsbau und Bauwirtschaft, in: SWD 22/1941, 815ff. (abgedr. in: Harlander/ Fehl 1986, 223ff.)
– ders.: Wohnungsbau und Handwerk, in: SWD 2/1942a, 33ff. (abgedr. in: Harlander/ Fehl 1986, 228ff.)
– ders.: Wirtschaftliche Planung und Fertigung im sozialen Wohnungsbau, in: SWD 11/1942b, 330ff. (abgedr. in: Harlander/ Fehl 1986, 246ff.)
– ders.: Der Kriegseinheitstyp für den Wohnungsbau, in: WD 13-14/1943, 231ff. (abgedr. in: Harlander/ Fehl 1986, 310ff.)
Schönberger, A.: Die Neue Reichskanzlei von Albert Speer. Zum Zusammenhang von nationalsozialistischer Ideologie und Architektur, Berlin 1981
Schönleben, E.: Fritz Todt. Der Mensch, der Ingenieur, der Nationalsozialist, Oldenburg 1943
Schubert, D.: Gottfried Feders Beitrag zur Stadtplanungstheorie – technokratische Richtwertplanung oder nationalsozialistische Stadtentwicklungsideologie, in: Die Alte Stadt 3/1986a
– ders.: Führerstadtplanungen in Hamburg, in: Bose u.a. 1986b
– ders.: Stadtgesundung im «Dritten Reich» – oder hat es eine nationalsozialistische Stadterneuerung gegeben?, in: Lüken-Isberner 1991
Schulte, A.: Der soziale Wohnungsbau und die bodenpolitische Frage unter besonderer Berücksichtigung des westfälischen Industriegebietes, in: SWD 7/1942, 209ff.
Schulte, H.: Wohnungsnot, Wohnungspolitik und Selbsthilfe – dargestellt am Beispiel Hannovers und seiner wilden Siedlungen von April 1945 bis Juni 1948, Diss. Universität Hannover 1983
Schulte-Frohlinde, J.: Gegen den deutschen Baustil?, in: BSW 4/1938, 89f.
– ders.: Der Auftrag Dr. Todt, in: BSW 9/1939, 433ff.
– ders.: Rationalisierung im Wohnungsbau, in: BSW 8/1940, 230ff.
Schulte-Frohlinde, J., W. Kratz, W. Lindner: Der Osten, München o.J. (1940)
Schultze-Naumburg, P.: Kunst aus Blut und Boden, Leipzig 1934
Schulz, G.: Kontinuitäten und Brüche in der Wohnungspolitik von der Weimarer Zeit bis zur Bundesrepublik, in: Teuteberg, H.-J. (Hg.): Stadtwachstum, Industrialisierung, Sozialer Wandel. Beiträge zur Erforschung der Urbanisierung im 19. und 20. Jahrhundert, Berlin 1986

– ders.: Eigenheimpolitik und Eigenheimförderung im ersten Jahrzehnt nach dem Zweiten Weltkrieg, in: Schildt, Sywottek (Hg.) 1988a
– ders.: «Weihnachtsmann und Geldbriefträger?» Der Wohnungsbau in Nordrhein-Westfalen und die Wohnungspolitik des Bundes bis zum Ende der fünfziger Jahre, 1988b, in: Geschichte im Westen 2/1988
– ders.: Wohnungspolitik und soziale Sicherung nach 1945: das Ende der Arbeiterwohnungsfrage, in: Tenfelde, K. (Hg.): Arbeiter im 20. Jahrhundert, Stuttgart 1991a
– ders.: Wohnungspolitik und Wirtschaftsordnung: Die Auseinandersetzung um die Integration der Wohnungspolitik in die Marktwirtschaft (1945–1960), in: Petzina, D. (Hg.): Ordnungspolitische Weichenstellungen nach dem Zweiten Weltkrieg, Berlin 1991b
– ders.: Wohnungspolitik im Sozialstaat. Deutsche und europäische Lösungen, Düsseldorf 1993
Schupp, R.: Die Deutsche Siedlungsausstellung München 1934 – eine bau- und raumkünstlerisch zielweisende Tat, in: BSW 14-15/1934, 200ff.
Schwan, B. (Hg.): Wörterbuch der Wohnungs- und Siedlungswirtschaft, Berlin 1938
Seebauer, G.: Rationalisierung – eine kapitalistische Angelegenheit oder eine volkswirtschaftliche Forderung?, in: RKW-Nachrichten 8/1937, 161f.
Seidler, F. W.: Fritz Todt – Vom Autobahnbauer zum Reichsminister, in: Smelser/ Zitelmann 1990
Seifert, K.: Die Finanzierung des sozialen Wohnungsbaus nach dem Kriege, in: SWD 5/1942, 145ff.
Seiff, R.: Die deutsche Kleinsiedlung. Eine Untersuchung unter wirtschaftlichen, sozialen und kulturellen Gesichtspunkten, Eberswalde/ Berlin/ Leipzig 1941
Seldte, F.: Sozialpolitik im Dritten Reich, Berlin 1935
– ders.: Mein Siedlungs-Programm, in: SuW 7/1937, 385ff.
– ders.: Die Aufgaben des deutschen Siedlungswerkes, in: SuW 4/1938, 275ff.
– ders.: Sozialpolitik im Dritten Reich 1933–1938, Berlin 1939
– ders.: Wohnungswirtschaft und Wohnungsbau im Kriege, in: SuW 1/1940, 5ff.
Senghaas, D. (Hg.): Kapitalistische Weltökonomie, Frankfurt a.M. 1979
Siedlergemeinschaft Würselen I (Hg.): Siedlung Würselen I 1936–1986, Jubiläumsbroschüre o.O. (Würselen) o.J. (1986)
Siegel, T., Th. von Freyberg: Industrielle Rationalisierung unter dem Nationalsozialismus, Frankfurt/New York 1991
Siegfried, K.-J.: Rüstungsproduktion und Zwangsarbeit im Volkswagenwerk 1939–1945, Frankfurt a.M./New York 1987 (1986)
Simon, H.: Der deutsche Wohnungsbau nach dem Kriege, in: SWD 1/1941a, 2ff. (abgedr. in: Harlander/ Fehl 1986, 150ff.)
– ders.: Der Dreiklang des Wohnungsbaus, in: SWD 22/1941, 790ff.
Smelser, R.: Robert Ley: Hitlers Mann an der «Arbeitsfront». Eine Biographie, Paderborn 1989
– ders.: Robert Ley – Der braune Kollektivist, in: Smelser/ Zitelmann 1990
– ders.: Die Sozialplanung der Deutschen Arbeitsfront, in: Prinz/ Zitelmann 1991
Smelser, R., R. Zitelmann: Die braune Elite: 22 biographische Skizzen, Darmstadt 1990 (1989)
Sommer, I.: Die Stadt der 500 000. Wilhelmshavens Architektur und Stadtplanung im Dienste des NS-Systems, Diss. Oldenburg 1990
SOPADE: Deutschland-Berichte der Sozialdemokratischen Partei Deutschlands (Sopade) 1934–1940, 6 Bde., Frankfurt a.M. 1980
Speer, A.: Neue deutsche Baukunst (Bearb.: R. Wolters), Berlin 1943 (1941)
– ders.: Erinnerungen, Berlin 1969
– ders.: Architektur. Arbeiten 1933–42, Frankfurt a.M./Berlin 1978
Spiegel, H.: Typung und Normung, in: SWD 9/1941, 289f. (abgedr. in: Harlander/ Fehl 1986, 197ff.)
– ders.: Gau-Wettbewerb über landschaftsgebundenes Bauen in Magdeburg-Anhalt, SWD 17/1942, 538ff.
– ders.: Gestaltung und Ausführung des Behelfsheims, in: WD 1944, H. 1-2, 9-10 u. 13-14
Spörhase, R.: Wohnungsbau als Aufgabe der Wirtschaft, Stuttgart 1956
Staab, Ch.: Die Tätigkeit der «Neuland» in der neuen Stadt, in: BSW 20/1940, 662ff.
Steffann, E.: Baufibel für Lothringen, in: Arch + 72/1983, 7ff.
Stegemann, R.: Wege zum Serienbau im Wohnungswesen, in: SuW 1/1941, 7
– ders.: Über Normung und Typisierung zum Serienbau im Wohnungswesen, in: DBZ 1941b, 136ff.
Stegemann, R., F. Schmidt (Hg.): Siedlung und Siedlungspolitik in den Ländern Europas, Wien/Leipzig 1939
Steinhauser, P.: Deutsche Arbeitsfront und Wohnungspolitik, in: BSW 9/1939, 435ff.
Stephan, H.: Gründung einer neuen Stadt, in: SWD 3/1942, 77f. (abgedr. in: Harlander/ Fehl 1986, 237f.)
Steyrer, F.: Das Privatkapital im sozialen Wohnungsbau, in: SWD 18/1941, 619ff.
Stoeckle: Die Umsiedlung in Deutschland, in: Der Gemeindetag 14/1935, 434ff.

Strasser, F.: Stellung und Aufgaben der Bauhütten im nationalsozialistischen Staat in politischer und wirtschaftlicher Beziehung, in: BSW 17-19/1933, 257ff.
Stratemann, S.: Industrialisierung des Wohnungsbaues, in: WD 5-6/1943 (abgedr. in: Harlander/ Fehl 1986, 280ff.)
Strauch, H.: Der Einsatz der gemeinnützigen Wohnungsunternehmen im sozialen Wohnungsbau, in: SWD 3/1942, 67ff. (abgedr. in: Harlander/ Fehl 1986, 231ff.)
Stuckrad, E. von: Noch einmal: DAF und Arbeiterwohnstättenbau, in: BSW 6/1937a, 156ff.
– ders.: Der Wohnungs- und Siedlungsbau im Vierjahresplan, in: BSW 1937b, Sonderdruck
– ders.: Heimstätte und Geschoßwohnung, in: BSW 6/1938a, 167ff.
– ders.: Sozialer Wohnstättenbau und Wohnraumgestaltung, in: BSW 22/1938b, 722ff.
– ders.: Leistungssteigerung durch Arbeiterheimstätten, in: BSW 4/1938c, 90ff.
Suhling, L.: Deutsche Baukunst. Technologie und Ideologie im Industriebau des «Dritten Reiches», in: Mehrtens, H., St. Richter (Hg.): Naturwissenschaft, Technik und NS-Ideologie, Frankfurt a.M. 1980
Taeschner: Die Wohnungen der «Neuland» am Steimkerberg in der Stadt des KdF-Wagens, in: BSW 20/1940, 678ff.
Taut, B.: Die Erde eine gute Wohnung, in: Die Volkswohnung 1919, 45ff.
Taylor, R.R.: The word in stone. The Role of Architecture in the National Socialist Ideology, Berkeley/ Los Angeles, London 1974
Teut, A.: Architektur im Dritten Reich 1933–1945, Frankfurt a.M./Berlin 1967
Thevs: Grundsätzliches zur Übergangsregelung für den sozialen Wohnungsbau, in: SuW 7/1941, 131ff.
Thies, J.: Architekt der Weltherrschaft. Die «Endziele» Hitlers, Düsseldorf 1976
Troost, G.: Das Bauen im neuen Reich, Bayreuth 1938
Turner, H. A.: Faschismus und Kapitalismus in Deutschland. Studien zum Verhältnis zwischen Nationalsozialismus und Wirtschaft, Göttingen 1972
Tyrell, A.: Gottfried Feder and the NSDAP, in: Stachura, P.D. (Hg.): The shaping of the Nazi State, London/New York 1978
– ders.: Gottfried Feder – Der gescheiterte Programmatiker, in: Smelser/ Zitelmann 1990
Ueberhorst, H.: Feste, Fahnen, Feiern. Die Bedeutung politischer Symbole und Rituale im Nationalsozialismus, in: Voigt, R. (Hg.): Symbole der Politik, Politik der Symbole, Opladen 1989
Verein Deutsches Holz: Die 25 Einfamilienhäuser der Holzsiedlung am Kochenhof, Stuttgart 1933
Vogel, W.: Westdeutschland 1945–1950. Der Aufbau von Verfassungs- und Verwaltungseinrichtungen über den Ländern der drei westlichen Besatzungszonen Teil III, Schriften des Bundesarchivs 32, Boppard am Rhein 1983
Voigt, W.: Die Stuttgarter Schule und die Alltagsarchitektur des Dritten Reiches, in: Frank 1985
– ders.: Vom Ur-Haus zum Typ. Paul Schmitthenners «deutsches Wohnhaus» und seine Vorbilder, in: Lampugnani/ Schneider 1992
– ders.: «Triumph der Gleichform und des Zusammenpassens». Ernst Neufert und die Normung in der Architektur, in: Nerdinger 1993d
Waechtler, F. (Hg.): Die neue Heimat. Vom Werden der nationalsozialistischen Kulturlandschaft, München 1940
Wagner, H.: Glaube, Volk und Führer, in: SuW 3/1936, 112
– ders.: Die Neuordnung des deutschen Wohnungsbaues, in: SWD 5/1941, 145ff. (abgedr. in: Harlander/ Fehl 1986, 178ff.)
– ders.: Die Mitwirkung der deutschen Gemeinden am Wohnungsbau nach dem Kriege, in: SWD 7/1941, 220ff. (abgedr. in: Harlander/ Fehl 1986, 187ff.)
– ders.: Die Wohnraumversorgung der Bevölkerung im Kriege, in: WD 7-8/1943, 161ff. (abgedr. in: Harlander/ Fehl 1986, 302ff.)
Walther, A.: Neue Wege zur Großstadtsanierung, Stuttgart 1936
Walz, M.: Wohnungs- und Industrieansiedlungspolitik in Deutschland 1933–39, Frankfurt/M. 1979
Wandersleb, H.: Leistungen und Perspektiven im sozialen Wohnungsbau der Bundesrepublik, Frankfurt/M. 1952
– ders. u.a. (Hg.): Handwörterbuch des Städtebaus, Wohnungs- und Siedlungswesens, Stuttgart 1959
Wasser, B.: Nationalsozialistische Raumplanung und Ostkolonisation im «Generalgouvernement» während des 2. Weltkrieges, in: Lüken-Isberner, F. (Hg.) 1991
– ders.: Himmlers Raumplanung im Osten. Der Generalplan Ost in Polen 1940–1944, Basel/Berlin/Boston 1993
Weber: Verhältnis der Miete zum Einkommen, in: Internationaler Verband für Wohnungswesen (Hg.): Die sozialpolitische Bedeutung der Wohnungswirtschaft, Berlin 1931
Webster, Ch., N. Frankland: The Strategic Air Offensive against Germany 1939–1945, 4 Bde., London 1961
Wehler, H.-U.: Modernisierungstheorie und Geschichte, Göttingen 1975

Weisser, G.: Gemeinnützige Wohnungswirtschaft, Berlin/Buxtehude 1948
Welsch, W. (Hg.): Wege aus der Moderne, Weinheim 1988
– ders.: Unsere postmoderne Moderne, Weinheim 1991 (3. Aufl.)
Werkgruppe Prora (Hg.): 1. Prora-Symposium. Texte, Presse, Briefe (Redaktion: J. Rostock), Berlin 1994
Werner-Meier: Änderung und Ergänzung des Gemeinnützigkeitsrechts im Wohnungswesen, RArbBl. 1940, V 144ff.
Wetzel, O.: Betriebsheimstätten statt Werkswohnungen, in: BSW 2/1939a, 99f.
– ders.: Einheitliche Gesetzgebung im Arbeiterwohnstättenbau, in: BSW 9/1939b, 469ff.
Winkler, H. A.: Politische Weichenstellungen im Nachkriegsdeutschland 1945–1953, Göttingen 1979
Wippermann, W.: Wie «modern» war das Dritte Reich?, in: Wissenschaftliche Zeitschrift der Hochschule für Architektur und Bauwesen Weimar 38/1992
Wistrich, R.: Wer war wer im Dritten Reich, München 1983 (engl. Originalausgabe London 1982)
Witt, P.-Ch.: Inflation, Wohnungszwangswirtschaft und Hauszinssteuer. Zur Regelung von Wohnungsbau und Wohnungsmarkt in der Weimarer Republik, in: Niethammer, L. (Hg.): Wohnen im Wandel, Wuppertal 1979
Wolf: Reichstypen für den Wohnungsbau, in: SuW 6/1941, 112ff.
Wolters, R.: Der neue Städtebau, in: SWD 3/1942, 75f. (abgedr. in: Harlander/ Fehl 1986, 237f.)
Wortmann, W.: Der Gedanke der Stadtlandschaft, in: Raumforschung und Raumordnung 1941, 15ff.
Wülfingen, Bock von: Erfahrungen mit dem Wohnsiedlungsgesetz, in: Der Gemeindetag 18/1936, 621ff.
Wulf, J.: Die bildenden Künste im Dritten Reich, Frankfurt a.M./ Berlin/ Wien 1983
Wysocki, G.: Herrschafts- und sozialgeschichtliche Aspekte in der Planungs- und Baugeschichte der «Stadt-der-Hermann-Göring-Werke», in: Lüken-Isberner 1991
Zapf, W. (Hg.): Die Modernisierung moderner Gesellschaften. Verhandlungen des 25. Deutschen Soziologentages in Frankfurt am Main 1990, Frankfurt a.M./New York 1991a
– ders.: Modernisierung und Modernisierungstheorien, in: ders. 1991b
Zitelmann, R.: Hitler. Selbstverständnis eines Revolutionärs, Hamburg 1987
– ders.: Nationalsozialismus und Moderne. Eine Zwischenbilanz, in: Süß, W.: Übergänge. Zeitgeschichte zwischen Utopie und Machbarkeit, Berlin 1990
– ders.: Die totalitäre Seite der Moderne, in: Prinz/ Zitelmann 1991

3. Zeitungen und Zeitschriften

Arbeitertum
Arch +
Archiv für Innere Kolonisation
Archiv für Sozialgeschichte
Bauen, Siedeln, Wohnen (bis 1932: Soziale Bauwirtschaft)
Baugilde
Baukunst und Werkform
Baumeister
Bauwelt
Berliner Börsen-Courier
Der Angriff
Der Aufbau
Der deutsche Heimstättensiedler
Der Gemeindetag
Der Kleinsiedler
Der Siedler
Der Soziale Wohnungsbau in Deutschland (SWD)
Der Spiegel
Der Städtetag
Der Vierjahresplan
Der Wirtschaftsring
Der Wohnungsbau in Deutschland (WD)
Deutsche Bauhütte
Deutsche Bauzeitung
Deutsche Handels-Wacht
Die alte Stadt
Die Form

Die gemeinnützige Wohnungswirtschaft
Die nationalsozialistische Gemeinde
Die Neue Stadt
Die Volkswohnung
Die Wohnung
Frankfurter Allgemeine Zeitung
Kölner Zeitschrift für Soziologie und Sozialpsychologie
Leviathan
Mitteilungen des Deutschen Verbandes für Wohnungswesen, Städtebau und Raumplanung
Moderne Bauformen
Monatshefte für Baukunst und Städtebau
Münchner Stadtanzeiger
Nationalsozialistische Monatshefte
Raumforschung und Raumordnung
RKW-Nachrichten
Siedlung und Wirtschaft
Soziale Welt
Stadtbauwelt
Städte und Statistik
Tägliche Rundschau
Vierteljahreshefte für Zeitgeschichte
Völkischer Beobachter
Zeitschrift für Wohnungswesen
Zentralblatt der Bauverwaltung

Dokumente

Dok. 01: RWM an Seldte v. 25.1.1934, BA (Potsdam), 31.01/10106, Bl. 1–2

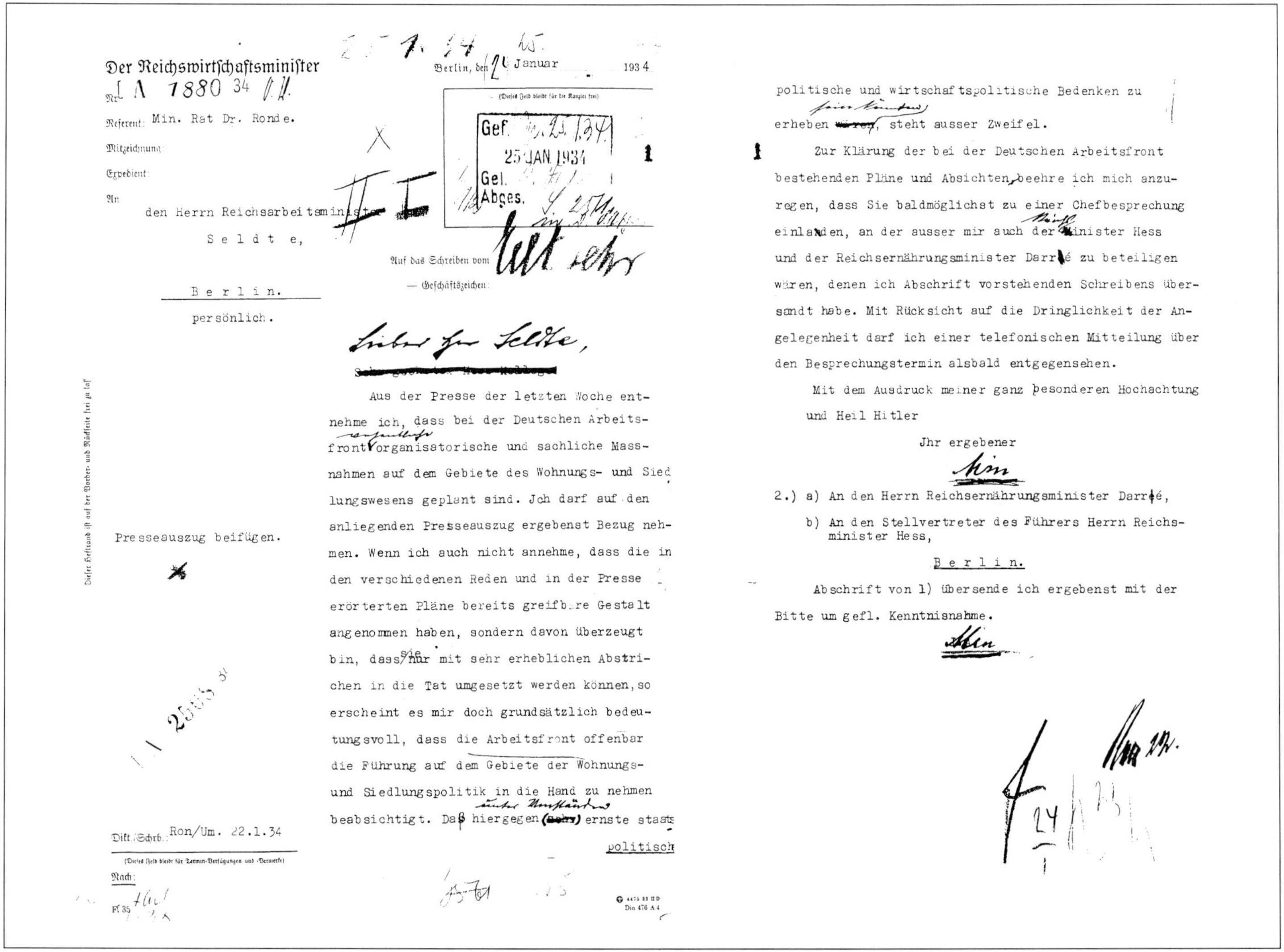

Der Reichswirtschaftsminister
Nr. I A 1880 34 I. II.
Referent: Min. Rat Dr. Ronde.
Mitzeichnung:
Expedient:
An
den Herrn Reichsarbeitsminister
Seldte,

Berlin.

persönlich.

Berlin, den 2[illegible] Januar 1934

(Dieses Feld bleibt für die Kanzlei frei)

Gef. 25.1.34
25 JAN 1934
Gel.
Abges.

Auf das Schreiben vom
— Geschäftszeichen:

Lieber Herr Seldte,

~~Sehr geehrter Herr Kollege~~

Aus der Presse der letzten Woche entnehme ich, dass bei der Deutschen Arbeitsfront umfangreiche organisatorische und sachliche Massnahmen auf dem Gebiete des Wohnungs- und Siedlungswesens geplant sind. Ich darf auf den anliegenden Presseauszug ergebenst Bezug nehmen. Wenn ich auch nicht annehme, dass die in den verschiedenen Reden und in der Presse erörterten Pläne bereits greifbare Gestalt angenommen haben, sondern davon überzeugt bin, dass sie ~~nur~~ mit sehr erheblichen Abstrichen in die Tat umgesetzt werden können, so erscheint es mir doch grundsätzlich bedeutungsvoll, dass die Arbeitsfront offenbar die Führung auf dem Gebiete der Wohnungs- und Siedlungspolitik in die Hand zu nehmen beabsichtigt. Daß hiergegen unter Umständen ~~(sehr)~~ ernste staatspolitische und wirtschaftspolitische Bedenken zu erheben sein könnten ~~wären~~, steht ausser Zweifel.

Zur Klärung der bei der Deutschen Arbeitsfront bestehenden Pläne und Absichten beehre ich mich anzuregen, dass Sie baldmöglichst zu einer Chefbesprechung einladen, an der ausser mir auch der Reichsminister Hess und der Reichsernährungsminister Darré zu beteiligen wären, denen ich Abschrift vorstehenden Schreibens übersandt habe. Mit Rücksicht auf die Dringlichkeit der Angelegenheit darf ich einer telefonischen Mitteilung über den Besprechungstermin alsbald entgegensehen.

Mit dem Ausdruck meiner ganz besonderen Hochachtung und Heil Hitler

Jhr ergebener

2.) a) An den Herrn Reichsernährungsminister Darré,

b) An den Stellvertreter des Führers Herrn Reichsminister Hess,

Berlin.

Abschrift von 1) übersende ich ergebenst mit der Bitte um gefl. Kenntnisnahme.

Presseauszug beifügen.

Dikt. Schrb. Ron/Um. 22.1.34

(Dieses Feld bleibt für Termin-Verfügungen und -Vermerke)

Nach:

Dieser Heftrand ist auf der Vorder- und Rückseite frei zu lassen

3

Der Amtsleiter für die wirtschaftlichen Unternehmungen der Deutschen Arbeitsfront
Referat Wohnungsbau

Berlin, 3.April 1941.

Entwicklung der DAF - Wohnungsunternehmen

	Stand am: 31.12.38	Stand am: 31.3.41	Bemerkungen
1. Anzahl der Gesellschaften	22	50 +)	+)einschl. 9 Tochterges.
2. Höhe des Gesellschaftskapitals in Reichsmark	9.900.000,--	67.200.000,--	
3. Bestand der Wohnungen	46.331	57.025+)	+) davon 10.758 Kleinsiedlungen u.Eigenheime

. In den Jahren 1939/40 wurden:

	neubegonnen	fertiggestellt (Teilweise aus Überhang)	
	32.000 Whg.	5.000 Whg.+)	+) In der Zahl von 57.025 enthalten

5. Im Bau befinden sich	30.000 Whg,,		
wovon in Teilabschnitten fertiggestellt sind.		6.000 Whg+)	+) In der Zahl von 57 025 nicht enthalten

Der grösste Teil der unter Ziff.5 aufgeführten im Bau befindlichen Wohnungen betrifft Whg. für Gefolgschaftsmitglieder der Rüstungsindustrie. Ferner für die Südtiroler-Umsiedlungsaktion 6.500 Whg. und für die KdF-Stadt Fallersleben 2.500 Whg.

Das Bau- u. Fertigstellungsvolumen der DAF-Gesellschaften umfasst etwa 1/3 des Volumens aller gemeinn.Wohnungsunternehmen

7. Neben Wohnungen für Gefolgschaftsmitglieder der Rüstungsindustrie ist für 1941 in den Ostgebieten einschl. Sudetenland der Baubeginn von 7.000 Whg. vorgesehen, als Erweiterungsprogramm 1941 für die Südtiroler-Umsiedlungsaktion der Bau von weiteren 7.300 Whg.
Aus dem bisherigen Programm für die Südtiroler-Umsiedlungsaktion von zusammen 19.000 Whg. kommen auf die DAF-Wohnungsunternehmen demnach allein 13.800 Whg.

Dok. 02: DAF, Entwicklung der DAF-Wohnungsunternehmen, 3.4.1941, BAK, NS 6/302, Bl. 2–3

2

23. Juli 1940
II/La.

An Herrn
Reichsleiter B o r m a n n,

B e r l i n W 8
Wilhelmstrasse 64.

Lieber Parteigenosse Bormann,

zu dem mir übermittelten Schreiben des Reichsleiters der Deutschen Arbeitsfront, Parteigenosse Dr. L e y, nehme ich wie folgt Stellung:

Nach dem Kriege wird es Aufgabe einer Reichsbehörde, z.B. eines Bauministeriums, sein müssen, die Voraussetzungen für die Durchführung der gewaltigen Baumaßnahmen, die bevorstehen, zu schaffen und die gesamte Bautätigkeit in geordnete Bahnen zu lenken, um zu vermeiden, daß durch eine Überbesetzung der Bauwirtschaft Störungen im Ablauf eintreten.

Die Lenkung und Durchführung des Wohnungsbaues, der einen wesentlichen Teil des Bauvolumens einnehmen wird, einer anderen Reichsbehörde als dieser zu überlassen, halte ich für unmöglich.

Das Reich wird den Wohnungsbau auch weiterhin durch die Hergabe von Darlehen oder sonstigen finanziellen Zuweisungen unterstützen müssen.

Die Festlegung von Reichsmitteln im Wohnungsbau wird aber eine unmittelbare Überwachung der Wohnungsbautätigkeit durch den Staat notwendig machen.

Dabei halte ich es für selbstverständlich, daß die Partei bei der Aufstellung der Grundsätze für das künftige Wohnungsbauprogramm, insbesondere bei der Schaffung der Rechtsbe-

-2-

3

- 2 -

stimmungen und der Festlegung der Programme in den einzelnen Gauen, maßgeblich beteiligt ist.

Für die Zusammenarbeit zwischen Partei und Staat muß allerdings wegen der Verschiedenartigkeit der Aufgaben ein anderes Verfahren gefunden werden wie beim Amt für Berufserziehung.

Ich bezweifle auch, daß die Gesellschaften der Deutschen Arbeitsfront, die zum größten Teil erst in den letzten Jahren eine eigene Bautätigkeit aufgenommen haben, allein das Wohnungsbauprogramm durchführen können.

Wie weit bei der Deutschen Arbeitsfront Unklarheit über dieses Programm besteht, beweist mir die angegebene Zahl von 0,5 bis 1 Million Wohnungen im Jahr. Eine Million Wohnungen würden einen Bauwert von 7,5 Milliarden Reichsmark darstellen, das sind 2/3 des Bauvolumens von 1938. Ich halte demgegenüber die Ermittlung des Institutes für Konjunkturforschung, das das zukünftige Wohnungsbauprogramm mit 450.000 Wohnungen jährlich angibt, für richtig und die Durchführung einer solchen Wohnungszahl auch für möglich.

Die Kapazität der dem Einfluß des Reichsarbeitsministers unterstehenden Wohnungsbaugesellschaften mit nur einigen tausend Wohnungen anzugeben, ist eine erhebliche Unterschätzung. Der Reichsarbeitsminister hat sich allerdings auf die Festlegung von Richtlinien und Förderungsmaßnahmen beschränkt und im Wesentlichen die Durchführung des Wohnungsbaues den Stellen überlassen, die Wohnungen in Verbindung mit ihren sonstigen Bauten errichten mußten, wie z.B. der Luftwaffe, dem Heer, dem Vierjahresplan usw.

Eine wirkliche Lenkung der Wohnungsbautätigkeit hat gefehlt.

Mein Standpunkt geht dahin, daß nach dem Kriege eine zentrale Instanz geschaffen werden muß, die alle Belange des Wohnungsbaues vertritt und zwar:

-3-

- 3 -

1.) Die Schaffung klarer und einheitlicher Rechtsbestimmungen für den Wohnungs- und Siedlungsbau.

2.) Die Beschleunigung der Städteplanung.

3.) Die Aufstellung von Wohnungsbauprogrammen in den einzelnen Gauen nach dem tatsächlichen Bedarf.

4.) Die Aufstellung einheitlicher Wohnungstypen für die Gaugebiete, nach denen in den nächsten Jahren die Wohnungen zu bauen sind.

5.) Die Sicherstellung von Finanzierungsmethoden, die die Erstellung der Wohnungen zu angemessenen Belastungen ermöglichen.

6.) Die Sicherstellung der Baudurchführung.

7.) Die Zusammenfassung der bestehenden Wohnungsbaugesellschaften.

Wie Ihnen bekannt ist stehe ich auf dem Standpunkt, daß nur Parteigenosse Dr. Todt dazu in der Lage ist, diese große Aufgabe zu bewältigen.

Speer

Dok. 04: Erlaß zur Vorbereitung des deutschen Wohnungsbaues nach dem Kriege, vom 15.11.1941 (RGBl. I, 1495)

1495

Reichsgesetzblatt

Teil I

38

1940	Ausgegeben zu Berlin, den 19. November 1940	Nr. 196

Erlaß zur Vorbereitung des deutschen Wohnungsbaues nach dem Kriege.

Vom 15. November 1940.

Der erfolgreiche Ausgang dieses Krieges wird das Deutsche Reich vor Aufgaben stellen, die es nur durch eine Steigerung seiner Bevölkerungszahl zu erfüllen vermag. Es ist daher notwendig, daß durch Geburtenzuwachs die Lücken geschlossen werden, die der Krieg dem Volkskörper geschlagen hat.

Deshalb muß der neue deutsche Wohnungsbau in der Zukunft den Voraussetzungen für ein gesundes Leben kinderreicher Familien entsprechen.

Um die sofortige Inangriffnahme eines diesen Grundsätzen entsprechenden Wohnungsbauprogramms nach dem Kriege zu gewährleisten, sind schon jetzt vorbereitende Maßnahmen hierfür zu treffen.

Ich ordne daher an:

I.

Die Erfüllung der von mir gestellten Forderungen ist Aufgabe des Reichs. Zu ihrer Durchführung bestelle ich einen Reichskommissar für den sozialen Wohnungsbau, der mir unmittelbar untersteht.

II.

Wohnungsbauprogramm

(1) Der Wohnungsbau wird nach einem von Jahr zu Jahr festzustellenden Wohnungsbauprogramm durchgeführt.

(2) Die Zahl der in den einzelnen Jahren insgesamt zu bauenden Wohnungen wird von mir festgesetzt. Hierzu legt mir der Reichskommissar einen gemeinsamen mit dem Generalbevollmächtigten für die Regelung der Bauwirtschaft aufgestellten Jahresplan vor. Der Generalbevollmächtigte für die Regelung der Bauwirtschaft ist dafür verantwortlich, daß der für das Jahr vorzusehende Umfang von Wohnungsbauten mit den allgemeinen Bauaufgaben im Reichsgebiet, die auf die jeweilige Leistungsfähigkeit der Bauwirtschaft abzustellen sind, in Einklang steht.

(3) Der Landarbeiterwohnungsbau ist innerhalb des Gesamtwohnungsbauprogramms besonders zu fördern. Das gleiche gilt für den Bau von Eigenheimen und Kleinsiedlungen bei vorhandenem Eigenkapital.

(4) Für das erste Nachkriegsjahr ist der Neubau von insgesamt 300 000 Wohnungen vorzubereiten und durchzuführen.

III.

Durchführung des Bauprogramms

(1) Bei der Finanzierung sind soweit möglich die Einrichtungen der Wirtschaft heranzuziehen.

(2) Die Baudurchführung und Verwaltung geschieht, soweit sie nicht von den Gemeinden übernommen wird, durch gemeinnützige Wohnungsunternehmen oder sonstige geeignete Träger auf Grund besonderer Zulassung.

(3) Die Einweisung der Mieter erfolgt durch die Gemeinden mit Zustimmung der Partei nach Grundsätzen, über die besondere Richtlinien erlassen werden.

IV.

Miethöhe

(1) Die Lasten und Mieten des neuen deutschen Wohnungsbaues sind so zu gestalten, daß sie in einem gesunden Verhältnis zu dem Einkommen der Volksgenossen stehen, für die die Wohnungen bestimmt sind.

(2) Zur Erreichung dieses Zieles ist die Förderung des Wohnungsbaues aus Mitteln des Reichs so weit auszudehnen, daß tragbare Mieten und Lasten erreicht werden.

V.

Baulandbeschaffung

a. Ausweisung von Wohnsiedlungsgebieten

(1) In Orten, in denen nach dem Kriege mit einem erhöhten Wohnungsbedarf zu rechnen ist, sind, soweit noch nicht geschehen, auf Grund des Gesetzes über die Aufschließung von Wohnsiedlungsgebieten vom 22. September 1933 (Reichsgesetzbl. I S. 659) und vom 27. September 1938 (Reichsgesetzbl. I S. 1246) Wohnsiedlungsgebiete auszuweisen und Wirtschaftspläne aufzustellen.

b. Richtpreise für Wohn- und Siedlungsflächen

(2) Für das im Wirtschaftsplan als Wohn- und Siedlungsfläche ausgewiesene Bauland haben die Preisbildungsbehörden im Benehmen mit der Gemeinde Richtpreise festzusetzen.

c. Umlegung von Grundstücken

(3) Die Umlegung von Grundstücken wird durch Reichsgesetz erleichtert.

d. Erleichterte Beschaffung von Bauland

(4) Die Beschaffung von Bauland wird durch ein Reichsgesetz geregelt, durch das der freihändige Erwerb von Grundstücken erleichtert und beschleunigt sowie die Möglichkeit zu einer Enteignung gegen angemessene Entschädigung gegeben wird.

VI.

Geländeerschließung und Gemeinschaftseinrichtungen

(1) Die Deckung der Kosten, die den Gemeinden durch die Erschließung von Baugelände und durch die Errichtung von Gemeinschaftseinrichtungen entstehen, wird zum Zwecke der Vereinheitlichung und Vereinfachung der geltenden Bestimmungen durch Reichsgesetz geregelt.

(2) Die von den Gemeinden an die Aufschließung zu stellenden Anforderungen haben sich in den durch Volksgesundheit, Verkehr und Sicherheit bedingten Grenzen sparsam zu bewegen.

VII.

Planung

a. Formen des Wohnungsbaues

(1) Der neue deutsche Wohnungsbau nach dem Kriege erfolgt in der Form der Geschoßwohnung, des Eigenheims (mit Gartenzulage) und der Kleinsiedlung (mit Wirtschaftsteil und Landzulage).

(2) Die Anwendung der einzelnen Form bestimmt sich nach der Lage des Bauortes.

b. Gliederung der Wohnung

(3) Bei der Planung von Wohnungsbauten in den ersten fünf Jahren nach dem Kriege ist von folgender Raumgliederung auszugehen:

aa) 80 vom Hundert der neuen Wohnungen enthalten eine geräumige Wohnküche und drei Schlafzimmer, außerdem einen Duschraum mit getrenntem Abort. Wohnungen in zwei- und mehrgeschossigen Bauten erhalten tunlichst einen Balkon.

bb) 10 vom Hundert der neuen Wohnungen sollen einen Raum mehr und 10 vom Hundert einen Raum weniger erhalten.

cc) Außerdem soll in allen Fällen ein Speise- und Abstellraum vorgesehen werden.

(4) Bei der Planung von neuen Städten oder von Großbauvorhaben, die das Gefüge einer Gemeinde von Grund auf ändern, kann mit Zustimmung des Reichskommissars von den Verhältniszahlen abgewichen werden.

39

c. Größe der Räume

(5) Die Räume bzw. die Wohnungen sollen folgende Mindestmaße nicht unterschreiten:

aa) 3-Zimmer-Wohnung einschließlich Wohnküche

1 Wohnküche	22 qm
1 Elternschlafzimmer	16 »
1 weiteres Schlafzimmer	10 »
1 Duschraum mit getrenntem Abort	5 »
1 Flur	6 »
1 Balkon	3 »
	62 qm

bb) 4-Zimmer-Wohnung einschließlich Wohnküche

1 Wohnküche	24 qm
1 Elternschlafzimmer	16 »
2 Schlafzimmer zu je 10 qm	= 20 »
1 Duschraum mit getrenntem Abort	5 »
1 Flur	6 »
1 Balkon	3 »
	74 qm

cc) 5-Zimmer-Wohnung einschließlich Wohnküche

1 Wohnküche	26 qm
1 Elternschlafzimmer	16 »
3 weitere Schlafzimmer mit je 10 qm	= 30 »
1 Duschraum mit getrenntem Abort	5 »
1 Flur	6 »
1 Balkon	3 »
	86 qm.

(6) Geringfügige Abweichungen sind zulässig, sofern die Beschaffenheit des Geländes dies erfordert.

d. Berücksichtigung der Luftkriegserfahrungen

(7) Die aus dem Luftkrieg gewonnenen Erfahrungen sind bei der Standortwahl der Wohnstätten, bei der Bebauungsdichte, bei der Konstruktion des Hauses und bei der Anlage von Luftschutzräumen zu berücksichtigen.

(8) Soweit hiernach der Bebauungsplan Luftschutzräume vorsieht, sind sie bombensicher zu errichten und so zu bemessen, daß alle Hausbewohner darin eine Schlafgelegenheit finden.

VIII.

Normung und Rationalisierung

(1) Eine Verbilligung der Herstellungskosten der Wohnung muß mit allen Mitteln erreicht werden, ohne daß dadurch die architektonische Gestaltung beeinträchtigt wird.

(2) Es sind daher für die Wohnungsgrößen Grundrisse zu entwickeln und vorläufig für die Dauer von fünf Jahren für verbindlich zu erklären. Darüber hinaus sind die Geschoßhöhen, die Wandstärken und die Konstruktionen für Dächer, Decken und Treppenhäuser einheitlich festzulegen.

(3) Die eingebauten Teile der Versorgungseinrichtungen sowie die Fenster und Türen sind weitestgehend zu normen.

(4) Die Arbeiten an der Baustelle sind zu mechanisieren mit dem Ziel, die Handarbeit soweit wie möglich auszuschalten.

(5) Es sind Methoden zu suchen und in größeren Versuchen praktisch zu entwickeln, die in absehbarer Zeit zu einer wesentlichen Vereinfachung und Beschleunigung der Arbeiten am Bau führen.

IX.

Bauwirtschaftliche Voraussetzungen

(1) Die bauwirtschaftlichen Voraussetzungen für die Durchführung des Wohnungsbauprogramms regelt der Generalbevollmächtigte für die Regelung der Bauwirtschaft. Er bestimmt den Einsatz von Baustoffen und Arbeitskräften für das jeweilige Jahresbauprogramm, bezüglich des Arbeitseinsatzes im Einvernehmen mit dem Reichsarbeitsminister.

(2) Für die Bereitstellung der notwendigen Baustoffe ist schon jetzt eine Ausweitung der Produktionsstätten zu betreiben. Daneben ist die Herstellung neuer geeigneter Baustoffe zu entwickeln.

X.

Verfahrensvereinfachung

Die auf dem Gebiet des Wohnungsbaues geltenden Vorschriften werden im Sinne dieses Erlasses durch ein Gesetz über den neuen deutschen Wohnungsbau für das gesamte Reich vereinfacht und vereinheitlicht.

XI.

Gauwohnungskommissar

(1) Für die gebietliche Lenkung des Wohnungsbaues und seine Steuerung im Rahmen des gesamten Bauwesens in den Gauen sind die Gauleiter als Gauwohnungskommissare verantwortlich. Sie bedienen sich zur Erfüllung dieser Aufgabe der vom Reichsminister des Innern zu bestimmenden staatlichen Verwaltungsstellen und können im Rahmen der Gesetze und nach Maßgabe der ihnen von den Obersten Reichsbehörden erteilten Weisungen allen unmittelbar oder mittelbar mit dem Wohnungsbau befaßten Behörden des Gaugebietes Anordnungen geben.

(2) Soweit auf Grund des Gesetzes über die Neugestaltung deutscher Städte besondere Beauftragte berufen worden sind, bleibt deren Zuständigkeit unberührt.

(3) Die Durchführung des Wohnungsbauprogramms in der Reichshauptstadt Berlin obliegt dem Generalbauinspektor für die Reichshauptstadt nach Maßgabe näherer Regelung.

XII.

Übergangsbestimmungen

(1) Die Bestimmungen dieses Erlasses gelten nicht für die auf der Baustelle begonnenen sozialen Bauvorhaben.

(2) Die in der Planung und Finanzierung abgeschlossenen Bauvorhaben können nach den bisherigen Bestimmungen durchgeführt werden, jedoch mit der Einschränkung, daß die Zahl der Klein- und Kleinstwohnungen in einer Gemeinde 20 vom Hundert der für das erste Wohnungsjahr vorgesehenen Wohnungen nicht übersteigt.

XIII.

Der Reichskommissar erläßt im Einvernehmen mit den beteiligten Obersten Reichsbehörden die zur Durchführung und Ergänzung dieses Erlasses erforderlichen Rechts- und Verwaltungsvorschriften.

Berlin, den 15. November 1940.

Der Führer und Reichskanzler

Adolf Hitler

Der Reichsminister und Chef der Reichskanzlei

Dr. Lammers

Dok. 05: Speer an Bormann v. 13.12.1941, BAK, NS 6/251, Bl. 116–119

116

ALBERT SPEER
GENERALBAUINSPEKTOR
FÜR DIE REICHSHAUPTSTADT

ATELIER OBERSALZBERG
BERCHTESGADEN - FERNRUF 2754
13.12.41

Partei-Kanzlei
Dienststelle Berlin
Eing.: 17. DEZ. 1941

P e r s ö n l i c h
=================

Lieber Parteigenosse Bormann,

in dem Erlass des Führers über den Reichswohnungskommissar habe ich mir die Durchführung des Wohnungsbaues in Berlin selbständig übertragen lassen. Ich habe daher mit dem Reichskommissar für den sozialen Wohnungsbau wenig Berührungspunkte.

Folgende Anregungen kann ich geben:

1. Die Bearbeitung der Typengrundrisse, – die wichtigste Voraussetzung für die Planung des Nachkriegsprogrammes, – geht nur langsam vorwärts und nicht immer unter Beachtung der vom Führer eindeutig festgelegten Grundsätze.

Es wird hier viel zu sehr theoretisiert, obwohl doch die Feststellung dieser Typengrundrisse für den Wohnungsbau, – im Verhältnis zu anderen Problemen, – wirklich eine einfache Angelegenheit ist.

Zu den letzten vom Reichswohnungskommissar herausgebrachten Typen habe ich eingehend Stellung genommen. – In diesen Tagen werden dem Reichswohnungskommissar die in meiner Dienststelle für Berlin entwickelten Grundrisse für Geschosswohnungen gezeigt, aus denen er meine Auffassung ersehen kann. – Ich habe in Berlin zunächst einen Typ für die Nachkriegszeit als verbindlich festgelegt. Der Reichswohnungskommissar

An den

Leiter der Parteikanzlei,
Herrn Reichsleiter Bormann
z.Zt. Führerhauptquartier

Eingang bei III

22. Dez. 1941

– 2 –

– 2 –

11

hat für das Reichsgebiet diesen Entschluss noch nic[ht] fassen können.

Wenn Sie es wünschen, übersende ich Ihnen sämtliche Vorschläge.

2. Meine Lieblingsidee bei meinem damaligen Vorschlag zu einem Führer-Erlass über den Wohnungsbau war die Festlegung der Baugrundmasse auf die Dauer von 10 J[ah]ren. Es ist sicher, dass allein die Festlegung dieser Masse die gesamte Bau- und Ausbauindustrie dazu bewegen würde, neue Baumethoden zu entwickeln. – D a m i t k ä m e n d i e P r a k t i k e r z u W o r t e .

Es dürfte wirklich nicht schwer sein, für den Wohnu[ngs]bau z.B. die Tiefe der Zimmer, die Ausmasse der Tre[p]penhäuser, die Höhe der Geschosse, einige zur Ausw[ahl] stehende Neigungen der Dächer festzulegen. Diese immer wiederkehrenden Masse würden zwangsläufig zur maschinellen Herstellung von Dachbindern, Deckenkon[s]truktionen, Treppen usw. führen, – und während des Krieges zu eingehenden Überlegungen darüber.

Ich habe den Reichswohnungskommissar vor einigen Wo[chen] auf die Wichtigkeit der Festlegung dieser Mass[e] aufmerksam gemacht.

3. Die vom Führer geforderte Verfahrens-Vereinfachung, die Verbilligung durch Typisierung der Grundrisse und die Rationalisierung der Baumethoden lässt sich nur dann erreichen, wenn sie den gesamten Wohnungsbau umfasst. Neue Auslegungen des Reichsarbeitsministers gehen dahin, dass

– 3 –

- 3 -

118

der Reichskommissar sich nur auf den Arbeiter-Wohnstättenbau zu beschränken habe, sodass grosse Teile des übrigen Wohnungsbaues bei ihm ausfielen. Ich bin aber grundsätzlich der Meinung, dass der Wohnungsbau wegen der Rationalisierung als eine Gesamtaufgabe anzusehen ist, wobei allerdings in der Durchführung der Privatindustrie mehr Raum gebührt, als dies jetzt vorgesehen zu sein scheint.

4. Ich habe den Eindruck, dass Dr.Ley nicht genügend versucht, die grossen Baufirmen des Reiches für den Wohnungsbau und seine technische Entwicklung zu interessieren. Dr.Todt hat seine Aufgaben immer unter weitestgehender Einschaltung der Privatindustrie durchgeführt und sich damit zu einem grossen Teil seinen Erfolg von vornherein gesichert.

Der seinerzeitige Vorschlag des Reichswohnungskommissars über die Bildung einer grossen Bauträger-Gesellschaft, die sich mit der Deutschen Arbeitsfront gedeckt hätte, (der Vorschlag ist unterlassen weggefallen) und die Gründung einer Bauhilfe-GmbH., die zur Unterstützung des Handwerks dienen soll, aber wahrscheinlich nach längerer Zeit sich das Handwerk hörig gemacht haben wird, deuten daraufhin, dass er den Wohnungsbau weitgehend selbst bzw. durch die Deutsche Arbeitsfront durchführen möchte.

Im Hintergrund steht dabei meine Sorge, dass die immer geldbedürftigen Unternehmungen der DAF daraus letzten Endes Nutzen ziehen werden. - Der jährliche Umsatz beträgt bei 400 000 Wohnungen immerhin 4,8 Milliarden Reichsmark. +

5. Sie wissen, dass ich es damals lieber gesehen hätte, wenn unser vielbegehrter und vielgeplagter Parteige-

+ Simon ist gleichzeitig stellvertr.Reichswohnungskommissar und Leiter der wirtschaftlichen Unternehmungen der DAF. !

- 4 -

119

nosse Dr.Todt als Reichskommissar für den Wohnungsbau eingesetzt worden wäre. Ein Nichtfachmann ist eben, wenn er sich nicht sehr weitgehend in die einzelnen Fragen einarbeitet, dem Meinungsstreit der verschiedenen Fachleute ausgeliefert und kann von sich aus in den Fachfragen keine tieffundierte Entscheidung treffen.

Der Führer sollte dem Reichswohnungskommissar einen festen Termin, etwa innerhalb 3 Monaten stellen, in denen dieser ihm Vorschläge über endgültig festzulegende Typengrundrisse und Baugrundmasse zu machen hätte.

Heil Hitler

Ihr

Albert Speer

Ich bitte um vertrauliche Behandlung des Schreibens!

150 256

V o r l a g e .

Betrifft: Zuständigkeitsabgrenzung zwischen Reichskommissar für den sozialen Wohnungsbau und Generalbevollmächtigten für die Regelung der Bauwirtschaft.

Reichsminister Speer hat, wie ich von Ministerialdirektor Dr. Wagner vom Reichskommissar für den sozialen Wohnungsbau erfahren habe, dem von Dr. Ley entworfenen Führererlass zugestimmt. Er hat jedoch mit Dr. Ley eine Vereinbarung getroffen, die nicht veröffentlicht werden soll und die die Abgrenzung der Zuständigkeitsgebiete des Reichskommissars für den sozialen Wohnungsbau und des Generalbevollmächtigten für die Regelung der Bauwirtschaft bzw. des späteren Bauministeriums regelt. In dieser Vereinbarung ist festgelegt, dass

1. die Städteplanung und die Raumplanung von der "Obersten Baubehörde", d.i. das spätere Bauministerium, vorgenommen werden soll, die Fachplanung in den ausgewiesenen Wohnsiedlungsgebieten vom Reichskommissar für den sozialen Wohnungsbau. Die baupolizeilichen Befugnisse übt allein die Oberste Baubehörde aus. Die vom Reichskommissar für den sozialen Wohnungsbau erstellten Wohnungen geniessen lediglich die gleiche bevorzugte baupolizeiliche Behandlung wie die anderen Bauten des Reiches und der Partei;
2. die Normung, Typisierung und Rationalisierung entgegen der seitherigen Handhabung im wesentlichen der Bauwirtschaft überlassen werden soll. Die Lenkung und Beaufsichtigung soll nicht, wie seither, vom Reichskommissar für den sozialen Wohnungsbau, sondern von der Obersten Baubehörde vorgenommen werden;

./.

25

\- 2 -

3. in den Städten Berlin, München, Nürnberg und Linz die Massnahmen des Wohnungsbaues durch die Beauftragten des Führers durchgeführt werden.

Diese Vereinbarung gilt erst, wenn das Bauministerium errichtet ist.

Es ist die Frage aufzuwerfen, ob es nicht zweckmässiger wäre, jetzt schon die restlichen beim Reichsarbeitsminister verbleibenden Referate Städtebau und Raumplanung Reichsminister Speer zu unterstellen und unter Auflösung der Reichsstelle für Raumordnung deren Aufgaben Reichsminister Speer zu übertragen. Durch ein solches Verfahren wären klare Grenzen geschaffen und im wesentlichen die Gefahr beseitigt, dass ein neuer Zuständigkeitsstreit entsteht.

München, den 24. Oktober 1942
III B 2/08 - Eh.

In diesen Streit um die Reichsstelle wollen wir uns nicht einmischen: es streiten sich darum bzw. wollen sie übernehmen 1) R.d.I. 2) der Reichskommissar f. Festigung deutschen Volkstums 3) Pg Speer - G.B.Bau 4) Vierjahresplan 5) Reichskomm. f.d. Wohnungsbau usw.

174

B e r i c h t

über die Wohnraumbeschaffung im Jahre 1943.

- -

Das Jahr 1943 ist wohnungswirtschaftlich durch zwei Tatsachen charakterisiert. Auf der einen Seite ist die Wohnungsnachfrage durch die Zerstörung von mehr als 1 Million Wohnungen infolge der Terrorangriffe unserer Gegner und durch die teilweise Evakuierung vieler Großstädte ausserordentlich gesteigert worden. Auf der anderen Seite hat die Notwendigkeit, alle Kräfte auf die unmittelbaren Zwecke der Reichsverteidigung zu konzentrieren, zwangsläufig schon zu Anfang des Jahres 1943 zu einer fast vollständigen Abdresselung der Inangriffnahme normaler Wohnungsbauten und zu zahlreichen Stillegungen im Bau befindlicher Wohnungen geführt. Es mussten also neue Wege beschritten werden, um den dringendsten Wohnungsbedarf wenigstens behelfsmässig zu befriedigen. Die von mir in dieser Hinsicht getroffenen Maßnahmen lassen sich in zwei Gruppen einteilen:

1) Die Einführung der Wohnraumlenkung, die die Erhaltung und möglichst gerechte und zweckmässige Verteilung des verfügbaren Wohnraumes zum Ziele hat,
2) die Schaffung zusätzlichen Wohnraumes durch solche bauliche Maßnahmen, die den Notwendigkeiten des totalen Krieges angepaßt sind, also wenig Baustoffe und wenig Arbeitskräfte beanspruchen.

- 2 -

175

- 2 -

Zu 1):

Für die Wohnraumlenkung habe ich, nachdem Sie, Mein Führer, mir die Zuständigkeit hierfür mit Ihrem Erlaß vom 23.Oktober 1942 übertragen hatten, die rechtlichen Grundlagen in der Wohnraumlenkungsverordnung vom 23.Februar 1943 geschaffen. Sie gibt den Gauleitern als Gauwohnungskommissaren und den Gemeinden die nötigen Handhaben, um den Wohnraumbestand in den vorhandenen Gebäuden zu erhalten und zu vermehren, sowie alle leerstehenden oder freiwerdenden Wohnungen zu erfassen und nach einer bestimmten Rangordnung der Dringlichkeit an besonders wohnungsbedürftige Familien zu verteilen.

Auf Grund der Wohnraumlenkungsverordnung sind die vorhandenen Doppelwohnungen erfaßt und Wohnungsbedürftigen zugesprochen worden, soweit die Doppelwohnungen nicht aus Gründen, die vom Standpunkt des Volksganzen aus anzuerkennen sind, den Inhabern als Nebenwohnungen zu belassen waren. Es sind auf diese Weise 30.000 normale Wohnungen zur Unterbringung von Wohnungslosen gewonnen worden.

Weiterhin sind 25.000 Wohnungen,die durch Verwendung als Büros, Betriebe usw. ihrem eigentlichen Wohnungszweck entfremdet waren, wiederum dem Wohnungsmarkt zugeführt worden.

- 3 -

Dok. 07: Ley: «Bericht über die Wohnraumbeschaffung im Jahre 1943», BAK, NS 6/581, Bl. 174–182

Die von mir als Ergänzung zur Wohnraumlenkungsverordnung erlassene Wohnraumversorgungsverordnung vom 21.Juni 1943 trifft besondere Vorsorge für die Luftkriegsbetroffenen, denen in erster Linie alle freiwerdenden oder durch bauliche Maßnahmen neugeschaffenen Wohnräume zur Verfügung gestellt werden müssen. Für Luftkriegsbetroffene können die Gemeinden auch auf Grund des Reichsleistungsgesetzes Wohnraum beschlagnahmen, um ihnen eine vorläufige Unterkunft zu sichern. Durch entsprechende Vereinbarungen mit dem Reichsinnenminister habe ich sichergestellt, daß diese beiden Möglichkeiten in der Praxis aufeinander abgestimmt werden.

Zu 2).

Bei den baulichen Maßnahmen, die ich zur Gewinnung zusätzlichen Wohnraumes habe durchführen lassen, musste der Gesichtspunkt im Vordergrunde stehen, mit dem geringsten Aufwand an Baustoffen und Arbeitskräften Unterkünfte zu schaffen. Dabei mussten naturgemäss auch behelfsmässige und primitive Lösungen in Kauf genommen werden, sofern sie nur der Familie eine eigene Herdstelle bieten. Da ganz ohne kontingentierte Baustoffe und ohne Baufacharbeiter bei diesen baulichen Maßnahmen nicht auszukommen ist, war ihnen dadurch von vornherein eine Grenze gesetzt, über die ich mich jeweils mit Pg.S p e e r verständig habe.

Im einzelnen möchte ich folgende Maßnahmen hervorheben:

a) Fertigstellung der im Bau befindlichen Wohnungen.

Zu Beginn des Jahres 1943 war noch eine beachtliche Zahl von Wohnungen vorhanden, die entweder noch im Bau waren oder deren Bau aus kriegswirtschaftlichen Gründen stillgelegt war. Ich habe mich bemüht, einen möglichst grossen Teil dieser begonnenen Wohnungen wenigstens behelfsmässig fertigstellen zu lassen. Das war nur zu einem Teil möglich, weil die Baufacharbeiter vielfach für noch dringendere Rüstungsbauten abgezogen werden mussten. Immerhin dürften 35.000 Wohnungen bezugsfertig geworden sein. Ein sehr grosser Teil dieser Wohnungen sind als sogenannte Volkswohnungen vom Reichswohnungskommissar finanziert worden.

b) Bau von Behelfsunterkünften für Bombengeschädigte.

Professor N e u f e r t hat einen bis ins kleinste Detail durchkonstruierten Einheitstyp einer einfachen Unterkunft entworfen, bei dem je 16 Wohnungen in einem zweigeschossigen Gebäude zusammengefasst sind. Diese Häuser lasse ich über den Reichsbevollmächtigten für den Holzbau serienmässig in bestimmten Fabriken herstellen. Sie werden durch eine eigene Organisation, die "Bauhilfe der DAF"-GmbH, mit eigenen Bauhöfen,

Arbeiterkolonnen, Kraftwagen- und Maschinenparks aufgestellt. Bisher sind rund 22.000 solcher Wohnungseinheiten den am meisten betroffenen Gauen zugeteilt worden, die im Bau sind; rund 5.000 dieser Behelfsunterkünfte sind bereits bezugsfertig.

c) Kriegswohnungsbau.

Aufbauend auf den Erfahrungen, die mit den Behelfsunterkünften gemacht worden sind, hat Professor Neufert einen Einheitstyp für den Kriegswohnungsbau entwickelt, der in jeder Bauweise und mit allen Baustoffen hergestellt werden kann. Dieser Einheitstyp ist für alle Wohnungen, die etwa aus kriegswichtigen Gründen für die Rüstungsbetriebe, die Wehrmacht usw. im Kriege noch neu begonnen werden müssen, von mir bindend vorgeschrieben worden. Gemeinsam mit Pg. S p e e r habe ich für etwa 6.000 solcher Kriegswohnungen den Gauwohnungskommissaren Kontingente zugeteilt. Diese Wohnungen befinden sich im Bau.

d) Schaffung zusätzlichen Wohnraumes durch Ausbau von Dachgeschossen, Wohnungsteilungen, sonstige Um- und Ausbauten an vorhandenen Gebäuden.

Auf diese Maßnahme habe ich besonderes Gewicht gelegt, weil sie schnell und mit verhältnismässig geringen Mengen an Baustoffen zur Schaffung für

- 6 -

sich abgeschlossener Wohnungen führt. Ich habe sowohl Reichsmittel wie Baustoffkontingente hierfür bereitgestellt. Da aber auch für diese Um- und Ausbauten Facharbeiter erforderlich sind, konnte die Aktion nicht so ausgedehnt werden, wie dies an sich wünschenswert gewesen wäre. Es sind auf diese Weise etwa 23.000 zusätzliche Wohnungen gewonnen worden.

e) Winterfestmachung von Wohnlauben.

Es gibt im Umkreis vieler Großstädte in den Schrebergärten Wohnlauben, die aber in ihrem gegenwärtigen Zustand nur in der warmen Jahreszeit bewohnbar sind. Viele dieser Wohnlauben können mit sehr geringem Aufwand zu dauerndem Bewohnen hergerichtet werden. Diese Ausbauten sind mit allem Nachdruck unterstützt worden, wobei besonders Hamburg vorangegangen ist. Auf diese Weise sind mehrere zehntausend Unterkünfte gewonnen worden.

- 7 -

f) Bau von Behelfsheimen.

Die entscheidende Maßnahme für die Schaffung von behelfsmässigem Wohnraum ist aber der auf Ihren Befehl, Mein Führer, vom 9. September 1943 beruhende Bau von Behelfsheimen in Siedlungsform in Selbst-, Nachbar- und Gemeinschaftshilfe der Bevölkerung. Diese Aktion ist im ganzen Reich in breiter Front angelaufen. Ich habe schon im letzten Quartal des vergangenen Jahres über 100.000 Baukarten verteilen lassen können, die zum Bau solcher Behelfsheime berechtigen und den Bauherren den Anspruch auf eine Prämie v RM 1.700.- geben. Nach den Meldungen der Gauleiter waren bis 31. Dezember 1943 schon 5.000 Behelfsheime bezugsfertig, obwohl erst 3 Monate seit dem Beginn der Aktion verstrichen sind und der hereinbrechende Winter mit seiner frühen Dunkelheit und den Frosttagen naturgemäss wenig günstige Bedingungen bot. Nach den Meldungen der

der Gauleiter sind zur Zeit 33.000 Behelfsheime im Bau. Dabei handelt es sich vorwiegend um solche, die aus örtlich vorhandenen Baustoffen (Ziegel, Holz, Lehm usw.) gebaut werden. Der Ausstoss der Fertigteile aus den Fabriken, die von Pg. Speer mit der serienweisen Herstellung der Einzelteile der Behelfsheime beauftragt sind, beginnt nach der Ankurbelung der Produktion, die naturgemäss einige Zeit beansprucht hat, erst jetzt mit hoher Tourenzahl richtig anzulaufen. Bis zum Ende des Vorjahres waren etwa 36.000 Behelfsheime bei den Herstellerfirmen abgerufen, die nunmehr den Baustellen zurollen. Ich bin fest davon überzeugt, dass mit dem Wiederbeginn der wärmeren Jahreszeit, die auch ein Längerwerden der Tage bringt, die Behelfsheimaktion sehr grossen Umfang annehmen wir Nach den mir vor einigen Tagen erstatteten Bericht der Gauleiter planen diese im laufenden Jahre 450.000 Behelfsheime zu errichten. Ich werde alles daran setzen, daß diese Zahl nicht nur nicht erreicht, sondern weit übertroffen wird.

Zusammenfassend möchte ich feststellen, daß im vergangenen Jahre durch bauliche Maßnahmen folgende Anzahl von Wohnungen neu geschaffen worden sind:

- 9 -   182

Fertiggestellte normale Wohnungen	35.000
Behelfsunterkünfte für Bombengeschädigte nach System Neufert	5.000
Ausbau von Dachgeschossen, Wohnungsteilungen usw.	23.000
Behelfsheime des DWH	5.000
Winterfestmachung von Wohnlauben	25.000
Rückgewonnene zweckentfremdete Wohnungen	25.000
Insgesamt	118000.

Diese Zahl erhöht sich noch um etwa 30.000 Wohnungen, die durch Erfassung von nicht unbedingt benötigten Doppelwohnungen dem Wohnungsmarkt zugeführt worden sind.

Zum Vergleich darf noch darauf hingewiesen werden, daß im 4. Kriegsjahr des ersten Weltkrieges, also 1917, nur etwa 6000 Wohnungen gebaut worden sind. Die damalige Leistung kann also in keiner Weise mit der Leistung des Vorjahres verglichen werden. Die Leistung der Bauwirtschaft, die sich in den wiedergegebenen Zahlen ausdrückt, ist umso beachtlicher, als daneben noch eine grosse Zahl von Wohnungen, die bei den Terrorangriffen mehr oder weniger schwer beschädigt worden sind, im Zuge der Sofortmaßnahme unter Leitung der Oberbürgermeister und Landräte alsbald wieder instandgesetzt worden sind.

Abdruck aus dem Reichsgesetzblatt Teil I, S. 535

Erlaß des Führers über die Errichtung des Deutschen Wohnungshilfswerkes vom 9. September 1943

(1) Zur Unterkunftsbeschaffung für Luftkriegsbetroffene wird das „Deutsche Wohnungshilfswerk" errichtet.

(2) Es soll alle Maßnahmen zur erträglichen Unterbringung der luftkriegsbetroffenen Bevölkerung umfassen. Sein besonderes Ziel ist die Aufstellung von einfachen Behelfsheimen in Siedlungsform, die in weitestgehender Selbst- und Gemeinschaftshilfe der Bevölkerung erfolgt.

II

Mit der Durchführung des „Deutschen Wohnungshilfswerkes" beauftrage ich den Reichswohnungskommissar Reichsleiter Dr. Ley.

III

Die Dienststellen des Staates, der Partei, der Wehrmacht, des Reichsarbeitsdienstes und die Organisationen der gewerblichen Wirtschaft haben im Rahmen ihrer Möglichkeiten das „Deutsche Wohnungshilfswerk" entsprechend den Anforderungen des Reichswohnungskommissars mit allen Mitteln zu unterstützen.

IV

Die bauwirtschaftlichen Voraussetzungen für das „Deutsche Wohnungshilfswerk" schafft der Generalbevollmächtigte für die Regelung der Bauwirtschaft unter Abstimmung mit dem Kriegsbauprogramm. Er bestimmt, wie weit neben der Selbst- und Gemeinschaftshilfe der Bevölkerung in Ausnahmefällen Kräfte der Bauwirtschaft herangezogen werden können.

V

Die Kosten der Maßnahmen trägt das Reich. Der Reichsminister der Finanzen stellt dem Reichswohnungskommissar die erforderlichen Mittel zur Verfügung. Das Nähere über die Verwendung der Mittel bestimmt der Reichswohnungskommissar.

VI

Die zur Durchführung des „Deutschen Wohnungshilfswerkes" erforderlichen Vorschriften und Anordnungen erläßt der Reichswohnungskommissar nach Benehmen mit den beteiligten Obersten Reichsbehörden.

Führer-Hauptquartier, den 9. September 1943.

Der Führer
Adolf Hitler

Der Reichsminister und Chef der Reichskanzlei
Dr. Lammers

Form. 185 — Verlag der Deutschen Arbeitsfront GmbH., Abt. Formularverlag, Berlin C 2, Märkischer Platz 1. — VF 245

Dok. 08: «Erlaß des Führers über die Errichtung des Deutschen Wohnungshilfswerks vom 9. September 1943» (RGBl. 1943 I, 535), BA (Potsdam), 40.02/3, Bl. 61

Dok. 09: Vorlage Gölz v. 6.11.1943 mit handschriftl. Anmerkungen Bormanns v. 13.11.1943, BAK, NS 6/251, Bl. 4–6

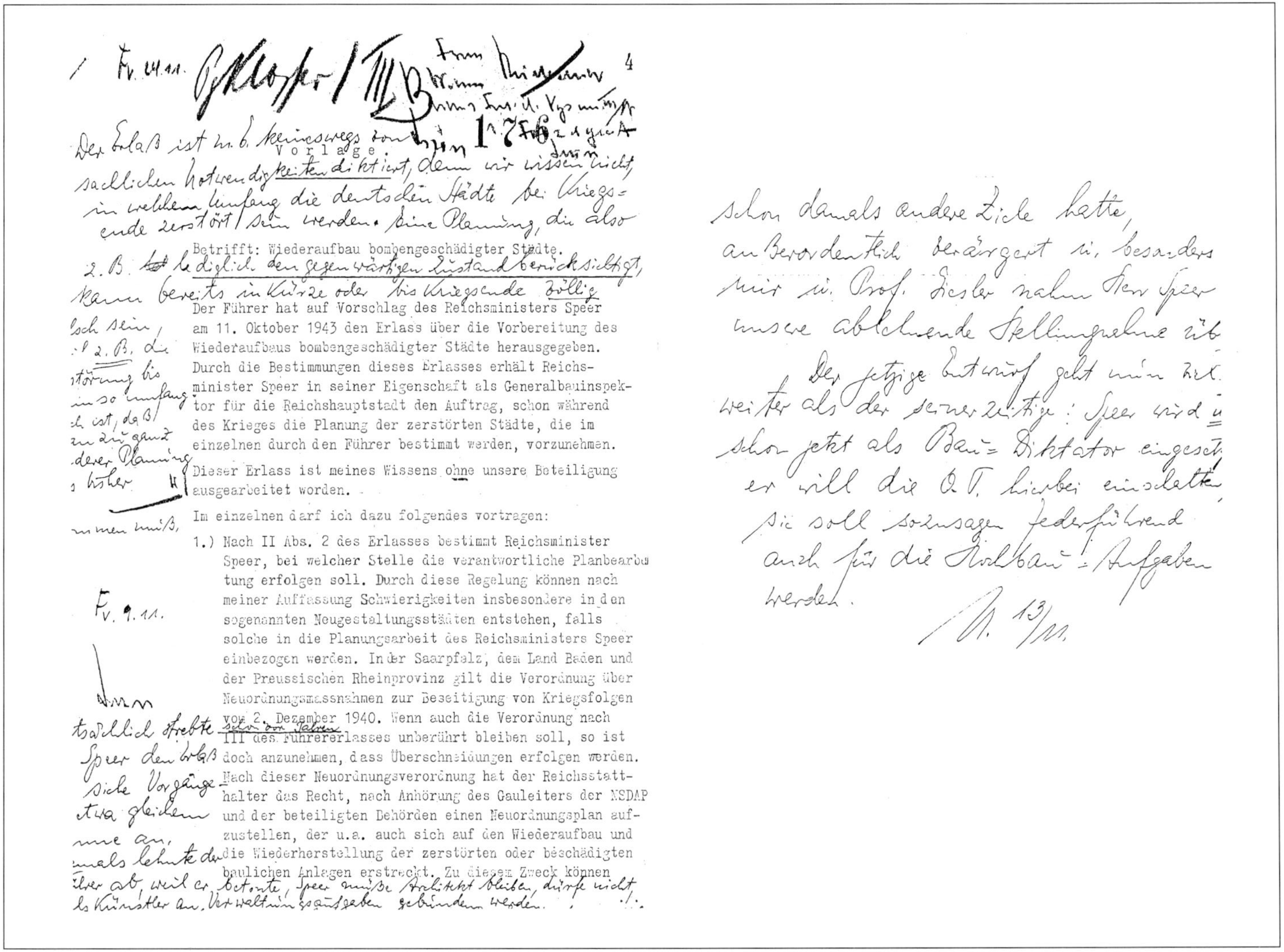

Fr. 14.11. 4

Der Erlaß ist m.E. keineswegs von sachlichen Notwendigkeiten diktiert, denn wir wissen nicht, in welchem Umfang die deutschen Städte bei Kriegsende zerstört sein werden. Eine Planung, die also z.B. lediglich den gegenwärtigen Zustand berücksichtigt, kann bereits in Kürze oder bis Kriegsende völlig

V o r l a g e.

Betrifft: Wiederaufbau bombengeschädigter Städte.

Der Führer hat auf Vorschlag des Reichsministers Speer am 11. Oktober 1943 den Erlass über die Vorbereitung des Wiederaufbaus bombengeschädigter Städte herausgegeben. Durch die Bestimmungen dieses Erlasses erhält Reichsminister Speer in seiner Eigenschaft als Generalbauinspektor für die Reichshauptstadt den Auftrag, schon während des Krieges die Planung der zerstörten Städte, die im einzelnen durch den Führer bestimmt werden, vorzunehmen.

Dieser Erlass ist meines Wissens ohne unsere Beteiligung ausgearbeitet worden.

Im einzelnen darf ich dazu folgendes vortragen:

1.) Nach II Abs. 2 des Erlasses bestimmt Reichsminister Speer, bei welcher Stelle die verantwortliche Planbearbeitung erfolgen soll. Durch diese Regelung können nach meiner Auffassung Schwierigkeiten insbesondere in den sogenannten Neugestaltungsstädten entstehen, falls solche in die Planungsarbeit des Reichsministers Speer einbezogen werden. In der Saarpfalz, dem Land Baden und der Preussischen Rheinprovinz gilt die Verordnung über Neuordnungsmassnahmen zur Beseitigung von Kriegsfolgen vom 2. Dezember 1940. Wenn auch die Verordnung nach III des Führererlasses unberührt bleiben soll, so ist doch anzunehmen, dass Überschneidungen erfolgen werden. Nach dieser Neuordnungsverordnung hat der Reichsstatthalter das Recht, nach Anhörung des Gauleiters der NSDAP und der beteiligten Behörden einen Neuordnungsplan aufzustellen, der u.a. auch sich auf den Wiederaufbau und die Wiederherstellung der zerstörten oder beschädigten baulichen Anlagen erstreckt. Zu diesem Zweck können ./.

Fr. 9.11.

tatsächlich strebte Speer den Erlaß schon vor Jahren an, ... lehnte der Führer ab, weil er betonte, Speer müsse Architekt bleiben, dürfe nicht als Künstler an Verwaltungsaufgaben gebunden werden.

schon damals andere Ziele hatte, außerordentlich verärgert u. besonders mir u. Prof. Giesler nahm Herr Speer unsere ablehnende Stellungnahme üb[el].

Der jetzige Entwurf geht nun zeit. weiter als der seinerzeitige: Speer wird schon jetzt als Bau=Diktator eingesetzt, er will die O.T. hierbei einschalten, sie soll sozusagen federführend auch für die Hochbau=Aufgaben werden.

M. 13/11.

auf seine Anordnung die erforderlichen städtebaulichen Pläne geändert oder neu aufgestellt werden.

Diese Regelung hat seither schon in den Neugestaltungsstädten, z.B. in Köln, zu Schwierigkeiten Anlass gegeben, weil für die Neuordnung in diesem Falle der Oberpräsident für die Neugestaltung der Stadt jedoch der Gauleiter der NSDAP zuständig ist. Es ist zu befürchten, dass durch den Führererlass noch weitere Verwirrung in der Zuständigkeit eintreten wird. Zumindest hätte nach meiner Auffassung eine Abstimmung im einzelnen mit der Verordnung über Neuordnungsmassnahmen und mit der Verordnung über die Neugestaltung deutscher Städte erfolgen müssen.

2.) Nach Ziffer III des Führererlasses entscheidet Reichsminister Speer an Stelle des Reichsarbeitsministers in städtebaulichen Fragen der Wiederaufbaustädte.
Dadurch ist der Hauptabteilung IV des Reichsarbeitsministeriums die letzte grössere Aufgabe von Bedeutung entzogen worden, denn es dürfte ausser Zweifel stehen, dass neben den Wiederaufbaustädten kaum eine städtebauliche Planung innerhalb des Reiches vordringlich durchgeführt wird. Die Hauptabteilung IV im Reichsarbeitsministerium befasst sich heute praktisch fast nur noch mit Fragen der baupolizeilichen Behandlung von Bauten, soweit ihr hierzu Reichsminister Speer in seiner Eigenschaft als Generalbevollmächtigter für die Regelung der Bauwirtschaft das Recht einräumt. Bei der Vorbereitung des Deutschen Wohnungshilfswerks wurden von Reichsminister Speer auch die baupolizeilichen Massnahmen getroffen, ohne dass der Reichsarbeitsminister dazu gehört wurde.

Bei dieser Sachlage ist es nach meiner Auffassung auf die Dauer nicht mehr zu verantworten, dass in der Hauptabteilung IV des Reichsarbeitsministeriums noch mehrere hervorragende

./.

Fachkräfte sitzen, ohne sich einer produktiven Beschäftigung zu widmen. Die logische Folgerung der von Reichsminister Speer getroffenen Massnahmen wäre die Übernahme des Restes der Hauptabteilung IV auf sein Ressort.

Görz

München, den 6. November 1943
III B 2 - Eh.

Pg Klopfer 13/283

Der Reichsminister und Chef der Reichskanzlei

Berlin W 8, den 9. November 1944
Voßstraße 6

Rk. 9514 D

P. K. Berlin
Eing. 1? NOV. 1944
3410/0/28/1

An
den Leiter der Partei-Kanzlei
Herrn Reichsleiter B o r m a n n

Betrifft: Vorbereitung des Wiederaufbaues bombengeschädigter Städte,
hier: Bestimmung der Wiederaufbaustädte.

Sehr verehrter Herr Bormann !

Durch Erlaß vom 11. Oktober 1943 hat sich der Führer die Bestimmung der Wiederaufbaustädte vorbehalten. Reichsminister Speer hat mir ein Verzeichnis der 43 am schwersten geschädigten Städte überreicht und gebeten, einen Führererlaß zu erwirken, wodurch die Städte zu Wiederaufbaustädten erklärt werden. Wie er mir mitteilt, soll der Führer sich auf seinen mündlichen Vortrag damit bereits grundsätzlich einverstanden erklärt haben. Nachdem Reichsminister Speer versichert hat, daß für die erforderlichen Planungen nicht mehr als 200 Kräfte im ganzen Reich beansprucht werden, hat sich der Reichsbevollmächtigte für den totalen Kriegseinsatz mit der Weiterführung d i e s e r Wiederaufbauplanungen einverstanden erklärt.

Ich beabsichtige nunmehr, den Entwurf des Erlasses in Ihrer Gegenwart dem Führer zur Entscheidung vorzutragen.

Heil Hitler!
Ihr sehr ergebener
Lammers

Dok. 10: Lammers an Bormann v. 9.11.1944, BAK, NS 6/197, Bl. 13

71

~~Geheim~~

V o r l a g e

Betreff: Behelfsheimbauten.

Dr.Ley soll dem Führer für das Jahr 1944 schriftlich den Neubau von 1 Million Behelfsheimen zugesagt haben, obwohl Dr.Ley auf die Unmöglichkeit der Realisierung dieses Versprechens hingewiesen worden sei. Die Unmöglichkeit habe von vornherein festgestanden, da Dr.Ley für den Behelfsheimbau 33% der gesamten deutschen Zementproduktion von Reichsminister Speer verlangt haben soll, was Speer im Hinblick auf den Rüstungsbedarf kategorisch als undiskutabel abgelehnt habe.

Zu der zahlenmäßigen Entwicklung des Behelfsheimbaues wurden folgende Zahlen mitgeteilt:

Danach waren am 1.August 1944 fertig	63 900	
im Bau	135 000	
am 1.Oktober 1944 waren fertig	77 000	Behelfsheime.

Die Erklärung Dr.Ley-s in der Presse, wonach im Spätsommer 300 000 Behelfsheime fertig gewesen seien, dürfte die Zahl der um diese Zeit ausgegebenen Baukarten in Höhe von 305 000 umfaßt haben.

Eine Gleichstellung mit den sog. winterfest gemachten Lauben kann nicht vorliegen, weil diese Zahl im günstigsten Fall nicht 35 000 für das Jahr 1944/45 übersteigt. Die angegebene Zahl über 305 000 ausgegebene Baukarten stimmt auch weitgehendst überein mit der sich aus der Erhebung ergebenden Zahl von 307 225 geplanter Behelfsheime. Auch die angegebene Zahl fer-

- 2 -

72

- 2 -

tiger Behelfsheime von 63 900 zum 1.August kann der durch Erhebungen bei den Abschnitten festgestellten Zahl von 33 318 entsprechen, da in der Erhebungszahl nicht enthalten sind die Meldungen verschiedener westdeutscher Abschnitte, die infolge der Kriegsereignisse damals keine Zahlen mitteilen konnten.

München, den 29.Januar 1945.
III V - 3 D 5/13 - Kl./Kln.-

(Klauß)

Dok. 11: Vorlage Klauß v. 29.1.1945, BAK, NS 6/299, Bl. 71f.

Dok. 12: RKW, Anordnung v. 31.10.1944, BA (Potsdam), 40.02/102, Bl. 147

Abschrift.

147

Der Reichswohnungskommissar

A n o r d n u n g .

Ich beabsichtige, dem Führer bis Ende Januar 1945 eine Vorlage über den Wohnungsbau nach dem Kriege zu unterbreiten.

Die Vorlage soll eine umfassende Darstellung meiner Pläne und Absichten auf dem Gebiet des Wohnungsbaues nach dem Kriege geben:

1.) Der Gesamtauftrag an den RWK
2.) Die gesetzliche Ordnung des Wohnungswesens
3.) Die Gestaltung der Reichs- und Gauprogramme
4.) Die Gemeinde- und Wohnungsplanung
5.) Die technische und wirtschaftliche Durchführung
6.) Die Betreuungsmaßnahmen.

Mit der Zusammenstellung und Abfassung der Vorlage habe ich meinen persönlichen Referenten, Reichsamtsleiter Otto Wetzel, Kd.R., beauftragt. Pg. Wetzel ist gehalten, bei der Abfassung der Vorlage die Leiter der Dienststellen und Organe des RWK hinzuzuziehen und bei gegensätzlicher Meinung meine Entscheidung herbeizuführen.

Die Entscheidung über die endgültige Gestaltung und Abfassung der Vorlage behalte ich mir selbst vor.

Berlin, den 31. Oktober 1944

gez. Dr. R. L e y .

Dok. 13: Aktenvermerk Neupert v. 15.2.1945, BA (Potsdam), 40.02/102, Bl. 120–124

Berlin, 15.Febr.1945

120

A k t e n v e r m e r k

Besprechung am 14.Februar 1945 über Fragen der Vorbereitung des Wohnungsbaues nach dem Kriege. Entwicklung der Richtlinie für Planung und Bauablauf durch Reichsleiter Dr. Ley. Anschliessend Fortführung der Besprechung in Anwesenheit von Generalbaurat Professor Giessler. (Von 17^{30} bis 22^{30} in der Herthastrasse).

Reichsleiter Dr. Ley entwickelt das Programm für die vorbereitenden Arbeiten und für den Anlauf des Wohnungsbaues. Es ist dabei von folgendem auszugehen:

1.) Die vom Führer festgesetzte Mindestwohnfläche von 74 qm Grösse ist bindend und darf keinesfalls unterschritten werden. Der Führer hält auch nach der mit ihm vor wenigen Tagen geführten Besprechung unabänderlich daran fest und lehnt jede Verkleinerung der Wohnung ab.

2.) Die dem Führererlass vom 15.11.1940 zugrunde gelegten Wohnungstypen sind Ausgangspunkt für die Arbeit.

3.) Die inzwischen erarbeiteten neuen Gedanken über die Neugestaltung der Wohnformen und Wohnprogramme, der Einordnung der Wohnung in die Wohngemeinschaft und die Zusammenfügung zu einem Stadtverband, ebenso wie die Neuordnung der einzelnen Siedlungsräume sind weiter zu vertiefen und für die grosse Führervorlage zusammenzustellen.

4.) Der Führer hält die Erstellung von 5 Millionen Wohnungen im Jahr für durchführbar. Es müsse alles darauf eingestellt werden; andere Wirtschaftszweige müssen demgegenüber zurücktreten. Es muss die Baukapazität durch Zuhilfenahme ausländischer Arbeiter durch Neuerrichtung von Produktionsstätten und durch straffste Organisation erheblich gesteigert werden.

5.) Baustoffe: Es ist im wesentlichen als Material der Ziegelstein zugrunde zu legen. Alle anderen Baustoffe können erst dann in Anwendung gebracht werden, wenn sie hinreichend erprobt sind. Es müssen schon jetzt Feststellungen

- 2

getroffen werden über die Produktionskraft des Reiches an Baustoffen und es müssen Massnahmen überlegt werden, die Produktion auf das höchste Maß zu steigern.

6.) Bautechnik: Die andauernden Versuche, neue Bauweisen zu finden, die angeblich eine Beschleunigung der Bauzeit erbringen sollen, haben bisher zu keinem befriedigenden Ergebnis geführt. Im Gegenteil, der Behelfsheimbau hat gezeigt, dass eine fabrikmässige Erstellung nicht wesentlich wirtschaftlicher sei und nahezu dieselbe Arbeitszeit erfordere, vor allem aber eine grosse Bauunterhaltung verlange. Die Versuche im Montagebau und endgültigen Wohnungsbau sind daher einzustellen bzw. auf das geringste Maß zurückzuschrauben. Die mit den bisherigen Versuchen befassten Stellen sind überwiegend für die Verbesserung bereits erprobter Bauweisen einzusetzen. Der Wohnungsbau hat eine eigene Gesetzmässigkeit und auch der Führer lehnt den Montagebau grundsätzlich ab. - Reichsleiter Dr. Ley stimmt der von mir gemachten Darlegung über die Entwicklung der Bauweisen nach der Aufgabenstellung:

a) Monumentalbau als Krone der Stadt auf Jahrtausende

b) Wohnungsbau in seiner besonderen Bedeutung für die Familie auf Jahrhunderte

c) Industriebau als zweckmässige und technische Form auf Jahrzehnte

zu. (Beigefügt der Text der für die Führervorlage vorbereiteten grafischen Tafel: Von der Gesetzmässigkeit im Bauen).

7.) Bauwirtschaft: Es ist von vornherein das Augenmerk auf den Einsatz von Baumaschinen zu lenken. Der Arbeitsvorgang auf der Baustelle muss bestens organisiert werden. Ausgehend von der heutigen Beschäftigtenzahl von 30 Millionen Menschen, von denen 10 Millionen ausländische Arbeiter sind, wird man für den Wohnungsbau nach dem Kriege von vornherein mit diesen 10 Millionen ausländischen Arbeitern und unter Umständen mit noch 10 weiteren Millionen rechnen können, so dass 20 Millionen deutsche Arbeiter für die Erfüllung aller übrigen

Lebensbedürfnisse zur Verfügung stehen, während mit etwa 20 Millionen ausländischer Arbeiter unter Führung von etwa 2 Millionen deutscher Facharbeiter der gesamte Wohnungsbau geleistet werden muss. Das Fehlen der Facharbeiter ist auszugleichen durch eine wohl überlegte Normung und Rationalisierung. Die Normung ist dabei zu beschränken auf bestimmte Bauteile, z.B. Deckenbalken, Sparren, Fenster, Türen, sanitäre Einrichtungen usw. Auf keinen Fall darf die Normung bis zur Einführung des Rasters kommen. Er sei schärfster Gegner der von Neufert propagierten Rasterung des gesamten Grundrisses. Dies bedeute die Schematisierung des Lebens.

Zur Organisation und Durchführung des Wohnungsbaues führt Reichsleiter Dr. Ley folgendes aus:

Der Reichswohnungskommissar als Behörde hat die gesetzliche Sicherung der Durchführung. Das Reichsheimstättenamt hat die Aufgabe der Menschenführung. Die Akademie hat die Forschung zu betreiben. Die Bauhilfe ist der technische Einsatzapparat.

Der zu bildende Arbeitsstab ist ein Führungsstab, der sich aus ersten Fachleuten auf dem Gebiet der Planung, Bautechnik und Bauwirtschaft zusammensetzt, und der ihm persönlich unterstellt ist. Er hat die Aufgabe, die Richtlinien für die Planung und Gestaltung, ebenso für Bautechnik und Bauwirtschaft nach seinen Weisungen aufzustellen und weiterzugeben.

Er sei Überwachungsapparat für die baulichen Dinge der Gaue und Städte. Das örtliche Stadtbauamt ist sehr stark einzuschalten. Es muss sehr viel Arbeit nach unten verlagert werden; die Arbeit muss auf breiteste Grundlage gestellt sein.

- 4 -

Besprechung mit Professor Giessler:

Reichsleiter Dr. Ley entwickelt nochmals die dargelegten Grundsätze, die die vollste Zustimmung durch Professor Giessler finden.

Zur Frage der Normung stimmt Prof. Giessler restlos zu. Er habe dem Führer wiederholt seine Meinung hierüber gesagt und lehne für seinen Aufgabenbereich die Annahme der von Neufert vertretenen Dinge ab. Es sei Amerikanismus, wenn nicht Bolschewismus.

Zur Frage der Bauwirtschaft pflichtet Prof. Giessler ebenfalls den Gedanken von Reichsleiter Dr. Ley bei unter weitester Einschaltung der privaten Initiative, den Wohnungsbau aufzuziehen. Der Wohnungsbau könne nicht wie eine OT aufgezogen werden. Es sinke das Interesse und die Leistung. Entscheidend ist:

1.) Das persönliche Interesse an der Arbeit

2.) Die freie Wirkungsmöglichkeit

3.) Die Aussicht auf Verdienst.

Es müsse nach dem Krieg das Handwerk und die Bauindustrie neu aufgebaut werden. Das Interesse für das Handwerk muss durch Schulung und Unterstützung geweckt werden. Ein gesundes Bauhandwerk und eine gesunde Bauindustrie sind die Grundlage auch für das übrige Volksleben.

Zur Planung selbst erklärt Prof. Giessler, er habe auf diesem Gebiet nur den Ehrgeiz, die ihm vom Führer unmittelbar übertragenen Aufgaben zu lösen. Diese wolle er aber in voller Selbständigkeit und in ihrem ganzen Umfang selbst durchführen. Der Wohnungsbau mache 70% der Gesamtstadt aus und bestimme das Gesicht der Stadt. Er möchte für seinen Bereich daher nicht einer Trennung zwischen Planung der Wohngebiete und Monumentalgestaltung zustimmen. Er sei der Überzeugung, dass die Erfahrungen, die er gesammelt habe, und die Methode, mit der er an die Planung gehe, zu einem guten Ergebnis führen. Er stehe jedoch für eine offene Zusammenarbeit und zu einem Erfahrungsaustausch jederzeit zur Verfügung.

Professor Giessler bringt dann noch die Schwierigkeiten in der Zusammenarbeit mit dem Bauamt der LAF zur Sprache.

1.) Laut Anweisung des Bauamtes könne er bei dem Bau von Schulungsburgen nur über einen Betrag von höchstens RM 500.- selbständig Auftrag erteilen.

2.) Das Bauamt halte bei dem Bau von Ordensburgen noch heute an dem Preis für den cbm umbauten Raum aus der Zeit weit vor dem Kriege fest, während in der Zwischenzeit die Ansprüche an dem Ausbau ausserordentlich gestiegen seien.

Die beabsichtigte Besichtigung der Arbeiten wird auf den 16. Februar 1945 verschoben.

(Neupert)

1 Anlage

Personenregister

Ortsregister

Stadt • Planung • Geschichte

Eine Buchreihe, herausgegeben von Gerhard Fehl,
Juan Rodríguez- Lores und Volker Roscher
Lehrstuhl für Planungstheorie an der RWTH Aachen

Alle Bände broschiert, Format 17 x 24 cm

Band 17
Gerhard Fehl und Juan Rodríguez-Lores (Hrsg.)
Stadt-Umbau
Die planmäßige Erneuerung europäischer Großstädte zwischen Wiener Kongreß und Weimarer Republik
352 Seiten, 83 Abbildungen
ISBN 3-7643-5055-5

Band 16
Juan Rodríguez-Lores
Sozialer Wohungsbau in Europa
Die Ursprünge bis 1918:
Ideen, Programme, Gesetze
224 Seiten
ISBN 3-7643-2897-5

Band 15
Bruno Wasser
Himmlers Raumplanung im Osten
Der Generalplan Ost in Polen 1940–1944
352 Seiten, 30 Abbildungen
ISBN 3-7643-2852-5

Band 14
Volker Roscher (Hrsg.)
Hans Blumenfeld, Stadtplaner
«... es sei denn, sie bauen eine humane Stadt.»
Autobiographie 1892–1988
304 Seiten, 24 Abbildungen
ISBN 3-7643-2764-2

Band 13
Thomas Hafner
Vom Montagehaus zur Wohnscheibe
Entwicklungslinien im deutschen Wohnungsbau 1945–1970
348 Seiten, 200 Abbildungen
ISBN 3-7643-2759-6

BIRKHÄUSER